AF901407

Rohe | Die Borkenkäfer Deutschlands, Österreichs und der Schweiz

Wolfgang Rohe

Die Borkenkäfer

Deutschlands, Österreichs und der Schweiz

Mit Splint- und Eichenkernholzkäfern

Quelle & Meyer Verlag Wiebelsheim

Prof. Dr. Wolfgang Rohe
Hochschule für angewandte Wissenschaft und Kunst Hildesheim/Holzminden/Göttingen
Büsgenweg 1a
37077 Göttingen
wolfgang.rohe@hawk.de

Die Angaben in diesem Buch sind vom Autor und dem Verlag sorgfältig erwogen und geprüft, dennoch kann keine Garantie übernommen werden. Eine Haftung des Autors bzw. des Verlags und seiner Beauftragten für Personen-, Sach- und Vermögensschäden ist ausgeschlossen.

Bibliografische Information der Deutschen Nationalbibliothek
Die Deutsche Nationalbibliothek verzeichnet diese Publikation in der Deutschen Nationalbibliografie; detaillierte bibliografische Daten sind im Internet über http://dnb.d-nb.de abrufbar.

© 2025 by Quelle & Meyer Verlag GmbH & Co., Wiebelsheim
www.quelle-meyer.de

Das Werk einschließlich aller seiner Teile ist urheberrechtlich geschützt. Jede Verwertung außerhalb der engen Grenzen des Urheberrechtsgesetzes ist ohne Zustimmung des Verlages unzulässig und strafbar. Kein Teil dieses Werkes darf deshalb ohne ausdrückliche schriftliche Genehmigung des Verlages digital oder analog vervielfältigt werden.

Umschlagabbildungen: Wolfgang Rohe
Druck und Verarbeitung: Belvédère Print & Packaging b.v., Niederlande
Printed in Europe/Imprimé en Europe
ISBN 978-3-494-01872-0

Inhaltsverzeichnis

Nachfolgend sind die einzelnen Arten am Ende nach ihrer Lebensweise mit Buchstaben-Codes charakterisiert:

RB	Rindenbrüter
HB	Holzbrüter und Ambrosiapilzzüchter
WB	Wurzelhalsbrüter
N	Wirtspflanzen sind Nadelgehölze; bei enger/bevorzugter Wirtsbaumwahl wird die Gattung in Klammern genannt
L	Wirtspflanzen sind Laubgehölze
K	Wirtspflanzen sind krautige Pflanzen (selten)
St	Wirtspflanzen sind Sträucher (selten)
KS	Wirtspflanzen sind krautige Pflanzen und Sträucher (selten)
G	nicht heimische Gastart
I	invasive fremdländische Art
S	seltene heimische Art

1 Einleitung

Der König des Waldes ist nicht der Rothirsch, sondern der Borkenkäfer.

Der Mensch verursacht den Klimawandel, das Insektensterben und das massive Eindringen fremder Arten in unserer heimischen Natur. Diese neuartigen globalen Veränderungen weisen in Zukunft in Mitteleuropa dem Buchdrucker und anderen Borken- sowie Splintkäfern eine große gestalterische Bedeutung in unseren Wäldern und urbanen Gehölzbeständen zu. Auch in höheren Lagen in Deutschland, Österreich und der Schweiz erlauben die steigenden Temperaturen einen früheren Schwärmbeginn und eine längere Entwicklungszeit der Borkenkäfer. Dadurch erreicht das Vermehrungspotenzial der Borkenkäfer eine neue Dimension und das Risiko für Massenvermehrungen, auch in Hochlagen, steigt kontinuierlich. Der ausbleibende Niederschlag in der Vegetationszeit und die hohen Temperaturen erfordern deshalb einen grundlegenden Wandel im Waldbau und in der Gestaltung von städtischem Grün (verändert nach Schopf & Hoch 2019) sowie dem Umgang mit urbanem Wasser. Langfristige gesamtheitliche Planungen unter Berücksichtigung der Land- und Wasserwirtschaft sind unumgänglich. Lokal und temporär können mit chemischen Mitteln Borkenkäfer zurückgedrängt werden. Aber langfristig und großflächig sind Insektizide ohne Aussicht auf Erfolg. Vielversprechend dagegen sind biologische Regulierungsmechanismen. Eine dauerhafte und nachhaltige naturnahe Bewirtschaftung der Wälder ist nur mit den Borkenkäfern und ihren natürlichen Feinden (Antagonisten) realisierbar. Umso wichtiger sind grundlegende Kenntnisse zur Lebensweise, Ökologie und Systematik der gehölzbewohnenden Käfer.

Viele Rindenbrüter-Arten und nadelfressende Insekten profitieren von einer Temperaturzunahme und Trockenperioden. Trockenstress ist ein wichtiger Faktor in der Prädisposition von Beständen für den Befall durch Buchdrucker und beeinflusst maßgeblich die Interaktionen zwischen der Wirtsbaumart Fichte, wirtssuchenden Borkenkäfern und mit den Käfern assoziierten Bläuepilzen (Netherer 2022). Borkenkäfer sind in der Regel die ersten Besiedler von geschwächten oder toten Bäumen. Sie sind Türöffner oder Initiatoren für ein ganzes Netzwerk von Zersetzern (Destruenten). Sie beschleunigen oder ermöglichen erst die Verwertung der schwer abbaubaren Holz- und Rindensubstanzen. Deshalb nehmen sie eine Schlüsselrolle im Ökosystem Wald ein. Die Bodenfruchtbarkeit ist also abhängig von der Aktivität der Borkenkäferfauna. Sie bilden eine wichtige, oft sogar zentrale Nahrungsbasis für eine Vielzahl von Waldbewohnern. Sie erhöhen dadurch wesentlich die Biodiversität in unseren Wäldern. Mit dem schnellen und umfangreichen Abbau durch ihre enorme Vermehrungsrate können sie zügig auf Ereignisse wie Sturmwurf, Trockenheit und andere Störungen reagieren und die natürliche Dynamik des Waldökosystems beschleunigen. Sie sind Indikatoren und zeigen waldbauliche Fehler auf, aber auch die konkreten Auswirkungen des Klimawandels. Sie können sich auch hervorragend auf neue Baumarten einstellen und diese entsprechend als Nahrungsgrundlage nutzen (z. B. Douglasie). Und sie sind Wettstreiter mit dem Menschen. Lässt er sich zu viel Zeit mit der Holzentnahme, so verwerten sie diese Ressource in ihrer ökologischen Art und Weise.

Die zukünftige Forstwirtschaft muss den Walderhalt sichern. Die Wald-Funktionen sind volkswirtschaftlich, aber auch ökologisch von sehr hoher Bedeutung. Da der Klimawandel viele Standorte schon jetzt stark verändert hat, stoßen unsere heimischen Baumarten an ihre physiologischen Grenzen. Diese Hürden zu überwinden erfordert auch den Einsatz von gebietsfremden Baumarten. Diese standortspassenden „Helfer-Arten" können einen Vorwald begründen, der zeitlich limitiert und nutzbar ist. Unter den jetzigen Bedingungen bildet sich unter seinem Schutzmantel ein Binnenklima, sprich Waldinnenklima aus, das für unsere heimischen Arten behaglich ist. Dadurch erhalten sie eine Chance zum Heranwachsen und zur Etablierung. Diese anspruchsvolle Aufgabe ist nur mit qualifiziertem Fachpersonal sowie breiter Unterstützung der Bevölkerung und Politik möglich. Wir sollten uns nicht noch mehr Zeit lassen mit der Lösung der zukünftigen Herausforderungen.

2 Systematik und Morphologie der Käfer

2.1 Systematik und wissenschaftliche Namensgebung (Nomenklatur)

In der zoologischen Systematik werden für alle bekannten Arten eindeutige Namen vergeben und in einem stufig gegliederten System angeordnet. Seit die Evolutionstheorie von Charles Darwin wissenschaftlich anerkannt ist, wird die Ähnlichkeit der Spezies als Ausdruck der genealogischen Verwandtschaft verstanden, und man versucht sie nach gemeinsamer Abstammung anzuordnen (phylogenetisches System). Dieses System stellt Informationen zur Abänderung der Lebensformen im Laufe der Evolution zur Verfügung (Honomichl 2003).

Zur Erforschung der natürlichen Verwandtschaft werden anatomische Merkmale (z. B. der Geschlechtsapparat, der Proventriculus), morphologische (sprich der Körperbau), verhaltensbiologische (z. B. der Bau der Brutbilder), chemische (z. B. die Aminosäuren-Ausstattung) und im zunehmenden Maße genetische Merkmale verwendet.

Das System ist hierarchisch angeordnet. Die jeweilige Stufe ist an der Endung des wissenschaftlichen Namens erkennbar. Die Ordnung der Käfer (Coleoptera) umfasst mehrere Überfamilien (engl. superfamily). Die Überfamilie der Rüsselkäferartigen endet mit Curculion**oidea**. Die Familie der Rüsselkäfer endet mit Curculion**idae** und die Unterfamilie der Borkenkäfer endet mit Ip**inae**. Der Name einer Tribus endet auf -**ini** und einer Untertribus (engl. subtribus) auf -**ina** (ICZN 1999).

In der Natur begegnen uns ausschließlich Individuen. Das Zusammenfassen in Gruppen (Taxa) ist also eine Hilfskonstruktion des Menschen für seine wissenschaftliche Arbeit – mit einer Ausnahme: Die Individuen zeigen immer klar und eindeutig durch ihr natürliches Verhalten während der Fortpflanzung, dass sie gruppenweise zusammen gehören zu einer Kategorie – der Art (Honomichl 2003). Diese Kategorie ist die unumstrittene Grundlage aller systematischen Erkenntnisse auf der Welt. Allerdings ist die wissenschaftliche Definition sehr anspruchsvoll und immer noch nicht zweifelsfrei gelungen. Die einzelnen Mitglieder einer Art können durchaus vielgestaltige Ausprägungen von Merkmalen tragen. Es liegt also eine Varianz vor. Dies ist oft der Fall bei den unterschiedlichen Geschlechtern. Deshalb existieren manchmal zwei Bestimmungsschlüssel für eine Art, sowohl für die Weibchen als auch für die Männchen. Aber auch im Laufe der Zeit ändern sich die Merkmalsausprägungen.

Die Artbenennung ist festgelegt in einem international gültigen Regelwerk – dem zoologischen Code (ICZN 1999). Er wurde in seinen Grundzügen von Carl von Linné (1707–1778) begründet. Jede Art wird mit zwei latinisierten Namen benannt (binäre oder binominale Nomenklatur): einem großgeschriebenen Gattungsnamen, der gleichzeitig die Bezeichnung für die nächsthöhere taxonomische Einheit (die Gattung) darstellt, und einem kleingeschriebenen Beiwort, das oft auch als Artzusatz (Epitheton) bezeichnet wird. Beide Wörter werden kursiv dargestellt, wenn dies nicht möglich ist, werden sie unterstrichen. Um die Eindeutigkeit dieser Namensgebung zu gewährleisten, dürfen ein Gattungsname innerhalb des Tierreichs und ein Beiwort innerhalb einer Gattung nur einmal vergeben werden. Um eine Art unverwechselbar und vollständig zu be-

Abb. 1: *Xylopertha retusa* (Oliver, 1790)(Museum Kassel) Heringhausen St. Muffert, 500 m NN (Hessen), leg. U. Schaffrath 28.4.- 8.6. 2017. In Mitteleuropa kommt der 3 – 6 mm große Kapuzenkäfer besonders an geschlagenen oder verdorrenden Teilen der Eiche, in Reisig, in Ästen und Klafterholz und in Pfählen vor (Cymorek 1974). Insofern besiedelt er durchaus gleiche Substrate wie ein Borkenkäfer. Auch der Körperbau ist ähnlich. Der Kopf wird weitgehend durch den Halsschild überschirmt, der Halsschild zeigt in seiner vorderen Hälfte eine Bezahnung, die Flügeldecken haben im letzten Viertel einen Absturz und die Beine sind sehr gut zum Graben im Holz geeignet. Alle aufgeführten Merkmale trifft man auch bei Borkenkäfern an. Allerdings sind die Fühler der Kapuzenkäfer nicht geknickt (gekniet). Darin unterscheiden sich die Unterfamilien.

Abb. 2: *Lyctus linearis* (Goeze, 1777) – Parkettkäfer (Mus. Frankfurt). Der in Mitteleuropa weit verbreitete Käfer wurde auch nach Nordamerika eingeschleppt. Der Parkettkäfer ist im Freiland die häufigste *Lyctus*-Art bei uns. Die Larven haben Beine und ernähren sich hauptsächlich von Eichensplintholz, aber auch Tropenhölzer werden angenommen. In Innenräumen und Holzimportlagern ist meist der aus den Tropen stammende Braune Splintholzkäfer (*Lyctus brunneus*) anzutreffen. Der Körper beider Arten ist flach und stäbchenförmig, die Fühler sind 11-gliedrig und die Fühlerkeule besteht aus zwei verbreiterten und abgeflachten Gliedern.

zeichnen, müssen ihrem binären Namen noch der Name des Erstbeschreibers dieser Art sowie das Jahr der Veröffentlichung angefügt werden. In der Zoologie werden Autorenname und Jahreszahl durch ein Komma getrennt – z. B.: *Pityophthorus knoteki* Reitter, 1898. Häufig auftretende Autorennamen können auch abgekürzt werden; z. B. schreibt man L. für Linné. Wird eine Art aus systematischen Erwägungen heraus in eine andere Gattung versetzt, so wird die gesamte Ergänzung aus Autor und Jahreszahl in Klammern gesetzt - wie z. B. *Ips typographus* (L., 1758). Der dazugehörige deutsche Name „Buchdrucker" wird als Trivialname bezeichnet. Dieser kann regional schon abgewandelt sein (z. B. Großer achtzähniger Fichtenborkenkäfer), spätestens aber in einer Fremdsprache lautet er völlig anders (engl. spruce bark beetle). Darum ist er für den international tätigen Wissenschaftler wenig brauchbar. Die deutschen Namen sind oft zusammengesetzt. Ist das erste Wort ein Substantiv, so verwenden wir einen Bindestrich: Waldreben-Borkenkäfer (*Xylocleptes bispinus*). Ist es ein Adjektiv, so wird es mit großem Anfangsbuchstaben geschrieben: Sechszähniger Kieferborkenkäfer (*Ips acuminatus*). Werden zwei Adjektive verwendet, so wird nur das erste Wort mit großem Anfangsbuchstaben geschrieben.

Maßgebend für die wissenschaftliche Artbenennung ist der erste gültig vergebene Artname (Prioritätsregel). Spätere Benennungen, die in Unkenntnis der Erstbeschreibung vergeben wurden, heißen Synonyme und sind ungültige Namen. Benennungen vor 1758 (dem Erscheinungsjahr der 10. Auflage von Linnes „Systema naturae") werden nicht berücksichtigt (verändert nach Honomichl 2003).

Die vergleichbare Lebensweise der holzbewohnenden Käfer erzwingt spezifische Körperformen. Diese gleichgerichtete Entwicklung im Substrat Holz nennt man Konvergenz. Zu nennen sind z. B. Kapuzenkäfer (Bostrichydae Latreille, 1802) Abb. 1, Splintholzkäfer (Ptinidae: Lyctinae) Abb. 2 und Baumschwammfresser (Ciidae Leach, 1819; = Cisidae; = Cioidae) Abb. 3. Diese Käfergruppen sind aber nicht näher verwandt mit den Borkenkäfern. Sie werden hier vorgestellt aufgrund der Verwechslungsgefahr.

Die Borkenkäfer, die Splintkäfer und die Kernholzkäfer gehören zur artenreichen Familie der Rüsselkäfer. Diese weist weltweit über 50.000 Arten auf (Shin et al. 2017). Der Erfolg beruht insbesondere auf der Coevolution mit den Blütenpflanzen (Farell 1998) und der Entwicklung des Rüssels zur geschützten Eiablage in Pflanzen durch die weiblichen Käfer (Anderson 1993, 1995). Aber auch eine Kaskade von weiteren evolutionären Innovationen (Oberprieler et al. 2007), wie z. B. spezielle Nahrungsbeziehungen zu Pflanzen und Pilzen (z. B. Marvaldi et al. 2002) führten zur Arten-Radiation der Rüsselkäfer und zur Verminderung der Aussterberate dieser Arten (McKenna et al. 2015).

Nach genetischen und Aminosäuren-Untersuchungen sowie der Morphologie der Larven werden die **Kernholzkäfer** in die Nähe der Unterfamilie der Dryophthorinae Schoenherr, C.J., 1825 (Shin et al. 2017, Marvaldi 1997; Toussaint et al. 2017; Mugu et al. 2018; Chamorro et al. 2021) und Brachycerinae (Mugu et al. 2018) gestellt. Die Dryophthorinae weisen 153 (Chamorro et al. 2021) bis 197 Gattungen (nach Catalogue of Life, 21.01.2023) und 1.200 (Chamorro et al. 2021) bis 2.129 Arten (Catalogue of Life) auf. Die oft großen Tiere (von 1,5–28 mm *Protocerius colossus*) der Unterfamilie haben ihr Hauptverbreitungsgebiet weltweit in den tropischen Regionen. Meist ernähren sie sich von einkeimblättrigen Pflanzen. Sie leben vielfach an Wurzeln von Gräsern und im Holz von Palmen. Sie werden deshalb auch „palm weevils" im englischen Sprachraum genannt. In dieser Unterfamilie finden wir wirtschaftlich wichtige Bananen-, Zuckerrohr-, Mais-, Palmen- und Vorratsschädlinge (Rheinheimer & Hassler 2013). Hier sei beispielhaft der Reiskäfer (*Sitophilus oryzae*) Abb. 4 aus der Gattung der Kornkäfer und *Diocalandra frumenti* (J.C.Fabricius, 1802) Abb. 5 genannt.

Abb. 3: *Cis bidentatus* (Oliver, 1790)(Senckenberg-Sammlung Frankfurt) Öswaldhütte, Schafreuter Grat und –Hang (Bayern, TK 50 Karwendelgebirge), leg. G. Flechtner 26.8.2003. Die Baumschwammfresser werden auch Hartpilzkäfer genannt. In Mitteleuropa gibt es zwei Unterfamilien: Cisinae Leach, 1819 (Vorderhüften durch einen Prosternalfortsatz getrennt) und Orophinae Thomson, 1863 (Vorderhüften berühren sich innen, ein Prosternalfortsatz fehlt). Die Fühler sind 8- bis 10-gliedrig und die Füße (Tarsen) sind 4-gliedrig mit einem stark vergrößerten Klauenglied. Die beintragenden Larven als auch die Käfer ernähren sich von Pilzen (mycetophag) und verlassen nur für die Schwärmzeit den Brut- und Nahrungshabitat (Baumschwämme oder seltener verpilztes Holz). Sie besiedeln nadel- als auch laubholzzersetzende Schwämme. Dabei spielen Baumpilze mit einer zähen (z. B. *Coriolopsis*, *Trametes*) bis harten (z. B. *Fomitopsis*, *Fomes*) Fruchtkörperkonsistenz eine weit größere Rolle als weichfleischige (z. B. *Laetiporus*, *Polyporus*) Pilze (Reibnitz 1999).

Abb. 4: Der Reiskäfer (*Sitophilus oryzae* A. Hustache, 1930) als ein Vertreter aus der Unterfamilie der Dryophthorinae. (Entomologische Sammlung der Forstzoologie, Universität Göttingen).

Abb. 5: *Diocalandra frumenti* (J.C.Fabricius, 1802). Der weltweit verschleppte Rüsselkäfer befällt viele Palmen (*Cocos nucifera*, *Phoenix dactylifera*, *P. canariensis*, *Elaeis guineensis* und weitere Arten). Er überträgt auch Schadpilze wie z. B. *Thielaviopsis paradoxa*, der das Holz der Palmen zermürbt. Dies führt zu einer erheblichen Gefahr für Menschen durch herabstürzende Palmenteile.

Abb. 6: *Anthonomus phyllocola* (J.F.W. Herbst, 1795)(Senckenberg Sammlung Frankfurt). Darmstadt, 12.7.1961.

Erste Nachweise von **Borkenkäfern** stammen aus der mittleren Kreidezeit (ca. 120 Millionen Jahre; Kirejtshuk et al. 2009). Sie entwickelten sich zeitgleich mit der Radiation der Samen-/Blütenpflanzen (Spermatophyta). Aufgrund ihrer evolutionären Plastizität und Anpassungsfähigkeit sind Borkenkäfer in der Lage, sich in gesunden, toten oder sterbenden Pflanzen zu entwickeln. Deshalb sind sie von zentraler Bedeutung für die Ökologie der Wälder. Die Splint- und Borkenkäfer weisen zusammen ca. 6.000 Species in 247 Gattungen und 26 Triben auf. 86 % der Gattungen sowie 79 % der Arten finden wir in den Tropen und Subtropen. Davon töten nur 1 % regelhaft gesunde Bäume (Alonso-Zarazaga und Lyal 2009; Kirkendall et al. 2015).

Nach Shin et al. (2017) ist die Gattung *Scolytus* am nächsten mit der Rüsselkäfer-Gattung *Anthonomus* Germ., 1817 (Blüten- und Knospenstecher) verwandt (Abb. 6). Beide Gattungen wären nach der genannten Publikation zu den Faulholzrüsslern (Gattung *Cossonus* Clairville, 1798) zu stellen (Abb. 7). Diese Gruppierung würde wiederum eine evolutionäre Verwandtschaftsgruppe mit den restlichen Borkenkäfern bilden (Shin et al. 2017). Für eine eigene Entscheidung fehlen mir noch ausreichende Materialsichtungen.

Abb. 7: *Cossonus parallelepipedus* (J.F.W. Herbst, 1795)(Senckenberg Sammlung Frankfurt). Rheininsel Kühkopf, 2.5.1957, Coll. H. Vogt.

Abb. 8: Die Abstammung (Phylogenie) einiger Rüsselkäfer-Unterfamilien anhand genetischer Merkmale. Die Kernholzkäfer (Platypodinae) sind näher mit den Dryophthorinae verwandt. Die Splintkäfer (*Scolytus*) bilden keine monophyletische Gruppe mit den Borkenkäfern (hier z. B. *Hylesinus*, *Dendroctonus* und *Tomicus*). Sie sind demnach keine enge Verwandte. Der größere genetische Abstand rechtfertigt die Bildung zweier getrennter Unterfamilien: Scolytinae und Ipinae. Abbildung aus Mugu, S., Pistone, D. & B.H. Jordal (2018): New molecular markers resolve the phylogenetic position of the enigmatic wood-boring weevils Platypodinae (Coleoptera: Curculionidae). Arthropod Systematics & Phylogeny 76 (1): 45–58.

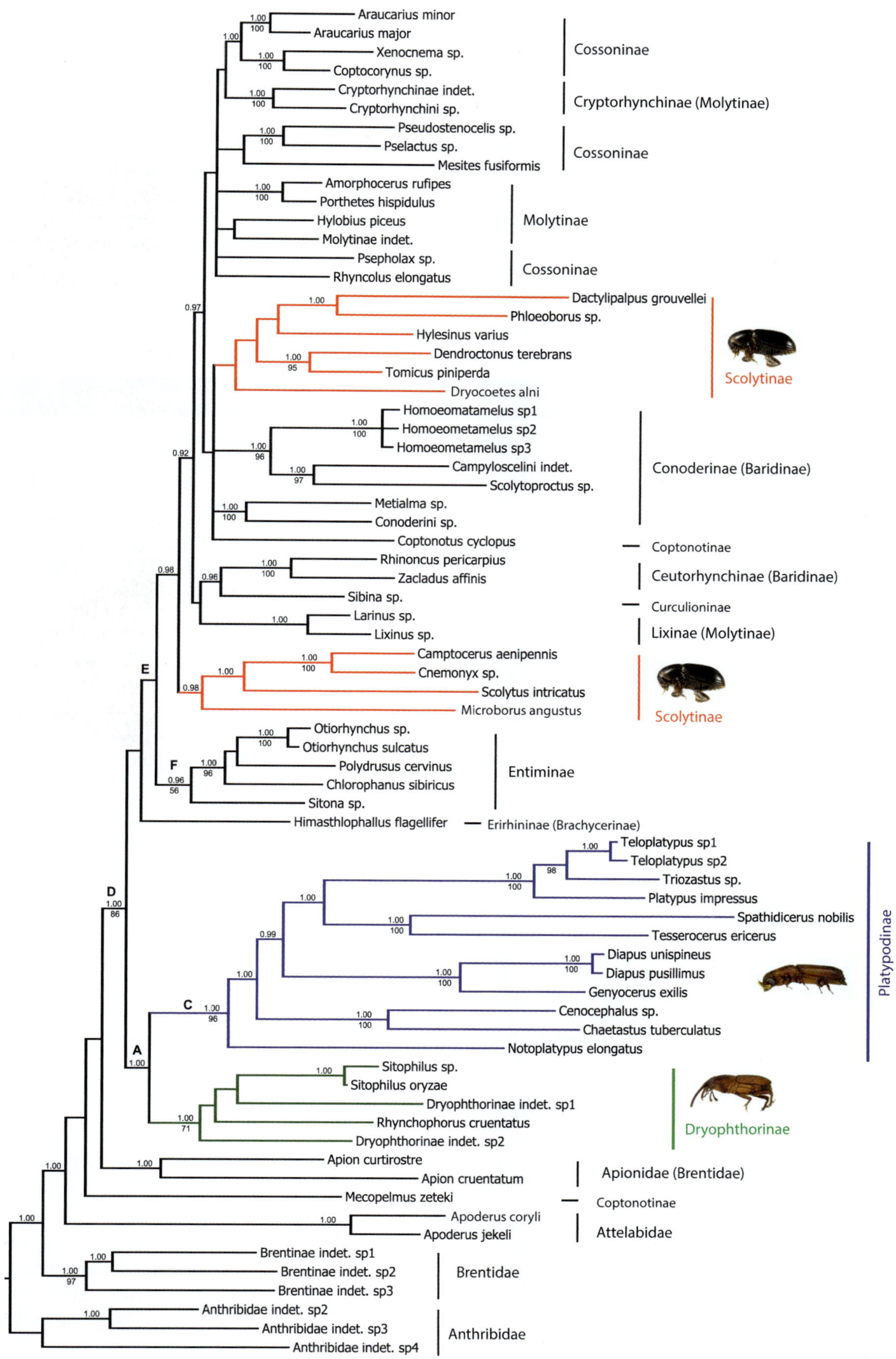
Araucarius minor
Araucarius major
Xenocnema sp.
Coptocorynus sp.
Cossoninae
Cryptorhynchinae indet.
Cryptorhynchini sp.
Cryptorhynchinae (Molytinae)
Pseudostenocelis sp.
Pselactus sp.
Mesites fusiformis
Cossoninae
Amorphocerus rufipes
Porthetes hispidulus
Hylobius piceus
Molytinae indet.
Molytinae
Psepholax sp.
Rhyncolus elongatus
Cossoninae
Dactylipalpus grouvellei
Phloeoborus sp.
Hylesinus varius
Dendroctonus terebrans
Tomicus piniperda
Dryocoetes alni
Scolytinae
Homoeomatamelus sp1
Homoeometamelus sp2
Homoeometamelus sp3
Campyloscelini indet.
Scolytoproctus sp.
Metialma sp.
Conoderini sp.
Conoderinae (Baridinae)
Coptonotus cyclopus
Coptonotinae
Rhinoncus pericarpius
Zacladus affinis
Ceutorhynchinae (Baridinae)
Sibina sp.
Curculioninae
Larinus sp.
Lixinus sp.
Lixinae (Molytinae)
Camptocerus aenipennis
Cnemonyx sp.
Scolytus intricatus
Microborus angustus
Scolytinae
E
Otiorhynchus sp.
Otiorhynchus sulcatus
Polydrusus cervinus
Chlorophanus sibiricus
Sitona sp.
F
Entiminae
Himasthlophallus flagellifer
Erirhininae (Brachycerinae)
Teloplatypus sp1
Teloplatypus sp2
Triozastus sp.
Platypus impressus
Spathidicerus nobilis
Tesserocerus ericerus
Diapus unispineus
Diapus pusillimus
Genyocerus exilis
Cenocephalus sp.
Chaetastus tuberculatus
Notoplatypus elongatus
Platypodinae
D
C
A
Sitophilus sp.
Sitophilus oryzae
Dryophthorinae indet. sp1
Rhynchophorus cruentatus
Dryophthorinae indet. sp2
Dryophthorinae
Apion curtirostre
Apion cruentatum
Apionidae (Brentidae)
Mecopelmus zeteki
Coptonotinae
Apoderus coryli
Apoderus jekeli
Attelabidae
Brentinae indet. sp1
Brentinae indet. sp2
Brentinae indet. sp3
Brentidae
Anthribidae indet. sp2
Anthribidae indet. sp3
Anthribidae indet. sp4
Anthribidae

Die Unterfamilie Scolytinae Latreille, 1807 wird momentan noch in drei Hauptgruppen unterteilt: Bastkäfer, Borkenkäfer im engeren Sinne und Splintkäfer. Aufgrund genetischer (Jordal et al. 2011; Gillett et al. 2014, Mugu et al. 2018, Shin et al. 2018) und vieler morphologischer Merkmale ist die Gattung *Scolytus* Geoffrey, 1762 (Splintkäfer) als eigene Rüsselkäfer-Unterfamilie (Scolytinae) einzustufen (siehe Tabelle 1). Die Borkenkäfer (Ipinae) und die Splintkäfer (Scolytinae) sind demnach evolutionär nicht auf eine gemeinsame Wurzel zurückzuführen (polyphyletisch). Auch mit den Kernholzkäfern sind sie nicht näher verwandt. Die Gruppierung in zwei eigenständige Unterfamilien entspricht auch der ursprünglichen Anordnung von Edmund Reitter aus dem Jahre 1913. Nach diesem Autor werden die restlichen Borkenkäfer als Unterfamilie Ipinae Reitter, 1913 zusammengefasst. Darin unterscheiden wir die Bastkäfer und die Borkenkäfer im engeren Sinne, auch Gezähnte Borkenkäfer genannt. Diese wiederum sind im nachfolgenden Kapitel 5.3 in Gattungen aufgetrennt.

In Tabelle 1 sind die morphologischen Merkmale zur Unterscheidung der beiden Unterfamilien Ipinae und Scolytinae gegenübergestellt.

Tabelle 1: **Morphologische Unterscheidungsmerkmale der Unterfamilien der Borkenkäfer (Ipinae Reitter, 1913) und der Splintkäfer (Scolytinae Latreille, 1804).**

	Splintkäfer (Scolytinae)	Borkenkäfer (Ipinae)
Außenseite der Vorderschienen	Zahnlose, glatte Außenkante.	Bezähnter Außenrand.
Elytren-Form	Die Elytren verlaufen weitgehend horizontal mit einer kleinen Stufe im letzten Viertel. Es sind nie Zähne auf den Elytren.	Die Elytren senken sich ab der Mitte oder dem letzten Drittel allmählich nach unten oder sie stürzen im letzten Drittel abrupt nach unten. Im letzten Fall treten randlich auch Zähne auf.
Elytren-Behaarung	Am Ende der Elytren sind kurze Doppelhaare. Der Flügeldecken-Hinterrand trägt anliegende Haare.	Merkmal in dieser Ausprägung kommt nicht vor.
Verteilung der Mechanorezeptoren auf den Hinterflügeln (Alae) (Białkowski et al. 2024)	*Scolytus* weist eine spezifische Verteilung der Mechanorezeptoren auf, die sonst keine Borkenkäfer-Gattung aufweist.	Es existiert eine große Vielfalt an Kombinationen der Verteilung der Mechanorezeptoren.
Hinterleib	Der Hinterleib steigt nach hinten an. Die Sternite können kann Zähne, Fortsätze oder Verdickungen aufweisen.	Der Hinterleib steigt nie nach hinten auf. Die Sternite tragen nie Zähne, Fortsätze oder Verdickungen.
Oberkopf	Die rundlichen kleinen Vertiefungen mit sehr kurzen Härchen erinnern an die Oberfläche einer Erdbeere. Der Kopf ist immer von oben sichtbar.	Die Kopfoberfläche ist anders gestaltet.
Stirn	Die Stirn trägt ein typisches Fächer-Streifenmuster oder ist gekörnt.	Ein Fächermuster tritt nicht auf.
Fühlerkeulen-Form	Die Fühlerkeule ist relativ eckig.	Die Fühlerkeulen sind anders geformt.
Augen-Form	Die Augen sind relativ schlank, stark tailliert und langgestreckt.	Die Augen können auch verengt sein. Dann sind sie aber nur auf einer Seite eingebuchtet.
Körperproportionen	Kopf (Caput) und Halsschild (Pronotum) sind oft so lang wie die Flügeldecken (Elytren).	Kopf (Caput) und Halsschild (Pronotum) sind bei den Weibchen immer und bei den meisten Männchen deutlich kürzer als die Flügeldecken (Elytren).

	Splintkäfer (Scolytinae)	Borkenkäfer (Ipinae)
Scutellum (Schildchen)	Das Scutellum ist stark behaart. Es ist stark eingetieft und die angrenzenden Flügeldecken-Teile ebenfalls.	Die Behaarung des Scutellums ist variabel. Oft ist es auch vollständig unbehaart. Das Scutellum ist nicht stark eingetieft und die angrenzenden Flügeldecken-Teile ebenfalls nicht.
Pronotum-Vorderrand-Behaarung	Die längere Halsschildvorderrand-Behaarung endet auf Augenhöhe.	Es ist ein Kontinuum der Behaarung gegeben. Es gibt keinen abrupten Übergang von langen und sehr kurzen Haaren am Pronotum-Vorderrand.
Pronotum-Rand	Der Halsschild ist an der Basis und an den Seiten deutlich gerandet.	Die Berandung ist sehr verschieden ausgeprägt. Sie kann auch völlig fehlen.
Pronotumbehaarung	Die seitliche lange Behaarung im vorderen Bereich ist unterhalb des Randes inseriert und nach vorne oben gerichtet.	Die Behaarung sieht immer anders aus.
Körperfärbung	Der Körper ist schwarz gefärbt und die Beine und Elytren rotbraun. Das Pronotum (Halsschild) ist entweder scharz oder rotbraun gefärbt.	Es herrschen dunkle Brauntöne vor. Schwarz tritt selten auf; wenn, dann sind auch die Elytren schwarz gefärbt.
Vordertibien-Außenseite	Glatt und in einen Hakenzahn auslaufend.	Außenrand gezähnt.
Einklappung der Vorderfüße	Werden nach hinten eingeklappt.	Werden nach vorne oder seitlich eingeklappt.
Vordertibien-Rückseite	Sie trägt ovale Vertiefungen.	Keine ovalen Vertiefungen.
Hintertibien-Behaarung	Der obere Bereich der Hintertibien trägt wenige lang abstehende Haare	Die Hintertibie trägt im oberen Bereich keine langen abstehenden Haare.
Stridulations-Apparat	Gula-Prosternal-Typ	Vertex-Pronotal-Typ bei der Gattung *Ips* und Elytral-Tergal-Typ* bei weiteren Borkenkäfer-Gattungen.

*Auch Elytro-Tergal-Typ genannt.

Weltweit wurden 127 rezente und 4 fossile *Scolytus*-Arten beschrieben. Nur 17 Arten davon leben in der Paläarktis (verändert nach Petrov et al. 2019).

2.2 Morphologie und Anatomie der Käfer

Tabelle: Morphologische Fachbegriffe

Deutsch	Wissenschaftlich	Englisch	Französisch
Absturz		Elytral declivity	Déclivité
Absturzzähne		Spines of elytral declivity	Tubercules latéraux
Basale Pronotumecke			Angle basal du pronotum
Basaler Pronotumrand		Pronotal base	Crète basale du pronotum
Basaler Schaft/ Fühlerschaft	Scapus	Scape	Scape
Epistomalnaht mit Tuberkeln	Frontoclypealis	Epistomal suture with a row of tubercles	
Erstes Fühlergeißel-Glied/ Wendeglied	Pedicellus	Pedicel/1st funicle segment	Pédicelle
Flachauslaufendes Absturzende		Flatten out elytral apex	Explanation de l'élytre
Flügeldecke	Elytre	Elytron	Élytre
Flügeldecken-Naht		Elytral suture	Suture
Flügeldecken-Scheibe		elytral disc	Disque de l'élytre
Flügeldecken-Schulter			Épaule
Fühler-Geißel	Flagellum	Funicle	Funicule
Fühler-Glieder	Flagellum Segmente	Funicle segments	Articles du funicule
Fühler-Keule		Antennal club	Massue
Fühlerkeulen-Nähte		Antennal club sutures	Sutures de la massue
Halsschild/Pronotum	Pronotum	Pronotum	Pronotum
Halsschild-Scheibe		Pronotal disc	Disque du pronotum ou zone punctuée
Halsschild-/Pronotum-Zähnchen im vorderen Bereich		Asperities	Spicules antérieures du pronotum ou zone spiculée
Hinterbrust-Sternit	Metasternum	Metasternit	Métasternum
Hintercoxa/Hinterhüfte	Metathorakale Coxa	Metatoracic coxa	Coxa postérieur
Hinterleib	Abdomen	Abdomen	Abdomen
Hinterleibs-Sternite	Urosternite/Abdominalsternite	Abdominal sternites	Urosternite
Kehle/Gula	Gula	Gula	Gula
Körperabschnitte: Kopf, Brust, Hinterleib	Tagmata: Caput, Thorax, Abdomen	Body parts/Tagmata: Head, Thorax, Abdomen	Parties du corps/ Tagmata: Tête, Thorax, Abdomen.
Komplexauge/Facettenauge	Oculi compositi	Compound eye	Oeil
Kopf	Caput	Head	Tête
Laterale Pronotumleiste		Lateral margin of pronotum	Bordure latérale du pronotum
Hinterbrust-/ Metathorakales Episternum	Metathorakales Episternum	Metepisternum	Épisterne métathoracique

Deutsch	Wissenschaftlich	Englisch	Französisch
Mittelbrust-Episternum	Mesothorakales Episternum	Mesepisternum	Épisterne mésothoracique
Mittelbrusthüfte/-Coxa		Mesothoracic coxa	Coxa intermédiaire
Mittelbrust-Sternum/-Sternite	Mesothorakales Sternum/-Sternite	Mesosternit	Mésosternum
Oberkiefer	Mandibulae	Mandibles	Mendibules
Punktreihen		major rows of punctures on elytra/ elytral striae	Stries
Scheitel	Vertex	Vertex	Vertex
Schildchen/Scutellum	Scutellum, durch die V-Naht abgeteiltes kaudales Tergit-Teil des Mesothorax	scutellar shield/ Mesotergum	Scutellum
Sinneshaar	Sensillum	Sensillum	Poils sensoriels
Stirn	Frons	Frons	Front
Unterkiefer	Maxillen	Maxillae	Maxillaires
Unterlippe	Labium	Labium	Labium
Vordercoxa/Vorderhüfte	Prothorakale Coxa	Prothoracic coxa	Coxa antérieurs
Vorderer Teil des Pterothorax-Tergums	Praescutum	Praescutum	Praescutum
Zwischenreihen		elytral interstriae	Interstries

Alle Arten innerhalb der Überfamilie der Rüsselkäferartigen (Curculionoidea) tragen ähnliche morphologische Merkmale. Ob sie allerdings miteinander verwandt sind, ist noch umstritten. Sprechen mehrere unabhängige Charakteristika für eine gemeinsame Abstammung so nennt man dies monophyletisch. Allgemein bezeichnet man solche Verwandtschaftsgruppen als Taxon, unabhängig von der systematischen Hierarchie-Stufe.

Die Unterfamilien der Kernholzkäfer (Platypodinae), Splintkäfer (Scolytinae) und Borkenkäfer (Ipinae) gehören alle zur Familie der Rüsselkäfer (Curculionidae). Die Familie ist durch folgende morphologische Merkmale charakterisiert: Der Kopf ist schwach bis stark rüsselartig verlängert, Fühler meist in Gruben oder Furchen eingelenkt und gekniet (geknickt). Das erste Glied wird Schaft (Scapus) genannt und ist verlängert, die nachfolgenden Glieder sind kurz. Die letzten Fühlerglieder sind deutlich abgesetzt zu einer Fühlerkeule. Ist der Fühler nicht gekniet, dann ist der Rüssel besonders lang und dünn. Die Füße (Tarsen) sind gewöhnlich 5-gliedrig. Das 4. Tarsenglied ist meist in das zweilappige 3. Tarsenglied eingesenkt und kaum sichtbar. Im Gegensatz zu den meisten Rüsselkäfern, die sich durch den Besitz eines ausgeprägten, zuweilen recht langen Rüssels auszeichnen, fehlt ein solcher den genannten Unterfamilien entweder völlig oder es ist nur eine kurze, rüsselähnliche Verlängerung des Kopfes vorhanden (*Hylastes*). In der Ausbildung der Vorderschienen unterscheiden sich die Borken-, Splint und Eichenkernholzkäfer ebenfalls von den Rüsslern. Entweder ist der Außenrand der Vorderschienen gezähnt (Bast- und Borkenkäfer) oder, sofern ungezähnt, befindet sich am apikalen Ende ein starker, nach innen gekrümmter Haken (Splintkäfer – *Scolytus*).

Biologisch ist ein wesentlicher Unterschied zu sehen, dass bei den restlichen Rüsselkäfern die Ablage der Eier in vom Mutterkäfer mit dem Rüssel in die Rinde genagte Löcher vor sich geht. Demgegenüber werden bei den drei genannten Unterfamilien die Eier in Gängen abgelegt. Diese fertigen die Weibchen, bei manchen Arten auch die Männchen (Einbohrloch und Rammelkammer) und Weibchen (Muttergänge) in gemeinsamer Arbeit in der Rinde oder im Holz an, wozu sie mit ihrem ganzen Körper in das Pflanzengewebe eindringen müssen. Dieser besondere Modus der Eiablage findet zudem seinen Niederschlag in der Ausbildung der für die Borken-, Splint- und Eichenkernholzkäfer charakteristischen Brutbilder oder Brutsysteme.

Morphologie der Eichenkernholzkäfer (Unterfamilie **Platypodinae Shuckard, 1840**)

Der Schwerpunkt der Arten liegt in den Tropen und Subtropen. Dort werden Längen von 1,5 bis 12 mm erreicht. Unsere europäischen Arten haben folgende Größen: *Platypus cylindrus* Männchen 4,7–5,5 mm, Weibchen 5–5,8 mm und *Treptoplatypus oxyurus* Männchen 4–5,2 mm, Weibchen 4–5 mm. Die Kernholzkäfer sind allgemein langestreckt und weisen parallele Seiten auf. Weitere Merkmale der Adulttiere und Larven sind in Kapitel 5.1 aufgelistet.

Morphologie der Splintkäfer (Unterfamilie **Scolytinae Latreille, 1804**)

Die Splintkäfer sind klein bis mittelgroß (1,5–7 mm) und rotbraun bis schwarz gefärbt. Meist ist die Körperoberfläche glänzend, selten matt. Die Vorderschienen sind auf der Außenseite glatt und ohne Zähne. Sie laufen in einem endständigen nach innen gekrümmten Haken aus. Der Kopf ist teilweise von oben sichtbar. Die Stirn ist beim Männchen flach oder leicht eingedrückt und stärker behaart, beim Weibchen ist sie gewölbt und spärlich behaart. Augen flach ausgerandet. Fühler mit 7 -gliedriger Geißel und mit großer, längsovaler Keule, deren Nähte von der Basis zur Mitte vorgezogen sind. Am Vorderrand ist der Halsschild (Pronotum) meist eingeschnürt (subapikale Einschnürung). Er ist oft etwas länger als breit und an der Basis sowie an den Seiten deutlich gerandet. Halsschildscheibe punktiert. Punktierung an den Seiten gröber. Flügeldecken sehr flach gewölbt, streifenartig punktiert. Der Basalrand der Flügeldecken ist nicht aufgebogen oder gekerbt oder gehöckert. Abdomen seitlich von den Flügeldecken unbedeckt, vom zweiten Segment schief zum Hinterleibsende aufsteigend. Einzelne Sternite meist mit artspezifischen oder geschlechtsspezifischen Bildungen (z. B. einem Horn). Die Sternite der Hinterleibssegmente sind unterschiedlich lang und unterscheiden sich auch wesentlich in der Skulpturierung sowie Behaarung. Tarsen dünn, drittes Glied zweilappig (tief eingeschnitten). Geschlechtsdimorphismus bei der Stirn- und sehr oft bei der Abdominalstruktur sichtbar. Auf der Unterseite des Kopfes, im Bereich der Kehle (Gula) befindet sich eine feine Querstreifung des Chitins, die an der Vorderkante des Prosternums durch nickende Bewegung des Kopfes gerieben werden kann, wodurch ein auch vom menschlichen Ohr wahrnehmbarer Ton erzeugt wird. Dieser Typ des Stridulationsapparates wird als „Gula-Prosternaltyp“ bezeichnet.

Morphologie der Borkenkäfer (Unterfamilie **Ipinae Reitter, 1913)**

Die Borkenkäfer sind sehr kleine bis mittelgroße Käfer von 0,8 bis 9 mm Länge, von überwiegend langzylindrischer, seltener gedrungener Gestalt. Hinsichtlich ihrer Färbung herrschen dunkle Töne vor.

Die Augen sind abgeflacht und die Fühler können eingeklappt oder dicht an den Kopf angelegt werden. Kopf und Halsschild (Pronotum) sind stark sklerotisiert. Die ebenfalls harten Flügeldecken (Elytren) ergeben eine gute Panzerung gegen unspezialisierte Prädatoren. Der Kopf ist passgenau in die runde vordere Halsschildöffnung eingefügt. Der Kopf wird durch den Halsschild (Pronotum) in größerem Umfang verdeckt. Der Halsschild-Vorderrand trägt innenliegend einen feinen und dichten Haarkranz, der sehr effektiv die bei der Nagetätigkeit anfallenden feinen Holzpartikel abfängt. Durch Kopf-Einziehen in die Halsschild-Kapsel kann der Käfer schnell und effizient die Komplexaugen mit dem genannten Haarkranz reinigen.

Bei einigen Arten kann der Vorderkopf zu einem kurzen, rüsselähnlichen Gebilde ausgezogen sein (manche Hylesinini). Entsprechend ihrer Lebensweise als holz- oder rindenbewohnende Insekten verfügen die Borkenkäfer über kräftig ausgebildete Oberkiefer (Mandibeln) und die dazu passende Muskulatur. Die Fühler, in der Nähe der Augen, meist vor diesen eingelenkt, sind bei nahezu allen Arten sehr kurz und stets gekniet. Fühlerschaft, Geißel – meist 4- bis 7-gliedrig, Fühlerkeule, letztere häufig scheibenförmig, auch knopfförmig, vielfach durch Nähte gegliedert, weisen große Mannigfaltigkeit der Größenverhältnisse untereinander sowie der Ausformung der Fühlerkeule auf. Scheitel- und Clypealregion zeigen oft besondere Skulpturen oder Haarbildungen.

Es existieren zwei Stridulationstypen. Beim „Vertex-Pronotaltyp“ befindet sich eine rillenartige Querstreifung auf dem Kopf-Scheitel. Durch Reiben an der ebenfalls mit Querstreifung versehenen Innenkante des Pronotums werden Töne erzeugt. Stridulationsapparate dieses Typus finden sich bei *Ips*-Arten. Der zweite Typ der Lauterzeugung ist der Elytral-Tergal-Typ. Zur Lauterzeugung wird hierbei die Hinterkante der Elytren (Flügeldecken) auf entsprechenden, sehr unterschiedlich strukturierten Tergit-Platten der hinteren Abdominalsegmente gerieben. Diesen Typ weisen *Dentroctonus*, *Hylastes* und *Tomicus* auf.

Die Augen liegen seitlich am Kopf. Sie sind groß und flach sowie kaum hervortretend, seltener oval, meist nierenförmig; bei manchen Arten sind sie vollständig geteilt, sodass vier Komplexaugen vorliegen (z. B. *Polygraphus*, *Trypodendron*).

Die Flügeldecken (Elytren) sind stark chitinisiert, in vielfältiger Weise skulpturiert, mit Punktreihen, borsten- oder auch schuppenförmigen Haaren in bestimmter Anordnung besetzt und überdecken das Abdomen in ganzer Länge. Die Flügeldecken können im flachen Bogen zur Hinterleibsspitze abfallen (z. B. Hylesinini) oder in ihrem hinteren Drittel mehr oder weniger steil in einem sogenannten Flügeldeckenabsturz die Spitze des Abdomens erreichen (z. B. *Ips*). Dieser Absturz ist oft muldenartig vertieft und – insbesondere bei den Männchen – am Außenrand mit einer Reihe z. Teil großer, vielfältig gestalteter Zähne besetzt. Die artcharakteristische Ausbildung des Flügeldeckenabsturzes stellt ein wichtiges Bestimmungsmerkmal dar.

Den häutigen Hinterflügeln (Alae) fehlen die Queradern.

An den kurzen robusten Beinen sind die Schienen (Tibia) abgeflacht, verbreitert, am Außenrand gekerbt oder mit Zähnchen in Sockeln bzw. Kegelborsten und Haaren besetzt. Damit können sie Bohrmehl gut aus den Brutgängen kehren. Die feingliedrigen Füße können eingeklappt werden. Die fünf Fußglieder (Tarsenglieder) sind dünn, meist drehrund, zuweilen das 3. Fußglied zweilappig, herzförmig (z. B. bei Hylesinini), das 4. Glied reduziert und tief eingesenkt in das 3. Fußglied.

Dorsalansicht

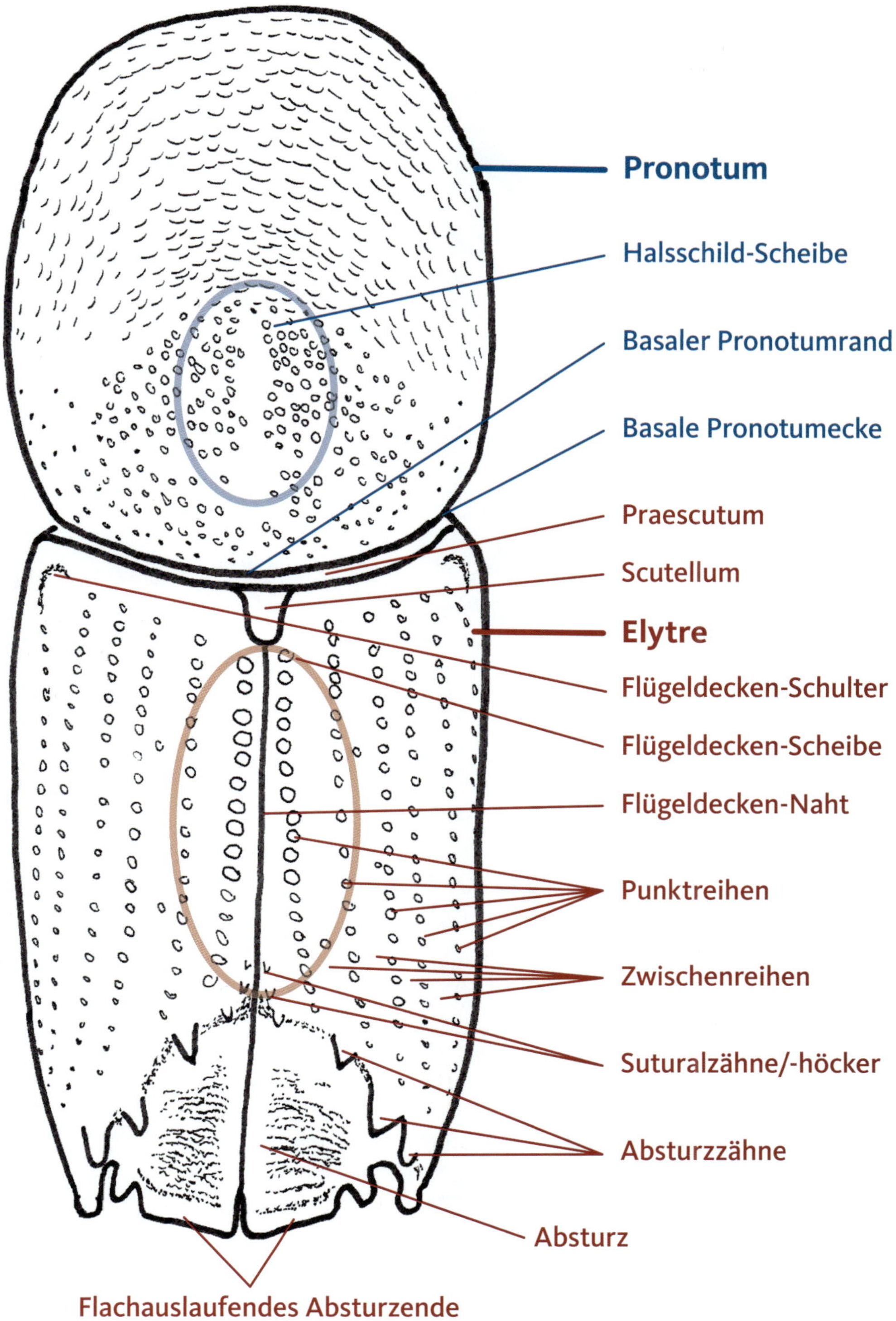

Aufsicht/Dorsalansicht von *Ips sexdentatus*. Die Behaarung ist nicht dargestellt.

Blau = Prothorax; **Rot** = Mesothorax

Lateralansicht

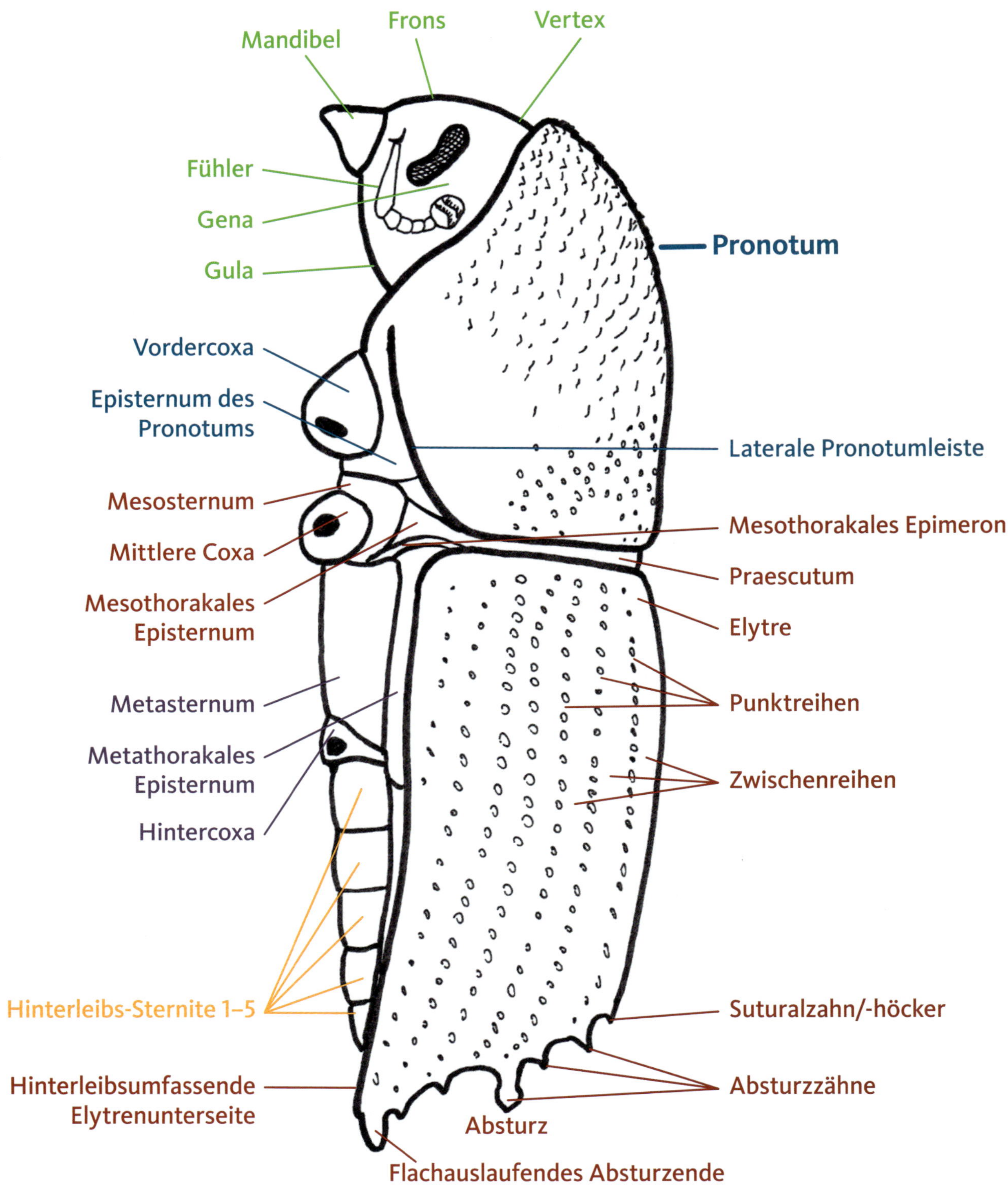

Lateral- /Seitenansicht von *Ips sexdentatus*. Die Beharrung, die Maxillar- und Labialpalpen sowie die Beine sind nicht dargestellt.

Grün = Kopf; **Blau** = Pronotum; **Rot** = Mesothorax; **Lila** = Metathorax; **Orange** = Abdomen

Ventralansicht

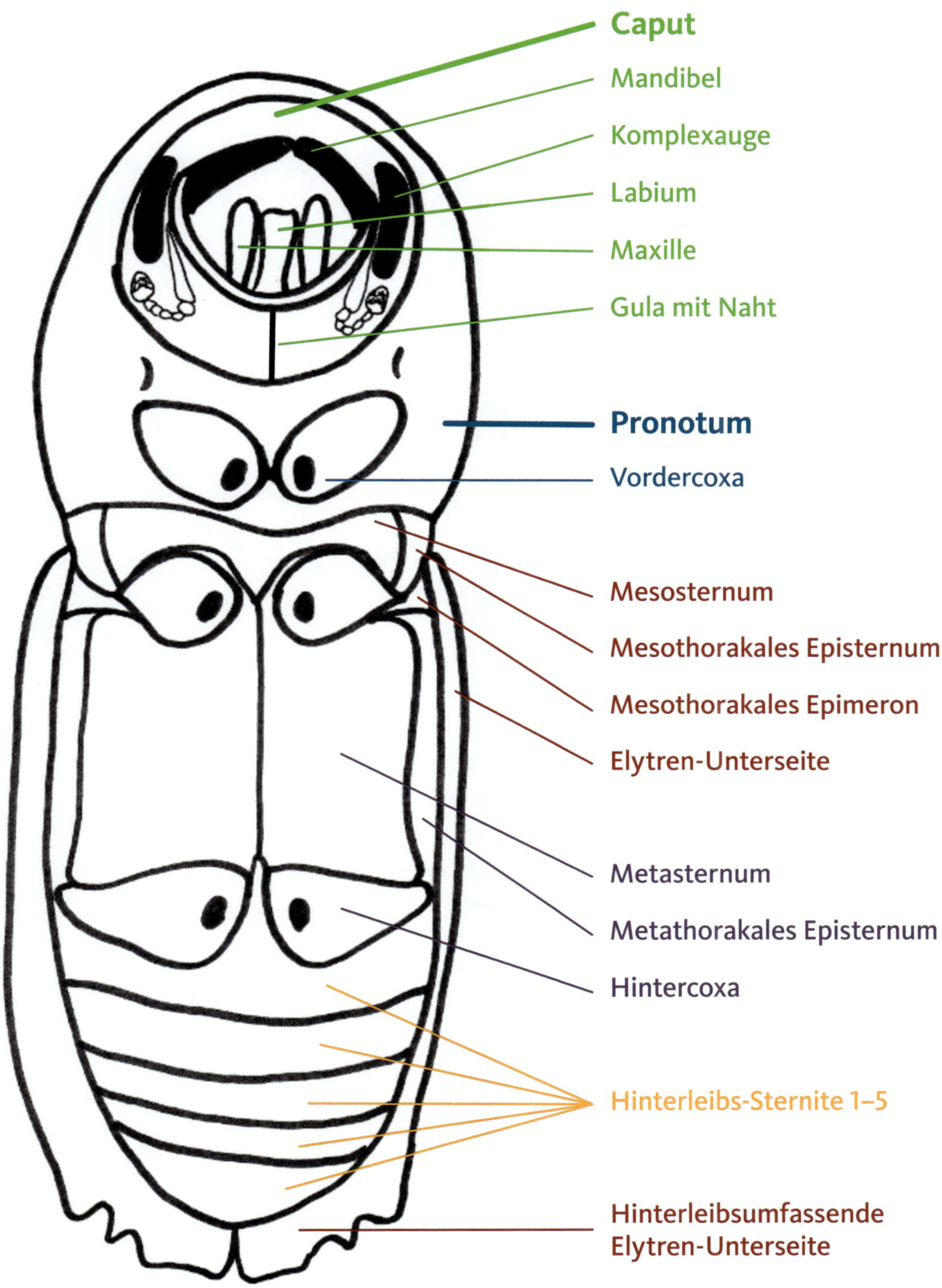

Ventralansicht/Unterseite von *Ips sexdentatus*. Die Behaarung, die Labial- und Maxillar-Taster sowie die Beine sind nicht dargestellt.

Tagmata: **Grün** = Kopf; **Blau** = Prothorax; **Rot** = Mesothorax; **Lila** = Metathorax; **Orange** = Abdomen

Fühler

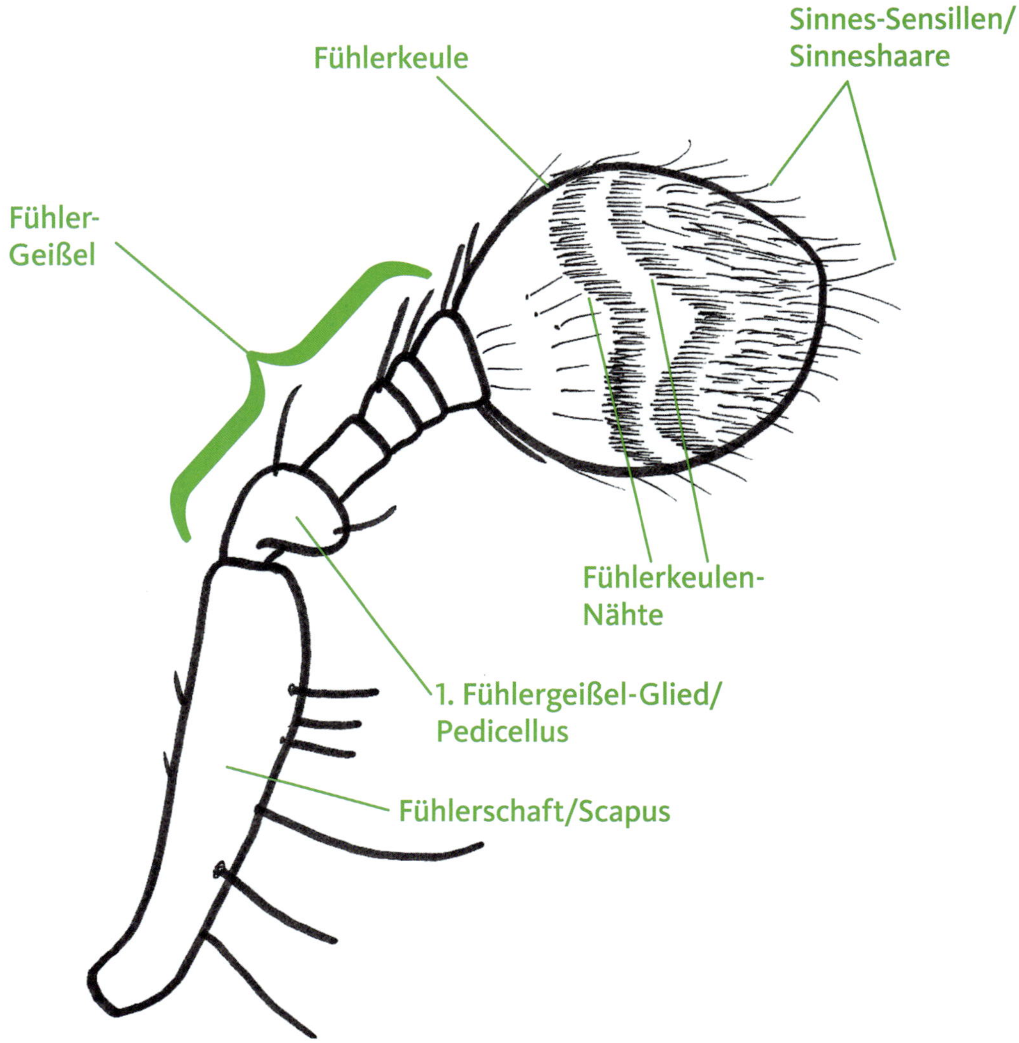

Geknieter Fühler bzw. Geißel-Antenne von *Ips sexdentatus*. Geißel-Fühler werden wissenschaftlich als klavate Antennen bezeichnet.

Die Fühler-Geißel besteht bei dieser Art aus 5 Gliedern. Allgemein ist bei Borkenkäfern das 1. Fühler-Glied (Pedicellus) auffällig anders als die Folge-Glieder geformt.

Der Hinterleib (Abdomen) besteht aus 8 Segmenten, von denen auf der Unterseite nur 6 Sternite sichtbar sind. Bei den Borkenkäfern sind die Sternite der Hinterleibssegmente durchwegs gleichförmig gestaltet, im Gegensatz zu den Splintkäfern (*Scolytus*).

Der Verdauungstrakt der Borkenkäfer ähnelt dem der holzfressenden Rüsselkäfer. Von einem kurzen, im Bereich des Epi- und Hypopharynx leicht erweiterten Schlund (Pharynx) ausgehend, führt die dünne Speiseröhre (Oesophagus) in eine kropfartige Erweiterung des Vorderdarmes, die sich in zwei Abschnitte gliedert. Der vordere Abschnitt, ein sackartiges Gebilde, dient zunächst zur Aufnahme der Nahrung. Seine Innenwand ist mit feinen, nach allen Richtungen stehenden Chitinhäkchen und Dornen ausgekleidet. Im nächsten Abschnitt, dem eigentlichen Kaumagen (Proventriculus) wird die Nahrung mit Hilfe der die Innenwandung auskleidenden, chitinigen Bildungen aus Querreihen von Zähnchen, Häkchen, Borstenreihen und bürstenähnlichen Gebilden völlig zerkleinert und gespeichert, um nach Bedarf in kleinen Mengen in den Mitteldarm zu gelangen. Bei den Pilzzüchtern ist der Proventriculus wesentlich schwächer ausgebildet. Da das aufgenommene Pilzmyzel weich und homogen ist, muss der Proventriculus kaum Nahrungs-Zerkleinerung oder -Filterung betreiben.

Im Mitteldarm findet die Verdauung statt. Je nach der Ernährungsweise der einzelnen Borkenkäferarten kann die Länge des Mitteldarmes sowie die Anzahl der Schlauchdrüsen und Divertikel recht verschieden sein. So besitzen beispielsweise Holzbrüter, die sich von Ambrosia-Pilzen ernähren, einen kurzen Mitteldarm ohne Divertikel. Die im Rindengewebe brütenden Arten verfügen über einen längeren, komplizierter gebauten Mitteldarm mit einer großen Zahl von Schlauchdrüsen und Divertikeln, um die nährstoffarme Nahrung, die zudem in größerer Menge aufgenommen werden muss, entsprechend verwerten zu können. Am Ende des Mitteldarmes münden die 6 Malpighischen Gefäße, die bei den Borkenkäfern als sehr dünne, feine, am Ende gekrümmte Schläuche ausgebildet sind. Sie dienen als Exkretionsorgane. Der Enddarm, länger als der Mitteldarm, mündet in einer stärker chitinisierten Rectalampulle.

Das äußere männliche Geschlechtsorgan, aus Penis und zwei Parameren bestehend, wird durch zusätzliche, ebenfalls stärker chitinisierte Teile und häutige Bildungen ergänzt.

Sekundäre Geschlechtsmerkmale sind bei vielen Borkenkäferarten ausgeprägt. Unterschiede in der Gestalt und Körpergröße treten insbesondere bei holzbrütenden Borkenkäfern hervor (z. B. *Anisandrus*, *Xylosandrus*), bei denen sehr kleine, flugunfähige Männchen vorkommen. Neben diesem besonders auffälligen Sexualdimorphismus sind auch die bei Männchen und Weibchen sehr deutlich ausgeprägten Unterschiede in der Form und Art der Bezahnung der Flügeldeckenabstürze bei einer Reihe von Arten der Ipinae zu erwähnen (z. B. *Pityogenes*, *Pityokteines*, *Orthotomicus*, *Ips*). Gut erkennbare bis oft nur undeutlich hervortretende Merkmale zur Unterscheidung der Geschlechter finden sich in besonderen Behaarungen und Skulpturen, besonders im Bereich des Vorderkopfes, auf dem Halsschild und auf den Flügeldecken (z. B. *Pityokteines*, *Pityophthorus*, *Pityogenes*, *Ips*).

Die **Larven** der Borkenkäfer sind bauchwärts leicht gekrümmt, beinlos, bis auf die gelblichbraune bis braune Kopfkapsel nur schwach chitinisiert, daher weich und von weißlicher Farbe. Die Dorsalseite des 2. und 3. Brustabschnittes (Meso- und Metanotum) ist meist mit je 2 Dorsalwülsten ausgestattet. Auf den Abdominalsegmenten 1 bis 8 sind je 3 Dorsalwülste vorhanden. Die Brustfüße sind durch kräftige Wülste ersetzt, die zusammen mit den Dorsalwülsten den Larven gute Fortbewegungsmöglichkeit in Fraßgängen bzw. in Brutgängen erlauben.

Stigmen sind in 9 Paaren vorhanden. Das 1. Stigmenpaar liegt lateral auf der Grenze von Pro- und Mesothorax. Die weiteren Stigmenpaare befinden sich an den Seiten der Abdominalsegmente 1 bis 8. Diese Abdominalstigmen sind bedeutend kleiner als die Vorderstigmen.

Die Mundwerkzeuge der Larve sind vom beißenden Typus mit kräftig ausgebildeten Mandibeln und Maxillen, letztere mit 2-gliedrigen Maxillar- bzw. Labialpalpen.

Die Larven der verschiedenen Borkenkäferarten gleichen sich habituell sehr. Die besten Merkmale zur Trennung von Gattungen und Arten bietet die larvale Kopfkapsel. Ein Bestimmungsschlüssel für Borkenkäfer-Larven existiert nicht (verändert nach Postner 1974).

Die erreichte individuelle Körpergröße, innerhalb der artspezifischen Grenzen, hängt von der Qualität und Quantität der von der Larve aufgenommenen Nahrung ab. Die Körpergröße wiederum bestimmt die Anzahl der abgelegten Eier, die physiologische Kraft, die Überlebensfähigkeit bei niedrigen Temperaturen und die Pheromonproduktion (Kirkendahl et al. 2015).

3 Biologie

Der Mensch verändert in immer stärkerem und schnellem Maße den Lebensraum Erde.

Dazu gehören der Klimawandel und die damit einhergehenden im Mittel steigenden Temperaturen, die Häufung von Trockenphasen und Extremereignissen wie Stürmen, der Anbau von einer oder wenigen bzw. standortsungeeigneten Baumarten, die kontinuierliche und intensive Beeinträchtigung der Bäume durch zu hohe Wildbestände, die (z. T. massive) Verletzung der Bäume bei Holzerntemaßnahmen oder im innerstädtischen Raum beim Rasenmähen oder im Zuge von Baumaßnahmen und die Einschleppung von fremden invasiven Arten. Die genannten Faktoren führen zu einer steigenden Schwächung, aber auch Mortalität der Bäume. Dies fördert allgemein die Ausbreitung und Massenvermehrung von Eichenkernholz- und Splintkäfern sowie insbesondere von Borkenkäfern. Der zunehmende internationale Holzhandel wird noch viele neue holzbewohnende Insektenarten nach Mitteleuropa bringen (verändert nach Raffa et al. 2015).

3.1 Die Brutbilder und Ernährungsweise von Rinden- und Holzbrütern sowie die Nahrung von Bewohnern krautiger Pflanzen

Die Borke mit der Phloemschicht sowie das Holz (Xylem) weisen einen geringen Stickstoffgehalt auf. Dieser Mangel würde die Entwicklungsdauer der holzbewohnenden Käfer-Arten sehr stark verlängern. Deshalb nutzen sie Mikroorganismen wie Pilze und Bakterien, außerhalb (Ektosymbionten) oder innerhalb des eigenen Körpers (Endosymbionten), um diesen Mangel zu kompensieren. Durch diese mikrobiologische Kooperation wird die Zellulose erschlossen. Zusätzlich können vorhandene Gifte der Wirtsbäume abgebaut werden. Der Buchdrucker (*Ips typographus*) bringt seinen symbiontischen Bläue-Pilz *Ceratocystis polonica* mit zum Wirtsbaum. Stilbene sind Abwehrsubstanzen von Nadelbäumen gegen Pilzbefall. Diese fungiziden Substanzen kann *C. polonica* abbauen und sogar für seinen eigenen Stoffwechsel nutzen (Hammerbacher et al. 2013). Der Nutzen für den Buchdrucker liegt im Abbau der Stilbene im Pflanzengewebe. Bei der Verstoffwechslung der Stilbene im Verdauungstrakt der Käferlarven können gefährliche Substanzen auftreten (Barbehenn et al. 2008). Dies wird durch den vorherigen Abbau der Stilbene durch den Bläuepilz verhindert (Hammerbacher et al. 2013). Stilbene sind auch eine interessante pharmakologische Stoffgruppe (Teka et al. 2022). Bei den amerikanischen Bastkäfer-Larven von *Dendroctonus rhizophagus* können die endosymbiontischen Bakterien neben dem Zellulose-Abbau auch den lebensnotwendigen Stickstoff fixieren (Morales-Jiménez et al. 2012). Dies ist ein erheblicher Vorteil in dem nährstoffarmen Pflanzengewebe.

In der Regel sind von Borkenkäfer übertragene Pilze nicht letal für Bäume. Eine Ausnahme sind *Ophiostoma ulmi* und *O. novo-ulmi*, die für das Ulmensterben verantwortlich sind (Raffa et al. 2015).

Das pflanzliche Gewebe verändert im Jahresverlauf seinen Gehalt an Substanzen. Im späten Jahr stehen wesentlich weniger verwertbare Nahrungsressourcen für die Käferentwicklung zur Verfügung. Entsprechend ungünstiger ist das Substrat für den Reproduktionserfolg. Allerdings sind auch die Wirtsbaum-Abwehrkräfte erheblich schwächer. Insofern ist die Gefahr des Scheiterns der Käfer, z. B. durch Einharzen, wesentlich geringer (trade-off)(Raffa et al. 2015).

Eichenkernholzkäfer (Unterfamilie **Platypodinae Shuckard, 1840**)

Hier wird nur *Platypus cylindrus* behandelt. In der Vergangenheit trat die Art insbesondere nach einer Folge sehr heißer Trockenjahre auf. Der Käfer brütet in Eichen, Buchen, Ulmen, Eschen, Platanen, Walnuss-Bäumen und Esskastanien. Er nutzt sowohl stehende als auch liegende Bäume. Frische Hölzer (Sommereinschlag/Sturmholz im Saft), Holz aus dem Wintereinschlag und älteres, bereits mehrere Jahre liegendes Holz sowie entrindete Stämme werden angebohrt. Für die Besiedlung stehender Stämme, auch mit guter Belaubung, scheint eine deutliche Vorschädigung z. B. durch Trockenstress, Wurzelpilze (z. B. Hallimasch), Wildeinwirkung oder ein Befall durch rindenbrütende Insekten (z. B. Borken- oder Prachtkäfer-Arten) Voraussetzung zu sein. Dabei durchbohrt der Käfer die intakte Rinde. Bevorzugt werden die unteren Stammteile. Die Dichte der Einbohrungen nimmt mit zunehmender Höhe ab. Am selben stehenden Baum erfolgt die Besiedlung unterschiedlich schnell in Abhängigkeit von der lokal vorliegenden Schädigung. Auch die Tiefe der Bohrgänge variiert entsprechend. Die geklumpte Besiedlung von stehenden Bäumen im Bestand deutet auf eine olfaktorische Anlockungsstrategie der Käfer hin (Aggregationspheromone). Liegendes Holz wird nach den günstigsten Bedingungen (Beschattung, Windruhe, Luftfeuchte) besiedelt. In der Sonne liegende Stämme werden meist auf der Schattenseite angenommen.

Die Anlage des Brutsystems erfolgt durch das Männchen (Initialbefall). Dieses legt radial, also senkrecht zur Stammoberfläche, einen Gang ins Holz hinein an. Zum Männchen gesellt sich später ein Weibchen hinzu. Die Paarung erfolgt auf der Holzoberfläche. Das Weibchen verlängert anschließend den vorhandenen Gang und das Männchen übernimmt den Abtransport des Bohrmehls. Die Bohrgänge weisen einen Durchmesser von ca. 1,6 bis 1,9 mm auf. Sie sind frei von Bohrmehl. Darin kultiviert er seinen Ambrosia-Pilz. In frischem Zustand ist er hell beige. Gealterter Pilz wird dunkelbraun bis schwarz. Die Käfer ernähren sich nur von ihrem Ambrosia-Pilz, nicht von dem Holzmaterial. Die Brutsysteme werden häufig wieder verlassen. Das Gangsystem verzweigt sich dreidimensional und kann eine Gesamtlänge von 1,8 m erreichen. Von den Gängen gehen Verfärbungen in Faserrichtung aus. Die Gänge stoppen vor Bereichen mit Fäule und vor Stammrissen. Auch Larven erweitern in älteren Stadien das Gangsystem aktiv und verpuppen sich anschließend in selbst angelegten Puppenwiegen in Faserrichtung. Voraussetzung für die fortgesetzte Bohrtätigkeit der Käfer soll eine Holzfeuchte über 25 % sein, die wohl auch die untere Wachstumsgrenze des Ambrosiapilzes bildet. Eine Holzfeuchte unter 40 % soll schon eine merkliche Reduktion der Aktivität zur Folge haben. Dies ist erkennbar an einer weniger schnellen Zunahme der Gangtiefen. Als Befallskennzeichen sind die unterschiedlichen Bohrmehltypen in den verschiedenen Phasen der Besiedlung gut geeignet. Größere Mengen weißen, faserigen bzw. feinspanigen Bohrmehls (ähnlich Holzwolle) ab Juli an gefällten Stämmen, aber auch an absterbenden stehenden Bäumen verraten die erste Phase des Kernholzkäfer-Befalls. Teilweise wird es auch als lockeres Bohrmehlstäbchen geschoben. Später kommt auch verstärkt krümeliges Bohrmehl hinzu. (NW-FVA 2020).

Neben dem Eichenkernkäfer (*Platypus cylindrus*) tritt auch der Gehöckerte Eichenholzbohrer (*Xyleborus monographus*) auf; oftmals sogar mit größerem Anteil. Die Unterscheidung der Befallsbilder im Gelände ist anspruchsvoll. Des Weiteren können auch noch weitere holzbrütende Arten vorkommen wie z. B. der Schiffswerftkäfer (*Lymexylon navale*)(NW-FVA 2020).

Splintkäfer (Unterfamilie **Scolytinae Latreille, 1804**)

In der Gattung *Scolytus* der europäischen Splintkäfer finden wir nur Rindenbrüter. Sie leben meist monogam an Laubbäumen, selten in Koniferen. Das Brutbild besteht in der Regel aus einem oder bei *Scolytus ensifer* aus mehreren Muttergängen und davon rechtwinklig abgehende Larvengänge. Die Muttergänge verlaufen mit oder quer zur Faserrichtung. Meist wird dabei der Splint deutlich gefurcht. Die zahlreichen Larvengänge gehen in sehr regelmäßiger Anordnung von den Muttergängen aus und ergeben oft ein elliptisches oder kreisförmiges Brutbild. Deren Lokalisation an Stämmen, Ästen oder Zweigen ist häufig arttypisch. Bei vielen Arten tritt Reifungsfraß der Jungkäfer an Zweigen und Trieben auch gesunder Bäume auf. In der Gattung *Scolytus* werden neben dem pflanzlichen Gewebe auch Pilze aufgenommen. Allerdings züchten sie keine Ambrosia-Pilze (Six & Biedermann 2023).

Borkenkäfer (Unterfamilie **Ipinae Reitter, 1913**)

Borkenkäfer verbringen die meiste Zeit ihres Lebens in Pflanzen. Sie sind in allen Regionen der Erde vertreten und kommen fast in allen Pflanzenteilen vor. Sie leben vergesellschaftet mit einer Vielzahl von Organismen (Raffa et al. 2015).

Obwohl die Borkenkäfer eine Unterfamilie der Rüsselkäfer sind, haben sie nur einen kurzen oder nicht erkennbaren Rüssel. Dies und der zylindrige Körperbau sowie die kurzen Beine und Fühler sind spezielle Anpassungen an ihre Lebensweise im Inneren von Pflanzen. Dadurch sind sie hervorragend angepasst an eine bohrende Tätigkeit in pflanzlichem Gewebe wie z. B. Holz. Hinzu kommt bei vielen Borkenkäfer-Arten eine Besonderheit der Flügeldecken. Der hintere Bereich ist steil abfallend (der sogenannte „Absturz") und kann so wie ein Stöpsel zum Ausschieben der Holznagespäne in den Bohrgängen genutzt werden. Hinzu kommt die abstehende kräftige Behaarung, die ein effektives Auskehren des Bohrmehls ermöglicht und die stabilen, oft abgeflachten Grabschaufel-Beine.

Ebenso zeigen der Kopf und die Beine besondere morphologische Auffälligkeiten, die für das Anlegen der Brutbilder in Bäumen hervorragend geeignet sind.

Bohrkäfer (Bostrichidae) zeigen eine ähnliche Lebensweise wie Borkenkäfer. Deshalb haben sie einige Übereinstimmungen im Körperbau. Allerdings unterscheiden sie sich grundlegend im Bau der Fußglieder. Bei den Bohrkäfern sind immer alle fünf Fußglieder deutlich erkennbar. Bei den Borkenkäfern ist das 4. Fußglied stark verkleinert und liegt oft versteckt im 3. Fußglied. So scheint der Borkenkäfer-Fuß nur aus 4 Gliedern zu bestehen (Raffa et al. 2015).

Die Borkenkäfer können grob in zwei ökologische Gilden eingeteilt werden:

- **Rindenbrüter** (Phloem- und Kambiumnutzer, engl. bark beetles). Diese können auch Pilze aufnehmen, sie züchten sie aber nicht.
- **Holzbrüter** (xylo-mycetophage Arten, d.h. die im Holzkörper lebenden Borkenkäfer kultivieren für ihre Ernährung einen Pilz, engl. ambrosia beetles; zu den Ambrosia-Käfern werden aber auch die Kernholzkäfer gezählt)

Daneben nutzen sie auch Farne und Stauden. Die meisten Borkenkäfer ernähren sich aber von geschwächten, kranken, absterbenden und toten Bäumen. Bei Massenvermehrungen können dagegen alle Bäume, unabhängig von ihrer Vitalität, überwältigt werden.

Bäume haben einige wesentliche Vorteile als Wirtspflanzen für Borkenkäfer:

- Sie sind ganzjährig verfügbar und aufgrund ihrer großen Individuenzahl und weiten Verbreitung stehen auch immer geschwächte, absterbende oder tote Exemplare zur Verfügung.

- Die Käfer benötigen in der Regel für ihre gesamte Entwicklung nur einen Baum.
- Die Käfer können die Abwehrmechanismen zumindest von geschwächten oder absterbenden Baumindividuen umgehen.
- Die Käfer sind vor dem Zugriff unspezialisierter Räuber, Parasiten und Parasitoide sowie vor den Wetterunbilden relativ gut geschützt.
- Die Wirtsbäume sind ortsfest und die Baum-Vitalität ist aufgrund ihrer flüchtigen Substanzen (volatile Substanzen) für die Käfer erkennbar (detektierbar)(verändert nach Thompson 1994, Macias-Sámano et al. 1998a & 1998b aus Cognato et al. 2021).

Weitverbreitete Bäume sind lokal häufiger anzutreffen und haben mehr Herbivoren als seltene und isolierte Baumarten (Lawton & Strong 1981; Stevens 1986, Lawton 1993, Kelly & Southwood 1999, Lewinsohn et al. 2005 aus Cognato et al. 2021). Die Wirtsbäume können als Inseln in einem Meer von anderen Baumarten (Nicht-Wirtsbaumarten) betrachtet werden. Je mehr Wirtsbäume geklumpt darin vorkommen, desto größer ist die für Käfer bewohnbare „Insel" und desto geringer ist die Aussterberate der Borkenkäfer (Nyman 2010). Ebenso verhält es sich mit den Abständen der Inseln. Je geringer er ist, desto größer ist die Überlebenswahrscheinlichkeit für die Käfer (Cognato et al. 2021).

Die meisten Borkenkäfer-Arten finden wir im Stamm- und Starkastbereich. Abweichend davon kann der Reifefraß der Jungkäfer sowie der Regenerationsfraß der Alttiere auch in anderen Teilen der Bäume stattfinden. Die Jungkäfer der Waldgärtner-Arten (*Tomicus*) verlassen regelhaft das Brutbild und führen ihren Reifungsfraß in den endständigen diesjährigen Kiefern-Trieben durch (Raffa et al. 2015).

Oft sind in den Muttergängen der **Rindenbrüter** nach außen führende Luftlöcher vorhanden. Diese könnten der Feuchtigkeitsreduzierung dienen als Prophylaxe gegen Pilzbefall. Sie könnten aber auch der Wahrnehmung der Lichtperioden dienen. Die Lichtperioden haben Einfluss auf das Reproduktionsverhalten der Buchdrucker-Altkäfer (*Ips typographus*). Die Tageslänge beeinflusst die Entwicklung des Buchdruckers schon im Frühjahr. Langtagbedingungen beenden die Überwinterungsreaktion (Diapause) der Käfer. Die Zeitgeberfunktion der Tageslänge wird aber von der Umgebungstemperatur modifiziert. Ab 23 °C spielt die Photoperiode keine Rolle mehr (Cognato et al. 2021). Eventuell könnten die Luftlöcher auch zur Flucht bei der Verfolgung durch Prädatoren dienen.

Borke und Holz sind relativ nährstoffarme Substrate. Unter der äußeren Rinde der Bäume befindet sich der Bast. In diesem verlaufen die Leitgewebe zum Transport der in Wasser gelösten Nährstoffe (Saftstrom = Assimilatstrom). Deshalb nutzen **rindenbrütende** Borkenkäfer die noch etwas gehaltvollere innere Borke (Phloemschicht) der Bäume (Phloeophagie). Diese wird allerdings auch von anderen Käferfamilien (z. B. Bock- und Prachtkäfer) genutzt. Deren Arten (und Larven) sind deutlich größer und können ebenfalls in hoher Dichte auftreten. Insofern besteht eine entsprechende Nahrungs- und Raumkonkurrenz. Unter den Borkenkäfern sind weltweit alle Hylastini, Phloeotribini und Polygraphini phloeophag. Oft schürfen die letzten Larvalstadien das Splintholz und verpuppen sich im Holz. Dies kann man Phloeophagie mit partieller/temporärer Xylophagie nennen. *Ips, Tomicus, Drycoetes, Pityophthorus* und *Dendroctonus* nehmen Phloem, angereichert mit Pilzen, auf (Phloeomycophagie). Diese Pilze werden durch die Käfer eingeschleppt. Es gibt auch spezielle morphologische Vorrichtungen für den Pilz-Transport. Diese Mycetangien in *Hylastes, Hylurgops* und *Ips* sind deutlich verschieden zu den Mycetangien der Ambrosia-Borkenkäfer (Xyleborini)(Kirkendahl et al. 2015).

Die Anlage und Pflege von Gärten zur Nahrungsgewinnung beherrschen seit Kurzem die Art *Homo sapiens* und seit vielen Millionen Jahren mindestens 220 Ameisenarten (Attini, Myrmicinae, „Blattschneiderameisen"), 330 Termitenarten (Macrotermitinae) und 3.400 Ambrosia-Käferarten (Scolytinae, Ipinae, Platypodinae und Lymexilidae). Konvergent mit der menschlichen Zucht von nahrhaften, großen Getreidekörnern aus ursprünglich kleinen Grassamen ist es diesen Insekten gelungen, freilebende Pilzarten zu domestizieren und zur Produktion nährstoffreicher Hyphenknollen zu selektieren, die als „Ambrosia" bezeichnet werden. Während bei den Werftkäfern (Lymexilidae) nur die Larven Pilze fressen, ernähren sich Ambrosia-Käferarten aus den anderen drei Gruppen auch als Erwachsene ausschließlich von ihrem symbiontischen Pilz. Die Pilzzucht ist bei den Blattschneiderameisen und Termiten sowie bei der Schwarzglänzenden Holzameise (*Lasius fuliginosus*) je einmal und bei den Ambrosia-Käfern in neun unabhängigen Linien entstanden (verändert nach Biedermann 2014).

Die **holzbrütenden** Borkenkäfer (Xyleborini mit den 6 Gattungen *Anisandrus* (2 Arten), *Heteroborips* (1 Art), *Xyleborinus* (2 Arten), *Xyleborus* (5 Arten), *Xylosandrus* (3 Arten) und *Cyclorhipidion* (3 Arten); Xyloterini mit der Gattung *Trypodendron* (4 Arten) sowie *Hypothenemus eruditus*) und die Kernholzkäfer (Platypodinae) leben symbiontisch mit nährstoffreicheren Pilzen. Die weiblichen Borkenkäfer nehmen aus ihrem Geburtsnest die Sporen des artspezifischen Ambrosia-Pilzes mit. Diese transportieren und schützen sie vor den Unbilden des Winters in eigens angelegten Körpereinstülpungen, den sogenannten Mycetangien. In diesen Organen vermehren sich die Pilze. Aber auch auf der Körperoberfläche befinden sich Pilze. Die Gangsysteme werden im Holzkörper der Bäume angelegt. Dadurch stehen ihnen wesentlich größere Volumina zur Verfügung zur Brutbildanlage. Zusätzlich sind die Brutbilder erheblich kleiner als bei den Rindenbrütern.

Eine Raumkonkurrenz, wie sie sehr oft bei den Massenvermehrungen von Rindenbrütern auftreten, kennen die Holzbrüter nicht. Auch eine Konkurrenz mit anderen Arten tritt kaum auf. Lediglich die artenarme Unterfamilie der Kernholzkäfer (Platypodidae) sowie die Werftkäfer (Lymexylidae) nutzen ebenfalls den Holzkörper.

Wenn der Pilz wächst, legt das Weibchen seine Eier. Im Gegensatz zu den Rindenbrütern mit Brutfürsorge betreiben die Holzbrüter auch Brutpflege. Bei einigen Holzbrütern tritt auch soziales Verhalten auf. Schon die Larven zeigen z. B. beim Kleinen Holzbohrer (*Xyleborinus saxenii*) ein entsprechendes Verhalten. Sie übernehmen Reinigungsarbeiten im Brutsystem, fressen gezielt Schimmelpilze aus dem Ambrosia-Pilzrasen und erweitern das Nest, um mehr Wuchsfläche für den Ambrosia-Pilz zu schaffen. Die Sägespäne, die dabei anfallen, formen sie zu Bällchen zwecks besserer Transportfähigkeit. Der Abtransport der Bällchen aus dem Nest obliegt den Käfern, ebenso die Bewachung des Eingangstunnels gegen Eindringlinge. Die Larven reinigen auch adulte Tiere und werden selbst gereinigt. Kranke Tiere werden aus dem Nest entfernt oder gefressen. Über den Darm können die Käfer Krankheitserreger abtöten, insofern ist dieser Kannibalismus eine soziale Hygienemaßnahme. In dem Nest sind meist 40 Weibchen und ein Männchen anzutreffen, welches die Befruchtung der Weibchen sicherstellt. Weitere Tätigkeiten im Nest werden von dem Männchen nicht übernommen. Oft bleiben erwachsene Jungtiere für mehrere Wochen im Geburtsnest, um der Mutter bei der Brutpflege zu helfen. Im Nest herrscht eine klar geregelte Arbeitsteilung (Biedermann 2014).

Die meisten Rindenbrüter unter den Borkenkäfern haben ein relativ enges Wirtsspektrum. Die Holzbrüter (Ambrosiakäfer) dagegen nutzen ein breites Angebot an Baumspecies. Der Gestreifte Nutzholzborkenkäfer (*Trypodendron lineatum*) z. B. kann sowohl in Nadel- als auch Laubbäumen brüten.

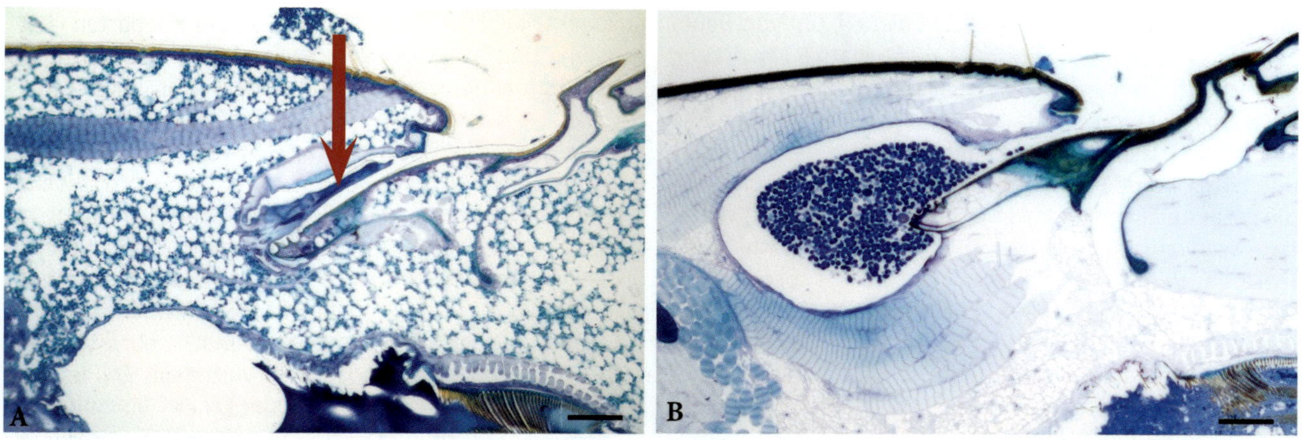

Abb. 9: Links: leeres, eingestülptes und zusammengeklapptes Mycetangium (roter Pfeil) von einem frischgeschlüpften *Xylosandrus germanus*-Weibchen. Rechts: mit Ambrosia-Pilzen gefülltes Mycetangium von einem ausgeflogenen *Xylosandrus germanus*-Weibchen (Fotos: Ottmar Fischer und Anita Kiesel).

Wirtspflanzen

Die Wirtspflanzen der Eichenkernholz- und Splintkäfer sind ausnahmslos und die der Borkenkäfer mit wenigen Ausnahmen holzartige Gewächse. Nur eine kleine Anzahl von Arten ist in ihrer Lebensweise an bestimmte krautige Pflanzen (z. B. *Thamnurgus, Hylastinus),* an mehr oder weniger verholzte Pflanzenteile der Waldrebe, *Clematis* spec. (z. B. *Xylocleptes* spec.) oder des Efeus, *Hedera* spec. (z. B. *Kissophagus*-Arten) angepasst.

Unter den gymnospermen Pflanzen sind es vor allem die Koniferen, auf denen im europäischen Raum die meisten Borkenkäfer-Arten vorkommen. Aber auch unter den strauch- und baumförmigen Angiospermen gibt es kaum eine Art, die nicht einer oder mehreren Borkenkäfer-Arten als Wirts- bzw. Nahrungspflanze dient.

Borkenkäfer, die in ihrem Vorkommen streng an eine Pflanzenart gebunden sind (monophage Arten), treten relativ selten auf. Vielfach werden auch diejenigen Arten noch als monophag bezeichnet, die Pflanzenarten derselben Gattung befallen und erfolgreich in ihnen zu brüten vermögen. Hierzu gehören beispielsweise Arten der Gattungen *Phloeosinus, Tomicus, Carphoborus, Trypophloeus, Ernoporus, Cryphalus, Dryocoetes, Pityophthorus, Pityogenes, Ips, Orthotomicus*. Bei Befall von Laubbäumen durch Borkenkäfer könnten für Arten, die sehr eng an bestimmte Baumarten- bzw. -gattungen angepasst sind, möglicherweise Rindeninhaltsstoffe bei nicht spezifischen Wirtsbäumen als Fraß-Hemmer (Deterrentia) wirksam werden (Postner 1974). Eine ausführliche Auflistung an Wirtspflanzen folgt in Kapitel 6. Bei den Artkapiteln werden alle bekannten Wirtspflanzen der jeweiligen Species gelistet.

3.2 Antagonisten, Kommensalen und Symbionten – natürliche Gegenspieler, Begleitarten und Symbiosepartner

Splint-, Borken- und Kernholzkäfer leben mit Viren, Bakterien, Einzellern, Fadenwürmern (Nematoden), Insekten, Milben und Pilzen sowie vielen weiteren Organismen zusammen. Sie treten in Wechselwirkung mit ihnen, woraus sich neutrale, positive und negative Effekte ergeben. Hinzu kommen abiotische Faktoren wie hohe Temperaturen, Trocknis und Stürme. Dies ergibt sehr komplexe Netzwerke. Windwürfe sind oft entscheidende Störungen, die Massenvermehrungen nach sich ziehen. Regulatorisch wirken z. B. Antagonisten wie Räuber, Parasiten und Parasitoide. „Ein Symbiont kann auch ein Jäger meiner Feinde sein": Eine Milbe, die endoparasitische Nematoden erbeutet, ist ein Symbiosepartner der Borkenkäfer. Eine Milbe, die einen baumschwächenden Pilz überträgt, vermindert die baumeigenen Abwehrkräfte gegen Borkenkäfer-Befall. Nematoden, die entomopathogene Pilze fressen, minimieren die Infektions-Gefahr für Borkenkäfer. Milben und Nematoden nutzen Käfer als Lufttaxi, um von Baum zu Baum zu gelangen. Dies hat keine negative Einwirkung auf den Transporteur. Holzverdauende Bakterienstämme im Darmtrakt von Borkenkäfern sind lebensnotwendige Symbiosepartner. Auch die Ambrosia-Pilze der Kernholz- und holzbohrenden Borkenkäfer sind obligat. Mitunter ist die gesamte Einwirkung von Organismen auf deren Wirtstiere schwierig zu bewerten, d. h. es treten sowohl negative als auch positive Effekte auf. Die zeitlich abgestimmte Abfolge von Erscheinungen (Phänologie) gerät durch den Klimawandel durcheinander. Es können Räuber-Beute-Beziehungen verändert werden. Die Synchronisation der Antagonisten mit der jahreszeitlichen Entwicklung der Borkenkäfer kann dadurch gestört werden. Davon profitiert in der Regel die Beute, sprich der Borkenkäfer.

3.2.1 Wirbeltiere

Vögel als Räuber (Prädatoren)

In Deutschland sind 509 Vogel-Arten bekannt und 291 werden als regelmäßige Brutvogel-Arten eingestuft. Etwas mehr als die Hälfte davon (164 Arten, 56,4 %) lebt in Wäldern. Ihren Verbreitungsschwerpunkt im Wald haben 80 Arten (27,5 %) (Hoffmann et al. 2019). In Österreich wurden 113 Vogel-Arten mit 70 Brutvogel-Arten nachgewiesen. Von diesen werden 54 Arten als Waldvögel im engeren Sinn eingestuft (Scherzinger 2011). In der Schweiz sind 195 Vogel-Arten regelmäßig brütend und für 58 Arten ist der Wald der Hauptlebensraum (Hahn et al. 2005).

Grundsätzlich können alle Insektenfresser und, während der Jungenaufzucht, auch die meisten Körnerfresser einige Splint- und Borkenkäfer im Flug oder auf der Rindenoberfläche erbeuten. Nicht selten jagen im Frühjahr Buchfinken (*Fringilla coelebs*) auf liegenden Stämmen freilaufende Buchdrucker (*Ips typographus*). Der Vogelkot ist dann stark von den Käferresten durchsetzt. Auch findet man zahlreiche ausgespuckte Flügeldecken auf der Stammoberfläche (Thalenhorst 1958). Auch der Zaunkönig (*Troglodytes troglodytes*) und der Hausrotschwanz (*Phoenicurus ochruros*) gehen so auf Borkenkäfer-Jagd (Klemm 1948 aus Thalenhorst 1958). Spechte dagegen durchstochern die Bodenstreu nach überwinternden Jungkäfern und verfolgen später ebenfalls die zur Brut schreitenden Käfer (Thalenhorst 1958).

Unter den Waldvögeln sind die Stammabsucher oft erfolgreiche Splint- und Borkenkäfer-Jäger. Auf rauer Oberfläche sind das die Meisen sowie gelegentlich der Trauerschnäpper (*Ficedula hypoleuca*). Eine besondere Klettertechnik beherrscht dabei der Kleiber (*Sitta europaea*), der an den Baumstämmen kopfüber herablaufen kann. Zusätzlich auch auf glatter Rinde sind regelhaft die Baumläufer (Certhiidae) sowie Spechte aktiv. Dank ihrer besonderen Zehenstellung und langen Krallen sowie steifen Schwanzfedern mit Stützfunktion und ihren spezialisierten Schnabelformen können sie hervorragend die Stammschicht der Bäume inklusive der starken Äste im Kronenbereich absuchen (Hahn et al. 2005; Scherzinger 2011).

Stammabsuchern steht ein diverses Beuteangebot zur Verfügung, je nachdem, ob sie die Baumstämme rein oberflächlich absuchen (Borke oder blankes Holz; z. B. Baumläufer, Meisen, Trauerschnäpper, Kleiber), die Borke in Teilen oder flächig abzustemmen vermögen (z. B. Kleiber, Dreizehenspecht), das Splintholz aufhacken (z. B. Dreizehen- und Weißrückenspecht) oder gar tief bis zum Kernholz vordringen können (z. B. Schwarzspecht). Spechte beherrschen verschiedene Techniken, die sie bei der Jagd nach holzbohrenden Insekten sukzessive einsetzen. Das umfangreichste Repertoire beherrscht der Buntspecht (*Dendrocopos major*): Absuchen der Oberfläche (auch Blätter), Stochern in Borkenritzen, Anhacken und Abschuppen von Borkenstücken, Entrinden ganzer Stammteile, Öffnen von Bohrgängen und Herausangeln von Insektenlarven mit der langen Harpunenzunge. Mit erstaunlich kräftigen Schnabelhieben kann der Schwarzspecht (*Dryocopus martius*) nicht nur Bockkäfer-Larven in tiefem Stammholz freilegen, er schlägt auch große Öffnungen bis ins Kernholz, um die Kolonien der großen Rossameisen (*Camponotus*) zu plündern (Scherzinger 2011).

Die Borkenrauigkeit bestimmt sowohl das Nahrungsangebot der Stammabsucher als auch die Erreichbarkeit der Beute, da sie das Klettern erleichtert. Die Borkenstruktur der Bäume ist einerseits arttypisch, andererseits ändert sie sich mit dem Baum-Alter. Aber auch Rindenstörstellen wie z. B. Krebsgeschwüre, Astnarben, Frostrisse, Rindenbrand, Rindenknollen und -verletzungen erhöhen die Attraktivität für Stammabsucher (Hertel 2002, Scherzinger 2011).

Der ortstreue Mittelspecht (*Dendrocopos medius*) ist ein typischer Suchspecht und ein Habitatspezialist strukturreicher Eichenwälder. Seine Zunge ist bedeutend länger und der Schnabel feiner als bei den Hackspechten (z. B. Bunt- und Schwarzspecht). Mit der Zunge kann er auch Käfer und ihre Larven in Bohrgängen erbeuten. Er ist ganzjährig auf Beute angewiesen. Stehendes Totholz und eine raue Stammoberfläche erlauben die Nahrungssuche. Er ist nicht in der Lage, am senkrechten Stamm auf glatter Buchenrinde zu klettern und meidet sie daher meist ganz. Kleinflächige Bereiche mit glatter Rinde überspringt er flatternd oder überbrückt sie fliegend. Wegen der fehlenden Unterschlupfmöglichkeiten beherbergen solche Bereiche zudem kaum tierische Nahrung. Diese gewinnt er überwiegend stochernd aus grobrissiger und somit arthropodenreicher Oberflächenstruktur. Daher ist die Eiche besonders attraktiv für ihn (Hertel 2002; Hahn et al. 2005).

Spechte können auch unter der Rinde lebende Splint- und Borkenkäfer sowie ihre Larven gut erreichen. Dazu befähigt sie ihr spezieller Schädelaufbau, der meißelartige Schnabel, die lange Zunge und die schon erwähnten kräftigen Stützfedern im Schwanzgefieder. Im Winter sind andere Nahrungsquellen wie Raupen oder Ameisen Mangelware oder schlecht zugänglich, sodass bei gewissen Spechtarten Borkenkäfer bis zu 99 Prozent der Nahrung ausmachen können (Baldwin 1968). Zudem ist der Energiebedarf der Spechte zur Aufrechterhaltung der Körpertemperatur im Winter viel höher. Spechte tragen auf direkte und indirekte Weise zur Mortalität von Borkenkäfern bei. Einerseits picken sie Käfer von der Rindenoberfläche und hacken Larven, Puppen und Jungkäfer aus der Baumrinde oder dem Holzkörper heraus. Andererseits hacken sie Rindenplatten ab. Bunt- (*Dendrocopos major*), Schwarz- (*Dryocopus martius*) und insbesondere der Dreizehenspecht (*Picoides tridactylus*) erbeuten dadurch Borkenkäfer-Larven. Beim Nahrungserwerb schlagen die Spechte wesentlich langsamer als bei den typischen Balztrommel-Wirbeln. Mit wenigen, fein dosierten Schlägen am Fichtenstamm wird die Borke gelöst. Dabei achtet der Specht darauf, dass die Borke nicht herabfällt, sondern noch lose am Stamm hängen bleibt. So kann er leicht mit dem Schnabel oder der Zunge die zahlreichen Larven, Puppen sowie Käfer der Rindenbrüter erbeuten (Zahner & Wimmer 2019). Von den kräftigen Hackspecht-Arten schlägt der Dreizehenspecht (*Picoides tridactylus*) zunächst einzelne Schuppen der Fichtenborke ab, danach stemmt er sukzessive mehrere Zentimeter lange Borkenstücke bis auf das blanke Holz ab. Der Schwarzspecht entrindet befallene Fichtenstämme nahezu systematisch. Dabei häufen sich bis zu handtellergroße Borkenplatten am Stammfuß. Diese werden vom Schwarzspecht nicht weiter beachtet. Davon profitieren andere Spechtarten wie z. B. Bunt- und Dreizehenspecht, da sie ohne eigene Anstrengung die freigelegten Fraßgänge nach Larven absuchen können. Aber auch Meisen, Finken und Eichelhäher (*Garrulus glandarius*) nutzen am Waldboden die abgeschlagenen Borkenplatten, da ein erheblicher Teil der Käferlarven in der Borke verbleibt. Weitere Nutznießer sind räuberische Insekten und Kleinsäuger. Ansonsten trocknet die Borkenkäfer-Brut am Boden aus. Auch die von Spechtlöchern perforierte Rinde am Baum gewährt der Borkenkäferbrut keinen zuverlässigen Schutz mehr vor Temperaturschwankungen und Feuchtigkeitsverlusten. Außerdem können andere Vögel (z. B. Meisen) deutlich leichter an die Borkenkäfer gelangen (Wermelinger & Schneider Mathis 2021; Scherzinger 2011).

Gebrochene, geworfene oder sonst wie geschädigte Bäume, in denen Splint- und Borkenkäferlarven in hoher Dichte heranwachsen, sind für Spechte besonders attraktiv. Im Fall des Buchdruckers *Ips typographus* können bis zu 28 Käfer pro m^2 Fichtenborke bzw. mehrere tausend Jungkäfer aus einem Fichtenstamm erbeutet werden (Merkblatt Bayer. Staatsforstverwaltung/München 1993).

In Gradationsjahren werden Borkenkäfer zur Hauptnahrung der Spechte. Dabei bevorzugen die Arten unterschiedliche Baumbereiche. Der kleinste heimische Specht, der Kleinspecht (*Dendrocopos minor*), schuppt an den feinen Ästen der Baumkrone bis zu den Zweigspitzen die Rinde ab. Bei Dreizehenspechten lässt sich eine räumliche Aufteilung nach Geschlechtern beobachten, wobei das Weibchen vor allem den oberen Wipfelraum absucht und dabei auch kopfüber die Seitenäste-Unterseite erklettert. Das Männchen hackt vorwiegend im mittleren sowie unteren Stammbereich und klettert mitunter bis zum Wurzelanlauf, selbst wenn dieser unter einer Schneedecke liegt. Schwarzspechte konzentrieren sich auf die Stammteile unterhalb der Krone und Bruchstämme auf dem Waldboden. Der Buntspecht zeigt keine Präferenz für bestimmte Baumregionen; er nutzt das Insektenangebot vom Wipfel bis zur Basis sowie das verstreute Lagerholz. Insbesondere auch tote und fast tote Bäume sind attraktiv für den Buntspecht. Die Geschlechter unterscheiden sich allerdings in ihrem Suchverhalten. Die Männchen jagen überwiegend in großer Höhe (über 20 m) auf den dünneren Baum-Abschnitten (Durchmesser: 5-10 cm) und die Weibchen eher unter 15 m auf den dickeren Abschnitten (Durchmesser: 10-20 cm). Die weiblichen Buntspechte jagen häufiger und länger auf toten und mächtigeren Baumabschnitten. Insofern erbeuten sie auch mehr Totholzkäfer als die Männchen. Da sich die Suchgebiete der Specht-Arten teilweise überlappen, wird der Stammbereich zwischen 3–15 m besonders intensiv abgesucht (Scherzinger 2022; Stański et al. 2020).

Für den Dreizehenspecht, der als Borkenkäferspezialist gilt, haben Bütler & Schlaepfer (2002) einen jährlichen Nahrungsbedarf von 670.000 Borkenkäfern errechnet, wenn der Buchdrucker 75 % der Nahrung stellt. Die meisten Veröffentlichungen gehen dagegen von ca. 90 % aus (88,5 % in Pechacek & Krištín 1993). Allein für die Aufzucht eines Jungvogels werden (bis zum Zeitpunkt der Familienauflösung) 270.000 Borkenkäfer (Larven oder Imagines) benötigt. Umgerechnet auf die vom Buchdrucker befallene Borkenfläche leiteten sie daraus einen Mindestbedarf von 14–19 befallenen Fichten/ha ab.

Allerdings benötigen der Weißrückenspecht und der Dreizehenspecht Bestände mit großen Totholzanteilen auf Flächen von mehreren hundert Hektar Größe. Einzelne Altbäume mit Totholzelementen reichen nicht aus (Mollett et al. 2013).

Ein interessantes Phänomen wurde bei Spechten in Nordamerika festgestellt: Sie trugen auf der Suche nach Larven von *Dendroctonus brevicornis*, einem Föhren-Borkenkäfer, die Rinde bis auf eine Restdicke von zirka einem halben Zentimeter ab. Dies hatte zur Folge, dass es auch parasitischen Wespen mit kurzem Legebohrer (Ovipositor) gelang, die verbliebenen Larven erfolgreich zu parasitieren. Dies konnte die lokale Parasitierungsrate bis um das Zehnfache erhöhen (Otvos 1979 nach Wermelinger & Schneider Mathis 2021).

Eine Studie in der Slowakei zeigte, dass der Schwarzspecht zwischen 47,7 und 72,9 % der Eichen-Splintkäfer-Brut (*Scolytus intricatus*) zerstört (Pavlik 1999).

Als Standvögel gehen Spechte auch im Winter auf Insektenjagd. Dadurch verringern sie die Dichte der unter der Rinde überwinternden Borkenkäfer. Ein Dreizehenspecht verzehrt pro Wintertag ca. 3200 Käferlarven. Tritt eine Beutekäfer-Art häufiger auf, konzentriert der Specht seine Suche auf diese besonders leicht verfügbare und auffindbare Spezies. In einer solchen vorteilhaften Lage mit üppiger Nahrungsbasis steigt die lokale Spechtdichte markant an. Beim Dreizehenspecht wurden unter diesen Bedingungen drei- bis siebenfach erhöhte Brutpopulationen beobachtet (Fayt et al. 2006 aus Zahner & Wimmer 2019).

Kommen dann noch auf Reviersuche befindliche Jungspechte hinzu, kann die Spechtdichte im Vergleich zu einem nicht befallenen Waldbestand sogar auf das 45-fache ansteigen. Eine solche Konzentration bewirkt in nordischen und alpinen Wäldern mit niedrigen Durchschnittstemperaturen, kurzer Vegetationszeit sowie lediglich einer Käfergeneration pro Jahr nachweislich einen starken Einfluss auf die Borkenkäfer-Dichte. Im Zusammenspiel mit anderen Borkenkäferantagonisten werden die Borkenkäfer-Populationen um 19 bis 98 % reduziert. Je früher die Spechte in den borkenkäfersatten Wald gelangten, desto größer war die Verringerung der Käferdichte (Fayt et al. 2006 aus Zahner und Wimmer 2019).

Unter wärmeren Bedingungen, wie z. B. im Bayerischen Wald, können sich die Borkenkäfer ungleich schneller vermehren. Zwar steigt auch hier die Dreizehenspecht-Dichte erheblich an, aber eben nicht so schnell wie die der Borkenkäfer. Insofern konnte in diesem Fall die Massenvermehrung nicht eingedämmt werden (Zahner & Wimmer 2019).

Nach den Borkenkäfern setzt eine neue Besiedlungs-Sukzessionswelle ein, meist begleitet durch fortschreitenden Pilzbefall, der z. T. auf die Borkenkäfer zurückzuführen ist. Man findet noch die Puppenhüllen der Borkenkäfer-Parasitoiden, die verpilzten Käfer und eine große Anzahl an Fadenwürmern (Nematoden), Milben sowie pilzfressende Käfer. Zunächst nutzen Fliegenlarven die vom Borkenkäfer-Kot noch gefüllten Fraßgänge, Kurzflügelkäfer verzehren die verrottenden Reste der Basthaut, unter haften gebliebenen Borkenplatten siedeln sich Tausendfüßler, Asseln, Spinnen oder Zangenbockkäfer an. Im feuchten Mulm, der sich hinter abgeplatzter Borke ansammelt, leben Fadenwürmer, Milben, Springschwänze, Nacktschnecken und Schnellkäfer. Hinter trockenen Borkenplatten hängen Fledermäuse. Im Totholz selbst entwickeln sich die Larven der Schlupf- und Holzwespen sowie Borken-, Bock- und Werftkäfer, z. T. tief im Splint. Diese Sekundärsiedler zählen großteils zur Beuteliste der Spechte, wobei der Arbeitsaufwand des Beuteerwerbs mit zunehmender Holztiefe erheblich ansteigt (verändert nach Scherzinger 2011).

3.2.2 Gliedertiere

Mehr als 140 Gliederfüßler-Arten (Arthropoda) sind als Bewohner des Buchdrucker-Brutsystems bekannt (Weslien 1992).

In Freilandexperimenten in Schweden wurden die Antagonisten vom Buchdrucker (*Ips typographus*) und dem Großen Waldgärtner (*Tomicus piniperda*) ausgeschlossen. Die Vergleichsbäume mit Einfluss der Prädatoren und Parasitoide zeigten eine Reduktion der Borkenkäfer-Populationen um 83–89 % (Weslien 1992; Schroeder & Weslien 1994).

Die Beendigung einer Buchdrucker-Massenvermehrung aufgrund seiner Antagonisten konnte bisher aber nicht festgestellt werden.

3.2.2.1 Insekten

Räuberische Insekten und Milben können oft im Gegensatz zu Parasitoiden bei Borkenkäfer-Populationen sehr schnell und hohe Absterberaten verursachen. Räuber sind nicht auf Borkenkäfer spezialisiert und ernähren sich auch von anderen Insektenarten. Deshalb ist immer eine gewisse Grunddichte von räuberischen Insekten vorhanden, die im Falle einer Borkenkäfer-Massenvermehrung schnell auf das anwachsende Nahrungs-Angebot reagieren können. Räuber sind immer in deutlich höheren Dichten vorhanden als Parasitoide und viele töten sowohl während ihrer Larvenstadien als auch im adulten Zustand Beutetiere. Allerdings reagieren die eher spezialisierten Parasitoiden sehr schnell auf eine Zunahme von Borkenkäfern, wie eine Untersuchung in liegendem Fichtensturmholz in Gebirgswäldern zeigte (Wermelinger et al. 2013): Die Zahlen der Borkenkäfer und Parasitoiden nahmen nach dem Sturm sehr schnell und praktisch synchron zu und fielen nach drei bis vier Jahren wieder zusammen, da die Rinde des Sturmholzes sowohl für Käfer als auch parasitische Wespen zu trocken wurde. In tieferen Lagen erfolgt die Austrocknung der Rinde noch schneller. Die Befallsrate von Borkenkäfern durch Parasitoide beträgt in Einzelfällen bis 100 Prozent (Sachtleben 1952). Trotzdem wird den Parasitoiden eine geringere Bedeutung zugeschrieben als den Räubern (Wermelinger & Schneider Mathis 2021).

In univoltinen *Ips typographus*-Populationen verlassen ca. 50 % der Käfer im Herbst das Brutbild mit den meisten Parasitoiden und einigen wichtigen räuberischen Dipteren und Käfern. In bivoltinen Buchdrucker-Populationen dagegen verlassen nur 10 % der Jungkäfer im Herbst den Brutbaum. Die restlichen Käfer überwintern unter der Rinde des Wirtsbaums. Die meisten räuberischen Käfer (Ausnahme: Nitidulidae) und Dipteren sowie Parasiten (Ausnahme: Pteromaliden) verbleiben ebenso dort. Der Fühlingsflug der bivoltinen räuberischen Käfer erfolgt drei Wochen vor den Buchdrucker-Flugphasen. Die Parasitoiden und räuberischen Dipteren folgen erst nach einem Monat. Bei univoltinen *Ips*-Populationen fliegen die Käfer mehrere Wochen vor den meisten Antagonisten. Der übliche Sanitärhieb trifft bei bivoltinen Populationen den größten Teil der Buchdrucker-Tiere. Leider aber auch den Großteil der Antagonisten. Bei univoltinen Populationen erscheint die Brutbaum-Entfernung weniger effektiv (Wermelinger et al. 2012).

Ein geringes Parasitenpotenzial weisen *Crypturgus*-, *Aphanarthrum*- und *Liparthrum*-Arten auf. Sie nutzen das schon vorhandene Gangsystem der Wirtsart aus um in den Baum zu gelangen. Sie legen dann aber ein eigenes Gangsystem selbstständig an, das wesentlich engere Gänge aufweist (Jordal 2006).

Coleoptera (Käfer)

Fast 6500 Käfer-Arten wurden in der Schweiz nachgewiesen (info fauna 2021). Schätzungen gehen davon aus, dass sogar bis zu 7400 Arten in der Schweiz vorkommen (Baur & Ungricht 2019a, b). In Österreich wurden bis 1994 (Jäch 1994) 7379 Käferarten nachgewiesen. In Deutschland sind 6813 Käferarten beschrieben, von denen 30 Arten mit zwei und weitere fünf Arten mit drei Unterarten vorkommen. 58,6 % der deutschen Käfertaxa leben in Wäldern und 30,8 % (2087 Taxa) haben ihren Verbreitungsschwerpunkt in Wäldern (Köhler et al. 2019). Xylobionte Käfer reproduzieren sich am oder im Holz jeglicher Zustandsform und Zerfallsstadium sowie am oder in den holzbewohnenden Pilzen (Schmidl & Bußler 2004). Von den 1413 xylobionten Käfern Deutschlands leben 479 im Holz (lignicole Arten), 282 in Mulm (xylodetriticole Arten) und Nestern (nidicole Arten), 235 in Holzpilzen (polyporicole Arten) und 417 in Rinden (corticole Arten) oder sie ernähren sich von Baumsäften (succicole Arten). Einige Familien unter den xylobionten Käfer-Arten erbeuten Insekten (zoophag). Die Kurzflügler (Staphylinidae) stellen die meisten räuberischen Arten (Köhler 2010).

Käfer sind meist die wichtigsten Prädatoren von Borkenkäfern. Oft jagen sowohl die Adulten als auch die Larven und sie erbeuten adulte als auch larvale Borkenkäfer-Stadien. Viele Räuber werden durch käferbürtige Pheromone oder Gemische aus Käfer- und Baumdüften angelockt (Kenis et al. 2004). Bisher wurden ca. 70 räuberische Käferarten bei Borkenkäfern beschrieben (Wermelinger & Schneider Mathis 2021).

Unter den Laufkäfern (Carabidae) sind die Rindenläufer (*Dromius*) räuberisch in Bäumen aktiv. Der Kiefern-Rindenläufer (*D. angustus*), der Große Vierfleck-Rindenläufer (*D. quadrimaculatus*) und der Kleine Vierfleck-Rindenläufer (*Calodromius spilotus*) sind als Borkenkäfer-Prädatoren bekannt (Kenis et al. 2004).

Sehr gut untersucht sind die Buntkäfer (Cleridae), die Rindenglanzkäfer (Monotomidae) und die Jagdkäfer (Trogossitidae). Drei Buntkäfer-Arten erbeuten Borkenkäfer. Die bekannteste Art ist der 6 bis 10 mm lange Ameisenbuntkäfer (*Thanasimus formicarius*). In Laborversuchen konnte er die Larven-Population des Großen Waldgärtners (*Tomicus piniperda*) um 81 % (Schroeder 1997) und die Buchdrucker-Larven (*Ips typographus*) um 18 % (Mills 1985) reduzieren. Mehr als 20 verschiedene Borkenkäfer- und Splintkäfer-Arten erbeutet der Ameisenbuntkäfer (Gauss 1954). Darunter findet man folgende Gattungen: *Ips*, *Orthotomicus*, *Pityogenes*, *Tomicus*, *Polygraphus*, *Hylesinus*, *Hylastes*, *Dendroctonus*, *Trypodendron* und *Scolytus* (Tømmerås 1988). Die Buntkäfer nutzen die Borkenkäfer-Pheromone. Dadurch können in Pheromonfallen *Thanasimus formicarius*-Tiere im Verhältnis bis zu 1:4 zum Buchdrucker gefangen werden (Bakke & Kvamme 1978). Ihr starker Einfluss auf Buchdrucker-Populationen ist erklärbar durch die große Eizahl (100-300 Eier; Wermelinger & Schneider Mathis 2021), ihre aufgenommene Nahrungsmenge und ihre Lebenszeit von zwei Jahren (Schroeder 1999). Hinzu kommt die sehr kurze Überwältigungszeit von wenigen Sekunden, die ein erfahrener Ameisenbuntkäfer benötigt. Ein Adult-Tier verzehrt bis zu fünf adulte Buchdrucker pro Tag und ist 4 bis 10 Monate im Jahr aktiv (Gauss 1954; Wermelinger & Schneider Mathis 2021). Die erste Aktivitätszeit liegt in der Hauptflugzeit der ersten Borkenkäfer in der Saison: *Tomicus piniperda*, *Trypodendron lineatum* und *Hylurgops palliatus* (Gauss 1954). Die Larven benötigen für ihre Entwicklung 44 bis 57 Buchdrucker-Larven (Mills 1985; Hérard & Mercadier 1996; Dippel et al. 1997)(Kenis et al. 2004). Das letzte Larvenstadium von *T. formicarius* benötigt eine gewisse Borkendicke, um seine Puppenwiege anzulegen. Ist die Borke zu dünn, so verlässt die Larve den Baum (Warzée et al. 2006). Dies könnte ein Grund sein, warum der Buntkäfer mehr Reproduktionserfolg auf Kiefern statt Fichten hat. In einem Mischbestand sind im Gegensatz zu einem Fichten-Reinbestand, relativ zur Buchdrucker-Population, mehr Ameisenbuntkäfer vorhanden (Warzée et al. 2006). Weitere bekannte Borkenkäfer-Jäger unter den Buntkäfern sind *Thanasimus femoralis* (Abb. 10) und *Tilloidea unifasciata*.

Die Rindenglanzkäfer sind in Europa mit 14 Arten vertreten. Von den nur zwei bis fünf Millimeter großen Tieren sind 10 Arten als Borkenkäfer-Prädatoren bekannt (Wermelinger & Schneider Mathis 2021). Man findet sie unter der Rinde von Nadel- und Laubbäumen. Der Flache Wurzelglanzkäfer (*Rhizophagus depressus*)(Abb. 11 und Abb. 12) und *Rh. dispar* erbeuten Eier oder Larven von *Trypodendron lineatum, Pityogenes chalcographus, Ips typographus, Ips acuminatus, Ips amitinus, Ips sexdentatus, Orthotomicus erosus, Dendroctonus micans, Tomicus piniperda* und *T. minor* (Kolomiets & Bogdanova 1980 nach Kenis et al. 2004, Sarikaya & Ibis 2016 und eigene Ergänzungen). Zusätzlich ernähren sie sich von Pilzen und organischem Material (Kenis et al. 2004). Der Flache Rindenkäfer (*Rhizophagus grandis*) (Abb. 18) dagegen ist ein spezialisierter Räuber auf den Riesenbastkäfer (*Dendroctonus micans*). Die adulten Rindenkäfer und ihre Larven erbeuten Eier, Larven, Puppen und noch nicht ausgehärtete Adulte vom Riesenbastkäfer (Kenis et al. 2004). Bei geringer Beutedichte tritt oft Kannibalismus unter den Prädatoren auf, z. B. *Rh. grandis*-Larven bei *Dendroctonus micans* (Baiser et al. 1984) oder *Th. formicarius*-Larven im Buchdrucker-Brutbild (Hui & Bakke 1997). Weitere Borkenkäfer-Jäger sind *Rhizophagus perforatus, Rh. bipustulatus*(Abb. 15), *Rh. nitidulus, Rh. fenestralis*(= *Rh. parvulus*)(Abb. 17),

Abb. 10: Der Ameisenbuntkäfer – *Thanasimus femoralis* in Aufsicht.

Abb. 11: Der Flache Wurzelglanzkäfer – *Rhizophagus depressus* in Aufsicht (Uni Göttingen). Er wird 2,8 bis 4,5 mm lang.

Abb. 12: Der Flache Wurzelglanzkäfer – *Rhizophagus depressus* in Seitenansicht (Uni Göttingen).

Abb. 13: *Rhizophagus nitidulus* in Aufsicht (Uni Göttingen).

Abb. 14: *Rhizophagus nitidulus* in Seitenansicht (Uni Göttingen).

Abb. 15: *Rhizophagus bipustulatus* in Seitenansicht (Uni Göttingen).

Abb. 16: *Rhizophagus dispar* in Seitenansicht (Uni Göttingen). Der räuberische Käfer stammt aus einem Brutbild von *Taphrorychus bicolor.*

Rh. cribratus und *Pityophagus ferrugineus*.

Die Freisetzung von natürlichen Gegenspielern der Borkenkäfer im Rahmen der Biologischen Schädlingsbekämpfung war meist ohne erkennbaren Nutzen. Der bisher einzige, aber mehrfach belegte Erfolg war die Massenvermehrung und Freisetzung vom Flachen Rindenkäfer (*Rhizophagus grandis*) gegen den Riesenbastkäfer (*Dendroctonus micans*) im Kaukasus, Frankreich, Großbritannien und in der Türkei (Raffa et al. 2015).

Unter den Jagdkäfern (Trogossitidae) finden sich zwei Borkenkäfer-Prädatoren: *Nemozoma elongatum* (auch *Nemosoma elongatum* geschrieben)(4-6 mm lang) und *Temnochila caerulea*. *N. elongatum* ist häufig und jagt in Nadel- und Laubbäumen nach 16 verschiedenen Borkenkäfer-Arten, wie z. B. dem Kleinen Buchenborkenkäfer (*Taphrorychus bicolor*)(Wermelinger & Schneider Mathis 2021). Hauptsächlich erbeutet er den Kupferstecher (*Pityogenes chalcographus*)(Baier 1991). *Nemozoma* kann aufgrund seiner schlanken Körpergestalt in das Brutgangsystem der Borkenkäfer eindringen und darin die Käfer überwältigen. Seine Eier legt er um die Einbohrlöcher der Borkenkäfer ab. Die geschlüpften Larven dringen in das Brutsystem ein und fressen dort Larven, Puppen und noch nicht ausgehärtete Jungkäfer. Jede Jagdkäfer-Larve frisst im Laufe ihrer Entwicklung 30 bis 50 Borkenkäfer-Larven (Dippel 1996). *T. caerulea* stellt z. B. *Ips sexdentatus* insbesondere in Südeuropa nach.

Abb. 17: *Rhizophagus fenestralis* (= *Rh. parvulus*) in Seitenansicht (Uni Göttingen).

Abb. 18: Links der seltene Flache Rindenkäfer (*Rhizophagus grandis*)(Körperlänge: 4,1–5,5 mm), rechts *Rhizophagus fenestralis* (= *Rh. parvulus*) in Aufsicht (Uni Göttingen).

Abb. 19: *Nemozoma elongatum* in schräger Aufsicht (Mus. Frankfurt).

Abb. 20: Der Kopf in frontaler Ansicht von *Nemozoma elongatum* (Uni Göttingen). Die zwei Stirnlappen über den kräftig entwickelten Mandibeln und die tiefe Furche auf der Stirn sind gut zu erkennen.

Abb. 21: Der räuberische Kurzflügler *Nudobius lentus* in Aufsicht (Uni Göttingen).

Abb. 22: Der räuberische Kurzflügler *Nudobius lentus* in Seitenansicht (Uni Göttingen).

Die artenreiche Familie der Kurzflügler (Staphylinidae) beinhaltet einige räuberische Arten. Meist erbeuten sie viele verschiedene Arten. Regelhafte Borkenkäfer-Prädatoren sind *Nudobius lentus*, *Phloeopora testacea* und *Placusa*-Arten, z. B. *P. depressa* (Rauhut et al. 1993). *Nudobius lentus* wird regelhaft in Borkenkäfer-Pheromonfallen gefangen (Kenis et al. 2004).

Abb. 23: Der Kurzflügler *Phloeopora testacea* in Aufsicht (Uni Göttingen). Körperlänge: ca. 2,5–3 mm.

Abb. 24: Der Kurzflügler *Placusa depressa* in Aufsicht (Uni Göttingen).

Abb. 25: Der Kurzflügler *Placusa depressa* in Seitenansicht (Uni Göttingen).

Die Stutzkäfer (Histeridae) stellen ebenfalls mehrere Borkenkäfer-Prädatoren. Regelmäßig findet man Arten der Gattungen *Platysoma*, *Paromalus* und *Plegaderus* in Borkenkäferfallen (Rauhut et al. 1993). Folgende Arten sind als Borkenkäfer-Räuber bekannt: *Platysoma lineare*, *Plegaderus vulneratus* (Abb. 26 und Abb. 27) und *Paromalus parallelepipedus* (Abb. 28 und Abb. 29). *P. vulneratus* ist z. B. nur 1,6 mm lang und stellt unter Kiefernrinde Borkenkäfer-Larven nach.

Abb. 26: Der Stutzkäfer (Histeridae) – *Plegaderus vulneratus* in Aufsicht (Mus. Frankfurt).

Abb. 27: Der Stutzkäfer (Histeridae) – *Plegaderus vulneratus* in Seitenansicht (Mus. Frankfurt).

Abb. 28: Der Stutzkäfer (Histeridae) – *Paromalus parallelepipedus* in Aufsicht (Uni Göttingen).

Abb. 29: Die Mandibeln von *Paromalus parallelepipedus* (Uni Göttingen).

Die Glanzkäfer (Nitidulidae) weisen mehrere Gattungen auf, die in Borkenkäfer-Pheromonfallen einfliegen (Kenis et al. 2004). Als Borkenkäfer-Prädatoren sind z. B. *Epuraea marseuli, E. unicolor, Glischrochilus quadripunctatus* und *Pityophagus ferrugineus* bekannt.

Abb. 30: Der Glanzkäfer (Nitidulidae) – *Pityophagus ferrugineus* in Aufsicht (Uni Göttingen).

Abb. 31: Der Kopf in Frontalansicht mit gut entwickelten Mandibeln von *Pityophagus ferrugineus* (Uni Göttingen).

Unter den Schwarzkäfern (Tenebrionidae) sind nur wenige Räuber. Einige *Corticeus*-Arten wie z. B. *C. linearis* (bei *Pityogenes*-Spezies), *C. fraxini* und der seltene *C. longulus* verzehren Eier und Larven von Buchdruckern (Nuorteva 1956, Hérard & Mercadier 1996). Zusätzlich nehmen sie aber auch Pilze und Insektenreste auf (Wermelinger & Schneider Mathis 2021). Als weiterer Schwarzkäfer ernährt sich *Corticeus linearis* (= *Hypophloeus linearis*) als Käfer sowie als Larve in Kiefern (meist der Wipfelregion) von Borkenkäfern, z. B. von *Pityogenes*-Arten (Harde & Severa 1981).

Abb. 32: Der Schwarzkäfer – *Corticeus fraxini* in Aufsicht (Uni Göttingen).

Weitere Borkenkäfer-Prädatoren sind: *Placonotus testaceus* aus der Familie der Halsplattkäfer (Laemophloeidae); *Litargus connexus* aus der Familie der Mycetophagidae (Baumschwammkäfer); *Salpingus planirostris*, *S. ruficollis* und *Rabocerus gabrieli* aus der Familie der Scheinrüssler (Salpingidae). Im englischsprachigen Raum wird die Familie irreführend „Narrow-waisted bark beetles“ genannt.

Der sehr flache Langhörnige Raubplattkäfer *Uleiota planata* sowie *Silvanus bidentatus* und *Silvanus unidentatus* aus der Familie der Raubplattkäfer (Silvanidae) und der Schwarzrote Rindenkäfer *Bitoma crenata* sowie *Cerylon fagi*, *C. ferrugineum* und *C. histeroides* aus der Familie der Rindenkäfer (Zopheridae) (verändert nach Kenis et al. 2004).

Abb. 33: Der Rindenkäfer – *Cerylon ferrugineum* in Aufsicht (Uni Göttingen).

Abb. 34: Der Rindenkäfer – *Cerylon ferrugineum* in Seitenansicht (Uni Göttingen).

Bockkäfer-Larven (Cerambycidae) jagen zwar nicht aktiv nach anderen Käferlarven, aber treffen sie auf diese, so werden sie verzehrt. Dies ist oft im Stammfuß-Bereich der Fall. Mit steigenden Temperaturen wächst auch die aufgenommene Nahrungsmenge der Bockkäfer-Larven (Hofstetter et al. 2007).

Im Zeitraum von 2003 bis 2005 wurden in rheinland-pfälzischen Buchenwäldern mit dem Pheromon Lineatin© (*Trypodendron*-Pheromon von Pherotech) Borkenkäfer vom 15. Februar bis 1. Juli oder bis Mitte Oktober in Ethanol/Äther – Gemisch gefüllten Flaschenfallen gefangen. 29 Borkenkäferarten und 19 Arten potenzieller Antagonisten aus der Ordnung Coleoptera (Arten der Familie Staphylinidae blieben unberücksichtigt) wurden nachgewiesen. Bei den Borkenkäfern dominierten die drei Arten der Gattung *Trypodendron*, deren Pheromon als Lockstoff verwendet wurde. Daneben waren *Hylurgops palliatus*, *Anisandrus dispar*, *Taphrorychus bicolor* und *Xylosandrus germanus* mit hohen Individuenzahlen an den Fängen beteiligt. Entsprechend dem Waldaufbau, mit teilweise

Abb. 35: Der Einfarbige Rindenschwarzkäfer (Tenebrionidae: *Corticeus unicolor*) in Aufsicht (Uni Göttingen).

Abb. 36: Der Einfarbige Rindenschwarzkäfer (Tenebrionidae: *Corticeus unicolor*) in Seitenansicht (Uni Göttingen).

nur in geringerer Stückzahl oder als Einzelfänge in Erscheinung:

Rindenkäfer (Cerylonidae): Rostbrauner Rindenkäfer (*Cerylon ferrugineum*)

Stutzkäfer (Histeridae): (*Plegaderus vulneratus*).

Glanzkäfer (Nitidulidae): (*Glischrochilus quadripunctatus*), (*G. quadriguttatus*), (*Epuraea depressa*), (*E. pusilla*).

Jagdkäfer (Trogossitidae): (*Nemozoma elongatum*).

Rindenglanzkäfer (Monotomidae): (*Rhizophagus bipustulatus*), (*Rh. depressus*), (*Rh. dispar*), (*Rh. ferrugineus*), (*Rh. nitidulus*).

Feuerkäfer (Pyrochroidae): Orangefarbener Feuerkäfer (*Schizotus pectinicornis*).

Scheinrüssler (Salpingidae): (*Vincenzellus ruficollis*), (*Salpingus castaneus*).

Schwarzkäfer (Tenebrionidae): Einfarbiger Rindenschwarzkäfer (*Corticeus unicolor*; = *Hypophloeus unicolor*).

(Petercord 2008).

hohen Mischungsanteilen von Nadelbaumarten und anderen Laubbaumarten bzw. benachbarten Beständen anderer Baumarten, war der Anteil von insgesamt 19 Borkenkäferarten, die auf Nadelbaumarten spezialisiert sind, erwartungsgemäß hoch. Während in dieser Gruppe die rindenbrütenden Arten dominierten, waren in der Gruppe der laubholzbesiedelnden Arten die Holzbrüter, von denen 9 Arten nachgewiesen wurden, in der Mehrheit. Mit *Xylosandrus germanus* trat eine Art auf, die sowohl Nadel- als auch Laubbaumarten gleichermaßen besiedelt. Insgesamt wurden 18 rindenbrütende, 9 holzbrütende und 2 wurzelbrütende Arten nachgewiesen. Bei den potenziellen Antagonisten dominierten der Ameisenbuntkäfer (*Thanasimus formicarius*) und der Flache Wurzelglanzkäfer (*Rhizophagus depressus*) mit jeweils hohen Individuenzahlen den Fang. Beide Arten wurden ebenso wie der Zweifleckige Rindenglanzkäfer (*Rhizophagus bipustulatus*), der Plattrüsslige Scheinrüssler (*Salpingus planirostris*) und der Gelbrotköpfige Scheinrüssler (*Salpingus ruficollis*) auf allen Untersuchungsflächen nachgewiesen. Alle anderen Arten traten

Zweiflügler (Diptera)

Über 30 Fliegen-Arten (Brachycera = „Kurzhörnler") sind Borkenkäfer-Prädatoren; meist in ihrer Larvalentwicklung. Allerdings ist die Spezialisierung gering, d. h. auch andere Insektengruppen werden gejagt, wie z. B. Bockkäfer, andere Rüsselkäferfamilien sowie Zwei- und Hautflügler. Deshalb ist der Effekt auf die Borkenkäfer deutlich geringer als die zuvor aufgeführte Einwirkung durch räuberische Käfer (Kenis et al. 2004).

Die meisten Langbeinfliegen (Brachycera: Dolichopodidae) sind aktive Laufjäger als Adulttiere und als Larven räuberisch im Boden unterwegs (Haupt & Haupt 1998). Als Borkenkäfer-Antagonisten ist die Gattung *Medetera* (Medeterinae) die wichtigste räuberische Arten-Gruppe. Von ihr sind zehn Spezies als Buchdrucker-Prädatoren beschrieben. *Medetera*-Larven stellen aber auch anderen Borkenkäfer-Arten, Dipteren-, und Hymenopteren-Larven nach. Auch Braconiden-Puppen (Brackwespen, Borkenkäfer-Antagonisten) und Insekten-Leichen werden angenommen. Bei großem Beuteangebot werden mehr Larven getötet als zum Verzehr notwendig. Bei zu geringer Beutedichte, z. B. im Brutbild von *Scolytus scolytus*, tritt auch Kannibalismus auf (Beaver 1966a). Die Langbeinfliegen-Larven können 70-90 % der Borkenkäfer-Larven erbeuten (Nuorteva 1959 aus Kenis et al. 2004). Bekannte Arten sind *Medetera dendrobaena*, *M. pinicola* und *M. signaticornis*. Letztere jagt insbesondere Buchdrucker-Larven. *M. pinicola* ernährt sich auch von *Hylurgops palliatus* und *Tomicus*-Arten. Die Langbeinfliegen gehören zu den ersten Antagonisten, die bei einem frisch befallenen Baum eintreffen. Sie paaren sich auf der Rindenoberfläche und jedes Weibchen legt anschließend bis zu 120 Eier in Rindenritzen und unter Rindenschuppen in der Nähe der Einbohrlöcher der Borkenkäfer (Dippel et al. 1997, Wermelinger & Schneider Mathis 2021). Die Fliegen bevorzugen dabei eher stehende als liegende Bäume und untere Stammabschnitte als höher gelegene. Nach dem Schlüpfen wandern die jungen Larven in die Brutgänge und ernähren sich von Eiern, Larven und Puppen der Borkenkäfer, indem sie mit ihren Mundhaken die Haut der Beute aufreißen und deren Körperinhalt ausschlürfen. Für das Wechseln von einem Borkenkäfergang zum andern sind die Fliegenlarven auf die Fraßtätigkeit der Borkenkäfer angewiesen, da sie nicht in der Lage sind, sich selber durch den Bast zu fressen. Sie verzehren während ihrer Entwicklung je nach Größe der Beuteart 5 bis 20 Larven (Hopping 1947; Wermelinger & Schneider Mathis 2021). Entweder verpuppen sich die Larven am Ende des Sommers und die Fliegen schlüpfen noch vor dem Winter oder die Larven überwintern in den Brutbäumen. Die ökologische Bedeutung der Langbeinfliegen wird sehr hoch eingestuft. Sie sind sowohl in Laub- als auch in Nadelwäldern oftmals die häufigsten Gegenspieler, die in Brutsystemen von Borkenkäfern anzutreffen sind. Ihr Beutetierkonsum steigt mit zunehmendem Angebot (functional response), was zu Borkenkäfer-Mortalitäten von bis zu 90 Prozent allein durch Fliegenlarven der Gattung *Medetera* führen kann (Hopping 1947; Wermelinger & Schneider Mathis 2021).

Von den Lanzenfliegen (Brachycera: Lonchaeidae) lebt nur die Gattung *Lonchaea* unter der Baumrinde (Morge 1967), z. B. *Lonchaea bruggeri*, *L. zetterstedti*, *L. seitneri*. Die Lebensweise dieser Fliegenlarven ist nicht vollständig geklärt. Einige ernähren sich saprophag von toter organischer Substanz. Andere, vor allem solche auf Nadelholz, leben räuberisch von Borkenkäfer-Eiern, -Larven und sogar Adulttieren. Sie leben sehr verschwenderisch und töten mehr als die fünf bis sechs Larven, die sie für ihre Entwicklung benötigen (Morge 1961 nach Wermelinger & Schneider Mathis 2021). Wenn keine Borkenkäfer-Larven mehr vorhanden sind, fressen sie auch Bockkäfer-Larven (Morge 1967) oder Artgenossen (Kenis et al. 2004).

Neben diesen beiden Familien gibt es unter den Fliegen weitere Borkenkäfer-Räuber bei den Raubfliegen (Brachycera: Asilidae) z. B. *Laphria flava*; bei den Waffenfliegen (Stratiomyidae), z. B. *Zabrachia tenella*; bei den Echten Fliegen (Muscidae), z. B. *Phaonia gobertii* und bei den Zitterfliegen (Pallopteridae), z. B. *Toxoneura usta*. Letztere Art frisst Borkenkäfer-Eier, -Larven, -Puppen und -Adulttiere. Sie tötet mehr Insekten, als sie aufnehmen kann. Sie ist allerdings nicht auf Borkenkäfer spezialisiert (Kenis et al. 2004).

Die überwinterten Borkenkäfer fliegen im Mai aus den Baumstämmen. Ungefähr eine Woche später verlassen die Langbeinfliegen der Gattung *Medetera* die Rinde. Nochmals zwei Wochen später schlüpfen die Lonchaeidae, gleichzeitig mit den wichtigsten Schlupfwespenarten (Wermelinger et al. 2002).

Hautflügler (Hymenoptera): Apocrita (Taillenwespen): Legimmen („Parasitica“ = Terebrantes) und Stechimmen (Aculeata)

Weltweit sind bisher 132.000 Hautflügler-Arten beschrieben. In Deutschland sind 9.625 Hautflügler-Arten bekannt (Dathe & Blank 2004). Die Hautflügler werden in zwei Unterordnungen gegliedert: die Pflanzenwespen (Symphyta) und die Taillenwespen (Apocrita). Hier wird nur die letztgenannte Unterordnung behandelt, da bei den pflanzenfressenden Symphyta keine räuberischen oder parasitischen Arten existieren. Die Taillenwespen (Apocrita) wiederum untergliedert man in die Legimmen („Parasitica“) und die Stechimmen (Aculeata).

Die **„Parasitica“** sind eine vielgestaltige und artenreiche Hymenopteren-Gruppe. Die darin enthaltenen Schlupfwespen (Ichneumonidae) sind mit 3.649 Spezies die artenreichste Insektenfamilie Deutschlands. Mit der nah verwandten Familie Braconidae (ca. 1.500 Arten) stellen sie die Hälfte der Hymenopteren-Arten (Riedel et al. 2021; Bendixen 2022). Alle Brackwespen-Arten (Braconidae) sind Ekto- oder Endoparasitoide in Insekten-Larven, aber auch in Adulttieren. Brackwespen sind im Gegensatz zu den Schlupfwespen schwerfällige und langsame Flieger. *Dendrosoter protuberans* ist z. B. ein wichtiger Ektoparasit von *Scloytus multistriatus* und *Tomicus piniperda*. Daneben nutzt er auch *Scolytus ensifer*, *S. pygmaeus*, *S. scolytus* und *Pteleobius kraatzi*. Allerdings mit deutlich weniger Erfolg (Manojlovic et al. 2003). Die Echten Schlupfwespen (Ichneumonidae) sind gute und schnelle Flieger. Im Gegensatz zu den Brackwespen kommt neben Primärparasitismus auch Hyperparasitismus vor. Neben Insekten-Larven und -Puppen werden von spezialisierten Taxa auch Spinnen und deren Eigelege parasitiert. Viele Arten besuchen als Adulttiere Blüten. Auch Honigtau von Blattlauskolonien wird gerne angenommen (Oehlke et al. 2011). Insofern locken Blütensäume als auch Waldameisen mit ihren betreuten Pflanzensaugern eine Vielzahl dieser Parasiten an.

Aus Deutschland sind bisher 1370 Stechimmen-Arten (**Aculeata**) bekannt. Darunter befinden sich 116 etablierte Ameisen-Arten, von denen 8 Arten eingeschleppt sind sowie 561 Bienen-Arten. Die Stechimmen sind eine Tiergruppe, die Arten mit vielfältigen Lebensweisen umfasst. Bei der Ernährung werden die verschiedensten Trophieebenen abgedeckt: phytophage Arten, die sich von Pollen und/oder Nektar ernähren, kommen ebenso vor wie räuberische und parasitische. Es existieren solitäre bis hoch eusoziale Arten. Von den eusozialen Arten sind insbesondere Ameisen und Bienen dominante Elemente vieler Lebensräume. Zahlreiche Aculeaten nutzen ein enges artspezifisches Nährpflanzen- oder Wirtsspektrum. Sie besiedeln verschiedenste Lebensräume, feuchte bis extrem trockene und kommen von der Ebene bis ins Hochgebirge vor (Dorow et al. 2019b).

Hautflügler können sowohl als Räuber, z. B. Waldameisen (*Formica* s. str.), als auch als Parasitoide auftreten, z. B. Brackwespen. Allgemein kann der Parasitierungsgrad bei bis zu 92 % liegen (wwwLWF).

Die wichtigsten parasitischen Insekten sind die über 150 parasitoiden Wespenarten („Schlupfwespen" im weitesten Sinne). Sie töten während ihrer Larvalentwicklung ein Wirtstier. Die adulten Wespen nehmen als Nahrung nur Pollen, Nektar und Honigtau zu sich. Diese Energie erhöht ihre Eiproduktion und verlängert die Lebensdauer. Weist ein Wald wenig Blüten auf, wie z. B. ein Fichten-Reinbestand, dann verhindert dies die Nahrungsaufnahme der adulten Parasitoiden (Stephen & Browne 2000). Sowohl Eier, Larven, Puppen als auch adulte Käfer können spezialisierten Parasitoiden zum Opfer fallen. Ganz selten werden Eier parasitiert. Nur die winzige *Trichogramma semblidis* durchläuft als einziger echter Eiparasitoid von Borkenkäfern ihre gesamte Entwicklung in einem Ei von Eschenbastkäfern (*Hylesinus* spp.). Die Larven der meisten Parasitoiden leben dagegen ektoparasitisch an Larven oder Puppen von Borkenkäfern. Für die Eiablage stechen fast alle Arten ihren Ovipositor (Eiablagestachel) durch die Stammrinde. Damit sind die Parasitierungsmöglichkeiten durch die Länge des Ovipositors und die Rindendicke gegeben. Haben sie erfolgreich einen Wirt gefunden, lähmen sie ihn durch die Injektion eines Gifts und legen anschließend ein Ei auf seine Körperoberfläche. Einige wenige Arten schlüpfen aber auch durch die Einbohrlöcher der Borkenkäfer und parasitieren die Larven von den Muttergängen aus (z. B. *Dendrosoter protuberans*). Somit spielt die Rindendicke für sie keine Rolle. Nach dem Schlüpfen fressen die parasitischen Wespenlarven den Körperinhalt ihrer Wirte auf und lassen nur Haut und Kopfkapsel zurück. Zusätzlich gibt es noch Adultparasitoide. Sie überfallen sich einbohrende Borkenkäfer und injizieren ihnen ein Ei, indem sie ihren Ovipositor durch deren Halsschild oder die Flügeldecken stechen. Die parasitierten Borkenkäfer bohren sich wie üblich ein und beginnen auch, Eier zu produzieren. Dies allerdings in geringerem Ausmaß, weil die parasitische Larve im Käfer während ihrer Entwicklung den Körperinhalt nach und nach auffrisst und der Borkenkäfer schließlich abstirbt. Die Larve verpuppt sich noch im Innern des Käfers und die Wespe verlässt diesen durch ein selbst genagtes Loch am Körperende des Käfers (im sog. Absturz). Durch ein Käferloch in der Rinde fliegt sie aus (Wermelinger & Schneider Mathis 2021).

Parasitische Wespen sind im Allgemeinen stärker auf bestimmte Borkenkäferarten spezialisiert als die Räuber. Vor allem Ei- und Adultparasitoide haben ein sehr kleines Wirtsspektrum. Die Adultparasitoiden *Tomicobia seitneri* (Pteromalidae) und *Ropalophorus clavicornis* (Braconidae) befallen zum Beispiel fast ausschließlich Käfer des Buchdruckers. In der Regel ist nur ein Parasitoid in einem Buchdrucker-Käfer. *T. seitneri* erreicht in Deutschland Parasitierungsraten von bis zu 19,3 %, in Bulgarien bis zu 35 % und in Norditalien bis zu 100 %. Zusätzlich kann *T. seitneri* die Borkenkäfer-Arten *Ips acuminatus*, *I. amitinus*, *I. duplicatus*, *I. subelongatus* und *Pityogenes chalcographus* befallen. Die Larvalparasitoiden, also die Mehrheit der parasitischen Wespen, sind allerdings weniger wählerisch und akzeptieren Wirte verschiedener Gattungen. Sie können in großer Anzahl in einem Wirtstier auftreten. An *Ips typographus* parasitieren 40 Hautflügler-Arten. Die meisten gehören zu den Erzwespenfamilien Pteromalidae (21 Arten), Eurytomidae mit 7 Arten und Eupelmidae mit 4 Spezies. In der Regel leben die Parasitoide in der Hämolymphe der Buchdrucker-Larven oder -Puppen (Wermelinger & Schneider Mathis 2021; Georgiev & Takov 2005; Wegensteiner et al. 2017).

In einer Untersuchung im Nationalpark Bayerischer Wald (Feicht 2003) wurden bei *Ips typographus* folgende Anteile von parasitischen Hymenopteren nachgewiesen: 68,9 % *Coeloides bostrichorum*, 20,3 % *Roptrocerus xylophagorum/mirus*, 5,5 % *Rhopalicus tutela*, 2,9 % *Tomicobia seitneri*, 1,2 % *Rhopalophorus clavicornis*, 1 % *Dendrosoter middendorffi*, 0,3 % *Dinotiscus eupterus* und 0,1 % *Cosmophorus* sp. Die in dieser Untersuchung häufigste Brackwespe *Coeloides bostrichorum* sticht mit einem 5 mm langen Legestachel durch die Rinde und lähmt die Wirtslarve, bevor sie ihr Ei auf sie legt. Bis zu ihrer Verpuppung lebt die Wespenlarve endoparasitisch im Wirtskörper. Die Erzwespe *Roptrocerus xylophagorum* dagegen lebt ektoparasitisch an den Wirtslarven. Sie befällt Borkenkäfer aus mindestens zehn Gattungen, darunter *Ips acuminatus*, *I. duplicatus* und beide Waldgärtner-Arten (*Tomicus*). Das Weibchen dringt durch die Einbohrlöcher in das Buchdrucker-Brutbild ein. Insgesamt wurde in fünf Waldorten eine durchschnittliche Parasitierungsrate von 76 % festgestellt. An zwei Waldorten betrug der Parasitierungsgrad 90,6 und 92,2 %. Die Buchdrucker-Brut wurde demnach merklich durch die Hautflügler reduziert (Feicht 2003).

In den Sommermonaten Juni und Juli von 2017 bis 2019 wurde auf 31 Waldstandorten in drei zentraleuropäischen Ländern (Ungarn, Slowakei und Polen) der Einfluss von Waldameisen (*Formica polyctena*) auf den Befall der Bäume durch Borken- (*Ips* spp.), Bock- und Prachtkäfer sowie Pilze untersucht. Die zunehmende Anzahl von *F. polyctena*-Nestern an den Untersuchungsstandorten korrelierte signifikant mit einer Verringerung der Anzahl der von Borkenkäfern befallenen Bäume. Der Befall von Bäumen durch Bock- oder Prachtkäfer sowie mit Pilzen wurde nicht durch die Waldameisen verringert (Trigos-Peral et al. 2021).

Der nachweisbare Effekt ist in der Lebensweise der Waldameisen begründet. Neben ihren räuberischen Einflüssen stören Waldameisen Borkenkäfer auch beim Einbohren und bei der Anlockung weiterer Artgenossen. Die individuenreichen Waldameisen-Nester benötigen umfangreiche Nahrungsmengen. Deshalb suchen sie große Flächen ab. Zur Flugzeit der Borkenkäfer sind die Trophobiosepartner der Waldameisen (Lachniden) noch in geringer Anzahl vorhanden, aber gleichzeitig ist die Geschlechtstierbrut in der Entwicklung begriffen. Entsprechend hoch ist der Nahrungsbedarf. Um zu ihren Lachniden in der Baumkrone zu gelangen, belaufen die Waldameisen ganztägig den größten Teil des Baumstamms. Werden sie z. B. durch einen anfliegenden Borkenkäfer gestört, so attackieren sie ihn sofort. Insofern bewirken sie einen sehr guten zeitlichen und räumlichen Schutz für die Wirtsbäume (Trigos-Peral et al. 2021).

Der starke Rückgang an Bäumen und deren Kronenschatten nach den Gradationen der Borkenkäfer hat massive Auswirkungen auf Waldameisen. Waldameisen-Nester gehen bis zu 39 % zurück in betroffenen Wäldern. *Formica rufa* (78,3 % Nesterverlust) wird stärker beeinflusst als *F. polyctena* (22,9 % Nesterverlust). Der Rückgang ist erklärbar durch die aufkommende Bodenvegetation und die damit einhergehende zunehmende Beschattung der Waldameisen-Hügel sowie dem drastischen Nahrungsmangel (Honigtau-Ausfall) aufgrund des Verlustes der Trophobiose-Partner der Ameisen (Véle & Frouz 2023).

Waldameisen (*Formica rufa*) können in Nahrungs-Konkurrenz zu Waldbaumläufern (*Certhia familiaris*) treten. In Finnland wurde in den Sommermonaten von 1990 bis 1993 der Bruterfolg von Waldbaumläufern in Nadelwäldern (*Picea abies* & *Pinus sylvestris* mit Birkenuntermischung *Betula pendula* & *B. pubescens*) mit und ohne Waldameisen-Vorkommen untersucht. Da beide Tierarten Stammabsucher sind, treten sie in Konkurrenz beim Nahrungs-Erwerb. *Formica*-Arbeiterinnen werden nicht von Baumläufern gefressen. Die Waldbaumläufer zeigten einen deutlich geringeren Bruterfolg in den Waldameisen-Revieren (Aho et al. 1999).

Hymenopteren-Parasitoide der Splintkäfer

In Belgien wurden die parasitoiden Hautflügler von *Scolytus*-Arten im Jahresverlauf beobachtet. *Dendrosoter protuberans* (Braconidae) erschien im Mai als erste Hautflügler-Art an der Ulme und konnte den ganzen Sommer durch nachgewiesen werden. *Cheiropachus quadrum* (Pteromalidae) trat kurz vor *Scolytus scolytus* Mitte Mai auf und *Entedon ergias* (= *Entedon leucogramma*)(Eulophidae) zwei Wochen später, kurz vor dem Ausschwärmen von *Scolytus multistriatus* und *S. pygmaeus*. Die Verteilung der Splintkäfer hing mit der Borken-Dicke zusammen. Der Zwergsplintkäfer (*S. pygmaeus*) bevorzugte Borke bis 3 mm Dicke, der Kleine Ulmensplintkäfer (*S. multistriatus*) über 3 mm Dicke und der Große Ulmensplintkäfer (*S. scolytus*) über 5 mm Dicke. Die zunehmende Mächtigkeit der Borke beeinflusste negativ die Eiablage der Parasitoiden, die alle bis auf *Entedon ergias* die Borke durchstechen (Merlin 1984). *Entedon ergias* dringt über das Eingangsloch in das Brutbild ein und legt sein Ei in das *Scolytus*-Ei (Merlin 1984; Beaver 1966b). Bei einer Begegnung mit *Scolytus* weicht die Erzwespe *Entedon ergias* sofort zurück. Die Erzwespen-Larve häutet sich dreimal innerhalb der Splintkäfer-Larve. Diese erreicht nicht das 5. Stadium. Sie bleibt deutlich kleiner als die unparasitierten Käfer-Larven. Auch ist der Larvengang kürzer und unregelmäßiger als der Gang der unparasitierten Käfer-Larven. Am Ende bleibt nur etwas Haut und die Kopfkapsel der Käfer-Larve zurück (Beaver 1966b).

Die Erzwespe *Cheiropachus quadrum* parasitiert in den Larven vom Eichensplintkäfer (*Scolytus intricatus*), Kleinen Ulmensplintkäfer (*Scolytus multistriatus*) und Großen Ulmensplintkäfer (*Scolytus scolytus*) sowie in Bohrkäfer-Larven (Bostrichidae) und in Larven des Blaugrünen Eichenprachtkäfers (*Agrilus sulcicollis*). Gelegentlich beobachtet man sie in Gebäuden, wenn sie aus dem Kaminholz schlüpft. Die Entwicklungsdauer von der Eiablage bis zum fertigen Insekt dauert etwa 18-20 Tage. Das Weibchen lebt ca. 25 Tage und legt 60 Eier. *Cheiropachus quadrum* gilt als einer der Hauptparasiten von *Phloeotribus scarabaeoides*, der in Südspanien Olivenbäume (*Olea europaea*) befällt (www9).

Dendrosoter protuberans-Weibchen können bis zu 20 Eier einzeln in Käfer-Larven einstechen. Die Wespen-Larven entwickeln sich im Labor am besten in Larven des Kleinen Ulmensplintkäfers (*S. multistriatus*), es folgen *S. ensifer*, *S. pygmaeus* und der Bunte Ulmenbastkäfer (*Pteleobius kraatzi*). Am schlechtesten entwickelten sich die Parasitoide im Großen Ulmensplintkäfer (*S. scolytus*)(Manojlovic et al. 2003). Im Wald parasitiert *Dendrosoter protuberans* in über 80 % der Splintkäfer (Maksimovic 1979).

Weitere Parasitoide an Splintkäfern sind: *Ecphylus silesiacus* (Ratz.)(Braconidae), *Coeloides scolyticida* Wesm. (Hym.: Braconidae), *Leluthia paradoxa* (= *Doryctosoma paradoxus* (Picard), *Eurytoma morio* (Boheman), *Doryctes* sp., *Eubadison* sp. und *Paracoryctes* sp. (Manojlovic et al. 2003).

Der Eichen-Splintkäfer (*Scolytus intricatus*) wird im larvalen Stadium von mindestens 20 parasitischen Hymenopteren genutzt (Markovic and Stojanovic 1996). Am stärksten wurde die Splintkäfer-Population von folgenden Hautflügler-Arten beeinflusst: *Cheiropachus quadrum*, *Dendrosoter protuberans*, *Ecphylus silesiacus*, *Entedon ergias* und

Abb. 37: *Coeloides scolyticida* (Foto Saxifraga – Ab H. Baas (CC BY-NC-SA)

Spathius erythrocephalus. *Ecphylus silesiacus* hatte den größten Einfluss auf *Scolytus intricatus*. Durchschnittlich waren 14,5% der Splintkäfer-Larven parasitiert. Die restlichen Arten stammten aus den Hymenopteren-Familien Braconidae, Eurytomidae, Pteromalidae, Eupelmidae und Eulophidae.

Wanzen (Heteroptera)

Aus Deutschland sind bisher 900 etablierte Wanzen-Arten und -Unterarten bekannt. Wanzen ernähren sich vielfältig. Wir kennen Pilz- und Pflanzensauger sowie räuberische und parasitische Arten. Viele Wanzen nutzen ein enges artspezifisches Nährpflanzen- oder Wirtsspektrum. Wir finden sie in sehr unterschiedlichen Lebensräumen, von aquatischen (marinen wie limnischen) bis hin zu extrem trockenen terrestrischen Habitaten. Wanzen kommen von der Ebene bis ins Hochgebirge vor. Gut zwei Drittel (n = 618; 68,7 %) der deutschen Wanzentaxa leben zumindest teilweise in Wäldern. Davon haben 98 Taxa (10,9 %) ihren Verbreitungsschwerpunkt in Wäldern. Lediglich drei Arten (0,3 %) leben im geschlossenen und nur 30 Taxa (3,3 %) im lichten Wald oder an Waldrändern und auf Lichtungen. Die meisten Taxa (57,8 %) kommen sowohl in Wäldern als auch im Offenland vor. 32,1% leben mehr oder weniger gleichermaßen in Wäldern und im Offenland. Der Anteil reiner Offenland-Taxa liegt bei 31,3 % (Dorow et al. 2019a).

Blumenwanzen (Anthocoridae) ernähren sich bevorzugt von Insekteneiern und zarten Jugendstadien. Die sehr flache *Scoloposcelis pulchella* (Anthocoridae: Scolopini; Körperlänge: 2,9-3,6 mm) ist die bekannteste der wenigen sich von Borkenkäfern ernährenden Wanzenarten (Wermelinger & Schneider Mathis 2021). Sie hält sich vorwiegend in den Brutbildern von Borkenkäfern auf und erbeutet die verschiedenen Entwicklungsstadien. Sie ist im Süden Deutschlands und in den mittleren Landesteilen verbreitet, stellenweise auch häufig (Deckert & Wachmann 2020, Kallenborn 2006). Ebenfalls unter Borke von Totholz jagt die nicht seltene *Xylocoris cursitans* (Anthocoridae: Xylocorini; Körperlänge: 1,8-2,8 mm) kleine Arthropoden. Darunter auch Borkenkäfer-Larven (Kenis et al. 2004).

Abb. 38: Aufsicht (Dorsalansicht) von einem Pärchen *Scoloposcelis pulchella* (Anthocoridae: Scolopini). (Foto Gerhard Strauß). Die sehr flache Blumenwanze erbeutet Borkenkäfer in deren Brutbilder. Sie wird auch mit Borkenkäfer-Pheromonfallen gefangen.

Kamelhalsfliegen (Rhaphidioptera)

In Mitteleuropa sind nur 16 Arten nachgewiesen (Aspök & Aspök 2009). Kamelhalsfliegen-Larven leben auf der Rindenoberfläche und erbeuten weichhäutige Insekten und Insekten-Eier. Sie bevorzugen die dickborkige, Deckung gewährende Rinde der unteren Stammhälfte. Borkenkäfer-Larven können sie nur vertilgen, wenn die Rinde durch Spechteinschläge oder den Reifungsfraß der Borkenkäfer gelöst ist und sie dadurch in die Brutbilder der Borkenkäfer eindringen können (Wichmann 1957). Es tritt Kannibalismus unter den Kamelhalsfliegen-Larven auf. Ihre Bedeutung bei der Regulation von Borkenkäfern ist aufgrund der genannten Lebensweise gering, umso mehr, als sie auch die von anderen Räubern abgelegten Eier fressen. Die wichtigsten Kamelhalsfliegen sind *Puncha ratzeburgi* sowie die Gefleckte Kamelhalsfliege (*Phaeostigma notata*), die überwiegend in Laub- und Mischwäldern, aber auch in Parks und Gärten lebt. Sie kann im subalpinen Raum bis hinauf zur Waldgrenze vorkommen (verändert nach Wermelinger & Schneider Mathis 2021).

Abb. 39: Seitenansicht der weiblichen Blumenwanze *Scoloposcelis pulchella* (Anthocoridae: Scolopini). Körperlänge 3,29 mm und Körperhöhe 0,62 mm.

Abb. 40: Seitenansicht der männlichen Blumenwanze *Scoloposcelis pulchella* (Anthocoridae: Scolopini). Körperlänge 2,96 mm und Körperhöhe 0,55 mm.

3.2.2.2 Milben (Arachnida: Acari)

Ca. 55.000 Milbenarten wurden bisher weltweit erfasst. Vermutlich existieren allerdings ca. 500.000 bis 1 Million Arten (Walter & Procter 2013; Walter & Behan-Pelletier 1999).

Die Milben-Faunen im Waldboden, in Baumhöhlen und in den Brutbildern von Borkenkäfern unterscheiden sich deutlich (Skubała & Gurgul 2011).

Stehendes Totholz und von Borkenkäfern und Pathogenen befallene Bäume beherbergen eine Vielzahl von Milben, die selbstständig oder mit Hilfe von holzbewohnenden Insekten eindringen. Mehr als 270 Milben-Arten weltweit sind bisher bei Borkenkäfern entdeckt worden.

Milben sind in zwei Überordnungen eingeteilt: die Parasitiformes (= Anactinotrichida) und die Acariformes (= Actinotrichida).

Die Überordnung **Parasitiformes** weisen ca. 13.000 beschriebene Arten auf und gliedern sich in vier Ordnungen: Holothyrida und Opilioacarida (beide kommen nicht bei Borkenkäfern vor) sowie Ixodida und Mesostigmata (= Gamasida). Zecken (Ixodida) werden sehr selten bei Borkenkäfern gefunden. Innerhalb der Mesostigmata mit 11.000 Arten finden wir viele holzbewohnende Arten als auch Borkenkäfer assoziierte Spezies.

Die Überordnung **Acariformes** mit über 42.000 Arten ist in zwei Ordnungen gegliedert: Trombidiformes und Sacroptiformes. In beiden Ordnungen existieren viele borkenkäfer-assoziierte Milben-Arten. Zu den Sacroptiformes gehört z. B. die Unterordnung der Hornmilben, auch Moos-, Käfer- oder Panzermilben genannt (Oribatida)(Walter & Procter 2013; Hofstetter et al. 2015).

Milben durchlaufen vier Entwicklungs-Stadien: Larven, Protonymphen, Deutonymphen und Adulttiere. Oft findet man Deutonymphen auf Borkenkäfern. Bei den meist stark gepanzerten Schildkröten-Milben (Parasitiformes: Mesostigmata: Uropodina) bilden die Deutonymphen aus dem erhärteten Sekret der Analdrüsen am Hinterleibsende einen elastischen Stiel (Pedicel), mit dem sie sich an den Borkenkäfer heften und so sicher transportiert werden (Moritz 1993). So findet man sie auch an Museums-Käferexemplaren.

In Buchdrucker-Brutgängen in Polen leben 60 Milben-Arten (Gwiazdowicz 2008 aus Gwiazdowicz et al. 2012). Allein bei Buchdrucker-Käfern fand man in Schweden 38 Milbenarten (Moser et al. 1989a). Davon kommen 33 Arten auch in Deutschland vor (Moser & Bogenschütz 1984). Am häufigsten treten *Dendrolaelaps quadrisetus* und *Trichouropoda polytricha* auf. Erstere Art ist meist unter den Flügeldecken und die zweite Milben-Art am Absturz bei den Käfern anzutreffen. Beide Milben nutzen mehrere Borkenkäfer-Arten als Transporteur. *Trichouropoda polytricha* findet man in Europa z. B. auf: *Ips typographus*, *I. amitinus*, *I. duplicatus*, *P. chalcographus*, *H. palliatus* and *D. autographus* (Gwiazdowicz et al. 2015; Knee et al. 2012).

Die Mehrzahl der Milben-Spezies lebt von Pilzen, Aas, Nematoden oder anderen Organismen und benutzt die Borkenkäfer lediglich als Vektoren (Transportvehikel), um von einem Baum zum anderen zu gelangen und neue Nahrungsquellen zu erschließen. Dieses Verhalten wird auch phoretisch (Phoresie) genannt.

Mit Borkenkäfern assoziierte Milben haben im Allgemeinen eine oder mehrere Generationen je Saison (uni- oder multivoltin). Die Lebensdauer kann wenige Wochen oder mehrere Jahre beinhalten.

Milben können als Feinde (Antagonisten), als Gäste (Kommensalen) oder als Symbiose-Partner bei Borkenkäfer-Arten auftreten.

Manche Milben-Arten nutzen käfer-mutualistische Pilze, andere käfer-antagonistische Pilze. Sie übertragen Pilze, die die Baumabwehr gegen Borkenkäfer schwächen; aber auch entomopathogene Pilze wie z. B. *Beauveria bassiana* (Hofstetter et al. 2015). Milben können die jeweiligen Pilze auf ihrer Körperoberfläche oder in speziellen Taschen, z. B. an den Körperseiten (Sporotheca), zum nächsten Baum transportieren. Dabei sammeln sie gezielt bestimmte Pilz-Arten auf. In einer Studie in Schweden wurden 20 Milben-Arten auf Buchdruckern (*Ips typographus*) nach Pilzsporen abgesucht. Von den 20 Milben-Arten trugen 17 Arten Pilzsporen mit sich. Bei 85 % der 739 Milben-Individuen wurden Ascosporen nachgewiesen. 361 Individuen trugen eine Art von Ascosporen, 146 zwei Arten, 68 drei Arten, 37 vier Arten, 15 fünf Arten und eine Milbe (*Dendrolaelaps quadrisetus*) wies sechs verschiedene Pilzsporen auf. Alle 16 Individuen mit fünf oder sechs verschiedenen Ascosporen waren große Milben. Neun Milben-Arten mit insgesamt 77 Individuen (11 %) transportierten den pathogenen Bläuepilz *Ophiostoma polonicum*. Weitere vier *Ophiostoma*-Arten konnten nachgewiesen werden: *O. bicolor*, *O. europhioides*, *O. penicillatum* und *O. piceae*. Die Milben hatten keine speziellen Organe zum Pilz-Transport. Auch die parasitischen Milben *Iponemus gaebleri*, *Pyemotes dryas* und *Paracarophaenax ipidarius* trugen Ascosporen (Moser et al. 1989b).

Der Schlauchpilz (Ascomycet) *Ophiostoma novo-ulmi* verursacht das Ulmen-Sterben, auch Ulmenwelke genannt. Er wird von Splintkäfer-Arten (*Scolytus*) übertragen. Die auf den Splintkäfer-Arten *Scolytus multistriatus*, *S. pygmaeus* und *S. scolytus* lebenden Milben-Arten transportieren z. T. ebenfalls den phytopathogenen Pilz. Von zehn auf den Käfern gefundenen Milben-Arten trugen vier Arten den Pilz: *Elattoma fraxini*, *Proctolaelaps scolyti*, *Pseudotarsonemoides eccoptogasteri* und *Tarsonemus crassus*. Bei allen Milben befanden sich *Ophiostoma novo-ulmi*-Ascosporen auf dem Körper. *Tarsonemus crassus* transportierte zusätzlich die meisten Pilzsporen in seinen Sporotheken. Einige *Proctolaelaps scolyti*–Individuen hatten auch den Pilz im Verdauungsapparat. Die beiden Milben-Arten *Elattoma fraxini* und *Pseudotarsonemoides eccoptogasteri* hatten nur wenige Pilzsporen am Körper. *Proctolaelaps scolyti* und *Tarsonemus crassus* dagegen transportierten viele Ascosporen. Diese beiden Milben-Arten sind auch Pilzfresser. *Scolytus scolytus* ist der stärkste Überträger der phytopathogenen Pilzsporen. Nur auf dieser Käfer-Art wurden viele *Proctolaelaps scolyti* und *Tarsonemus crassus* Milben nachgewiesen. Eventuell ist die Pilz-Vektor-Leistung von *Scolytus scolytus* auf die beiden Milben-Arten und ihre Ascosporen-Last zurückzuführen (Moser et al. 2010).

Ebenso werden Nematoden von Milben erbeutet, die Borkenkäfer-Antagonisten sind oder für die Borkenkäfer von Vorteil sind (Mutualisten). Insofern können Milben die Struktur, Diversität und Stabilität der Borkenkäfer-Gemeinschaften mit Pilzen und Nematoden erheblich beeinflussen. Dies wirkt sich entsprechend auf die Borkenkäfer-Reproduktion aus (Hofstetter & Moser 2014). Zusätzlich leben wenige Arten räuberisch von Borkenkäfern und saugen deren Eier, Larven und Puppen aus. Zu diesen Gattungen zählen *Iponemus*, *Pyemotes*, *Proctolaelaps* und *Dendrolaelaps*. Die beiden ersten sind parasitoiden-ähnlich, da für die Entwicklung ihrer Larven ein einziges Borkenkäfer-Ei genügt. Nach der letzten Häutung saugen die adulten Milben an Larven und Puppen von Borkenkäfern. Folgende Milben-Arten sind Buchdrucker-Parasiten (*Ips typographus*): *Iponemus gaebleri*, *Pyemotes dryas* und *Paracarophaenax ipidarius*. *Pyemotes dryas* ist auch als Parasit bei *Cryphalus*-, *Leperesinus*-, *Pityogenes*-Arten sowie bei *Polygraphus poligraphus* und *Pityophthorus pityographus* bekannt (Hofstetter et al. 2015). *Pyemotes dryas* kann lokal vollständig die Reproduktion von *Polygraphus poligraphus* unterbinden (Moser et al. 1989a). Die Bedeutung von Milben bei der Regulation von Borkenkäfern wird stark unterschätzt. Ein Milben-Weibchen legt in der Regel ca. 65 Eier. Daraus schlüpfen oft wiederum zu 90 % Weibchen. Es wurden schon Absterberaten von Borkenkäfer-Eiern (*Ips typographus* und *I. amitinus*) von bis zu 90 Prozent beobachtet (Gäbler 1947).

Pyemotes herfsi (Oudemans, 1936)(= *Pediculoides herfsi* Oudemans, 1936) gehört zur Ordnung Trombidiformes und zur Familie Pyemotidae. Sie lebt räuberisch bei *Scolytus*- und *Tomicus*-Arten und weiteren Insekten-Spezies (Hofstetter et al. 2015). Die Weibchen saugen an Insekten-Larven. Vor dem Saugakt ist sie ca. 0,2-0,32 mm lang. Mit der Nahrungsaufnahme schwillt der Hinterleib deutlich an (Physogastrie) und die Körpergröße kann bis zu einem Millimeter anwachsen. In dem mütterlichen Hinterleib entwickeln sich die Jungtiere bis zur Geschlechtsreife. Schon nach dem 9. bis 12. Tag (bei 25°C) nach Anstich der Beutelarve wird der erste Nachwuchs (7 bis 284 Tiere) geboren. An einem Tag können bis zu 40 Jungtiere schlüpfen. Unter den Neugeborenen überwiegen die Weibchen. Diese werden noch während des Schlupfvorgangs von Männchen begattet (meist durch Brudertiere), die sich auf dem Hinterleib des Weibchens befinden. Der begrenzte Nahrungsvorrat der weiblichen Jungtiere zwingt diese nach 2 Tagen mit der eigenen Nahrungsaufnahme zu beginnen (Moritz 1993).

Mit steigender Durchschnitts-Temperatur verändert sich die Artenzusammensetzung der mit den Borkenkäfern vergesellschafteten Milben und Pilze. Es kann auch zu Artenverlust kommen (Hofstetter et al. 2007).

3.2.2.3 Spinnen

In Deutschland wurden 992 Spinnen-Arten aus 40 Familien nachgewiesen. Davon haben gut ein Viertel (259 Spezies) ihren Verbreitungsschwerpunkt im Wald. Weitere 289 Spinnen-Arten sind im Wald anzutreffen ohne spezifische Waldbindung und 444 Spinnen-Arten leben außerhalb der Wälder (Blick et al. 2019). In der Schweiz wurden bisher rund 945 und in Österreich 984 Spinnen-Arten beschrieben (Blick et al. 2004). Im Wald sind sie von der Streuschicht bis in die Baumkronen verbreitet. Spinnen besiedeln diverse Wald-Mikrohabitate und haben jahreszeitlich unterschiedliche Aktivitäts-Schwerpunkte. Es gibt z. B. auch winteraktive Arten. In einem hessischen Buchenwald konnten im Winter an toten und lebenden Baumstämmen 140 Spinnen-Arten mit ca. 23.000 Individuen gefangen werden (Blick 2011). Die großen netzbauenden Spinnenarten sind eher selten im Wald. Arten- und individuenreich kommen die Spinnen vor allem an Baumrinde und am Waldboden vor. Die meisten Spinnen-Arten sind unspezifische (polyphage) Insekten-Räuber. Ausnahmen stellen die *Dysdera*-Arten (Asselfresser) und die Familie der Mimetidae (Spinnenfresser) dar (Blick et al. 2019). Im Kronenbereich der Nadelwälder stellen netzlos jagende Spinnen aus der Familie Thomisidae häufig den größten Individuenanteil, während in den Kronen der Laubwälder die Netzspinnenfamilien Linyphiidae, Micryphantidae und Theridiidae oft dominieren (Albert 1976). In 2 bis 4 m Höhe konnte Blick (2011) an Laub- und Nadelbaumstämmen insgesamt 334 Spinnen-Arten und ca. 98.000 Adulttiere nachweisen. Die sechs häufigsten Arten (über 3.000 Adulttiere) waren: die Gewöhnliche Bodenspinne (*Hahnia pusilla*), die Waldfinsterspinne (*Amaurobius fenestralis*), das Hohe Ballonköpfchen (*Pelecopsis elongata*), die Graue Waldbaldachinspinne (*Drapetisca socialis*), die Zwillingskrabbenspinne (*Xysticus audax*) und das Rüsselzierköpfchen (*Walckenaeria cuspidata*). Unter bestimmten Bedingungen können Spinnen als dominante Prädatoren einen messbaren Einfluss auf Insekten-Populationen haben. Nach Kirchner (1964) aus Nyffeler (1982) wird der Verzehrumfang von Spinnen aller Straten (im Boden als auch in der Vegetation) in einem deutschen Forst-Ökosystem auf 100 kg Frischgewicht Insekten/ha/Jahr geschätzt bei einer Besiedlungsdichte von 50 bis 200 Spinnen-Individuen/m^2.

Im Stamm- und Baumkronenbereich sowie an liegenden Stämmen können Spinnen Borkenkäfer auf und seltener unter der Rinde sowie beim An- und Abflug erbeuten. Sie greifen direkt die Käfer an oder fangen sie mit ihrem Spinnennetz.

In der Schweiz konnten in den Baldachinnetzen von *Troxochrus nasutus* (Erigonidae/Micryphantidae – Zwergspinnen) drei Fichtenbastkäfer (*Hylurgops palliatus*) und fünf Kupferstecher (*Pityogenes chalcographus*) nachgewiesen werden (Moor & Nyffeler 1983).

3.2.3 Nematoden

Fadenwürmer (Nematoda) kommen in großer Individuen- und Artenzahl in vielen Lebensräumen vor. Man findet sie in den Sedimenten von Gewässern, in sowie auf Tieren und Pflanzen als Parasiten und freilebend im Boden. Auf Wiesen können bis zu 20 Mio. Nematoden pro m^2 leben. Bisher wurden ca. 15.000 Arten weltweit und in Deutschland 1.700 Arten beschrieben. Die meisten Fadenwürmer sind nur 0,5–3 mm lang. Der Körper ist fadenförmig und drehrund. Es sind keine Körperanhänge vorhanden. Der Hautmuskelschlauch und der Innendruck erlauben eine kräftige schlängelnde Fortbewegung (Westheide & Rieger 2013). Die Nematoden-Artengemeinschaften in Totholz hängen eng mit den Baum-Arten zusammen. Meist sind es Bakterien- und Pilzfresser (Moll et al. 2021). Unter ihnen gibt es auch viele insektenparasitische Arten, wie z. B. *Steinernema*. Diese setzt man in der Biologischen Schädlingsbekämpfung ein. Die parasitischen Arten sind oft deutlich länger als die bodenbewohnenden Nematoden (Dowe 1987). Wichtig für die Nematoden-Arten sind der pH-Wert und der Wassergehalt (Moll et al. 2021). Im Kern- und Splintholz von Baumstümpfen (aus 13 Baumarten) wurden aus neun Ordnungen insgesamt 27 verschiedene Nematoden-Familien nachgewiesen. Über 70 % der Fadenwurm-Arten ernährten sich von Pilzen und Bakterien. 7 % waren Tierparasiten. Nematodengemeinschaften werden nicht bestimmt durch die Arten- und Individuenzahl der Pilze, sondern durch die spezifische Artenzusammensetzung der Pilze und deren Auswirkungen auf den pH-Wert und die Bakterienzusammensetzung (Moll et al. 2021).

Die mit den Splint- und Borkenkäfern zusammenlebenden Fadenwürmer können als Kommensalen, als Symbionten, als Halbschmarotzer und als Vollschmarotzer (Endoparasiten) auftreten (verändert nach Rühm 1956). Bei 57 Splint- und Borkenkäfer-Arten wurden 168 Nematoden-Arten und 5 Unterarten nachgewiesen. Davon sind 114 Arten und 5 Unterarten an die Splint- und Borkenkäfer gebunden. 65 Nematoden-Arten und 4 Unterarten leben als Kommensalen, 7 Arten und eine Unterart als Halbparasiten, 8 Arten als Ektoparasiten und 34 Arten als Endoparasiten in ihren Insektenwirten (Rühm 1956). Inzwischen sind erheblich mehr assoziierte Nematoden-Arten bekannt. Die Halbparasiten leben nur als Larven im Mitteldarm, in den Malpighischen Gefäßen oder in der Leibeshöhle der Käfer und verlassen sie als Adulttiere um sich im Brutsystem der Käfer zu bewegen und zu ernähren. Die Symbionten erbeuten im Brutbild Feinde der Käfer und die Kommensalen ernähren sich von anderen Organismen wie Pilzen oder toter organischer Substanz, ohne den Käfern zu nutzen oder zu schaden. Die Fadenwürmer sind auf die Käfer als Transporteur angewiesen. Phoresie – d. h. Nematoden lassen sich von den Käfern zu ihren Mikrolebensräumen tragen, ohne den Transporteur zu beeinträchtigen – ist bei borkenkäfer-assoziierten Nematoden die Regel. Die Fadenwürmer halten sich dazu unter den Flügeldecken (Elytren), auf den Flügeln (oft an der Basis), zwischen den Körpersegmenten, speziell zwischen Brust (Thorax) und Hinterleib (Abdomen) und zwischen den einzelnen Hinterleibssegmenten (z. B. im Genitalsegment) auf. Oft sind sie dabei in Form einer Dauerlarve (Ruhestadium) unterwegs. Als Besonderheit sondern sie ein schleimiges Sekret ab, das als gelatinöse Schutzhülle den Nematoden-Körper vor Austrocknung und mechanischer Beeinträchtigung bewahrt (Rühm 1956). Unter den Flügeldecken sind oft zusätzlich sehr bewegungsfreudige Milben, die ebenfalls den Käfer als Vektor nutzen.

Im Käferbrutbild verlassen die Nematoden das Insekt und ernähren sich saprobiotisch oder räuberisch im Käfer-Gangsystem hauptsächlich von Bakterien und Pilzen sowie von deren Produkten, von Bohrmehl und Käferkot, von weiteren Mikroorganismen oder anderen Nematoden. Dadurch dezimieren sie auch parasitische Nematoden, die für die Borkenkäfer schädlich sind. Vorteilhaft für Nematoden sind sich häufig überkreuzende Larvengänge oder Plätzefraß, der im Brutbild durchgeführte Regenerations- und Reifefraß, eine umfangreiche Mulmproduktion im Brutsystem, ausgedehnte Brutgangsysteme mit einer großen inneren Oberfläche und gemischte Brutgangsysteme von großen Borkenkäfern und kleinen *Crypturgus*-Arten oder von Bockkäfer- und Prachtkäfer-Larven. Negativ für Nematoden sind die verharzten Mulmplatten in *Dendroctonus micans*-Brutbildern, der zusammengepresste Mulm in den Muttergängen von *Ips acuminatus*, die intensive Reinigung von Muttergängen bei einigen Borkenkäfer-Arten, austrocknende Brutgangsysteme durch klaffende Rinde, die Pilzrasen der Ambrosia-Käfer, allgemein Holzbrüter-Gangsysteme, geringe Nachkommenzahlen wie z. B. bei *Xylechinus pilosus*, von Hallimasch (*Armillaria*) oder Wurzelschwamm (*Heterobasidion annosum, =Fomes annosus*) überzogener Mulm und die intensive Parasitierung von Käfer-Larven durch Hautflügler (Hymenoptera). Beim Gestreiften Nutzborkenkäfer (*Trypodendron lineatum*) wurden bisher keine und beim Ungleichen Holzbohrer (*Anisandrus dispar*) nur eine kommensalische Nematoden-Art gefunden. Parasitische Fadenwürmer weisen dagegen beide Käfer-Arten auf (Rühm 1956).

Nematoden ernähren sich, wie schon dargestellt, überwiegend von Bakterien und Pilzen. Dabei wandern sie hinter den fressenden Käfer-Larven her. Fadenwürmer können im Laufe ihrer individuellen Entwicklung ihre Ernährungsweise wechseln. Dies geht mit morphologischen Veränderungen des vorderen Verdauungstraktes einher. Nach der Reproduktion der Alttiere suchen die neuentstandenen Nematoden-Larven gezielt die Jungkäfer in ihren Puppenwiegen auf und besteigen ihr tierisches Transportmittel. Die Nematoden können offensichtlich olfaktorisch die Jungkäfer erkennen. So schließt sich der Kreis.

Folgende Nematoden-Gattungen nutzen Borkenkäfer aus der Gattung *Ips* De Geer, 1775 als Vektoren: *Bursaphelenchus, Cryptaphelenchus, Ektaphelenchus, Fuchsnema, Micoletzkya, Neoditylenchus* und *Plectus*-Spezies. Die zwei häufigsten phoretischen Fadenwurm-Arten bei *Ips*-Borkenkäfern sind *Bursaphelenchus eidmanni* (Rühm, 1956) und *Micoletzkya buetschlii* (Fuchs, 1915)(Grucmanová & Holuša 2013).

Im Gegensatz zu den phoretischen Nematoden leben die meisten parasitischen Fadenwürmer im Körperinneren der Käfer. Bei Borkenkäfer werden Larven, Puppen und Adulttiere befallen. Die Nematoden-Gattung *Cryptaphelenchus* tritt zusätzlich auch als Ektoparasit, also an der Körperoberfläche von Borkenkäfern auf. Ein Teil der Nematoden-Entwicklung findet außerhalb der Borkenkäfer-Körper statt. Der Nematoden-Lebenszyklus ist deshalb sehr gut auf die Lebensweise der Käferarten abgestimmt.

Die häufigsten endoparasitischen Nematoden-Gattungen von Borkenkäfer der Gattung *Ips* DE Geer, 1775 sind *Contortylenchus, Cryptaphelenchus, Ektaphelenchus, Parasitaphelenchus, Parasitorhabditis* und *Parasitylenchus*-Spezies. Die häufigsten endoparasitischen Fadenwurm-Arten bei *Ips*-Borkenkäfern sind *Parasitylenchus dispar* (Fuchs, 1915) und *Contortylenchus diplogaster* v. Linstow, 1890.

Die Beeinträchtigungen der Borkenkäfer durch die im Körperinneren schmarotzenden Fadenwürmer können sehr vielfältig sein. Zum einen rauben Nematoden den Käfern Körperreserven indem sie deren Fettgewebe aufzehren. Ebenso wird die Körperflüssigkeit (Hämolymphe) selektiv von den Nematoden genutzt. Aber auch andere Organe (z. B. die Malphigischen Gefäße, der Verdauungstrakt, die Fortpflanzungsorgane) können befallen und beschädigt oder zerstört werden. Eine weitere negative Beeinflussung ist die Bildung von unverträglichen oder giftigen Substanzen. Großen Schaden richtet z. B. *Parasitorhabditis ipsophila* Lieutier and Laumond, 1978 im Kiefern-Borkenkäfer *Ips sexdentatus* (Borner, 1776) an. Der entomopathogene Fadenwurm zerstört den Verdauungstrakt des Käfers. Weitere Schäden bei *Ips*-Arten, verursacht durch andere Nematoden-Arten, sind verringerte Fruchtbarkeit bei Männchen und Weibchen, zeitliche Verschiebung des Schwärmens, geringere Nahrungsaufnahme sowie reduzierte Brutbildgröße (kürzere Muttergänge). Die Parasitenlast eines einzelnen Käfers kann erheblich sein. Mehrere hundert Nematoden können sich in und auf dem Käfer befinden. Dies hängt mit der hohen Fruchtbarkeit der Nematoden zusammen: Ein weibliches Tier kann bis zu 10.000 Larven produzieren (Grucmanová & Holuša 2013).

Die Befallsraten können sehr unterschiedlich sein. Unter den Flügeldecken vom Buchdrucker (*Ips typographus*) findet man durchschnittlich 35 kommensalische *Cryptaphelenchus macrogaster macrogaster*. Es können aber auch bis zu 165 Nematoden auf einem Käfer sein. Der durchschnittliche Befall der Buchdrucker-Population lag bei 25 %. Bei einer *Hylurgus ligniperda*-Population waren 55 % mit dem Enddarmparasiten *Parasitorhabditis ligniperdae* befallen. Durchschnittlich befanden sich 15–25 Nematoden in einem

Käfer. Es konnten aber auch maximal 50 Nematoden in einem Käfer parasitieren (Rühm 1956).

Scolytus scolytus: 8 Nematoden-Arten.
Scolytus multistriatus: 6 Nematoden-Arten.
Hylastes ater: 11 Nematoden-Arten.
Cryphalus piceae: 8 Nematoden-Arten.
Dryocoetes autographus: 7 Nematoden-Arten.
Pityogenes chalcographus: 7 Nematoden-Arten.
Pityogenes bidentatus: 7 Nematoden-Arten.
Pityokteines curvidens: 7 Nematoden-Arten.
Ips typographus: 9 Nematoden-Arten.
Ips amitinus: 3 Nematoden-Arten.
Ips cembrae: 5 Nematoden-Arten.
Ips acuminatus: 5 Nematoden-Arten
Orthotomicus proximus: 1 Nematoden-Art.
Orthotomicus suturalis: 3 Nematoden-Arten.
Orthotomicus laricis: 3 Nematoden-Arten (Rühm 1956; Tomalak & Filipiak 2018).

Pityogenes bidentatus hat spezielle Einstülpungen (Nematangien) zum Transport von baumparasitischen Nematoden (*Bursaphelenchus pinophilus*, Parasitaphelenchinae) (Cermák et al 2012 aus Raffa et al. 2015).

Die Splint- und Borkenkäfer erbeuten keine Nematoden. Gelegentlich stellen Lanzenfliegen-Larven (Lonchaeidae) sowie Rindenglanzkäfer (Rhizophagidae) und ihre Larven den Nematoden nach. Als Hauptfeinde treten Milben der Gattung *Digamasellus* auf, z. B. *D. quadrisetus* und *D. comatus* sowie andere in den Brutgangsystemen vorkommenden Milben-Arten (Rühm 1956).

Der Kiefernholznematode (*Bursaphelenchus xylophilus* (Steiner & Buhrer) Nickle) ist ein invasiver Fadenwurm aus Nordamerika und verursacht an europäischen und asiatischen Kiefern (*Pinus*) die tödliche Kiefernwelke. Als Vektor nutzt der Nematode die sogenannten Handwerker-Böcke (*Monochamus*). Der Kieferholznematode kann andere Nematoden-Arten verdrängen und als einzige Art die Käfer als Vektoren nutzen (Tomalak et al. 2017). Bisher wurde *B. xylophilus* nicht bei Splint-, Borken- und Kernholzkäfern nachgewiesen. Weltweit gibt es über 100 *Bursaphelenchus*-Arten. Davon wurden 22 Arten im Mittelmeergebiet nachgewiesen. An *Scolytus intricatus* wurden *B. eremus* und *B. fraudulentus*; an *Orthotomicus erosus B. fuchsi* und *B. fungivorus*; an *Tomicus piniperda B. hellenicus*; an *Ips sexdentatus Bursaphelenchus sexdentati* gefunden. Insgesamt konnten 13 verschiedene *Bursaphelenchus*-Arten an Splint- und Borkenkäfern beobachtet werden (d'Errico et al. 2015). *B. hellenicus* wurde versuchsweise an Kiefern getestet. Dabei konnte keine Pathogenität festgestellt werden (Skarmoutsos & Michalopoulos-Skarmoutsos 2009; Öztürk et al. 2019). *Bursaphelenchus sexdentati* dagegen konnte bis zu 100 % Mortalität an Kiefen verursachen (Skarmoutsos & Michalopoulos-Skarmoutsos 2009). Einige Nematoden-Arten, wie z. B. *B. trypophloei* und *B. populi* in Pappeln (*Populus tremula*), nutzen zwei verschiedene Käfer-Arten als Vektoren: *Cryphalus asperatus* und den Gefleckten Pappelbock – *Saperda perforata* (Tomalak et al. 2017).

3.2.4 Mikrosporidien, Bakterien und eukaryontische Einzeller sowie Viren (Entomopathogene)

Entomopathogene sind Krankheitserreger bei Insekten. Dazu zählen Bakterien, Mikrosporidien, Protozoen, Viren und Pilze. Letztere werden im nächsten Kapitel behandelt.

In der Regel sind die Insektenkrankheiten nicht auf den Menschen übertragbar. Die Infektion der Insekten erfolgt oral (über den Mund), transovarial (über den Eierstock) oder perkutan (durch die Körperoberfläche). Meist wird der Erreger über kontaminierte Nahrung aufgenommen und setzt sich im Mitteldarmepithel fest. Danach können schon infektiöse Einheiten über den Kot abgegeben werden. Die Wirkung der Pathogene und erkennbare Krankheitssymptome treten zeitverzögert auf (Inkubationszeit). Die Zeitspanne ist abhängig von der Menge der Krankheitserreger (Dosis) und der Temperatur. Oft sind die Folgen tödlich für die Insekten. Bei hoher Käferdichte findet die Übertragung der Pathogene besonders effektiv statt (Wegensteiner 2019).

Viren und Mikrosporidien sind obligate Pathogene. Sie sind auf die intrazelluläre Entwicklung innerhalb des Wirtes angewiesen. Entsprechend schwierig ist die Massenproduktion dieser Krankheitserreger für die biologische Bekämpfung von Borkenkäfern. Bakterien und viele Pilze sind fakultative Pathogene. Sie nutzen für ihre Entwicklung im Wirt z. B. die Insektenhämolymphe. In künstlich hergestellten Nährflüssigkeiten kann man diese Krankheitserreger deutlich einfacher produzieren (Wegensteiner 2019).

Bisher wurde nur ein Virus im Buchdrucker-Mitteldarm nachgewiesen – *Ips typographus*-Entomopoxvirus (*It*EPV). In einer Studie in Österreich, Polen und Frankreich wurden in 0,4 bis 21,4 % der Käfer das Virus gefunden (Wegensteiner 2019).

Mikrosporidien sind meist mikroskopisch kleine Einzeller. Sie leben immer als Parasiten in den Zellen ihrer Wirte (intrazelluläre Parasiten). Es existieren ca. 1.200 Arten, die überwiegend in Gliederfüßlern (Arthropoda) parasitieren. Pflanzen werden nie befallen. *Nosema*-Arten z. B. verursachen die Bienenruhr (*Nosema apis*) und die Seidenraupen-Krankheit (*Nosema bombycis*). Mikrosporidien können auch in Gregarinen auftreten (Westheide & Rieger 2013).

Gregarinen sind einzellige Eukaryonten (Einzeller mit einem Zellkern mit einer doppelten Kernmembran) und leben vorwiegend als extrazelluläre Parasiten im Darmtrakt oder in den Körperhöhlen von Gliederfüßlern (Arthropoda), seltener in Anneliden, Mollusken, Echinodermen und Tunicaten. Nur wenige Gregarinen-Arten sind pathogen (töten ihren Wirt). Es sind rund 1.450 Spezies bekannt. Ein Wirtswechsel fehlt (Westheide & Rieger 2013).

Eichenkernholzkäfer (Unterfamilie **Platypodinae Shuckard, 1840**)

Das ovale Mycetangium der Kernholzkäfer ist auf dem Rücken des Halsschildes inseriert. Es dient dem geschützten Transport der Ambrosia-Pilze. Zusätzlich finden sich darin weitere Pilze und Bakterien. Die Zusammensetzung der Bakterien unterscheidet sich deutlich zwischen den Geschlechtern. Das Männchen muss bei der Gründung des Brutsystems den äußeren Schutzmantel der Bäume überwinden – die Borke. Bei Korkeichen finden sich darin die chemischen Abwehr-Substanzen und Stoffgruppen Suberin, Cutin und Tannine. In dem Mycetangium des Männchens befinden sich Bakterien, die Tannine abbauen können. Nach der Initialphase übernimmt das Weibchen den weiteren Bohrvorgang im Holz. Dort sind überwiegend schwerverdauliche Polysaccharide vorhanden. Entsprechende Bakterien zum Abbau dieser Stoffgruppe finden sich im Mycetangium des Weibchens (Nones et al. 2021).

3.2.5 Pilze

Die Zahl der weltweit beschriebenen Pilz-Arten beläuft sich auf etwa 100.000 Arten. Allerdings entspricht die Zahl der beschriebenen Arten nur einem kleinen Teil der existierenden Arten (Kadereit 2021). In Deutschland erwartet man ca. 65.000 heimische Pilzarten (BfN 2019). Davon gehören rund 1.500 Pilzarten zur spezifischen Ausstattung der mitteleuropäischen Holzlebensräume (Möller 2009).

Pilze sind wegen ihrer besonderen Enzymausstattung von zentraler Bedeutung für die Zersetzung von organischer Substanz (insbesondere Lignin- und Zellulosebestandteile) in Wald- und Forstökosystemen. Sie leben deshalb auch als Endosymbionten im Verdauungstrakt von Borkenkäfern und weiteren xylophagen Käfergruppen. Sie treten als Symbionten im Wurzelbereich von Bäumen auf (Mykorrhiza). Sie können aber auch als Baumparasiten in geschwächten Exemplaren auftreten. Daneben gibt es räuberische und tierparasitische Arten. Und sie selbst sind Nahrungsgrundlage für eine Vielzahl von Nematoden, Insekten, Milben und Mikroorganismen.

Die Rinde der Bäume, auch von geschwächten Exemplaren, ist eine wirksame Hürde für viele Holzbewohner. Borken- und Splintkäfer sowie Kernholzkäfer können sich recht effektiv in die Borke einbohren und so unter die Rinde oder ins Holz gelangen. Dies nutzen einige Organismen aus. Die Käfer dienen als Vektor (Transportmittel) für Nematoden, Milben, Pilze, Bakterien und Mikroorganismen sowie Viren. Nachdem der Käfer ein Brutgangsystem angelegt hat, verlassen viele dieser Organismen ihr Transportvehikel.

Die Käfer können aber auch gezielt Pilze in Einstülpungen (Mycetangien) des Außenpanzers (Exoskelett) mitnehmen. Die Mycetangien können zwischen Halsschild und Elytren inseriert sein (holzbohrende Borkenkäfer), im Pronotum liegen (*Platypus*) oder in den Mandibeln (*Dryocoetes*). Diese sogenannten Ambrosia-Pilze (ein funktioneller und kein systematischer Begriff) dienen der Ernährung von holzbrütenden Borkenkäfern und Kernholzkäfern. Dazu werden Pilzgärten im Brutgangsystem angelegt, gepflegt und gefördert. Teile von den Pilzen nehmen die Käfer und deren Larven auf. Verlassen die Jungkäfer das Brutbild, so wird der Ambrosia-Pilz in Mycetangien aufgenommen und wohlbehalten zum nächsten Brutbild oder über den Winter gebracht. So verbreiten die Käfer schon seit 100 Millionen Jahren (Biedermann mündl. Mitt.) ihre symbiontischen Pilze.

Die Pilzzucht wurde weltweit zehnmal unabhängig voneinander in Splint- und Borkenkäfer-Taxa (in *Bothrosternus* Eichhoff, einige *Cnesinus* LeConte, alle Hyorrhynchini, *Camptocerus* Latreille, *Scolytoplatypus* Schaufuss, alle Xyloterini, *Premnobius* Eichhoff, alle Xyleborini, einige *Hypothenemus* und alle Corthylina) entwickelt. Dies ist bemerkenswert, da diese Kulturtechnik der Pilzzucht bei Termiten nur einmal (Mueller & Gerardo 2002) und bei Ameisen (Formicidae) zweimal (Schwarzglänzende Holzameise – *Lasius fuliginosus* und Blattschneiderameisen) entwickelt wurde.

Kooperative Brutpflege und überlappende Generationen bei Arthropoden sind vorwiegend in den Gruppen der Hautflügler und Termiten zu finden. Weniger bekannt ist, dass auch Ambrosiakäfer (Coleoptera; Ipinae und Platypodinae) in sozialen Gruppen leben. Adulter Nachwuchs verbleibt vor dem Ausfliegen für einige Zeit im Nest, um sich der Brutpflege, der Nestverteidigung sowie der Zucht von Pilzgärten zu widmen, die die Ambrosiakäfer zu Nahrungszwecken an den Wänden ihrer Gangsysteme im Holz anlegen. Beim Ambrosiakäfer *Xyleborinus saxesenii* Ratzeburg (Coleoptera; Scolytinae) treten überlappende Generationen von Weibchen in den Galerien auf. Nach Erlangung der Geschlechtsreife verzögern adulte Töchter den Ausflug für durchschnittlich 23 Tage. Nach dem Tod des Gründerweibchens übernehmen einige Töchter die Galerie. Da bei *X. saxesenii* die Weibchen im mütterlichen Nest durch ihre Brüder besamt werden, können sie ihre Eier auch dort ablegen. In der Studie von Biedermann et al. (2011) pflanzten sich jedoch nur 25 % der Töchter im mütterlichen Nest fort, unabhängig von der Brutgröße, was darauf hinweist, dass der verzögerte Ausflug vorwiegend indirekte Fitnessvorteile bietet. Diese Annahme wird durch frühere Studien unterstützt, die zeigen, dass der Verbleib der Töchter den Bruterfolg der Mutter verbessert. Dies ist vermutlich darauf zurückzuführen, dass Pilzzucht von sozialen Gruppen effektiver bewerkstelligt werden kann. Es ist daher anzunehmen, dass Sozialität und Pilzzucht bei Ambrosiakäfern in engem Zusammenhang entstanden sind (Biedermann et al. 2011).

Die erstaunliche Fähigkeit, von wenigen Millimetern kleinen rindenbrütenden Borkenkäfern, bis zu 40 m hohe Fichten zu überwältigen, wird zwei Hauptfaktoren zugeschrieben:

- die durch Pheromone koordinierten Massenattacken gegen die Baumabwehr und
- die Existenz von symbiontischen Pilz-Arten, die sie dabei unterstützen und zusätzlich den Bruterfolg der Käfer fördern.

Der Buchdrucker (*Ips typographus*) kann olfaktorisch die symbiontischen Pilz-Gattungen *Grosmannia* (z. B. *G. penicillata*), *Endoconidiophora* (z. B. *E. polonica*) und *Ophiostoma* (z. B. *O. bicolor*) unterscheiden. Er nutzt die leichtflüchtigen (volatilen) Pilz-Substanzen um gut geeignete Brutplätze zu erkennen. Der Käfer besitzt dafür hochspezifische Sinneszellen an den Keulen seiner Antennen. Die Kombination der Pilzdüfte mit den Borkenkäfer-Aggregationspheromonen (Monoterpenoiden) verstärkt die Anlockwirkung auf die Borkenkäfer-Weibchen. Der Geruch eines ebenfalls im Holz vorkommenden nicht symbiontischen Pilzes (*Trichoderma* sp.) ist dagegen unattraktiv für den Buchdrucker. Die von den symbiontischen Pilzen befallenen Baumpartien werden bevorzugt vom Buchdrucker für Brutbild-Anlage genutzt und die Weibchen legen längere Brutgänge an mit mehr abgelegten Eiern. Die symbiontischen Pilze verändern im Laufe des Befalls die Zusammensetzung ihres Duft-Bouquets (Insbesondere die Monoterpene). Dies können Borkenkäfer wahrnehmen und so wahrscheinlich den Zersetzungsgrad des Holzes bzw. die Brutbilder-Dichte abschätzen. Entsprechend meiden sie Stammabschnitte mit zu hohem Borkenkäferbefall bzw. schon zu weit fortgeschrittener Holzzersetzung (Kandasamy et al. 2023; Tanin et al. 2021).

Die meisten mit den Borkenkäfern assoziierten Pilze töten nicht den Wirtsbaum. Bei an Nadelbäumen vorkommenden Borkenkäfern leben vergesellschaftet Bläuepilze. Diese verursachen eine blaue, graue bis ins Schwarze reichende Verfärbung des Splintholzes ihrer Wirtsbäume. Bläue tritt bei einem Holzfeuchtegehalt zwischen circa 30–140 % auf. Die Verfärbung entsteht durch die Pilz-Hyphen, die in den Holzstrahlen des Splintholzes konzentriert sind. Sie verursachen keinen Abbau der Holzzellwand und damit keine Holzfäule. Befällt der Buchdrucker Fichten, wird die Bläue ab dem Larvenstadium auffällig und spätestens mit dem Auftreten von Jungkäfern ist das Splintholz ausgedehnt oder komplett verblaut. Die Verfärbungen mindern den Wert des Holzes befallener Bäume und sind daher wirtschaftlich von Bedeutung. Allerdings sind Intensität und zeitlicher Verlauf der Verfärbung von der Pilzart abhängig. Beim Buchdrucker verursacht die häufig bei ihm vorkommende Bläuepilzart *Endoconidiophora polonica* eine rasche und intensive Bläue (Schopf et al. 2019).

Die Bäume wehren sich gegen Borkenkäfer-Befall mit verstärkter Harzproduktion und Einlagerung sowie Akkumulation von Terpenen in die Rinde. Dies führt zur Reduktion von Käferattacken, zu kürzeren Brutgänge mit weniger abgelegten Einern sowie zur Hemmung des Wachstums von Pilzen, die symbiontisch mit den Borkenkäfern leben (Netherer et al. 2021). Durch enzymatischen Um- und Abbau kann *Endoconidiophora polonica* die chemische Abwehr des Wirtsbaumes, bestehend aus Stilbenen und Flavonoiden, entschärfen. Davon profitiert der Buchdrucker und seine Larven erheblich. Noch schneller als *E. polonica* können die ebenfalls mit *Ips typographus* assoziierten Pilze *Grosmannia penicillata* und *Grosmannia europhioides* die Stilbene und Flavonoide metabolisieren (Zhao et al. 2019).

Die häufigsten symbiontischen Pilze des Buchdruckers (*Ips typographus*) sind: *E. polonica*, *Grosmannia penicillata*, *Ophiostoma bicolor*, *Grosmannia europhioides* (Synonym *Grosmannia piceiperda*) und *Ophiostoma ainoae*. Die Borkenkäfer transportieren als Vektoren die symbiontischen Pilze auf ihrem Körper (Ektosymbionten). Ohne Unterstützung der Borkenkäfer können sie nicht die Barriere der Baumrinde überwinden. Sie sind auf die Hilfe der bohrenden Rindenbrüter angewiesen. Mit diesen gelangen sie in das Leitgewebe (Phloem). Dort verursachen sie eine Gewebe-Nekrose und dringen weiter vor in den Holzkörper. Das Pilzgewebe produziert Nährstoffe und Vitamine, die im Phloem nur in sehr geringer Konzentration vorhanden sind. Dadurch fördern die symbiontischen Pilze wesentlich die larvale Entwicklung sowie Ernährung der adulten Käfer (Netherer et al. 2021).

Hinsichtlich des Artenspektrums an assoziierten Bläuepilzen ist der Buchdrucker (*Ips typographus* (L., 1758)) am besten untersucht (Kirschner 2001).

Kirschner untersuchte 1994 bis 1998 an folgenden 12 Borkenkäfer-Arten die assoziierten Pilze: *Cryphalus piceae*, *Crypturgus cinereus*, *C. pusillus*, *Dryocoetes autographus*, *Hylurgops palliatus*, *Ips sexdentatus*, *Ips typographus* (Buchdrucker), *Hylesinus varius* (Bunter Eschenbastkäfer), *Orthothomicus laricis*, *Pityogenes chalcographus* (Kupferstecher), *Polygraphus poligraphus* und *Trypodendron lineatum* (Gestreifter Nutzholzborkenkäfer). Er untersuchte entomochore Pilze, d. h. Pilze, die auf den Transport durch Insekten angewiesen sind. Für diese Dienste entwickelten die Pilze besondere Anpassungen. Unter den Schlauchpilzen (Ascomyceten) zeigte z. B. die Gattung *Ophiostoma* spinnennetzähnliche Filamente mit klebrigen Sporen, die in die Brutgangsysteme reichen. Die Sporen heften sich leicht an die Körperoberfläche der Käfer an. Von dieser ökologischen Pilzgruppe/-Gilde konnte er 50 Arten bei den aufgeführten Borkenkäfern nachweisen. Auch auf den beiden von den Borkenkäfern transportierten Milbenarten wurden Pilze festgestellt. Borkenkäfer sind in die ersten Schritte der Holzzersetzung integriert und koexistieren natürlicherweise mit holzzersetzenden Pilzen. *Leptodontidium beauverioides* (de Hoog) wurde aus dieser ökologischen Pilz-

Gilde am häufigsten an den untersuchten Borkenkäfern gefunden. Pilze können auch in anderen Pilzen parasitieren (mykoparasitisch). Kirschner (2001) fand davon 30 Pilze bei seinen Untersuchungen. Sieben für Nematoden tödliche Pilzarten (Nematophage Pilze) konnte Kirschner auf den Körperoberflächen der Käfer nachweisen. Drei dieser Pilzarten befallen Nematodenarten, die in Borkenkäfern parasitieren. *Nematoctonus campylosporus* Drechsler und *Arthrobotrys superba* Corda waren die häufigsten Pilzarten. Die erstgenannte Pilzart befällt Nematoden, die in Borkenkäfern parasitieren. Ca. 5% aller untersuchten Borkenkäfer-Individuen transportierten diese beiden Pilzarten (z. B. der Buchdrucker und *Dryocoetes autographus*). Bei manchen Fängen trugen 50% der Käfer in einem Baum *Arthrobotrys superba* Corda mit sich. Dies hatte sicherlich eine deutliche Reduktion von Nematoden im Brutgangsystem zur Folge. Einige dieser nematodenjagenden Pilze kommen nur mit Rindenbrütern vergesellschaftet vor. Demnach unterscheiden sich die Pilzgesellschaften im Boden deutlich von den unter der Rinde anzutreffenden Pilzgemeinschaften. Für Insekten tödliche (entomopathogene) Pilze traten ebenfalls im Brutgangsystem auf. Oft findet man die Gattung *Beauveria*. Der insektenpathogene Pilz *B. bassiana* tötet den Buchdrucker innerhalb von 7 Tagen unter Laborbedingungen (20 °C). Die einzelnen *Beauveria*-Arten unterscheiden sich erheblich in ihrer Pathogenität. Es gibt deutlich harmlosere *Beauveria*-Arten. Im Vergleich zu räuberischen Insekten zeigen entomopathogene Pilze im Freiland keine hohe Mortalität bei Borkenkäfer-Populationen (Kirschner 2001). *B. bassiana*-Pilze von Buchdrucker-Käferleichen konnten im Labor bis zu 100% der *Ips sexdentatus*-Tiere innerhalb kurzer Zeit töten. Die parallelen Experimente mit den Prädatoren von *Ips sexdentatus*, dem Ameisen-Buntkäfer (*Thanasimus formicarius*), zeigten eine Mortalität von weniger als 30% (Steinwender & Wegensteiner 2008).

Der entomopathogene Pilz *Beauveria bassiana* (Bals) Vuill. dringt über die Körperoberfläche (perkutan) in den Kupferstecher (*Pityogenes chalcographus*) ein und befällt parasitisch Muskulatur und Fettkörper (Wulf 1979). Nach dem Tod werden alle Organe vollständig durch die Pilzhyphen durchdrungen. Das Pilzgeflecht bricht schließlich nach außen und fruktifiziert auf der Borkenkäfer-Leiche. Larven und Puppen des Kupferstechers sind empfindlicher als das adulte Kupferstecherstadium. Temperatur und Infektionsdosis (Pilzfruchtkörper-Dichte) zeigen einen deutlichen Einfluss auf die Entwicklung des Pilzes. Das Mikroklima (z. B. Rindenfeuchte) ist entscheidend, nicht die Außenfaktoren. Während der Kopulation überträgt ein infizierter Geschlechtspartner meist die Pilzkrankheit. Die Fortpflanzungsleistungen der Käfer werden durch die Pilzerkrankung deutlich herabgesetzt. Erst nach 2,5 Tagen kann der Pilz das Integument des Kupferstechers durchdringen, meist an den weichen Teilen der Kutikula wie den Intersegmentalbereichen zwischen den Tergiten und Flankenhäuten. Die Hyphen sind septiert und ca. 2 µm breit; sie schnüren Blastosporen ab. Diese sind 2–3 µm breit, 5–15 µm lang und werden in der Hämolymphe transportiert. Sie findet man zuerst insbesondere im Kopf und zwar zwischen den Muskelsträngen der Kaumuskulatur. Am 3. Tag kommt die Coxa-Muskulatur hinzu. Nach 3,5 Tagen tritt eine zunehmende Verpilzung des Proventrikulus auf. Es entstehen dabei kurze Hyphenstücke. Bis zum 4. Tag greift der Pilz prämortal auf die Flügelmuskulatur und die Fettkörper über. Andere Organe bleiben dabei noch verschont. Zwischen dem 4. und 5. Tag nach der Sporenkontamination stirbt der Käfer. Der Pilz geht dann von der parasitischen in die saprophytische Phase über. Nach dem Ableben des Käfers (postmortal) werden sehr schnell alle Organe durchwuchert. Die sehr langen, bis zu 4 µm breiten Hyphen okkupieren (bis auf die Tracheen) den gesamten Borkenkäfer-Körper. Ist es feucht genug, dann kann man am 5. bis 6. Tag nach der Sporenkontamination auch mit bloßem Auge (makroskopisch) den Pilz außerhalb des Käfers sehen. Meist am Flügeldeckenabsturz zeigt sich ein klarer Flüssigkeitstropfen. Dann durchbricht das feine weiße Pilzgeflecht (Mycel) an den Intersegmentalbereichen (besonders zwischen den Flügeldecken und dem Halsschild) den Tierkörper und überwuchert nach und nach vollständig die Borkenkäfer-Leiche. Der Pilz benötigt zur Bildung von reproduktivem Mycel eine hohe Rinden-Feuchtigkeit (mindestens 45%). Dann bilden sich ab dem 6. bis 7. Tag Konidiosporen auf dem Käfer, die bis zum 10. Tag ausgereift sind. Männchen sind empfindlicher als Weibchen. Der Käfer nimmt den Pilz nicht über den Mund auf. Es wurde nur die perkutane Infektion über die Kutikula beobachtet. Die Pilzübertragung vom Männchen auf die Weibchen liegt bei 83,3%. Es findet keine Übertragung auf die Eier oder Larven statt. Die Pilzinfektion hat ihr Optimum bei 25 °C. Der Bohrmehlstopfen, mit dem die Ei-Nische vom Weibchen verschlossen wird, dichtet offensichtlich sehr gut zum pilzinfizierten Muttergang ab. Pilzbefallene Weibchen legen nur noch kürzere Muttergänge an (um 52,9% reduziert). Die Anzahl der Larven je Weibchen ist um 60,3% vermindert. Die Leistungsminderung ist abhängig vom zeitlichen Abstand der Infektion des Männchens und dem Paarungstag: je größer, desto stärker. Erfolgt die Paarung am 1. Tag nach der Infektion des Männchens, so werden die Muttergänge nur um 27,6% kürzer und die Larvenreduktion beträgt nur 25,2%. Erfolgt dagegen die Paarung am 4. Tag nach der Infektion des Männchens, so sind die Muttergänge um 84% kürzer und die Larvenreduktion beträgt 90,1%; z. T. konnte das Männchen nicht mehr kopulieren (Wulf 1979).

Splintkäfer (Unterfamilie **Scolytinae Latreille, 1804**)

Aber auch die Rindenbrüter unter den Splintkäfern dienen als Pilz-Vektoren. Gut bekannt ist das Zusammenleben von Ulmensplintkäfern und die für die Ulmen tödlichen Pilze *Ophiostoma ulmi* und *O. novo-ulmi*. Ulmensplintkäfer können auch unabhängig vom Erregerpilz leben, hingegen ist der Pilz bei der Verbreitung seiner Sporen auf flugfähige Insekten angewiesen (Nierhaus-Wunderwald & Engesser 2003). Das Ulmensterben (= Ulmenwelke) begann in Europa in den ersten Jahrzehnten des 20. Jahrhunderts. Verursacht wurde es durch die Einschleppung von *Ophiostoma ulmi*. Dieser Pilz ist mäßig aggressiv gegenüber europäischen Ulmen, aber sehr aggressiv gegenüber amerikanischen Ulmen (*Ulmus americana*)(Gibbs et al. 1975). Diese Pandemie ging unerwartet ab ca. 1935 in Europa zurück, nicht aber in Nordamerika. Anschließend kam es auf beiden Kontinenten zu einer zweiten Pandemiewelle durch die Einschleppung von *O. novo-ulmi*. Dieser Pilz erwies sich als äußerst aggressiv gegenüber europäischen und nordamerikanischen Ulmen und hat *O. ulmi* inzwischen an den meisten Standorten verdrängt (Martín et al. 2021). Beide Arten stammen ursprünglich aus Ostasien. Es handelt sich um eine Tracheomykose, also eine pilzliche Baumkrankheit, die die Leitungsbahnen verstopft (Thyllenbildung). Ursprünglich wurde sie als *Ceratocystis* oder *Graphium ulmi* beschrieben. Die Einschleppung von *O. novo-ulmi* erfolgte wiederholt, was zu mehreren Wellen des Ulmensterbens führte. Diese Art umfasst zwei Unterarten (*Ophiostoma novo-ulmi* ssp. *novo-ulmi* und *O. novo-ulmi* ssp. *americana*), die früher als „Stämme" betrachtet wurden. Es treten auch Hybridisierungen auf. Die erste Einschleppung nach Europa wurde in Holland nachgewiesen. Dort traten gravierende Schäden auf. Deshalb wird die Krankheit im angelsächsischen Raum als "Dutch Elm Disease" oder kurz „DED" bezeichnet (Müller-Kroehling 2019). Die Flatterulme (*Ulmus laevis*) ist erheblich weniger anfällig für die Pilz-Krankheit als andere heimische Ulmen-Arten. Die Gründe dafür liegen unter anderem darin, dass die Flatterulme von den Haupt-Überträgern weniger (Sacchetti et al. 1990 aus Müller-Kroehling 2019, Collin 2003), u. a. wegen ihrer besonderen Rinden-Inhaltsstoffe und Rindenstruktur (Kirby und Fairhurst 1983), und stattdessen von Splintkäfer-Arten bevorzugt angeflogen wird, die wenige Pilz-Sporen übertragen (Webber 1990; Faccoli 2001; Müller-Kroehling 2019). In Europa übertragen Ulmen-Splintkäfer der Gattung *Scolytus* die pathogenen Pilz-Sporen (Webber 2004; Anderbrant et al. 2017). Die einzelnen *Scolytus*-Arten transportieren unterschiedlich viele Sporenmengen und bevorzugen verschiedene Borkendicken. Insofern ist die Wahrscheinlichkeit der Infektionsübertragung bei den Splintkäfern sehr unterschiedlich. In einer britischen Studie wurde eine mittlere Sporenlast von 50.000 (max. 700.000) beim Großen Ulmensplintkäfer (*Scolytus scolytus*, Körpergröße: 2,6–6 mm) und durchschnittlich 200 Sporen (max. 200.000) beim Kleinen Ulmensplintkäfer (*S. multistriatus*, 2–5,3 mm) nachgewiesen (Webber und Brasier 1984). Eine Nachfolgearbeit in Spanien bestätigte die Sporenmenge bei *S. multistriatus*. Der deutlich kleinere *S. kirschii* (2–3 mm) trug fast keine Sporen (Webber 1990). Die Anzahl der übertragenen Sporen variiert jedoch auch je nach Lage der Puppenkammern, der Borkenfeuchtigkeit und -dicke sowie des Ausschlüpf-Zeitpunktes (Webber und Brasier 1984; Faccoli und Battisti 1997). So trugen in Italien mehr als die Hälfte (58 %) der im Frühjahr schlüpfenden Käfer von *S. multistriatus* und des sehr kleinen *S. pygmaeus* (1,5–2,5 mm) den pathogenen Erreger, während im Sommer weniger als 10 % der Käfer dies taten (Faccoli und Battisti 1997). Die im Sommer schlüpfenden Käfer gehören zur zweiten oder dritten Generation und verbringen meist nur eine kurze Zeit in der Puppenwiege. Wahrscheinlich ist die Kontaminationsmöglichkeit wesentlich geringer. Daraus folgt, dass nicht jeder Splintkäfer-Befall zur Übertragung der Krankheit führt. Beide Geschlechter sowohl beim Großen als auch Kleinen Ulmensplintkäfer (*S. scolytus* & *S. multistriatus*) produzieren Aggregationspheromone. Dies führt zu einer Konzentration der anfliegenden Käfer auf einen schon befallenen Baum (Faccoli & Santini 2016). Die beiden genannten Splintkäfer-Arten werden auch als aggressiv bezeichnet, da sie überwiegend für den erfolgreichen Erstbefall bei Ulmen bekannt sind. Sie kompensieren die Baum-Abwehrstrategien deutlich besser als die weniger aggressiven anderen *Scolytus*-Arten (Krokene 1994). Durch den Massenbefall kann die Baum-Abwehr erheblich leichter überwältigt werden.

Neben der Übertragung durch Borkenkäfer kann der Erregerpilz aber auch durch Wurzelverwachsungen von kranken zu gesunden Bäumen gelangen (Nierhaus-Wunderwald & Engesser 2003).

Der erhebliche Schwund von alten Berg- und Feldulmen durch die Pilz-Krankheit, hat den auf stärkeres Holz spezialisierten Großen Ulmensplintkäfer (*Scolytus scolytus*) seltener werden lassen. Es tritt jetzt meist der Kleine Ulmensplintkäfer (*S. multistriatus*) als Pilz-Überträger auf. Auch der Mittlere Ulmensplintkäfer (*S. laevis*) ist eigentlich ein wenig effektiver Vektor. In Nordeuropa ist er aber unter den aktuellen Bedingungen zum Hauptvektor der Pilz-Krankheit geworden (Kirby & Fairhurst 1983 aus Müller-Kroehling 2019). Vermutlich kann auch der Kleine bunte Ulmenbastkäfer (*Pteleobius kraatzi*) in geringem Maße die Krankheit übertragen (Maksimovic 1979). Bei den *Scolytus*-Arten erfolgt die Sporen-Übertragung durch den Reifungsfraß der frisch geschlüpften Jungkäfer in Zweigachseln. Die Pilzsporen stammen vom Brutbaum und haften auf der Körperoberfläche der Käfer oder werden im Darm mitgeführt (Moser et al. 2010). Auf den Flügeldecken sind Vertiefungen mit kurzen Härchen. Am Grunde der Vertiefungen münden Drüsenausführgänge. Diese geben Sekrete ab, die die Haftung der Pilzsporen in den Vertiefungen und an den Härchen verbessern und das Austrocknen der Pilzsporen verzögern (Faccoli & Santini 2016). Spezielle Transport-Organe für Pilzsporen, sogenannte Mycetangien, besitzen sie nicht. Über die Fraßwunden des Käfers erfolgt die Pilz-Infektion. Von der Infektionsstelle dringt der Pilz über die Gefäße weiter in den Stamm vor. Das Pilz-Gewebe wuchert im Splintholz und verstopft die Wasserleitbahnen im Frühholz. Dadurch wird der Wasserfluss lokal stark beeinträchtigt oder sogar vollständig unterbunden. Ein erstes Befallsmerkmal ist die Gelbblättrigkeit der befallenen Zweige oder Äste, auch „Fahne" genannt. Der Erkrankungs- oder auch Absterbeprozess nach der Infektion wird unter anderem durch das Toxin Ceratoulmin ausgelöst, ferner durch weitere Enzyme und Toxine (Röhrig 1996), sowie durch die Gegenreaktion des Baumes. Dieser versucht durch Verschließen der Gefäße die Infektion abzuschotten (Verthyllung). Gelingt dies, kann der Baum wieder genesen. Andernfalls stirbt er im Laufe von einer oder zwei Vegetationsperioden ab (Müller-Kroehling 2019). Wenn in Zukunft wieder große Ulmen mit mäßiger Widerstandskraft das Landschaftsbild dominieren, ist ein Wiederaufleben von *S. scolytus* wahrscheinlich (Martín et al. 2021). Die Krankheit kann auch zu einem geringen Anteil über Wurzelverschmelzungen (Anastomosen) benachbart stehender Bäume erfolgen, was in Städten durchaus ein Problem für mutmaßlich resistente Ulmen-Sorten ist (Weiß 2018). In einer Feldstudie im Baltikum wurden die Erreger des Ulmensterbens auf folgenden Splint- und Borkenkäfer-Arten nachgewiesen: *Scolytus scolytus*, *S. triarmatus*, *S. multistriatus*, *S. laevis* und auf *Anisandrus dispar* und *Xyleborinus saxesenii* (Jürisoo et al. 2021). Am häufigsten wurde *Scolytus triarmatus* in den Fallen gefangen. Die höchsten Sporenzahlen von *Ophiostoma novo-ulmi* fand man bei *Scolytus scolytus*, gefolgt von *Xyleborinus saxesenii* und *S. triarmatus*. Eventuell werden die Pilzsporen von Prädatoren zu den holzbohrenden Ambrosia-Käfern verschleppt.

Der mehrjährige Absterbeprozess der Ulmen in den Auwäldern zeigt eine typische Abfolge der Käfer-Arten. Ab Mitte März und im April fliegen der Bunte Ulmenbastkäfer (*Pteleobius vittatus*) und der Kleine bunte Ulmenbastkäfer (*P. kraatzii*) in die Baumkronen der kränkelnden Ulmen ein. Im Mai und im Sommer folgt der Zwergsplintkäfer *Scolytus pygmaeus*, welcher sich unter der Rinde der schwächeren Äste ansiedelt. Im dritten and vierten Jahr besiedelt der Kleine Ulmensplintkäfer *S. multistriatus* die stärkeren Äste und oberen Stammpartien oder bei schwächeren Bäumen den ganzen Stamm. An der Stammbasis, bei dicker Borke, tritt der Große Ulmensplintkäfer *S. scolytus* auf. Gemeinsam mit den Splintkäfern leben unter der Rinde die Larven von weiteren Rüsselkäfer- (Curculioniden), Prachtkäfer- (Buprestiden) und Bockkäfer-Arten (Cerambyciden). Im Spätsommer werden die befallenen Äste und Stämme durch die Spechte bearbeitet und verändert. Alljährliche Anflüge der Bast- und Splintkäfer beschleunigen das Ulmensterben (Nosek 1959).

Eichenkernholzkäfer (Unterfamilie **Platypodinae Shuckard, 1840**)

In Nordwest-Algerien untersuchte man die mit *Platypus cylindrus* vergesellschafteten Pilze in Kork-Eichen (*Quercus suber*). Es wurden 42 Pilz-Arten nachgewiesen. Neben den Ambrosia-Pilzen, die vor allem als Käfer- und Larven-Nahrung dienen, fand man auch saprophytische, entomopathogene und phytopathogene Pilze. Letztere führen zur Schwächung des Wirtsbaums. Die entomopathogenen Pilze wurden insbesondere im Mycetangium der Weibchen gefunden. Es waren *Beauveria bassiana* and *Lecanicillium psalliotae* (= *Verticillium psalliotae*) aus der Pilzordnung Hypocreales. Diese, im Brutgangsystem ausgebracht, können sehr effektiv konkurrierende Käfer-Arten wie z. B. den Eichenheldbock (*Cerambyx cerdo*) und den Gehöckerten Eichenholzbohrer (*Xyloborus monographus*) limitieren. *Beauveria* ist aus der biologischen Schädlingsbekämpfung bekannt (Belhoucine et al. 2011).

In Portugal ist der Eichenkernholzkäfer der häufigste Schädling in Korkeichen (*Quercus suber*). Er überträgt einen neu beschriebenen phytopathogenen Pilz – *Ceratocystiopsis quercina*. Dieser und der Käfer erhöhen die Mortalität der Korkeichen erheblich (Inácio et al. 2022).

Ebenso übertragen sie den phytopathogenen Pilz *Diplodia corticola*. In Korkeichen-Beständen im Nordosten Spaniens konnten bei 31 % der Käfer die Konidien von dem Pilz festgestellt werden (Muñoz-Adalia et al. 2022). Eichenkernkäfer (*Platypus cylindrus*) übertragen auch den Pilz *Ceratocystis platani*. Dieser verursacht den sogenannten „Platanenkrebs". In einer griechischen Untersuchung trugen 59 % der Eichenkernkäfer den Pilz zur nächsten Platane (*Platanus orientalis*)(Soulioti et al. 2015).

3.3 Reproduktion

Eichenkernholzkäfer (Unterfamilie **Platypodinae Shuckard, 1840**)

Eiablage: Nach der Literatur erst weit nach Anlage der Gänge, wohl teilweise erst im nächsten Frühjahr. Voraussetzung für die Eiablage dürfte zumindest eine Verzweigung im Gangsystem sein, da sonst ein Ausweichen von Elternkäfern und Eiern bzw. Larven allein technisch nicht möglich wäre. Bei der Präparation von Brutbildern gefundene jüngere Larvenstadien fanden sich bisher immer an den Enden der Gänge. Auch die Larven erweitern die Gangsysteme aktiv (deren Bohrmehl soll körnig sein), Altlarven verpuppen sich schließlich in einer selbst angelegten Puppenwiege.

Splintkäfer (Unterfamilie **Scolytinae Latreille, 1804**)

Heimische Splintkäfer leben monogam, mit Ausnahme von *Scolytus ensifer*. Die monogamen Weibchen gründen das Brutbild und die Männchen stoßen später hinzu. Die Weibchen legen die Rammelkammer und die Brutgänge an. Das Männchen blockiert das Eingangsloch zur Rammelkammer mit seinem Hinterleib oder entfernt das Bohrmehl aus den Brutgängen. Nach Ablage der letzten Eier in den Brutgängen verlässt das Männchen das Brutbild. Das Weibchen verbleibt im Brutbild und blockiert das Eingangsloch bis zum Ableben (Smith & Hulcr 2015).

Borkenkäfer (Unterfamilie **Ipinae Reitter, 1913**)

Monogynie ist am weitesten verbreitet unter den Borkenkäfern. Um Geschlechtspartner anzulocken, werden Pheromone genutzt. Diese entstehen durch chemischen Umbau von baumbürtigen Substanzen oder durch Neusynthese. Männchen und Weibchen werden aber auch durch volatile Substanzen des Wirtsbaums angelockt. Männchen können bei den Weibchen während der Eiablage und Larvalentwicklung im Brutbild verbleiben. Sie können aber auch zuvor oder zwischen den einzelnen Phasen das Weibchen/das Brutbild verlassen. Verbleiben die Männchen im Brutbild, dann helfen sie bei dem Auswurf von dem anfallenden Bohrmehl der weiblichen Nagetätigkeit. Zusätzlich probieren sie den Zutritt von Prädatoren und Parasitoiden über die Rammelkammer zu verhindern (Byers 2004). Polygynie (mehrere Weibchen je Männchen) ist bei den Borkenkäfern im engeren Sinne (Ipini) die Regel. Sie tritt bei Käfern nur bei den Borkenkäfern auf. Sie ist eine besondere Strategie zur effektiven Nutzung der Ressourcen (r- Strategie). Die Weibchen legen aber immer ihren eigenen Gang (Muttergang) an. Dieser führt weg von der Rammelkammer. So entstehen z. T. arttypische Brutbilder (Rohe 2023).

Die abgelegte Eianzahl pro Weibchen variiert je nach Art von 2 bis zu über 100 Eiern (*Ips typographus* bis zu 160 Eiern jährlich). Z. T. tritt Brutfürsorge auf (Kirkendall et al. 1997).

In einer Freiland-Studie wurden die Auswirkungen aller Endoparasiten auf die Reproduktion von weiblichen Käfern der Arten *Ips typographus* und *I. cembrae* untersucht. In den Buchdrucker-Weibchen wurden 7 Antagonisten festgestellt: Nematoden in der Hämolymphe (21,2 %), Nematoden im Verdauungstrakt (9,7 %), *Chrytridiopsis typographi* (Mikrosporidie; 4,8 %) ebenfalls im Verdauungsapparat, die Hymenoptere *Tomicobia seitneri* (2,3 %), die Neogregarine *Mattesia schwenkei* (2 %) und die Eugregarine *Gregarina typographi* (6,2 %). Letztere Art hatte einen positiven Effekt auf die Muttergang-Länge und die Anzahl der abgelegten Eier. Negativ dagegen war der Einfluss auf die Reproduktion der Weibchen durch Nematoden in der Hämolymphe und durch den Hautflügler *Tomicobia seitneri*. Bei *Ips cembrae* konnte kein negativer Effekt auf die Reproduktion belegt werden (Resnerová et al. 2022).

3.4 Lebenszyklus

Eichenkernholzkäfer (Unterfamilie **Platypodinae Shuckard, 1840**)

Der Eichenkernholzkäfer fliegt von Juli bis September als letzter Holzbrüter im Jahr. Bei geeigneter Witterung bohrt er auch noch im Oktober. Sporadisch können Einzeltiere ganzjährig auftreten (NW-FVA 2020).

Die Entwicklung vom Ei bis zum Käfer dauert mindestens 10 Wochen, zumeist wesentlich länger. Jungkäfer bleiben vermutlich bis zur Flugzeit im Brutsystem. Die Weibchen leben zumindest zwei bis drei Jahre und legen über den gesamten Lebenszyklus Eier ab. Das Gangsystem wird passend zur Eiablage erweitert. Die besiedelten Stämme werden über mehrere Jahre genutzt, auch in mehreren Besiedlungswellen. Dabei werden die Gangsysteme immer tiefer ins Holz gebohrt (NW-FVA 2020).

Splintkäfer (Unterfamilie **Scolytinae Latreille, 1804**)

Splintkäfer sind polyphage Rindenbrüter. Die Überwinterung ist in allen Stadien möglich, oft auch als Larve. Es treten nicht selten zwei Generationen im Jahr auf mit Schwarmzeiten Ende Mai und Mitte bis Ende August (*Scolytus scolytus*). Der Reifungs- und Regenerationsfraß findet meist außerhalb des Brutbildes statt.

Borkenkäfer (Unterfamilie **Ipinae Reitter, 1913**)

Im Frühling oder Frühsommer starten Borkenkäfer von ihren Überwinterungsstätten. Diese sind meist die vorjährigen Brutbilder, Bodenstreu oder andere Habitate.

Sie fliegen oft nur wenige hundert Meter weiter zur nächsten Wirtspflanze. Sie können aber auch einige Kilometer zurücklegen. Die unterschiedlichen Strecken sind zum einen artbedingt, aber auch abhängig von der individuellen Fitness oder den lokalen Bedingungen. Die längeren Strecken werden, unter Schonung der eigenen Körperreserven, mit Hilfe von Luftmassenbewegungen durchgeführt (Raffa et al. 2015).

Oft ist dem eigentlichen Befall von Bäumen und damit dem Brutbeginn ein Reifungsfraß vorgeschaltet. Dieser findet in der Regel im alten Brutbild statt, kann aber auch außerhalb an frischen und vitalen Baumteilen (Maitrieb) oder Jungbäumchen (Naturverjüngung) stattfinden. Dabei können Pathogene übertragen werden (Weber 1990).

Die Fortpflanzungsstrategien der Borkenkäfer lassen sich grob in drei Formen unterteilen. Entscheidende Kriterien sind: Wann und wo die Kopulation stattfindet sowie ob das Weibchen oder das Männchen den ersten Brutgang anlegt.

Bei **monogamen** Arten attackiert das Weibchen den Baum und kopuliert mit einem Männchen. Die Kopulation findet meist auf der Borke oder im Brutgang statt. Einige Weibchen kopulieren, bevor sie den Wirtsbaum aufsuchen. Bei den monogamen *Gnathotrichus*-Käfern hingegen beginnt das Männchen mit der Brutbildanlage.

Bei **polygamen** Arten greift das Männchen den Baum an und legt zuerst eine sogenannte Rammelkammer an. Darin kopuliert er, oft wiederholt, mit mehreren Weibchen.

Einige wenige Arten leben **solitär**. Die schon befruchteten Weibchen attackieren geschwächte aber noch lebende Bäume. Die Kopulation findet meist im elterlichen Brutgangsystem (oft mit einem Bruder) statt (Raffa et al. 2015).

Die Eier werden einzeln in Einischen entlang einem Brutgang, in Gruppen auf beiden Seiten des Brutgangs oder gruppiert auf einer Seite des Brutgangs abgelegt (Rohe 2023).

Bei den **Rindenbrütern** ernähren sich die Larven von dem Phloemgewebe der Bäume. Jede Larve legt selbstständig einen Gang weg vom mütterlichen Brutgang an. Die Länge der Larvengänge ist von Art zu Art sehr unterschiedlich (Rohe 2023).

Bei den **Holzbrütern** ernähren sich sowohl das mütterliche Tier als auch die Larven von ihren gezüchteten Ambrosiapilzen. Die Larvengänge sind in der Regel deutlich kürzer als bei den Rindenbrütern (Rohe 2023).

In der Gruppe der Xyleborini ist die Geschlechtsdetermination durch Haplodiploidie festgelegt. Die unbegatteten diploiden Weibchen produzieren haploide kleine Männchen („Zwergen-Männchen"). Mit diesen kopulieren sie später (Jordal et al. 2000).

Bei den Holzbrütern legt das eindringende Weibchen das Gangsystem an. Darin wird der mitgebrachte Ambrosia-Pilz ausgebracht. Für den Pilz-Transport nutzen die Holzbrüter Mycetangien. Dies sind besondere Einstülpungen in den Körper nur zum Transport der symbiontischen Mikroorganismen. Für diese sind auch entsprechende Drüsen vorhanden.

Bei den Holzbrütern nutzen die Jungkäfer das mütterliche Einbohrloch zum Ausschwärmen.

Bei einigen Rindenbrütern halten sich die Larven nur kurze Zeit im nährstoffreichen Phloembereich auf und migrieren danach in die deutlich nährstoffärmere äußere Borkenschicht. Dies ist wahrscheinlich eine Schutzstrategie, um gefährliche Treffen mit größeren Bockkäferlarven (Cerambycidae) zu vermeiden. Diese ernähren sich ebenfalls von der Phloemschicht, fressen aber auch gerne darin vorkommende Borkenkäfer-Larven (Dodds et al. 2001).

Nach drei bis fünf Larvenstadien verpuppen sich die Larven. Die Puppenruhe und die darin stattfindende vollständige Metamorphose dauert 5–10 Tage. Die schlüpfenden Jungkäfer sind noch deutlich heller gefärbt als ihre Eltern aufgrund der noch nicht vollständig abgeschlossenen Aushärtung (Sklerotisierung) des Außenpanzers (Exoskelett). Auch die Körperbehaarung ist noch unbeeinträchtigt. Dies ändert sich nach der Anlage des eigenen Brutsystems. Ältere Käfer haben eine deutlich geringere Körperbehaarung als die frischgeschlüpften Jungkäfer aufgrund der mechanischen Beanspruchung beim Bau des Brutsystems. Sie wirken dadurch glänzender als die Jungtiere.

Nach dem Reifefraß verlassen die Jungkäfer der Rindenbrüter durch ein separat genagtes Ausflugsloch das elterliche Brutbild. Sind sehr viele Brutbilder in großer Dichte vorhanden, so können die Jungkäfer nicht den Reifefraß im elterlichen Brutbild durchführen aufgrund mangelnder Ressourcen. Sie müssen dazu das Brutbild zuerst verlassen und danach (oft auf Jungpflanzen) außerhalb den Reifefraß vollziehen. Dies ist mit höherer Gefahr durch Prädation und Baumabwehrmaßnahmen verbunden.

Horizontale und vertikale Verbreitung von Splint- und Borkenkäfer-Arten

Für den Erhalt der Diversität von holzbewohnenden und auch seltenen Käferarten ist nicht nur die Qualität und Quantität von Totholz, sondern auch die Länge und Ausgestaltung der Waldränder von hoher Bedeutung (Wermelinger et al. 2007). Die Qualität des Waldrandes wird neben den Pflanzen-Arten auch durch den vertikalen Strukturreichtum definiert. Abrupte (Harte) Feld-Wald-Ränder sind deshalb artenärmer als breite, undulierende und vielgestaltige Waldsäume mit allmählichem Übergang von niedriger zu hoher Vegetation (Weicher Waldrand). Borkenkäfer werden sowohl auf landwirtschaftlichen Flächen, im Kräuter- und Strauchsaum von Waldrändern sowie innerhalb des Waldes in 1 und 11 m Abstand zum Waldrand gleich häufig in Bezug auf Arten- und Individuenzahl gefangen. Prachtkäfer (Buprestiden) dagegen geraten überwiegend in landwirtschaftlichen Flächen und Bockkäfer (Cerambycidae) hauptsächlich im Krautsaum von Waldrändern in Insektenfallen. Die Käfer dieser beiden Familien ernähren sich meist von Blüten und Blättern, im Gegensatz zu den Borkenkäfern (Wermelinger et al. 2007).

Der Buchdrucker (*Ips typographus*) überwintert unter/oder in der Baumrinde sowie im Boden oder der Bodenstreu. Im Harz verließen Buchdrucker in 10 cm Bodentiefe ihr Winterlager ab 3,8 °C. Die stammüberwinternden Buchdrucker können bei niedrigen Temperaturen noch nicht fliegen. Deshalb bewegen sie sich zu Fuß (Hurling 2002). Noch nicht brutreife Käfer nehmen ihren Reifungsfraß zwischen 0 °C und 10 °C wieder auf (Annila 1969). Ab 4 °C sind sie aber erst in der Lage, sich langsam und koordiniert fortzubewegen.

Ab 8,3 °C setzt die Entwicklung der Buchdrucker-Larvenstadien ein. Darunter sind sie in einer Ruhephase, der Diapause.

Der Buchdrucker gehört, wie die meisten Borkenkäfer, zu den Spätschwärmern, d. h. ihre Flugaktivität beginnt erst relativ spät im Frühjahr mit dem Erreichen höherer Tagestemperaturen. Ab 16,5 °C beginnt der Buchdrucker und ab 16,8 °C der Kupferstecher (*Pityogenes chalcographus* L.) zu fliegen. Oberhalb von 30 °C nimmt die Flugaktivität des Buchdruckers deutlich ab. Der Kupferstecher dagegen kann noch bei 35,6 °C unbeeinträchtigt fliegen (Lobinger 1994). Auch die Lichtverhältnisse beeinflussen erheblich das Schwärmen der beiden Arten. Besonders beim Buchdrucker liegt eine deutliche Präferenz sonniger Tagesabschnitte vor. Schon ab 5 Minuten Sonnenphase steigen die Flüge deutlich an. Aufgrund dessen bevorzugen die Borkenkäfer südlich exponierte Waldränder und dort die südseitigen Stammhälften (Lobinger & Skatulla 1996).

Nach der Überwinterung schwärmen die letztjährigen Käfer des Buchdruckers aus. Aber auch die Jungkäfer sowie die Elterntiere nach Abschluss der ersten Brut breiten sich aus. Dazu fliegen die Borkenkäfer. In Laborstudien wurde die Flugkapazität ermittelt, dabei unterschieden sich Männchen und Weibchen nicht in ihrer Flugfähigkeit. Mit einer durchschnittlichen Geschwindigkeit von 0,96 m/s (Spannweite 0,15–1,58 m/s) konnten sie im Mittel ca. 3,5 km (Median: 1,5 km; Spannweite: 86 m bis über 20 km) in wiederholten Flugversuchen (zum Teil über mehrere Tage in Folge) zurücklegen. Eine ähnliche Fluggeschwindigkeit von 1,11 m/s konnte beim Zwölfzähnigen Kieferborkenkäfer (*Ips sexdentatus*) ermittelt werden (Jactel 1991). Die langsame Fluggeschwindigkeit des Buchdruckers erklärt die geringen Fallenfänge bei minimalen Windgeschwindigkeiten von mehr als 1 m/s. Schon ab diesen Windstärken wird der Buchdrucker durch den Wind verdriftet (Baier et al. 2018). Unter Nutzung dieser Windströmungen kann der Buchdrucker wesentlich größere Distanzen überwinden als im aktiven Flug.

In Nordfinnland konnten sehr lange Flugstrecken von rindenbrütenden Borkenkäfern beobachtet werden. Hierbei wurden die Tiere sicherlich auch durch Luftmassenbewegungen transportiert. Inwieweit sie nach einer langen Reise noch erfolgreich Bäume befallen können, ist fraglich. Die größte Distanz von 171 km bewältigten *Dryocoetes autographus*, *Hylastes cunicularius* und *H. brunneus*. Bei 86 km wurden *Pityogenes chalcographus* und *H. cunicularius* und bei 52 km *D. autographus*, bei 43 km *Ips typographus*, bei 19 km *Hylurgops glabratus* sowie bei 10 km *Dryocoetes hectographus* nachgewiesen (Nilssen 1984). In Neuseeland wurden für die beiden invasiven Arten *Hylurgus ligniperda* 40 km und für *Hylates ater* 43 km gemessen (Chase et al. 2017).

In Zentralfrankreich wurden für *Ips sexdentatus* 4 km Flugdistanz ermittelt (Jactel 1991).

Für Ambrosia-Borkenkäfer wurden wesentlich kürzere Flugdistanzen in Belgien (bei Brüssel) ermittelt. *Trypodendron domesticum* flog z. B. nicht weiter als 500 m und *Xylosandrus germanus* wurde in 2 km nachgewiesen (Grégoire et al. 2001).

Die meisten Splint- und Borkenkäfer-Arten werden in 2 m Höhe und darunter gefangen (Ruchin et al. 2022). In Tschechien wurden in vier Eichen-Eschenwäldern im Flachland (152–156 m) und in drei Buchen-Fichtenwäldern im Bergland (715–1.035 m) in 5 verschiedenen Höhen (0,4 m; 1,2 m; 7 m; 14 m und 21 m) Splint- und Borkenkäfer gefangen. Im Flachland präferierten *Hylesinus toranio* die Baumkronenschicht (21 m), *Scolytus carpini* und *Xyleborus saxenii* 7 m Höhe und *Taphrorychus villifrons*, *Trypodendron signatum* und *Xyleborus dryographus* 1,2 m Höhe. Im Bergland präferierten *Xyleborus attenuatus* die Baumkrone (21 m), *Dryocoetes autographus*, *D. hectographus*, *Trypodendron domesticum* und *T. lineatum* dagegen 1,2 m (Procházka et al. 2018). In einer weiteren Untersuchung im Bayerischen Nationalpark (650–900 m) im Buchen-, Fichten- und Tannenwald wurden Zweigbündel (1–7 cm Durchmesser und 50 cm Länge) von Buche, Fichte und Tanne oberhalb der Baumkrone (25–46 m), in der Baumkrone (10–30 m) und nahe dem Boden (1 m Höhe) ausgebracht. *Cryphalus piceae*, *C. abietis*, *Pityogenes chalcographus*, *Hylurgops palliatus*, *Dryocoetes hectographus* und *D. autographus* schlüpften überwiegend aus den Zweigen nahe dem Boden. *Pityophthorus exsculptus* und *Ernobius abietinus* schlüpften überwiegend aus den Baumkronenproben. *Pityophthorus pityographus* wurde überwiegend aus den Proben oberhalb der Baumkronen gewonnen (Seibold et al. 2018).

3.5 Ökologische und wirtschaftliche Bedeutung

Borken- und Splintkäfer nehmen eine zentrale Rolle ein in den Absterbeprozessen von Bäumen und der anschließenden Zersetzung der organischen Substanz. Neben dieser ökologischen Funktion sind einige wenige Vertreter der Gattungen *Dendroctonus*, *Ips* und *Pityogenes* in der Lage auch gesunde Bäume zu befallen und großflächig Waldbestände abzutöten. Deshalb haben diese Käfer-Arten in Nordamerika und Europa eine erhebliche ökonomische Bedeutung (Schebeck et al. 2022).

Die forstlich bedeutsamen Borkenkäfer-Arten sind Profiteure des Klimawandels. Der Klimawandel wirkt sich direkt und indirekt auf die Wald-Entwicklung aus. Direkte Einflüsse sind der Temperaturanstieg oder der Rückgang der Sommerniederschläge, der zu Trockenstress und höherer Baummortalität führen kann. Indirekt wirkt der Klimawandel auf großflächige Störungen wie Waldbrand und Borkenkäferbefall. Mit zunehmender Trockenheit steigen zum Beispiel das Risiko für Waldbrand und die Anfälligkeit der Fichte gegenüber Borkenkäferbefall. Höhere Temperaturen führen zu einer größeren Anzahl möglicher Käferbruten pro Saison und damit zu zunehmender Fichtenmortalität. Durch die Förderung trockenheitstoleranter Baumarten (wie z. B. die Douglasie) und stabiler Bestandes-Strukturen kann die Waldbewirtschaftung das Störungsrisiko verringern. Es ist jedoch schwierig, die Wechselwirkungen zwischen diesen direkten und indirekten Klimaeinflüssen und die Einflüsse der Bewirtschaftung auf die zentralen Prozesse der Waldentwicklung (Wachstum, Mortalität und Verjüngung) zu untersuchen und zu quantifizieren. Zu diesem Zweck wurden Wald-Landschaftsmodelle, wie z. B. LandClim (www8), entwickelt. LandClim erlaubt, das Zusammenspiel der treibenden Faktoren der Waldentwicklung unter sich ändernden Umweltbedingungen besser zu verstehen. Weniger geeignet ist es für präzise Vorhersagen von forstlichen Kennzahlen wie Vorrat und Zuwachs auf Bestandesebene (Temperli & Bugmann 2020).

3.5.1 Ökologische Bedeutung

Borkenkäfer sind Schlüsselarten für die natürliche Struktur der Pflanzengesellschaften. Einige Arten können als landschaftsprägend eingestuft werden. Sie haben einen starken Einfluss auf die Biodiversität und nehmen eine zentrale Rolle im Nährstoffkreislauf ein.

Bei hoher Populationsdichte können auch vitale Bäume erfolgreich von einigen Borkenkäferarten befallen werden (Primärschädling, Primärbefall). Diese Arten werden auch aggressive Borkenkäfer genannt. Die ökologische Aufgabe der Borkenkäfer im Naturwald besteht darin, kränkelnde Bäume vollständig abzutöten (Sekundärbefall) und dadurch weiteren Zersetzern (Destruenten) zugänglich zu machen (Tertiärbefall)(verändert nach Benz & Zuber 1997).

Störungen wie ausgedehnte Trockenperioden, Hitzewellen, Waldbrände, Windwürfe und Massenvermehrungen von einzelnen Insektenarten, z. B. dem Buchdrucker (*Ips typographus*), nehmen zu. Die schlagartige Auflichtung des Kronendachs bewirkt mehrere Effekte (Müller & Hilmers 2020). War keine zweite Generation an Waldbäumen schon herangewachsen (Vorausverjüngung), so gelangt nun das Sonnenlicht auf den Waldboden. Dies ist eine große Chance für viele Pflanzen- und Tierarten (Hilmers et al. 2018). Das Blütenangebot wird erheblich sowohl qualitativ als auch quantitativ gesteigert. Davon profitiert ein breites Spektrum von Insektenarten. Insbesondere auch Hautflügler (Hymenoptera) nutzen das Pollen- und Nektarangebot. Unter diesen finden wir viele Borkenkäfer-Antagonisten. Dieses frühe Sukzessionsstadium tritt regelhaft in unbewirtschafteten Waldbeständen auf. In vielen Wirtschaftswäldern dagegen fehlt diese naturnahe Waldentwicklungsphase aufgrund der Verjüngung unter Schirm und der gleichmäßig geplanten Durchforstung (Hilmers et al. 2018).

Ein zweiter Effekt ist die Zunahme an Totholz. Diese Ressource wurde im Zuge der regelhaften Forstbewirtschaftung über Jahrhunderte immer seltener (Seibold et al. 2015). Entsprechend befinden sich inzwischen viele Totholzbewohner auf der Roten Liste (Grove 2002). Die letzte Bundeswaldinventur hat gezeigt, dass der Anstieg beim Totholz vor allem auf Nadelholz zurückzuführen ist: häufig das Ergebnis unvollständiger Räumungen. Darüber hinaus führen Störungen meist zu sehr vielfältigen Totholzstrukturen, insbesondere dann, wenn betroffene Bäume zeitverzögert absterben, wie es in der Regel nach Waldbränden zu beobachten ist. Hierzu wurde experimentell gezeigt, dass gerade die Totholzvielfalt der Schlüssel für eine hohe Insekten-Diversität ist (Seibold et al. 2016; Müller & Hilmers 2020).

Der dritte Effekt ist die Erhöhung der horizontalen Heterogenität. Der intensive Wechsel an dichten und lichten Waldphasen in einer Landschaft ist von allen Heterogenitätsgradienten eines mitteleuropäischen Waldes der wichtigste für hohe Artenvielfalt über alle taxonomischen Gruppen hinweg (Heidrich et al. 2020). Ein Vergleich befallener und intakter Fichtenbestände in Bayern ergab über fast 20 taxonomische Artengruppen hinweg einen Zugewinn an Artenvielfalt durch den Buchdrucker (*Ips typographus*) nicht nur bei Totholzbewohnern, sondern auch bei den Hautflüglern (Hymenoptera), Bienen und Wespen, Schwebfliegen sowie Spinnen. Die Baumpilze wiesen einen Artenverlust auf (Beudert et al. 2014). Es zeigte sich im Nationalpark Bayerischer Wald, dass der Buchdrucker eine Schlüsselart ist für die Schaffung artenreicher Wälder (Müller et al. 2008). Sowohl eine große Anzahl an Spezialisten für frühe Sukzessionsstadien als auch die Spezies für geschlossene Bergwälder können bei ausreichender Dimensionierung des Waldes (10.000 ha) zeitgleich auftreten (Lehnert et al. 2013). Von der starken Auflichtung profitierte unter den Baumarten vor allem die Fichte und unter den Totholzkäfern vor allem die an Fichte gebundenen Arten (Müller et al. 2010; Müller & Hilmers 2020).

Die Veränderung der Wälder durch Buchdrucker-Befall besteht auch in einem größeren Höhlenangebot für Fledermäuse. Höhlen dienen als Schutz gegen Räuber, schlechtem Wetter sowie als Wochenstube. In Polen (Białowieża) nutzten Mopsfledermäuse (*Barbastella barbastellus* (Schreber, 1774)) drei Jahre nach einer Buchdrucker-Massenvermehrung verstärkt die Höhlen in den abgestorbenen Bäumen als Wochenstuben (Rachwald et al. 2022).

Borkenkäfer sind frühe Besiedler von absterbenden oder abgestorbenen Bäumen. Sie erschließen mit ihren Bohrlöchern und Brutbildern einer Vielzahl von Zersetzern das Substrat. Sie selbst verdauen Borke und Holz mit Hilfe von Mikroorganismen und Pilzen. Die Rinde löst sich vom Stamm und eröffnet die Ressource Holz für weitere Zersetzer. Aber auch die intensive Suchtätigkeit der Spechte durch Hacken nach Borkenkäfern vergrößert erheblich die Kontaktfläche für weitere Abbauprozesse.

3.5.2 Wirtschaftliche Bedeutung

Zusätzlich zu ihrer ökologischen Bedeutung sind Kernholz-, Splint- und Borkenkäfer auch bedeutende Gegenspieler der menschlichen Zielsetzung in der Verkehrssicherung und vor allem in der Forstwirtschaft. Sie können erhebliche finanzielle Einbußen verursachen und anthropogene Planvorstellungen verhindern.

Schon zu historischen Zeiten wurde über die ökonomischen Auswirkungen von Borkenkäfer-Massenvermehrungen berichtet. Seit dem Mittelalter prägte der Bergbau den Waldbestand im Harz. Man drängte die Buche zurück und pflanzte Fichten. Diese Monokulturen, oft auf suboptimalem Standort, fielen wiederholt den Borkenkäfern zum Opfer. Fichtenkulturen sind zwar artenarm aber nicht arm an Käferindividuen. Ab 1770 kam es zu langanhaltenden Borkenkäfer-Kalamitäten, an deren Ende 30.000 ha Fichtenbestände abgestorben waren. Ausgelöst durch diese als „Große Wurmtrocknis" beschriebene Insektenkalamität in den Nadelwäldern entstand erstmals eine wissenschaftliche Diskussion über die Nützlichkeit der Spechte und weiterer insektenfressender Vögel für den Waldschutz (Schmidt et al. 2022).

Der Klimawandel wirkt sich vielfältig auf die Wälder aus. Die klimatische Wasserbilanz (KWB = Differenz zwischen Niederschlag und Evapotranspiration) weist an vielen Standorten in den Sommermonaten ein mehr oder weniger großes Defizit auf. Dadurch kommt es vermehrt zu Trockenstressbedingungen, die die Vitalität und Produktivität der Wälder massiv beeinträchtigen. Hinzu kommt die Verlängerung der Vegetationszeit. Spätestens, wenn das Wasserangebot den so genannten Welkepunkt unterschreitet, sind die Pflanzen gezwungen, ihre Transpirationsleistung zu reduzieren. Jenseits des permanenten Welkepunktes besteht die Gefahr des Absterbens. An indirekten Folgen sind die warm-feuchten Winter zu nennen, die Pilzerkrankungen begünstigen sowie die trockenen Sommer die Massenvermehrung von Schadinsekten fördern. Der frühere Beginn der Vegetationsperiode birgt die Gefahr von Spätfrösten. Außerdem wird sich das Artenspektrum verändern, weil sich die Konkurrenzverhältnisse zwischen den Arten ebenso verschieben werden wie ihre Verbreitungsgrenzen (Spellmann et al. 2007).

In den letzten Jahren (bis 2019) erzwangen Störungen wie Stürme, Feuer und Borkenkäfer-Massenvermehrungen 16 % der durchschnittlichen Jahresholzernte in 34 europäischen Ländern. Sturmschäden waren die stärksten Einfluss-Faktoren mit 46 % des Gesamtschadens, gefolgt von Waldbränden (24 %) und Borkenkäfer-Kalamitäten (17 %). Die Borkenkäfer verdoppelten in den letzten 20 Jahren ihren Anteil am Gesamtschaden. Waldstörungen können tiefgreifende und langanhaltende Auswirkungen auf die Ökosystem-Servicefunktionen, die Bereitstellung regionaler Waldressourcen und die Holzmärkte sowie Bauindustrie haben (Patacca et al. 2023).

Deutschland hat einen Waldflächenanteil von rund 32 % (11,4 Millionen Hektar). Davon sind 2,8 Millionen Hektar mit Fichte bestockt. Die Folgen des Klimawandels sind schon jetzt in den Wäldern deutlich sichtbar. Die starken Stürme in den Jahren 2017 und 2018, die extreme Dürre und Hitzewellen in den Jahren 2018 bis 2020 sowie die massenhafte Vermehrung von Borkenkäfern haben in den Wäldern in Deutschland zu Störungen und massiven Waldschäden geführt. Nahezu alle Hauptbaumarten weisen Vitalitätseinbußen und Schadsymptome auf. Großflächig sterben vor allem Fichten auf schlecht mit Wasser versorgten Standorten ab. Durch die zum Teil erheblichen Schäden sind in einigen Regionen die Waldbestände und damit wichtige Waldfunktionen wie der Erhalt von Wasser- und Bodenschutz, aber auch die Klimaschutzwirkung und die Kohlenstoff-Senkenfunktion, erheblich beeinträchtigt (BMEL 2021).

Mit einem Waldflächenanteil von rund 48 %, was rund 4 Millionen Hektar entspricht, ist Österreich eines der waldreichsten Länder Europas. Davon sind 46,2 % Fichte. Die Auswirkungen des Klimawandels auf den Wald sind ebenfalls schon klar erkennbar: Lange Trockenperioden, starke Stürme und Hitzewellen setzen ihm zu und machen es Schädlingen wie z. B. Borkenkäfern leicht, sich zu vermehren und ihn anzugreifen (Bundesministerium für Land- und Forstwirtschaft, Regionen und Wasserwirtschaft 2023).

In der Schweiz bedeckt der Wald ungefähr ein Drittel der Landesfläche (1 270 596 ha) und er ist für die Biodiversität in der Schweiz von großer Bedeutung (BAFU 2022). Mit 37 % ist die Fichte die häufigste Baumart der Schweiz (Dubach et al. 2023).

Fichtenwälder gelten als besonders störungsanfällige Ökosysteme (Spellmann et al. 2007, Kölling et al. 2009), einerseits wegen ihrer Sturm- und Schneebruchgefährdung, anderseits wegen des Befalls durch Borkenkäfer (insbesondere Buchdrucker und Kupferstecher). Der Borkenkäferbefall wird durch das Angebot an bruttauglichem Fichtenholz und die Temperatur gesteuert (Wermelinger 2004). Eine trocken-warme Vegetationszeit begünstigt die Populationsentwicklung und kann insbesondere in Verbindung mit einem hohen Angebot an Windwurfholz zu einer Massenvermehrung führen, in deren Folge Fichtenwälder flächenhaft absterben. Diese Prozesse dürften durch den Klimawandel deutlich verstärkt werden (Thom & Seidl 2016).

2020 gingen von den insgesamt rund 60,1 Millionen Kubikmeter Schadholzeinschlag in Deutschland knapp 43,3 Millionen Kubikmeter Schadholz auf Insektenschäden zurück. Das war fast 13-mal so viel wie im Jahr 2015. Damals waren es noch 3,3 Millionen Kubikmeter. Die eingeschlagene Schadholzmenge insgesamt war im Jahr 2020 fast 5-mal so hoch wie 2015 (12,9 Millionen Kubikmeter). Der Insektenbefall ist inzwischen die Hauptursache für den Einschlag von Schadholz: Fast drei Viertel (72 %) der insgesamt eingeschlagenen Schadholzmenge von 60,1 Millionen Kubikmetern ließ sich im Jahr 2020 darauf zurückführen. 2015 hatte der Anteil noch bei einem Viertel (26 %) gelegen. Damals waren Wind und Sturm – darunter insbesondere Orkan Niklas im März 2015 – die Hauptursache für den Einschlag des Schadholzes. 2020 gingen nur noch 17 % auf diese Ursache zurück. Unter dem Borkenkäferbefall leiden insbesondere Nadelbäume, allen voran die Fichten: 99 % des durch Insektenbefall verursachten Schadholzeinschlags entfiel auf Nadelbäume wie Fichten, Tannen oder Kiefern. Diese Entwicklung wird durch die anhaltende Trockenheit der letzten Jahre weiterhin begünstigt (destatis 2021). Im Jahr 2021 wurden aufgrund von Insektenschäden 41,1 Millionen Kubikmeter Schadholz eingeschlagen. Der Anteil des insektenbedingten Schadholzeinschlags am gesamten Schadholzeinschlag stieg auf 81,4 % (destatis 2022).

In Österreich wurden laut Holzeinschlagsmeldung 2022 19,36 Mio. Erntefestmeter ohne Rinde eingeschlagen. Mit insgesamt 7,26 Mio. Erntefestmetern – einem Anteil von 37,5 % – fiel um 20,11 % mehr Schadholz als 2021 an (Ikonline 2022).

Borkenkäfer als auch Menschen wollen aus Bäumen Lebensstätten erstellen. Diese überlappenden Ziele führen zu Konflikten (Raffa et al. (2015).

Die meisten Borkenkäfer-Arten sind sekundär, d. h. sie sind saprophag und brüten in abgestorbenen oder in geschwächten Bäumen. Sie können aber auch primär sein, d.h. sie befallen einen mehr oder weniger vitalen Baum und bringen ihn zum Absterben. Einige sekundäre Arten werden bei Massenvermehrungen ebenfalls primär.

Massenvermehrungen in Monokulturen können die Artenzusammensetzung und den globalen Kohlenstoffkreislauf messbar beeinflussen (Kurz et al. 2008 aus Raffa et al. 2015; Lindgren & Raffa 2013).

Waldschutz

Buchdrucker (*Ips typographus*)

Frisches Sturmholz oder durch abiotische (Trockenheit) bzw. biotische (Kahlfraß durch Schmetterlingsraupen) Faktoren geschwächte Bäume erlauben den Käfern, ihre in der Latenzzeit geringe Populationsgröße über den Ausbruchsschwellenwert zu erhöhen. Je nach den spezifischen Bedingungen trocknen die Stämme nach 1–3 Jahren aus und eignen sich nicht mehr für die Käferbrut-Entwicklung. Die massenhaft ausfliegenden Käfer attackieren deshalb die angrenzenden Randbäume, die noch vom Sturm geschwächt sind und deren Stämme durch die Freistellung unter der intensiven Sonneneinstrahlung leiden. Dabei überschreitet die Populationsgröße die für eine Besiedlung vitaler Bäume nötige Schwelle. Gleichzeitig entwickeln sich um einzelne geworfene Bäume neue Befälle, die sogenannten Käfernester. Über 90 % der Neubefälle entstehen näher als 500 m und 66 % innerhalb von 100 m um einen Vorjahresbefall (Wermelinger & Jakoby 2019). Während einer Gradation kann ein Buchdrucker-Weibchen 60 bis 80 Eier in einem Brutbild legen. Geht man von 3 Generationen und mehreren Geschwisterbruten aus, so beträgt ihre Nachkommenschaft mehr als 100.000 Käfer pro Jahr. Eine gleichzeitige Attacke von einigen hundert Käfern reicht aus, um bei vitalen Fichten die Abwehrkräfte zu überwinden. Bei Vorschädigungen oder Trockenheit ist die Widerstandskraft des Baumes entsprechend noch geringer. Für ein Käferjahr mit günstigen Entwicklungsbedingungen und geringer Parasitierungsrate lässt sich daraus folgendes Szenario ableiten:

- Eine befallene Altfichte entlässt ca. 20.000 Käfer, davon sind die Hälfte Männchen.
- Diese sind in der Lage, mindestens 20 weitere benachbarte Bäume erfolgreich zu befallen.
- Daraus können wiederum mehr als 400.000 Käfer (davon 200.000 Männchen) ausschwärmen, die weitere 400 Fichten erfolgreich befallen können.

Ein einzelner nicht aufgearbeiteter Brutbaum kann demnach einen Befallsherd von einigen hundert Fichten nach sich ziehen (Lobinger et al. 2020). Eine Entfernung ist nicht erforderlich. Bei fachgemäßer Schlitzung der Rinde oder Schälen ist das Buchdrucker-Brutgeschehen sofort unterbrochen. Massenvermehrungen können sich rasch aufbauen und über lange Zeiträume andauern. Ohne menschliche Eingriffe dauert eine Gradation in Mitteleuropa ungefähr 10 Jahre (Heurich 2001). Oft ist ein natürlicher Zusammenbruch der Population zeitlich stark verzögert, da kaum noch Antagonisten vorhanden sind. Der starke Mangel an Blütensäumen zwecks Nahrungsgrundlage für die Parasiten ist leider immer noch nicht behoben. Hierfür wären Rückegassen und Waldaußen- und -innenränder sowie Wegsäume und Gewässerrandstreifen hervorragend geeignet.

Kupferstecher (*Pityogenes chalcographus*) und Furchenflügeliger Fichtenborkenkäfer (*Pityophthorus pityographus*)

Beide Arten sind Spätschwärmer, mit einem Höhepunkt Ende April sowie im Mai. In höheren Lagen mit nur einer Käfergeneration pro Jahr ist die Hauptflugzeit erst im Juni. Zusätzliche fliegende Käfer sind über die ganze Vegetationsperiode beobachtbar. Die Witterung hat erheblichen Einfluss auf den Käferflug. Die kleinen Borkenkäfer-Arten befallen im Gegensatz zum Buchdrucker bevorzugt dünnrindiges Brutmaterial, das heißt junge Bäume vom Dickungs- bis ins Stangenholzalter oder die Oberkrone und Äste von älterem Nadelholz. Der Kupferstecher ist vielerorts die zahlenmäßig häufigste Borkenkäferart in den Fichtenwäldern. Unauffällig lebt er in natürlich absterbenden Ästen der Unterkronen und besiedelt gerne Schlagabfälle und liegengebliebenes Durchforstungsmaterial. Meist besiedeln sie stark gestresste oder frisch abgestorbene Bäume. Nach Störungen wie Nassschneedruck, Sturmschäden, Trockenheit oder frischen Schlagrändern kann es zu einem Populationsaufbau mit verstärktem Befall kommen. Gerne attackieren die Käfer auch bereits durch andere Schädlinge und Krankheiten geschwächte Bäume. Primärbefall gesunder Bäume ist möglich, aber seltener als beim Buchdrucker. Die Überwachung gefährdeter Bestände erfolgt in der Regel zusammen mit dem Buchdrucker-Monitoring. Wie beim Buchdrucker gilt es, einen aggressiven Befall möglichst frühzeitig zu erkennen. Dies ist bei den kleinen Borkenkäferarten deutlich schwieriger, da nur wenig Bohrmehl ausgestoßen wird und ein Befall in der Oberkrone erst sichtbar wird, wenn sich die Krone verfärbt oder sich die Rinde löst. Ein besonderes Augenmerk ist umgebogenen oder gebrochenen Fichten-

Stangenhölzern nach Schneedruckschäden zu schenken, die fast immer durch den Kupferstecher befallen werden. Nach einem intensiven Befall kann eine nächste Käfergeneration auf benachbarte, gesunde Fichten im Stangenholzalter übergehen.

Gleichalterige und großflächige Reinbestände aus Nadelholz sollten möglichst vermieden werden, ebenso instabile oder zu Sonne und Wind exponierte, längere Schlagränder. Auch bei diesen Borkenkäfer-Arten sollten deren Parasiten durch Blütenstreifen langfristig gefördert werden. Fichtenbestände im Stangenholzalter sind besonders anfällig gegen den Kupferstecher und den Furchenflügeligen Fichtenborkenkäfer. Hier ist darauf zu achten, dass die Bestände regelmäßig gepflegt werden. Durch Durchforstungsrückstände steigt das Risiko, dass Fichtenbestände nach einem Schlag oder einem Naturereignis instabil und attraktiv für die Käfer werden. Der Entscheid für einen phytosanitären Eingriff muss beim Kupferstecher und dem Furchenflügeligen Fichtenborkenkäfer etwas anders beurteilt werden als beim Buchdrucker. Ein großflächiger Käferbefall an stehenden Bäumen ist bei den kleinen Borkenkäferarten weniger häufig als beim Buchdrucker. Eine hohe Dringlichkeit für Maßnahmen ist demzufolge oft weniger gegeben als beim Buchdrucker, dies vor allem in höheren Lagen ab 1000 m ü. M. (Forster 2007).

Biologische Invasionen gelten weltweit als eine der größten Bedrohungen für die biologische Vielfalt und verursachen umfangreiche Schäden in Wäldern, Agrarökosystemen und urbanen Gehölzbeständen. Mit der Zunahme der internationalen Verkehrs- und Warenströme ist das Risiko, Organismen (Tiere, Pflanzen und Pilze) unabsichtlich über die Grenzen ihres natürlichen Verbreitungsgebietes zu verschleppen, erheblich gestiegen. Ebenso hat die absichtliche Verbringung von Pflanzen und Tieren zugenommen. Dadurch kann es zu einer Gefährdung der heimischen biologischen Vielfalt kommen. So können gebietsfremde Pflanzen, Tiere oder Pilze sich massiv ausbreiten und einen erheblichen Risikofaktor darstellen (BMELV 2007).

Das Eindringen gebietsfremder Arten in die USA verursacht große Umweltschäden und Verluste in Höhe von fast 120 Milliarden US-Dollar pro Jahr. Es gibt etwa 50.000 fremde Arten (darunter 50 Borkenkäfer), Tendenz steigend. Etwa 42 % der Arten, die auf den Listen der bedrohten oder gefährdeten Arten stehen, sind in erster Linie durch gebietsfremde invasive Arten gefährdet (Pimentel et al. 2005). Von 1985 bis 2001 wurden in den USA 6825 Borkenkäfer-Einschleppungen entdeckt. Die 10 häufigsten Gattungen waren *Hypothenemus* (821 Vorfälle), *Pityogenes* (662), *Ips* (544), *Coccotrypes* (520), *Orthotomicus* (461), *Hylurgops* (327), *Hylurgus* (266), *Tomicus* (194), *Dryocoetes* (166) und *Hylastes* (142). Die zehn am häufigsten eingeschleppten Arten waren *Pityogenes chalcographus* (565 Vorfälle), *Orthotomicus erosus* oder *laricis* (385), *Hylurgops palliatus* (295), *Ips typographus* (286), *Hylurgus ligniperda* (217), *Ips sexdentatus* (157), *Tomicus piniperda* (155), *Hylastes ater* (75), *Hypothenemus hampei* (62) und *Polygraphus poligraphus* (48). Die Einschleppungen stammten aus 117 Ländern. Die zwölf Länder mit den häufigsten Vorfällen waren Italien (1090), Deutschland (756), Spanien (457), Mexico (425), Jamaica (398), Belgien (352), Frankreich (261), China (255), Russland (247), Indien (224), Großbritannien (151) und Portugal (150)(Haack 2001). In den letzten Jahren stieg die Anzahl der in Europa eingeschleppten Borkenkäferarten deutlich an. Diese stammen zumeist aus Asien und Nordamerika und es handelt es sich bei der Mehrzahl um polyphage Arten, die ein breites Spektrum an Wirtsbäumen besiedeln können (Kirkendall & Faccoli 2010, Sauvard et al. 2010, Barnouin et al. 2020, Marchioro et al. 2022, Gebhardt et al. 2024b).

Die wachsende Zahl von gepflanzten Kiefernwäldern (z. B. *Pinus radiata*) auf der ganzen Welt, insbesondere auf der Südhalbkugel, hat die Etablierung und Ausbreitung von Borkenkäferarten begünstigt. Dazu gehört der Schwarze Kiefernbastkäfer *Hylastes ater* (Paykull, 1800; engl. black pine bark beetle), eine europäische Art, die in vielen Ländern, darunter auch Neuseeland, zu einem weit verbreiteten invasiven Schädling geworden ist. Wahrscheinlich aufgrund mangelnder Konkurrenz, des Fehlens spezifischer natürlicher Feinde und umfangreicher Ressourcen ist diese Art in ihrem invasiven Verbreitungsgebiet extrem häufig geworden. *Hylastes*-Arten entwickeln sich vor allem in Wurzeln, Baumstämmen und an der Stammbasis abgestorbener oder absterbender Bäume. Der Hauptschaden entsteht allerdings durch den Reifungsfraß der Käfer an den Stängeln der Sämlinge (Sopow et al. 2015).

Die überwiegende Mehrheit der Erstnachweise (89 %) in Europa wurden in Städten oder Vororten getätigt. Nur 7 % der Erstnachweise gelangen in Wäldern, die weit von Städten entfernt waren. Die Nachweise in den Städten erfolgten in öffentlichen Parks, an Straßenbäumen, auf dem Gelände von Hochschulen, in Arboreten, Zoos und Botanischen Gärten (Branco et a. 2019). Die Rate der eingeschleppten Insekten nimmt weltweit immer noch zu (Seebens et al. 2017).

Auch in Europa verursachen eingeschleppte Insekten schwerwiegende wirtschaftliche Schäden in Wäldern und städtischen Parkanlagen. Die Ausrottungskampagnen in Italien (Lombardei) gegen den Zitrusbockkäfer (*Anoplophora chinensis*) kosteten zwischen 2008 und 2013 fast 20 Millionen Euro (Branco et al. 2022).

Insgesamt sind 438 fremdländische Insekten mit Gehölzen assoziiert, was 28,7 % aller europäischen gebietsfremden Arten entspricht (Roques 2010). Bisher sind die europäischen Wälder weniger von invasiven Gliederfüßern betroffen als andere Kontinente und die wichtigsten Waldschädlinge in Europa sind meist noch einheimische Arten.

Der Befall mit eingeschleppten Schadorganismen kann einzelne Arten so stark dezimieren, dass sie in ihrem Bestand gefährdet werden. Das Ulmensterben in Europa ist ein solches Beispiel. Die Einschleppung des dafür verantwortlichen Pilzes mit Holzimporten und seine nachfolgende Ausbreitung haben die einheimischen Ulmen so stark dezimiert, dass die Feld-Ulme heute auf der Roten Liste in Deutschland steht (BMELV 2007).

Durch den internationalen Handel werden Borkenkäfer in viele Länder eingeschleppt und stellen ein ernsthaftes Risiko dar. Deren wirtschaftliche Auswirkungen können sehr unterschiedlich sein. Nach Grégoire et al. (2023) sind insgesamt 163 Species kosmopolitisch verbreitet von 5546 Splint- und Borkenkäfer-Arten. Deutlich überrepräsentiert bei den Kosmopoliten waren die Triben Xyleborini, Ipini, Crypturgini sowie Hylastini und unterrepräsentiert waren Corthylini und Hexacolini. Etwa 53 % der 163 kosmopolitischen Arten betreiben Inzucht. Bei der Gesamtheit der Splint- und Borkenkäfer verfolgen nur 29 % diese Strategie. Die Inzucht-Kosmopoliten besiedelten mehr Landflächen als die Nicht-Inzüchter-Kosmopoliten.

Offensichtlich ist für Pioniere in einer neuen Umgebung die Inzucht von großem Vorteil. Es genügt ein Weibchen mit befruchteten Eiern, um ein neues Vorkommen zu gründen.

Kosmopoliten mit einer Vielzahl von Wirtsbaumarten waren ebenfalls erfolgreicher in Bezug auf den Umfang der besiedelten Flächen als Arten mit enger Wirtsbaumwahl. Die Gattung *Hypothenemus*, die 11 % der 163 Kosmopoliten-Arten in der Liste ausmacht, umfasst sehr polyphage Species. Die Inzucht betreibende Art *Hypothenemus eruditus* nutzt Pflanzen aus 65 verschiedenen Familien; *H. crudiae* und *H. seriatus* nutzen jeweils 57 Pflanzenfamilien (Grégoire et al. 2023). *Hypothenemus eruditus* ist wahrscheinlich der weitverbreitetste Borkenkäfer der Welt (Wood 2007). Die große ökologische Amplitude bei der Wahl der Wirtsbäume ermöglicht dem Ambrosiakäfer in vielen Vegetationszonen geeignete Brutbäume zu finden. Auch bei ihm genügt ein Pionierweibchen zur Neugründung einer Population. Bei den Nachkommen überwiegt deutlich die Anzahl der Weibchen.

Von den 163 invasiven Arten sind 79 (48,5 %) Rindenbrüter, 60 (36,8 %) Ambrosiakäfer (xylomycetophag), 12 (7,4 %) nutzen krautige Pflanzen sowie 12 weitere Arten leben in Samen. Die Mehrzahl der Rindenbrüter (82,3 %) betreiben keine Inzucht. Die meisten Ambrosiakäfer/Xylomycetophagen (93,3 %) und der in Samen brütenden (spermatophagen) Borkenkäfer (83,3 %) sind Inzüchter. Die Paarungsgewohnheiten der in Kräutern lebenden (herbiphagen) Borkenkäfer sind ungefähr gleichverteilt. Die meisten invasiven Arten reagieren auf die primären Lockstoffe der Wirtsbaumart, nur ein Viertel reagiert auf Pheromone. Alle sehr mobilen Arten reagieren auf weitreichende primäre Lockstoffe der Wirtsbäume und von keiner ist bekannt, dass sie auf Pheromone reagiert. Sehr mobile Arten verursachen meist mittlere bis erhebliche Schäden. Es gibt jedoch viele Ausnahmen. *Scolytus multistriatus* z. B. betreibt keine Inzucht, befällt nur drei Wirtsbaumfamilien, produziert Aggregationspheromone und verursacht in vielen Ländern große Schäden (Grégoire et al. 2023).

Borkenkäfer aus tropischen Regionen sind aufgrund der großen klimatischen Unterschiede im europäischen Freiland meist unbedenklich (Postner 1974). Allerdings konnten sie wiederholt in Glashäusern nachgewiesen werden. Der aus Südostasien stammende Ambrosiakäfer *Euwallacea fornicatus* ist ein Unions-Quarantäneschädling und kann auch gesunde Pflanzen befallen. Unions-Quarantäneschädlinge dürfen nicht in das Gebiet der Europäischen Union eingeschleppt oder innergemeinschaftlich verbracht werden. Sie sind meldepflichtig, für das gesamte Gebiet der Europäischen Union von Bedeutung und treten in der Europäischen Union bisher nicht oder nur in geringem Umfang auf. Ein Auftreten beziehungsweise eine Ausbreitung in der Europäischen Union verursachen erhebliche wirtschaftliche, soziale oder ökologische Schäden. Die Liste der Unionsquarantäneschädlinge ist im Anhang II der Verordnung (EU) 2019/2072 festgelegt (isip). 2017 wurde er in einem Palmenhaus in Poznan (Polen) entdeckt. 2020 folgte eine Meldung aus einem Gewächshaus in Meran (Italien). Ab 2021 liegen Beobachtungen aus deutschen Gewächshäusern vor: Berlin, Thüringen, Brandenburg und Niedersachsen. Wiederholt stammten die befallenen Pflanzen aus den Niederlanden (Schuler et al. 2023).

Oft wird das Potenzial von fremdländischen Arten unterschätzt. Im Laufe der Zeit können sie durchaus wirtschaftliche Bedeutung erlangen.

Um 1950 wies man in Südfrankreich eine Population der ursprünglich aus Ostasien stammenden Borkenkäfer-Art *Phloeosinus rudis* Blandford, 1894 nach. Vermutlich wurde sie mit *Thuja japonica*-Pflanzen eingeschleppt. Dieses Vorkommen blieb über Jahrzehnte stabil und wurde von Borkenkäferspezialisten als ungefährlich eingestuft (Postner 1974). Seit 2004 wird *P. rudis* (neben den heimischen *Phloeosinus*-Arten) verstärkt in den Niederlanden (Umgebung Rotterdam und Ridderkerk) gefangen. Die Art führt dort zu erheblichen Schäden. Während die heimischen Arten (*P. aubei* und *P. thujae*) bisher vor allem auf jüngeren Pflanzen nachgewiesen wurden, befällt *P. rudis* auch ältere Bäume (Sobczyk & Lehmann 2007).

Als weitere Beispiele seien zwei holzbrütende Borkenkäfer angeführt. Zum einen der Amerikanische Nutzholzborkenkäfer – *Gnathotrichus materiarius* Fitch, (Koniferen bewohnend; aus Nordamerika stammend) sowie der Schwarze Nutzholzborkenkäfer *Xylosandrus germanus* Blandf., (polyphag an Laubholz; aus Ostasien kommend) (verändert nach Postner 1974). Die erste Art spielt keine Rolle als Schädling. *Xylosandrus germanus* dagegen ist insbesondere im Süden Deutschlands inzwischen oft die häufigste Schadart.

Xyleborus peregrinus Eggers wurde ebenfalls eingeschleppt (Bense & Schott 1995). Ebenso wie der Schwarze Nutzholzborkenkäfer ist *Xyleborus peregrinus* als Spätschwärmer anzusprechen, im Gegensatz zu ihm bevorzugt er jedoch den Kronenraum des Waldes. Bemerkenswert ist, dass diese Art in bayerischen Naturwaldreservaten bereits in einzelnen Exemplaren entdeckt wurde. Gossner (2004) konnte *Xyleborus peregrinus* auch häufig in Laubholz aus Mittelschwaben nachweisen (Schmidt 2004).

3.6 Wechselwirkungen, Kommunikation

Interaktionen mit den Wirtsbäumen

Die meisten Borkenkäfer verbringen den Hauptteil ihres Lebens in einem Wirtsbaum. Dieser wiederum kann oft nur einer oder einigen wenigen Käfergenerationen als Lebensstätte dienen. Die Wirtsbaum-Wahl ist mit Risiken und Chancen verbunden. Wird ein schon stark geschwächter oder toter Baum gewählt, so sind die Abwehrmaßnahmen und damit die Risiken für den anbohrenden Käfer gering. Allerdings ist der Nährstoffgehalt ebenfalls gering. Relativ hoch dagegen kann die Konkurrenz durch weitere Individuen derselben Art als auch durch weitere Arten sein. Versucht der Käfer vitalere Bäume zu befallen, so ist die Gegenwehr des potenziellen Wirtsbaumes mit wesentlich größeren Gefahren verbunden. Oft scheitern die ersten Käfer daran. Der zu erwartende Nährstoffgehalt ist dagegen wesentlich höher und die inter- sowie intraspezifische Konkurrenz erheblich geringer (Raffa et al. 2015).

Die Zeitspanne für die Suche nach der passenden Wirtspflanze ist mit großen Risiken durch Prädation als auch Aufzehrung der körpereigenen Reserven verbunden. Aber auch die interspezifische Konkurrenz ist zu beachten. Bei Massenvermehrungen (Gradation) kann der langsamste Käfer nicht mehr vollständig sein Brutbild anlegen aufgrund von Raumkonkurrenz durch angrenzende Brutbilder. Damit ist auch die Anzahl der abgelegten Eier erheblich reduziert (Raffa et al. 2015).

Für die Wirtsbaumwahl nutzen Borkenkäfer viele Sinne, auch in Kombination: Optik, Geruch (Olfaktion), taktile Reize und Geschmack spielen eine Rolle. Die Reaktion auf diese Reize ist artspezifisch, aber auch abhängig von der Physiologie des Borkenkäfers. Der Anflug auf den Wirtsbaum wird durch visuelle und olfaktorische Reize gesteuert. Oft sind vertikale Objekte optisch attraktiv. Olfaktorisch anlockend sind baumbürtige Monoterpene, stressinduziertes Ethanol oder durch mikrobielle Infektionen oder Zersetzung erzeugte Acetaldehyde. Borkenkäfer-Arten, die meist tote oder stark geschwächte Bäume befallen, reagieren auf die beiden zuletzt genannten Stoffe bzw. Stoffgruppen. Arten, die auch noch relativ vitale Bäume anbohren, werden mehr durch optische Reize und Monoterpene zur Landung animiert (Raffa et al. 2015). Bei diesen Spezialisten sind viele Anbohrversuche erfolglos (Anderbrant et al. 1988; Paynter et al. 1990).

Einige Borkenkäfer können Stresssymptome von Bäumen wahrnehmen. Bei Wurzelinfektionen, Entlaubung/Blattverlusten, Feuerschäden oder andere Störungen haben Borkenkäfer mehr Erfolg beim Einbohren (Lindgren & Raffa 2013). Einbohrversuche sind auch von dem physiologischen Zustand der Käfer abhängig. Längere Flugstrecken schwächen die Reserven für den Einbohrversuch.

Baumabwehrmechanismen

Die Abwehr von Nadelbäumen wurde über 200 Millionen Jahre von natürlichen Feinden getestet. Sie beinhaltet sowohl resistenzsteigernde Maßnahmen als auch direkte Abwehr-Maßnahmen. Der Baum muss seine nährstoffreiche Rinde, das Kambium und den Transpirationsstrom im Splintholz schützen. Die erste Verteidigungslinie besteht aus mechanischen und chemischen Elementen. Die Borke nimmt dabei eine Schlüsselrolle ein. Hier können die Dicke der Borke, die Struktur, die mechanischen Eigenschaften sowie deren chemischen Inhaltsstoffe sowie ein kräftiger Harzfluss mit entsprechenden Abwehrsubstanzen viele Attacken verhindern (Krokene 2015). Die Fichte hat als äußerste Schicht Kork (Periderm), danach folgen der Bastteil (Phloem), das dünne Teilungsgewebe (Kambium) und der Holzteil (Xylem). Die Borke mit der Korkschicht enthält große Mengen an fraßhemmenden, phenolischen Substanzen sowie harte Kalziumoxalat-Kristalle. Hinzu kommen Steinzellen (Sklereiden) mit verdickten Wänden aus Zellulose und Lignin sowie bis in Holz reichende Harzkanäle. Der Harz steht darin unter Druck und kann bei Verletzungen den Aggressor ausspülen (Ausharzen). Neben der konstitutiven existiert auch eine induzierte Abwehr. Diese besteht aus einer hypersensitiven Reaktion und einer verzögerten Resistenz: Das befallene Gewebe wird mit Harz imprägniert und damit nekrotisch. Diese Reaktion findet im Phloem und im Xylem statt und läuft der räumlichen Ausbreitung der einzelnen Befalsszonen voraus. Das absterbende Gewebe und die toxischen Terpenoide und Phenole beeinträchtigen oder verhindern die Brutentwicklung der Käfer. Die symbiontischen Pilze der Borkenkäfer mindern mehr oder minder stark diese negativen Effekte. Zusätzlich bilden attackierte Bäume innerhalb kurzer Zeit neue Harzkanäle aus. Die zur Verfügung stehende Harzmenge ist abhängig von der Wasserversorgung des Baumes. Die Harz-Eigenschaften sowie die Zusammensetzung sind variabel. So kann die Viskosität, die Klebrigkeit, der Gehalt an Repellents-Substanzen sowie der Giftanteil stark schwanken. Der Angreifer kann z. B. mechanisch stark beeinträchtigt werden. Dies kann zur vollständigen Umhüllung des Tierkörpers führen (Raffa et al. 2015, Wermelinger & Jakoby 2019). Einige Millionen Jahre später kann man dann Bernstein mit Insekteneinschlüssen bewundern.

Für die Synthese der genannten Stoffe werden unterschiedlich viele Körper-Ressourcen benötigt. Die Produktion unterliegt also der Nährstoffversorgung. Bei geringen Reserven ist die Abwehr entsprechend schwach. Für die Änderung der Harz-Zusammensetzung ist auch eine gewisse Umstellzeit erforderlich. Hatte ein Baum schon eine erste, schwache Attacke erlebt, so kann er gegenüber einem unbeeinträchtigten Baum im Vorteil sein beim nächsten Käfer-Angriff. Aber auch ein sehr kräftiger Harzfluss kann einen zeitlichen Aufschub bewirken und somit die nötige Zeitspanne verschaffen zur Umstellung der Harz-Zusammensetzung. Nadelbäume in sonnenexponierten Waldrändern auf flachgründigen Böden haben oft keine ausreichende Wasserversorgung und sind deshalb leichte Ziele für Borkenkäfer (Raffa et al. 2015).

Einige Substanzen im Harz sind leicht flüchtig (volatil). Sie werden sofort nach Harzaustritt freigesetzt. Diese können fliegende Borkenkäfer wahrnehmen und als Information für ihren Anflug nutzen. Viele angreifende Borkenkäfer können leicht die Baumabwehr überwinden. Hinzu kommen die Effekte der mitgeführten Mikroorganismen, die zusätzlich den Baum beeinträchtigen. Allerdings werden Substanzgemische, die von den Käfern beim Bohren abgegeben werden, auch von deren Antagonisten wahrgenommen (Kairomone). Diese können damit gezielt ihre Beute- oder Wirtstiere aufsuchen. Oft ist die umfangreiche Tötung der in Pheromonfallen angelockten Antagonisten eine Fördermaßnahme für die Borkenkäfer-Population. Neben den natürlichen Feinden werden auch weitere Borkenkäfer-Arten angelockt. Die Anlockwirkung der Pheromone ist also nicht sehr spezifisch. Pheromone können demnach nur für Monitoring-Zwecke, aber nicht zur Bekämpfung eingesetzt werden.

Borkenkäfer-Arten, die vitale Bäume befallen, weisen wiederum Abwehrstrategien gegen die Ausharzung auf. Die Waldgärtner-Arten (*Tomicus*) können sich durch Harztropfen hindurch in den Baum einbohren. Zurück bleibt der für die Gattung typische Harztrichter auf der Borke.

Rest-, Alt- und Totholz sowie Uraltbäume

Rest-, Alt- und Totholz sowie Uraltbäume („Methusalembäume") im Wald sind entscheidende Faktoren für die biologische Vielfalt. Als besonders wichtige und praxisrelevante Merkmale der Totbäume erweisen sich Besonnung, Totholzvolumen, Verpilzung und Isolation. Je geringer die Isolation, je besser die Besonnung, je stärker die Dimensionierung, je höher der Verpilzungs- sowie der Berindungsgrad ist, umso größer ist die Artenvielfalt der xylobionten Käfer insgesamt, der Mulmkäfer und auch der gefährdeten Arten. Zusätzlich liefern Uraltbäume vielfaltsspendende Habitatstrukturen mit ihren stark dimensionierten Stämmen, Ästen und Kronen. Und mit zunehmendem Alter weisen sie immer mehr Risse, Spalten, Höhlen, Totäste, hohle Stammbereiche und sonnendurchflutete Kronen auf (Weiss & Köhler 2005).

Xylobionte Artengemeinschaften reichen von reinen Spezialisten bis zu anspruchslosen Generalisten, was ihre Substratwahl betrifft. Meist haben sich die xylobionten Pilze und Käfer entweder auf Nadel- oder auf Laubbäume festgelegt. Generalisten sind die Ausnahme. Einige Arten weisen ein engeres Wirtsbaum-Spektrum auf. Insbesondere Erstbesiedler wie Borkenkäfer differenzieren oft nach Baumart oder -gattung. Mit fortschreitender Zersetzung ist die Baumart für die Totholzbewohner von geringerer Bedeutung, da sich die physikalischen und chemischen Eigenschaften immer stärker angleichen. Die Unterscheidung zwischen Nadel- und Laubbaum-Arten bleibt jedoch meist über den gesamten Zerfallsprozess hinweg bestehen (Stokland et al. 2012).

Der Totholzdurchmesser wirkt sich indirekt auf den Befallsort der xylobionten Arten aus (Tab. 2). Je höher das Baumalter, desto dicker und vielgestaltiger ist die Rinde und das Verhältnis von Oberfläche zu Volumen wird immer geringer. Dies wirkt sich wiederum auf die Feuchtigkeit und die Innentemperatur aus. Auch ist die Menge an verfügbaren Ressourcen (Phloem und Holzkörper) entscheidend für die Anzahl der Larven, die sich darin entwickeln können. Großvolumiges Totholz zerfällt langsam und wir finden verschiedene Zerfallsklassen gleichzeitig im Holzkörper. Dies erlaubt eine höhere Vielfalt an holzabbauenden Arten (Pilze & Insekten). Die Artengemeinschaften von verschieden starken Totholzkörpern unterscheiden sich wesentlich voneinander (Stokland et al. 2012).

Die Lichtverhältnisse sind ebenfalls von Bedeutung für die Besiedlung von Totholz. Besonnte Totäste in den Baumkronen sind in Bezug auf Käfer artenreicher, aber individuenärmer als tote Äste in Bodennähe (Seibold 2018). Die Artenzahl der Holz- und Mulmkäfer und die aller Totholzkäfer werden vom Grad der Besonnung positiv beeinflusst. Auch bei den Mulmkäfern besteht diese Beziehung zwischen Licht-/Wärmefaktor und Artenvielfalt. Einerseits ist hier eine stärkere Erwärmung und Aktivitätserhöhung in tieferen Mulmkörpern anzunehmen. Andererseits führt eine erhöhte Sonneneinstrahlung zu einer schnelleren Austrocknung des Holzes, was in regenreichen Mittelgebirgslagen für viele Mulmkäferarten überlebenswichtig ist (Weiss & Köhler 2005).

Totholz in Zersetzung ist ein dynamischer Lebensraum, in dem Arten aufgrund der schrittweisen Zerstörung oder Verschlechterung des Substrats lokal abwandern. Diesen neuen Lebensraum übernehmen wiederum Folge-Arten. Um das langfristige Überleben dieser Arten zu sichern, müssen neue adäquate Totholz-Ressourcen zur

Tabelle 2: Bevorzugte Baumarten und -orte von rindenbrütenden Borkenkäfern in Nordeuropa. Bei Massenvermehrungen vom Kupferstecher (*Pityogenes chalcographus*) und Nordischen Fichtenborkenkäfer (*Ips duplicatus*) werden auch tieferliegende Stammabschnitte mit kräftigerer Rinde intensiv befallen (verändert nach Ehnström & Axelsson (2002) aus Stokland et al. 2012).

Baum- und Borkenkäfer-Art	Baumteil	Bevorzugter Durchmesser [cm]
Rotfichte (*Picea abies*)		
Pityophthorus traegardhi	Dünne Zweige	0,3–0,8
Pityophthorus micrographus	Zweige in der Baumkrone	1–10
Pityogenes chalcographus	Dicke Zweige und oberer Stamm	5–15
Ips duplicatus	Oberer Stammbereich	10–20
Ips typographus	Unterer Stamm unter dicker Borke	>20
Hylastes cunicularius	Stammbasis und Wurzeln	1–10
Waldkiefer (*Pinus sylvestris*)		
Pityophthorus lichtensteinii	Dünne Zweige	1–4
Pityogenes quadridens	Zweige	2–10
Ips acuminatus	Dicke Zweige und oberer Stammbereich, unter dünner Borke	5–20
Tomicus minor	Oberer Stamm, unter dünner Borke	5–20
Tomicus piniperda	Unterer Stamm, unter dicker Borke	>15
Ips sexdentatus	Unterer Stamm, unter dicker Borke	>25
Hylastes brunneus	Wurzeln	1–10

Verfügung stehen. Während des Abbaus von Frischholz zu verrottetem Totholz verändern sich die biotischen und abiotischen Faktoren des Lebensraums kontinuierlich. Der Abbau wird in drei verschiedene Sukzessionsphasen eingeteilt: In der Besiedlungsphase dringen Pionierinsekten in den frischen Totholzkörper ein. In der anschließenden Zerfallsphase gesellen sich zu den primären Xylobionten sekundäre Xylobionten und in der Humifizierungsphase werden die bisherigen Bewohner sukzessive von Bodenlebewesen verdrängt (Stokland et al. 2012; Lachat et al. 2013). Die letzte Phase ist für Splint- und Borkenkäfer als Lebensraum ungeeignet.

Allgemein haben Käfer ihren höchsten Artenreichtum zu Beginn des Abbauprozesses von Nadelbäumen, bei Laubbäumen hingegen in den mittleren und späten Zersetzungsstadien (Stokland et al. 2012).

Auch die Art des Baum-Absterbens wirkt sich auf die Artenzusammensetzung der xylobionten Gemeinschaft aus. Ein alter Baum stirbt allmählich über mehrere Jahre oder Jahrzehnte ab und kann als stehendes Totholz (Baumstumpf) lange überdauern, bevor er endgültig fällt. Viele verschiedene Arten bewohnen sukzessive einen solchen Baum und schaffen Mikrohabitate, die wiederum anderen Arten als Lebensraum dienen. Wird ein Baum jedoch gefällt oder wird er von einem Sturmereignis geworfen oder durch Waldbrand geschädigt, so verläuft die Besiedelung in anderer Weise. Diese Unterschiede sind zu Abbau-Beginn am größten und nivellieren sich im Laufe der Zersetzung aufgrund der Annäherung der Eigenschaften der Totholzsubstrate. Hinzu kommen abiotische und biotische Faktoren, die einen großen Einfluss auf die im Totholz lebenden Artengemeinschaften haben. Temperatur und Feuchtigkeit sind zwei der bedeutendsten abiotischen Totholzfaktoren, die von dessen Lage und Position (insbesondere stehend als Hochstumpf oder liegend) beeinflusst werden können. Stehendes Totholz ist meist trockener als ein liegender Baumstamm mit Bodenkontakt. Pilze und Moose profitieren generell von feuchten Umweltbedingungen, wohingegen ein trockenes und warmes Klima einer Vielzahl an Totholzkäfern und Flechten entgegenkommt. Sonstige Einflussfaktoren wie Baum-Mikrohabitate in lebenden Bäumen können sich zusätzlich auf die in Totholz lebenden Artengemeinschaften auswirken (Lachat et al. 2013).

Der Reichtum an wirbellosen Tieren im Totholz dient insbesondere im Winter als Nahrung für insektenfressende Vögel wie beispielsweise Spechte. Außerdem bieten die in totem und verrottendem Holz entstehenden Faulhöhlen Nistgelegenheiten für sekundäre Höhlenbrüter wie Meisen *Parus* ssp. oder den Kleiber *Sitta europaea*, die nicht in der Lage sind, Nisthöhlen selbst zu bauen. Einzelne Altbäume sind für viele Vogelarten wichtig, da sie mehr tote Äste, mehr Faulhöhlen, mehr verrottendes Holzmaterial und mehr Höhlen aufweisen als junge Bäume. Die Verfügbarkeit von toten Ästen und Baumhöhlen ist auch von der Baumart abhängig: Eichen (*Quercus* ssp.) bieten weitaus mehr solcher Strukturen als Buchen (*Fagus sylvatica*) und sie haben eine grobe, rissige Borke, in der spezialisierte Gliedertierjäger wie der Mittelspecht *Dendrocopos medius* und der Baumläufer *Certhia* ssp. ihre Beute finden. Besonders die abgestorbenen, noch stehenden Baumstämme sind wertvoll für Waldvögel. Liegendes Totholz hingegen bietet zwar immer noch Nahrung für Spechte, ist aber für Bruthöhlen ungeeignet (Mollett et al. 2013).

Kommunikation

Einige Borkenkäfer-Arten zeigen soziale Verhaltensweisen und die meisten leben eine gewisse Zeit mit ihrem Nachwuchs im Brutbild zusammen. Der Holzbrüter *Xyleborinus saxenii* z. B. weist vielfältige soziale Interaktionen auf. Auch eine für Käfer einzigartige Arbeitsteilung zwischen Larven, Muttertier und Jungkäfern ist zu beobachten (Biedermann & Tabersky 2011). Ebenso ist beim Befall der Wirtsbäume eine Verständigung notwendig, um die Aggregation zu steuern. Der Riesenbastkäfer *Dendroctonus micans* ist ebenfalls singulär unter den heimischen Borkenkäfern. Die Eiablage findet häufchenweise statt. Nach dem Schlüpfen sammeln sich alle Larven (bis zu 50 Tiere) und fressen gemeinsam in einer Brutkammer (Familienplatzgang). Im rückwärtigen Teil findet die Bohrmehlablagerung, die Defäkation sowie Häutung statt (Bohrmehlplatten). Im vorderen Bereich fressen die Larven in einer Reihe. Nur zur Verpuppung separieren sie sich. Die Abstimmung der Larven erfolgt chemisch über die Abgabe von Aggregations-Pheromonen (Grégoire et al. 1982). Aber auch die Männchen und Weibchen der anderen Arten müssen sich beim Brutgeschäft gut abstimmen. Allgemein werden für die Kommunikation chemische, taktile (Buchdrucker-Männchen testet Eindringkraft des Weibchens vor der Rammelkammer), optische und akustische Signale genutzt.

Physiologisch und anatomisch entwickelten Borkenkäfer Möglichkeiten zur Aussendung sowie zum hochsensiblen Empfang der chemischen Substanzen (Blomquist et al. 2010). Die Zusammensetzung als auch Menge der Geruchsstoffe schwankt erheblich im Tages- als auch im Jahresverlauf. Ebenso unterscheidet sie sich zwischen den Geschlechtern. Der letzte Abschnitt der Borkenkäfer-Antenne ist die Fühlerkeule. Sie trägt die Sinneszellen zur Detektion der leichtflüchtigen (volatilen) Substanzen. Die Abgabe der Aggregations-Pheromone erfolgt über den Verdauungstrakt. Die Borkenkäfer bewegen sich in einem Duftraum und nutzen die unterschiedlichen Gerüche bzw. deren Konzentrationen auch zur Orientierung. Die beiden Fühlerkeulen erlauben eine stereoskopische Wahrnehmung der Duftgradienten. Somit können sie z. B. gezielt einen Wirtsbaum ansteuern, der schon von Artgenossen besiedelt ist.

Der Borkenkäfer-Körper ist reichhaltig mit Haaren versehen. Die mechanische Ablenkung der Haare spürt der Käfer deutlich. Insofern können taktile Reize über die gesamte Körperoberfläche wahrgenommen werden. Auch die jeweilige relative Lage des Körpers im Raum erkennt der Käfer über die feinen Sinneshaare in den Beingelenken.

Die Verständigung zwischen Insekten über visuelle und chemische Wege versagt innerhalb von Gehölzen. Dort kann die Kommunikation mit akustischen Signalen erfolgen. In vielen Käferfamilien ist Lauterzeugung bekannt. Bei den Rüsselkäfern nutzen ca. 50 % diese Verständigungsform. Oft dient sie der Paarbildung und -bindung. Sie wird eingesetzt bei Rivalität, Stress, bei der Kopulation oder während der Pheromonabgabe. Sie kann auch zur Arterkennung eingesetzt werden. Ungefähr die Hälfte der Triben der Borkenkäfer betreibt Stridulation. Bei den Kernholzkäfern ist sie bei beiden Geschlechtern die Regel. In einer internationalen Studie wurden 55 Splint-, Borken- und Kernholzkäfer-Arten untersucht. Davon produzierten 33 % Laute. In Abhängigkeit von der jeweiligen Art erzeugten beide oder nur eines der Geschlechter akustische Signale. Die Laute der verschiedenen Geschlechter waren immer unterschiedlich. Die Kernholzkäfer erzeugen ihre Signale immer mit den Elytren und dem Hinterleib. Am Elytren-Ende auf der Unterseite befindet sich eine Schrillleiste und ebenfalls am Ende auf der Hinterleibs-Oberseite ein Zahn oder eine Kante, die über die Schrillleiste kratzt (Elytral-Tergale-Lauterzeugung). Neben dieser Form tritt bei den Borkenkäfern noch die Vertex-Pronotale-Lauterzeugung auf. Hier befindet sich die Schrillleiste (Pars stridens, im englischen Sprachraum auch Feile genannt) auf der Oberseite der Kopfkapsel und der Zahn oder Kante (Plectrum) am Vorderrand der Pronotum-Unterseite. Nur bei den Splintkäfern (*Scolytus*) gibt es die Gula-Prosternale-Lauterzeugung. Hier trägt die Kopfkapsel-Unterseite die Schrillleiste und ein Prosternum-Fortsatz kratzt darüber. Unter den heimischen Arten nutzen *Hylastes ater* und *Hylurgus ligniperda* die elytral-tergale Technik zur Lauterzeugung (Bedoya et al. 2019b). Bei *Hylurgus ligniperda* striduliert nur das Männchen. Es kann über zehn Minuten lang stridulieren. Die Laute sind noch in einem Meter Abstand wahrnehmbar. Die Laute des deutlich kleineren *Hylastes ater* reichen nur 40 cm weit. Bei beiden Arten ist das Signal im Bereich von 3 bis 7 kHz am stärksten (Bedoya et al. 2019a). Dies ist typisch für die meisten Borkenkäfer. Weltweit zeigte kein Ambrosia-Borkenkäfer Lautproduktion. *Scolytus multistriatus, S. rugulosus, Gnathotrichus materiarius, Hypothenemus eruditus, Dactylotrypes longicollis, Xylosandrus germanus, Xyleborinus saxenii, Xyleborus affinis, X. glabratus* und *X. gracilis* produzieren keine Laute. Eventuell gibt es eine Mindestgröße für die Lautproduktion. Sie könnte bei 2,3 mm liegen (Bedoya et al. 2019b).

4 Zur Benutzung des Schlüssels

Der Schlüssel entspricht der gleichen Systematik wie im Buch „Die Brutbilder der wichtigsten Forstinsekten" (Rohe 2023). Innerhalb des Schlüssels wird man anhand von Nummern geführt. Es gibt also Abfragen und ein entsprechendes Leitsystem. Man sollte immer alle Abfragen (manchmal mehr als zwei, siehe Spiegelstriche) lesen und dann entscheiden. Die Abfragen sind einheitlich aufgebaut. Nach dem Spiegelstrich kommen die Merkmale. Bei zutreffender Beschreibung folgt man der Zahlenangabe am Ende der Zeile oder man ist schon bei der Artbeschreibung angelangt. Diese wurde möglichst kurz gehalten. Für ausführlichere Darstellungen sei auf die im Literaturverzeichnis aufgeführten Fachpublikationen verwiesen.

Die Bestimmung (Determination) der Käferarten erfordert ein Mikroskop. Es sollte mindestens eine 160-, besser 500-fache Vergrößerung aufweisen. Auch gute alte und tragbare Geräte mit ergänzender seitlicher LED-Beleuchtung können mit ins Feld genommen werden und eine erfolgreiche Artansprache ermöglichen. Der Käfer kann in einem kleinen Sandbett (feine Körnung, möglichst gebrannt oder gewaschen) in jeglicher Position betrachtet werden. Ein feiner Naturhaarpinsel entfernt danach die störenden Sandkörner. Große Borkenkäfer-Arten wie der Riesenbastkäfer (*Dendroctonus micans* [Kugelann, 1794]) oder der Kiefern-Borkenkäfer (*Ips sexdentatus* [Boerner, 1766]) können im Gelände auch mit einer 20-fachen Lupe bestimmt werden.

Insbesondere die Merkmale der Behaarung, d. h. die feinen, kurzen, meist anliegenden Härchen (Pubeszenz) und die längeren, oft abstehenden Haare (Chaetotaxie) sowie

Abb. 41: Hier ist der Absturz der Flügeldecken vom männlichen Eichenkernholzkäfer (*Platypus cylindrus* [F., 1792]) zu sehen (Museum Braunschweig, Sammlung Heinemann). Bei ausschließlichem Auflicht ist die abstehende Behaarung nur zum Teil erkennbar.

die sehr feine Strukturierung der Körperoberfläche (Chagrinierung) und die deutlich kräftigere Skulpturierung der Cuticula sind nur bei ausreichender seitlicher Beleuchtung sicher ansprechbar. Je kleiner das Objekt ist, desto stärker ist es zu beleuchten. Um keine störenden Überstrahlungen zu verursachen, ist auf eine Diffusion der Beleuchtung zu achten. Oft genügt dafür ein einfacher weißfarbener Joghurtbecher. Weniger bewährt hat sich die Ausleuchtung mit mehrarmigen Kaltlichtleuchten. Hier reichte die maximale Leuchtkraft oft nicht aus.

Eine wichtige Hilfe bei der Artansprache sind immer auch die Brutbilder. Hier kann man meist das in Frage kommende Spektrum deutlich einschränken oder sogar direkt die Art erkennen (Rohe 2023).

Die vorliegenden Fotos wurden fast ausschließlich mit einem digitalen Keyonce-Mikroskop aufgenommen. Zusätzlich wurden mehrere verschiedene LED-Beleuchtungsmittel und Spiegel eingesetzt. Die Tiere waren überwiegend Leihgaben und wurden deshalb nicht gereinigt, um eventuelle Beschädigungen zu vermeiden.

Die Bildverarbeitung erfolgte mit einem im Mikroskop integrierten Stacking-Programm. Z. T. wurde mit weiteren Hilfsprogrammen eine Bildoptimierung vorgenommen.

Die Messungen erfolgten direkt am Bildschirm des Keyonce-Mikroskops. Der Bildschirm-Ausschnitt hatte die Maße 44,5 x 33,5 cm.

Die Stacking-Fotografie (Mehrschicht-Fotografie) ermöglicht eine große Tiefenschärfe. Allerdings können helle Körperteile (oft Haare) die darüber liegenden Körperteile überstrahlen und so Fotos mit Artefakten erzeugen. Hier ist es sinnvoll, auf die Tiefenschärfe partiell zu verzichten, um einen ungestörten Vordergrund aufnehmen zu können.

Abb. 42: Bei gleicher Positionierung des Objektes (*Platypus cylindrus* [F., 1792]) und der Optik sind bei zusätzlicher seitlicher Beleuchtung wesentlich mehr abstehende Haare sichtbar.

5 Unterfamilien-Schlüssel: Platypodinae – Eichenkernholzkäfer, Scolytinae – Splintkäfer und Ipinae – Borkenkäfer

(verändert nach Pfeffer 1995: 31 und Reitter 1913: 13)

1 Erstes Fußglied ist länger als die Glieder 2, 3 und 4 zusammen. Die Vorderschienen (Protibia) tragen Schrägleisten (Abb. 49). Kopf von oben ganz sichtbar, so breit oder breiter als der Halsschildvorderrand und mit vorragenden Augen. Halsschild und Flügeldecken lang walzenförmig. Halsschild seitlich mit Ausbuchtungen zum Einfügen der Vorderschenkel (Abb. 46). Halsschildscheibe mit mehreren Mycetangien-Poren bei den Weibchen. Absturz der Flügeldecken bei den Männchen steil abfallend, gehöckert, oder mit Zähnchen oder mit langen Spitzen besetzt. Bei den Weibchen meist einfach gerundet. Entwicklung im Splint und Kernholz von Bäumen.

→ Eichenkernholzkäfer (Unterfamilie Platypodinae Shuckard, 1840: Seite 76

→ Erstes Fußglied ist nicht länger als das zweite, dritte und vierte Fußglied zusammen. Die Vorderschienen haben keine Schrägleisten. Kopf schmaler als der Vorderrand des Halsschildes. Halsschild an den Seiten ohne Ausschnitte zum Anlegen der Vorderschenkel. Bei den Weibchen immer ohne Poren der Mycetangien. Entwicklung im Bast oder Splint von Bäumen, in Stängeln der krautartigen Pflanzen oder in Pflanzenfrüchten. **2**

2 Vorderschienen auf der Außenseite glatt, ungezähnt. Spitze derselben in einen Hornhaken verlängert. Dieser meist nach innen gebogen (Abb. 57 und Abb. 107). Halsschildseite gerandet. Flügeldecken flach, das Abdomen seitlich unbedeckt. Basalrand der Flügeldecken nicht aufgebogen, weder gekerbt noch gehöckert. Halsschildscheibe nur punktiert.

→ Splintkäfer (Unterfamilie Scolytinae Latreille, 1804) – nur Gattung *Scolytus*: Seite 84

→ Vorderschienen auf der Außenseite mit Zähnen (Abb. 709). Halsschildseite ohne Rand. Halsschild vorne oft gehöckert oder auch gezähnelt. Die Flügeldecken sind am Ende stark nach unten gebogen („Absturz") und bedecken vollständig die Hinterleibsseiten.

→ Borkenkäfer (Unterfamilie Ipinae Reitter, 1916): Seite 148

5.1 Unterfamilie **Platypodinae Shuckard, 1840 – Eichenkernholzkäfer**

Typusgattung: *Platypus* Herbst, 1793.

Mehr als 1.400 Arten mit 34 Gattungen (Wood & Bright 1992) sind weltweit beschrieben. Der Artenschwerpunkt liegt in den Tropen und Subtropen. In Europa leben nur zwei Arten.

Scheitel mit feiner Rinne. Vorderhüften genähert. Vorderschienen bei den Männchen und Weibchen auf den Außenseiten mit Schrägleisten (Abb. 49). Augen seitenständig, kreisrund. Halsschild zylindrisch, vorne gerade abgestutzt, vor der Basis mit Längsrinne, deren Umgebung nur bei den Weibchen mit einer dicht punktierten elliptischen Fläche versehen ist. Fühlerschaft gedrungen, in beiden Geschlechtern gleich. Flügeldecken sehr lang, zylindrisch, mit Punktstreifen. Absturz der Flügeldecken beim Weibchen meist einfach gerundet, beim Männchen vielfach steil abfallend und mit Zähnen besetzt oder Flügeldecken in vielgestaltigen Fortsätzen endigend.

Käfer von walzenförmiger, meist langgestreckter Gestalt, die sich durch eine Reihe auffallender Merkmale von der der Borkenkäfer unterscheidet. Kopf orthognath, im Gegensatz zu Borkenkäfern etwas breiter als der Halsschild und von diesem nicht überdeckt. Augen rundlich und vorragend. Fühler kurz, Geißel stets 4-gliedrig, Fühlerkeule groß, nicht durch Nähte gegliedert. Halsschild lang und walzenförmig, vorne gerade abgeschnitten, mit seiner Basis nicht an die Flügeldecken angeschlossen, an den Seiten mit buchtigen Ausschnitten zum Anlegen der Vorderschenkel. Vorderschenkel breit, mit winkeligem Zahn auf der Unterseite. Vorderschienen ebenfalls verbreitert und auf der Außenseite mit parallelen Schrägleisten. Tarsen 5-gliedrig, die einzelnen Glieder dünn und drehrund. 1. Tarsenglied zumindest so lang wie, meist jedoch länger als die nachfolgenden zusammen. Flügeldecken meist parallel, zuweilen zum Hinterende hin etwas verbreitert, mit deutlichen Punktstreifen, vielfach mehr oder weniger tief gefurcht. Zwischenräume auch kielförmig erhaben. Ende der Flügeldecken, Hinterleibsende und Hinterbeine sehr mannigfaltig sowie bei Männchen und Weibchen verschieden gestaltet, entsprechend derer unterschiedlichen Tätigkeiten bei der Anlage der Brutsysteme (stark ausgeprägter Sexualdimorphismus).

Larven wie die der Borkenkäfer weißlich, ohne Beine, mit drei Thorakal- und neun Abdominalsegmenten, Körper der ausgewachsenen Larve gestreckt und walzenförmig, nicht bauchwärts gekrümmt, auf den einzelnen Segmenten mit wulstartigen Höckern und Borsten, Körpersegmente mit seitlich stark vorragenden und mit großen Borsten besetzten Wülsten.

Rückenseite mit einer Reihe kleiner Querstreifen. 1. Thorakalsegment breiter und länger als die beiden anderen nachfolgenden Brustsegmente, Hinterleibsende steil abfallend. Junglarven oval und Hinterleibsende abgerundet. Kopf stark verbreitert, Stemmata (Einzelaugen) fehlen; eingliedrige, konische Antenne; Clypeus zu einer schmalen Membran reduziert; Labrium (Oberlippe) mehr oder weniger dreieckig; Mandibeln mit einer meißelartigen Schneide; breites Labium (Unterlippe); Postlabium mit drei Paar Setae; Maxillarpalpus eingliedrig.

Lebensweise: Die monogamen Kernholzkäfer brüten fast ausnahmslos in Stämmen, stärkeren Ästen und Stöcken an Laubbäumen. Bevorzugt befallen werden frisch eingeschlagene Bäume oder solche, die durch Sturmeinwirkungen stärker beschädigt oder geworfen sind, solange diese noch über eine genügend hohe Holzfeuchte, die für das Gedeihen des Ambrosiapilzes erforderlich ist, verfügen. Durch die Anlage der sich später schwarz verfärbenden Brutsysteme, die meist tief in den Bereich des Kernholzes vordringen, wird neben einer starken Wertminderung häufig erheblicher technischer Schaden an waldlagerndem Stammholz herbeigeführt.

Ihre Brutsysteme werden ähnlich wie bei den xylo-mycetophagen Borkenkäfern in Form von Gabelgängen in einer oder mehreren Ebenen angelegt, wobei die Männchen in größerem Umfang als bei den Xyleborinen und Xyloterinen bei der Anlage der Brutsysteme beteiligt sind. Eiablage frei in den Brutröhren. Hier Entwicklung der Larven, die sich von dem die Wände der Gänge überziehenden Ambrosia-Pilzrasen ernähren. Übertragung des Nährpilzes bei manchen Arten allein durch die Weibchen, bei anderen durch beide Geschlechter. Pilzdepots zur Übertragung an verschiedenen Körperstellen mit meist stärkerer Behaarung und in Verbindung mit Drüsenfeldern oder in besonderen Organen auf der Rückseite des Halsschildes der Weibchen (pronotale Mycetangien). Die ausgewachsenen Larven legen meist am Ende der Brutröhren von diesen senkrecht abgehende, kurze Stollen an, die nur als Puppenwiegen dienen. Jungkäfer verlassen das Brutsystem wie bei den xylo-mycetophagen Borkenkäfern durch das Einbohrloch des Altkäfers.

Verbreitung: Das Verbreitungsgebiet der sehr artenreichen Familie der Kernkäfer erstreckt sich fast ausschließlich auf die Tropen und Subtropen. Nur wenige Arten dringen bis in die gemäßigten Klimazonen vor und sind auch in den Laubwaldgebieten der paläarktischen Region verbreitet. Im Untersuchungsgebiet sind zwei Gattungen mit je einer monogamen Art bekannt:

Gattung *Platypus* Herbst, 1793

(*Cylindra* Duftschmid, 1825:37) Typusart: *Bostrichus cylindrus* Fabricius, 1792:364.

Gattung *Treptoplatypus* Schedl, 1939 *Treptoplatypus* Wood, 1993

(Typusart: *Crossotarsus trepanatus* Chapuis, 1865:75).

Treptoplatypus Schedl, 1939:401.

5.1.1 Gattungs- und Artenschlüssel der Unterfamilie Platypodinae – Eichenkernholzkäfer

1 Halsschild vor der Basis mit einer Längsrinne, ringsum diese glatt, oder regelmäßig punktiert (Abb. 45). Die Zwischenräume der Flügeldecken sind vor dem Absturz abgekürzt und kielförmig erhöht, wodurch kleine Zähnchen gebildet werden, oder jede Flügeldecke wird in einen langen Fortsatz verlängert, oder der Absturz verengt sich plötzlich und läuft dann beidseits in einen großen flügelartigen Seitenfortsatz aus (**Männchen**). **2**

→ Halsschild vor der Basis mit einer Längsrinne und mit einer dicht punktulierten elliptischen oder herzförmigen Fläche (Abb. 47). Die Zwischenräume der Flügeldecken vor der Spitze abgeflacht oder herabgewölbt (**Weibchen**). **3**

2 Die dicht punktierten Zwischenräume der Flügeldecken sind beidseits vor dem Absturz abgekürzt und leicht kielförmig erhöht, wodurch kleine Zähnchen gebildet werden; der 9. Zwischenraum ist zu einem stumpfen Fortsatz ausgezogen. Körper walzenförmig und braun bis pechbraun. Stirn abgeflacht, kräftig skulpturiert. Augen gedrungen oval und gewölbt. Absturz sehr kurz, das distale Viertel einnehmend. Länge 4,7–5,5 mm.

→ ***Platypus cylindrus* (Fabricius, 1792) ♂ – Eichenkernholzkäfer (♀ siehe 3)**

(*Bostrichus cylindrus* Fabricius, 1792:364; *B. flavicornis* Kugelann, 1792:496; *Cylindra platypus* Duftschmid, 1825:87; *C. platypus* var. *bimaculata* Duftschmid, 1825:87; *Platypus cylindrus* (Fabricius): Herbst, 1793:129, *P. cylindriformis* Reitter, 1894:94; *Scolytus cylindrus* Olivier, 1795:78)

→ Flügeldecken am Absturz in divergierende flügelartige Spitzen oder Doppelspitzen ausgezogen, die leicht nach unten gerichtet und an den Innenrändern gesägt sind. Absturz bei beiden Geschlechtern mit langen und feinen Haaren dicht besetzt. Hellrotbraun, zum Ende der Flügeldecken hin dunkler, Flügeldecken mit feinen Punktstreifen, Zwischenräume flach und glatt mit locker stehenden Reihenpunkten. Länge 4–5,2 mm.

→ ***Treptoplatypus oxyurus* L. Dufour, 1843 ♂ (♀ siehe 3)**

(*Platypus oxyurus* Dufour, 1843:91)

3 Flügeldeckenstreifen sehr fein punktiert, die Zwischenräume unpunktiert. Absturz herabgewölbt und steil abfallend, zur Spitze hin verengt und hier leicht grubig vertieft. Körper schmal, rotbraun. Länge 4–5 mm.

→ ***Treptoplatypus oxyurus* L. Dufour, 1843 ♀ (♂ siehe 2)**

→ Streifen der Flügeldecken ziemlich stark und dicht punktiert. Körper breit walzenförmig, rotbraun bis pechbraun. Zwischenräume der Flügeldecken vor der Spitze ungezähnt, alle abgeflacht und allmählich niedergebogen. Der Absturz zuerst leicht gewölbt, dann steil abfallend und kurz behaart. Der Absturz ist ohne Dornen-Fortsätze (Abb. 48). Der mediane Kiel nahe der Halsschildbasis ist vor einem quer ovalen Fleck äußerst dicht gestellter, feiner Pünktchen umgeben (Abb. 47). Länge 5–5,8 mm.

→ ***Platypus cylindrus* (Fabricius, 1792) ♀ – Eichenkernholzkäfer (♂ siehe 2)**

Artenkapitel

Platypus cylindrus (Fabricius, 1792)

Eichenkernholzkäfer – Oak pinhole borer

Lebensweise: Der Eichenkernkäfer befällt stehende, anbrüchige Bäume meist in den unteren Stammpartien. Daneben brütet er häufig in Stöcken und stärkerem Astholz. Frisch eingeschlagene Stämme, hauptsächlich der bevorzugten Eiche, werden wegen der dort höheren Holzfeuchte an den Seiten und Unterseiten besonders stark befallen. Dabei kommt es oft zu hohen Besiedlungsdichten. Nutzholzstämme mit bis zu 1000 Einbohrungen konnten wiederholt beobachtet werden. In großen Laubwaldgebieten mit hohem Eichenanteil stellen überalterte, auch gipfeldürre Bäume und besonders Stöcke Ausgangsherde für Vermehrungen des Käfers dar. Entstehung von Gradationen wird in wärmeren Gebieten allgemein, sonst durch trockene und überdurchschnittlich warme Jahre wesentlich begünstigt. Neben dem Gehöckerten Eichenholzbohrer *Xyleborus monographus* und dem Gekörnten Nutzholzborkenkäfer *X. dryographus* wird *Pl. cylindrus* zu den forstwirtschaftlich sehr bedeutsamen Holzbrütern gerechnet. Wie bei den beiden genannten Arten dringen seine Brutsysteme ebenfalls tief in den Holzkörper ein und verursachen dadurch technische Schäden am Stammholz (z. B. an Furniereichen).

Brutsystem in Form eines mehrfach verzweigten Gabelganges, wobei die Brutröhren vorwiegend in einer Ebene liegen. Nach Anlage einer nur wenige cm in radialer Rich-

Abb. 43: Nach der kurzen Erstanlage durch das Männchen in der Borke übernimmt das Eichenkernholzkäfer-Weibchen (*Platypus cylindrus*) die weitere Bohrtätigkeit und verlängert erheblich die Ganglänge (Mus. Frankfurt).

tung laufender Eingangsröhre durch das Männchen übernimmt nach vollzogener Begattung das Weibchen die weitere Bohrtätigkeit. Die Aufgabe des Männchens besteht nunmehr darin, mittels seines speziell dazu ausgebildeten Flügeldeckenabsturzes rückwärtsgehend die anfänglich sehr groben, langfaserigen Nagespäne zum Einbohrloch hinauszuschieben. Der Einbohrgang wird weiter in radialer Richtung bis zum Kernholz vorgetrieben, biegt hier ab und verläuft entlang den Jahrringen über eine mehr oder weniger lange Strecke. Er kann sich auch an der Kernholzgrenze gabeln. Im weiteren Verlauf dringt das Weibchen mit Seitengängen tiefer in das Kernholz vor. Bedingt durch unterschiedlichen Feuchtegehalt und Beschaffenheit des Holzes kann die Anlage des gesamten Brutsystems vielfältig abgewandelt sein, insbesondere im Hinblick auf die strenge Einhaltung der Richtung der Gänge in einer Querschnittsebene. Mit fortschreitender Bohrtätigkeit werden die Eier in kleinen Häufchen an beliebigen Stellen in den Gängen abgelegt. Die Larven, die im Gegensatz zu denen anderer Holzbrüter sehr beweglich sind und in dem gesamten Brutsystem herumwandern, ernähren sich von dem die Gangwände überziehenden Ambrosia-Pilzrasen. Da sich die Eiablage der Weibchen über einen längeren Zeitraum erstreckt und die Larvalentwicklung mindestens zwei Monate dauert, findet man ab Herbst alle Entwicklungsstadien gleichzeitig im Brutsystem. Die verpuppungsbereiten Larven nagen, meist am Ende der Seitengänge, senkrecht nach oben oder unten führende kurze Stollen, die den Leitersprossen der Xyloterinen zwar ähneln, aber nicht wie diese den Larven zum dauernden Aufenthalt dienen, sondern lediglich als Puppenwiegen angelegt werden. Zu diesem Zeitpunkt wird ein durch die Nagetätigkeit der Larven anfallendes, wesentlich feineres, mehr krümeliges Bohrmehl aus dem Brutsystem ausgestoßen. Die Jungkäfer überwintern meist im Brutbild. Diejenigen, die noch im Herbst ausfliegen, bohren sich in berindete Stämme zur Überwinterung ein (Postner 1974). In Tirol unter der Rinde von Eichen- und Edelkastanien-Stöcken (Hellrigl 2012).

Wirtsarten: Vorzugsweise *Quercus*-Arten (*Q. castaneifolia*, *Q. castaneifolia* var. *incana*, *Q. cerris*, *Q. frainet-*

Abb. 44: Der Eichenkernholzkäfer (*Platypus cylindrus*) befällt stehende und gefällte Eichen. Er dringt tief in das Holz ein und kann in hoher Dichte Wertminderungen von 50–90 % verursachen (Mus. Frankfurt). Die Gänge sind im Gegensatz zu den Werftkäfern (Lymexylidae) alle gleich breit.

Abb. 45: Der männliche Eichenkernholzkäfer – *Platypus cylindrus* (Mus. Wiesbaden) in Aufsicht. Der Kopf (Caput) mit den vorragenden Komplexaugen ist so breit wie oder breiter als der Halsschild (Pronotum). Auf dem Halsschild ist zwar auch ein kurzer medianer Schlitz im Mycetangium, dieser ist aber beim Männchen ohne einen begleitenden querovalen Fleck. Männchen tragen am Absturz dornartige Fortsätze.

to, Q. ilex, Q. lusitanica, Q. petraea, Q. robur, Q. suber); daneben *Fagus orientalis, F. sylvatica, Fraxinus excelsior, F. angustifolia, Castanea sativa, Prunus avium, Pyrus* spec. *Tilia* spec., *Ulmus* spec., *Juglans* spec., *Sorbus aucuparia* und *Alnus glutinosa*.

Verbreitung: Süd- und Mitteleuropa, Ukraine (Krim), Kaukasus, Kleinasien, Tunesien, Algerien.

Rote Liste Deutschland: mäßig häufig, kurzfristiger Bestandstrend: deutliche Zunahme, langfristige Bestandsentwicklung: gleichbleibend. Ungefährdet.

Abb. 46: Der Eichenkernholzkäfer – *Platypus cylindrus* (Mus. Wiesbaden) in Seitenansicht. Gut sichtbar ist die seitliche Ausbuchtung im Halsschild für den Vorderschenkel (Femur).

Abb. 47: Der weibliche Eichenkernholzkäfer – *Platypus cylindrus* (Mus. Wiesbaden) trägt ebenfalls einen medianen Schlitz im Mycetangium. Dieser ist aber zusätzlich noch auf beiden Seiten von querovalen Flecken mit dichter und feiner Punktierung begleitet.

Abb. 48: Der Absturz beim Weibchen vom Eichenkernholzkäfer – *Platypus cylindrus* (Mus. Wiesbaden) ist ohne Dornen-Fortsätze.

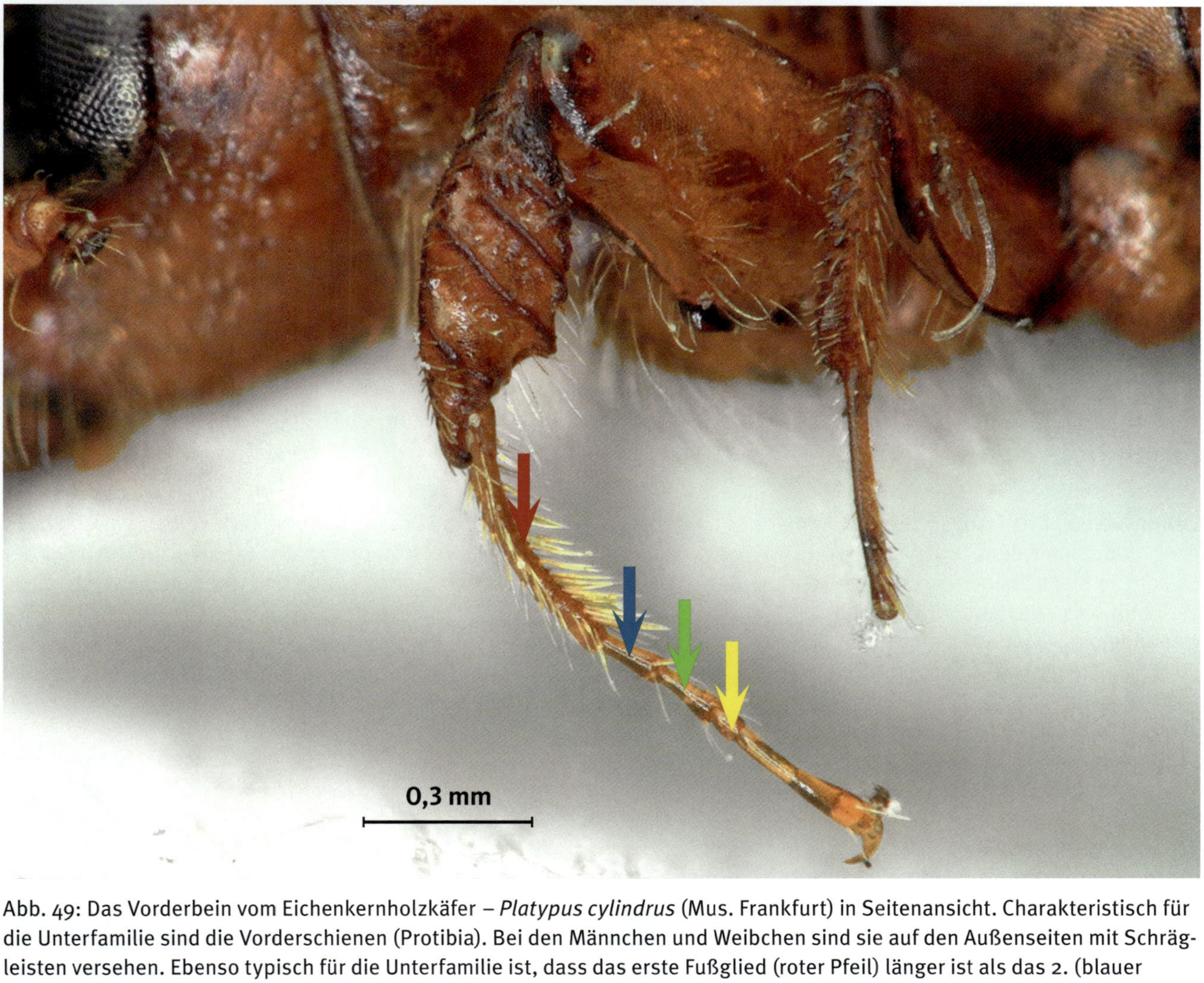

Abb. 49: Das Vorderbein vom Eichenkernholzkäfer – *Platypus cylindrus* (Mus. Frankfurt) in Seitenansicht. Charakteristisch für die Unterfamilie sind die Vorderschienen (Protibia). Bei den Männchen und Weibchen sind sie auf den Außenseiten mit Schrägleisten versehen. Ebenso typisch für die Unterfamilie ist, dass das erste Fußglied (roter Pfeil) länger ist als das 2. (blauer Pfeil), 3. (grüner Pfeil) und 4. (gelber Pfeil) Fußglied zusammen.

Abb. 50: Der Kopf (Caput) in Frontalansicht vom Eichenkernholzkäfer – *Platypus cylindrus* (Mus. Frankfurt). Die Skulpturierung lässt deutlich Kreise und Ovale erkennen. Die Komplexaugen ragen heraus.

Treptoplatypus oxyurus L. Dufour, 1843

Fir pinhole borer

Lebensweise: Das Gangsystem hat immer nur einen Eingang und ähnelt dem Brutsystem von *Platypus cylindrus*. Es liegt in einer Ebene und ist zum Stamm-Zentrum ausgerichtet. Es besteht aus leicht gewundenen Gabelgängen. Die Seitengänge verlaufen oft in den Jahrringen.

Wirtsarten: *Abies alba, A. nebrodensis, A. cephalonica.*

Verbreitung: Pyrenäen, Korsika, Sardinien, Süditalien, Kalabrien, Kroatien, Griechenland, Mittelslowakei und Indien. Südhessen eingeschleppt, nicht etabliert.

Rote Liste Deutschland: *Treptoplatypus oxyurus* wurde 1986 in Südhessen gefunden. Er bleibt im Gegensatz zur vorherigen Roten Liste unberücksichtigt. Es ist von einer Verschleppung auszugehen, da die Art seither nicht wiedergefunden wurde und nicht etabliert ist.

Abb. 51: *Treptoplatypus oxyurus* in Seitenansicht (Mus. Kassel). Die Ausbuchtung im Halsschild (Pronotum) für den Vorderschenkel (Femur) ist gut sichtbar. Seitlich erkennt man, dass die Flügeldecken-Fortsätze am Ende nach unten geneigt sind.

Abb. 52: Ein Männchen von *Trepto-platypus oxyurus* in Aufsicht (Mus. Kassel) mit der artcharakteristischen Körperendigung. Die dunkler gefärbten Elytren-Spitzen enden in zwei flügelartige Fortsätze, deren Innenrand gesägt ist.

Abb. 53: Das Vorderbein von *Treptoplatypus oxyurus* in Vorderansicht (Mus. Kassel). Das erste Fußglied ist deutlich länger als die drei nachfolgenden Glieder zusammen.

Abb. 54: Der Kopf (Caput) in Frontalansicht von *Treptoplatypus oxyurus* (Mus. Kassel). Die arttypische Skulpturierung ist mäandrierend ohne erkennbare ovale oder kreisförmige Vertiefungen. Die Komplexaugen sind ebenfalls vorgewölbt.

5.2 Unterfamilie **Scolytinae Latreille, 1804 – Splintkäfer**

(Rindenbrüter an Laubbäumen im Untersuchungsgebiet); Scolytini Latreille, 1804

Die Scolytini umfassen weltweit derzeit 213 Arten und sechs Gattungen, darunter *Camptocerus* Dejean,1821, *Ceratolepis* Chapuis, 1869, *Cnemonyx* Eichhoff, 1868, *Loganius* Chapuis, 1869, *Scolytopsis* Blandford, 1896 und *Scolytus* Geoffroy, 1762 (Smith & Cognato 2013).

Global wurden ca. 127 *Scolytus*-Arten gültig beschrieben. Sie sind in der Holarktis, im Orient (Himalaya) und in den Neotropen verbreitet und einige paläarktische *Scolytus*-Arten wurden in die Nearktis, Südafrika, Australien, Neuseeland und in das gemäßigte Südamerika verschleppt. In den USA, im Norden Mexikos und in Südkanada kommen die vier invasiven *Scolytus*-Arten *mali* (Bechstein, 1805), *multistriatus* (Marsham, 1802), *rugulosus* (Müller, 1818) und *schevyrewi* Semenov, 1902 vor. Ansonsten gibt es einundzwanzig heimische Arten in der nearktischen Region. Von diesen leben 18 Arten auf Kieferngewächsen (Pinaceae). Neun Arten bevorzugen *Abies*, sechs Arten *Pseudotsuga* und je eine Art *Picea*, *Tsuga* und *Larix*. Die drei restlichen *Scolytus*-Arten ernähren sich von Vertretern der Cannabaceae (Hanfgewächse), Fagaceae (Buchengewächse) und Juglandaceae (Walnussgewächse)(Smith & Cognato 2014). In der Zentral- und Westpaläarktis sind 29 Arten und Unterarten bekannt. Davon leben zwei Arten an Nadelholz: *Scolytus major* Stebbing, 1903 – Wirtsbaumart: *Cedrus* und *S. morawitzi* Semenov, 1902 – Wirtsbaumart: *Larix*. Alle anderen paläarktischen *Scolytus*-Arten brüten in Laubbäumen.

Gattung *Scolytus* Geoffroy 1762 – Splintkäfer

(*Ekkoptogaster* Herbst, 1793:124; *Coptogaster* Illiger, 1807:321; *Eccoptogaster* Gyllenhal, 1813:346; *Scolytochellus* Reitter, 1913:23; *Ruguloscolytus* Butovitsch, 1929:20; *Archaeoscolytus* Butovitsch, 1929:21; *Spinuloscolytus* Butovitsch, 1929:21; *Tubuloscolytus* Butovitsch, 1929:21; *Pygmaeoscolytus* Butovitsch, 1929:21; *Pinetoscolytus* Butovitsch, 1929:22; *Ussuriscolytus* Stark, 1952:85; *Confusoscolytus* Tsai, Yin, Huang, 1962:14)

Typusart: *Bostrichus scolytus* Fabricius, 1775.

Monographien: Butovitsch, 1929; Schedl, 1948; Michalski, 1973; Alonso-Zarazaga & Lyal, 2009.

Typusgattung: Scolytus Geoffroy, 1762: 309.

Käfer: Kleine bis mittelgroße Käfer (1,5–7 mm). Rotbraun bis schwarz, glänzend, selten matt. Behaarung, bis auf das Abdomen, sehr spärlich. Kopf teilweise von oben sichtbar. Die Stirn beim Männchen flach oder leicht eingedrückt, meist mit stärkerer Behaarung, beim Weibchen Stirn stets gewölbt, spärlicher behaart. Augen flach ausgerandet/länglich nierenförmig. Fühlereinlenkung vor den Augen. Fühler mit 7-gliedriger Geißel und mit großer, am Ende breitgerundeter, langovaler Keule, deren Nähte auf der Außenseite von der Basis zur Mitte vorgezogen sind. Großes Halsschild meist etwas länger als breit und nach vorne verschmälert; an der Basis und an den Seiten deutlich gerandet. Halsschildscheibe punktiert. Punktierung an den Seiten gröber. Flügeldecken (Elytren) gerade bis sehr flach gewölbt, streifenartig punktiert, ohne Absturz. Um das Schildchen (Scutellum) mehr oder weniger eingedrückt (Scutellareindruck). Am Hinterrand meist jede Flügeldecke für sich etwas gerundet. Abdomen seitlich von den Flügeldecken unbedeckt, vom zweiten Segment schief zum Hinterleibsende aufsteigend. Einzelne Sternite meist mit artspezifischen oder geschlechtsspezifischen Bildungen. Außenkante der Vorderschiene glatt (ohne Dornen oder Zähne) und die Tibien-Spitze hakenförmig nach innen gekrümmt. Tarsen dünn, drittes Glied zweilappig. Die Vordertarse auf der Rückseite der grabschaufelförmigen Schiene inseriert. Geschlechtsdimorphismus bei der Stirn- und sehr oft bei der Abdominalstruktur sichtbar.

Im Gebiet nur Tribus *Scolytini* Latreille, 1807: 273 *(Camptocerini* Lang, 1920: 337) mit der Typusgattung *Scolytus* Geoffroy, 1762.

Lebensweise: Im Untersuchungsgebiet sind alle Arten bis auf *S. ensifer* monogame Rindenbrüter in Laubhölzern. *S. ensifer* ist ein bi- oder polygamer Rindenbrüter. Die Muttergänge furchen den Splint („Splintkäfer") in Form einarmiger Längs- oder Quergänge. Davon gehen zahlreiche eng gestellte Larvengänge aus. Überwinterung in allen Stadien möglich, oft als Larve. Überträger der Pilzsporen der sogenannten Holländischen Ulmenkrankheit, insbesondere beim Reifungsfraß der Jungkäfer an Zweigen und Trieben auch gesunder Bäume („Ulmensterben"). (Hellrigl 2012, Pfeffer 1995, Postner 1974).

Artenschlüssel zur Gattung *Scolytus* Geoffroy 1762 – Splintkäfer

(nach Petrov 2021, Pfeffer 1995 und Holzschuh 1991)

1 2. Abdominalsternit in der Mitte mit einem einfachen oder doppelten Dornfortsatz oder Abdominalzäpfchen. Dieses ist größer als die Höckerchen, welche bei einigen Arten auf dem 3. und 4. Sternit vorkommen. **3**

→ 2. Abdominalsternit ohne vorgestreckten Dornfortsatz oder Abdominalzäpfchen. Ausnahmsweise kann ein Höckerchen vorhanden sein, welches aber viel kleiner ist als die Mittelhöckerchen am 3. und 4. Abdominalsternit (*Scolytus triarmatus* Egg.). **2**

2 Hinterrand des 3. oder 4. oder des 3. und 4. Abdominalsternits mit Mittelhöckerchen oder Querplatte in der Mitte. Ausnahme bei den Weibchen von *S. pygmaeus* (E), *S. ratzeburgii* Jan. und *S. laevis* Chap. siehe 9 **6**

→ Abdominalsternite ohne Höckerchen oder Platten in der Mitte (Abb. 135). Stirn bei den Männchen flach und meist behaart, bei den Weibchen gewölbt und meist kahl oder spärlich behaart. **16**

3 Abdominalzäpfchen/Dornfortsatz klein, nicht länger als breit, am unteren Rand des 2. Sternits **4**

→ Abdominalzapfen/Dornfortsatz länger als breit, in der Mitte oder am oberen Rand des 2. Sternits **5**

4 Abdominalzäpfchen/Dornfortsatz in der Mitte oder am oberen Rand des 2. Sternits. 2. Sternit schief aufsteigend. Seitenecken der Abdominalsternite einfach und nicht in spitze Zähnchen ausgezogen. 3. und 4. Sternit ohne Höckerchen in der Mitte. Stirn beim Männchen mit kurzer, feiner, spärlicher gelber Behaarung; beim Weibchen kahl oder nur selten über dem Clypeus kurz behaart. Körper braun bis dunkelbraun, halbmatt. Flügeldecken (Elytren) rot oder mit einer dunklen Querbinde. Länge 1,8–3,4 mm.

→ ***Scolytus kirschii kirschii* Skalitzky, 1876**
(*Scolytus kirschi ruguloides* Sokanovsky, 1954:14; S. *kirschi* auct.; S. *kirschi kirschi* Skalitzky: Pfeffer, 1989:46)

5 2. Abdominalsternit gleichmäßig schräg aufsteigend. 2. Abdominalsegment mit einfachem Dornfortsatz in der Mitte. Dieser ist drehrund und länger als breit. Ausnahmsweise ist er reduziert. 3. und 4. Abdominalsternit ohne Höckerchen oder in der Mitte des Hinterrandes beim Männchen mit sehr kleinen Höckerchen. Seitenecke der Abdominalsternite in scharfe Zähnchen ausgezogen. Halsschildscheibe dicht und wenig deutlich punktiert. Punkte rund, nicht länglich. Flügeldecken mit sehr dichten, regelmäßigen und tiefen Punktstreifen. Die Zwischenräume besitzen gleich starke Punktreihen oder sind ausnahmsweise nur fein punktiert, so dass die Flügeldecken punktstreifig erscheinen. Braunschwarz oder dunkelbraun. Flügeldeckenspitze mit spärlicher Behaarung. Stirn beim Männchen abstehend behaart, flach und die Haare an den Seiten länger und von außen nach innen gekämmt. Stirn beim Weibchen gewölbt und spärlich behaart. Bauch spärlich gelb behaart. Länge 2–5,3 mm.

→ ***Scolytus multistriatus multistriatus* (Marsham, 1802) – Kleiner Ulmensplintkäfer**
(*Ips multistriatus* Marsham, 1802:54; *Eccoptogaster flavicornis* Chevrolat, 1829:181; *E. abhorrens* Wichmann, 1913:210; *Scolytus multistriatus* (Marsham): Chapuis, 1869:55; *S. ulmi* Redtenbacher, *1849:361; S. multistriatus* v. *triornatus* Eichhoff, 1881:41; *S. nodifer* Reitter, 1913:24; *Eccoptogaster orientalis* Eggers, 1910:557; *Eccoptogaster affinis* Eggers, 1914: 108; *S. multistriatus therondi* Hoffmann 1939:36; *S. papuanus* Schedl, 1936:8; *S. multistriatus multistriatus* (Marsham): Pfeffer, 1989:45; *S. javanus* Chapuis, 1869:56)
Bemerkung: Die Art ist sehr variabel. So wurden Exemplare mit fein punktierten Zwischenräumen als *S. ulmi* Rdtnb., solche mit Höckerchen in der Mitte der 3. und 4. Abdominalsternite als *S. triornatus* Eichh., mit geknöpften Schildchen als *S. nodifer* Reitt., mit einem schwachen Vorsatz des 4. Sternits als *S. abhorrens* Wichm. und solche mit stark reduzierten Abdominalzapfen als *S. therondi* Hoffm. beschrieben (Pfeffer 1995).

→ 2. Abdominalsegment lang und senkrecht aufsteigend. Seiten der Abdominalsternite nicht in spitzige Zähnchen ausgezogen. Bei den Männchen auch das 3. und 4. Sternit mit Höckerchen in der Mitte. Abdominalzapfen drehrund oder kegelförmig. Abdominalzapfen am 2. Sternit beim Männchen lang und hakenförmig nach oben gekrümmt, beim Weibchen kurz und gerade. Stirn beim Männchen schwach eingedrückt mit einem Saum goldener Härchen; beim Weibchen leicht gewölbt, spärlich behaart. Schwarz mit bräunlich-rötlichen glänzenden Flügeldecken. Halsschild fein punktiert. Flügeldecken beim Männchen nur so lang wie der Halsschild; beim Weibchen etwas länger als der Halsschild. Punktstreifen und Zwischenräume sind gleich stark punktiert. Abdominalzapfen beim Männchen lang und nach oben gebogen, beim Weibchen kurz und nicht gebogen. 3. Sternit beim Männchen mit sehr schwachen Mittelkörnchen, das 4. mit Mittelhöckerchen. Männchen 1,6–2,5 mm, Weibchen 2,2–3,2 mm.

→ ***Scolytus ensifer* Eichhoff, 1881 – Ulmensplintkäfer**

6 4. Sternit in der Mitte des Hinterrandes mit einem einfachen oder breitgedrückten Höcker (Männchen). **7**

→ Rand des 3. und 4. Sternits mit einem Höcker oder mit einem unterlippenförmigen Anhang in der Mitte. **8**

7 Hinterrand des 4. Sternits in der Mitte mit einem kleinen einfachen Körnchen. 1. Sternit senkrecht abfallend. Stirn flach, dicht und kurz gelb behaart. Halsschildscheibe glänzend, sehr fein und sehr spärlich punktiert. Einzelne Zwischenräume drei- bis viermal so groß wie die einzelnen feinen Punkte. Flügeldecken fein punktiert gestreift. Zwischenräume sehr breit und sehr fein punktiert gestreift. Abdomen sehr fein behaart. Körper glänzend schwarz. Länge 2–5,6 mm.

→ ***Scolytus laevis* Chapuis, 1869 ♂ – Mittlerer Ulmensplintkäfer (♀ siehe 24)**
(*S. laevis pomacearum* Butovitsch, 1929:44; *Eccoptogaster loevendali* Eggers, 1912:203)

→ Hinterrand des 4. Sternits mit breitgedrücktem Höcker. Männchen mit flacher, lang behaarter Stirn. Halsschild schwarz mit braunen Rändern, glänzend und mäßig fein punktiert. Zwischenräume dreimal so groß wie die einzelnen Punkte. Flügeldecken braunrot, nur 1,1-mal so lang wie der Halsschild und kräftig gestreift punktiert. Zwischenräume nur so breit wie die Punktreihen. Länge 1,5–2,8 mm.

→ ***Scolytus pygmaeus* (Fabricius, 1787) ♂ – Zwergsplintkäfer (♀ siehe 24)**
(*Bostrichus pygmaeus* Fabricius, 1787:37; *Eccoptogaster pygmaeus* Herbst, 1793; *Hylesinus pygmaeus* (J.C.Fabricius, 1787); *Coptocaster pygmaeus* Duftschmid, 1825; *Scolytus pygmaeus* ab. *inaequipunctatus* Butovitsch, 1929:30; *Scolytus pygmaeus* (Fabricius): Chapuis, 1869:54); *Eccoptogaster balcanicus* Eggers, 1911

8 3. Sternit mit einem wulstig-zapfenförmigen Fortsatz in der Mitte; dieser kann in seiner Größe sehr stark schwanken. Hinterrand des 4. Sternit mit medianem unterlippenförmigem Anhang. Dieser Anhang kann asymmetrisch sein, damit treten dann auch asymmetrische Haarpolster auf. 5. Sternit am Ende mit dichtem Haarschopf, dieser kann auch weniger dicht sein. Stirn abgeflacht, dicht und lang kranzförmig behaart, beim Weibchen Stirn gewölbt mit feinem Längskiel, gering behaart. Halsschild glänzend und sehr fein punktiert, nach vorne und zu den Seiten hin werden die Punkte größer. Am Vorderrand abstehend behaart und an den vorderen Seiten mit langen anliegenden Haaren, ansonsten kahl. Flügeldecken sehr fein punktiert gestreift. Zwischenräume sehr breit und feiner punktiert als die Streifen. Abdomen mit feiner, kurzer heller Behaarung, zu den Seiten hin ist diese Behaarung länger. Körper schwarz und glänzend, Elytren rötlichbraun. Flügeldecken nur am abgesenkten hinteren Rand mit vereinzelten abstehenden langen Haaren. Länge 4–6,6 mm. Weibchen ohne Bauchhöcker.

➔ *Scolytus ratzeburgii* Janson, 1856 ♂ – Großer Birkensplintkäfer (♀ siehe 21)

(*Bostrichus scolytus:* Paykull, 1800:151; *Eccoptogaster scolytus:* Gyllenhal, 1813:346; *E. destructor* Ratzeburg, 1837:186; *E. amurensis* Eggers, 1908:144; *E. sahlbergi* Eggers, 1912:204; *E. sibiricus* Eggers, *1922:14; E. esuriens:* Niijima, 1928:293; *Scolytus lineatus* Kurentzov, 1941:104,226)

→ 3. und 4. Bauchring in der Mitte mit einem einfachen kleinen Höckerchen. Ausnahmsweise mit einem Körnchen in der Mitte des 2. Abdominalsternits, das aber kleiner ist als die übrigen Höckerchen. Stirn bei den Männchen und Weibchen dicht bis sehr dicht gelbbraun oder gelbgrau behaart. Solche Stirnbehaarung ist bei den Weibchen dieser Gattung eine Ausnahme. Halsschild glänzend schwarz, Flügeldecken rot oder rotbraun bis gelbbraun. Flügeldeckenzwischenräume breit und feiner punktiert als die Streifen. Abdomen der Männchen lang und ziemlich dicht behaart, weshalb die Bauch-Höckerchen schlecht sichtbar sind. Bei den Weibchen ist der Bauch fast kahl und die Höckerchen sind gut sichtbar. Vier ähnliche 3–6 mm große Arten. **9**

9 Bauch mit ziemlich dichter Behaarung. Stirn sehr flach gewölbt mit kurzer tomentartiger Behaarung. Letztes Abdominalsternit und -tergit mit von oben sichtbarer goldgelber Haarleiste. Nachfolgend **Männchen.** **10**

→ Bauch fast kahl. Stirn mit dichten oder spärlichen, zur Mittellinie gerichteten Haaren wie bei den Männchen. Letztes Abdominalsternit und -tergit ohne goldgelbe Haarleiste. Nachfolgend **Weibchen.** **13**

10 In Frontalansicht ist die Stirn deutlich körnelig skulpturiert (Abb. 103). **11**

→ In Frontalansicht ist die Stirn dicht längsriefig skulpturiert (Abb. 112). **12**

11 Die Stirnbehaarung reicht, allmählich kürzer werdend, weit über die Verbindungslinie zwischen den oberen Augenrändern hinaus bis zum Pronotum-Vorderrand (Abb. 102). Am Ende der Flügeldecken ist die Behaarung des Analsternits und -tergits von oben sichtbar als eine regelmäßige Haarleiste, die auf der Seite etwas länger ist als in der Mitte. Stirn flach gewölbt, dicht gerunzelt gekörnt und matt. Behaarung sehr dicht und abstehend mit der größten Länge in der Mitte. Flügeldecken mit feineren Punktstreifen. Zwischenräume breit und feiner punktiert als Streifen. Länge 2,6–6 mm.

➔ *Scolytus scolytus* (Fabricius, 1775) (= *Eccoptogaster scolytus* F.) ♂ – Großer Ulmensplintkäfer (♀ siehe 14)

(*Bostrichus scolytus* Fabricius, 1775:59; *Scolytus scolytus* (Fabricius): Bedel, 1888:387; *S. punctatus* Müller, 1776:57; *S. niger* Geoffroy, 1785:139; S. *destructor* Olivier, 1795:5; *S. ratzeburgi:* Thomson, 1865:374; *S. destructor* v. *ciliaris* Rey, 1892:30; *Scolytus ciliaris* Rey, 1892; *S. californicus* LeConte, 1868:166; *S. fuchsi* Reitter, 1913:14; *S. scolytus* v. *variabilis* Sokanovsky, 1958:37; *Dermestes scolythus* Sulzer, 1776:21; *D. geoffroi* Goeze, 1777:143; *Eccoptogester sibiricus* Eggers, 1922; *Scolytus lineatus* Kurentsov, 1941)

→ Stirnbehaarung endet abrupt auf der Verbindungslinie zwischen den oberen Augenrändern. Sie erreicht nicht den Halsschild-Vorderrand (Abb. 121). Analsternit und -tergit mit 4 größeren und 2 dünnen Haarpinseln (Abb. 125). Stirn mit geteilter gelbbrauner Behaarung, längs gerunzelt und gekörnt. Mitte der Stirne lang flach gefurcht. Länge 3,4–6 mm.

➔ *Scolytus sulcifrons* Rey, 1892 ♂ (♀ siehe 15)

(*S. destructor sulcifrons* Rey, 1892: 30; S. *scolytus* var. *sulcifrons* Sokanovsky, 1954:14; S. *scolytus:* Schedl, 1948:45; *Eccoptogaster sulcifrons:* Wichmann, 1913:144; *E. leonii* Eggers, 1908:194; *Scolytus sulcifrons* Rey: Reitter, 1913:15)

12 Die Stirn ist umrahmt von langen gelben Haaren, die nach innen geneigt sind (Abb. 118 & Abb. 119). Analsternit auf dem Apikalrand mit nach hinten abstehender nicht geteilter Haarfranse. Analtergit mit 2 dickeren Haarpinseln. Stirn dicht längs gerunzelt, mit langen dichten, zur Mittellinie gerichteten rostgoldenen Haaren. Länge 3–6 mm.

→ *Scolytus eichhoffi* Reitter, 1894 ♂ (♀ siehe 15)
(*S. scolytus* var. *eichhoffi* Sokanovsky, 1966:383; *S. iranicus* Eggers, 1941:123; partim *S. scolytus:* Schedl, 1981:43)

→ Die Stirn ist mit kürzeren bleichen Haaren versehen. Diese sind nicht gebogen (Abb. 111). Analtergit mit 2 breiten, fast ineinander übergehenden Haarbüscheln. Hinterrand des Analsternits mit unterbrochener Haarleiste. Stirn mit spärlichen, kurzen gelbbraunen Haaren, vorne fast kahl erscheinend, glänzend. Direkt von vorne in Frontalansicht ist die längsriefige Skulpturierung der Stirn erkennbar. Flügeldecken mit feinen inneren Punktstreifen. Männchen: Länge 3,4–5,4 mm (durchschnittlich 4,3 mm) Weibchen: Länge 3,4–6 mm.

→ *Scolytus triarmatus* (Eggers, 1912) ♂(♀ siehe 15)
(*Eccoptogaster triarmatus* Eggers, 1912:205 ♀; *Scolytus triarmatus* (Eggers): Butovitsch, 1929:39 ♂/♀; *S. scolytus:* Reitter, 1913:14)

13 In Frontalansicht ist die Stirn deutlich körnelig skulpturiert (Abb. 103). **14**

→ In Frontalansicht ist die Stirn dicht längsriefig skulpturiert (Abb. 112). **15**

14 Flügeldecken mit feinen inneren Punktsreifen und mit breiten, aber flachen fein punktierten Zwischenräumen. Stirn gewölbt, matt und ohne unbehaarte Mittellinie (Abb. 103). Länge 2,6–6 mm. Meist sind die Weibchen länger als die Männchen.

→ *Scolytus scolytus* (Fabricius, 1775) ♀ (♂ siehe 11)

→ Flügeldecken mit starken, eingerissenen Punktstreifen und mit flach gewölbten, fein punktierten Zwischenräumen. Stirn flach gewölbt, granuliert, mit dichten kurzen Haaren; im oberen Bereich der Mitte unbehaarte Mittellinie (). Länge 3,4–6,5 mm.

→ *Scolytus sulcifrons* Rey, 1892 ♀ (♂ siehe 11)

15 Stirn gewölbt mit sehr kurzen, spärlichen gelblich braunen Haaren, von vorne (frontal) ganz kahl erscheinend (Abb. 112). 3. und 4. Abdominalsternit mit einem Höckerchen in der Mitte (Abb. 114). Flügeldecken mit feinen inneren Punktstreifen und mit breiten flachen, fein punktierten Zwischenräumen. Länge 3,4–6 mm.

→ *Scolytus triarmatus* (Eggers, 1912) ♀ (♂ siehe 12)

→ Stirn ganz flach, dicht längsgerunzelt mit zwei Leisten gelber langer Haare, die nach innen gebogen sind. Die Haarleisten sind auch in Frontalansicht erkennbar (Abb. 119). 3. und 4. Abdominalsternit mit einem deutlichen Höckerchen in der Mitte Länge 3–6 mm.

→ *Scolytus eichhoffi* Reitter, 1894 ♀ (♂ siehe 12)

16 Am Epistomalrand der abgeflachten Stirn befindet sich beidseits ein abstehender Haarpinsel. Die schief aufsteigenden Abdominalsternite sind randlich von langen Haaren umfasst (Abb. 131). Diese sind nach innen gebogen. Auf den Abdominalsterniten sind sehr kurze und feine v-förmige Doppelhärchen. Stirn flach gewölbt mit einem medianen Quereindruck und ziemlich stark punktiert. Behaarung kurz und die beidseits am Clypealrand stehenden gelben Haarpinsel sind länger als die übrigen Haare. Schwarzer, glänzender Halsschild dicht, aber nicht stark punktiert. Die gedrängten Punkte vorn und an den Seiten sind rund. Flügeldecken wegen den gedrängten Punkten fast matt. Zwischenräume von den Punktreihen nicht deutlich unterscheidbar. Flügeldecken neben dem Schildchen mit Schrägkritzeln. Abdomen dicht punktiert und dicht kurz behaart. Körper braun bis braunschwarz. Länge 2,3–4,4 mm.

→ ***Scolytus intricatus* (Ratzeburg, 1837) ♂ – Eichen-Splintkäfer (♀ siehe 24) (engl. European oak bark beetle)**

(*Eccoptogaster intricatus* Ratzeburg. 1837:186; *E. pygmaeus:* Gyllenhal, 1813:348; *E. picicolor* Stephens, 1830:362; *Scolytus intricatus* (Ratzeburg): Chapuis, 1869:60; *S. carpini* Redtenbacher, 1858:838; *S. penicillatus* Reitter, 1913:21; *S. simmeli* Eggers, 1923:133; *S. lenkoranus* Eggers, 1942:34; *S. tiburtinus* Claus, 1958:177)

→ Stirn nur einfach behaart oder ganz kahl.

17 Flügeldecken schwarzbraun, reibeisenförmige Oberfläche, in sehr gedrängten Reihen punktiert und vorn an der Naht mit Schrägkritzeln. Halsschild mattglänzend und kräftig punktiert, vorn und an den Seiten gedrängt und zu Längsrunzeln zusammenfließend. Stirn gewölbt, beim Männchen mit locker aufgestellten und kurzen Haaren. Beim Weibchen ist die Behaarung spärlicher und kürzer. Abdomen mit spärlichen, kurzen Haaren. Suture zwischen dem 1. und 2. Sternit undeutlich. Schwarz, nur Halsschild- und Flügeldeckenspitze rot. Länge 1,4–3,3 mm. Äußerst variabel bezüglich Farbe, Struktur, Größe, Behaarung.

→ ***Scolytus rugulosus* (P. W. Müller, 1818) – Runzliger Obstbaumsplintkäfer – Shothole borer**

(*Bostrichus rugulosus* Müller, 1818:247; *Scolytus haemorrhous* Schmiedeberger, 1837:270; *S. rugulosus* (Müller): Redtenbacher, 1849:361; *S. assimilis* Boheman, 1858:88; *S. rugulosus* var. *fauveli* Reitter, 1894:43; *S. rugulosus similis* Butovitsch, 1929:52; *S. rugulosus samarcandicus* Butovitsch, 1929:54; *S. rugulosus caucasicus* Butovitsch, 1929:56; S. *rugulosus* var. *sancta luciae* Hoffmann, 1935:84; S. *manglissiensis* Lezhava, 1940:71; *S. taxicola* Lezhava, 1943:193; *S. rugulosus* var. *intermedius* Sokanovsky, 1960:675; geändert von Michalski, 1973:130 in *S. rugulosus* var. *bucharicus; Eccoptogaster mediterraneus* Eggers, 1922:121)

→ Flügeldecken mit einfach punktierten Reihen. Die gedrängten Punkte vorne und an den Seiten des Halsschildes sind rund und nicht zu Längsrunzeln verschmolzen. Zwischen dem 1. und 2. Abdominalsternit mit gut sichtbare Suture. **18**

18 Hintere Flügeldeckenränder fein sägeartig gezähnelt (Abb. 139). **19**

→ Hintere Flügeldeckenränder ohne deutlich sägeartige Zähnchen (Abb. 93). **20**

19 Stirn flach. Beim Männchen mit deutlichem feinem, beim Weibchen mit undeutlichem Mittelkiel. Stirn bei beiden Geschlechtern mit locker gestellten, nach innen gekämmten langen gelben Haaren. Halsschild schwarz, dicht aber fein punktiert. Die rotbraungefärbten und seidenglänzenden Flügeldecken weisen in der Mitte eine diffuse dunkle Querbinde auf, die aber manchmal fehlen kann. Oberfläche mit feinen Punktreihen und engen Zwischenräumen. Abdomen matt, schief aufsteigend, sparsam behaart und sehr dicht punktiert. Länge 1,9–3 mm.

→ ***Scolytus amygdali* Guérin-Méneville, 1847 – Mandelsplintkäfer**

(*S. amygdali* var. *rufipennis* Branczik, 1874:135; *Eccoptogaster anatolicus* Eggers, 1911:74; *E. aegyptiacus* Pic, 1919:55)

→ Stirn sehr breit, nicht gekielt. Beim Männchen flach, spärlich behaart, am Rande mit längeren gebogenen Haaren. Beim Weibchen gewölbt, matt, mit leicht vertiefter Mittellinie, spärlich behaart. Halsschild fein und locker punktiert. Flügeldecken dicht und kräftig gestreift punktiert, so dass die Hauptreihen- und Zwischenraumpunkte nicht unterscheidbar sind. Abdomen senkrecht abfallend und spärlich behaart. Beim Männchen ist der Winkel zwischen dem 1. und 2. Sternit rechtwinklig beim Weibchen stumpf. Körper dunkelbraun bis schwarz mit zuweilen dunkelbraunen bis rotbraunen Flügeldecken. Länge 2,7–4,8 mm

→ ***Scolytus koenigi* Schevyrew, 1890 – Ahorn-Splintkäfer – Maple bark beetle**

(*S. dauricus* var. *koenigi* Schevyrew, 1890:99; *S. aceris* Knotek, 1892:235 0/9.; *Eccoptogaster siculus* Eggers, 1908: 193)

20 Stirn mit deutlichem Mittelkiel (Abb. 95). Abdomen schief aufsteigend. Stirn flach gewölbt, spärlich und kurz kranzförmig behaart, die oberen Haare im Kranz deutlich kürzer und weniger dicht stehend als die unteren Haare. Abdomen spärlich gelb behaart. Der hintere Rand von Sternit 4 und 5 ist dunkler als die vorigen Sternit-Ränder. Körper schwarz gefärbt, Elytren rötlichbraun. Länge 4–6 mm.

→ ***Scolytus ratzeburgii* Janson, 1856 ♀ – Großer Birkensplintkäfer (♂ siehe 8)**

→ Stirn ungekielt. **21**

21 Halsschild spärlich punktiert. Einzelne Zwischenräume 3- bis 7-mal so groß wie die einzelnen Punkte (Abb. 156). **22**

→ Halsschild dicht und ziemlich stark punktiert. Einzelne Zwischenräume 1- bis 2-mal so breit wie die Punkte. **24**

22 Halsschild mit sehr feinen und sehr spärlichen Punkten. Einzelne Zwischenräume 5- bis 7-mal so groß wie die einzelnen feinen Punkte (Abb. 156). Männchen mit flacher, vorn und an den Seiten deutlich behaarter Stirn (Abb. 155). Weibchen mit gewölbter kahler Stirn (Abb. 156). Flügeldecken mit fein punktierten flachen Streifen und flachen, viel feiner punktierten Zwischenräumen. Bei *S. mali* var. *pyri* Ratzeburg sind hingegen die Zwischenräume so stark punktiert wie die Punktstreifen. Abdomen sehr fein und spärlich behaart, schief aufsteigend. 5. Abdominalsternit bei den Männchen an der Spitze mit einer Einbuchtung. Ganz schwarz oder zumindest Halsschild schwarz. Flügeldecken oft rotbraun bis braun. Länge 3–5,8 mm.

➔ *Scolytus mali* (Bechstein, 1805) – Großer Obstbaum-Splintkäfer (engl. Larger shothole borer)

(*Bostrichus mali* Bechstein, 1805:882; *Hylesinus mali* (J.M.Bechstein, 1805)*Bostrichus castaneus* J.C.W.Illiger, 1808; *Eccoptogaster pruni* Ratzeburg, 1837:186; *Scolytus pruni* (Ratzeburg, 1837); *E. pyri* Ratzeburg, 1837:186; *E. castaneus* Ratzeburg, 1837:187; *Scolytus mali* (Bechstein): Reitter, 1913:19; *S. nitidulus* Chapuis, 1869:59; *S. mali* ab. *strigilatus* Reitter, 1913:19; *S. bicallosus Eggers*, 1933:75; *S. rimskii* Kurentzov, 1941:103; *S. sulcatus* LeConte, 1868:167)

→ Halsschild etwas dichter punktiert. Die einzelnen Punkte sind zweimal so groß wie bei *S. mali* (Bechst.) und die Zwischenräume sind nur dreimal so groß wie die einzelnen Punkte (Abb. 87). Stirn gewölbt und spärlich behaart. 2. Abdominalsternit steil aufsteigend. (Weibchen). **23**

23 Körperlänge unter 2,9 mm. Flügeldecken braunrot und nur 1,3-mal so lang wie der Halsschild, stark gestreift punktiert. Zwischenräume so breit wie die Punktreihen. Länge 1,5–2,8 mm.

➔ *Scolytus pygmaeus* (Fabricius, 1787) ♀ – Zwergsplintkäfer (♂ siehe 7)

→ Körperlänge mindestens 3 mm. Flügeldecken schwarz, manchmal bräunlich und fein punktiert gestreift. Die sehr flach gewölbten Zwischenräume sind sehr breit und feiner punktiert als die Punktstreifen. Abdomen lang behaart. Länge 3–4,5 mm.

➔ *Scolytus laevis* Chapuis, 1869 ♀ – Mittlerer Ulmensplintkäfer (♂ siehe 7)

24 Flügeldecken wegen den gedrängten Punktstreifen fast matt. Die Zwischenräume sind von den Punktreihen nicht deutlich zu unterscheiden. Flügeldecken neben dem Schildchen mit Schrägkritzeln (Abb. 127). Stirn gewölbt und sehr spärlich behaart. Körper braun bis dunkelbraun gefärbt. Länge 2,3–4,4 mm.

➔ *Scolytus intricatus* (Ratzeburg, 1837) ♀ – Eichen-Splintkäfer (♂ siehe 16)

→ Flügeldecken glänzend (Abb. 158) und in den Punktstreifen mäßig stark punktiert. Flache Zwischenräume fast so stark punktiert wie die Punktstreifen/die Punkte der Hauptreihen und der Zwischenräume nahezu gleich groß. Halsschild beim Männchen wenig, beim Weibchen stärker nach vorne verengt. Punkte auf der Halsschild-Scheibe nach vorne und gegen die Seiten allmählich größer werdend. Stirn beim Männchen flach und ziemlich spärlich gelblich lang behaart. Epistomalrand mit langen Borstenhaaren, die an Pinselchen von *S. intricatus* (Ratzb.) erinnern. Stirn des Weibchens gewölbt, fast kahl. Seiten der Abdominalsternite nicht in spitzige Zähnchen ausgezogen. Hinterleib im Raume des 1. Sternits der Quere nach eng gewölbt. Länge 2–4,2 mm. Körper schwarzbraun.

➔ *Scolytus carpini* (Ratzeburg, 1837) – Hainbuchen-Splintkäfer

(*Eccoptogaster carpini* Ratzeburg, 1837:187; *E. peregrinus* Eggers, 1908:215; *E. balcanicus* Eggers, 1911 :75; *Scolytus carpini* (Ratzeburg): Döbner, 1862:164)

Artkapitel zur Gattung *Scolytus* Geoffroy 1762 – Splintkäfer

Scolytus kirschii kirschii Skalitzky, 1876

Lebensweise: Durch Reifungsfraß der Jungkäfer und Anlage der Brut besonders auffällig an jungen Ulmen, wobei auch gesund erscheinende Bäume zum Absterben gebracht werden. An Altbäumen Wipfelschäden. Muttergang als kurzer (0,5 bis 2,5 cm) Längsgang, dicht unter der Rindenoberfläche. Von den in geringer Zahl vorhandenen Einischen gehen die Larvengänge mit mehr geschlängeltem Verlauf ab. Die Larvengänge weisen unterschiedliche Abstände am Muttergang auf. Generation einjährig, Eiablagen von Mitte Mai bis August (Spätschwärmer). Reifungsfraß der Jungkäfer an dünnen Zweigen.

Abb. 55: Das Brutbild von *Scolytus kirschii kirschii* (Uni. Göttingen).

Abb. 56: *Scolytus kirschii kirschii* in Aufsicht (Mus. Stuttgart). In der Halsschild-Mittellinie sind im oberen Bereich keine Punkte. Die Flügeldecken-Seitenränder (Elytren) sind von der Mitte an bogig verengt. Die Vertiefung um das Schildchen (Scutellareindruck) ist kurz. Um das Schildchen (Scutellum) und parallel zur Flügeldecken-Naht ist die Oberfläche der Elytren netzartig-wirr überprägt (cribelat).

Wirtsarten: *Ulmus minor, U. laevis, U. glabra*, ausnahmsweise an *Fraxinus excelsior, Populus alba* und *Prunus*-Arten.

Verbreitung: Deutschland, Frankreich, Böhmen, Mähren, Slowakei, Österreich, Polen, Ungarn, Ukraine & Krim, Kaukasus, Mazedonien, Bulgarien.

Rote Liste Deutschland: extrem selten, keine Aussage zum Bestandstrend möglich. Extrem selten (R).

Abb. 57: *Scolytus kirschii kirschii* in Seitenansicht (Mus. Stuttgart). Die Punkte auf dem Halsschild werden von der Mitte aus nach vorne und zur Seite hin größer. Dort stehen sie sehr gedrängt. Die Flügeldecken (Elytren) sind ohne eine besondere Wölbung (Subapikalbeule) zum Ende hin abfallend. An den seitlichen Flügeldecken (Elytren) sind die Punktreihen netzartig-wirr (cribelat) überprägt. Gattungstypisch sind die Vordertibien (Protibia) an der Außenkante ohne Zähne und der Enddorn weist nach innen.

Abb. 58: Die Elytren (Flügeldecken) von *Scolytus kirschii kirschii* (Mus. Stuttgart). Abstehende Haare fehlen im oberen Bereich. Wir finden sie nur am vorderen und seitlichen Rand sowie im hinteren Bereich.

Abb. 59: Die lang abstehend behaarte Stirn von dem *Scolytus kirschii kirschii*-Männchen (Mus. Stuttgart).

Abb. 60: Das Weibchen von *Scolytus kirschii kirschii* trägt nur kurze Haare auf der Stirn (Mus. Stuttgart).

Abb. 61: Der Vorderkopf von *Scolytus kirschii kirschii* zeigt eine fächerförmige Skulpturierung (Mus. Stuttgart). Diese ist gattungstypisch.

Abb. 62: Blick von hinten auf das Vorderbein. Das Vorderbein weist eine glatte Außenkante auf und trägt am Ende der Schiene (Tibia) einen kräftigen, nach innen gerichteten Dorn. Der Fuß (Tarsus) kann auf der Tibienrückseite eingeklappt werden. Diese Merkmale sind typisch für die Gattung.

Abb. 63: Das Abdominalzäpfchen (roter Pfeil) am 2. Sternit ist nicht länger als breit bei *Scolytus kirschii kirschii* (Mus. Stuttgart).

Scolytus multistriatus multistriatus (Marsham, 1802)

Kleiner Ulmensplintkäfer – Smaller european elm bark beetle

Lebensweise: Muttergang als einarmiger, 2 bis 6 cm langer, relativ gerader Längsgang mit zahlreichen, eng stehenden Larvengängen. Puppenwiegen tiefer im Splint liegend. *S. multistriatus*, oft gemeinsam mit *S. scolytus* vorkommend, besiedelt die oberen Kronenteile zumeist kränkelnder und überalterter Bäume oder Ulmen mittleren Alters. Er brütet vorzugsweise in Zweigen und schwächeren Ästen. Er bevorzugt Borke über 3 mm Dicke. Reifungsfraß der Jungkäfer wie bei *S. scolytus* als Rinnenfraß an Zweigansatzstellen und Lochfraß an Blattstielen. Neben Schädigung von Altbäumen im Kronenraum, häufig gemeinsam mit *S. scolytus* und *laevis*, geht *S. multistriatus* bevorzugt kränkelnde oder noch unter Pflanzschock stehende jüngere Bäume an, die bei starkem Befall rasch zum Absterben gebracht werden können. Daneben überträgt *S. multistriatus* beim Reifungsfraß die Erreger des Ulmensterbens.

Abb. 64: Brutbilder vom Kleinen Ulmensplintkäfer *Scolytus multistriatus* (Mus. Frankfurt).

Abb. 65: Das Männchen des Kleinen Ulmensplintkäfers *Scolytus multistriatus* in Aufsicht (Mus. Wiesbaden). Deutlich ist die kräftige Stirnbehaarung zu sehen. Die Halsschild-Seiten sind bei den Männchen weniger bogig verlaufend als bei den Weibchen. Beide Geschlechter zeigen eine deutliche Einschnürung im vorderen Halsschild-Bereich. Die Halsschild-Mittellinie ist mit feinen Punkten versehen. Die Flügeldecken-Enden sind deutlich gerundet. Der Scutellareindruck ist kurz. Die Punktreihen sind an der Flügeldecken-Naht nicht netzartig-wirr überprägt. Insgesamt sind die Flügeldecken (Elytren) relativ glatt und glänzend. Die Elytren-Behaarung beschränkt sich auf die Seitenränder und den hinteren Bereich.

Abb. 66: Der Halsschild (Pronotum) in Aufsicht (Mus. Wiesbaden). Oft ist der vordere Rand eingebuchtet.

Abb. 67: Das Weibchen des Kleinen Ulmensplintkäfers *Scolytus multistriatus* in Seitenansicht (Uni Göttingen). Die gewölbte Stirn trägt nur wenige kurze Haare. Beide Geschlechter haben mittig am 2. Abdominalsegment (Hinterleib) einen Dornfortsatz (grüner Pfeil). Dessen Form kann innerhalb der Art recht verschieden ausfallen.

Abb. 68: Die flache Stirn des Männchens mit dem Haarschopf. Die außen stehenden langen Haare an den Seiten und oben sind bogig nach innen gekrümmt. Die unten stehenden Haare sind nach unten geneigt.

In südlichen Teilen von Europa mit 2 Generationen, in den Südstaaten der USA 3 Generationen, in den nördlichen Teilen Mittteleuropas nur eine Generation pro Jahr. Die Jungkäfer schlüpfen bei 15–16 °C aus dem Brutbild. Der Dispersionsflug beginnt allerdings erst ab 20 °C. Der erste Flug erfolgt im Mai, der zweite in der zweiten Juli-Hälfte und im August. Die Larve der 2. Generation überwintert (Nosek 1959; Habermann & Schopf 1987).

Wirtsarten: *Ulmus minor, U. laevis, U. glabra, U. americana.* Gelegentlich auf anderen Bäumen, beispielsweise *Populus tremula, Prunus* spec., *Zelkova serrata* und *Rhamnus* spec.

Verbreitung: Europa, Nordgrenze in Südschweden (Gotland). Türkei. Südlich bis Nordafrika. Russland, südlich der Linie Moskau-Perm; Ukraine. Eingeschleppt in Australien, Neuseeland, Süd-, Mittel- und Nordamerika. Ebenfalls in Amerika eingeschleppt wurde *S. schevyrewi* (engl. banded elm bark beetle). Dieser verdrängt *S. multistriatus* aufgrund höherer Reproduktion, schnellerer Entwicklung, früherer Schwärmzeit und stärkerer Aggregation am Wirtsbaum (Smith & Hulcr 2015).

Rote Liste Deutschland: mäßig häufig, kurzfristiger Bestandstrend: gleichbleibend, langfristige Bestandsentwicklung: mäßiger Rückgang. Ungefährdet.

Abb. 69: Die Außenseite der Fühlerkeule von *Scolytus multistriatus* (Mus. Wiesbaden).

Abb. 70: Der ansteigende Hinterleib von *Scolytus multistriatus*. Die Seitenecken der Abdominalsternite sind in kleine Lappen („Lateralzähne") ausgezogen (rote Pfeile). Der drehrunde Dornfortsatz („Abdominalzapfen", grüner Pfeil) ist meist länger als breit. Er kann auch abgeflacht sein.

Abb. 71: Der ansteigende Hinterleib seitlich betrachtet von *Scolytus multistriatus*. Die Seitenecken der Abdominalsternite sind in kleine Lappen (Lateralzähne) ausgezogen (rote Pfeile). Der drehrunde Dornfortsatz (grüner Pfeil) ist meist länger als breit. Die hinteren Seitenecken der Flügeldecken (Elytren) sind gezähnt (blaue Pfeile).

Scolytus ensifer Eichhoff, 1881

Ulmensplintkäfer

Lebensweise: Polygame Art mit einjähriger Generation. Jungkäfer im Juni/Juli, die Larven überwintern. Brütet in stärkeren Ästen, auch in Zweigen und dünnrindigen Stämmen von *Ulmus* spec.; stärkere Beeinflussung jüngerer Pflanzen möglich. Auch Überträger des Ulmensterbens. Neben einarmigen, 2 bis 3,5 cm langen Muttergängen kommen auch zwei- und dreiarmige Muttergänge vor, die stets in Längsrichtung (Faserrichtung) verlaufen. Die zahlreichen, dicht stehenden und unregelmäßig geschlängelten Larvengänge sind von geringer Länge.

Abb. 72: Der Ulmensplintkäfer *Scolytus ensifer* hat wesentlich kürzere Flügeldecken (Elytren) als *S. multistriatus*.

Wirtsarten: *Ulmus minor, U. laevis, U. campestris, U. montana, U. glabra, U. elliptica, Zelkova carpinifolia*; gelegentlich an *Prunus avium, Prunus* spec. und *Zelkova crenata.*

Verbreitung: Wenig häufige Art in Mitteleuropa, Frankreich, Österreich, Italien, Sizilien, Kroatien, Rumänien, Polen, Griechenland (Korfu), Ukraine mit Krim, Kaukasus, Aserbaidschan.

Rote Liste Deutschland: extrem selten, keine Aussage zum Bestandstrend möglich. Extrem selten (R).

Abb. 73: Am Hinterleib des Männchens ist am oberen Abdominalsternit mittig ein zahnähnlicher Fortsatz (blauer Pfeil). Die Ecken der Abdominalsternite sind nur leicht verdickt (rote Pfeile)(Mus. Frankfurt).

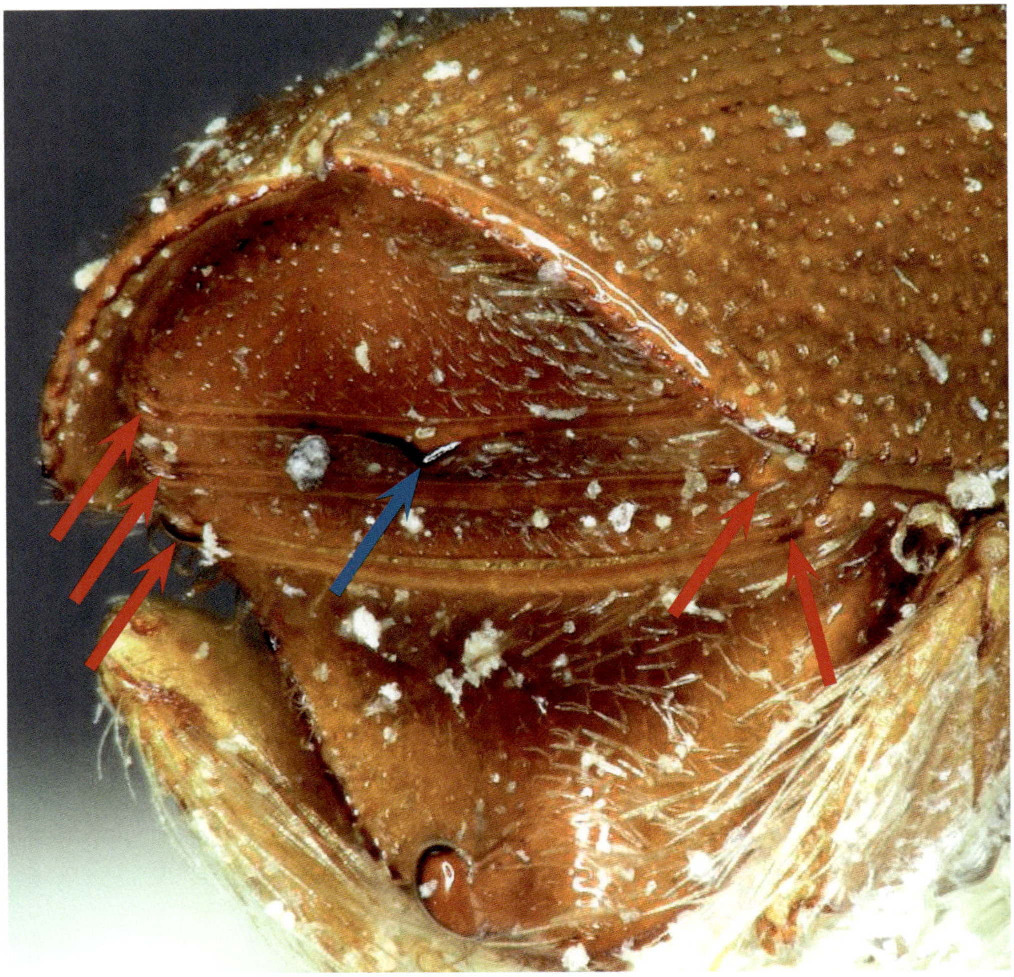

Abb. 74: In der Seitenansicht sieht man am Hinterleib (2. Abdominalsternit) des Männchens einen langen, nach oben gekrümmten Dornfortsatz (grüner Pfeil). Beim Weibchen ist der Fortsatz gerade.

Scolytus laevis Chapuis, 1869

Mittlerer Ulmensplintkäfer (engl. Middle elm tree split bark beetle)

Lebensweise: *S. laevis* brütet vorzugsweise in Ästen, Zweigen und schwächeren Stämmen. Übertragung von *Ophiostoma novo-ulmi* und *Ophiostoma ulmi*. In manchen Gebieten nimmt *S. laevis* die Stelle des *S. scolytus* ein und ist dann der häufigste Ulmensplintkäfer. Muttergang als einarmiger Längsgang von 4 bis 10 cm Länge, eingangs mit zuweilen stiefelartiger Erweiterung (Rammelkammer), Larvengänge dicht gestellt, anfänglich ganz im Bast senkrecht zum Muttergang verlaufend, später in axialer Richtung, bis 8 cm lang und zu den Puppenwiegen hin tiefer in

Abb. 75: Brutbilder vom Mittleren Ulmensplintkäfer *Scolytus laevis* (Mus. Basel).

Abb. 76: Die Muttergänge vom Mittleren Ulmensplintkäfer *Scolytus laevis* haben zu Beginn oft eine schuh-*ähnliche Erweiterung.*

den Splint eingreifend. Reifungsfraß an noch grünen Sprossen und Blattstielen sowie an vorjährigen Trieben, auch in saftiger Borke. Die Larve überwintert. Die Kälteresistenz der überwinternden Larven des Ulmensplintkäfers lag durchschnittlich bei –29 °C mitten im Winter und stieg im Mai auf –21 °C an. Glycerol war das wichtigste niedermolekulare Gefrierschutzmittel (Hansen & Sømme 1994). Spätschwärmer: Die Käfer erscheinen Ende Juni und im Juli. Eine Generation im Jahr.

Wirtsarten: *Ulmus glabra, U. laevis, U. minor, U. elliptica, Alnus glutinosa, Pyrus* sp., *Malus* sp., seltener auf *Quercus pedunculata, Tilia parvifolia, Fagus sylvatica, Acer platanoides* und *Alnus glutinosa,* auch an *Prunus*-Arten.

Verbreitung: Mitteleuropa, Großbritannien, Bulgarien, Südschweden, Südnorwegen, Russland, nach Norden bis zur Linie Smolensk-Moskau, Ukraine, Kaukasus.

Abb. 77: Der Mittlere Ulmensplintkäfer *Scolytus laevis* in Aufsicht. Zu Beginn der Flügeldecken (Elytren) ist der Nahtstreifen tief eingedrückt. Die schmalen Punktstreifen auf den Flügeldecken (Elytren) sind von breiten Zwischenstreifen getrennt (Mus. Stuttgart).

Abb. 78: Der Mittlere Ulmensplintkäfer *Scolytus laevis* in Seitenansicht (Mus. Stuttgart). Das Männchen hat eine flache Stirn mit zur Mitte hin gerichteter, flacher gelblicher Behaarung.

Rote Liste Deutschland: selten, kurzfristiger Bestandstrend: Abnahme mäßig oder im Ausmaß unbekannt, langfristige Bestandsentwicklung: mäßiger Rückgang. Gefährdet (3).

Abb. 79: Der Halsschild (Pronotum) vom Mittleren Ulmensplintkäfer *Scolytus laevis* (Mus. Wiesbaden).

Abb. 80: Der Fühler vom Mittleren Ulmensplintkäfer *Scolytus laevis* (Mus. Wiesbaden). Die kräftige und gelbe Stirnbehaarung ist für das Männchen typisch.

Abb. 81: Der Kopf in Frontalansicht vom Mittleren Ulmensplintkäfer *Scolytus laevis* (Mus. Stuttgart). Die Fühlergeißel ist 6-gliedrig. Der Fühlerschaft (Scapus) trägt auf der Rückseite mehr Haare als auf der Vorderseite. Der Halsschild (Pronotum) ist am Vorderrand deutlich eingeschnürt (verengt).

Abb. 82: Der ansteigende Hinterleib vom Mittleren Ulmensplintkäfer *Scolytus laevis* (Mus. Wiesbaden). Das Männchen trägt in der Mitte des 4. Sternits eine Vorwölbung (roter Pfeil).

Abb. 83: Die Vorderbein-Tibia ist schaufelartig geformt (Mus. Stuttgart).

Abb. 84: Der schlanke Fuß am Vorderbein ist auf der Tibien-Rückseite mit einem Kugelgelenk inseriert. Er kann dadurch vollständig in die Vertiefung auf der Tibien-Rückseite eingeschlagen werden (Mus. Stuttgart). Der obere Teil der Schiene ist grob skulpturiert.

Abb. 85: Die Mittelbein-Schiene (Tibia)(links) und die Hinterbein-Schiene (Tibia)(rechts) sind nicht schaufelförmig (Mus. Stuttgart).

Scolytus pygmaeus (Fabricius, 1787)

Zwergsplintkäfer

Lebensweise: Das Brutbild besteht aus einem einarmigen, 2–5 cm langen Muttergang mit ca. 60 Larvengängen. Lebt an schwächeren Ulmen. Er bevorzugt Borke bis 3 mm Dicke. 2 Generationen pro Jahr. Zum ersten Mal schwärmt er im Mai, zum zweiten Mal im Juli/August.

Wirtsarten: *Ulmus minor, U. laevis, U. glabra.* Seltener Hainbuche (*Carpinus betulus*), Rotbuche (*Fagus sylvatica*), Birken (*Betula*), Eichen (*Quercus*), *Prunus*-Arten und Olivenbaum (*Olea europaea*).

Verbreitung: Mittel- und Südeuropa, Ukraine mit Krim, Kaukasus.

Rote Liste Deutschland: mäßig häufig, kurzfristiger Bestandstrend: gleichbleibend, langfristige Bestandsentwicklung: mäßiger Rückgang. Ungefährdet.

Abb. 86: Der Zwergsplintkäfer *Scolytus pygmaeus* ist der kleinste Splintkäfer und dadurch auch im Gelände leicht anzusprechen (Mus. Stuttgart). Hier ist ein Weibchen zu sehen mit der spärlichen Stirnbehaarung. Die Flügeldecken-Naht (Elytren) ist nicht eingesenkt.

Abb. 87: Das Weibchen vom Zwergsplintkäfer *Scolytus pygmaeus* in Seitenansicht (Mus. Stuttgart).

Abb. 88: Das Zwergsplintkäfer-Männchen in Seitenansicht mit der langen gelben Stirnbehaarung (Uni Göttingen). Die zwei weißen Fusseln sind Verunreinigungen des Präparats.

Abb. 89: Das Zwergsplintkäfer-Weibchen in Kopf-Frontalansicht (Mus. Stuttgart).

Scolytus ratzeburgii Janson, 1856

Großer Birkensplintkäfer (engl. Birch bark beetle)

Lebensweise: Brütet vorzugsweise in alten, kränkelnden Birken, die nach wiederholtem Befall in aufeinanderfolgenden Jahren zum Absterben gebracht werden. Bei starker Vermehrung der Käfer werden auch gesunde Birken angegriffen. Befall beginnt im Kronenraum und geht allmählich auf den Stamm über. Auffälliger Befall durch *S. ratzeburgii* in Birkenwaldungen Nord- und Osteuropas, besonders, wenn Bäume durch ungünstige Standortverhältnisse oder vorhergegangene Schädigungen, wie z. B. Schneebruch, geschwächt sind. Bis 10 cm langer Muttergang in Längsrichtung, mit hakenförmiger Krümmung am Anfang. Auf Rindenoberfläche Gangverlauf deutlich durch große, ziemlich regelmäßig angeordnete „Ventilationslöcher" zu erkennen. Zuweilen waagerecht vom Mutter-

Abb. 90: Das Brutbild vom vom Großen Birkensplintkäfer *Scolytus ratzeburgii* (Mus. Frankfurt).

Abb. 91: Ausflugslöcher vom Großen Birkensplintkäfer *Scolytus ratzeburgii* (Mus. Frankfurt).

Abb. 92: Der Große Birkensplintkäfer *Scolytus ratzeburgii* in Aufsicht (Mus. Stuttgart).

Abb. 93: Der Große Birkensplintkäfer *Scolytus ratzeburgii* in Seitenansicht (Mus. Stuttgart). Das Männchen trägt lange gelbe Haare auf der Stirn. Der hintere Rand der Flügeldecken ist nicht sägeartig gezähnelt.

gang abgehende, ebenfalls mit Luftlöchern versehene Gänge ohne Eiablagen (Ernährungsgänge). Larvengänge zahlreich und dicht stehend, in ihrem späteren Verlauf in Längsrichtung zu den kaum den Splint furchenden Puppenwiegen führend. Durch die 15 bis 25 cm langen Larvengänge erreicht das gesamte Brutbild entsprechende Ausdehnung und annähernd lang-elliptische Gestalt. Nur 1 Generation im Jahr mit Schwärmzeit in Mitteleuropa im Juni. Überwinterung als Larve im Brutsystem.

Wirtsarten: *Betula pubescens, B. pendula, B. raddeana, B. dahurica, B. ermanii, B. platyphylla, B. costata.*

Verbreitung: Mittel- und Nordeuropa, von den Alpen bis nach Nordschweden, Sibirien, Korea, Japan, China.

Rote Liste Deutschland: mäßig häufig, kurz- und langfristige Bestandsentwicklung: gleichbleibend. Ungefährdet.

Abb. 94: Das Weibchen ist auf der Stirn spärlich behaart (Mus. Stuttgart).

Abb. 95: Der Kopf des Weibchens in Frontalansicht (Mus. Stuttgart) mit deutlichem Kiel auf der Stirn.

Abb. 96: Der ansteigende Hinterleib des Männchens mit einer knopfförmigen Ausstülpung am 3. Sternit (gelber Pfeil) und einer breiten Auslappung am 4. Sternit (blauer Pfeil) (Mus. Stuttgart).

Abb. 97: Der Hinterleib eines Weibchens ohne Ausstülpungen (Mus. Stuttgart).

Abb. 98: Der Fühler eines Männchens (Mus. Stuttgart).

Scolytus scolytus (Fabricius, 1775) (= *Eccoptogaster scolytus* F.)

Großer Ulmensplintkäfer (engl. Large elm beetle)

Lebensweise: 2 Generationen pro Jahr mit Schwärmzeiten Ende Mai und Mitte bis Ende August. Die Jungkäfer schlüpfen bei 15–16 °C aus dem Brutbild. Der Dispersionsflug beginnt allerdings erst ab 20 °C. Weibchen legt meist 2 bis 3 cm (max. 10 cm) langen, senkrecht nach oben führenden Muttergang (Lotgang) an. Von ihm gehen in regelmäßiger Folge Larvengänge rechtwinklig ab, um sich im weiteren Verlauf in axialer Richtung bis zu 10–15 cm Länge zu erstrecken. In starkborkigen Stammteilen befindet sich das Brutbild ganz in der Rinde, Larvengänge und Puppenwiegen greifen bei dünner Rinde jedoch tiefer in den Splint ein. Er bevorzugt Borke mit einer Dicke über 5 mm. Das gesamte Brutbild ist annähernd von kreisförmigem bis elliptischem Umriss. Die Jungkäfer führen einen Reifungsfraß in Form von kurzen Gängen in Zweigachseln schwächerer Äste oder durch Lochfraß an Blattstielbasen durch. Von diesen Stellen aus beginnt die Infektion durch den Ulmenwelke-Erreger. Der Befall findet auch an kränkelnden und absterbenden Bäumen außerhalb des Waldes (Alleen und Parkanlagen) statt. Beim Fraß wird *Ceratocystis ulmi* (neuerdings *Ophiostoma novo-ulmi*) übertragen. Überwinterung: in der Rinde oder im Brutbild; auch Puppen und Larven können überwintern.

Wirtsarten: *Ulmus minor, U. laevis, U. glabra, Zelkova carpinifolia* und auch *Quercus suber, Carpinus betulus, Prunus amygdalus, Salix nigra* sowie *Juglans regia*. Auch gelegentlich in Pappel (*Populus*).

Abb. 99: Der Große Ulmensplintkäfer *Scolytus scolytus* in Aufsicht (Mus. Braunschweig). Das Männchen trägt am Körperende einen Haarkamm, wobei die beiden Kamm-Seiten länger und dichter behaart sind.

Verbreitung: Mittel- und Südeuropa, im Norden bis Schweden, Kaukasus. In Südrussland und im Kaukasus kommt diese Art getrennt von S. *sulcifrons* Rey vor.
Rote Liste Deutschland: selten, kurzfristiger Bestandstrend: Abnahme mäßig oder im Ausmaß unbekannt, langfristige Bestandsentwicklung: mäßiger Rückgang. Gefährdet (R). Rückgänge durch das Ulmensterben. Weitere Rückgänge sind zu erwarten, da die Pathogenität des Pilzes nicht abgenommen hat.

Abb. 100: Das Brutbild vom Großen Ulmensplintkäfer *Scolytus scolytus* (Uni Göttingen).

Abb. 101: Der Große Ulmensplintkäfer *Scolytus scolytus* in Seitenansicht (Mus. Göttingen). Die abstehende Stirnbehaarung ist bei beiden Geschlechtern gleich ausgeprägt. Auf den Elytren ist ein deutlicher Schulterfleck zu erkennen. Dieser ist oft nicht erkennbar.

Abb. 102: Der Kopf in Seitenansicht des Großen Ulmensplintkäfers *Scolytus scolytus* (Mus. Braunschweig). Die Stirnbehaarung ist relativ kurz und nicht gebogen. Sie reicht weit über die Augen-Oberränder bis zum Pronotum-Vorderrand.

Abb. 103: Der Kopf in Frontalansicht des weiblichen Großen Ulmensplintkäfers *Scolytus scolytus* (Mus. Braunschweig). Die Stirn (Frons) ist körnelig skulpturiert. Die Stirnbehaarung ist nach oben geschlossen und ohne eine unbehaarte Mittellinie.

Abb. 104: Der Hinterleib vom Großen Ulmensplintkäfer *Scolytus scolytus*. Die Hinterleibs-Sternite 3 und 4 tragen mittig Ausstülpungen (rote Pfeile). Die seitlichen Zwischenräume der Flügeldecken (Elytren) sind unregelmäßig punktiert.

Abb. 105: Ein Flügel vom Großen Ulmensplintkäfer *Scolytus scolytus*.

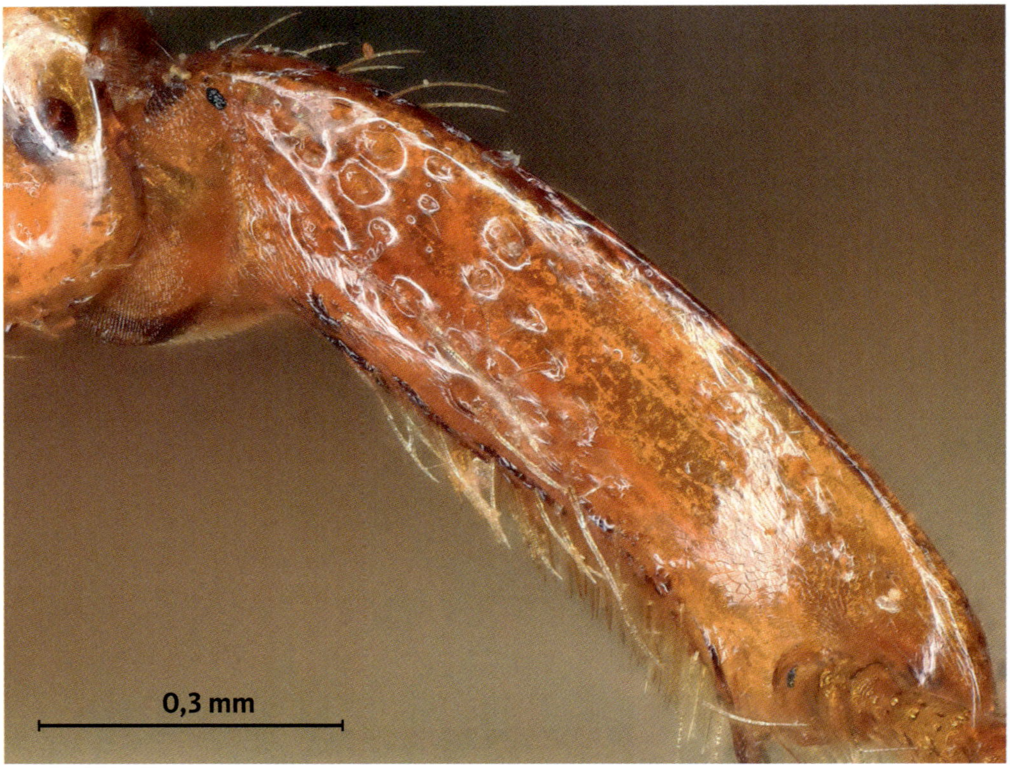

Abb. 106: Die Schienen-Rückseite am Vorderbein ist im oberen Bereich mit ovalen Vertiefungen skulpturiert (*Scolytus scolytus*)(Mus. Bonn).

Abb. 107: Die Schienen-Außenseite am Vorderbein ist ohne Zähne und endet in einem kräftigen nach innen gebogenen Dorn (*Scolytus scolytus*) (Mus. Bonn). Dies ist für die Gattung und für die Unterfamilie typisch.

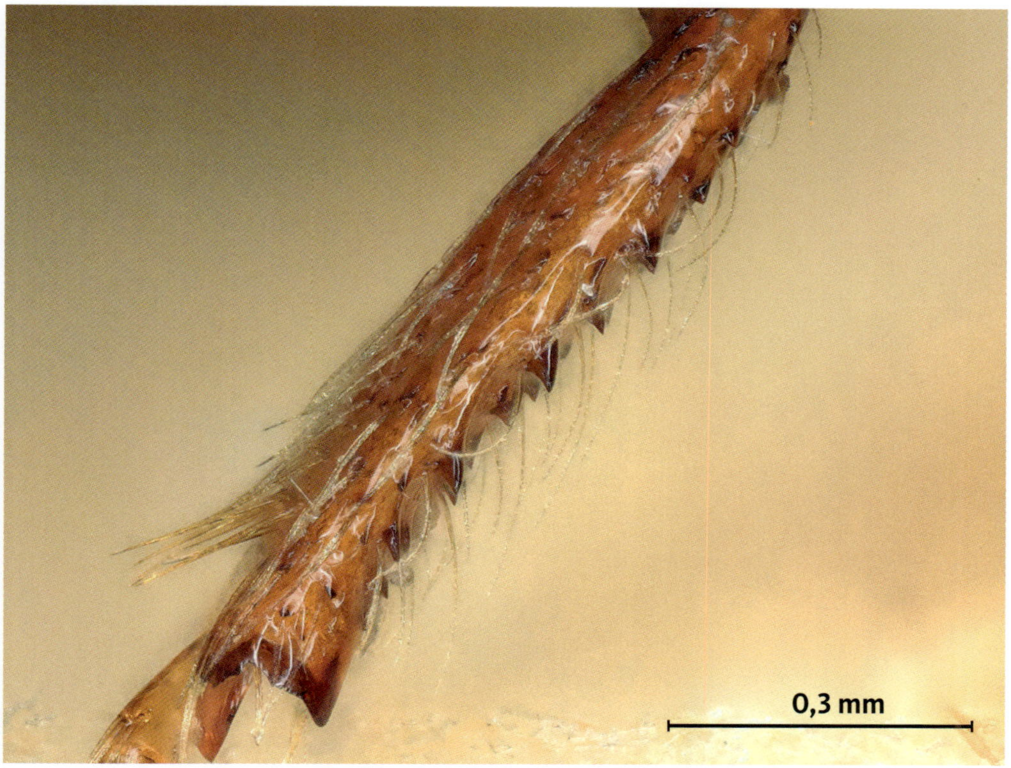

Abb. 108: Die Schienen-Außenseite am Mittelbein trägt viele Raspelzähne (*Scolytus scolytus*) (Mus. Bonn).

Scolytus triarmatus (Eggers, 1912)

Lebensweise: 1 Generation pro Jahr. *Scolytus triarmatus* kommt unter der Rinde stärkerer Ulmen vor, ähnlich wie *Scolytus scolytus*.

Wirtsart: *Ulmus glabra, U. laevis.*

Verbreitung: Süd- und Mittelschweden, Südnorwegen, Norddänemark, Frankreich, Österreich, Slowakei, Westrussland.

Abb. 109: *Scolytus triarmatus* in Seitenansicht (Mus. Karlsruhe).

Abb. 110: *Scolytus triarmatus* in Aufsicht (Mus. Karlsruhe).

Abb. 111: *Scolytus triarmatus* in schräger Vorderansicht (Mus. Karlsruhe). Die bleiche Stirnbehaarung ist kurz und nicht gebogen.

Abb. 112: Der Kopf von *Scolytus triarmatus* in Frontalansicht (Mus. Frankfurt).

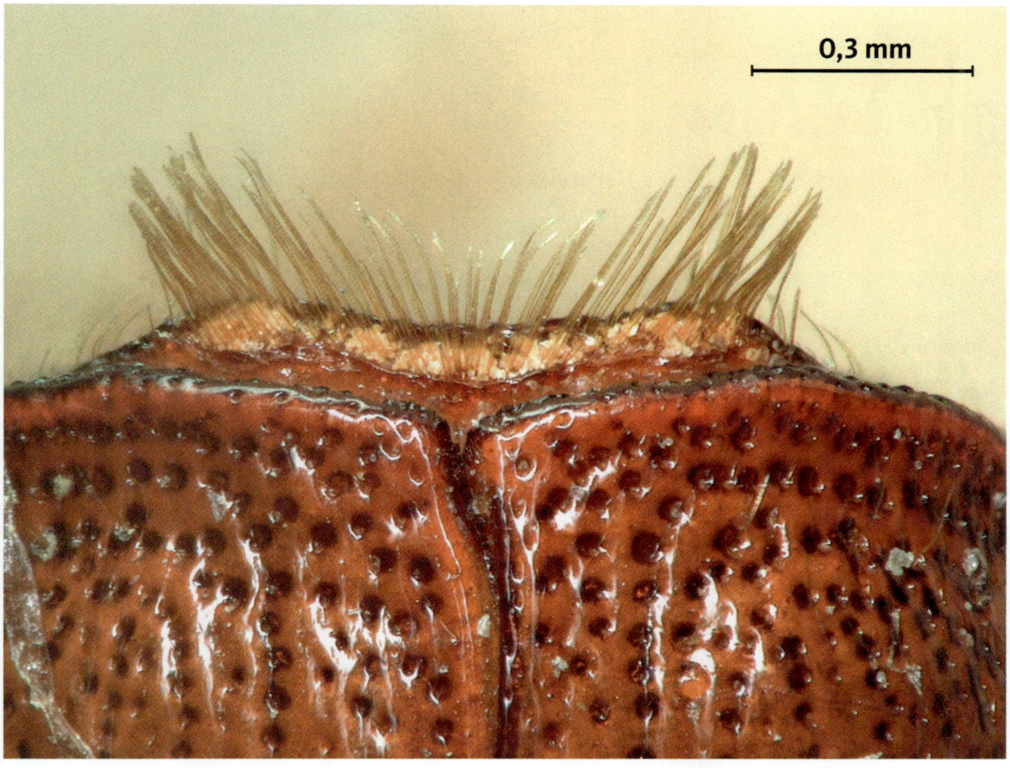

Abb. 113: Der Haarkamm von *Scolytus triarmatus* in Aufsicht am Ende der Flügeldecken (Elytren) (Mus. Stuttgart).

Abb. 114: Der Hinterleib von *Scolytus triarmatus* (Mus. Frankfurt).

Scolytus eichhoffi Reitter, 1894

Wirtsarten: *Zelkova carpinifolia, Ulmus minor.*

Verbreitung: Aserbaidschan, Iran, Bulgarien.

Abb. 115: Seitenansicht von *Scolytus eichhoffi* (Mus. Stuttgart).

Abb. 116: Aufsicht auf *Scolytus eichhoffi* (Mus. Stuttgart).

Abb. 117: Der Haarkamm am Körperende von *Scolytus eichhoffi* (Mus. Stuttgart).

Abb. 118: Schrägseitliche Kopfansicht von *Scolytus eichhoffi* (Mus. Stuttgart). Die Stirnbehaarung besteht überwiegend aus zwei lateralen Haarleisten, die nach innen geneigt sind.

Abb. 119: Die Stirnskulpturierung weist eine deutliche und glatte Mittelachse auf (*Scolytus eichhoffi*). Die Haarleisten der Stirn sind auch in frontaler Ansicht erkennbar.

Abb. 120: Der Hinterleib des Männchens von *Scolytus eichhoffi* mit den zungenförmigen, mittigen Ausstülpungen am 3. und 4. Sternit (Mus. Stuttgart).

Scolytus sulcifrons Rey, 1892

Lebensweise: 2 Generationen pro Jahr.
Wirtsarten: *Ulmus minor, U. laevis* und *Quercus*-Arten.

Verbreitung: Südfrankreich, Italien, Kroatien, Ungarn, Mazedonien, Griechenland (Korfu), Malta, Krim, Kaukasus, Kasachstan, untere Wolga- und Uralflussgebiete.

Abb. 121: Ein Weibchen von *Scolytus sulcifrons* in Aufsicht (Mus. Frankfurt). Die Stirnbehaarung endet abrupt auf der Verbindungslinie der Augen-Oberränder. Den Pronotum-Vorderrand erreichen sie nicht.

Abb. 122: Ein Weibchen von *Scolytus sulcifrons* in Seitenansicht (Mus. Frankfurt). Am Hinterleib erkennt man die mittigen Ausstülpungen an den Sterniten 3 und 4.

Abb. 123: Der Hinterleib des Weibchens mit den beulenförmigen Ausstülpungen an Sternit 3 und 4 (Mus. Frankfurt).

Abb. 124: Ein Männchen von *Scolytus sulcifrons* in Seitenansicht (Mus. Frankfurt). Am Körperende sind die charakteristischen Haarbüschel erkennbar.

Abb. 125: Das fast rechteckige Elytren-Ende des Männchens in Aufsicht mit den darunter befindlichen Haarbüscheln. Die äußersten sind am längsten, die inneren sind am kürzesten und am stärksten geneigt und zwischen den genannten Haarbüscheln steht jeweils eine mittellange Borste. Innerhalb der Haarbüschel nimmt die Haarlänge nach außen zu.

Scolytus intricatus (Ratzeburg, 1837)

Eichen-Splintkäfer – European oak bark beetle

Lebensweise: Nach dem Reifefraß an jungen Trieben suchen die monogamen Käfer frische Baumstümpfe, geschwächte oder absterbende Eichen, frisch abgefallene oder vor 18 Monaten abgefallene Äste, trockengestresste Eichen, durch Luftschadstoffe beeinträchtige Bäume und nach starkem Blattverlust durch Insektenfraß geschädigte Bäume auf, um das Brutbild anzulegen. Meist sekundär in Ästen und Zweigen kränkelnder Eichen. Werden jüngere Bäume, insbesondere frisch gepflanzte, befallen, können diese absterben. Schadwirkung auch durch ausgedehnten Reifungsfraß und Übertragung von *Ceratocystis* spec. Im Labor konnten auch in Zweigen mit einem Zentimeter Durchmesser erfolgreich Brutbilder angelegt werden. Muttergang als 1 bis 3 cm langer Quergang und lange, sich auch überschneidende, dicht gestellte Larvengänge, welche längs zur Stammachse ausgerichtet sind. Die zweiwöchige Eiablage erfolgt von Juni bis September. Es werden in der Regel 17–36 Eier in England und 36 bis 83 Eier in Deutschland gelegt. Nach 10 bis 14 Tagen schlüpfen die Larven. Es treten fünf oder sechs Larvenstadien auf. Oft wird der Brutbild-Eingangsbereich durch das tote Muttertier versperrt. Die Jungkäfer schlüpfen von Mitte Mai bis Mitte Juli. Die Ausbohrlöcher sind kreisrund. Das Geschlechterverhältnis ist 1:1. Reifungsfraß der Jungkäfer an vorjährigen Trieben der Eichen. Für die erfolgreiche Reproduktion

Abb. 126: Brutbild von *Scolytus intricatus* in Ulme (Mus. Frankfurt).

ist er aber nicht notwendig. In England eine Generation, in Mitteleuropa und in Südeuropa zwei Generationen pro Jahr, Schwärmzeit (oft nur im Umkreis von 100 m) im Mai und gegebenenfalls im September. Kopulationszeit von Mai bis September während der Attacken auf dem Wirtsbaum. Überwinterung im Larven- oder Puppenstadium. Überwinternde Larven können -29 °C überstehen. Ist die Borke über 4 mm dick, erfolgt die Verpuppung in der Borke, andernfalls im Splintholz. Der Käfer ist Vektor für die Pilze *Ceratocystis piceae* und *Ophiostoma roboris*. Folgende Hautflügler sind als Larven-Parasitoide aus Serbien bekannt: *Platygerrhus maculatus*, *P. ductilis*, *Rhaphitelus maculatus*, *R. ladenbergi* (= *R. maculatus*), *Acrocormus semifasciatus*, *Cheiropachus quadrum*, *Rhopalicus tutela*, *Eupelmus urozonus*, *Eurytoma morio*, *Entedon ergias*, *E. euphorion*, *Entedon* sp., *Dendrosoter protuberans*, *Spathius brevicaudis*, *Coeloides sordidator*, *Ecphylus silesiacus*. Als Prädatoren sind der Schwarzspecht und *Medetera*-Fliegen zu nennen. Auch bei starker Spechtsuche im Laufe des Winters bleibt noch viel Bast am Stamm haften (Markovic and Stojanovic 1996; Yates 1984; CABI Compendium, Habermann & Schopf 1987, Forster 2007).

Wirtsarten: *Quercus canariensis*, *Q. castaneifolia*, *Q. castaneifolia var. incana*, *Q. cerris*, *Q. coccifera*, *Q. dalechampii*, *Q. frainetto*, *Q. hartwissiana*, *Q. ilex*, *Q. lusitanica*, *Q. petraea*, *Q. polycarpa*, *Q. pubescens*, *Q. pyrenaica*, *Q. robur*, *Q. rubra*, *Q. virgiliana;* seltener *Fagus orientalis*, *F. sylvatica*, *Ostrya carpinifolia*, *Alnus glutinosa*, *Betula verrucosa*, *B. pendula*, *B. pubescens*, *Carpinus betulus*, *Salix* spec., *Populus tremula*, *P. alba*, *Ulmus campestris*, *U. carpinifolia*, *U. laevis*, *Aesculus hippocastanum*, *Castanea vesca*, *C. sativa*, *Tilia cordata*, *Zelkova carpinifolia* und viele weitere Arten.

Verbreitung: Europa, Kaukasus, westl. Kasachstan, Kleinasien, Tunesien, Algerien, Marokko. In Südtirol im gesamten Eichenbuschwaldgebiet verbreitet und teilweise häufig. Befällt vorzugsweise schwächere Äste und Wipfelstücke von Flaumeichen (*Quercus pubescens*), oft sekundär nach vorhergehendem Befall durch Eichenprachtkäfer (*Coraebus florentinus*) sowie nach Schneebruch /Steinschlag. Ausnahmsweise auch in Ästen von Hopfenbuche (*Ostrya carpinifolia*)(Hellrigl 2012).

Rote Liste Deutschland: häufig, kurzfristige und langfristige Bestandsentwicklung: gleichbleibend. Ungefährdet.

Abb. 127: Der Eichen-Splintkäfer *Scolytus intricatus* (Mus. Stuttgart) in Aufsicht. Das Weibchen hat keine Haarpinsel am Vorderkopf. Das Schildchen (Scutellum) ist auf den Flügeldecken (Elytren) von Schrägkritzeln umfasst.

Abb. 128: Das Weibchen von *Scolytus intricatus* weist eine spärlich behaarte, vorgewölbte Stirn auf (Mus. Stuttgart).

Abb. 129: Das Männchen von *Scolytus intricatus* weist zwei dichte paarige Haarpinsel am Epistomalrand (zwischen Clypeus und Mandibeln) auf (Mus. Stuttgart).

Abb. 130: Das Männchen von *Scolytus intricatus* in Seitenansicht. Die flache Stirn ist stark behaart.

Abb. 131: Die Hinterleibs-Unterseite des Männchens trägt keine Ausstülpungen auf den Sterniten (Mus. Stuttgart). Randlich sind die Hinterleibs-Unterseiten (Abdominalsternite) mit langen Haaren umrahmt. Diese sind nach innen gebogen. Auf den Hinterleibs-Unterseiten sind sehr kurze und feine v-förmige Doppelhärchen.

Scolytus rugulosus (P. W. Müller, 1818)

Runzliger Obstbaumsplintkäfer (engl. Shothole borer or Fruit tree bark beetle and Apple tree beetle)

Lebensweise: Polyphage Art. Lebt unter der Rinde von Ästchen, Ästen und schwächeren Stämme vieler Obstbäume. Brutbild aus einarmigem Längsgang von 1 bis 3,2 cm Länge und zahlreichen, enggestellten Larvengängen, die vielfach geschlängelt und weniger regelmäßig als bei *Scolytus mali* verlaufen. Puppenwiegen tief in den Splint eingesenkt. Reifungsfraß in ganz jungen Trieben und an der Basis von Blattknospen. In den Auwäldern hat

Abb. 132: Brutbild von *Scolytus rugulosus* (Mus. Frankfurt).

Abb. 133: Die Flügeldecken (Elytren) vom Runzligen Obstbaumsplintkäfer (*Scolytus rugulosus*) sind stark skulpturiert. Der Rotanteil in den Flügeldecken-Enden kann deutlich geringer sein.

die Art zwei Generationen, aber manchmal wird auch hier nur eine Generation ausgebildet. Dies ist für das Hügelland und höhere Lagen charakteristisch. Den Reifungsfraß nagen die Käfer an grüner Rinde der Wirtspflanzen, an den Knospen und bei Schlechtwetter unter der Rinde. Die Larven, Puppen and erwachsenen Käfer überwintern (Nosek 1959).

Wirtsarten: *Prunus bucharica, P. domestica, P. insititia, P. spinosa, Pyrus communis, Malus pumila, M. sylvestris, Mespilus germanica, Padellus mahaleb, Padus avium, Persica vulgaris, Rosa* spp., *Sorbus aria, S. aucuparia, S. torminalis, Cotoneaster multiflora, Crataegus* spp., *Laurocerasus officinalis, Amelanchier ovalis, Amygdalus communis, Armeniaca vulgaris, Cerasus avium, C. vulgaris, Rhamnus* spp., *Taxus baccata.*

Verbreitung: Europa, Westsibirien, Kleinasien, Nordafrika. Eingeschleppt in Nordamerika.

Rote Liste Deutschland: häufig, kurzfristige und langfristige Bestandsentwicklung: gleichbleibend. Ungefährdet.

Abb. 134: Der Hinterleib ist allmählich ansteigend.

Abb. 135: *Scolytus rugulosus* (P. W. Müller, 1818) – Runzliger Obstbaumsplintkäfer. Der aufsteigende Hinterleib ist zwischen Sternit 1 und 2 ohne scharf ausgebildeten Knick.

Abb. 136: Der Halsschild (Pronotum) ist seitlich stark skulpturiert. Die runden, einzeln stehenden Vertiefungen im zentralen Bereich gehen randlich immer stärker in wabenartige Strukturen über. Die Flügeldecken (Elytren) sind seitlich stark skulpturiert und weisen ebenfalls wabenartige Strukturen auf.

Scolytus amygdali Guérin-Méneville, 1847

Mandelsplintkäfer – Almond bark beetle

Lebensweise: Die Weibchen legen 25 bis 75 Eier. Der Muttergang ist durchschnittlich 11,6 mm lang (max. 22 mm). Davon gehen im Durchschnitt 30 (max. 62) Larvengänge ab. Die Larvengänge sind durchschnittlich 18,1 mm lang (min. 3,9 mm; max. 38,6 mm). Die Puppenkammern sind im Durchschnitt 2,73 mm lang (min. 1,72 mm; max. 3,7 mm) und ca. 1,42 mm breit (min. 0,5 mm; max. 2 mm)(Zeiri et al. 2015).

Wirtsarten: *Amygdalus communis, Amelanchier ovalis; Mespilus germanica; Prunus armeniaca, P. dulcis, P. persica.*

Verbreitung: Spanien, Südfrankreich, Korsika, Italien, Sizilien, Sardinien, Dalmatien, Bulgarien, Griechenland, Krim, Kaukasus, Kleinasien, Zypern, Ägypten, Marokko. Der mediterrane „Mandelsplintkäfer“ kommt bis Norditalien und Istrien vor und ist auch in Südtirol zu erwarten, wo Mandelbäume in wärmeren Lagen (bis in den Brixener Raum) vielerorts in Weinbergen und Gärten angepflanzt werden.

Abb. 137: Der Mandelsplintkäfer *Scolytus amygdali* in Aufsicht (Mus. Frankfurt). Hinter der Flügeldecken-Mitte (Elytren) verläuft ein dunkleres diffuses Querband. Dieses kann manchmal fehlen. Der Halsschild (Pronotum) ist vorne und hinten mit einem helleren Rand gesäumt. Der vordere Rand ist deutlich breiter und verengt. Die Vertiefungen stehen darauf wesentlich dichter als im zentralen Halsschild-Bereich. Die Stirn des Männchens ist dicht abstehend behaart.

Abb. 138: Der Mandelsplintkäfer *Scolytus amygdali* in Seitenansicht (Mus. Frankfurt). Das Männchen trägt eine dichte Stirnbehaarung. Die Hinterleibs-Unterseite ist wenig behaart. Das Abdomen steigt allmählich auf.

Abb. 139: Die Stirn des Weibchens ist schwach behaart (Mus. Frankfurt). Der hintere Rand der Flügeldecken ist fein sägeartig gezähnelt.

Abb. 140: Der schwach behaarte Hinterleib des Männchens von *Scolytus amygdali* ist ohne weitere Merkmale (Mus. Frankfurt).

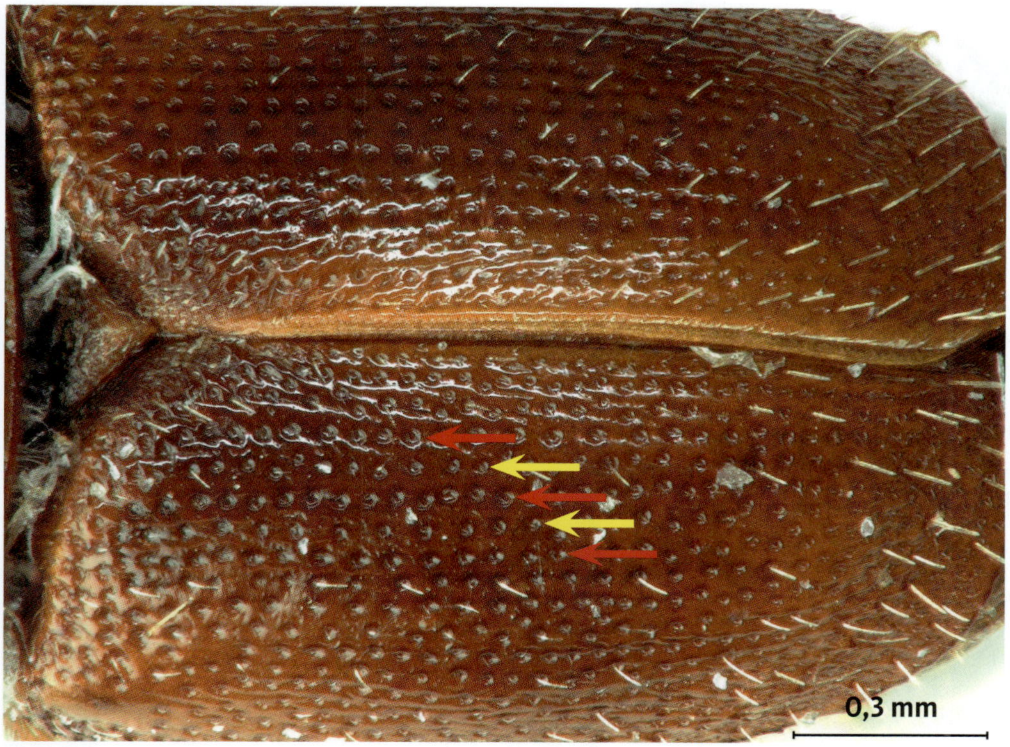

Abb. 141: Die rundlichen Vertiefungen der Punktreihen (rote Pfeile) sind etwas breiter als die Vertiefungen der Zwischenstreifen (gelbe Pfeile).

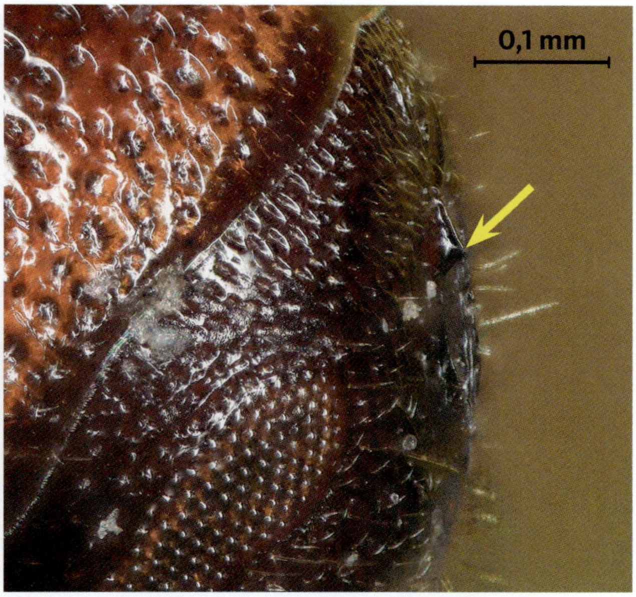

Abb. 142: Bei manchen Individuen tritt im oberen Bereich der Mittelleiste ein seitlich zusammen gedrücktes Dreieck auf (gelber Pfeil). Links ist die Stirn eines Weibchens frontal zu sehen. Rechts derselbe Kopf in Seitenansicht (Mus. Frankfurt).

Scolytus koenigi Schevyrew, 1890

Ahorn-Splintkäfer

Lebensweise: Befällt vorzugsweise glattrindige Stammteile und stärkere Äste gefällter Bäume im Durchmesser-Bereich von 3–12,5 cm. Der Muttergang ist 1 bis 6,7 cm lang (meist 3 cm). Er ist ein 1,6–2,9 mm (meist 2,4 mm) breiter Lotgang, der tief in den Splint eingreift. Davon gehen 18 bis 108, meist 53 Larvengänge ab. Diese sind bis zu 15 cm lang und furchen ebenfalls tief den Splint. Sie verlaufen regelmäßig strahlenförmig vom Muttergang auseinander. Das voll entwickelte Brutbild ist kreisförmig bis elliptisch. Größere Weibchen legen mehr Eier in längeren Muttergängen. Die Larven überwintern.

Wirtsarten: *Acer platanoides, A. campestre, A. opalus* var. *obtusatum, A. hyrcanum, A. trautvetteri, A. rubrum, A. velutinum.*

Verbreitung: Frankreich, Italien, Niederösterreich, Bosnien, Sizilien, Bulgarien, Rumänien, Ukraine, Türkei, Moldawien, Kaukasus, Turkmenistan, Irak, Südsibirien, Algerien, Marokko.

Abb. 143: Brutbild von *Scolytus koenigi* (Foto Kašák).

Abb. 144: Der Ahorn-Splintkäfer *Scolytus koenigi* in Seitenansicht (Mus. Stuttgart).

Abb. 145: Der männliche Ahorn-Splintkäfer *Scolytus koenigi* in Aufsicht (Mus. Stuttgart). Die Flügeldecken (Elytren) sind dunkler gefärbt als bei *S. amygdali* und es ist keine dunkle Querbinde vorhanden. Der hintere Halsschild-Rand ist ohne Aufhellung.

Abb. 146: Die Längs-Skulpturierung der Stirn zeigt keine mittig hervorgehobene Achse. Die Haare beim Männchen sind in zwei Haarleisten auf der abgeflachten Stirn angeordnet (Mus. Stuttgart).

Abb. 147: Das zweite Bauchsegment ist bei den Männchen sowie Weibchen steil abfallend (Mus. Stuttgart).

Abb. 148: Die Flügeldecken (Elytren) vom Ahorn-Splintkäfer *Scolytus koenigi* (Mus. Stuttgart) zeigen dichtstehende und linear verlaufende Punktstreifen.

Abb. 149: Das abgeflachte und stabile Dreh-Scharniergelenk zwischen Femur (Schenkel) und Tibia (Schiene) am Vorderbein (Mus. Stuttgart). Der Vorderfuß kann hinter der Tibia eingeklappt werden.

Scolytus mali (Bechstein, 1805)

Großer Obstbaum-Splintkäfer Glänzender Obstbaum-Splintkäfer – Large fruit bark beetle

Lebensweise: Muttergang, 2 bis 5 cm, einarmig und längsgerichtet, mit Erweiterung am Eingang. Muttergang und Larvengänge meist tief den Splint furchend, Puppenwiegen in der Regel senkrecht ins Holz gehend. Ein Weibchen legt ca. 50–60 (max. 98) Eier ab. In der Regel an geschwächten Obstbäumen. Kann auch an neu gepflanzte Jungbäume und Sträucher gehen. Der Reifungsfraß findet oft auf gesunden Bäumen statt. Befällt alle Obstbäume. Äpfel und Pflaumen werden aber gegenüber Birne und Kirsche bevorzugt. In Mitteleuropa 2 Generationen mit Schwärmzeiten ab Ende März/Juni und August/September, wobei 2. Brut im Larvenstadium überwintert. Auf Obstbäumen die häufigste Art.

Wirtsarten: *Armeniaca vulgaris, Prunus avium, C. vulgaris, Pyrus communis, Malus pumila, M. sylvestris, Padellus mahaleb, Padus padus, Persica vulgaris, Prunus domestica, P. insititia, Sorbus aria, S. aucuparia, S. torminalis, Crataegus* sp., *Pyracantha coccinea, Cotoneaster multiflora, Cydonia oblonga, Laurocerasus officinalis.* Sehr selten Befall von *Ulmus laevis* und *U. campestris* sowie von *Corylus avellana*.

Verbreitung: Mittel- und Südeuropa, Südskandinavien, Kaukasus, Zentralasien, Sibirien, Kleinasien. Eingeschleppt in Nordamerika.

Rote Liste Deutschland: häufig, kurzfristige und langfristige Bestandsentwicklung: gleichbleibend. Ungefährdet.

Abb. 150: Brutbilder vom Großen Obstbaum-Splintkäfer *Scolytus mali* mit der Erweiterung zu Beginn des Muttergangs Mus. Frankfurt).

Abb. 151: Brutbild vom Großen Obstbaum-Splintkäfer *Scolytus mali* mit der Erweiterung zu Beginn des Muttergangs (Uni Göttingen).

Abb. 152: Der Große Obstbaum-Splintkäfer *Scolytus mali* in Aufsicht. Der Halsschild (Pronotum) ist fein und licht punktiert. Der Vorderrand ist verengt und rötlich gefärbt sowie dichter punktiert. Auf den Flügeldecken (Elytren) sind die Punktreihen deutlich verschieden in den Punktgrößen.

Abb. 153: Der Große Obstbaum-Splintkäfer *Scolytus mali* in Seitenansicht.

Abb. 154: Die Flügeldecken vom Großen Obstbaum-Splintkäfer *Scolytus mali* an der Basis. Die Haupt-Punktreihen (rote Pfeile) sind breiter und gleichmäßiger angeordnet als die Punktreihen im Zwischenraum (gelbe Pfeile). Im Zwischenraum spalten sich die Reihen auch auf zu kurzen Doppelreihen (grüne Pfeile).

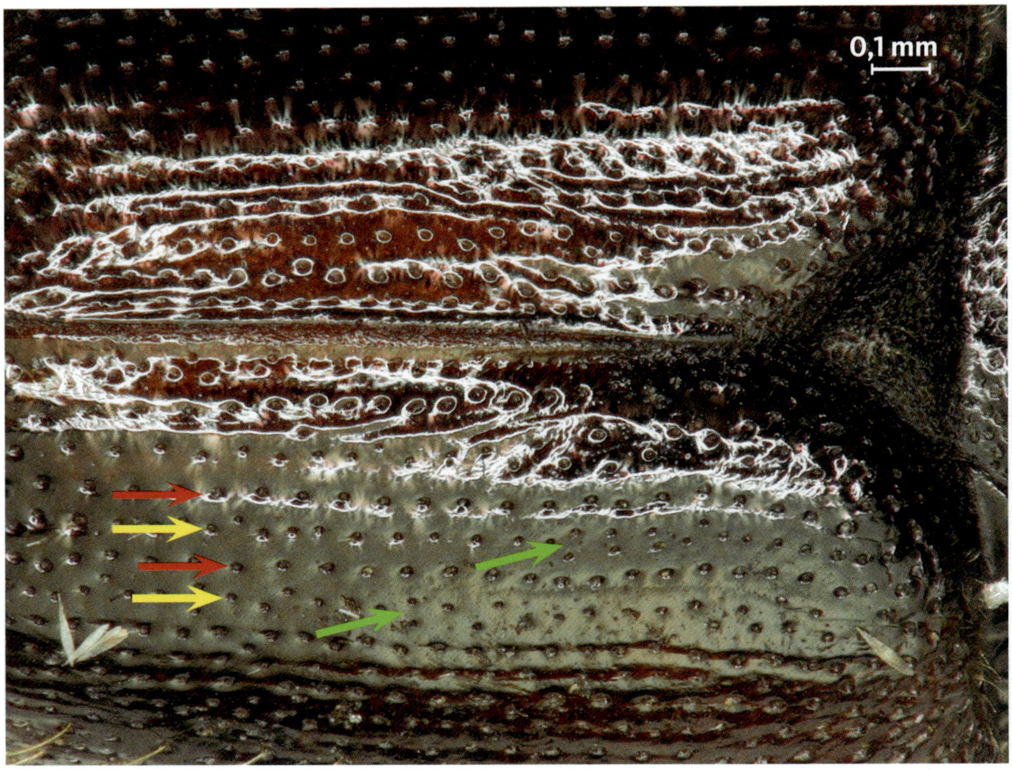

Abb. 155: Der Kopf in Schräganscicht vom Männchen. Im vorderen Stirnbereich sind zwei dichte Haarleisten nach innen gerichtet. Die Stirn ist flach.

Abb. 156: Das Weibchen weist eine gewölbte Stirn auf und ist nur spärlich behaart. Nur am Rande des Pronotums (Halsschild) verschmelzen die Punkte.

Scolytus carpini (Ratzeburg, 1837)

Hainbuchen-Splintkäfer

Lebensweise: Muttergang einarmig, quer zur Faser, tief in den Splint eingreifend, Larvengänge lang, schwach geschlängelt, der Faser folgend (Schedl).
Wirtsarten: *Carpinus betulus, C. orientalis, Ostrya carpinifolia*, seltener an *Fagus sylvatica, F. orientalis, Quercus petraea, Q. pubescens, Q. robur, Corylus avellana.*

Verbreitung: Mittel-, Süd- sowie Südosteuropa, Südschweden, Krim, Kaukasus und Südrussland. Tirol: In Hopfenbuchen-Beständen (*Ostrya carpinifolia* Scop.). In Nordtirol auch an mehreren Orten in *Corylus avellana* (Hasel).
Rote Liste Deutschland: mäßig häufig, kurzfristige und langfristige Bestandsentwicklung: gleichbleibend. Ungefährdet.

Abb. 157: Brutbilder vom Hainbuchen-Splintkäfer *Scolytus carpini* in *Carpinus betulus* (Mus. Frankfurt).

Abb. 158: Das schwarzbraun gefärbte Männchen vom Hainbuchen-Splintkäfer *Scolytus carpini* in Aufsicht (Coll. Bense). Die Flügeldecken (Elytren) sind glänzend. Der Halsschild-Vorderrand (Pronotum) läuft flach aus und ist nicht stärker punktiert als der zuvor liegende Pronotumteil. Auf der Stirn ist ein gelblicher Haarkranz ausgebildet. Das Schildchen (Scutellum) ist auf den Flügeldecken nicht von Schrägkritzeln umfasst.

Abb. 159: Das Männchen vom Hainbuchen-Splintkäfer *Scolytus carpini* in Seitenansicht (Mus. Frankfurt). Auf der Stirn ist ein gelblicher Haarkranz.

Abb. 160: Der erste Hinterleibs-Sternit ist seitlich zusammengedrückt und sein bogige Segmentgrenze ist deutlich stärker gewölbt als die nachfolgenden darüberliegenden Sternit-Segmentgrenzen (Mus. Frankfurt). Auf den Hinterleibs-Unterseiten sind keine feinen v-förmigen Härchen.

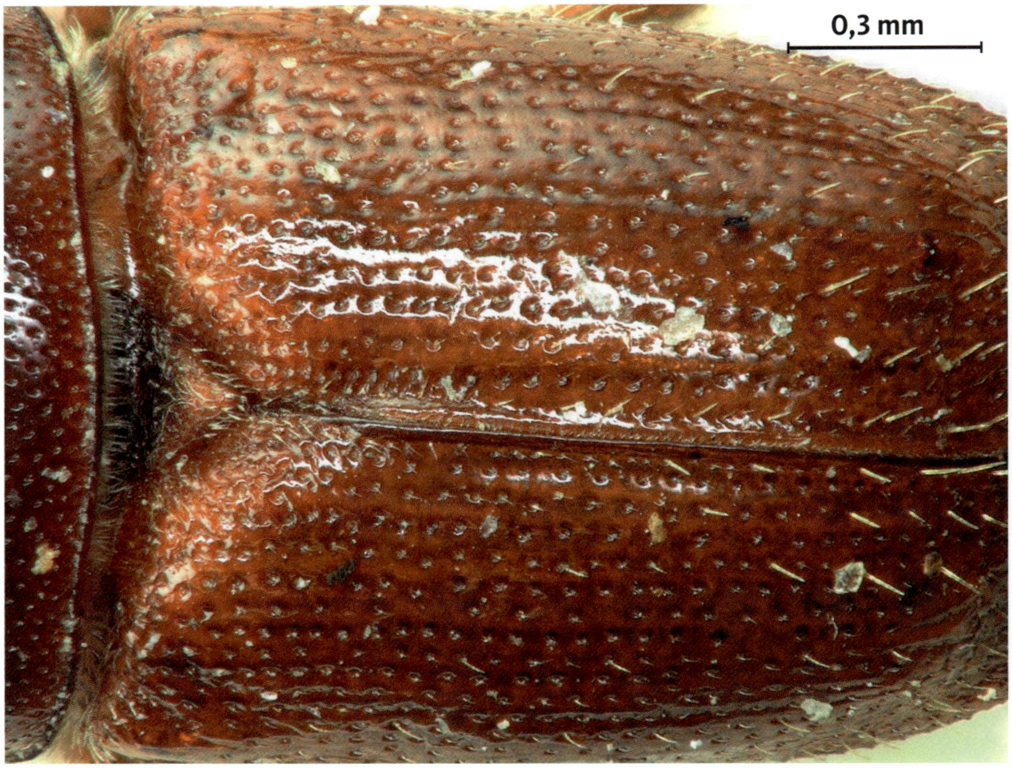

Abb. 161: Beim Hainbuchen-Splintkäfer – *Scolytus carpini* sind die Hauptpunktreihen und die Punktreihen auf den Zwischenbereichen annähernd gleich breit (Mus. Frankfurt).

Abb. 162: Die Stirn der Weibchen vom Hainbuchen-Splintkäfer ist deutlich spärlicher behaart (Mus. Frankfurt).

Abb. 163: Das Männchen vom Hainbuchen-Splintkäfer *Scolytus carpini* (Coll. Bense). Die Punktur im vorderen seitlichen Halsschild-Bereich ist deutlich vor dem Rand schon verschmolzen. Auf der Stirn ist ein gelblicher Haarkranz ausgebildet.

Abb. 164: Aufsicht auf den Kopf-Bereich eines *Scolytus carpini*-Männchens. Oberhalb der Mandibeln (am Epistomal-Rand) entspringen zwei Borstenbüschel (gelbe Pfeile). Dies erinnert an die Haarpinsel von *S. intricatus*. Am Halsschild-Vorderrand (Pronotum) befinden sich kleine Härchen in den Vertiefungen.

5.3 Unterfamilie **Ipinae Reitter, 1913 – Borkenkäfer**

5.3.1 Gattungsschlüssel zur Unterfamilie Ipinae Reitter, 1913 – Borkenkäfer

Die Artenliste für Deutschland wurde mit Hilfe der Internetseite Entomofauna Germanica (www2) erstellt. Für die Schweiz verwendete ich die aktuelle Checkliste (Sanchez et al. 2020, Sanchez et al. 2023). Für Österreich berücksichtigte ich Schedl 1980 und für Tirol Hellrigl (2012).

Die Käfermerkmale, Flugzeiten, Verhaltensweisen und die wirtschaftliche Bedeutung wurden aus zahlreichen Quellen zusammengestellt (John et al. 2016, Ebert et al. 1978, Willig 1999, Forster 2017, Postner 1974, Pfeffer 1995, Hellrigl 2002 & 2012, Mandelshtam et al. 2019).

1 Basalrand der Flügeldecken gekerbt, gehöckert, gezähnelt oder nur einfach gekantet, die Fühlergeißel jedoch 7-gliedrig. 3. Fußglied kreuzförmig und 2-lappig. **Bastkäfer.** ▶ **2**

→ Basalrand der Flügeldecken einfach gekantet und die Fühlergeißel ist 2- bis 5-gliedrig. 3. Fußglied zylinderförmig. **Borkenkäfer im engeren Sinne**. ▶ **18**

2 Der Basalrand ist einfach gekantet und die Fühlergeißel ist 7-gliedrig. Fühler von den Augen entfernt eingelenkt. Kopf mit kurzem Rüssel und tiefer Rüsselfurche. Wurzelbrüter und Frühschwärmer.
Tribus **Hylastini Reitter, 1916** (Gattungen: *Hylurgops* und *Hylastes*) ▶ **3**

→ Der Basalrand der Flügeldecken ist gekerbt, gehöckert, gezähnelt. ▶ **4**

3 Flügeldeckenbasis zum Schildchen hin leicht gebogen. Drittes Tarsenglied zweilappig, fast zweimal breiter als das zweite. Halsschild so breit wie lang oder etwas breiter als lang, nach vorne eingeschnürt verschmälert (subapikale Einschnürung) und mit punktfreiem Kiel in der Mitte. Kopf mit kurz gekieltem Rüssel. Schwach ausgeprägter Geschlechtsdimorphismus bei der Form des Clypeus. Länge 2,5–5,5 mm. ***Hylurgops* LeConte, 1876;** Seite 178

→ Basis der Flügeldecken ganz gerade. Drittes Tarsenglied zweilappig und nur um die Hälfte breiter als das zweite. Halsschild oval, ausnahmsweise vorne etwas eingeschnürt, oder vorne etwas breiter als an der Basis. Geschlechtsdimorphismus bei einigen Arten bei der Form der Abdomenbehaarung. Länge 2–5,6 mm.
***Hylastes* Erichson, 1836;** Seite 156

4 Der Basalrand der Flügeldecken ist jederseits gebogen und vom Scutellum kurz unterbrochen. **Hylesinini** ▶ **5**

→ Der gezähnelte Basalrand der Flügeldecken ist gerade. **Polygraphini** ▶ **15**

5 Die Fühlerkeule ist kompakt und 4-gliedrig. Sie ist nur durch drei feine Nähte geringelt. Stirn ohne Grube ▶ **6**

→ Die Fühlerkeule ist 3-gliedrig und die einzelnen Keulenglieder sind voneinander getrennt. Geschlechtsdimorphismus aufgrund der Stirnform erkennbar. Stirn bei den Männchen meistens mit einer Grube
Gattung ***Phloeotribus* Latreille, 1786** (= *Phthorophloeus* Rey, 1883)(= *Phloeophthorus* Wollaston, 1854) Seite 250

6 Augen nierenförmig. Halsschild fein punktiert und beidseits ohne Körnchen. Fühler mit 5-gliedriger Geißel und mit großer, länglich ovaler 4-gliedriger Keule. Flügeldecken am Absturz mit Höcker- oder Zähnchen-Reihen oder mit einzelnen Zähnen. Der Flügeldecken-Absturz ist bei den Männchen mit kammartigen Höckerreihen. Geschlechtsdimorphismus ist aus der Stirnform und meistens auch aus der Absturzform ersichtlich.
Gattung ***Phloeosinus* Chapuis, 1869** Seite 238

→ Augen am Innenrand ohne Ausschnitt. Halsschild dicht punktiert oder gekörnt oder oft vorne beidseits gehökert. Fühler mit langovaler 3-gliedriger oder gerundeter 4-gliedriger Keule. Flügeldeckenabsturz gewölbt und ohne Höckerreihen oder Zähnchen. ▶ 7

7 Halsschild vorne beidseits mit einzelnen flachen Körnchen (Ausnahme Gattung *Hylastinus* Bedel). Flügeldecken punktiert gestreift mit Borstenhaaren oder mit dichten bunten Schuppen bedeckt. Vorderhüften durch einen breiten Fortsatz des Prosternums weit getrennt. Fühlergeißel 7-gliedrig, selten 6-gliedrig (Gattung *Kissophagus* Bed.). Fühlerkeule lang oval. Bei den Männchen ist die Stirn flach ausgehöhlt oder nur flach, bei den Weibchen leicht gewölbt. Tribus **Hylesinini** Erichson ▶ **8**

→ Halsschild einfach, auch beidseits nur punktiert, ohne Körnchen. Flügeldecken punktiert gestreift, vereinzelt mit schuppenförmigen Haaren (*Xylechinus*). Vorderhüften beieinanderstehend. Schildecken versenkt. Fühlergeißel 5- oder 6-gliedrig. Fühlerkeule gerundet oder kurz oval.
Tribus **Hylurgini** nach Reitter und **Tomicini** Thomson nach Pfeffer ► **13**

8 Flügeldecken von der Seite gesehen im flachen Bogen zur Elytrenspitze allmählich abfallend. Der Bauch von der Mitte zum Körperende hin aufsteigend. Körperumriss oval.
Gattung ***Hylesinus* Fabricius, 1801** (= *Leperisinus* Reitter, 1913) Seite 191

→ Flügeldecken von der Seite gesehen erst ab der Mitte steil abwärts gewölbt. Bauch horizontal verlaufend. Körperumriss mehr walzenförmig. ► **9**

9 Ganze Körperoberseite oder nur die Flügeldecken mit Schuppen bedeckt. Halsschild vorne beidseits schwach, fein gehöckert. Der gehöckerte Flügeldecken-Basalrand ist gegen das Scutellum hin flach gebogen. Die Fühlergeißel ist 7-gliedrig. ► **10**

→ Körperoberseite behaart. Flügeldecken manchmal mit Borstenreihen oder Schuppenhärchen bedeckt. Fühlergeißel 5- bis 7-gliedrig. Geschlechtsdimorphismus nicht sichtbar. ► **11**

10 Ganze Körperoberseite mit kurzen, runden Schuppen bedeckt. Ohne abstehende Borsten-Haare.
Gattung ***Pteleobius* Bedel, 1888** Seite 211

→ Nur die Flügeldecken mit Tannenbäumchen-Schuppen und Borsten-Haaren bedeckt. Halsschild fein behaart.
Gattung ***Chaetoptelius* Fuchs 1912** Seite 217

11 Fühlergeißel 7-gliedrig. Meso- und Metaepisternen (Seitenstücke der Mittel- und Hinterbrust) dicht weiß behaart. Flügeldecken auf den Zwischenräumen mit 1–3 Borstenreihen, am Grunde nicht oder spärlich mit einfachen Härchen besetzt. Halsschild fast kahl und an den Seiten ohne Körnchen.
Gattung ***Hylastinus* Bedel, 1888** Seite 184

→ Fühlergeißel 5- oder 6-gliedrig ► **12**

12 Fühlergeißel 5-gliedrig. Halsschild mit anliegender Behaarung und ohne Körnchen.
***Xylechinus pilosus* (Ratzeburg, 1837)** – Fichtenbastkäfer Seite 236

→ Fühlergeißel 6-gliedrig. Halsschild vorn mit Körnchen. Episternen nur einfach behaart. Halsschild mit sternförmiger Behaarung. Flügeldecken mit dicken Schuppenhaaren, Zwischenräume mit gelben Börstchenreihen.
Gattung ***Kissophagus* Chapuis, 1869** Seite 207

13 Fühlergeißel 5-gliedrig (Abb. 284). Fühlerkeule stumpf. Länge 5,5–9 mm (größter europäischer Borkenkäfer). Vorderrand des Halsschildes in der Mitte flach ausgebuchtet. Flügeldecken stark gewölbt, nach hinten schwach erweitert. Körper sehr groß, glänzend schwarz und aufstehend behaart. Behaarung des ganzen Käfers kurz und nur mäßig dicht.

➔ *Dendroctonus micans* Erichson, 1836 Seite 220

→ Fühlergeißel 6-gliedrig (Abb. 290). Fühlerkeule kegel- oder kurz eiförmig und zugespitzt. Körper walzenförmig, 3–5,5 mm groß. ► **14**

14 Mit dichtstehenden langen Haaren am Elytren-Absturz (Abb. 285). Körper mattschwarz, lang und weich behaart. Sexualdimorphismus in der Struktur des Flügeldeckenabsturzes. Länge 3,3–5,5 mm.

➔ Gattung *Hylurgus* Latreille, 1807 Seite 223

→ Am Elytren-Absturz wenige kurze Haare (Abb. 294). Körperoberfläche ziemlich glänzend und spärlich kurz behaart. Körper braun bis braunschwarz und walzenförmig. Flügeldecken braun bis rotbraun gefärbt. Kerbzähnchen an der Flügeldeckenbasis aufgebogen. Halsschild (Pronotum) breiter als lang, nach vorne trapezförmig verengt und eingeschnürt, Länge 3–5 mm.

➔ Gattung *Tomicus* Latreille, 1802/3 Seite 227

15 Augen vorn tief ausgerandet, manchmal in 2 gesonderte Teile geschieden, Halsschild punktiert, ohne Körner oder Höckerchen. Flügeldecken ohne abstehende lange Haarborsten oder gereihte dicke Federschuppen, sondern anliegend fein und einfach beschuppt. Das 3. Tarsenglied ist nicht zweilappig, das kleine 4. Glied ist frei. ▶ **16**

→ Augen vorn nicht ausgerandet. Halsschild mit einzelnen Körnchen längsreihig besetzt. Flügeldecken mit nicht ganz anliegenden, hellen und dicken Federschuppen oder langen, senkrecht abstehenden Borstenhaaren reihig besetzt. Körper sehr klein. Hypoborina ▶ **17**

16 Fühlerkeule groß, langoval und ohne sichtbare Nähte. Augen längs der Mitte vollständig geteilt in ein oberes und ein unteres Komplexauge. Dazwischen oft ein bis drei Einzelaugen (Ommatidien). Halsschild mit länglichen seidenartigen Schuppen und feinen anliegenden Härchen, Halsschild einfach punktiert, halbglänzend oder halbmatt. Flügeldecken mit feiner, ziemlich dichter seidenartiger länglicher Beschuppung und mit angedeuteten engen Punktstreifen. Zwischenräume breit und dicht fein punktiert. Zähnchenkamm an der Basis nur fein gekerbt. Der Absturz ist ohne Rippen und ohne Höcker. Geschlechtsdimorphismus: Männchen mit flach gewölbter und spärlich behaarter schwarzer Stirn, die auch ein waagrechtes Doppelhöckerchen auf der Höhe des oberen Komplexauges aufweist. Bei den Weibchen ist die Stirn flach und bürstenartig hell behaart. Länge 1,7–3,5 mm.
Gattung ***Polygraphus*** **Erichson, 1836** Seite 273

→ Fühlerkeule annähernd viereckig und mit deutlichen Nähten. Augen am Innenrand nur schwach ausgebuchtet (nierenförmig). Der Zähnchenkamm an der Basis der Flügeldecken ist stärker erhaben und scharf gehöckert. Die Flügeldecken sind am Absturz gefurcht und mit vortretendem drittem Zwischenraum. Flügeldecken schwarz bis schwarzbraun, matt, meistens mit deutlichen Punktstreifen. Zwischenräume gewölbt, gerunzelt und dicht mit feinen runden Schuppen bedeckt. Geschlechtsmorphismus bei der Form der Stirnbehaarung. Länge 1,2–2,2 mm
Gattung ***Carphoborus*** **Eichhoff, 1864** Seite 268

17 Halsschild und Flügeldecken zwischen der Grundbehaarung mit nicht ganz anliegenden dicken und kurzen Federschuppen. Auf den Flügeldecken reihig angeordnet. Fühler mit 4-gliedriger Geißel und 3-gliedriger Keule.
(***Liparthrum bartschti*** **Mühl, 1891**) Seite 290

→ Flügeldecken mit langen, senkrecht abstehenden Borstenhaaren reihig angeordnet. Halsschild so breit wie die Flügeldecken. Fühler mit 5-gliedriger Geißel und 4-gliedriger Keule. (***Hypoborus ficus*** **Erichson, 1836**) Seite 285

18 Die Fühlergeißel ist 2-gliedrig. Der Halsschild ist punktiert. Fühlerkeule rund, ohne Nähte aber mit einem Septum. Halsschild gleichartig punktiert. Punkte klein und rund. Halsschildscheibe vorne nicht gehöckert oder gezähnelt oder kornartig schuppig punktiert. Körper 0,9–1,6 mm lang. Gattung ***Crypturgus*** **Erichson, 1836** Seite 382

→ Die Fühlergeißel ist 3 bis 5-gliedrig. Der Halsschild ist selten vorn punktiert. ▶ **19**

19 Halsschild bucklig gewölbt und im vorderen Teil mit einem scharf abgegrenzten groben Höckerfleck. Die Halsschildbasis sehr fein gerandet. Die walzenförmigen Flügeldecken sind beschuppt oder fein behaart. Dazwischen sind lange Haar- oder dicke Börstchenreihen. Am Absturz ohne tiefe oder flache Furchen. Fühlergeißel 4- oder 5-gliedrig. Stirn bei den Männchen und Weibchen flach gewölbt. Vorderschienen mit deutlichen einzelnen Zähnchen am Außenrand. Metaepisternum von der Seite nur teilweise sichtbar
Cryphalini & Trypophloeini & Ernoporini ▶ **20**

→ Halsschild punktiert oder gleichmäßig gekörnt. Dessen Basis selten gerandet. Flügeldecken unbeschuppt, unbeborstet. Es sind nur einfache Haare vorhanden. ▶ **24**

20 4-gliedrige ovale Fühlerkeule mit einem kurzen Einschnitt (Septum) an der ersten Naht. Fühlergeißel 3- bis 5-gliedrig. Halsschildvorderrand mit 2 bis 10 scharfen Zähnchen in der Mitte. Körper walzenförmig, Flügeldecken punktiert gestreift mit steifen Börstchenreihen in den Zwischenräumen. Männchen flugunfähig und immer kleiner als die Weibchen. Körper klein, 0,9–1,6 mm. Augen an der Innenseite ausgerandet.
Gattung ***Hypothenemus*** **Westwood, 1834** Seite 379

→ Fühlerkeule ohne Septum an den Nähten. Fühlergeißel 4- bis 5-gliedrig. Halsschildvorderrand gehöckert oder mit 2 bis 6 Zähnchen in der Mitte. Flügeldecken mit kurzen oder längeren Härchen oder Schüppchen aber ohne steife Börstchen. Männchen sind geflügelt. ▶ **21**

21 Halsschildvorderrand gehöckert, aber ohne hervorragende Zähnchen in der Mitte. Halsschildscheibe vorne mit einem gut abgegrenzten dreieckigen, aus scharfen Höckerchen unregelmäßig zusammengesetzten Fleck. Augen an der Innenseite ausgerandet. Fühlergeißel 4-gliedrig. Flügeldecken mit sehr feinen liegenden Schüppchen und mit kürzeren oder längeren Haaren. Entwicklung im Bast von Nadelholzarten, in Ostasien auch in Laubholzarten. Gattung ***Cryphalus*** **Erichson, 1836** Seite 335

→ Halsschildvorderrand in der Mitte mit 2 bis 6 kurzen, dicht benachbarten, hervorragenden Zähnchen oder Höckerchen. Vorderteil des Halsschilds mit einem dreieckigen Höckerfleck, welcher aus regelmäßigen Höckerreihen besteht. Zwischenräume der Flügeldecken mit kürzeren oder längeren Schuppen und Härchen. Entwicklung im Bast von Laubholzarten. **► 22**

22 Fühlergeißel 4-gliedrig. Breite, ovale Fühlerkeule 4-gliedrig. Halsschildbasis matt, sehr fein gerandet und runzlig dicht punktiert. Flügeldecken matt, dicht mit Schuppen und Schuppenhaaren bedeckt. Absturz gleichmäßig gewölbt. **► 23**

→ Fühlergeißel 5-gliedrig. Fühlerkeule lang, zugespitzt mit 3 Quernähten. Halsschildbasis glänzend, dicht oder sparsam punktiert und fein, sichtbar gerandet. Vorderrand mit 4 bis 6 spitzigen Höckerchen in der Mitte. Flügeldeckenzwischenräume mit feinen anliegenden Schüppchen und dazwischen mit größeren halbaufstehenden Schuppen. Absturz bei den Männchen meist mit spitzigen Höckerchen in den vierten Zwischenräumen. Gattung ***Trypophloeus*** **Fairmaire, 1869** Seite 371

23 Halsschildvorderrand in der Mitte mit 4 spitzigen und hervorragenden Höckerchen. Ovale Fühlerkeule mit 3 geraden Quernähten. Flügeldecken kurz walzenförrnig, 1,5-mal so lang wie breit. Gattung ***Ernoporus*** **Thomson, 1859** Seite 351

→ Halsschildvorderrand in der Mitte mit 2 spitzigen und hervorragenden Höckerchen. Breitovale Fühlerkeule mit 3 konzentrischen Nähten an der Außenseite. Flügeldecken lang walzenförmig, 1,7- bis 1,8-mal so lang wie breit. Gattung ***Ernoporicus*** **Berger, 1916** Seite 347

24 Halsschild mit gleichmäßiger, zur Basis reichender, dort abgeschwächter, schuppiger oder körneliger Skulptur. Absturz der Flügeldecken auch beim Männchen nicht ausgehöhlt. **► 25**

→ Die hintere Hälfte des Halsschildes ist einfach punktiert oder glatt **► 28**

25 Augen in zwei vollständig gesonderte Teile geschieden. Basis des Halsschildes sehr fein gerandet. Gattung ***Trypodendron*** **Stephens, 1830** (= *Xyloterus* Erichson, 1836) Seite 353

→ Augen einfach. Basis des Halsschildes ungerandet. Oberseite lang abstehend behaart. **Dryocoetini** **► 26**

26 Flügeldecken mit stark punktierten Reihen und fein punktierten Zwischenräumen. Halsschildscheibe mit raspelartiger Punktierung. Fühlergeißel mit 5 Gliedern. Vorderschienen mit 5 bis 7 größeren Zähnchen an der Außenseite. Entwicklung im Bast von Nadel- und Laubholzarten. Gattung ***Dryocoetes*** **Eichhoff, 1864** Seite 403

→ Flügeldecken mit feinen Punktstreifen und fein punktierten Zwischenräumen. Vorderschienen mit 3 bis 4 oder 7 bis 9 Zähnchen. Tiere mit der größeren Anzahl der Vorderschienenzähnchen weisen eine 4-gliedrige Fühlergeißel auf. Halsschildscheibe fein gekörnt. Entwicklung der paläarktischen Arten in Körnern verschiedener Palmenarten. **► 27**

27 Vorderschienen mit 3 bis 4 Zähnchen an der Außenseite. Fühlergeißel 5-gliedrig. Männchen kleiner als die Weibchen und flugunfähig. ***Coccotrypes dactyliperda*** **(Fabricius, 1801) – Dattelkern-Borkenkäfer** Seite 396

→ Vorderschienen mit 7 bis 9 feinen Zähnchen, Fühlergeißel 4-gliedrig. Männchen und Weibchen gleich groß. Männchen mit breit eingedrückter Stirn. ***Dactylotrypes longicollis*** **(Wollaston, 1864)** Seite 400

28 Halsschild in der Nähe der Mitte mit hoher kegelförmiger Wölbung. Fühlerkeule auf der Innenseite gestutzt und dort mit konzentrischen Nähten. Stirn des Weibchens ohne Haarschopf. Kleine bis mittelgroße Ambrosiakäfer mit ausgeprägtem Sexualdimorphismus: ♀♀ langzylindrisch (2–4 mm), die viel selteneren ♂♂ kleiner, oft schildkrötenförmig und flugunfähig. Leben polygam vorzugsweise in Laubbäumen; Brutsysteme in Form von Gabelgängen in einer oder mehreren Ebenen, tief in den Holzkörper eindringend, werden von den Mutterkäfern angelegt. Schäden in Heisterpflanzen (mit Absterbensfolge) und in Stämmen (durch Wertminderung). Entwicklung im Splint. Larven ernähren sich von Ambrosiapilzen.

Xyleborini LeConte, 1876 – Holzbohrer
nachfolgend Bestimmungsschlüssel nur für die Weibchen ▶ **29**

→ Halsschild gleichmäßig gewölbt. Halsschild an den Seiten mit seichter Quervertiefung. Fühlerkeule auf der Innenseite nicht gestutzt. Fühlerkeulennähte auf der Außenseite sichtbar. Vorderschiene distal geradlinig verbreitert, mit Apikalkante. Männchen sowie Weibchen geflügelt und morphologisch nicht verschieden gebaut. ▶ **34**

29 Schildchen (Scutellum) konisch oder knopfförmig, schließt nicht direkt an die Flügeldecken an, hier bleibt ein von Härchen belegter Spalt. Gattung ***Xyleborinus*** **Reitter, 1913** Seite 577

→ Schildchen (Scutellum) flach, schließt an die umgebenden Flügeldecken an. ▶ **30**

30 Halsschild (Pronotum) länger als breit oder wenn so lang wie breit, dann Pronotum basal ohne Haarbüschel. ▶ **31**

→ Halsschild (Pronotum) so lang wie breit oder breiter als lang, Pronotum basal median mit Haarbüschel, bei seitlicher Ansicht sind hier die aufgerichteten, dicht zusammenstehenden Härchen erkennbar. ▶ **33**

31 Flügeldecken (Elytren) locker behaart und mit deutlichen Punktreihen. ▶ **32**

→ Flügeldecken (Elytren) mit dichter und unregelmäßiger, halb anliegender Behaarung und verworren punktiert, Punktreihen undeutlich. Halsschild parallelseitig. Gattung ***Cyclorhipidion*** **Hagedorn, 1912** Seite 620

32 Bei den Weibchen: Halsschild (Pronotum) deutlich länger als breit (Index: größer 1,2). Gattung ***Xyleborus*** **Eichhoff, 1864** Seite 588

→ Bei den Weibchen: Halsschild (Pronotum) wenig länger als breit (Index: kleiner als 1,07). Halsschildbasis mäßig dicht und mäßig stark punktiert. Absturz neben der Naht schwach flach gefurcht und mit Punktreihen besetzt. Zwischenräume mit feinen Körnchen. Körper pechbraun. ***Heteroborips cryptographus*** **(Ratzeburg, 1837)** Seite 573

33 Vorderhüften (Procoxae) durch eine Intercoxalplatte weit getrennt. Die Außenkante der Vordertibien trägt 4 oder 5 Dornen auf Sockeln. Gattung ***Xylosandrus*** **Reitter, 1913** Seite 608

→ Vorderhüften (Procoxae) zusammenliegend. Halsschild (Pronotum) rundlich. Gattung ***Anisandrus*** **Ferrari, 1867** Seite 565

34 Spitzenrand der Flügeldecken direkt das Abdomen umfassend. **Taphrorychini** ▶ **35**

→ Spitzenrand der Flügeldecken doppelt. Der innere Rand umfasst das Abdomen, der äußere Rand begrenzt eine über das Abdomen verlängerte, in der Mitte oft winkelig eingeschnittene, horizontale Platte. Flügeldecken mit starken Punktstreifen. Absturz derselben beim Männchen stark und beim Weibchen schwächer gezähnt. Körper walzenförmig, mittelgroß bis groß. Fühlergeißel 5-gliedrig. Fühlerkeulen-Nähte auf beiden Seiten sichtbar. Stirn bei den Männchen einfach kurz behaart. Bei den Weibchen mit dichter Behaarung. Halsschild groß, gleichmäßig gewölbt, länger als breit (mehr oder weniger parallelseitig, vorne verrundet). Halsschildvorderrand gehöckert, an der Basis einfach punktiert oder glatt. Basis ohne Rand. Absturz stark oder schwach ausgehöhlt und am Rand gezähnelt. Bei den Weibchen manchmal dagegen nur schwach gehöckert. Basalrand nicht gehöckert. Geschlechtsdimorphismus oft bei Ausprägung der Stirnbehaarung und dem Absturz. Polygame Rindenbrüter. Entwicklung fast ausschließlich in Nadelhölzern, ausnahmsweise in Laubholz. **Ipini** ▶ **40**

35 Vorderrand des Halsschildes glattrandig und ohne feinen Höckerkranz. **Thamnurgina** ▶ **36**

→ Vorderrand des Halsschildes mit feinem Höckerkranz. **Taphrorychina** ▶ **38**

36 Halsschild auch vorn punktiert mit ovalen oder länglichen Punkten. Halsschild vorne nicht gehöckert, gezähnelt oder kornartig schuppig punktiert. Flügeldecken am ungezähnten Absturz mit einer Längsfurche oder Abflachung neben der Naht. Fühlergeißel 5-gliedrig. Oberseite lang abstehend behaart. Flügeldecken parallel und lang und weiß abstehend behaart. Länge: 1,3–3,3 mm Gattung ***Thamnurgus*** **Eichhoff, 1864** Seite 439

→ Halsschild vorn gekörnt und hinten punktiert. ▶ **37**

37 Scutellum klein aber deutlich sichtbar. Halsschild auch vorn nur kurz und anliegend behaart (fast kahl). Flügeldecken am ungezähnten Absturz mit tiefem Nahtstreifen oder flach gefurcht. Flügeldecken dicht, wie verworren punktiert, da die Punktreihen und Zwischenräume gleich stark punktiert sind.
Gattung ***Lymantor*** **Lövendal, 1889** Seite 420

→ Schildchen kaum sichtbar. Halsschild im vorderen Teil fein körnchenartig punktiert und lang behaart, hinten dicht und stark punktiert. Flügeldecken am Absturz mit doppelter Furche und vorstehender Naht. Beim Männchen ausgehöhlt, glänzend mit vorstehender Naht und jederseits am oberen Absturzrand mit einem mehr oder weniger großen Zahn. Fühlergeißel 5-gliedrig. Geschlechtsdimorphismus gut ausgebildet. Absturz bei den Männchen ausgehöhlt und beidseits mit einem Zahn, ähnlich wie bei den Männchen von *Pityogenes bidentatus*. Absturz bei den Weibchen nur längs der erhöhten Naht leicht gefurcht und ohne Seitenzahn. Fühlerkeule mit konzentrischen Nähten auf der Außenseite. Gattung ***Xylocleptes*** **Ferraria, 1867** Seite 391

38 Halsschild-Basis gerandet. Flügeldecken am Absturz neben der Naht mit geglätteter Längsfurche. Flügeldecken walzenförmig mit Punktreihen und ohne Schuppen. Pityophthorini nach Schedl, Corthylini nach Pfeffer **▶ 39**

→ Halsschild-Basis ungerandet. Halsschild vor der Basis ohne glatte Längsschwiele. Flügeldecken am Absturz ohne Zähne, höchstens mit feinen Körnchenreihen. Stirn des Weibchens mit sehr dichtem, langem konzentrischem Haarschopf. Fühlerkeule mit gebogenen, halbverhüllten Nähten. Gattung ***Taphrorychus*** **Eichhoff, 1878** Seite 424

39 Die höchste Wölbung (Summit) des Halsschilds befindet sich in oder hinter der Mitte. Kleinere Arten: 1–2,8 mm. Entwicklung im Bast von Nadelholzzweigen. Gattung ***Pityophthorus*** **Eichhoff, 1864** Seite 299

→ Die höchste Wölbung (Summit) des Halsschilds befindet sich vor der Mitte. Halsschild länger als breit. Fühlergeißel 5-gliedrig. Fühlerkeule umgekehrt eiförmig mit Nähten. Größere Art: 3,2–3,5 mm. In Europa eingeschleppt aus Nordamerika. ***Gnathotrichus materiarius*** **(Fitch, 1858)** Seite 295

40 Basalhälfte des Halsschilds punktiert und mit einer glatten flachen Längsschwiele. Halsschild-Lateralbeulen ausgeprägt. Punktierung hier fehlend oder aufgelockert. Stirn bei den Weibchen entweder mit einer Grube oder flach gewölbt und sehr dicht behaart, Stirn bei den Männchen flach und kurz behaart. Absturz breit, tief oder flach eingedrückt und beidseits mit 1 bis 3 Paar Zähnchen oder Höckerchen. Flügeldecken mit feinen oder mäßig starken Punktreihen. Der Spitzenrand der Flügeldecken umfasst hier unmittelbar das Abdomen. Länge 1,5–3,5 mm.
Gattung ***Pityogenes*** **Bedel, 1888** Seite 517

→ Basalhälfte des Halsschilds punktiert und mit einer glatten, aber nicht erhöhten Mittellinie: Lateralbeulen nur angedeutet. Stirn ohne Grube, mit verschiedener Behaarung. Absturz beidseits der Fläche mit 3 bis 5 Paar Haken- oder Kegelzähnen. Spitzenrand doppelt. Der innere Rand umfasst das Abdomen, der äußere die Absturzfläche.
▶ 41

41 Flügeldecken nach hinten schwach verbreitert und mit sehr groben Punktreihen bedeckt. Absturz mit 3 Paar Zähnen (Männchen) oder Höckerchen (Weibchen). Der 2. Zahn ist bei den Männchen ein Hakenzahn, bei den Weibchen nur ein Höcker. Zwischenräume fein einreihig punktiert. Stirn und Halsschildvorderrand bei den Weibchen lang, dicht, goldgelb behaart, bei den Männchen spärlich behaart und Stirn mit einem Mittelkiel. Länge 1,6–3,2 mm. Gattung ***Pityokteines*** **Fuchs, 1911** Seite 550

→ Flügeldecken walzenförmig, nicht sehr grob punktiert. Absturz mit Kegel- oder Hakenzähnen. Stirn nur dünn behaart, ohne langen gelben Haarschopf. **▶ 42**

42 Absturz der walzenförmigen Flügeldecken mit 3 bis 6 Paar Kegelzähnen. Der Sexualdimorphismus ist bei der Ausprägung der Kegelzähne fast nicht erkennbar. Seitenwülste am Absturz stärker ausgeprägt als bei *Orthotomicus*. Abfall der Flügeldecken am Absturz S-förmig abgeschrägt, der gebogene Spitzenrand etwas horizontal abgeflacht. Länge 2,2–8 mm. Flügeldeckenzwischenräume breiter als die Punktreihen. Gattung ***Ips*** **DeGeer, 1775** Seite 450

→ Absturz der walzenförmigen Flügeldecken mit 3 bis 5 Paar Kegelzähnen oder Höckern. Der zweite Zahn ist nicht zylindrisch oder distal geknöpft. Männchen und Weibchen tragen zwar an gleicher Stelle die Kegelzähne oder Höcker, aber nur beim Männchen sind sie kräftig ausgebildet, dadurch ist der Sexualdimorphismus bei den meisten Arten sehr deutlich ausgeprägt. Seitenwülste am Absturz nur mäßig erhaben. Flügeldecken hier fast senkrecht abfallend. Gebogener Spitzenrand nicht abgeflacht. Flügeldeckenzwischenräume nicht breiter als die Punktreihen. Länge 1,6–5,4 mm. Gattung ***Orthotomicus*** **Ferrari, 1867** Seite 481

5.3.1.1 Bastkäfer

(an Laub- und Nadelbäumen als Rinden- und Wurzelbrüter)

Tribus Hylastini LeConte, 1876

(*Hylastes* LeConte, 1876:387; *Hylurgopina* Balachowsky, 1949:122; *Hylastinini* Schedl, 1981:47; *Hylastides* Barbey, 1901:18)
Typusgattung: *Hylastes* Erichson, 1836:47.

Mittelgroße Käfer (2–5,6 mm). Walzenförmige Flügeldecken mit nicht oder nur wenig aufgebogenem, schwach gekerbtem Basalrand. Kopf mit kurz gekieltem oder ungekieltem kurzem Rüssel sowie mehr oder weniger tiefer Rüsselfurche. Halsschildscheibe punktiert, ohne Körnchen/Höckerchen an den Seiten. Augen seitenständig, oval bis länglich. Fühlerschaft keulenförmig. Fühler von den Augen entfernt eingelenkt. Fühlergeißel 7-gliedrig und kurzer, teleskopartig 4-gliedriger, kegelförmiger/birnenförmiger Keule. Schildchen gut sichtbar. Drittes Tarsalglied zweilappig. Schwarz bis dunkelrotbraun. Vorderhüften eng gestellt bis aneinander berührend. Vorderschienen distal erweitert, Außenkante gezähnt. Gechlechtsdimorphismus bei einigen Arten aufgrund der Form der Bauchbehaarung.

Monogame Rindenbrüter an Nadelbäumen. Befall meist an Stammbasis, an Wurzelanläufen und flachstreichenden Wurzeln („Wurzelbrüter"). Schädigen durch Reifungsfraß der Jungkäfer, an Stämmchen und oberen Wurzelteilen jüngerer Bäumchen (3- bis 15-jährige), z. B. auch in Aufforstungen. Im Untersuchungsgebiet nur zwei Gattungen: *Hylastes* und *Hylurgops*. (Pfeffer 1995, Hellrigl 2012, Postner 1974, Schedl 1981)

Gattung *Hylastes* Erichson, 1836

(= *Tomicus pinicola* Bedel, 1888:389)
Typusart: *Bostrichus ater* sensu Paykull, 1800

Käfer: 2–5,6 mm, Körper langgestreckt walzenförmig, dunkelrotbraun bis schwarz. Fühler mit 7-gliedriger Geißel und 4-gliedriger, eiförmiger, zugespitzter Keule. Kopf mit kurzem gekieltem oder ungekieltem Rüssel. Halsschild oval, ausnahmsweise vorne etwas eingeschnürt, oft mit punktfreier Mittellinie oder mit Mittelkiel. Scheibe gleichmäßig punktiert, meist mit kahler Mittellinie. Flügeldecken walzenförmig, tief punktiert gestreift mit hauchartiger Behaarung oder mit gereihten Börstchenhaaren auf den Zwischenräumen. Zwischenräume punktiert oder körnig gerunzelt. Basis der Flügeldecken gerade und ohne aufgebogenen gekerbten Basalrand. Seiten der Flügeldecken parallel, am Hinterende abgerundet, in gleichmäßiger Rundung abfallend. Drittes Tarsalglied nur um die Hälfte breiter als das zweite. Sexualdimorphismus bei einigen Arten bei der Abdomenbehaarung und bei der Struktur der Zwischenräume am Absturz. Die Männchen der kleineren Arten haben eine sehr feine Längsfurche oder Längskiel in der Halsschild-Mitte. Die Weibchen weisen eine mehr oder weniger deutliche punktfreie und etwas erhabene, ungefurchte Längslinie in der Halsschild-Mitte auf.

Lebensweise: Monogam lebende Bastkäfer, die in der Rinde von Nadelbäumen, hauptsächlich der Gattungen *Pinus* und *Picea*, gelegentlich auch *Larix*, brüten. Befall überwiegend an der Stammbasis, an Wurzelanläufen und flachstreichenden Wurzeln (Wurzelbrüter) sowie an am Boden liegenden Nadelholzstämmen. Längsverlaufender Muttergang am Anfang schwach stiefelartig erweitert. Larvengänge im fortgeschrittenen Stadium oft wirr durcheinanderlaufend. Im Allgemeinen tritt keine nennenswerte Schädigung des Wirtsbaumes auf. Jung-Käfer dagegen nutzen für ihren Reifungsfraß die Stämmchenbasis und oberen Wurzelteile junger Nadelbäume (3–15 Jahre), minieren in ihnen und bringen diese zum Absterben. Die kurzen, unregelmäßigen, rinnenartigen Gänge mit unterhöhlten Rändern sind deutlich verschieden zum Pockennarbenfraß des Großen Braunen Rüsselkäfers (*Hylobius abietis*).

Wirtsbaumarten: *Pinus* und *Picea*, gelegentlich auch *Larix*.

Artenschlüssel für die Gattung *Hylastes* Erichson, 1836 (verändert nach Pfeffer 1995)

1 Halsschild mit größter Breite in der vorderen Hälfte, 1,2- bis 1,35-mal so lang wie breit. Die groben Punkte der Halsschildscheibe sind länglich (Abb. 167). Flügeldecken zweimal so lang wie breit mit groben Punktreihen (Abb. 165). Zwischenräume schmal, körnig gerunzelt, fein behaart und mit einer kurzen Börstchenreihe. Rüssel sehr fein gekielt (Abb. 169). Länge 3–4,5 mm.

→ *Hylastes linearis* Erichson, 1836:49
(*H. corticiperda* Erichson, 1836:50; *H. variolosus* Perris, 1842:181; *H. clavus* Wollaston, 1854:305; *H. flavicornis* Lindberg, 1950:19)

→ Halsschild kürzer, nur 0,9- bis 1,2-mal so lang wie breit mit größter Breite in der hinteren Hälfte. Halsschildscheibe mit runden Punkten und mit einer kahlen, langen oder kurzen Mittellinie. **2**

2 Flügeldecken mit hauchartiger Grundbehaarung. Zwischenräume ohne deutlichen Haarborstenreihen. Rüssel mit kurzem oder langem Längskiel über dem Epistom. Stirn ohne Grube. Halsschild gleichmäßig punktiert und mit feiner, aber nicht erhöhter Mittellinie. Körper größer (3,5–5,6 mm). **3**

→ Zwischenräume der Flügeldecken weisen zwischen der hauchartigen Grundbehaarung längere, gereihte Haarbörstchen oder dünne, dichte gelbe Haare auf. Halsschild mit glatter erhobener Mittellinie. Körper kleiner (2–3,5 mm) **6**

3 Halsschild in der vorderen Hälfte leicht eingeschnürt, aber nicht so deutlich wie bei *Hylurgops palliatus* Gyll., oder die Halsschildseiten im vorderen Drittel zur Spitze hin ganz gerade verlaufend. Halsschild vorne rötlich. Halsschild meist schmaler als die Flügeldecken, manchmal aber so breit wie diese und kurzoval; 0,94- bis 1,15-mal so lang wie breit (im Durchschnitt 1,06). Punktierung dicht, stark bis grob. Der Mittelkiel des Rüssels ist nur auf die vordere Rüsselquerfurche beschränkt. Flügeldecken kürzer walzenförmig, 1,46- bis 1,76-mal so lang wie breit (im Durchschnitt 1,65). Die Zwischenräume sind flach gewölbt, nur so breit wie die Punktreihen und sehr stark gerunzelt. Sexualdimorphismus: Das Männchen ist auf dem letzten Abdominalsegment gleichmäßig, in der Mitte hellgelb behaart. Flügeldeckenzwischenräume auf dem Absturz mit einer kurzen Haarreihe und anliegenden, kleinen Schüppchen. Länge 2,1–5 mm.

→ *Hylastes cunicularius* Erichson, 1836 – Schwarzer Fichtenbastkäfer
(*H. rotundicollis* Pfeffer, 1955:111; *Hylurgops starki* Eggers, 1933:1; *H. acutus* Endr□di, 1957: 308)

→ Halsschild im vorderen Drittel gleichmäßig ovalförmig. Flügeldecken 1,6- bis 2-mal so lang wie breit. Halsschildscheibe mit einer kahlen, langen oder kurzen Mittellinie. Stirn mit einem langen Mittelkiel (Ausnahme *H. fallax*) **4**

4 Halsschild in seiner größten Breite schmaler als die Flügeldeckenbasis. Stirn mit langem, deutlichem Mittelkiel. **5**

→ Halsschild bei seiner größten Breite so breit wie die Basis der Flügeldecken. Körper groß, 4,3–5,6 mm lang. Rüsselmittelkiel kurz oder lang, aber nur schwach ausgeprägt. Halsschild kurz oval, nur 1–1,01 lang wie breit. Stirn sehr dicht punktiert. Mittelkiel nur auf die Querfurche beschränkt, ähnlich wie bei *H. cunicularius* Er. Halsschildscheibe dicht punktiert, halb matt und mit schwach erhöhter glatter Mittellinie. Flügeldecken breit walzenförmig, 1,83- bis 1,86-mal so lang wie breit. Punktreihen am Absturz kräftiger und tiefer. Zwischenräume flach gewölbt, stark quer gerunzelt und nur so breit wie die Punktreihen. Das Männchen weist in der Mitte des letzten Abdominalsternits einen gelben Haarfleck auf, dessen Haare regelmäßig parallel verlaufen, ähnlich wie bei *H. cunicularius* Er. Wegen seiner robusten Gestalt an *Hylurgops glabratus* Zett. erinnernd. Länge 4,8–5,2 mm. **Das mir zur Verfügung stehende Material entsprach nicht dieser Beschreibung.**

→ *Hylastes fallax* Wichmann, 1911
(*H. gergeri* Eggers, 1911:119; *Hylurgops gergeri* Schedl, 1932:1636)

5 Halsschild vorne oval und in der hinteren Hälfte mit parallelen Seiten, 1,09–1,34 (Mittelwert 1,21) mal so lang wie breit. Flügeldecken lang walzenförmig 1,61–2,04 (Mittelwert 1,85) mal so lang wie breit. Zwischenräume flach und fast zweimal so breit wie Punktreihen, zudem ziemlich schwach gerunzelt. Sexualdimorphismus: Zwischenräume der Flügeldecken am Absturz der Weibchen mit 3 feinen Haarreihen, ohne Schüppchen, beim Männchen mit 1 Haarreihe und 2 Schüppchen-Reihen. Das Männchen weist am letzten Abdominalsternit ein bis zur Mitte reichendes, gelb behaartes, in der Mitte nicht geteiltes Dreieck auf. Fühler und Tarsen rostrot, Flügeldecken dunkelbraun bis schwarz und matt. Länge 3,4–5 mm.

→ *Hylastes ater* (Paykull, 1800) – Schwarzer Kiefernbastkäfer
(*Bostrichus ater* Paykull, 1800:153; *Hylesinus chloropus* Duftschmid, 1825:102; *Hylastes ater* (Paykull): Erichson, 1836:47; *Tomicus pinicola* Bedel, 1888:390; *H. angusticollis* Eggers, 1929:9; *Ipsocossonus anomalus* Oke, 1934: 250)

→ Halsschild ganz oval und nur 1,05–1,19 (Mittelwert 1,15) mal so lang wie breit. Flügeldecken lang walzenförmig, 1,75–1,92 (Mittelwert 1,85) mal so lang wie breit. Zwischenräume nur so breit wie die Punktreihen und stark quer gerunzelt, ähnlich wie bei *H. cunicularius* Er. Zwischenräume am Absturz der Flügeldecken bei Männchen und

Weibchen mit einer Haarreihe und mit Schüppchen bedeckt. Sexualdimorphismus: Das Männchen weist am Ende des letzten Abdominalsegments in der Mitte ein gelb behaartes Dreieck auf, das in der Mitte scharf halbiert wird. Länge 3,5–4,7 mm.

→ *Hylastes brunneus* Erichson, 1836 – Brauner Kiefernbastkäfer
(*H. rotundicollis* Reitter, 1894:60; *H. atterimus* Eggers, 1933:3; *H. subalpinus* Eggers, 1940:61; *H. ater:* Schedl, 1981:48)

Wird von manchen Autoren (Postner 1974; Grüne 1979; Schedl 1981) nur als Varietät von *H. ater* angeführt, von anderen als eigenständige Art betrachtet (Masutti 1995, Pfeffer 1995, Hellrigl 2012, Alonso-Zarazaga et al. 2023).

6 Rüssel flach gewölbt und oberhalb der Querfurche ohne Längsgrübchen. Zwischenräume der Flügeldecken mit 2 Reihen feiner Haarreihen. Körper schwarz. Länge 2,5–3,5 mm. Schwarz, Fühler und Beine rostrot. Flügeldecken matt, Zwischenräume der Flügeldecken etwas breiter als die stark punktierten Reihen, vorne mit unregelmäßigen, zweireihigen Haarreihen. Länge 2,5–3,5 mm.

→ *Hylastes opacus* Erichson, 1836 – Mattschwarzer Kiefernbastkäfer
(*Hylesinus angustatus* Gyllenhal, 1813: 342; *Ips ater* Marsham, 1802: 59; *H. simplex* Rey, 1892:38)

→ Rüssel oberhalb der Querfurche flach und mit feinen kurzen Längsgrübchen in der Mitte **7**

7 Die runden Vertiefungen auf den Streifen („Punktstreifen") der Flügeldecken sind stark und tief. Die mit kleinen Höckerchen und einer einreihigen Borstenreihe versehenen Zwischenstreifen sind weniger breit als die Streifen mit den runden Vertiefungen. In der zweiten Zwischenreihe können die Borstenreihen manchmal zu Beginn der Flügeldecken zweireihig sein. Halsschild vorne schwach abgeschnürt. Körper schwarzbraun. Länge 2–3 mm.

→ *Hylastes attenuatus* Erichson, 1836 – Starkpunktierter Kiefernbastkäfer

→ Die runden Vertiefungen auf den Streifen („Punktstreifen") sind weniger tief und nicht so scharfkantig. Die Zwischenräume weisen unregelmäßige zweireihige Borstenreihen auf, die ungefähr so breit sind wie die runden Vertiefungen („Punktreihen"). Schon nach einem Drittel der Flügeldeckenlänge werden die Borstenreihen einreihig. Halsschild oval, nach vorne etwas mehr verengt. Körper schwarz mit schwarzbraunen Flügeldecken. Rüssel an der Basis mit kleinem eingesenktem Längsstichel. Länge 2,5–3,5 mm.

→ *Hylastes angustatus* (Herbst, 1793) – Schmaler Kiefernbastkäfer
(*Bostrichus angustatus* Herbst, 1793: 111; *Hylesinus graphus* Duftschmid, 1825:106; *Hylastes angustatus* (Herbst): Erichson, 1836:51; *H. opacus:* Thomson, 1865:349; *H. scandinavicus* Lekander, 1965:196)

Artkapitel zur Gattung *Hylastes* Erichson, 1836

Hylastes linearis Erichson, 1836:49

Lebenweise: brütet in Stöcken, Brutbild wie bei den anderen *Hylastes*-Arten.
Tirol: selten; brütet in Stöcken von Kiefern.
Wirtsarten: *Pinus halepensis, P. pinaster, P. pinea, P. halepensis* var. *brutia, P. nigra cevennensis, P. nigra nigra, P. sylvestris* und *P. canariensis.*

Verbreitung: Mittel- und Südeuropa, strahlt aus bis nach Mitteleuropa und Russland, Zypern, Tunesien, Algerien, Kanarische Inseln. Verschleppt nach Südafrika.
Rote Liste Deutschland: sehr selten, kurzfristiger Bestandstrend: gleichbleibend, langfristige Bestandsentwicklung: mäßiger Rückgang. Gefährdet (3). In der Vergangenheit etliche Vorkommen erloschen.

Abb. 165: Aufsicht auf *Hylastes linearis* (Coll. Bense). Der Halsschild (Pronotum) ist im hinteren Drittel leicht eingeschnürt. Die rundlichen Vertiefungen verschmelzen zu länglichen Ketten. Nur im mittleren Bereich bleiben die Vertiefungen einzelstehend.

Abb. 166: Seitenansicht von *Hylastes linearis* (Mus. Wiesbaden). Die Flügeldecken sind im letzten Drittel und am vorderen sowie am unteren seitlichen Rand behaart.

Abb. 167: Pronotum (Halsschild) in Aufsicht von *Hylastes linearis* (Mus. Wiesbaden). Es trägt nur seitlich und am hinteren Rand kurze abstehende Haare. Die rundlichen Vertiefungen zerfließen außerhalb des Spiegels zu größeren länglichen Gruben. Die Fühlergeißel ist 7-gliedrig. Die Fühlerkeule besteht aus 4 Gliedern.

Abb. 168: Nur in sehr geringer Dichte treten am Absturz neben den kurzen Haaren auch Schuppenhaare auf.

Abb. 169: *Hylastes linearis* Kopf-Frontalansicht (Coll. Bense). Deutlich ist der kurze Rüssel mit Grat zu erkennen. Von den Augen zur Mitte und zum Rüssel hin sind kurze anliegende Haare inseriert. Die Stirn ist unbehaart, deutlich chagriniert und mit runden Vertiefungen versehen. Die äußere Hälfte des Fühlerschafts ist deutlich keulig verdickt. Der Schaft ist insgesamt kräftig chagriniert.

Hylastes cunicularius Erichson, 1836

Schwarzer Fichtenbastkäfer

Lebensweise: Brutbilder an der Stammbasis und den Hauptwurzeln älterer Fichten. Muttergänge wie bei *Hylastes ater*, mit hakenförmiger Erweiterung am Anfang. Larvengänge kurz. Begattung außerhalb des Mutterganges. Flugzeit April; Entwicklung bis in den Juli. Der Regenerationsfraß der Altkäfer und der Reifungsfraß der Jungkäfer finden vorzugsweise im basalen Teil der Stämmchen junger Fichten statt. Dies kann zum Absterben der Fichtenkulturen führen. Zweite Eiablage Ende Juli/Anfang August. Überwinterung als Puppe oder Jungkäfer. In günstigeren Klimabereichen 2 Generationen im Jahr.

Abb. 170: Das Brutbild von *Hylastes cunicularius* (Mus. Frankfurt) in *Picea abies*.

Abb. 171: Das Brutbild von *Hylastes cunicularius* (Uni Göttingen) im Wurzelstock von *Picea abies*.

Wirtsbaumarten: fast ausschließlich *Picea*-Arten, selten auch an *Larix decidua* und *Pinus sylvestris*, gemein auf gestapeltem Holz (Fichte), schädlich in junger Fichtenaufforstung. Häufigste Art der Gattung, überall an Fichte.
Verbreitung: Mittel-, Nordeuropa, Kaukasus, Sibirien. Tirol: 500–1900 m

Rote Liste Deutschland: mäßig häufig, kurz- und langfristige Bestandsentwicklung: gleichbleibend. Ungefährdet.

Abb. 172: Aufsicht von *Hylastes cunicularius* (Mus. Frankfurt). Die Flügeldecken (Elytren) sind vollständig behaart. Die rundlichen Vertiefungen auf dem Halsschild (Pronotum) verschmelzen nicht miteinander. Im vorderen Bereich ist der Halsschild leicht eingeschnürt.

Abb. 173: Weibchen von *Hylastes cunicularius* in Seitenansicht (Mus. Frankfurt).

Abb. 174: Am Absturz sind neben den kurzen Haaren auch in großer Dichte Schuppenhaare vorhanden. Zwischen den Rippenbögen verlaufen kräftig ausgeprägte Grubenreihen.

Abb. 175: Die Hinterleibs-Unterseite von einem Männchen (Mus. Frankfurt).

Abb. 176: Die vordere Unterseite eines Männchens (Mus. Stuttgart).

Abb. 177: Die Flügeldecken sind deutlich gerippt und komplett mit kurzen, lückigen stehenden Haaren versehen. Zwischen den Rippen verlaufen kräftige Punktreihen (Mus. Frankfurt).

Abb. 178: Die Stirn ist kräftig chagriniert und mit runden Vertiefungen. Hier ist der Rüssel ohne Grat.

Abb. 179: Die Stirn ist kräftig anliegend behaart (Männchen). Der Grat am Rüssel ist schwach ausgeprägt.

Hylastes fallax Wichmann, 1911:100

Wirtsart unbekannt.

Verbreitung: Rumänien (Transsilvanische Alpen bei Rzesica), Italien (Valombrosa bei Florenz), Slowakei (Zarnovica), Niederösterreich (Wienerwald). Sehr selten.

Hylastes ater (Paykull, 1800)

Schwarzer Kiefernbastkäfer (engl. Black pine bark beetle)

Lebensweise: Muttergang als einarmiger Längsgang von 7–12 cm längs oder schräg zur Stammachse, den Splint schürfend. Larvengänge kurz (1–3 cm), anfangs regelmäßig, später ineinandergreifend. Reifungsfraß der Jungkäfer meist außerhalb des Brutbildes an Stöcken, alten feuchten Stämmen oder an jungen, meist 2- bis 10-jährigen Kiefern im unteren Stamm- oder Wurzelbereich. Diese sterben nach kurzer Zeit durch den Fraß ab. Der Reifefraß der Jungkäfer findet verborgen unter der Rinde statt. Er kann mit dem zeitgleich stattfindendem Brutfraß des Großen Waldgärtners verwechselt werden. Dessen Muttergang zeigt jedoch anfangs eine Krümmung. *H. ater* und *Hylurgus*

Abb. 180: Reifungsfraß vom Schwarzen Kiefernbastkäfer (*Hylastes ater*) in Kiefer (Uni Göttingen).

ligniperda besiedeln bevorzugt Stämme mit Bodenkontakt. Überträgt Bläuepilze. In der Regel eine Generation mit Flugzeit im April/Mai (Frühschwärmer) mit Geschwisterbrut; in wärmeren Gebieten auch 2 Generationen.

Wirtsarten: *Pinus*-Arten, z. B. *Pinus sylvestris* und *Pinus nigra*; seltener an *Picea abies*, *P. obovata* (Sibirische Fichte) und *Taxus baccata* (Europäische Eibe).

Verbreitung: Süd- und Mitteleuropa bis Südschweden und Südnorwegen, Russland, Sibirien. In Tirol ziemlich selten, die Art ist weit seltener als der ähnliche *H. cunicularius*. Unter Kiefernrinde. Eingeschleppt in den USA, Australien, Neuseeland, Süd-Korea, Libanon, Chile, China und weitere Länder.

Rote Liste Deutschland: mäßig häufig, kurz- und langfristige Bestandsentwicklung: gleichbleibend. ungefährdet.

Abb. 181: *Hylastes ater* in Aufsicht (Mus. Wiesbaden).

Abb. 182: *Hylastes ater* in Seitenansicht (Mus. Wiesbaden).

Abb. 183: Am Absturz sind neben den kurzen Härchen auch zahlreiche Schuppenhaare.

Abb. 184: Die Flügeldecken tragen durchgehend sehr kurze Härchen.

Abb. 185: Die Stirn trägt anliegende Haare und der kurze Rüssel zeigt einen deutlichen Grat.

Hylastes brunneus Erichson, 1836:48

Brauner Kiefernbastkäfer

Lebensweise: Weit verbreitet in Deutschland. Eine Generation pro Jahr. Sehr vereinzelt an Fichten, Kiefern und auch an Tannen, 650–2000 m (Hellrigl 2012).

Wirtsarten: *Picea abies, P. jezoensis, P. obouata, P. orientalis, Pinus sylvestris, P. rotundata, P. strobus, P. nigra rugra, P. leucodermis, P. cembra, P. koraiensis. Abies* sp.

Verbreitung: Mittel- und Nordeuropa, Balkanländer, Kleinasien, Kaukasus, Sibirien

Rote Liste Deutschland: mäßig häufig, kurz- und langfristige Bestandsentwicklung: gleichbleibend. Ungefährdet.

Abb. 186: *Hylastes brunneus* in Aufsicht (Mus. Stuttgart).

Abb. 187: *Hylastes brunneus* in Seitenansicht (Mus. Stuttgart).

Abb. 188: Die Hinterleibs-Unterseite von *Hylastes brunneus* (Mus. Frankfurt).

Abb. 189: Neben den kurzen Härchen befinden sich auch einige Schuppenhärchen (Mus. Stuttgart).

Abb. 190: Die Flügeldecken (Elytren) sind mit kurzen abstehenden Härchen bedeckt (Mus. Frankfurt).

Abb. 191: Die Stirn ist behaart. Der kurze Rüssel trägt einen deutlichen Grat (Mus. Stuttgart).

Hylastes opacus Erichson, 1836:51

Mattschwarzer Kiefernbastkäfer

Lebensweise: Brütet in den Hauptwurzeln und an der Stammbasis jüngerer Kiefern, Brutbild wie bei den anderen *Hylastes*-Arten. Verpuppung zuweilen im Splint. Kann jüngere Kiefern durch Brutgänge und Reifefraß an der Stämmchenbasis schädigen. Hinter der Rinde von Föhrenstöcken (Hellrigl 2012). Zwei Generationen mit erster Eiablage Mitte März und zweiter Eiablage Juni/Juli, in Gebirgsgegenden eine Generation.

Wirtsbäume: In erster Linie *Pinus*-Arten, seltener an *Picea abies* und *P. obovata* (Postner 1974).

Verbreitung: Europa, Kaukasus, Sibirien.

Rote Liste Deutschland: selten, kurz- und langfristige Bestandsentwicklung: gleichbleibend. Ungefährdet.

Abb. 192: *Hylastes opacus* in Aufsicht (Mus. Wiesbaden).

Abb. 193: *Hylastes opacus* in Seitenansicht (Mus. Wiesbaden). Die Elytren (Flügeldecken) sind durchgehend mit kurzen anliegenden Haaren besetzt. Das Pronotum (Halsschild) ist deutlich gekielt und ebenfalls vollständig mit anliegend kurzen Haaren versehen.

Abb. 194: Aufsicht auf den Absturz. Dieser trägt sowohl kurze Haare als auch Schuppenhaare.

Abb. 195: Der Halsschild (Pronotum) ist deutlich gekielt. Die rundlichen Vertiefungen verschmelzen nicht miteinander. Die Chagrinierung erstreckt über den gesamten Halsschild.

Hylastes attenuatus Erichson, 1836

Starkpunktierter Kiefernbastkäfer

Lebensweise: Oft gemeinsam mit *Hylastes ater* auftretend. Benutzt zuweilen dessen Einbohrlöcher. Erste Flugzeit: März/April, zweite Flugzeit: Juni/Juli. Überwinterung als Käfer. Zwei vollständige Generationen in südlichen Gebieten möglich. Brutbild mit am Anfang erweitertem Muttergang (Postner 1974).

Wirtsarten: fast ausschließlich *Pinus*-Arten, insbesondere *P. sylvestris* und *nigra*. Selten an *Picea excelsa*.

Verbreitung: Europa (von Norwegen bis Korsika, von Spanien bis zur Türkei), Kaukasus, Libanon, Afrika, Azoren, Japan und Taiwan (eingeschleppt).

Rote Liste Deutschland: mäßig häufig, kurz- und langfristige Bestandsentwicklung: gleichbleibend. Ungefährdet.

Abb. 196: *Hylastes attenuatus* in Aufsicht (Mus. Stuttgart).

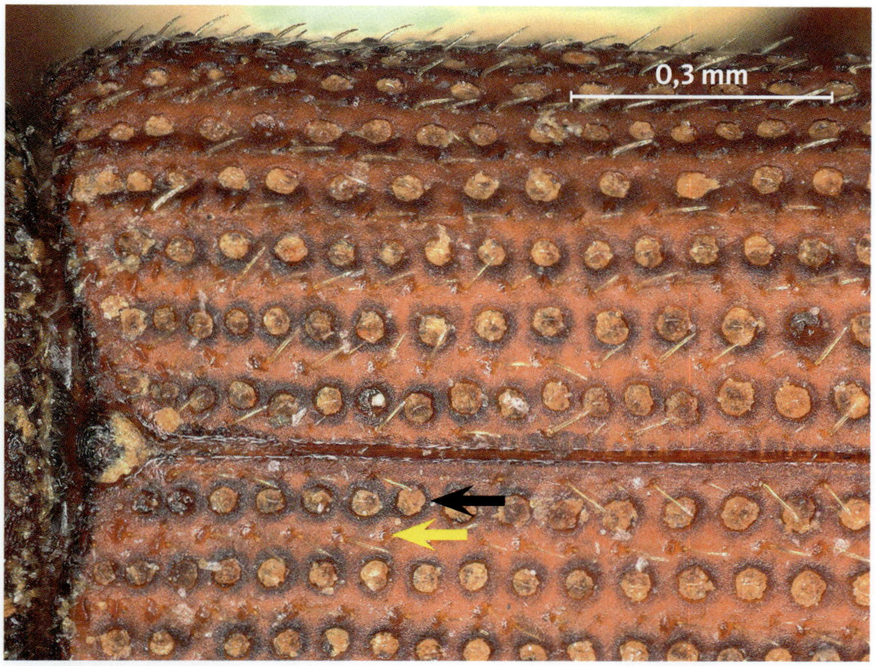

Abb. 197: Die Flügeldecken (Elytren) haben in den sogenannten „Punktstreifen“ (schwarzer Pfeil) tiefe und scharfkantige runde Vertiefungen. Dazwischen verlaufen schmale einreihige Borstenreihen (gelber Pfeil) mit kleinen Erhebungen („Körnchen“). Diese Reihen sind immer deutlich schlanker als die rundlichen Vertiefungen.

Abb. 198: Das Männchen von *Hylastes attenuatus* in Seitenansicht (Mus. Stuttgart). Auf der Stirn sind nur kurze anliegende Haare.

Abb. 199: Der Absturz hat keine Schuppenhaare (Mus. Frankfurt).

Hylastes angustatus (Herbst, 1793)

Schmaler Kiefernbastkäfer

Lebensweise: Brütet an der Stammbasis und dicken Wurzeln kranker oder geschlagener Bäume. Meist eine Generation, in südlichen Gebieten bis zu drei Generationen.
Wirtsarten: Viele *Pinus*-Arten, hauptsächlich *Pinus sylvestris* und *P. maritima*, seltener an *Picea abies*, *P. orientalis*, *Larix decidua* und *L. europaea*.

Verbreitung: Europa und Großbritannien, Kaukasus, Afrika (eingeschleppt).
Rote Liste Deutschland: mäßig häufig, kurz- und langfristige Bestandsentwicklung: gleichbleibend. ungefährdet.

Abb. 200: Das Brutbild von *Hylastes angustatus* (Mus. Frankfurt) in *Pinus* spec.

Abb. 201: *Hylastes angustatus* in Aufsicht (Mus. Frankfurt). Der Halsschild (Pronotum) ist deutlich gekielt und die rundlichen Vertiefungen verschmelzen nicht miteinander.

Abb. 202: Die rundlichen Vertiefungen in den sogenannten Punktreihen (schwarzer Pfeil) sind weniger tief und nicht so scharfkantig wie bei *H. attenuatus*. Am Flügeldecken-Anfang sind die Borstenreihen unregelmäßig zweireihig (gelber Pfeil) und gleich breit zu den runden Vertiefungen der Punktreihen.

Abb. 203: *Hylastes angustatus* in Seitenansicht (Mus. Frankfurt).

Abb. 204: Der Absturz weist im unteren Bereich nur sehr wenige und auffällig kurze Schuppenhaare auf.

Abb. 205: Die Elytren (Flügeldecken) sind durchgehend kurz behaart in Doppelreihen. Die Punktreihen sind so breit wie die Zwischenräume (Mus. Frankfurt).

Abb. 206: Die Stirn ist locker mit kurzen anliegenden Haaren versehen. Der Rüssel ist nicht gekielt (Mus. Frankfurt). Über der Rüsselbasis ist der eingesenkte Stichel (gelber Pfeil).

Gattung *Hylurgops* Le Conte, 1876

Käfer: 2,5–5,5 mm. Körper braun bis braunschwarz, Fühler und Tarsen heller. Kopf und Halsschild kahl, Flügeldecken fast kahl oder mit kurzen geneigten Härchen bedeckt. Kopf mit kurz, aber deutlich gekieltem Rüssel. Fühler mit 7-gliedriger Geißel und 4-gliedriger, eiförmiger, zugespitzter Keule. Halsschild so lang wie breit, oder kürzer als lang, nach vorne eingeschnürt verengt, oben tief oder runzelig punktiert oft mit kahler Mittellinie, meist mit feinem Mittelkiel. Flügeldecken punktiert gestreift, die Zwischenräume körnig gerunzelt und am gewölbten Absturz fein gehöckert. Basis jeder Flügeldecken zum Schildchen hin gebogen. Drittes Tarsenglied zweilappig, deutlich breiter als das zweite. Schwach ausgeprägter Geschlechtsdimorphismus bei der Form des Clypeus.

Lebensweise: Entwicklung im Bast verschiedener Nadelholzarten. Längsverlaufender Muttergang am Anfang stiefelartig erweitert.

Einjährige Generation mit überwinternden Käfern, oder zweijährige Generation, bei welcher im ersten Jahr die Larven, im zweiten die Käfer überwintern. Zwei monogame Rindenbrüter-Arten im Untersuchungsgebiet.

Artenschlüssel für die Gattung *Hylurgops* Le Conte, 1876 (nach Pfeffer 1995)

1 Käfer größer 4 mm. Rostrot bis dunkelbraun, Fühler und Beinglieder rostrot bis gelblichbraun. Halsschildvorderrand leicht eingebuchtet. Halsschild nach vorn stark verengt, viel schmäler als die Flügeldecken, nur der Mittelgrad im hinteren Bereich etwas glänzend, ansonsten dicht und fein punktiert. Zwischenräume der Flügeldecken breiter als die Punktreihen und nur auf der hinteren Hälfte mit gereihten Körnchen. Auf der ganzen Länge der Elytren mit sehr kurzen Härchen. Letztes Sternit in der Medianlinie gleichlang oder länger als die drei vorherigen Sternite. Länge: 4,5–5,5 mm.

→ *Hylurgops glabratus* (Zetterstedt, 1828) – Dunkelbrauner Fichtenbastkäfer

(*Hylurgus glabratus* Zetterstedt, 1828:343; *Hylastes decumanus* Erichson, 1836:51; *H. tenebrosus* Sahib erg, 1836:139; *Hylesinus paykulli* Duftschmid, 1825:99; *Bostrichus crenatus* Panzer, 1813:157; *Hylurgops glabratus* (Zetterstedt): Reitter, 1894:63)

Abb. 207: Größenvergleich von *Hylurgops palliatus* (oben) und *Hylurgops glabratus* (unten)(Uni Göttingen).

→ Käfer kleiner 3,9 mm. Rostrot bis dunkelbraun, Kopf und Unterseite vielfach dunkler. Zwischenräume der Flügeldecken nur so breit wie die Punktreihen und von vorne bis hinten mit gereihten Körnchen und kurzen Härchen besetzt. Halsschild vorne verengt und am Mittelgrad glänzend, ansonsten dicht runzlig punktiert. Flügeldecken punktiert gestreift. Zwischenräume mit halbliegenden Härchen. Letztes Sternit in der Medianlinie deutlich kürzer als die drei vorherigen Sternite Länge: 2,5–3,8 mm.

➔ *Hylurgops palliatus* (Gyllenhal, 1813) – Gelbbrauner Fichtenbastkäfer

(*Hylesinus palliatus* Gyllenhal, 1813:340; *H. abietiperda* Bechstein, 1818:187; *H. fuscus* Duftschmid, 1825:105; *H. marginatus* Duftschmid, 1825:104; *H. rufescens* Stephens, 1830:364; *H. helferi* Villa, 1835:49; *H. rufus* Marsham, 1802:57; *Hylurgops palliatus* (Gyllenhal): Reitter, 1894:63; *H. parvus* Eggers, 1933:2; *Ips piceus* Marsham, 1802:58)

Artenkapitel zur Gattung *Hylurgops* Le Conte, 1876

Hylurgops glabratus (Zetterstedt, 1828)

Dunkelbrauner Fichtenbastkäfer

Lebensweise: Brütet vorzugsweise in toten Bäumen, geschlagenen Stämmen und in Stöcken, wenn die Rindenfeuchtigkeit sehr hoch ist. Häufig in dichten Beständen in Stämmen, die auf der Erde liegen. Stärkeres Auftreten zumeist im Verlaufe von Borkenkäferkalamitäten. Befall stehender Stämme fast ausnahmslos nach vorhergegangenem oder gleichzeitigem Befall durch andere Borkenkäfer-Arten.

Längsverlaufender Muttergang, 4 bis 7 cm lang. Eiablage in unregelmäßigen Häufchen. Buchtige Erweiterungen des Mutterganges als Ernährungsfraßstellen. Larvengänge sehr unregelmäßig und 4 bis 9 cm lang, sich oft überkreuzend.

Abb. 208: Das Brutbild vom Dunkelbraunen Fichtenbastkäfer – *Hylurgops glabratus* (Uni Göttingen). Rechts im Bild der Reifungsfraß der Jungkäfer.

Muttergang in Splintholz eingegraben, Larvengänge nahezu ganz in der Rinde. Bei zunehmender Austrocknung der Rinde oder bei Brüten in schwachem Material verlaufen die Larvengänge tiefer im Splint. Reifungsfraß der Jungkäfer anfänglich in dendritischer Form, anschließend das Brutbild völlig zerstörend. Flugzeit spät, Eiablagen im Mai, langsame Entwicklung, zuweilen Überwinterung im Larvenstadium. Populationsdichte im Allgemeinen gering (Postner 1974). Zweijährige Generation.

Tirol: Brütet sekundär in toten Bäumen, unter feuchter Rinde; an aufgescheitetem Holz, hinter Kiefernrinde (Hellrigl 2012). Häufig auch in Fichte (Holzschuh 1969).

Wirtsarten: *Picea abies, P. jezoensis, P. obovata, Pinus cembra, P. densiflora, P. koraiensis, P. mugo, P. pentaphylla, P. pumila, P. sylvestris, P. sibirica, P. montana, Abies alba, Larix spec.* und *Cedrus spec.*

Verbreitung: Im Hochgebirge von Mitteleuropa, Pyrenäen, Nordeuropa und Sibirien. Tirol: bis 1800 m, eine Art der höheren Lagen, die selten unter 1500 m anzutreffen ist.

Rote Liste Deutschland: selten, kurz- und langfristige Bestandsentwicklung: gleichbleibend. Ungefährdet.

Abb. 209: *Hylurgops glabratus* in Aufsicht (Mus. Braunschweig, Coll. Heinemann).

Abb. 210: *Hylurgops glabratus* in Seitenansicht (Uni Göttingen).

Abb. 211: Die Elytren (Flügeldecken) sind durchgehend auf den flachen Rippen mehrreihig kurz und anliegend behaart (Mus. Braunschweig, Coll. Heinemann).

Abb. 212: Die Hinterleibs-Unterseite von *Hylurgops glabratus* (Uni Göttingen). Das letzte Sternit ist in der Medianlinie so lang oder länger als die drei vorherigen Sternite.

Abb. 213: Der Halsschild (Pronotum) ist vorne leicht eingebuchtet (Uni Göttingen).

Hylurgops palliatus (Gyllenhal, 1813)

Gelbbrauner Fichtenbastkäfer

Lebensweise: Der Gelbbraune (*Hylurgops palliatus*) sowie der Dunkelbraune Fichtenbastkäfer (*H. glabratus*) sind stark sekundär auftretende Arten, die nur eingeschlagene, absterbende oder extrem geschwächte Bäume mit meist bereits absterbender Rinde (brauner Bast, der leicht nach Alkohol riecht) befallen. Sie treten oft massenhaft in Hiebsresten nach Durchforstungen auf und sind hier wichtige Brutraumkonkurrenten von Buchdrucker und Kupferstecher. Außerdem werden auch häufig die vom Gestreiften Nutzholzborkenkäfer befallenen Hölzer besiedelt (Kautz et al. 2023). *Hyl. palliatus* befällt bevorzugt kranke oder unterdrückte Bäume, auch geschlagene, auf der Erde liegende Stämme. Sehr oft werden schon von anderen Borkenkäfern besetzte Bäume besiedelt. Stärkeres Auftreten im Verlauf von Borkenkäferkalamitäten, bei Sturmholzanfall, an rauchgeschädigten Bäumen, nach Läuterungsmaßnahmen. Weitgehend sekundäre Art. Bei stärkerer Vermehrung aber offenbar auch Übergehen auf noch gesunde Bäume. Ausstoß von sehr dunklem Bohrmehl (dunkler als beim Buchdrucker). Muttergang als einarmiger Längsgang von 2 bis 5 cm, am Anfang stiefelartig erweitert. Bis zu 65 Eier in Einischen, oder frei im Muttergang in kleinen Häufchen. Die Larvengänge gehen rechtwinklig ab vom Muttergang. Larvengänge in der Rinde bogig, im Holz mehr geradlinig. Brutbild im frühen Stadium deutlich, später durch gruppenweisen Reifungsfraß der Jungkäfer weitgehend zerstört. Danach löst sich oft die Rinde vom Stamm. Flugzeit Anfang April (Frühschwärmer), 2. Flug im Juli. Eine Generation im Jahr, bei günstigen Bedingungen auch zwei. Tirol: Brütet in Fichte und Kiefer, wobei jeweils dünnrindige Stammpartien bevorzugt werden. In tieferen Lagen häufig, oberhalb 1200 m seltener werdend; nicht selten unter Fichten- und Kiefernrinde, auch unter Tannenrinde; aus *Pinus silvestris* in Anzahl mit

Abb. 214: Brutbilder vom Gelbbraunen Fichtenbastkäfer – *Hylurgops palliatus* (Uni Göttingen).

Orthotomicus proximus; Fichtenprügeln zusammen mit *Ips typographus* und *P. chalcographus* (Hellrigl 2002).

Wirtsarten: Polyphag an Nadelbäumen. Deutlich bevorzugt werden *Picea*-Arten. *Pinus cembra, P. leucodermis, P. mugo, P. nigra balcanica, P. nigra banatica, P. nigra cevennensis, P. nigra nigra, P. nigra pallasiana, P. peuce, P. pinaster, P. pinea, P. rotundata, P. sibirica, P. strobus, P. sylvestris, Picea abies, P. glehnii, P. jezoensis, P. obovata, P. omorica, P. orientalis, Larix decidua, L. gmelinii, L. sibirica, Abies sibirica, A. alba, A. nordmanniana* (Pfeffer 1995 und Postner 1974).

Verbreitung: In der gesamten Paläarktis, von Portugal bis in den äußersten Osten Russlands, Chinas, Sachalins und Japans. Im Süden erreicht sie Südkorea, Kleinasien, Nordafrika und ist nach ihrer Einschleppung heute in Nordamerika weit verbreitet. In Europa kommt sie vom Tiefland bis zur Baumgrenze in Bergregionen vor und das Verbreitungsgebiet erstreckt sich vom Mittelmeerraum bis nach Großbritannien und in den hohen Norden Fennoskandiens (www4).

Rote Liste Deutschland: sehr häufig, kurz- und langfristige Bestandsentwicklung: gleichbleibend. Ungefährdet.

Abb. 215: *Hylurgops palliatus* in Aufsicht (Mus. Braunschweig, Coll. Heinmann). Die Punktreihen sind so breit wie die Zwischenräume.

Abb. 216: Die Flügeldecken (Elytren) zeigen zum Ende hin zunehmend Schuppenhaare (Mus. Braunschweig, Coll. Heinmann).

Abb. 217: Die Hinterleibs-Unterseite von *Hylurgops palliatus* (Mus. Braunschweig, Coll. Heinemann). Das letzte Sternit ist in der Medianlinie deutlich kürzer als die drei vorderen Sternite.

Tribus Hylesinini Erichson, 1836

Körper mittelgroß (1,8–6 mm). Fühlergeißel 5- bis 6-gliedrig, Fühlerkeule kompakt, lang- oder kurzoval. Halsschildscheibe dicht punktiert oder selten gekörnt, fein behaart oder beschuppt, meistens vorne beidseits flach zerstreut gehöckert. Flügeldecken punktiert gestreift oder dazu dicht beschuppt oder nur mit Haaren bedeckt. Basalrand gekerbt und aufgebogen. Das Schildchen ist sichtbar. Die Vorderhüften durch einen breiten Fortsatz des Prosternums weit getrennt. Bei den Männchen ist die Stirn flach ausgehöhlt, bei den Weibchen flach oder stark gewölbt (Pfeffer 1995).

Körper mehr oder wenig gedrungen, oval bis leicht walzenförmig. – Monogame Rindenbrüter, vornehmlich in Laubholzarten. – Brutsystem: Muttergänge als einarmige Längsgänge oder doppelarmige Quergänge. – Befall mehr sekundär, forstlich wenig bedeutsam (Hellrigl 2012).

Gattung *Hylastinus* Bedel, 1888

Käfer: 2–2,8 mm. Körper länglich eiförmig, dunkelbraun bis schwarzbraun gefärbt. Fühlergeißel 7-gliedrig, ovale Fühlerkeule 4-gliedrig. Halsschild so lang wie breit, dicht gerunzelt punktiert, fast kahl, beidseits ohne Körner. Flügeldecken mit groben Punktstreifen. Die Zwischenräume sind mit 1 bis 3 Reihen geneigter Borstenhaare besetzt. Der gehöckerte Basalrand ist gegen das Schildchen gebogen. Meso- und Metaepisternen sind dicht weiß, kurz behaart. Der Körperbau gleicht demjenigen von *Hylurgops palliatus* Gyll.

Lebensweise: Die Entwicklung findet im Bast von Wurzeln oder Stämmchen von verschiedenen Fabaceen oder anderen Laubhölzern statt. 5 monogame Arten im Gebiet

Artenschlüssel der Gattung *Hylastinus* Bedel, 1888 (verändert nach Pfeffer 1995)

1 Am Halsschild-Vorderrand (Pronotum) stehen spitzendende, drehrunde, gelbliche und gebogene Borsten (Abb. 223). Flügeldeckenzwischenräume so breit oder breiter wie die groben Punktreihen. Halsschild dicht runzelig punktiert und meist mit erhabener Mittellinie. Fühlerkeule gelb. Länge 2–2,5 mm.

➔ *Hylastinus obscurus* (Marsham, 1802) - Kleewurzel-Borkenkäfer (engl. Clover-root bark beetle)

(*Ips obscurus* Marsharn, 1802:57; *Hylastes trifolii* Müller, 1803:47; *H. crenulatus* Duftschmid, 1825:104; *H. fuscencens* Stephens, 1830:365; *H. piceus* Stephens, 1830:365; *Hylastinus obscurus* (Marsham): Bedel, 1888:388; *H. pilosus* Eggers, 1944:140; *Scolytus crenatus* Olivier, 1795:12)

→ Am Halsschild-Vorderrand (Pronotum) sind breitabgeflachte, gelbliche, gebogene Borsten vorhanden (Abb. 228). Flügeldeckenzwischenräume grob punktiert und mit 3 Reihen geneigter, gelber Haare. Mittlere Haarreihe länger als die seitlichen. Halsschild grob runzelig punktiert ohne Mittelkiel. Fühlerkeule hell. Länge 2–2,8 mm.

➔ *Hylastinus fankhauseri* Reitter, 1895 oder 1894– Goldregen-Borkenkäfer

(*H. trifolii* var. *fankhauseri* Reitter, 1894:54; *H. fankhauseri* Reitter: Tredl, 1909:8)

Artkapitel zur Gattung *Hylastinus* Bedel, 1888

Hylastinus obscurus (Marsham, 1802)

Kleewurzel-Borkenkäfer (engl. Clover-root bark beetle)

Lebensweise: In den Wurzelstöcken von *Trifolium pratense* (Rot-Klee), auch *Medicago sativa* (Saat-Luzerne), Erbsen, Bohnen, Wicken (Wichmann 1954), weiters in *Ononis natrix* (Hauhechel) und verschied. Ginstern: *Spartium junceum* (Pfriemenginster), *Spartium scoparium* (Besenginster), *Ulex europaeus* (Stechginster). Nordtirol (Hellriegl 2002).
Wirtspflanzen: *Trifolium pratense, Ulex europaeus, Ononis natrix, Sarothamnus scoparius, Laburnum alpinum, L. anagyroides, Lembotropis nigricans, Medicago* spp.
Verbreitung: Häufig in westlichen Teilen Mitteleuropas, in Osteuropa selten. Kanarische Inseln und eingeschleppt in die USA, Chile.
Rote Liste Deutschland: selten, kurz- und langfristige Bestandsentwicklung: gleichbleibend. Ungefährdet.

Abb. 218: *Hylastinus obscurus* in Aufsicht (Mus. Basel).

Abb. 219: *Hylastinus obscurus* in Seitenansicht (Mus. Basel).

Abb. 220: Der Absturz trägt keine Schuppenhaare (Mus. Basel).

Abb. 221: Die Flügeldecken (Elytren) tragen auf den Rippen mehrere Borstenreihen. Dazwischen stehen vereinzelt feinere stärker geneigte Härchen.

Abb. 222: Der Halsschild (Pronotum) trägt nicht verschmolzene rundliche Vertiefungen mit je einem Haar und eine deutliche Chagrinierung. Eine schwach hervorgehobene Mittellinie ist erkennbar.

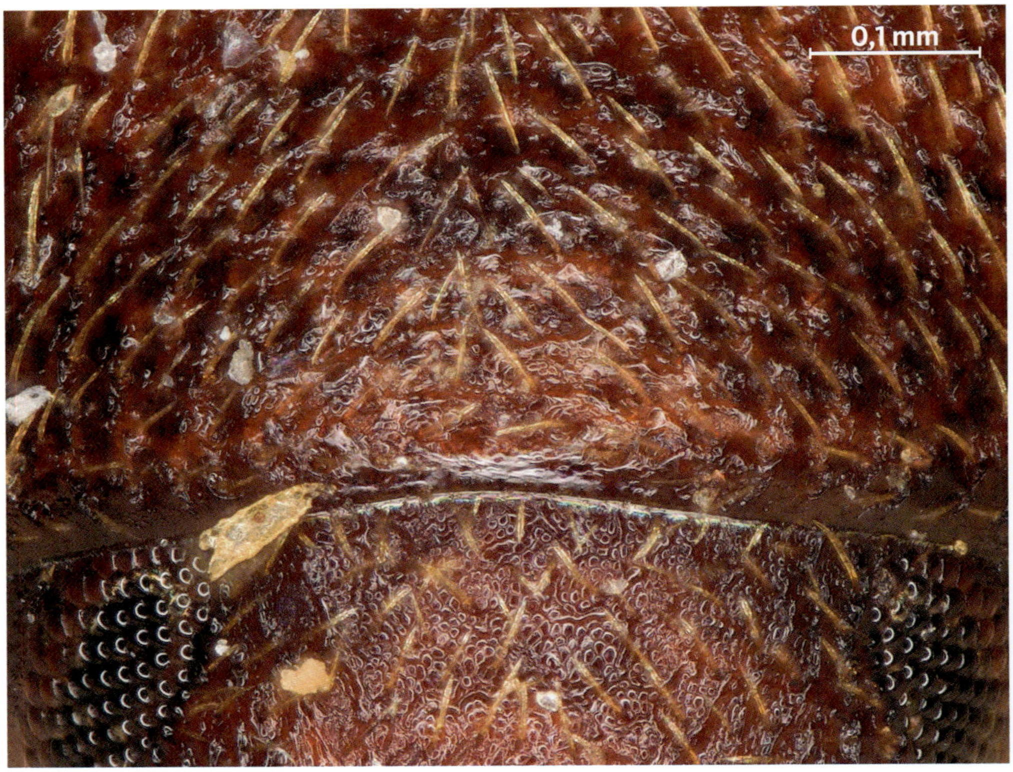

Abb. 223: Am Halsschild-Vorderrand sind spitzendende drehrunde gelbliche Borsten vorhanden.

Hylastinus fankhauseri Reitter, 1894

Goldregen-Borkenkäfer

Lebensweise: Kleinräumig verbreitete, stenotope Art, die sich im Bast abgestorbener Ästchen und Stämmchen von Goldregen entwickelt. Schweiz, Tirol. Monogam (Koch 1992, Pfeffer 1995, Hellrigl 2002), (Horion 1951). 1060 m, Schwarzkiefern-Rotföhren-Blockwald zitiert aus Aurenhammer et al. 2015

Wirtsarten: *Laburnum alpinum, L. anagyroides. Cytisus laburnum* = Goldregen; *Cytisus alpinum* = Alpengoldregen. Verbreitung: Schweiz, Österreich, Norditalien, Südwestfrankreich, Slowenien (Istrien).

Abb. 224: Der Goldregen-Borkenkäfer *Hylastinus fankhauseri* in Seitenansicht (Mus. Frankfurt).

Abb. 225: Der Goldregen-Borkenkäfer *Hylastinus fankhauseri* in Aufsicht (Mus. Frankfurt).

Abb. 226: Der Hinterleib von schräg vorne betrachtet (Mus. Frankfurt). Es ist keine feine anliegende Grundbehaarung vorhanden.

Abb. 227: Der Goldregen-Borkenkäfer *Hylastinus fankhauseri* in Frontalansicht (Mus. Frankfurt).

Abb. 228: Der Halsschild-Vorderrand vom Goldregen-Borkenkäfer *Hylastinus fankhauseri* in Aufsicht (Mus. Frankfurt). Es sind breite, gebogene und abgeflachte Borsten vorhanden. Nur ausnahmsweise steht ein dünnes Haar dazwischen.

Gattung *Hylesinus* Fabricius, 1801

(= *Leperisinus* Reitter, 1913)

Käfer: 2,2–6 mm. Körper länglich oder kurz eiförmig, fast kahl oder gelblich behaart oder beschuppt, braun bis schwarz gefärbt. Fühler und Beine hellbraun bis braun. Kopf kurz; Geschlechtsdimorphismus aus der Stirnform ersichtlich. Fühler mit 7-gliedriger Geißel und mit langer, langovaler, 3-gliedriger Keule. Halsschild flachgewölbt, stumpf kegelförmig, breiter als lang, dicht punktiert, oder manchmal gekörnt, vorne beidseits gehöckert. Flügeldecken von der Seite gesehen im flachen Bogen zur Spitze allmählich abfallend und Bauch allmählich aufsteigend. Der gehöckerte Basalrand ist gegen das deutliche Schildchen hin nach hinten gebogen. Zwischenräume mit dichten und groben Querrunzeln. Schienen auf der Außenseite gezähnelt. Drittes Tarsenglied zweilappig und breiter als das vorhergehende. Vorderhüften durch einen breiten Fortsatz der Vorderbrust getrennt.

Lebensweise: Leben monogam als Rindenbrüter hauptsächlich in Laubbäumen der Gattung *Fraxinus*, brüten aber gelegentlich auch in anderen Laubbäumen (*Syringa*, *Olea*). Kurze, zweiarmige Muttergänge. Bei den Arten mit einer einjährigen Generation überwintert die Larve oder der Käfer, bei den Arten mit zweijähriger Generation zuerst die Larve und im zweiten Jahr die unreife Imago (verändert nach Pfeffer 1995 und Postner 1974).

Reitter veröffentlichte 1894 (Reitter 1894) unter dem Genus *Hylesinus* auf den Seiten 51 und 52 vier Arten: *crenatus* Fbr. (sic.), *oleiperda* Fabr. (= *toranio*), *fraxini* Panz. (= *varius* (Fabricius, 1775)) und *wachtli* Reitt. für Europa und angrenzende Länder. Für *Wachtli* wird nachfolgende Merkmalskombination gegeben:

Flügeldecken auf der Basis des zweiten Zwischenraumes nur mit einer ganz kurzen feinen Körnchenreihe, welche auf dem 3. und 4. allmählich kürzer wird, auf der Scheibe und Spitze ohne Körnchenreihe. Halsschild nur um 1/3 breiter als lang, sehr fein einfarbig, schuppig, gelblich behaart; Flügeldecken sehr blass und fein fleischrot beschuppt, die Schüppchen viel kleiner als beim vorigen (*H. varius* (Fabricius, 1775)), die Zwischenräume ebenfalls mit einer sehr kurzen anliegenden Härchenreihe in der Mitte. Beine rostgelb.

In der Publikation von 1913 (Reitter 1913) mit gleichem Titel sind auf den Seiten 41 und 42 zwei Gattungen aufgeführt: *Hylesinus* mit den Arten *crenatus* Fabr. und *oleiperda* Fabr. sowie *Leperisinus* (= *Hylesinus*) mit den drei Arten *fraxini* Panz., *orni* Fuchs und *wachtli* Reitt. Nach der Beschreibung ist *orni* Fuchs äußerlich nicht von *varius* (Fabricius, 1775) zu unterscheiden. Der Kaumagen soll aber verschieden ausgeprägt sein. Die zusätzlichen *wachtli*-Merkmale sind kleine Kahlstellen der Elytren mit feinen Härchen. Schedl (1981) erklärte *orni* Fuchs und *wachtli* Reitter zu Synonymen von *varius* Fabricius. Das von mir eingesehene *varius*-Material trug alle von Reitter angegebenen Merkmale von *wachtli*. Das mir vorliegende *orni*- und *wachtli*-Material glich sich in allen Merkmalen. Es war aber immer von *varius* unterscheidbar anhand der Behaarung im Schulterbereich (in Aufsicht). Ich behandle deshalb *orni* als Synonym von *wachtli* und *wachtli* selbst als eigenständige Art.

Im Untersuchungsgebiet sind demnach 4 monogame Arten.

Artenschlüssel der Gattung *Hylesinus* Fabricius, 1801 (verändert nach Pfeffer 1995 und Postner 1974)

1 Flügeldecken (Elytren) mit Schuppen. **2**

→ Flügeldecken (Elytren) nur mit Haaren oder börstchenförmigen Härchen **3**

2 In Aufsicht sind die Schultern länger und kräftiger abstehend behaart als bei *wachtli*. Flügeldecken roströtlich und dunkelfleckig beschuppt, dabei überwiegen die dunkelgefärbten Schuppen. Helle und dunkle Flecken sind klein. Die Körnchen auf den Zwischenräumen sind grob auf dem ersten Drittel der Flügeldecken und werden feiner zur Spitze hin. Die Bewimperung an den Flügeldeckenseiten ist ziemlich lang. Halsschild meistens ohne feine Mittellinie. Sexualdimorphismus: Männchen mit flacher Stirn, Weibchen mit gewölbter Stirn. Länge 2,5–3,5 mm. Schienen bei reifen Käfern pechbraun bis schwarz. Stirn schwach glänzend. Flügeldecken an den Seiten mit feinen Streifen. Die 2 ersten Sternite gerade abgeschnitten, das 2. viel kürzer als die 2 nächsten zusammen. Tarsalfurche der Vorderschienen lang, wenigstens bis zur Mitte der Schienen reichend. Fühlergeißel 7-gliedrig, lang zugespitzt. Abdomen leicht ansteigend schwarz, Fühler und Tarsen rotbraun, Oberseite ungleich, roströtlich, heller oder dunkler beschuppt. Halsschildvorderrand gekörnt. Flügeldecken an der Basis um das Schildchen herum mit dichten und langen Höckerflecken. Zwischenräume der Flügeldecken mit Körnchenreihe, die zur Spitze hin deutlicher hervortritt (Pfeffer 1995 und Postner 1974)

➔ *Hylesinus varius* (Fabricius, 1775) (= *Leperisinus fraxini* (Panzer, 1799)) – Bunter Eschenbastkäfer

(*Leperesinus varius* Fabricius, 1775; *Bostrichus fraxini* Panzer, 1779:60; *Hylesinus varius:* Schedl, 1958:141 nec Fabricius 1775:60; *H. melanocephalus* Fabricius, 1801:368; *H. haemorrhoidalis* Marsham, 1802:56; *H. picipennis* Stephens, 1836:369; *H. rufescens* Marsham, 1802:55; *Leperisinus fraxini* (Panzer): Reitter, 1913:41; *Hylesinus fraxini* Panzer, 1799; *H. henscheli* Knotek, 1892)

→ In Aufsicht sind die Schultern der Elytren kürzer und feiner abstehend behaart als bei *varius*. Flügeldecken (Elytren) mit hellbeigen großen Schuppen. Die dunkelgefärbten Schuppen sind nur sporadisch vorhanden. Die Körnchen auf den Flügeldecken-Zwischenräumen sind kleiner. Die Schienen sind bei den reifen Käfern rötlich gefärbt. Der Halsschild trägt manchmal eine sehr feine Mittelrinne. Sexualdimorphismus: Männchen mit flacher und Weibchen mit gewölbter Stirn. Halsschild stärker quer: ca. 1,45-mal so breit wie lang; die Seiten vor der Basis parallel oder etwas zur Basis verengt. etwa in der Mitte am breitesten. Dunkelbraun, die Beschuppung wie bei *varius*, aber anliegender, so dass die Oberseite glatter erscheint. Länge 2,5–3,1 mm.

➔ *Hylesinus wachtli* (Reitter, 1887)

(*Hylesinus: wachtli* Reitter, 1887:198; *Hylesinus orni* Fuchs, 1906:51; *H. fraxini* ab. *uniformis* Endrödi, 1957:308; *Leperisinus orni* (Fuchs): Reitter, 1913:42; *H. varius:* Schedl, 1981:58; *Leperisinus wachtli* (Reitter): Reitter, 1913:42; *L. orni wachtli* (Reitter): Pfeffer, 1989:27; *L. orni orni* (Fuchs): Pfeffer, 1989:27)

3 Flügeldecken mit dunklen Haaren bedeckt. Erster Zwischenraum dicht gelblich behaart, ziemlich glänzend. Körperlänge 2,4–3,5 mm. Schwarzgrau mit braunen Fühlern und Tarsen. Raspelkörnchen an den Halsschildseiten flach. Männchen mit behaarter Querfurche am Kopfschild, bei den Weibchen ohne Behaarung. Raspelkörnchen an den Halsschildseiten sind scharf. Sexualdimorphismus: Stirn flach ausgehöhlt beim Männchen, gewölbt beim Weibchen. Zweiter Zwischenraum an den Flügeln beim Männchen unpunktiert (Pfeffer 1995).

Stirn beim Männchen etwas eingetieft und schwach behaart, beim Weibchen gewölbt. Oberseite mit dunklen, oft gelblichen Haaren. Zwischenräume der Flügeldecken rau skulpturiert, beim Männchen 2. Zwischenraum nahezu kahl und glänzend. Die Haare längs der Flügeldeckennaht dichter und länger, meist gelblich. Fühlerkeule kürzer und gedrungener als bei *H. crenatus* (Postner 1974).

➔ *Hylesinus toranio* (D'Anthoine, 1788) – Kleiner schwarzer Eschenbastkäfer

(*Byrrhus toranio* D'Anthoine, 1788; *Bostrichus oleiperda* Fabricius, 1792:366; *Byrrhus toranio* Danthoine, 1788:270; *Hylesinus oleiperda* (Fabricius): Fabricius, 1801:394; *H. scaber* Marsham, 1802:56; *H. bicolor* Brulle, 1832:250; *H. suturalis* Redtenbacher, 1842:21; *H. essau* Gredler, 1866:370; *Phloeos. bicolor* Brulle, 1832; *Hylesinus oleiperda* Pfeffer 1995:42)

→ Flügeldecken mit gleich geformten Zwischenräumen und mit börstchenförmigen Härchen. Stirn flach punktiert. Stirn mit tiefer Querfurche, die beim Männchen stärker behaart ist als beim Weibchen. Flügeldecken mit tiefen, gekerbten Streifen und stark gerunzelten Zwischenräumen. Fühlerschaft und -geißel mit langen Haaren. Körperlänge 4–6 mm.

➔ *Hylesinus crenatus* (Fabricius, 1787) – Großer schwarzer Eschenbastkäfer

(*Bostrichus crenatus* Fabricius, 1787:37; *Hylesinus crenatus* (Fabricius): Fabricius, 1801:390)

Artenkapitel zur Gattung *Hylesinus* Fabricius, 1801

Hylesinus wachtli (Reitter, 1887)

Lebensweise: lebt monogam als Rindenbrüter im Wesentlichen an Esche (*Fraxinus* spec.).
Wirtsarten: *F. excelsior, F. ornus.*

Verbreitung: Nord-, Mittel- und Südeuropa sowie England.

Abb. 229: Einzelnes Brutbild von *Hylesinus wachtli* (Mus. Frankfurt).

Abb. 230: Brutbilder in hoher Dichte von *Hylesinus wachtli* in einem Ast (Mus. Frankfurt).

Abb. 231: *Hylesinus wachtli* in Aufsicht (Mus. Karlsruhe: Moravia, Pouzdrany, lg J. Hladil, 5.66). Die Art ähnelt sehr *H. varius*.

Abb. 232: Der vordere Körperabschnitt von *Hylesinus wachtli* in Aufsicht (Mus. Karlsruhe: Kaiserstuhl, Baden, H. Nowotny 16.7.1953). Man beachte die kurze abstehende Behaarung an der Schulter (roter Pfeil) und den vorderen Elytrenrand. Vergleiche dazu Abb. 240.

Abb. 233: *Hylesinus wachtli* in Seitenansicht (Mus. Karlsruhe: Kaiserstuhl, Baden, H. Nowotny 16.7.1953).

Hylesinus varius (Fabricius, 1775)

Bunter Eschenbastkäfer

Lebensweise: lebt monogam als Rindenbrüter im Wesentlichen an Esche (*Fraxinus* spec.), brütet ausnahmsweise auch in anderen Laubbäumen. Brütet in Zweigen, Ästen und Stämmen. Dadurch ist das Brutbild sehr variabel in den Details. Befall gleichermaßen an geschlagenen Stämmen und Schichtholz, wie an lebenden Eschen jeden Al-

Abb. 234: Äußere Verformung/Überwucherungen der Rinde („Eschengrind") durch wiederholten Befall vom Bunten Eschenbastkäfer (*Hylesinus varius*)(Uni Göttingen).

ters. Gesunde Jungbäume unter 3 bis 5 cm Stammdurchmesser werden in der Regel nicht angenommen. Angriff an älteren Bäumen setzt meist im Wipfelbereich ein, erstreckt sich im weiteren Verlauf auf den Stamm und führt zum Absterben des ganzen Baumes. Der Eschenbastkäfer befällt bevorzugt Bäume, die durch Grundwasserabsenkungen, Überschwemmungen, Hagelschlag, durch starken Schildlausbefall oder andere Insekten bereits physiologisch geschwächt sind. Muttergang als doppelarmiger Quergang (Klammergang), 6 bis 10 cm lang, mit kurzer mittlerer Eingangsröhre. Beim Brüten in geschlagenen Stämmen und Ästen vielfache Abwandlung zu schräg und längsverlaufenden Klammergängen. Ausstoß von hellen Bohrmehlhäufchen. Larvengänge nur bis 4 cm lang, dichtgestellt, meist sehr regelmäßig. Die Larvengänge vom Großen Schwarzen Eschenbastkäfer (*Hylesinus crenatus*) sind deutlich länger. Puppenwiegen napfförmig in den äußersten Holzschichten. Reifungs- bzw. Regenerationsfraß in der grünen Rinde von Ästen oder jüngeren Bäumen. Dabei Fertigung kurzer, bis 2 cm langer, nach allen Richtungen verlaufender und verzweigter Gänge. Oft auch am Wurzelanlauf. Durch wiederholten Befall derselben Stellen bekommt an diesen die Rinde ein grindiges Aussehen („Eschengrind“).

Frühschwärmer: Flugzeit von Anfang März bis Mai. Käfer in mehreren Wellen. An den befallenen Stämmen wird durch Hinzukommen von Geschwisterbruten eine hohe Besiedlungsdichte erreicht. Eine Generation im Jahr. Massenvermehrungen meist kurz dauernd, da hohe Larvensterblichkeit in starker Abhängigkeit der Dichte der Brutsysteme und Einwirkung von natürlichen Feinden, u.a. dem Pilz *Paecilomyces (Spicaria) varioti* (Postner 1974).

Wirtsarten: *Fraxinus americana, F. angustifolia, F. excelsior, F. ornus, Syringa* spp., *Olea europaea*, daneben ausnahmsweise an *Olea europaea, Juglans nigra, regia, Quercus pedunculata, Pyrus malus, Pyrus communis, Robinia pseudoacacia, Fagus sylvatica, orientalis, Acer campestre, platanoides, pseudoplatanus, Corylus avellana, Carpinus betulus* und *Syringa vulgaris*.

Abb. 235: Brutbilder vom Bunten Eschenbastkäfer (*Hylesinus varius*) in hoher Dichte (Mus. Frankfurt). Gut zu erkennen sind die napfförmigen Puppenkammern.

Abb. 236: *Hylesinus varius* in Seitenansicht (Mus. Bonn).

Abb. 237: Brutbilder vom Bunten Eschenbastkäfer (*Hylesinus varius*)(Uni Göttingen).

Verbreitung: Europa bis zum Kaukasus, Kleinasien, Algerien. Tirol: Vinschgau: Mals bis 1000 m. Auch in Mannaesche (*Fraxinus ornus*) (Hellrigl 2012). Südlicher Gardasee (Cavaion): in Olivenstämmchen, in deren Ästen auch *Phloeotribus scarabaeoides* brütete (Hellrigl 2002: 20). **Rote Liste Deutschland:** sehr häufig, kurz- und langfristige Bestandsentwicklung: gleichbleibend. Ungefährdet.

Abb. 238: Die Körperunterseite von *Hylesinus varius* (Mus. Frankfurt: Kühkopf, 6. August 1950, Vogt).

Abb. 239: *Hylesinus varius* in Aufsicht (Mus. Bonn: Düsseldorf, Li 8.9.1962, Cl. Koch, Düsseldorf). Die Flügeldecken (Elytren) sind komplett in ein Schuppenkleid gehüllt. Auch der Halsschild (Pronotum) und die Beine tragen Schuppen.

Abb. 240: *Hylesinus varius* in Aufsicht (Mus. Frankfurt: Kühkopf, 6. August 1950, Vogt). Beachte die mittellange abstehende Behaarung der Schultern (roter Pfeil) und der vorderen Elytren. Vergleiche Abb. 232.

Abb. 241: *Hylesinus varius* von vorn (Mus. Bonn).

Hylesinus toranio (D'Anthoine, 1788)

Kleiner schwarzer Eschenbastkäfer

Lebensweise: Brütet in Ästen von Altbäumen und stärkeren, noch glattrindigen Stämmen. Bringt bei massiertem Befall jüngere Eschen zum Absterben. Forstliche Bedeutung im Allgemeinen gering, dagegen im Süden seines Verbreitungsgebietes wirtschaftlich wichtig als Schädling am Ölbaum *(Olea europaea)*. Muttergang als doppelarmiger, tief in den Splint gegrabener Quergang (Klammergang) von 3 bis 4 cm Länge und einer Breite von 2 mm. Larvengänge dicht gestellt, regelmäßig nach oben und unten verlaufend, die äußersten zwangsläufig nach der Seite gerichtet, 5 bis 7 cm lang, führen am Ende bis 1 cm tief in den Splint zur Anlage der Puppenwiegen. Zum Reifungsfraß bohren Jungkäfer Eschenknospen seitlich an. Flugzeit Juni/Juli, nur 1 Generation im Jahr.

Wirtsarten: In stärkeren Zweigen und Ästen, Muttergang etwa 2 mm im Durchmesser, lang, doppelarmig quer zur Faser, Larvengänge längsgerichtet, kürzer, Puppenwiegen oft tief im Holz.

Fraxinus angustifolia, F. ornus, F. excelsior, Olea europaea, Syringa spp. (Pfeffer 1995). In südlicheren Ländern hauptsächlich an *Olea europaea*, im übrigen Gebiet an *Fraxinus excelsior, orni, Fagus sylvatica, orientalis, Robinia pseudoacacia*, auch an *Syringa vulgaris, Ligustrum, Eleagnus*, ausnahmsweise an *Juglans regia* und *Quercus* sp.

Verbreitung: Mittel- und Südeuropa, Algerien, Marokko. Tirol bei Bozen-Ritten, bis 1200 m; öfters in Liguster und Mannaesche (*Fraxinus ornus*), bei letzterer auch Massenbefall.

Rote Liste Deutschland: mäßig häufig, kurz- und langfristige Bestandsentwicklung: gleichbleibend. Ungefährdet.

Abb. 242: Ein Brutbild von *Hylesinus toranio*.

Abb. 243: Weibchen von *Hylesinus toranio* (Mus. Kassel). Das Weibchen hat keine kahlen Streifen auf den Flügeldecken (Elytren) wie das Männchen. Der Vorderkopf ist beim Weibchen deutlich stärker behaart als beim Männchen.

Abb. 244: Das Männchen von *Hylesinus toranio* zeigt dagegen zwei deutliche Rippenbögen ohne Haare (Mus. Stuttgart).

Abb. 245: *Hylesinus toranio* trägt zum Ende der Flügeldecken (Elytren) hin verstärkt lange Schuppenhaare (Mus. Kassel).

Abb. 246: Das Männchen von *Hylesinus toranio* in Seitenansicht (Mus. Stuttgart).

Abb. 247: Das Männchen von *Hylesinus toranio* von vorn (Mus. Stuttgart). Der Scapus (Fühlerschaft) ist wesentlich geringer behaart als bei *H. crenatus*.

Hylesinus crenatus (Fabricius, 1787)

Großer schwarzer Eschenbastkäfer

Lebensweise: Befällt bevorzugt dickborkige Stämme, brütet aber auch in Ästen und zuweilen in jüngeren Bäumen. Befällt in erster Linie Alteschen und geschlagene Stämme, meist in Parks und Alleen.

Muttergang als doppelarmiger Quergang, zuweilen mit ungleich langen Armen, Gesamtlänge selten über 8 cm, entsprechend der Größe des Käfers ca. 5 mm breit. Zahlreiche Larvengänge bis zu 30 cm lang. Die großen ovalen Puppenwiegen mehr in der Rinde, den Splint kaum berührend. Offenbar kein Reifungs- bzw. Regenerationsfraß, dagegen Anlage von kurzen Überwinterungsgängen an moosbewachsenen Wurzelanläufen. Flugzeit im April/Mai. Erneuter Flug im Herbst zum Aufsuchen der Winterquartiere. 1 Generation im Jahr (Postner 1974).

Wirtsarten: Fast ausschließlich an *Fraxinus excelsior*, auch an *Fraxinus americana*, *F. angustifolia*, seltener an *Quercus* spec., *Juglans nigra*, *Syringa vulgaris*, *Tilia* sp. und *Acer* sp.
Verbreitung: Mittel- und Südeuropa, Finnland, England, von Leningrad bis zum Kaukasus, Kleinasien, Algerien, Marokko. Tirol bis 1100 m an Gemeiner Esche (*Fraxinus excelsior*)(Hellrigl 2012).
Rote Liste Deutschland: mäßig häufig, kurz- und langfristige Bestandsentwicklung: gleichbleibend. Ungefährdet.

Abb. 248: Das Brutbild von *Hylesinus crenatus*.

Abb. 249: Ein weiteres Brutbild von *Hylesinus crenatus* (Mus. Frankfurt).

Abb. 250: Das Brutbild von *Hylesinus crenatus*.

Abb. 251: *Hylesinus crenatus* in Aufsicht (Mus. Karlsruhe). Das Pronotum ist schwach ausgekerbt am Vorderrand.

Abb. 252: *Hylesinus crenatus* in Seitenansicht (Mus. Karlsruhe).

Abb. 253: Die 7-gliedrige Fühlergeißel und die 4-gliedrige Fühlerkeule von *Hylesinus crenatus* (Mus. Karlsruhe).

Abb. 254: Am Ansturz treten vereinzelt Schuppenhaare auf.

Abb. 255: *Hylesinus crenatus*-Kopf von vorn (Mus. Karlsruhe).

Abb. 256: *Hylesinus crenatus* (Mus. Karlsruhe).

Gattung *Kissophagus* Chapuis, 1869

Größe 2–2,4 mm. Körper walzenförmig, schwarzbraun gefärbt. Fühlergeißel 6-gliedrig, Fühlerkeule 4-gliedrig. Halsschild mit sternförmiger Behaarung und vorne mit spitzigen Körnchen. Flügeldecken mit deutlichen Punktreihen. Streifen mit dicken Schuppenhärchen, die Zwischenräume mit gelben Börstchenreihen. Erster Zwischenraum an der Naht nicht dichter und heller behaart als die anderen. Der gehöckerte Basalrand ist gegen das Schildchen gebogen. Schienen auf der Außenkante gezähnelt. Geschlechtsdimorphismus nicht ersichtlich. Monogame Arten. Entwicklung im Bast von Efeuranken (*Hedera* div. sp.). Muttergang als doppelarmiger Quergang. Im Untersuchungsgebiet sind 2 Arten bekannt.

1 In der ersten Reihe im eingebuchteten Halsschild-Vorderrand (Pronotum) stehen dünne, nicht gefiederte Haare (Abb. 260). Alle Härchen der Halsschildscheibe hinter der Mitte strahlenförmig zusammenlaufend. Flügeldecken mit kräftigen Borstenhaaren. Halsschild in der vorderen Hälfte kaum eingeschnürt. Körperlänge 2–2,4 mm.

→ *Kissophagus vicinus* (Comolli, 1837) – Efeu-Borkenkäfer

(*Hylesinus hederae* Schmitt, 1843:391; *H. vicinus* Comolli, 1837:37; *Cissophagus hederae:* Bedel, 1888:391; *Kissophagus hederae* (Schnurr): Chapuis, 1869:34; *K. nüsslini* Reitter, 1913:44)

→ Am eingebuchteten Halsschild-Vorderrand sind meist keine Borsten (Abb. 264). Wenn doch, so sind es breite gefiederte Borsten. Härchen nur auf der vorderen Halsschildscheibe in der Mitte strahlenförmig zusammenlaufend. Härchen auf dem hinteren Halsschild quer angeordnet, Halsschild nach vorne deutlich eingeschnürt. Länge 2–2,4 mm.

→ *Kissophagus novaki* Reitter, 1894

(*K. binodus* Reitter, 1913:45)

Artenkapitel zur Gattung *Kissophagus* Chapuis, 1869

Kissophagus vicinus (Comolli, 1837)

Efeu-Borkenkäfer

Lebensweise: Einjährige Generation.

Wirtsarten: *Hedera helix*, *H. colchica*. Die Art kommt überall an Efeu vor, doch sind Befallspuren nicht häufig zu finden.

Rote Liste Deutschland: selten, kurz- und langfristige Bestandsentwicklung: gleichbleibend. Ungefährdet.

Abb. 257: *Kissophagus vicinus* in Aufsicht (Mus. Frankfurt). Die gefiederten Schuppenhaare sind über die gesamten Flügeldecken (Elytren) verteilt. Die Borsten auf dem Halsschild (Pronotum) sind alle zum Zentrum hin ausgerichtet.

Abb. 258: *Kissophagus vicinus* in Seitenansicht (Mus. Frankfurt).

Abb. 259: *Kissophagus vicinus* von vorn (Mus. Frankfurt).

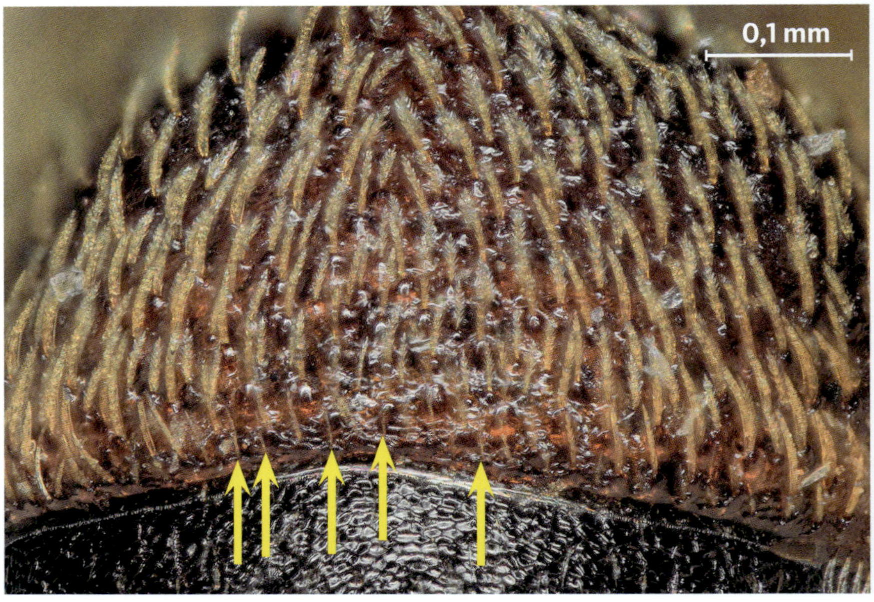

Abb. 260: Der Pronotum-Vorderrand von *Kissophagus vicinus* in Aufsicht (500-fache Vergrößerung)(Mus. Stuttgart). In der ersten Reihe im eingebuchteten Halsschild-Vorderrand stehen dünne Haare (gelbe Pfeile).

Kissophagus novaki Reitter, 1894

Wirtsarten: *Hedera helix, H. colchica.*
Verbreitung: Südfrankreich, Ukraine (Krim), Kaukasus, Deutschland (Karlsruhe), Niederösterreich, Südmähren. Tirol (wohl Südtirol-Trentino), Dalmatien und Istrien.

Abb. 261: *Kissophagus novaki* in Aufsicht (Mus. Kassel). Die schuppige Behaarung auf den Flügeldecken (Elytren) ist lückig.

Abb. 262: *Kissophagus novaki* in Seitenansicht (Mus. Kassel).

Abb. 263: *Kissophagus novaki* von vorn (Mus. Kassel).

Abb. 264: Der Halsschild-Vorderrand von *Kissophagus novaki* in Aufsicht (Mus. Stuttgart). An der Einbuchtung sind am Rand keine Borsten oder Haare vorhanden (Vergleiche Abb. 260).

Gattung *Pteleobius* Bedel, 1888

Größe 1,8–2,2 mm. Körper walzenförmig, sehr dicht mit anliegenden Schüppchen fleckig bedeckt. Stirn beim Männchen flach, beim Weibchen gewölbt. Fühler mit 7-gliedriger Geißel und mit ovaler 3-gliedriger Keule. Halsschild so lang wie breit, beidseits undeutlich fein gehöckert. Flügeldecken walzenförmig, am Absturz gewölbt. Gehöckerter Basalrand gegen das Schildchen hin flach gebogen. Die Schüppchen an der Oberseite symmetrisch fleckig angeordnet. Abdomen (Hinterleib) gerade, nicht zur Hinterleibsspitze ansteigend.

Lebensweise beider Arten: Muttergang quer, doppelarmig, bei *Pt. vittatus* 2 bis 3 cm, die beiden Arme nicht immer gleich lang, bei *Pt. kraatzii* 4 bis 5 cm messend, Arme meist etwa gleich lang. Die in der Mitte der beiden Arme liegende Eingangsröhre reicht nicht bis zum Splint. Larvengänge kurz, 1,5 bis 3 cm lang und längsverlaufend. Gesamtes Brutbild überwiegend in der Rinde. Reifungs-, Regenerations- und Überwinterungsfraß in kurzen, unregelmäßigen Gängen, an jüngeren Ulmen vorzugsweise an überwallten Astansatzstellen, dadurch grindige Wucherungen hervorrufend („Ulmengrind"). Flugzeit oft schon Ende März, meist jedoch April *(Pt. vittatus)* oder Mai *(Pt. kraatzii)*. 1 Generation im Jahr. In Europa sind 2 monogame Arten bekannt. Artenschwerpunkt in der Neuen Welt.

1 Am Halsschild-Vorderrand (Pronotum) sind längliche Schuppen (Abb. 271). Die Elytren sind mit ovalen Schuppen bedeckt. Der 2. Zwischenraum erreicht die Spitze. Die Schuppen auf den Flügeldecken sind oval. Die dunkel gefärbten Schuppen sind bindenartig geordnet. Schüppchen sehr klein, 3-farbig (weiß, gelb, rotbraun)(Abb. 269). Länge 1,8–2,3 mm.

→ *Pteleobius vittatus* (Fabricius, 1787) - Kleiner bunter Ulmenbastkäfer

(*Bostrichus vittatus* Fabricius, 1787:38; *Dermestes vittatus* (Fabricius, 1787); *Hylesinus furcatus* Marsharn, 1802:55; *Ips coadunatus* Marsham, 1802; *Ips furcatus* Marsham, 1802; *Ips sericeus* Marsham, 1802; *H. sericeus* Stephens, 1832:361; *Hylesinus vittatus* Eichhoff, 1881:142; *Pteleobius vittatus* (Fabricius): Bedel, 1888:393)

→ Am Halsschild-Vorderrand (Pronotum) sind überwiegend rundliche Schuppen (Abb. 276). Die Elytren sind mit rundlichen Schuppen bedeckt. Schüppchen größer als bei *Pt. vittatus*, 2-farbig (gelb, rotbraun). Der zweite Zwischenraum ist vor der Spitze abgekürzt. Länge 1,8–2 mm.

→ *Pteleobius kraatzii* (Eichhoff, 1864) - Bunter Ulmenbastkäfer

(*Hylesinus kraatzii* Eichhoff, 1864:30; *H. putoni* Eichhoff, 1867:403; *Pteleobius kraatzi* (Eichhoff): Bedel, 1888:393)

Artenkapitel zur Gattung *Pteleobius* Bedel, 1888

Pteleobius vittatus (Fabricius, 1787)

Kleiner bunter Ulmenbastkäfer

Lebensweise: In der Regel in kränkelnden oder absterbenden Ästen oder Stammteilen. In dünnen Ulmenästen; auch in *Ulmus montana*. Häufig in Hecken von Feldulmen (*Ulmus campestris*). Kann in Feldulmen mit *Anthaxia manca* auftreten (Hellrigl 2012). Muttergang doppelarmig quer zur Faser, 2–4 cm lang, Larvengänge kurz, längsgerichtet, das ganze Brutbild – auch die Puppenwiegen – vorwiegend in der Rinde, auf dem Splint nur leicht angedeutet.

Wirtsarten: *Ulmus laevis, U. minor.* Ausnahmsweise an *Acer campestre* und *Fraxinus excelsior.*

Verbreitung: Mittel- und Südeuropa, von England bis in den Kaukasus, Kleinasien und Palästina, auch in Algerien. In den Alpen in höheren Gebirgslagen wahrscheinlich fehlend. In Österreich bis 700 m.

Abb. 265: Brutbilder vom Kleinen bunten Ulmenbastkäfer (*Pteleobius vittatus*) in Ulmenrinde (Mus. Frankfurt).

Abb. 266: Brutbilder von *Pteleobius vittatus*.

Abb. 267: Brutbilder in hoher Dichte von *Pteleobius vittatus* in Ulmenrinde (Mus. Braunschweig).

Abb. 268: Der Kleine bunte Ulmenbastkäfer – *Pteleobius vittatus* in Aufsicht (Mus. Stuttgart). Die Flügeldecken (Elytren) tragen eine Zeichnung aus Braun- und Beigetönen. Die Borstenreihen zwischen den Schuppen ragen nur wenig aus dem Schuppenkleid hervor. Halsschild und Elytren sind dicht mit ovalen Schuppen bekleidet.

Abb. 269: Die Elytren (Flügeldecken) sind beim Kleinen bunten Ulmenbastkäfer mit ovalen Schuppen bedeckt. Sie sind nur ca. 0,016–0,022 mm breit (Mus. Stuttgart).

Abb. 270: Der Kleine bunte Ulmenbastkäfer – *Pteleobius vittatus* in Seitenansicht (Uni Göttingen).

Abb. 271: Pronotum und Kopf von vorn von *Pteleobius vittatus* (Mus. Stuttgart). Am Halsschild-Vorderrand stehen nur längliche Schuppen.

Abb. 272: Der Absturz der Flügeldecken. Der 2. Zwischenraum erreicht das Ende der Elytren (roter Pfeil)(Uni Göttingen).

Pteleobius kraatzii (Eichhoff, 1864)

Bunter Ulmenbastkäfer

Abb. 273: Der Bunte Ulmenbastkäfer – *Pteleobius kraatzii* in Aufsicht (Mus. Stuttgart). Es ist keine Zeichnung auf den Flügeldecken (Elytren) erkennbar.

Lebensweise: Brutbild ähnlich jenem von *Pt. vittatus*, aber Muttergang länger (4–5 cm), Larvengänge 1,5–3 mm.

Wirtsarten: *Ulmus laevis, U. minor.* Selten auf *Sorbus aucuparia.*

Verbreitung: Südliches Mittel- und Südeuropa, Kaukasus, Kleinasien.

Abb. 274: Der Bunte Ulmenbastkäfer – *Pteleobius kraatzii* in Seitenansicht (Mus. Stuttgart).

Abb. 275: Die Flügeldecken (Elytren) vom Bunten Ulmenbastkäfer (*Pteleobius kraatzii*) sind mit rundlichen Schuppen bedeckt. Diese sind 0,028–0,036 mm breit.

Abb. 276: Am Halsschild-Vorderrand (Pronotum) vom Bunten Ulmenbastkäfer (*Pteleobius kraatzii*) stehen sowohl längliche als auch rundliche Schuppen (Mus. Stuttgart).

Gattung *Chaetoptelius* Fuchs, 1913

(*Chaetophorus* Fuchs, 1912:46 nec Kirby, 1828; *Homarus* Braun, 1881:740; *Acrantus* Browne, 1882:409)
Typusart: *Hylesinus vestitus* Mulsant et Rey, 1860.
Monographie: Russo, 1926.

Käfer: 3–3,5 mm. Fühlergeißel 7-gliedrig, Fühlerkeule 3-gliedrig. Schwarzbrauner Halsschild, breiter als lang, nach vorne gerundet und verschmälert, sehr fein punktiert, an den Seiten flach gekörnelt und dicht kurz behaart. Flügeldecken breitoval walzenförmig, fein punktiert gestreift, mit braungelben, dunkelbraunen bindenartigen Schuppen und dazwischen abstehend behaart. Der gehöckerte Basalrand ist gegen das Schildchen hin flach gebogen. Beim Männchen Stirn flach und dicht kurz behaart; beim Weibchen Stirn schwach gewölbt und spärlich behaart, Fühler und Beine braun gefärbt.

Lebensweise: Längsarmige, doppelartige Lot-Muttergänge verlaufen im Bast von Laubholzarten. Einjährige Generation mit überwinternden Adultkäfern. Nur eine monogame Art.

Wirtsarten: *Pistacia atlantica, P. lentiscus, P. mutica, P. terebinthus, P. vera, Cotinus coggyria.*

Verbreitung: Mittelmeergebiet (Spanien, Südfrankreich), Südbulgarien, Krim, Kaukasus, Kleinasien, Kanarische Inseln.

→ *Chaetoptelius vestitus* (Mulsant et Rey, 1860)

(*Hylesinus vestitus* Mulsant et Rey, 1860:340; *H. indigenus* Wollaston, 1884:267; *Hylosinus vestitus:* Bedel, 1888:290; *Chaetoptelius vestitus* (Mulsant et Rey): Fuchs, 1913:43)

Abb. 277: *Chaetoptelius vestitus* in Aufsicht (Mus. Karlsruhe). Am Vorderrand der Flügeldecken ist ein Zähnchenkranz ausgebildet. Direkt dahinter sind noch in zwei unscharfen Reihen kleinere Zähnchen ausgebildet. Der Halsschild trägt seitlich ebenfalls nach hinten gerichtete dreieckige Zähnchen (Dornen).

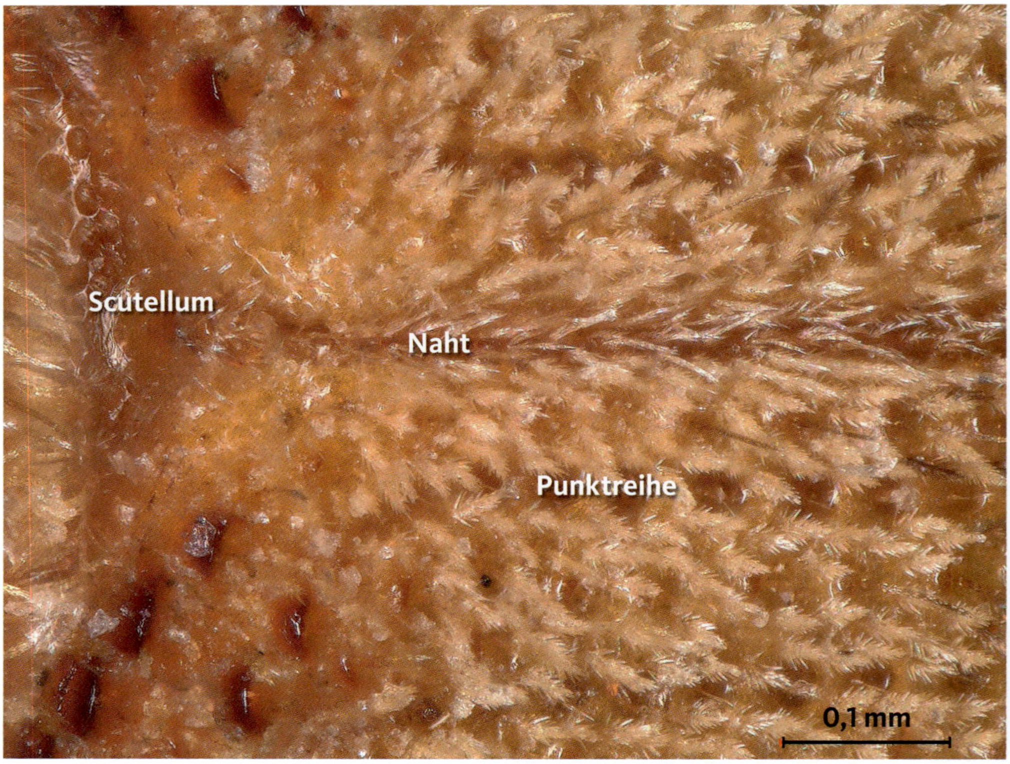

Abb. 278: Ausschnitt aus dem vorderen Elytren-Bereich am Schildchen (Scutellum). An der Naht sind kräftige Borsten und in den runden Vertiefungen der Punktreihen sind feine Haare. Der Rest wird vollständig durch Fieder-Schuppen bedeckt (Mus. Karlsruhe).

Abb. 279: *Chaetoptelius vestitus* in Seitenansicht (Mus. Karlsruhe). Die Zähnchen auf der Halsschildseite sind gut erkennbar.

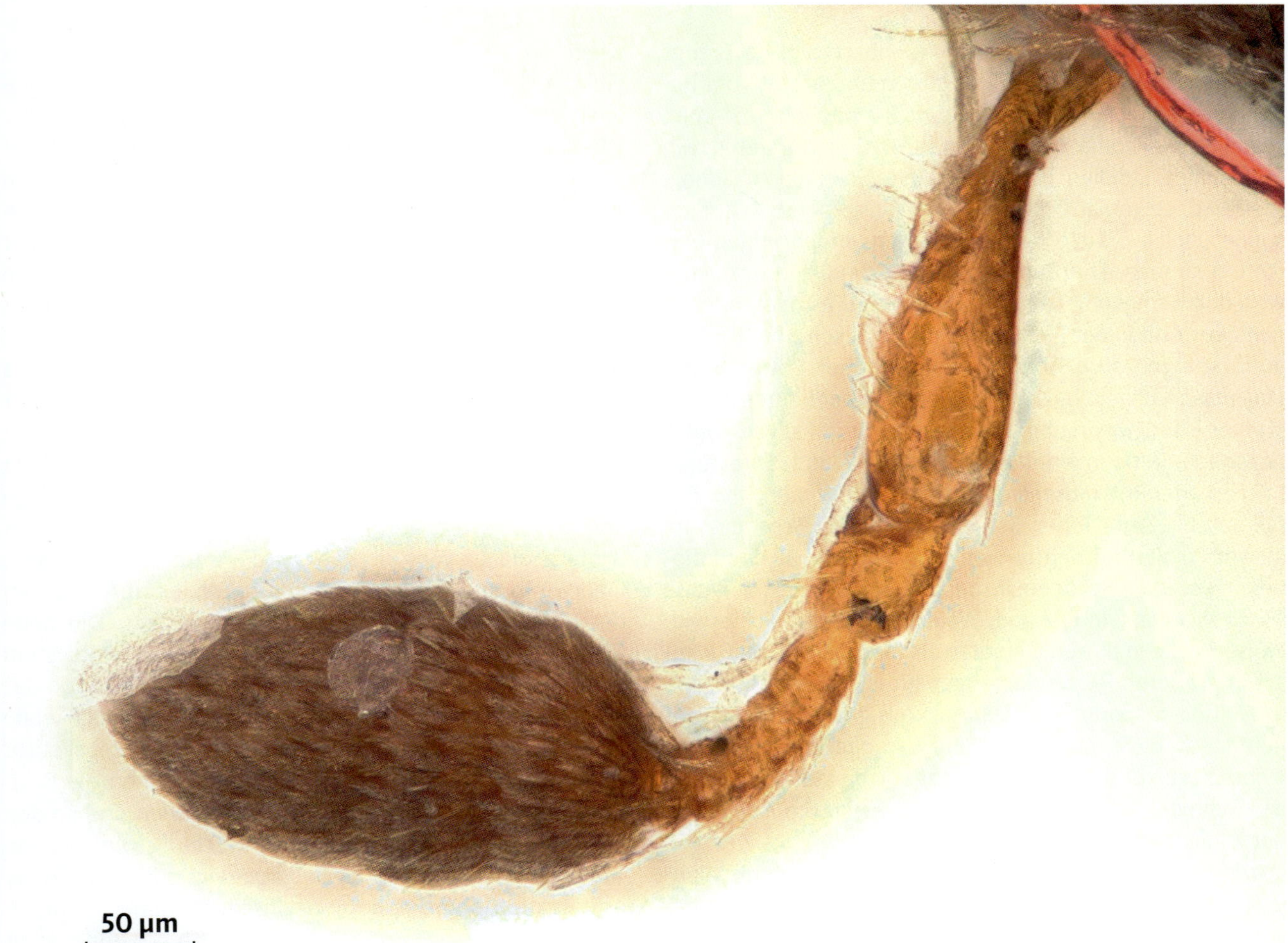

Abb. 280: Die Antenne von *Chaetoptelius vestitus* in Aufsicht (Mus. Karlsruhe).

Tribus Hylurgini Gistel, 1848

Körper mittelgroß bis groß (2,2–8 mm). Die Fühlerkeule ist meist kurzoval und kompakt. Halsschild ziemlich fein und einfach punktiert, beiderseits ohne Körnchen. Flügeldecken punktiert gestreift. Der gehöckerte Basalrand ist gegen das Schildchen hin nach hinten gebogen. Vorderhüften beinahe stehend. Im Gebiet 4 Gattungen.

Lebensweise: Entwicklung in Nadelholzarten.

Gattung *Dendroctonus* Erichson, 1836

Käfer: 5,5–9 mm. Größter europäischer Borkenkäfer. Fühler mit 5-gliedriger Geißel und mit gerundeter 4-gliedriger Keule (Abb. 284). Körper stark gewölbt, lang oval, schwarzbraun bis schwarz, mäßig glänzend und aufstehend gelblich behaart. Fühler und Fußglieder bräunlich. Halsschild breiter als lang, ungleichmäßig tief punktiert. Vorderrand in der Mitte flach ausgerandet. Flügeldecken nach hinten schwach erweitert. Oberfläche fein punktiert gestreift mit ungleichmäßig gekörnten Zwischenräumen. Der gehöckerte Basalrand ist gegen das Schildchen nach hinten gebogen. Stirn dicht punktiert und stark behaart. Sexualdimorphismus bei der Körpergröße: Männchen 5,5–6,5 mm, Weibchen 7–9 mm lang.

Lebensweise: Der monogame Riesenbastkäfer bevorzugt Fichten im Alter von 40 bis 80 Jahren und brütet vom Bereich der Wurzelanläufe bis in etwa 8 m Höhe am Stamm, zuweilen im Kronenabschnitt in sehr starken Ästen sowie in frischen Stöcken. In erster Linie Sekundärschädling, greift jedoch von anfälligen Bäumen ausgehend oft auf gesunde über, wodurch örtliche Massenvermehrungen entstehen können. Die Zunahme seiner Bevölkerungsdichte wird durch folgende Faktoren begünstigt: nicht standortsgemäßer Anbau der Fichte, z. B. durch Acker- und Wiesenaufforstungen, ihre Anfälligkeit gegenüber Rotfäule und Hallimasch, physiologische Schwächung der Bäume infolge starker Windeinwirkung und Wassermangel sowie vorangegangene Rindenverletzungen durch Fällung, Entastung, Rücken oder Rotwildschälen, denen sich Pilz- und *Sirex*-Befall anschließen. Neben Schadauftreten an *Picea abies* im gesamten Verbreitungsgebiet, langandauernde Gradationen mit starken Schäden, insbesondere an der Sitka-Fichte *(Picea sitchensis)* in Holland, Wales, Dänemark, Schleswig-Holstein, die in diesen Gebieten als fremdländische Baumart in größeren Beständen angebaut ist; zudem bisweilen in Weihnachtsbaum- und Schmuckreisigkulturen an „Blaufichten" (z. B. *Picea pungens* und var. *glauca*), besonders, wenn diese auf ungeeigneten Standorten stehen oder bei der Schmuckreisig-Gewinnung eine zu starke Reduktion der Kronen erfolgt.

Als Eintrittspforte in den Baum nutzt er gerne Wunden, die meist an der Stammbasis zu finden sind. Die bevorzugte Besiedlung am unteren Stamm kann Brutraum-Konkurrenz zum Buchdrucker (*Ips typographus*) und zum Zottigen Fichtenborkenkäfer (*Dryocoetes autographus*) verursachen. Das Weibchen bohrt den Wirtsbaum an. Einbohrloch mit großem, oft mit Bohrmehl vermischtem Harztrichter. Der bogige oder längsgerichtete Muttergang verläuft quer zur Stammrichtung und ist bis zu 15 cm lang. Die Eiablage erfolgt in unterschiedlich großen Häufchen (80 – 100). Insgesamt legen die Weibchen ca. 300 Eier ab. Das Weibchen bleibt im Brutbild. Die Larven fressen gemeinschaftlich (gregär), dicht nebeneinander in breiter Front unregelmäßig gestaltete Plätze aus (Familienplatzgang) und pressen das feine, mit Harz und Kot vermengte Bohrmehl hinter sich in Platten zusammen. Der Platzgang kann bis zu 50 cm lang und 15 cm breit sein. In den Bohrmehlpressplatten fertigt jede Larve ihre eigene Puppenwiege an. Die Larve erreicht eine Länge von 7 mm. Das Geschlechterverhältnis ist stark zu Gunsten der Weibchen verschoben. Es beträgt 5:1 bis 48:1 (Grégoire 1988). Die Kopulation erfolgt in der Regel kurz nach dem Schlupf im Brutbild mit den Geschwistern. Ca. 10 % der Weibchen paart sich zusätzlich mit externen Männchen. Der überwiegende Teil der Nachkomenschaft stammt aber aus der Geschwisterpaarung (Fraser et al. 2014). Der Befall ist an den großen Harztrichtern erkennbar sowie durch Harzansammlungen am Stammfuß.

Jungkäfer fressen netzartig verbundene Gänge in das umgebende Rindengewebe (Ernährungsfraß). Ein Teil der Käfer überwintert in diesen Gängen. Ohne ausgeprägte Schwärm- oder Flugzeiten werden die Fichten von Ende April/Anfang Mai bis Mitte September zur Brutanlage angeflogen. Generation zweijährig; im ersten Jahr überwintern die Larven, im zweiten die unreifen Adultkäfer. Überwinterung in allen Stadien möglich. Beim Ausbohren der Jungkäfer wird viel Bohrmehl freigesetzt. Die neue Brutanlage kann direkt angrenzend zum alten Brutsystem erfolgen, am selben Baum an anderer Stelle oder das Weibchen fliegt eine neue Fichte an. Es können auch vitale Fichten befallen werden (Primärbefall). In der Regel stirbt der Baum nicht ab. Bei Mehrfachbefall können die Brutkammern den Baum-Saftstrom unterbrechen und so den Absterbeprozess einleiten. Die Schwächung wird oft von weiteren Insekten genutzt. *Dendroctonus micans* hat keine Aggregationspheromone. Spezifischer Räuber: Rindenglanzkäfer *Rhizophagus grandis*. Aber auch der Buntspecht nutzt die Brutsysteme vom Riesenbastkäfer als ergiebige Nahrungsquelle.

Abb. 281: Das Brutbild (Familienplatzgang) vom Riesenbastkäfer *Dendroctonus micans* (Mus. Frankfurt).

Wirtsbäume: *Picea-Arten: Picea canadensis (alba, glauca), P. breweriana, P. omorica, P. orientalis, P. engelmanni* und *P. sitchensis;* seltener an *Abies alba* (ausnahmsweise in *Abies pectinata*), *Larix decidua* und *Pinus sylvestris* und *P. montana.*; in Aufforstungen auch an *Pinus contorta, montana* var. *mughus, pungens.*

Verbreitung: Weit verbreitet aber selten. In Ost-, Mittel- und Nordeuropa, Sibirien. Südgrenze im Rhodopen-Gebirge in Südbulgarien. Im Kaukasus eingebürgert. In Tirol nicht häufig, aber in Höhenlagen von 1400–1600 m (bis 1900 m) regelmäßig an vereinzelten befallenen Altfichten.

→ *Dendroctonus micans* (Kugelann, 1794) – Riesenbastkäfer (engl. Greater European spruce bark beetle)

(*Bostrichus micans* Kugelann, 1794:523; *B. ligniperda:* Paykull, 1800:149; *B. abietinus* Fabricius, 1792:367; *Dendroctonus micans* (Kugelann): Erichson, 1836:52)

Abb. 282: *Dendroctonus micans* in Aufsicht (Mus. Wiesbaden). Die Ausbuchtung am vorderen Hallschildrand sowie die Halsschild-Verjüngung nach vorne sind deutlich zu sehen.

Abb. 283: *Dendroctonus micans* in Seitenansicht (Mus. Wiesbaden).

Abb. 284: Der Fühler mit der 5-gliedrigen Fühlergeißel und der 4-gliedrigen Keule von *Dendroctonus micans* (Mus. Wiesbaden).

Gattung *Hylurgus* Latreille, 1807

Käfer: 3,3–6 mm. Fühler mit 6-gliedriger Geißel und kegelförmiger, 4-gliedriger Keule, bei welcher das 1. Glied länger ist als die übrigen. Körper lang walzenförmig, schwarzbraun mit gelben Fühlern und Tarsen. Oberseite lang, weich behaart. Halsschild kegelförmig, länger als breit, tief punktiert und mit einer glatten Mittellinie. Flügeldecken walzenförmig, mit ziemlich fein punktierten Linien. Die Zwischenräume sind runzlig punktiert. Der fein gekerbte Vorderrand ist gegen das Schildchen hin sehr flach gebogen. Flügeldeckenabsturz mit dichter bräunlicher Behaarung. Beim Weibchen ist der 2. Zwischenraum am Absturz leicht vertieft, beim Männchen völlig flach. Vorderrand des Halsschilds gerade (Pfeffer).

Körper lang walzenförmig, dicht weich behaart. Hinterbrust so lang wie Abdomen. Halsschild länger als breit. Die feingekerbte Basis der Flügeldecken nicht aufgebogen. Zwischenräume der Punktstreifen dicht behaart. Am Absturz mit bürstenartig dichter Behaarung. Fühlergeißel 6-gliedrig, Fühlerkeule annähernd kugelig. Beim Männchen 2. Zwischenraum am Absturz mit gröberen Körnchen besetzt, beim Weibchen diese fehlend (Postner)

Lebensweise: Entwicklung im Wurzelbast verschiedener Kiefernarten *(Pinus* div. spp.). Muttergang: einarmiger schlangenförmiger Längsgang im Bast. 1 bis 3 Generationen pro Jahr. In Mitteleuropa und im Mittelmeergebiet sind 2 monogame Arten bekannt (Pfeffer 1995). Die in Europa auftretenden Arten leben monogam als Wurzelbrüter ausschließlich an *Pinus*-Arten. Verhalten sich durch Befall von kränkelnden Bäumen, geschlagenen Stämmen und Brüten in alten Stöcken stark sekundär (Postner).

Artenschlüssel zur Gattung *Hylurgus* Latreille, 1807

1 Die seitliche Behaarung des Halsschildes ist doppelt so lang wie die Behaarung der Flügeldecken. Körperlänge 4–5,7 mm. Schwärzlich braun, Fühler und Tarsen rötlich.

→ *Hylurgus ligniperda* (Fabricius, 1787) – Rothaariger Kiefernbastkäfer
(*Bostrichus ligniperda* Fabricius, 1787:37; *B. elongatus* Herbst, 1793:117; *B. flavipes* Panzer, 1795:61; *Hylurgus ligniperda* (Fabricius): Latreille, 1807:274; *Hylurgus longulus* Kolenati, 1846:38)

→ Die seitliche Behaarung des Halsschildes und der Flügeldecken ist gleich lang. Länge 3,5–4,3 mm.

→ *Hylurgus micklitzi* Wachtl, 1881
(*H. ligniperda* Schedl, 1932:1635)

Artenkapitel zur Gattung *Hylurgus* Latreille, 1807

Hylurgus ligniperda (Fabricius, 1787)

Rothaariger Kiefernbastkäfer (engl. Golden-haired bark beetle, auch bekannt als Red-haired pine bark beetle)

Lebensweise: Brütet mehr in grobborkigen Stammanläufen und starken Wurzeln kränkelnder Bäume, gefällten Stämmen und Stöcken. *Hylurgus ligniperda* und *Hylastes ater* besiedeln bevorzugt Stämme mit Bodenkontakt. Bei starkem Auftreten in Wiederaufforstungsflächen können an Jungpflanzen zuweilen Schäden durch gehäufte Anlage von Brutsystemen beobachtet werden. Überträgt Bläuepilze. Muttergang als einarmiger Längsgang von 4 bis 15 cm Länge, durch sterile Gangabschnitte (Ernährungsfraß) verlängert. Muttergang folgt der Faser, aber meist mit Krümmungen, ohne Rammelkammer am Eingang und ohne Harzverkrustungen wie bei *Tomicus piniperda*, Eiablage wenig regelmäßig. Larvengänge unregelmäßig meist wirr durcheinanderlaufend, sehr lang, nahezu ganz in der Rinde, ebenso die Puppenwiegen. Reifungsfraß der Jungkäfer in dendritischen Figuren. Frühschwärmer mit Flugzeit im März/April. Meist 1 Generation, wenn 2. Generation begonnen, dann Überwinterung als Larve oder Puppe. In Südeuropa bis 3 Generationen.

Die Männchen produzieren Laute (Bedoya et al. 2019).

Wirtsarten: *Pinus brutia, P. canariensis, P. sylvestris, P. nigra nigra, P. nigra pallasiana, P. halepensis, P. pinaster, P. pinea, P. radiata, P. densiflora, P. thunbergi* und weitere *Pinus*-Arten sowie *Abies, Cedrus, Larix, Picea* und *Pseudotsuga*.

Verbreitung: Mittel- und Südeuropa, Krim, Kaukasus, Kleinasien, Algerien. Eingeschleppt in Japan, Südafrika, Nord- und Südamerika, Sri Lanka, Korea, Südaustralien und Neuseeland sowie China.

Abb. 285: *Hylurgus ligniperda* in Aufsicht (Uni Göttingen). Die seitlich abstehende Halsschild-Behaarung ist doppelt so lang wie die seitlich abstehende Flügeldecken-Behaarung.

Abb. 286: *Hylurgus ligniperda* in Seitenansicht (Uni Göttingen)

Abb. 287: Die Hinterleibs-Unterseite von *Hylurgus ligniperda* (Uni Göttingen).

Abb. 288: Die Pronotum-Vorderrandhaare reichen nur bis zur Mitte des Auges.

Hylurgus micklitzi Wachtl, 1881

Lebensweise: recht ähnlich zu *Hylurgus ligniperda*.
Wirtsarten: *Pinus halepensis, P. pinaster, P. pinea, P. nigra balcanica.* (Pfeffer 1995).
Verbreitung: Mittelmeergebiet. Deutschland, Frankreich, Afrika, Türkei, Palästina.

Abb. 289: *Hylurgus micklitzi* in Aufsicht (Mus. Stuttgart). Die seitlich abstehenden Haare am Halsschild und den Flügeldecken sind ungefähr gleich lang.

Abb. 290: Ein Fühler von oben von *Hylurgus micklitzi* (Mus. Stuttgart).

Abb. 291: Eingeklapptes Vorderbein von *Hylurgus micklitzi* (Mus. Stuttgart).

Gattung *Tomicus* Latreille, 1802

(*Dendroctonus* part. Erichson, 1836:36; *Blastophagus* Eichhoff, 1864:25; *Myelophilus* Eichhoff, 1878:400)

Käfer: 3,2-5,2 mm. Fühler mit 6-gliedriger Geißel und mit 4-gliedriger, eiförmiger, zugespitzter Keule. Körper lang-oval. Kopf und Halsschild dunkelbraun bis schwarz und lang aufstehend behaart. Flügeldecken braun oder rotbraun, bei den frisch geschlüpften Käfern gelblich anliegend behaart, später aber kahl. Halsschild breiter als lang, fein punktiert und mit einem geraden Vorderrand. Kerbzähnchen an der Flügeldeckenbasis aufgebogen. Geschlechtsdimorphismus nicht erkennbar.

Lebensweise: Entwicklung im Bast verschiedener Kiefernarten (*Pinus* div. sp.). Ernährungsfraß im Mark frischer Kieferntriebe. Der Reifungsfraß der Jungkäfer (bis zu 15 cm lang) dauert wesentlich länger als der Regenerationsfraß der Altkäfer und kann sich bis weit in den Herbst hinziehen. Jeder Jungkäfer höhlt im Mittel zwei Triebe in der Baumkrone aus, deren Gänge immer bohrmehlfrei sind. Die Einbohrlöcher an den Trieben sind an kleinen, gelblichen Harztrichtern erkennbar. Die ausgehöhlten grünen Triebenden brechen bei Wind am Einbohrloch leicht ab (Abbrüche) und fallen nach unten oder verbräunen an der Krone. Meist hat der Käfer zu diesem Zeitpunkt die Triebe bereits verlassen. Nach wiederholtem Käferfraß wirken die Baumkronen wie mit einer Gärtnerschere bearbeitet, daher der Name „Waldgärtner". Der Regenerations- und insbesondere der langanhaltende Reifungsfraß bewirken eine Nadelmassen-Verminderung und dadurch eine Schwächung (Prädisposition) der Bäume. Diese sind dann auch als Brutbäume geeignet und attraktiv für Einbohrversuche.

Die monogamen Arten haben in Mittel- und Nordeuropa eine einfache Generation, im Mittelmeergebiet meist eine doppelte. Die Männchen stridulieren.

Die heutige Gattung *Tomicus* Latreille war früher unter den Namen *Blastophagus* (= Triebfresser) bekannt. Monogame Arten der Kiefern (Frühschwärmer). Bei den *Tomicus*-Arten ist zu unterscheiden zwischen Brutfraß, unter Stammrinde von Kiefern, und Reifungsfraß der Jungkäfer in grünen Kieferntrieben, welche infolge des Markröhrenfraßes abdörren und als „Absprünge" zu Boden fallen. Das auffällige Schadbild des Reifungsfraßes hat zur Bezeichnung „Waldgärtner" geführt. Im Gegensatz zum Brutfraß, der besonders beim „Kleinen Waldgärtner" zum Absterben von Kiefern führen kann, ist der Reifungsfraß wirtschaftlich wenig bedeutsam, wenngleich er oft großflächig zu Triebverfärbungen führt (in Südtirol in manchen Jahren bis zu 1000 ha). Die beiden heimischen *Tomicus*-Arten sind in Tirol sehr häufig und weit verbreitet (Hellrigl 2012).

Abb. 292: Reifungsfraß („Absprung") von *Tomicus* spec. an Kiefer.

Schlüssel zu den Arten der Gattung *Tomicus* Latreille, 1802 (verändert nach Pfeffer 1995)

1 Absturz gleichmäßig gewölbt. Der 2. Zwischenraum ist mit einer Körnchenreihe, ähnlich wie diejenige der anderen Zwischenräume, besetzt. Dadurch wird die schwache Vertiefung kaschiert (keine Schattenfurche). Dunkelbraun bis schwarz, Flügeldecken und Fühler sowie Tarsen rötlich, seltener mit dunklen Flügeldecken. Halsschild verschiedenartig punktiert; neben glänzenden und locker punktierten Exemplaren gibt es auch solche, bei welchen die Punkte dicht angeordnet sind. Länge 3–5,2 mm.

→ *Tomicus minor* (Hartig, 1834) – Kleiner Waldgärtner/Kleiner Kiefern-Markkäfer, Lesser pine shoot beetle

(*Dendroctonus minor* Hartig, 1834:443; *Myelophilus minor:* Eichhoff, 1881:115; *M. corsicus* Eggers, 1911:75; *Blastophagus minor:* Eichhoff, 1864:25; *Tomicus minor* (Hartig): Bovey, 1987:13)

→ Flügeldeckenabsturz gleichmäßig gewölbt. Der 2. Zwischenraum (parallel zur Naht) ist am Flügeldeckenabsturz leicht vertieft und glänzend, fein punktiert und ohne Körnchenreihe (Schattenfurche). Körper schwarzbraun bis schwarz, Fühler und Tarsen gelbrot; Halsschild nach vorne verengt, breiter als lang, Halsschild glatt mit vertieften Punkten; Kopf von oben sichtbar. Flügeldeckenabsturz mit parallel zur Naht verlaufenden glatten Furchen („Schattenfurchen"); Hinterleib nicht ansteigend. Länge 3,5 bis 5 mm.

→ *Tomicus piniperda* (Linnaeus, 1758) – Großer Waldgärtner/Großer Kiefern-Markkäfer, Common pine shoot beetle

(*Dermestes piniperda* Linn, 1758:353; *Bostrichus piniperda* (Linnaeus, 1758); *Bostrichus testaceus* Fabricius, 1787:37; *Anthobius testaceus* (Fabricius, 1801); *Hylurgus analogus* LeConte, 1868:178; *Blastophagus piniperda:* Eichhoff, 1864:25; *B. major* Eggers, 1943:50; *Myelophilus piniperda:* Eichhoff, 1881:100; *Tomicus piniperda* (Linné): Latreille, 1802/3:203)

Artenkapitel zur Gattung *Tomicus* Latreille, 1802

Tomicus minor (Hartig, 1834)

Kleiner Waldgärtner/Kleiner Kiefern-Markkäfer, Lesser pine shoot beetle

Lebensweise: Eine Generation im Jahr mit Geschwisterbruten, in wärmeren Gegenden auch zwei Generationen. Flugzeit April/Mai ab 12° C. Fliegt später als der Große Waldgärtner. Der Kleine Waldgärtner ist in der Lage, bereits weniger geschwächte Bäume zu befallen. Neben stehenden Bäumen besiedelt der Bastkäfer häufig auch liegende Hölzer und Waldresthölzer. Er überträgt dabei auch Bläuepilze. Brutfraß überwiegend im dünnrindigen Spiegelrindenbereich unter und in der Krone oder an dünnen Stämmen. Frischer Befall in der Baumkrone ist oft schlecht erkennbar, da Bohrmehl nur in geringen Mengen ausgestoßen wird. Das Bohrmehl ist weiß-braun gescheckt. Häufig ist ein hellgelber Harztrichter um die Einbohrlöcher. Zusätzlich treten Harztropfen aus der Rinde. Bei beiden Waldgärtner-Arten sucht das Weibchen den Brutbaum aus und wird während des Einbohrens oder in der Eingangsröhre von einem Männchen begattet (keine Rammelkammer). Doppelarmiger, horizontal (quer zur Faserrichtung) verlaufender Muttergang (Klammergang), der sich in der Rinde und im Holz abzeichnet. Der zweiarmige Quer- oder Klammergang beginnt mit einem kurzen Eingangstunnel, der am stehenden Stamm immer nach unten weist, an liegenden Stämmen nach unten oder oben. Oft sind die beiden Gänge unterschiedlich lang (2 bis 9,5 cm). Die etwa 5 mm tief im Splint quer verlaufenden Muttergänge können bei dichtem Befall zu einer Unterbrechung der Wasserleitung in den Baumgefäßen führen (Ringelung). Dies schwächt den Baum erheblich. Larvengänge relativ kurz (unter 5 cm, meist 2–3 cm lang) und nicht so dicht gedrängt wie beim Großen Waldgärtner. Gegen Ende der Larvalentwicklung wird der Splint stärker gefurcht. Zur Verpuppung dringen die Larven senkrecht in den Splint ein. Im Gegensatz zum Großen Waldgärtner nagt sich jeder Jungkäfer ein eigenes kreisrundes Ausflugloch. Wie beim Großen Waldgärtner bohren sich die Jungkäfer beim Reifungsfraß in ein- bis zweijährige Triebe der Kieferkronen ein und fressen einen bis zu 10 cm langen Gang in das Mark. Die ausgehölten Triebe brechen, besonders bei Stürmen, leicht ab. Dies führt zu starken Kronenverlichtungen (deutscher Name: „Waldgärtner"). Deshalb sieht man braune Triebspitzen in der Krone und am Boden liegen. Die Triebspitzen können auch noch grün bleiben. Überwinterung der Käfer hauptsächlich in der Bodenstreu und in abgebrochenen Trieben.

Tirol: obligater Bläuepilz führt zu massiver Holzverfärbung. In Südtirol einer der forstlich bedeutendsten Borkenkäfer der Kiefer (*Pinus sylvestris*); die unter dünner Spiegelrinde der oberen Stammteile und dickeren Äste angelegten, tief in den Splint eingreifenden zweiarmigen waagrechten Muttergänge unterbrechen die Saftleitungsbahnen und bringen die subprimär befallenen Bäume zum Absterben. Verursacht besonders in Trockenjahren das Absterben zahlreicher Kiefern. In den Kieferngebieten, bis ca. 1.400 m, in ganz Südtirol verbreitet. Die Art wurde in den letzten Jahren durch den konkurrierenden, ebenfalls auf dünne Spiegelrinde spezialisierten *Ips acuminatus* etwas verdrängt, führt aber lokal noch immer zu Schäden. Oft zusammen mit *Ips acuminatus*, vereinzelt auch unter Fichtenrinde (Hellrigl 2012).

Befallsmerkmale: Braunes mit deutlich mehr weißem Bohrmehl als beim Großen Waldgärtner; ausgeprägte Harztrichter am Einbohrloch, große Anzahl an Ausbohrlöchern der Jungkäfer (geordnet); austretende Harztropfen an der Rinde; Vergilben oder Rötung der Krone, später Abfallen großer Rindenstücke; Absterben von Ästen, Kronenteilen oder ganzen Kronen; Regenerations- und Reifungsfraß etwas später als beim Großen Waldgärtner, Vergilbung bzw. Rötung und Abfallen der jüngsten Triebspitzen; Absprünge bzw. Abbrüche nach Windereignissen am Waldboden mit ausgehöhlter Markschicht, aber vorhandenen Knospen.

Abb. 293: Die doppelarmigen Muttergänge mit davon rechtwinklig abgehenden Larvengängen mit rundlichen Puppenhöhlen (links) senkrecht in den Splint sowie die geordneten Ausschlupflöcher der Jungkäfer von *Tomicus minor* an der Außenrinde (rechts).

Abb. 294: *Tomicus minor* in Aufsicht (Mus. Stuttgart). Am Absturz sind alle Reihen mit kleinen Spitzkegeln („Körnchen") belegt. Es ist keine „Schattenfurche" erkennbar.

Wirtsarten: Kiefernarten (*Pinus*-Spezies): *Pinus sylvestris, P. mugo, P. rotundata, P. strobus, P. nigra balcanica, P. nigra cevennensis, P. nigra laricio, P. nigra nigra, P. nigra pallasiana, P. halepensis, P. densiflora, P. halepensis* var. *brutia, P. koraiensis, P. thunbergiana*; seltener an Fichte (*Picea abies*) und Lärche (*Larix decidua*).

Verbreitung: Europa, einschließlich Korsika, Krim, Kaukasus, Kleinasien, Sibirien bis Japan.

Abb. 295: *Tomicus minor* in Seitenansicht (Mus. Stuttgart).

Abb. 296: Kopf von oben von *Tomicus minor* (Mus. Stuttgart). Die Fühlergeißel ist 6-gliedrig und die Keule 4-gliedrig.

Tomicus piniperda (Linnaeus, 1758)

Großer Waldgärtner/Großer Kiefern-Markkäfer, Common pine shoot beetle

Lebensweise: Einjährige Generation mit zeitlich versetzten Geschwisterbruten. Der Käferflug setzt ein, nachdem mittlere Temperaturen von 7 bis 8 °C bzw. Tagesmaxima von mehr als 12 °C erreicht werden. Dadurch kann er in warmen Wintern schon im Februar starten. Die Flugperiode des Käfers erstreckt sich bis August. Die Hauptflugzeit des Frühschwärmers ist von März bis April. Der Harzfluss der Wirtsbäume setzt erst im Lauf des Frühlings ein. Bis zur vollständigen Aktivierung vergehen 6–8 Wochen. Bei schlechter Wasserversorgung verzögert sich zusätzlich die Aktivierung. Manchmal trifft der Waldgärtner vor der Harzaktivierung auf den Wirtsbaum und kann leicht sowie gefahrlos eindringen. Die Käfer bohren sich zur Anlage des Mutterganges an stehenden Bäumen (ab Stangenholzalter) bevorzugt in den unteren grobborkigen Stammteil, am liegenden Holz auch im Spiegelrindenbereich ein und legen den einarmigen Längsgang überwiegend in der Rinde an. Deshalb ist das Bohrmehl braun und weiß gemischt. Der Muttergang verläuft längs zur Stammachse und ist meist mit einer dünnen Harzschicht ausgekleidet. Er weist zahlreiche nach außen führende Belüftungslöcher auf. Stehende Stämme werden meist nur bei Vorschwächung (z. B. z. B. durch starke, fraßbedingte Nadelverluste; Diplodia-Triebsterben (*Sphaeropsis sapinea*); Kienzopf- oder Hallimaschbefall; Vorbefall durch andere Rindenbrüter) besiedelt. Am Einbohrloch finden wir braunes Bohrmehl oder Harzkrümel. Vitale Bäume wehren die Bohrversuche der Käfer durch starke Harzausscheidung ab. Dadurch entstehen an den Einbohrstellen die gut sichtbaren Harztrichter (Abb. 298). Pro Muttergang werden in relativ dichter Anordnung ca. 100 und mehr Eier abgelegt. Die Larvengänge sind dicht gedrängt und verlaufen bei starkem Befall wirr durcheinander. Verpuppung in länglicher Wiege in der Borke. Puppendauer: 12–18 Tage. Jungkäfer verbleiben bis zu ihrer Erhärtung mehrere Tage am Verpuppungsort. Nach Verlassen des Brutbildes (Ende Juli/August) beginnen sie ihren Reifungsfraß im Kronenbereich. Dort minieren sie in mehr oder minder verholzten ein- bis zweijährigen Trieben entlang der Markröhre (deshalb auch Kiefermarkkäfer genannt) bis weit in den Herbst hinein. Ein Käfer höhlt 1 bis 3 Treibe aus. Diese brechen bei Wind leicht ab (Absprünge, Abbrüche). Der ausgesprochene primäre Reifefraß (also auch bei vitalen Bäumen) erfolgt in unmittelbarer Umgebung der Brutstätte. Fehlt in der Nähe geeignete Nahrung, so können auch mehrere Kilometer geflogen werden. Nach Beendigung des Triebfraßes bohren sie sich zur Überwinterung an der Stammbasis am Wurzelhals in die Rinde ein und legen hier bis zu 5 cm lange Überwinterungsgänge an, die äußerlich durch Bohrmehlauswurf erkennbar sind. Z. T., aber seltener gehen die Waldgärtner-Käfer auch in die Nadelstreu oder verbleiben in den abgefallenen Trieben. Auch der Kiefernknospentriebwickler (*Rhyacionia buoliana*) höhlt die Endtriebe aus. Allerdings sind die Triebe dann mit krümeligem Raupenkot gefüllt. Bei *Tomicus* sind die Triebgänge leer. Ähnliche Abbrüche erzeugen der Kieferntrieb-Nagekäfer (*Ernobius nigrinus* (Sturm, 1837) = *Anobium nigrinum* Sturm, 1837) und der Bäckerbock (*Monochamus galloprovincialis* Ol.). Die Nagekäfer-Larven dringen in den Markkanal von Maitrieben älterer Kiefernbestände, aber auch von Kulturen ein und fressen sie aus, sodass der Trieb abfällt. Im Inneren des Triebes befindet sich aber im Gegen-

Abb. 297: Brutbild vom Großen Waldgärtner *Tomicus piniperda*. Die Puppenwiegen sind in der Borke. Deshalb sind sie auf der Innenseite der abgelösten Rinde nicht sichtbar.

Abb. 298: Der beim Einbohren entstandene Harztrichter vom Großen Waldgärtner *Tomicus piniperda*.

Abb. 299: Die Ausbohrlöcher der Jungkäfer des Großen Waldgärtners *Tomicus piniperda* (Uni Göttingen).

Abb. 300: Mehrere Brutbilder des Großen Waldgärtners *Tomicus piniperda* (Uni Göttingen). Die Harzinkrustationen entlang des Muttergangs sind als weißliche Substanz erkennbar. Der Muttergang beginnt mit einer kurzen Krümmung.

satz zum Waldgärtner die *Ernobius*-Larve (nicht häufig) und linsenförmiger Larvenkot. Der Bäckerbock frisst nur äußerlich die Rinde ab. Die Markröhre bleibt unversehrt. Durch den mehrjährigen Befall („Beschnitt") der Baumwipfel kommt es zu Kronenverbuschungen.

Die Altkäfer führen ebenfalls im Kronenbereich, allerdings in geschwächten oder frisch abgestorbenen Bäumen, den Regenerationsfraß durch. Dieser setzt wesentlich früher ein als der Reifungsfraß der Jungkäfer. Danach legen sie eine zweite Brut (Geschwisterbrut) an. Die Gesamtentwicklungszeit von der Eiablage bis zum Ausschlüpfen der Jungkäfer dauert je nach Temperaturverhältnissen 55–83 Tage, wobei die ersten Brutanlagen sich wesentlich langsamer entwickeln und eine hohe Mortalität aufweisen. Bei Kälteeinbrüchen werden die Eiablage und der Larvenfraß über längere Zeit unterbrochen bzw. stark verlangsamt.

Der primäre Jungkäferfraß führt bei starkem und permanentem Auftreten zu einer wesentlichen Verringerung der Nadelmasse und zu merklichen Zuwachsverlusten von bis zu 40%. Er schwächt die Bäume und kann durch seinen Brutfraß die Kiefern zum Absterben bringen. Physiologisch stark geschwächte Kiefern werden bevorzugt und erfolgreich besiedelt. Übertragung von Bläuepilzen.

Tirol: Frühschwärmer mit Flugzeit im März/April. Im Gegensatz zum Kleinen Waldgärtner ist der Große Waldgärtner mehr sekundär und brütet unter dicker Rinde der unteren Stammteile von Kiefern sowie regelmäßig auch in deren Stöcken; die langen senkrechten Muttergänge verlaufen mehr in der Rindenbastschicht. Reifungsfraß ebenfalls in grünen Trieben. Im ganzen Kieferngebiet verbreitet und häufig an Wald- und Schwarzkiefer. Im Allgemeinen werden nur vorgeschädigte Einzelbäume befallen. Einmal wurde am Ritten, bei Mittelberg (1300 m) im VII.1994 auch Befall in einem Kiefernbestand auf 0,25 ha festgestellt, wobei rd. 100 Waldkiefern (80–90 j) abstarben; es handelte sich auch hier um einen Sekundärbefall nach Vorschädigung durch Blitzschlag („Blitzloch")(Hellrigl 2012).

Befallsmerkmale: Rindenbraunes mit etwas weißem Bohrmehl vermischt mit weißlichen Harzpartikeln; ausgeprägte hellgelbe Harztrichter am Einbohrloch; austretende Harztropfen auf der Rinde; der Muttergang weist Harzinkrustationen auf; Vergilben oder Rötung der Krone, später Abfallen großer Rindenstücke, buschige Kronenform, Kronenverlichtung; ab Mai primärer Regenerationsfraß der Altkäfer an meist zwei-, selten dreijährigen Trieben (Markfraß); Anfang Juli primärer Reifungsfraß der Jungkäfer an einjährigen Trieben (Markfraß) bis in den Spätherbst, Vergilbung bzw. Rötung und Abfallen der Triebspitzen; Absprünge bzw. Abbrüche nach Windereignissen am Waldboden mit ausgehöhlter Markschicht, aber vorhandenen Knospen, Triebabbrüche mit Einbohrloch und Harztrichter.

Wirtsbäume: Kiefernarten (*Pinus*-Spezies): *Pinus sylvestris, P. mugo, P. cembra, P. densiflora, P. nigra cevennensis, P. nigra nigra, P. nigra pallasiana, P. leucodermis, P. halepensis, P. halepensis* var. *brutia, P. koraiensis, P. pentaphylla, P. pinaster, P. pinea, P. peuce, P. strobus, P. thunbergiana*; selten an Fichte (*Picea abies*), Weißtanne (*Abies alba*) und Lärche (*Larix decidua*).

Abb. 301: *Tomicus piniperda* in Aufsicht (Mus. Stuttgart). Die zweite Reihe am Absturz ist ohne kleine Spitzkegelchen („Körnern") und wird auch als „Schattenfurche" bezeichnet (siehe rote Pfeile).

Abb. 302: *Tomicus piniperda* in Seitenansicht.

Abb. 303: Die Schattenfurche (roter Pfeil) schräg-seitlich von hinten gesehen.

Abb. 304: Vorderer Körper von *Tomicus piniperda*. Der Haarkranz am Pronotum-Vorderrand (Halsschild) reicht nur bis zur Oberkante der Komplexaugen.

Abb. 305: Die Antenne von unten gesehen. Die Fühlergeißel ist 6-gliedrig und die Fühlerkeule 4-gliedrig.

Gattung *Xylechinus* Chapuis, 1869

(*Pruniphagus* Marayama, 1958:930; *Squamasinus* Nunberg, 1964:431; *Kissophagus* sbg. *Xylechinus* Reitter, 1894:55; *Xylechinopsis* Browne, 1973:283)
Typusart: *Hylesinus pilosus* Ratzeburg, 1837

Käfer: 2,2–2,6 mm. Körper fast walzenförmig, dicht und kurz behaart. Fühlergeißel 5-gliedrig, Fühlerkeule stumpf. Halsschild dicht und fein runzlig punktiert und anliegend querliegend behaart, mit einer schmalen Mittellinie. Vorderrand gleichmäßig gerundet. Flügeldecken fein punktiert gestreift. Die Streifen mit fein anliegenden Schuppenhärchen, die Zwischenräume mit kurzen hellen Börstchenreihen. Der 1. Zwischenraum an der Naht ist heller und dichter behaart. Der gehöckerte Basalrand ist gegen das Schildchen gebogen. Ein Sexualdimorphismus ist nicht ersichtlich (Pfeffer).

Gestalt länglich, Flügeldecken nach hinten etwas verbreitert. Halsschild mit anliegender, quergelagerter Behaarung. Schwärzlich, Flügeldecken dunkelbraun, Fühler und Beine rostrot. Halsschild schmäler als Flügeldecken, fein runzelig punktiert. Flügeldecken längs der Mitte der Zwischenräume mit einer sehr kurzen, weißen Börstchenreihe (Postner).

Lebensweise: Monogame Art. Sekundäre Spezies. Befällt kränkelnde, unterdrückte Bäume und geschlagene Stämme. Am Stamm und dickeren Ästen, unter der Stammrinde von Fichtendürrlingen, in Ästen blitzgeschädigter Fichten oft mit dem Kupferstecher (*Pityogenes chalcographus*). Tritt häufiger im Verlauf von Borkenkäferkalamitäten in Erscheinung. Muttergang als doppelarmiger Quergang ähnlich wie bei *Polygraphus poligraphus* (L.) Der in der Mitte der beiden Arme liegende Anfang reicht nicht bis zur Splintoberfläche. Anordnung der Einischen sehr unregelmäßig (Unterbrechung der Eiablage durch Ernährungsfraß), daher Larvengänge z. T. sehr weitgestellt, dünn und lang (2 bis 5 cm) in Längsrichtung. Gesamtes Brutbild überwiegend in der Rinde. Jungkäfer vollführen Reifungsfraß von Puppenwiegen ausgehend. Flugzeit im Mai/Juni (Spätschwärmer), eine Generation im Jahr und zusätzlich Geschwisterbrut möglich.

Wirtsarten: Entwicklung im Bast geschwächter Fichten (*Picea abies*, *P. jezoensis*, *P. obovata*) sowie auf *Pinus pumila* und *Abies sibirica*.

Verbreitung: Im Hochgebirge Mitteleuropas, Nordeuropa, Sibirien. In Tirol bevorzugt der Fichtenbastkäfer höhere Lagen (bis 1750 m).

→ *Xylechinus pilosus* (Ratzeburg, 1837) – Borstiger Fichtenbastkäfer

(*Hylesinus pilosus* Ratzeburg, 1837:178; *Phloeophthorus pilosus:* Thomson, 1865:353; *Xylechinus pilosus* (Ratzeburg): Chapuis, 1869:36)

Abb. 306: Brutbilder von *Xylechinus pilosus* (Uni Göttingen).

Abb. 307: Brutbilder von *Xylechinus pilosus* (Mus. Frankfurt).

Abb. 308: *Xylechinus pilosus* in Aufsicht (Mus. Stuttgart). Die Haare auf dem Halsschild (Pronotum) sind quer ausgerichtet. Der 1. Zwischenraum an der Elytren-Naht ist heller und dichter behaart.

Abb. 309: *Xylechinus pilosus* in Seitenansicht (Mus. Stuttgart). Die intensive und anliegende Schuppen-Behaarung auf den Flügeldecken-Rippen ist mittig immer mit einer einzelnen stärker abstehenden Schuppe versehen.

Abb. 310: Das Haarband am Pronotum-Vorderrand ist durchgehend vorhanden. Der Vorderschienen-Enddorn ist nach außen gebogen. Die Fühlergeißel ist 5-gliedrig und die Fühlerkeule ist 4-gliedrig.

Tribus Phloeosinini Nüsslin, 1912

(*Phloeosinides* Nüsslin, 1912:273, *Phloesina* Balachowsky, 1949:116. *Phloeosinina* Nunberg, 1954:15,29)

Typusgattung: *Phloeosinus* Chapuis, 1869

Käfer: Kurze, gedrungene Borkenkäfer (1,2–4,5 mm); monogame Rindenbrüter an Zypressengewächsen (Cupressaceen); oft subprimär.

Lebensweise: Brutbild: Muttergänge als doppelarmige Längsgänge. Käfer-Reifungsfraß an gesunden Jungtrieben.

Gattung *Phloeosinus* Chapuis, 1869

Typusart: *Hylesinus thujae* Perris, 1855.

Monographien: Pfeffer, 1943; Schedl, 1950.

Die Gattung *Phloeosinus*, mit 67 beschriebenen rezenten Arten, zeigt ihren Verbreitungs-Schwerpunkt in der Paläarktis (31 Arten) und Nordamerika (27 Arten und 2 Unterarten). Auf dem europäischen Festland wurden bisher sieben Arten der Gattung *Phloeosinus* nachgewiesen. Die zwei häufigsten Arten, *P. aubei* (Perris, 1855) und *P. thujae* (Perris, 1855), sind in Europa weit verbreitetet (Wood & Bright 1992, Bright 2014, Alonso-Zarazaga et al. 2023, Gebhardt et al. 2024b). Die Arten entwickeln sich in Pflanzenwirten vor allem aus den Gruppen der Cupressaceae, aber auch der Pinaceae, hier insbesondere der Gattung *Cedrus* (Wood & Bright 1992, Wood 1982, Pfeffer 1994). *Phloeosinus*–Arten leben in Stämmen, Ästen oder Zweigen der Wirtsbäume oder auch Sträucher und bilden dort einfache longitudinale Bohrgänge, von denen beidseitig die Larvengänge abzweigen.

Käfer: 1,2–4,5 mm. Körper braunschwarz, oder Kopf und Halsschild braunschwarz und die Flügeldecken rot oder braunrot gefärbt. Fühler und Tarsen gelbbraun. Augen nierenförmig oder an der Vorderseite ausgerandet/eingeschnitten. Stirn bei den Männchen flach oder leicht ausgehöhlt und fast immer mit einem kleinen Mittellängskiel. Stirn bei den Weibchen leicht gewölbt und ohne Längskiel (Ausnahme *P. aubei* Perr.). Fühler mit 5-gliedriger Geißel und mit länglich ovaler, stumpfer, großer 4-gliedriger Keule. Halsschild an den Seiten stark gerundet, nach vorne mäßig verengt. Halsschild fein punktiert, ohne Körnchen an den Seiten. Flügeldecken kurz oder lang walzenförmig, fein punktiert gestreift. Der gehöckerte Basalrand ist gegen das Schildchen hin nach hinten gebogen. Absturz meistens mit feinen Höckerreihen oder Zähnchenreihen, oder einzelnen Zähnen oder Zähnchen. Absturzform für Hylesininae ungewöhnlich. Geschlechtsdimorphismus an der Stirnform und am Absturz sichtbar. Bei den Männchen auf den Zwischenräumen 1, 3, 5 und 7 im Bereich des Absturzes kammförmig angeordnete Reihen spitzer Höcker oder Zähnchen, teils bis zum Hinterrand der Flügeldecken reichend. Bei den Weibchen heben sich die sehr kleinen Höckerreihen kaum von der Runzelung der Zwischenräume ab.

Lebensweise und Wirtsbäume: Monogam im Bast von Nadelhölzern (*Juniperus, Cedrus, Chamaecyparis, Thujopsis, Cupressus, Tetraclinis, Thuja*). Muttergänge als doppelarmige Längsgänge. Meist eine Generation pro Jahr. Überwintern der Adultkäfer. Brutfraß als auch Reifungsfraß können bedeutend sein.

Artenschlüssel der Gattung *Phloeosinus* Chapuis, 1869

1 Körperlänge unter 3 mm. **2**

→ Körperlänge mindestens 3 mm **3**

2 Flügeldecken-Absturz mit zwei Höckerkämmen, einem auf dem 1. und einem auf dem 3. Zwischenraum (Männchen, Abb. 313). Diese enden oder sind stark eingekürzt weit vor der Flügeldeckenspitze. Flügeldecken kurzoval. Der erste Zwischenraum ist erweitert und trägt an der oberen Hälfte des Absturzes einen Kamm mit 8–10 Höckern. Dieser verläuft leicht nach innen gebogen. Der 3. Zwischenraum ist wenig erhöht und mit einer Reihe von 7 Höckerchen versehen. Stirn nur leicht eingedrückt und mit Mittellängskiel (Abb. 316). 2 bis 2,8 mm, von gedrungener Gestalt, bräunlich-schwarz, Fühler, Beine und Flügeldecken braunrot. Vorderrand des Auges mit schwachem Einschnitt (Abb. 315). 3. Fußglied zweilappig, nur wenig breiter als das 2. Fußglied.

→ *Phloeosinus aubei* (Perris, 1855) – Zypressen-Borkenkäfer/Thujen-Borkenkäfer

(*Hylesinus aubei* Perris, 1855:78; H. *praenotatus* Gredler, 1866:370; *Phloeosinus bicolor* Bedel, 1888:393; *P. hercegovinensis* Eggers, 1922:120; *P. aubei* (Perris): Chapuis, 1869:37; *P. aubei hercegovinensis* Pfeffer, 1943:122; *P. transcaspicus* Semenov, 1903:79; *P. schumensis* Eggers, 1922:166)

→ Nur der 3. und der 5. Flügeldecken-Zwischenraum mit einem dichten Höckerkamm (Abb. 321). Halsschild ohne Mittelkiel. Stirn mit kräftigem Eindruck und mit einem bis zur Mitte des Eindruckes reichenden Längskiel (Abb. 324). Klein, 1,5 bis 2,4 mm, von kurzeiförmiger Gestalt, braunschwarz, gelblich behaart, Fühler rotgelb; Fühlerkeule eiförmig und nur ausnahmsweise mit elliptischem Endglied, Tarsen rostrot. Vorderrand des Auges mit tiefem Einschnitt (Abb. 321). 3. Fußglied deutlich herzförmig. 3. Zwischenraum der Flügeldecken schwach erhöht, beim Männchen am Absturz mit stark gehöckertem Kamm, der weit nach unten reicht. Die Kammzähnchen enden spitz. Beim Weibchen 1. und 3. Zwischenraum auf dem Absturz erhöht. Der 2. Zwischenraum am Absturz breit vertieft. Der 3. Zwischenraum mit einer Reihe feiner Körnchen besetzt. Stirn und ganze Oberseite des Körpers schwach chagriniert und deshalb halbglänzend.

→ *Phloeosinus thujae* (Perris, 1855) – Wacholder-Borkenkäfer

(*Hylesinus thujae* Perris, 1855:77; *Dendroctonus juniperi* Döbner, 1860:261; *Carphoborus thujae:* Redtenbacher, 1874:370; *Phloeosinus thujae* (Perris): Chapuis, 1869:37; *P. impressus* Rey, 1883:125; *P. henschi* Eggers, 1911:76; *P. prostratus* Peyerimhoff, 1918:250; *P. thujae thujae* (Perris): Pfeffer, 1989:33)

3 Die schwarz bis schwarz-braun, glänzend gefärbten Käfer variieren mit ihrer Färbung auf den Flügeldecken, die oft rötlich-braun erscheinen. In beiden Geschlechtern sind auf den dritten Zwischenräumen des Flügeldecken-Absturzes eine Reihe von groben, stumpfen Zähnchen, die parallel zur Naht verlaufen. Dagegen weisen die ersten und zweiten Zwischenräume keine Zähnchen auf (Abb. 1). Bei den weiblichen Käfern finden sich nur vereinzelte, kleine Körnchen auf den ersten Zwischenräumen. Länge: 3–4,3 mm.

→ *Phloeosinus sequoiae* (Hopkins, 1903)

Artenkapitel zur Gattung *Phloeosinus* Chapuis, 1869

Phloeosinus aubei (Perris, 1855)

Zypressen-Borkenkäfer/Thujen-Borkenkäfer

Lebensweise: Brütet in Stämmen und Ästen von jungen und älteren Zypressen, besonders wenn diese durch Hallimasch-Befall bereits geschwächt sind. Auch schädlich an Jungpflanzen von *Juniperus* und *Thuja* in Forstpflanzgärten. Gewinnt größere forstliche Bedeutung durch Befall frischgesetzter, noch unter Pflanzschock leidender Heisterpflanzen von *Cupressus*, *Juniperus* und *Thuja* bei Ödlandaufforstungen und Anlage von Windschutzstreifen. Schäden an Zierbäumen auch durch Reifungsfraß der Jungkäfer in Triebspitzen.

Muttergänge meistens als doppelarmige Längsgänge, zuweilen auch 3- und 4-armig. Länge der Muttergänge 2 bis 5 cm, meist 2 bis 2,5 cm, gehen nicht tief in den Splint (Gegensatz zu *Phl. thujae*). Larvengänge weitgestellt, überwiegend längsgerichtet. Puppenwiegen im Holz. Reifungsfraß der Jungkäfer an der Geburtsstätte oder in Spitzentrieben von *Cupressus*-Arten durch Aushöhlen derselben analog zum Reifungsfraß der *Tomicus*-Arten an Kiefer. Überwinterungsfraß ab Oktober/November. In südlicheren Gebieten mindestens 2 Generationen mit Flugzeiten im April/Mai und Juli.

Verbreitung und Wirtsbäume: Mittelmeergebiet, südliche Teile von Mitteleuropa, Krim, Kaukasus, Armenien, Turkmenien, trop. Afrika. Nordgrenze in Mitteleuropa: Niederösterreich, Südslowakei. Vornehmlich an Cupressaceen wie *Juniperus communis*, *J. excelsa*, *J. foetidissima*, *J.*

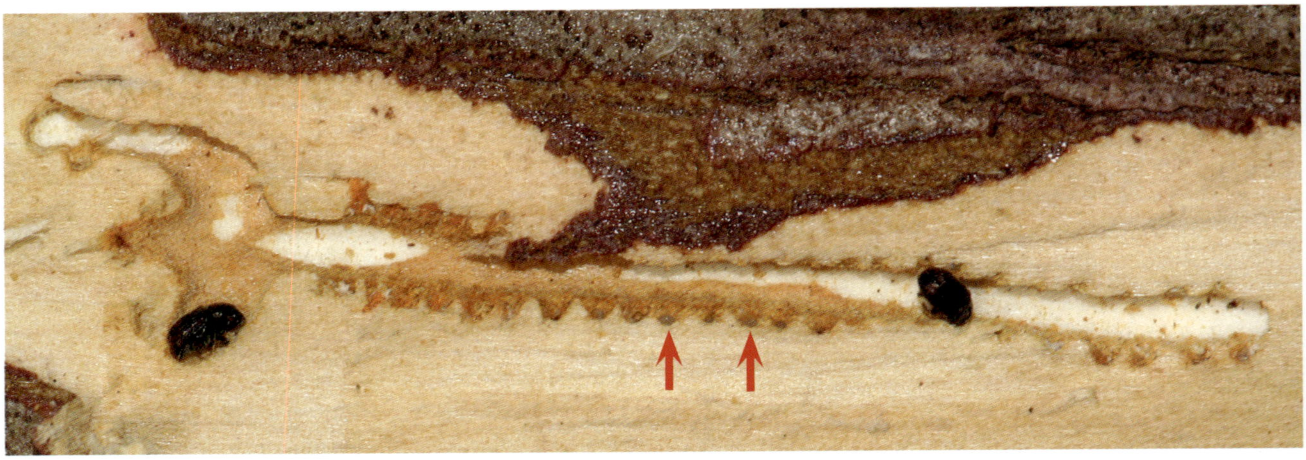

Abb. 311: Frühes Brutsystem vom Zypressen-Borkenkäfer (*Phloeosinus aubei*) in einem Hiba-Lebensbaum (*Thujopsis dolabrata*). Die roten Pfeile weisen auf die frisch abgelegten Eier hin.

Abb. 312: Ältere Brutbilder vom Zypressen-Borkenkäfer *Phloeosinus aubei*.

macrocarpa, J. phoenicea, J. sabina, Tetraclinis articulata, Cupressus sempervirens, C. sempervirens pyramidalis, Thuja occidentalis und *T. orientalis*, auch an *Sequoia gigantea*.

In Tirol ist diese mediterrane Art (mit Arealerweiterung nach Mitteleuropa) nicht häufig; gelegentliches Schadauftreten an Thujenhecken in Parks und an Scheinzypressen in Friedhöfen. Die Jungkäfer verursachen an grünen Zweigen einen Triebmark-Reifungsfraß. An *Cupressus lawsoniana*, an Wellingtonie, mit *Phl. thujae* in Wacholder, an *Chamaecyparis*.

Abb. 313: Der männliche Zypressen-Borkenkäfer *Phloeosinus aubei* in Aufsicht. Die kräftige Höcker-Reihe im verbreiterten 1. Zwischenraum verläuft bogenförmig. Sie endet vor der Flügeldecken-Spitze. Die Höcker-Reihe im 3. Zwischenraum verläuft parallel zur Naht und ist nicht so dicht stehend wie im 1. Zwischenraum.

Abb. 314: Die Flügeldecken des weiblichen Zypressen-Borkenkäfers *Phloeosinus aubei* in Aufsicht. Der 3. Zwischenraum ist nicht erhaben. Der 1. und der 3. Zwischenraum weisen kleine Höcker auf. Ebenso der 5. und 6. Zwischenraum. Die Höcker sind deutlich weiter entfernt zueinander als bei den Männchen.

Abb. 315: Der männliche Zypressen-Borkenkäfer *Phloeosinus aubei* in Seitenansicht. Das Komplexauge ist vorne eingebuchtet, allerdings nicht so stark wie beim Wacholder-Borkenkäfer *P. thujae*.

Abb. 316: Der Zypressen-Borkenkäfer *Phloeosinus aubei* in Frontalansicht (Mus. Bonn). Ein schlanker Mittelkiel ist über den Mandibeln erkennbar.

Abb. 317: Das Vorderbein von vorn vom Zypressen-Borkenkäfer *Phloeosinus aubei* (Mus. Bonn).

Phloeosinus thujae (Perris, 1855)

Wacholder-Borkenkäfer

Lebensweise: Befällt vorzugsweise schwächere Stämme junger Bäume, Äste und Zweige geringer Durchmesser. Tritt als sekundäre Art in trockenen Jahren an geschwächten Bäumen in stärkerem Maße auf. Schäden können durch Brutfraß an Stämmen und primärem Reifungsfraß in Jungtrieben gesunder Bäume hervorgerufen werden. Betroffen

Abb. 318: Brutbilder an *Juniperus communis* vom Wacholder-Borkenkäfer *Phloeosinus thujae*.

sind vor allem Heckenpflanzungen und Zierpflanzenaufzuchten in Baumschulbetrieben. Muttergänge als doppelarmige Längsgänge von 2 bis 4 cm Länge, ausgehend von einer zuweilen hakenförmigen Erweiterung hinter dem Einbohrloch. Muttergänge greifen in den Splint ein. Larvengänge gehen zunächst senkrecht von den Muttergängen aus, um dann nach oben oder unten dem Faserverlauf zu folgen. Puppenwiegen bis 4 mm tief ins Holz vorgetrieben. Abweichend gestaltete Brutbilder durch ein- und mehrarmige Muttergänge. Regenerationsfraß der Altkäfer vor Anlage einer 2. Brut oder Geschwisterbrut. Reifungsfraß der Jungkäfer am Geburtsort oder durch Einbohren in junge Triebe, die dadurch zum Absterben gebracht werden. Überwinterungsfraß zwischen Rinde und Holz noch

Abb. 319: *Phloeosinus thujae* in Aufsicht (Mus. Bonn). Das Männchen trägt am Absturz in gerader Reihe in der 3. (grüner Pfeil) und 5. Flügeldecken-Zwischenreihe (roter Pfeil) je einen Höckerkamm.

Abb. 320: Brutbilder vom Wacholder-Borkenkäfer *Phloeosinus thujae* (Mus. Frankfurt).

frischer Äste. Im Norden des Verbreitungsgebietes und in höheren Lagen 1 Generation im Jahr mit Flugzeit im Juni, in südlicheren Gebieten auch 2 Generationen.
Wirtsbäume: Hauptsächlich an Cupressaceen, wie *Juniperus communis, J. pseudosabina, Thuja occidentalis, Cupressus pisifera, C. sempervirens, Biota orientalis,* auch an *Chamaecyparis* spec., daneben an *Sequoia* spec. und *Wellingtonia* spec.

In Tirol ist diese kleinere heimische Art viel häufiger als *Ph. aubei* und bevorzugt Wacholder; sie findet sich allenthalben in abgestorbenen Wacholderästen. Häufig werden auch Thujenhecken befallen und dabei regelmäßig einige Pflanzen zum Absterben gebracht.

Abb. 321: *Phloeosinus thujae*-Männchen in Seitenansicht (Mus. Bonn). Die tief eingebuchteten Komplexaugen sind gut erkennbar. Der Haarkranz am Pronotum-Vorderrand endet auf der Höhe der Augen. Die Zähne auf dem Flügeldecken-Absturz enden spitz.

Abb. 322: Der Flügeldecken-Vorderrand vom Wacholder-Borkenkäfer *Phloeosinus thujae* besteht aus hochgewölbten Chitin-Schuppen. Seitlich sind sie dreieckig und zugespitzt. Nach oben (zur Mitte hin) werden sie zunehmend rundlicher und stehen enger beieinander. Zu Beginn der Elytren stehen Schuppen auch auf den zwei inneren Reihen. Die Schuppen laufen nach hinten (bis ca. Flügeldecken-Mitte) aus.

Abb. 323: Die Flügeldecken vom Wacholder-Borkenkäfer *Phloeosinus thujae*. Der erste und dritte Zwischenraum ist erhaben. Der zweite Zwischenraum ist deutlich verschmälert (vergleiche die Breite zu Beginn der Elytren). Die Höcker-Reihe auf dem 3. Zwischenraum reicht bis zum Flügeldecken-Ende.

Abb. 324: *Phloeosinus thujae*-Männchen in Frontalansicht (Mus. Bonn). Die Stirn mit einem kräftigen Eindruck und mit einem bis zur Mitte des Eindruckes reichenden Längskiel.

Abb. 325: *Phloeosinus thujae*-Weibchen in Frontalansicht (Mus. Bonn). Die Stirn trägt keinen Eindruck und auch keinen Längskiel.

Abb. 326: Das Vorderbein von vorn vom *Phloeosinus thujae*-Weibchen (Mus. Bonn).

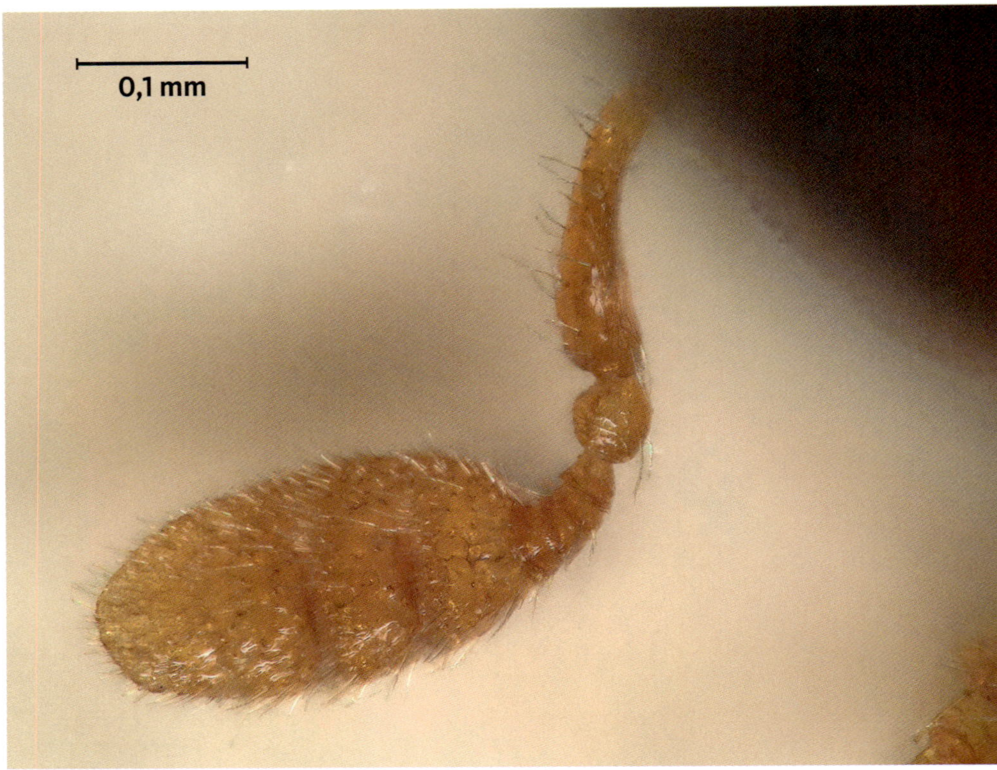

Abb. 327: Der Fühler vom *Phloeosinus thujae*-Weibchen (Mus. Bonn).

Abb. 328: Das Weibchen vom Wacholder-Borkenkäfer *Phloeosinus thujae* trägt auf dem 3. und 5 Zwischenraum kleine spitzige Höckerchen („Körnchen“). Der 3. Zwischenraum ist etwas erhaben.

Phloeosinus sequoiae (Hopkins, 1903)

Lebensweise: Die Käfer werden von geschwächten und frisch gefällten Bäumen sowie von verletzten oder abgebrochenen Ästen angelockt. Die monogamen Käfer bohren sich hier ein und legen durchschnittlich 48 Eier, im Maximum bis zu 171. Die longitudinalen Muttergänge variieren in der Länge entsprechend von durchschnittlich 14 cm bis maximal 25 cm. Die schlüpfenden Larven graben von dem Muttergang aus ihre Larvengänge und benötigen für Ihre Entwicklung zum reifen Käfer mehr als zwei Monate (Deleon 1952, Bright & Stark 1973 nach Gebhardt et al. 2024b).

Abb. 329: *Phloeosinus sequoiae* – Männchen in Aufsicht (Dorsalansicht) aus dem Naturschutzgebiet Lüneburger Heide. Der Flügeldeckenabsturz trägt auf den dritten Zwischenräumen eine Reihe von groben, stumpfen Zähnchen, die parallel zur Naht verlaufen. Dagegen weisen die ersten und zweiten Zwischenräume keine Zähnchen auf. Bei den weiblichen Käfern von *P. sequoiae* finden sich nur vereinzelte, kleine Körnchen auf den ersten Zwischenräumen. Länge 4,3 mm. Foto H. Gebhardt.

Wirtsbäume: In ihrem natürlichen Verbreitungsgebiet ist die Art vor allem an Mammutbäumen (*Sequoia sempervirens*) in Kalifornien bekannt (Bright & Stark 1973). Eine Reihe von Arten aus der Gruppe der Cupressaceae werden als bekannte Wirte aufgeführt: *Chamaecyparis lawsoniana, Ch. nookatensis, Cupressus macrocarpa, Libocedrus decurrens, Sequioa sempervirens* und *Thuja plicata* (Atkinson 2023, Wood 1982).

Verbreitung: *P. sequoiae* kommt im westlichen Nordamerika vor, mit dem Schwerpunkt in Kalifornien. Daneben ist eine weitere Ausbreitung nach Norden über Oregon, Washington und British Columbia bis Kanada und Alaska dokumentiert (Atkinson 2024, Bright & Stark 1973, Wood 1982). In Europa bisher nur in Deutschland nachgewiesen (Gebhardt et al. 2024b).

Abb. 330: *Phloeosinus sequoiae* – Männchen in Seitenansicht. Die Zähnchen auf dem Flügeldecken-Absturz sind stumpf endend. Vergleiche Abb. 321. Foto H. Gebhardt.

Abb. 331: *Phloeosinus sequoiae*-Männchen in Frontalansicht. Es fehlt der deutliche Längskiel, den wir von *Phloeosinus thujae*-Männchen kennen (vergleiche Abb. 324). Die Skulpturierung der Frons ist schwächer ausgeprägt als bei dem Zypressen-Borkenkäfer (*Phloeosinus aubei*)(vergleiche Abb. 316). Foto H. Gebhardt.

Tribus Phloeotribini Chapuis, 1869

Kleine Borkenkäfer (1–2,5 mm) von gedrungener Form; Flügeldecken beborstet oder beschuppt. Die einzelnen Glieder der Fühlerkeule sind voneinander getrennt oder fächerartig geblättert. Halsschild punktiert, vorne beidseits mit spitzigen Körnchen besetzt (Ausnahme Phthorophloeus Rey Syn. von Phloeotribus). Flügeldecken mit Punktreihen. Der gezähnelte Basalrand ist gegen das Schildchen hin nach hinten gebogen. Geschlechtsdimorphismus aus der Stirnform ersichtlich. Leben als monogame Rindenbrüter vornehmlich an Laubgehölzen (Oleaceen und Fabaceen), ausnahmsweise an Koniferen (*Phloeotr. spinulosus*). Muttergänge als doppelarmige Quergänge (oft ± abgewinkelt), tief den Splint furchend; Larvengänge senkrecht, der Faserrichtung folgend (Pfeffer 1995, Hellrigl 2012).

Gattung *Phloeotribus* Latreille, 1786 (= *Phthorophloeus* Rey 1883)(= *Phloeophthorus* Wollaston 1854)

1 Fühlerkeule aus 3 langen fächerförmig geblätterten Gliedern bestehend. Diese sind spreizbar. Stirn mit flacher Grube. Beim Weibchen ohne Tuberkeln. (*Phloeotribus* Latreille). **2**

→ Fühlerkeule lang oval und ohne Fächer (Abb. 353). Fühlergruben liegen nahe bei den Augenrändern. **4**

2 Fühlereinlenkungen auf der Stirn einander genähert, ihr Abstand viel kürzer als die Länge des Schaftgliedes (Abb. 335). Halsschild am Vorderrand mit Körnchen oder Zähnchen besetzt (Abb. 336). **3**

→ Fühlergruben dicht neben den Augen liegend, ihr Abstand etwa so lang wie das Schaftglied (Scapus)(Abb. 362).

Oberseite einfach aufstehend beborstet, ohne Schuppenhaare (Abb. 363). Die Glieder der Fühlerkeule weniger lang gefächert als bei den heimischen Arten *Phloeotribus caucasicus* und *Ph. scarabaeoides*. Das 1. Glied der Fühlergeißel kugelig-keulenförmig (Abb. 361). Länge 1,9–2,3 mm. Halsschild ohne auffallende Körnchen am Vorderrand (Abb. 359).

➔ *Phloeotribus liminaris* Harris, 1852 – Spätblühende Traubenkirschen-Borkenkäfer
Tomicus liminaris Harris, 1852, A treatise on some of the insects of New England injurious to vegetation, S. 79. *Phthorophloeus mississippiensis* Blackman, 1921, Mississippi Agric. Exp. Sta. Tech. Bull., 10: 4

3 1. Fühlergeißelglied ist länger als das 2. bis 5. Glied zusammen. Das 1. Fühlerkeulenglied ist nur so lang wie die beiden anderen zusammen (Abb. 334). Die Flügeldecken sind vollständig schwarz gefärbt und einfach anliegend behaart. Die graue Behaarung ist vorne spärlich und nach hinten allmählich dichter werdend. (Abb. 332). Die aufstehende Behaarung des Halsschildes ist wenig länger als jene auf den Flügeldecken (Abb. 333). Körper-Länge 1,8–2 mm. Fühlerkeule beträchtlich kürzer als bei *Phloeotribus scarabaeoides*. Das Männchen weist zwischen den Augen eine deutliche runde kleine Grube auf.

➔ *Phloeotribus caucasicus* Reitter, 1891

→ 1. Fühlergeißelglied ist kürzer als das 2. bis 5. Glied zusammen (Abb. 341). Das 1. Fühlerkeulenglied ist länger als die beiden anderen (Abb. 340). Flügeldecken beschuppt und mittel-lang, abstehend behaart. Flügeldecken besonders hinten fein gelbgrau beschuppt und mittel-lang abstehend behaart mit angedeuteter Querbinde aus dunkel-braunen Haaren. Die Flügeldecken sind seitlich mit langen Haaren versehen. Von den Schultern zur Spitze hin werden sie zunehmend anliegender, kürzer und spärlicher (Abb. 338). In Seitenansicht: aufstehende Behaarung des Halsschildes viel länger als die der Flügeldecken (Abb. 339). Körper-Länge 1,8–2,5 mm. Männchen mit länglicher, flacher Grube zwischen den Augen.

➔ *Phloeotribus scarabaeoides* (Bernard, 1788) – Europäischer Ölbaum-Borkenkäfer
(*Bostrichus scarabaeoides* Bernard 1788, (*Scolytus scarabaeoides* Bernard, 1788:270; *Bostrichus oleae* Fabricius, 1792:366; *Phloeotribus scarabaeoides* (Bernard): Latreille, 1796:50; *P. oleiphilus* Del Guercio, 1925:37)

4 Halsschildseiten ohne Körnchen. Beim Männchen ist die Stirn flach mit undeutlich punktiertem Eindruck, beim Weibchen ist die Stirn gewölbt und ohne Tuberkel. Länge 1,7–2,5 mm, dunkelbraun bis schwarz. Körper leicht birnenförmig. Elytren in Aufsicht kaktusförmig. Fühlerkeule schwarz, eng kegelförmig ellipsoid. Fühlergeißel 5-gliedrig, rot gefärbt. Halsschild breiter als lang, dicht punktiert und ohne aufstehende Körnchen an den Seiten. Flügeldecken mit groben Punktstreifen und schmalen, hinten mit kleinen Dörnchen reihig besetzten Zwischenräumen, die mit einer Börstchenreihe versehen sind. Bei den Männchen sind die Dörnchen an den Flügeldeckenseiten stärker ausgeprägt als bei den Weibchen. Der gehöckerte Basalrand ist gegen das Schildchen hin flach gebogen. Beim Männchen ist die Stirn flach oder mit leichter Eindellung, beim Weibchen schwach gewölbt.

➔ *Phloeotribus spinulosus* (Rey, 1883) *(= Phthorophloeus spinulosus* Rey)
(*P. chapuisi* Blandford, 1891:213; *Phloeophthorus perrisi* Guillebeau, 1894:62; *Elzearius crenatus* Guillebeau, 1893:64)

→ Halsschild-Seiten (Pronotum) mit einigen feinen Körnchen bzw. Dornen besetzt (Abb. 351). Bei den Männchen ist die Stirn ausgehöhlt, bei den Weibchen ist die Stirn flach und oberhalb des Epistoms mit paarweisen Tuberkeln besetzt. **5**

5 Der Zähnchenkamm am Vorderrand der Flügeldecken ist einfach, d.h. ohne weitere Höckerreihe beim Schildchen (Abb. 352). Beim Männchen sind wenige abstehende Haare auf dem Scapus (Fühlerschaft). Die längsten Haare davon sind maximal so lang wie die Fühlergeißel. Fühler dunkelbraun bis schwarz. Fühlerkeule aus drei schmalen und kegelförmig gerundeten Gliedern. Körperoberfläche mit gelblichen Härchen bedeckt (Pfeffer). Körper gedrungen walzenförmig, 1,4–1,8 mm lang, schwarzbraun bis schwarz, rau skulpturiert, kurz behaart. Weibchen Stirn breit gewölbt, Männchen Stirn enger und mit Längseindruck, Augen seitenständig, lang oval. Fühlergeißel 5-gliedrig. Halsschild trapezförmig und breiter als lang, dicht punktiert, mit schlanken Schuppenhärchen dicht besetzt, beim Männchen die Seiten nach vorne mehr schief verengt, gegen die gut ausgebildeten vorderen Seiten-Ecken mit je einer Reihe von Schuppenhöckerchen. Schildchen winzig knopfförmig. Zwischenräume runzelig und feiner mit Pünktchen besetzt, Haarkleid nahe der Basis ungeordnet 1- bis 2-reihig, auf dem Absturz noch dichter. Flügeldecken deutlich gestreift-punktiert.

➔ *Phloeotribus rhododactylus rhododactylus* (Marsham, 1802) – Ginster-Borkenkäfer

(*Ips rhododactylus* Marsham, 1802:58, *Hylesinus spartii* Nördlinger 1847:217; *H. tarsalis* Förster; 1849:439; *Phloeophthorus rhododactylus* (Marsham): Bedel, 1888:394; *P. retamae* Perris, 1864:300; P. *rhododactylus rhododactylus* (Marsham): Pfeffer, 1972:43)

→ Basis der Flügeldecken innen dicht hinter dem Zähnchenkamm mit einer zweiten kurzen Querreihe von Höckerchen besetzt (Abb. 357). Fühlergeißel rötlich und Fühlerkeule langoval oder bräunlich-schwarz und die Fühlerkeule aus scharf zugespitzten Gliedern zusammengesetzt. Bei manchen Exemplaren ist die zweite Höckerreihe undeutlich. In diesem Fall ist die Fühlerfarbe oder die Keulenform entscheidend. Flügeldecken deutlich und stark in Reihen punktiert. Die Zwischenräume gut abgesondert und dicht punktiert. Beim Männchen trägt der Fühlerschaft viele abstehende lange Haare. Die längsten Haare sind deutlich länger als die rötliche Fühlergeißel. Glieder der Fühlerkeule gleichmäßig gerundet. Flügeldeckenoberfläche halbglänzend mit halbaufstehenden, gelben, ziemlich dichten Haaren bedeckt. Exemplare ohne zweite Höckerreihe wurden als *P. ovalis* Eggers beschrieben. Länge 1,3–2,3 mm.

→ *Phloeotribus cristatus* (Fauvel, 1889)

(*Phloeophthorus helveticus* Guillebeau, 1893:60; *P. ovalis* Eggers, 1941:120; *P. pectinicornis* Balachowsky, 1949:116; *P. sharpi* Pfeffer, 1947:126)

Artenkapitel zur Gattung *Phloeotribus* Latreille, 1786

Phloeotribus caucasicus Reitter, 1891

Lebensweise: Eine Generation pro Jahr.
Wirtsarten: *Fraxinus excelsior, F. raibocarpa, F. syriaca.*

Verbreitung: Südliche Ukraine, Krim, Kaukasus, Zentralasien, Niederösterreich, Südmähren, Deutschland: Südhessen, Pfalz, Kaiserstuhl.

Abb. 332: Das Weibchen von *Phloeotribus caucasicus* in Aufsicht (Mus. Wien).

Abb. 333: Der weibliche *Phloeotribus caucasicus* in Seitenansicht (Mus. Wien).

Abb. 334: Der Fühler von *Phloeotribus caucasicus* (Mus. Wien). Das erste Fühler-Geißelglied ist länger als das 2. bis 5. Glied zusammen. Das erste Fühler-Keulenglied ist nur so lang wie die beiden anderen Fühler-Keulenglieder zusammen.

Abb. 335: Der Kopf in Frontalansicht von *Phloeotribus caucasicus* (Mus. Wien). Der Fühlerschaft (Scapus) ist länger als der Abstand zwischen den Fühlergruben.

Abb. 336: Der Kopf in Seitenansicht von *Phloeotribus caucasicus* (Mus. Wien). Der Halsschild-Vorderrand (Pronotum) ist bezahnt (siehe Pfeil).

Phloeotribus scarabaeoides (Bernard, 1788)

Europäischer Ölbaum-Borkenkäfer

Lebensweise: Muttergang in der Regel als doppelarmiger Quergang, der wie die längsverlaufenden Larvengänge tief in den Splint eingreift. Reifungsfraß bzw. Überwinterung der Käfer in Zweigachseln, Überwinterung auch im Larvenstadium. Je nach klimatischen Bedingungen 2 bis 4 Generationen im Jahr (Postner).
Wirtsarten: *Olea europaea, Phillyrea angustifolia, P. latifolia, P. latifolia* var. *media, Fraxinus angustifolia, Syringa* spp.
Verbreitung: Mittelmeergebiet im Bereich des Areals von *Olea.*

In Tirol lebt die mediterrane Art an Olivenbäumen (*Bostrichus oleae* Fabr. 1792) u.a. Oleaceen (*Fraxinus, Syringa*) und findet sich im Gardaseegebiet oft massenhaft in abgeschnittenen Ölbaum-Ästen; Oliven-Schädling (Hellrigl 2012).

Abb. 337: Brutbilder vom Europäischen Ölbaum-Borkenkäfer *Phloeotribus scarabaeoides* an *Olea europaea* (Mus. Frankfurt). Linker Bildeinsatz (Abb.337): Anschnitt der Larvengänge (vergrößert).

Abb. 338: Der Europäische Ölbaum-Borkenkäfer *Phloeotribus scarabaeoides* in Aufsicht (Mus. Karlsruhe). Die Flügeldecken sind seitlich mit langen Haaren versehen. Von den Schultern zur Spitze hin werden sie zunehmend anliegender und spärlicher. Auf den Flügeldecken treten ab der Mitte zunehmend mehr rundliche Schuppen auf. Eine dunkle Querbinde fehlt auf den Flügeldecken (Elytren). Die gefächerten Fühler-Keulen sind auffällig lang.

Abb. 339: Der Europäische Ölbaum-Borkenkäfer *Phloeotribus scarabaeoides* in Seitenansicht (Mus. Karlsruhe).

Abb. 340: Die rechte Fühlerkeule des Europäischen Ölbaum-Borkenkäfers *Phloeotribus scarabaeoides* (Mus. Karlsruhe). Das erste Fühler-Keulenglied ist länger als die beiden anderen Fühler-Keulenglieder.

Abb. 341: Der Fühler des Europäischen Ölbaum-Borkenkäfers *Phloeotribus scarabaeoides* (Mus. Kassel). Das erste Fühlergeißelglied ist kürzer als das 2. bis 5. Glied zusammen

Abb. 342: Der Flügeldecken-Absturz des Europäischen Ölbaum-Borkenkäfers *Phloeotribus scarabaeoides* (Mus. Karlsruhe). In den Zwischenräumen sind rundliche, am Rand ausgefranste gelbe Schuppen, längere gelbe, dünne Borsten und kräftige, lange gelbe Borsten sowie in den Punktreihen sehr feine dünne und weißliche Haare.

Phloeotribus spinulosus (Rey, 1883)

(= *Phthorophloeus spinulosus* Rey)

Lebensweise: Entwicklung im Bast absterbender Äste von gesunden Fichten. Muttergang als zweiarmiger Quergang, wobei die beiden Arme im spitzen Winkel zusammenstoßen. Die einzelnen Arme 1,5 bis 3,5 cm lang. Larvengänge unregelmäßig geschlängelt, 5 bis 6 cm lang, senkrecht abgehend, tief in den Splint eingegraben. Am Ende der Muttergänge Abschnitte ohne Eiablagen (als Regenerationsfraß gedeutet). Brutbild oft unregelmäßig. 1 Generation im Jahr. Befällt besonders absterbende Äste von 1 bis 15 cm Durchmesser. Stellenweise stärker verbreitet, im Allgemeinen jedoch seltener; mit langsamer Entwicklung. Monogam.

Wirtsarten: Vorzugsweise an *Picea abies*, *P. obovata*, *P. jezoensis*, auch an *Abies alba*.
Verbreitung: In Mitteleuropa, Nordeuropa und Sibirien im Areal der Fichtenarten (Pfeffer 1995 und Postner 1974).
Die Art entwickelt sich in unteren absterbenden Ästen älterer Fichten, hier regelmäßig vergesellschaftet mit *Pityophthorus exsculptus* und den beiden Bockkäferarten: dem Samtfleckigen Fichtenbock (*Monochamus saltuarius* (Gebler, 1830)) und dem Verschmälerten Scheibenbock (*Pronocera angusta* (Kriechbaumer, 1844))(Hellrigl 2012)

Abb. 343: *Phloeotribus spinulosus* in Aufsicht (Mus. Stuttgart).

Abb. 344: *Phloeotribus spinulosus* in Seitenansicht (Mus. Stuttgart).

Abb. 345: Der Absturz von einem *Phloeotribus spinulosus*-Männchen (Mus. Stuttgart) mit den Zähnchenreihen in den Zwischenräumen.

Abb. 346: Der Halsschild (Pronotum) von *Phloeotribus spinulosus* (Mus. Stuttgart) und das knopfförmige Scutellum (Schildchen).

Abb. 347: Der Fühler von *Phloeotribus spinulosus* (Mus. Stuttgart).

Abb. 348: Das Vorderbein von *Phloeotribus spinulosus* (Mus. Stuttgart).

Phloeotribus rhododactylus rhododactylus (Marsham, 1802)

Ginster-Borkenkäfer

Wirtspflanzen: *Cytisus scoparius, Spartium junceum, Ulex europaeus, Laburnum* spp., *Calycotome spinosa, C. uillosa.*
Verbreitung: Mittel- und Südeuropa, Krim.
In Tirol von 400–1100 m. Wirtspflanzen: in Stämmchen von *Hippocrepis emerus* (Strauch-Kronwicke), *Cytisus scoparius* (Besenginster, Besenpfriem), *Spartium junceum* (Binsenginster), *Ulex europaeus* (Stechginster), *Cytisus laburnum* (Reitter 1916; Grüne 1979); *Calycotome spinosa* (Dorngeißblatt, Stacheliger Dornginster) u. a. (Schedl 1981), *Genista radiata* (Strahlen-Ginster)(Hellrigl 2012).

Abb. 349: Das Männchen vom Ginster-Borkenkäfer *Phloeotribus rhododactylus rhododactylus* in Aufsicht (Mus. Stuttgart). Der Fühler ist dunkel gefärbt. Ebenso die Schenkel (Femur) und die Schienen (Tibia). An der vorderen Halsschild-Seite (Pronotum) sind rückwärts gerichtete Dornen (blauer Pfeil).

Abb. 350: Das Männchen vom Ginster-Borkenkäfer *Phloeotribus rhododactylus rhododactylus* in Seitenansicht (Mus. Stuttgart).

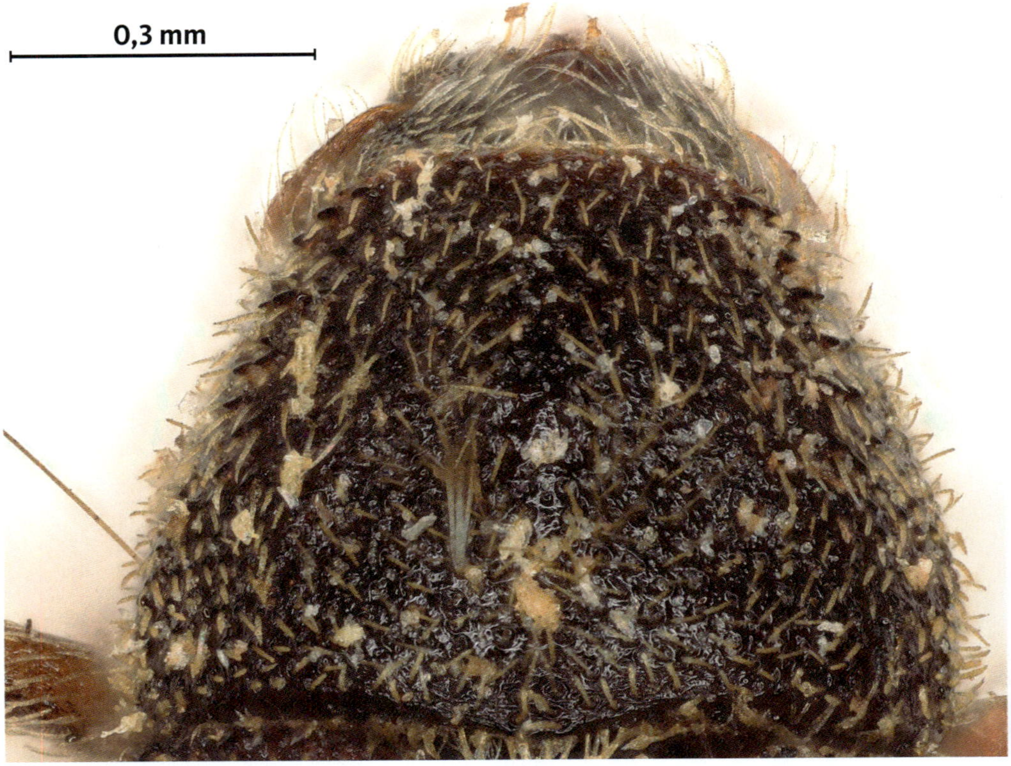

Abb. 351: Der Halsschild (Pronotum) vom Ginster-Borkenkäfer *Phloeotribus rhododactylus rhododactylus* in Aufsicht (Mus. Stuttgart). An den Seiten befinden sich die rückwärts gerichteten Dornen.

Abb. 352: Der aufgebogene Dornenkranz zu Beginn der Flügeldecken vom Ginster-Borkenkäfer *Phloeotribus rhododactylus rhododactylus* ist ohne einen zweiten dahinterliegenden Dornenbogen (Mus. Stuttgart). Vergleiche dazu *Phloeotribus cristatus* in Abb. 357.

Abb. 353: Der Scapus (Fühlerschaft) des Männchens vom Ginster-Borkenkäfer *Phloeotribus rhododactylus rhododactylus* trägt wenige abstehende Haare. Die längsten Haare sind so lang wie die Fühlergeißel (Mus. Stuttgart).

Abb. 354: Das Vorderbein vom Ginster-Borkenkäfer *Phloeotribus rhododactylus rhododactylus* (Mus. Stuttgart).

Phloeotribus cristatus (Fauvel, 1889)

Wirtsarten: *Spartium unceum, Cytisus scoparius, Calicotome villosa, C. spinosa, Genista* spp., *Lygos* spp.

Verbreitung: Küste von Nordostspanien, Südfrankreich, Westschweiz, Italien, Sardinien, Korsika, Marokko.

Abb. 355: Das Brutbild von *Phloeotribus cristatus* (Mus. Frankfurt).

Abb. 356: Das Männchen von *Phloeotribus cristatus* in Aufsicht (Mus. Stuttgart).

Abb. 357: An den Halsschild-Seiten (Pronotum) von *Phloeotribus cristatus* sind rückwärts gerichtete Dornen (Mus. Stuttgart). Am Flügeldecken-Beginn (Elytren) sieht man eine zweite Zähnchenreihe (gelber Pfeil).

Abb. 358: Der Fühlerschaft (Scapus) des Männchens von *Phloeotribus cristatus* trägt viele abstehende lange Haare. Die längsten Haare sind deutlich länger als die Fühlergeißel (Mus. Stuttgart).

Phloeotribus liminaris Harris, 1852

Spätblühende Traubenkirschen-Borkenkäfer (Peach bark beetle)

Abb. 359: *Phloeotribus liminaris* in Aufsicht (Lompe-Sammlung, Fundort: Nienburg, Hoher Weg). Der Halsschild (Pronotum) ist ohne Körnchen am Vorderrand. Foto. Lompe.

Lebensweise: Monogame Rindenbrüter in *Prunus*-Arten. Im Mai verlassen die Käfer die Überwinterungsquartiere und suchen bis Ende August nach geeigneten Brutbäumen. Dies sind beschädigte oder geschwächte Bäume. Unter der Rinde legen die Weibchen zweiarmige Quergänge an. Das Brutsystem ähnelt dem von *P. scarabaeoides*. Geschwisterbruten treten regelhaft auf. Die Überwinterung kann im Brutbild als auch in speziell angelegten kurzen Gängen in vitalen oder geschwächten Bäumen stattfinden. Die Eingangslöcher liegen versteckt in den Rindenritzen. In Nordamerika zwei bis drei Generationen (Wood 1982; Rexrode 1982).
Wirtsart: Spätblühende Traubenkirsche (*Prunus serotina*), *P. americana*, *P. angustifolia* und *P. persica*.
Verbreitung: Aus Nordamerika (Kanada, USA) stammend. Deutschland (Erstfund 03.07.1994: Winsen/Luhe; ab 07.08.2020 in Nienburg)(Schriftl. Mitt. Lompe 12.05.2021), Norditalien (Erstfund 25.11.2004: Somma Lombardo, Varese) und Frankreich (Erstfund 16.09.2007: Quinsac, Gironde).

Abb. 360: *Phloeotribus liminaris* in Aufsicht (Lompe-Sammlung, Fundort: Nienburg, Hoher Weg). Foto: Lompe.

Abb. 361: Der Fühler von *Phloeotribus liminaris* in Aufsicht (Lompe-Sammlung, Fundort: Nienburg, Hoher Weg). Das 1. Glied der Fühlergeißel ist artcharakteristisch kugelig-keulenförmig geformt. Foto: Lompe.

Abb. 362: Kopf-Frontalansicht von *Phloeotribus liminaris* (Lompe-Sammlung, Fundort: Nienburg, Hoher Weg). Der Abstand der Fühlereinlenkungen auf der Stirn entspricht ungefähr der Länge des Schaftgliedes (Scapus). Foto: Lompe.

Abb. 363: Der Flügeldecken-Absturz von *Phloeotribus liminaris* (Lompe-Sammlung, Fundort: Nienburg, Hoher Weg). Es sind nur Haare und keine Schuppenhaare vorhanden. Foto: Lompe.

Tribus Polygraphini Chapuis, 1869

(Polygraphidae Chapuis, 1869:48; Polygraphinae und Carphoborinae Nüsslin 1911:430; Polygraphina Balachowsky, 1949:140)
Typusgattung: *Polygraphus* Erichson, 1836.

Mittlere bis kleine Borkenkäfer (1,5–3,5 mm) von länglich zylindrischer Gestalt; Augen vorn tief ausgerandet (*Carphoborus*) oder völlig zweigeteilt (*Polygraphus*). Halsschild gleichmäßig fein bis stark punktiert ohne Körner oder Höckerchen. Halsschild meist breiter als lang. Flügeldecken sehr fein anliegend dicht beschuppt. Der fein gezähnelte oder gekerbte Basalrand ist ganz gerade, an der Naht nicht unterbrochen. Drittes Tarsenglied nicht 2-lappig. Geschlechtsdimorphismus bei der Stirnstruktur sichtbar. Polygame Rindenbrüter in Nadel- und Laubbäumen; mehr sekundär in schwächeren Sortimenten. Brutbild (meist) als mehrarmiger Sterngang, durch Reifungsfraß oft sehr unübersichtlich. Im Gebiet nur 2 Gattungen (Hellrigl 2012, Pfeffer 1995 & Postner 1974).

Gattung *Carphoborus* Eichhoff, 1864

(*Estenoborus* Reitter, 1913:58)
Typusart: *Bostrichus minimus* Fabricius, 1798.
Monographie: Pfeffer, 1985.

Käfer: Größe 1,2–2,2 mm. Körper länglich walzenförmig, dunkelgrau bis mattschwarz gefärbt. Fühlergeißel und Tarsen meist rotgelb. Augen am Innenrand schwach ausgerandet. Fühler mit 5-gliedriger Geißel und 4-gliedriger, kleiner, annähernd viereckiger Keule. Halsschild wenig breiter als lang, sehr dicht und fein oder stark punktiert und mit kleinen Schuppen bedeckt. Stirn des Männchens meist kahl und in der Mitte mit 2 kleinen Höckerchen besetzt. Die Stirn des Weibchens ist leicht gewölbt und verschiedenartig behaart. Flügeldecken punktiert gestreift, die Zwischenräume dicht mit runden, grauen oder auch farbigen Schuppen bedeckt. Der Zähnchenkamm an den Flügeldecken ist gerade, stark erhöht und stark gekerbt. Das Schildchen ist nicht sichtbar. Ein Geschlechtsdimorphismus ist bei der Stirn- und manchmal bei der Absturzstruktur erkennbar. **Lebensweise:** Entwicklung im Bast von Nadel- und Laubholzarten. Fraßbild sternförmig, mit 2 bis 7 langen Muttergängen. Die Larvengänge sind kurz und weit voneinander verlaufend. Die Arten besiedeln meist die Äste oder Stammteile mit dünner Rinde. Im Süden meist eine doppelte, in Mitteleuropa eine einfache und im Norden eine zweijährige Generation (Pfeffer 1995). In Tirol in Tal- und Mittelgebirgslagen in dünnen Kiefernzweigen (*P. sylvestris*, *P. nigra*) wohl weiter verbreitet (Hellrigl 2012).

1 Der 1. und 3. Zwischenraum am Ende der Flügeldecken nur schwach gewölbt. Flügeldeckenende, von oben betrachtet, gleichmäßig abgerundet. Der 1. Zwischenraum reicht bis an den Flügeldeckenrand und ist dort mit dem 7. oder mit keinem anderen Zwischenraum verbunden. Der 3., schwach gewölbte Zwischenraum verbindet sich am Flügeldeckenende mit dem 9. Zwischenraum und bildet dort einen Ausläufer in Richtung des 1. Zwischenraums. Der 2. Zwischenraum ist durch diesen Ausläufer am Ende verengt. Fühler und Tarsen rotbraun bis gelb, Flügeldecken an der Spitze zuweilen rötlich. Stirn des Männchens fast kahl und mit 2 kleinen Höckerchen in der Mitte. Stirn des Weibchens mit einem Kranz abstehender, lichter kurzer Härchen. Körperlänge 1,2–1,8 mm (Pfeffer). Schwarze Körpefärbung mit feinen gelblichgrauen Schüppchen. 3. Zwischenraum der Flügeldecken mit der kielartig vortretenden Naht am Spitzenrand schräg verbunden, 2. Zwischenraum an der Spitze verkürzt (Postner).

→ *Carphoborus minimus* (Fabricius, 1798) – Kleinster Kiefernbastkäfer

(*Bostrichus minimus* Fabricius, 1798:158; *Hylurgus squamulatus* Redtenbacher, 1858:369; *Carphoborus minimus* (Fabricius): Eichhoff, 1864:27; *C. balgensis* Murayama, 1943:99)

→ Der 3. Zwischenraum am Flügeldeckenende ist auffallend kielartig gewölbt. Flügeldecken von oben betrachtet gerade gestutzt. Fühler rotbraun. Halsschild fast schwarz, Flügeldecken kastanienbraun mit weißlichen Schuppen. 1. Zwischenraum am Flügeldeckenende mit dem 3. und 9. verbunden. Der 1., 3., 5., 7. und 9. Zwischenraum der Flügeldecken ist gewölbt. Die Stirn des Männchens ist spärlich, anliegend, grau behaart. Länge 1,7–1,9 mm (Pfeffer).

1., 3. und 9. Zwischenraum der Flügeldecken gegen die Spitze hin erhöht, vor der Spitze fein bedornt, aber 5. und 7. Zwischenraum zur Spitze hin verkürzt und nicht miteinander verbunden (Postner). **Es konnten keine Tiere ausgeliehen werden.**

→ *Carphoborus rossicus* Semenov, 1902

(*Carphoborus tairiensis* Murayama, 1943)

Artenkapitel zur Gattung *Carphoborus* Eichhoff, 1864

Carphoborus minimus (Fabricius, 1798)

Kleinster Kiefernbastkäfer

Lebensweise: befällt absterbende Äste vorzugsweise in solchen Kronenteilen, die in dichten Beständen unter stärkerem Lichtmangel leiden. Ist neben anderen Borkenkäferarten (und Bockkäfern) an der Lichtung der Kronen beteiligt. Kann dadurch in geringem Umfang Schäden verursachen. Befall von ganz jungen Kiefern in Kulturen nicht selten, erreicht jedoch in der Regel keine ernsten Ausmaße. Das Männchen bohrt Eingangsloch und Rammelkammer, hier Begattung von 2 bis 4 Weibchen. Brutbild unregelmäßig sternförmig, Muttergänge streckenweise ohne Einischen (als Ernährungsfraßstellen gedeutet). Muttergänge treffen oft aufeinander. Larvengänge kurz, bis 2,5 cm, vielfach nur 7 bis 9 mm lang. Jungkäfer zerstören durch Reifungsfraß oft das ursprüngliche Brutbild, fliegen erst aus, wenn sie zu erneuter Brutanlage schreiten. Frühschwärmer mit Flugzeit Anfang April, 2. Flug im Juni, gegebenenfalls 3. Flug August oder September. In der Regel 2 Generationen. Überwinterung meist als Käfer.

Abb. 364: Brutbilder von *Carphoborus minimus*.

Abb. 365: Aufsicht vom Kleinsten Kiefernbastkäfer *Carphoborus minimus* (Mus. Karlsruhe).

Abb. 366: Schrägansicht vom Kleinsten Kiefernbastkäfer *Carphoborus minimus* (Mus. Karlsruhe).

Wirtsarten: *Pinus sylvestris, P. nigra laricio, P. nigra nigra, P. nigra pallasiana, P. pinaster. Pinus montana* und *P. leucodermis.*

Verbreitung: Mittel- und Südeuropa, Kaukasus, Krim, Kleinasien.

Abb. 367: Der Absturz der Flügeldecken vom Kleinsten Kiefernbastkäfer *Carphoborus minimus* (Mus. Karlsruhe).

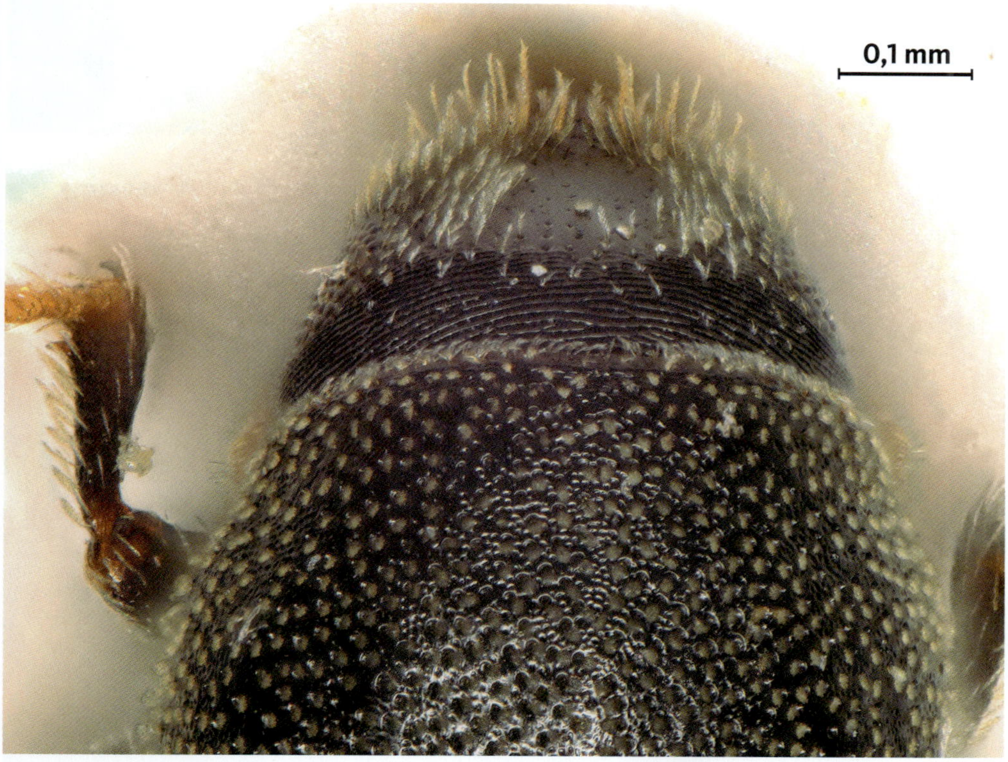

Abb. 368: Kopf (Caput) und Halsschild-Vorderrand (Pronotum) in Aufsicht vom Kleinsten Kiefernbastkäfer *Carphoborus minimus* (Mus. Karlsruhe).

Abb. 369: Vorderbein vom Kleinsten Kiefernbastkäfer *Carphoborus minimus* (Mus. Karlsruhe).

Abb. 370: Vorderer unterer Rand der Flügeldecken vom Kleinsten Kiefernbastkäfer *Carphoborus minimus* (Mus. Karlsruhe) mit länglichen sowie rundlichen gestreiften Schuppen und feinen dünnen Härchen.

Carphoborus rossicus Semenov, 1902

Lebensweise: Brütet in der dünnen Rinde von Fichten-Stämmen, die bereits durch andere Borkenkäferarten befallen und absterbend oder tot sind. Brutbild sternförmig mit 4 bis 6 Muttergängen von 5 bis 10 cm Länge (Postner).

Wirtsarten: *Picea abies, P. obovata.* Lebt vergesellschaftet mit *Polygraphus subopacus* Thoms.

Verbreitung: Nordeuropa, Österreich, Nordsibirien.

Gattung *Polygraphus* Erichson, 1836

Gattung *Polygraphus* Erichson, 1836:57 (*Pseudopolygraphus* Seitner, 1911:105; *Ozophagus* Eggers, 1919:234; *Spongotarsus* Hagedorn, 1908:372; *Lepisomus* Kirhy, 1837:193; *Urdugraphus* Benson, 1941:301 n.nudum)

Typusart: *Bostrichus pubescens* Fabricius, 1792 (*Dermestes poligraphus* Linné, 1758).

Monographien: Lekander, 1959; Schedl, 1955.

Käfer: 1,7–3,5 mm. Körper von länglich walzenförmiger Gestalt. Augen vollständig in 2 Teile getrennt. Gelbe Fühler mit 5- bis 6-gliedriger Geißel und mit langer, nicht geteilter, abgeplatteter Keule. Halsschild halbmatt oder halbglänzend, breiter als lang, dicht und fein punktiert. Seiten ohne Körnchenbildung. Flügeldecken kaum sichtbar fein punktiert gestreift, matt oder halbglänzend, reifartig hell und fein dicht beschuppt und mit breiten, feinkörnigen Zwischenräumen. Der fein gekerbte Basalrand ist ganz gerade, an der Naht nicht unterbrochen. Drittes Tarsalglied einfach, nicht herzförmig gelappt. Stirn beim Männchen kahl oder spärlich kurz behaart, flach gewölbt mit 2 nahe beieinander stehenden Höckerchen. Beim Weibchen ist die Stirn ganz flach und fein, hell, fast bürstenförmig, lang oder kurz kranzartig behaart. Schildchen nicht sichtbar.

Lebensweise: Entwicklung im Bast von Nadel- und Laubbäumen. Fraßbild sternförmig, mit 3 bis 8 kurzen Muttergängen. Rammelkammer in der Rinde verlaufend und auf der Splintoberfläche nicht sichtbar. 1 bis 2 Generationen pro Jahr (Pfeffer).

Artenschlüssel der Gattung *Polygraphus* Erichson, 1836

1 Fühlerkeule groß und viel länger als die 6-gliedrige Fühlergeißel, Körper groß und schwarz gefärbt. Halsschild matt und sehr dicht punktiert. Stirn bei den Männchen mit 2 Tuberkeln, bei den Weibchen behaart. Augen vollständig getrennt. Schenkel und Schienen dunkelbraun bis schwarz. Fühlerkeule lang eiförmig und scharf zugespitzt. Flügeldecken an der Basis so breit wie der Halsschild. Absturz ohne Körnchen. Stirn beim Weibchen lang bürstenartig behaart. Länge 2,5–3,5 mm.

→ *Polygraphus grandiclava* C. G. Thomson, 1886 – Kirschbaum-Borkenkäfer
(=*Pseudopolygraphus cembrae* Seitner, 1911:39)

→ Fühlerkeule nur so lang oder nur wenig länger als die 5-gliedrige Geißel. Beine braungelb. **2**

2 Vorderrand des Kopfschildes deutlich ausgebuchtet (Abb. 384). Fühlerkeule ziemlich schmal mit deutlicher Spitze in der Vordermitte (mittleres Verhältnis Breite zu Länge 1,78). Fühlerkeule kurz eiförmig, mit stumpfer leicht gekrümmter Spitze (Abb. 383). Halsschild fein punktiert, glänzend, mit glatterer, verkürzter Mittellinie, diese fein kielartig erhaben (Abb. 379). Stirn ziemlich fein punktiert. Männchen trägt Doppelhöcker auf der Stirn (Abb. 382). Zwischenräume zwischen den Punkten mindestens so groß wie die einzelnen Punkte. Die 3 ersten Zwischenräume am Absturz ein- bis dreireihig gekörnt. Stirn beim Männchen mit 2 gut ausgebildeten Höckerchen, beim Weibchen lang und dicht behaart. Kopf schwarz, Halsschild und Flügeldecken dunkelrotbraun bis schwarzbraun beschuppt. Flügeldecken auf den Zwischenräumen mit einer feinen Körnchenreihe. Schuppen auf den Flügeldecken 2,5- bis 2,9-mal so lang wie breit. Fühler und Beine meist gelbbraun. Länge 1,8–3 mm.

→ *Polygraphus poligraphus* (Linnaeus, 1758) – Doppeläugiger Fichtenbastkäfer
(*Dermestes poligraphus* Linné, 1758:355; *Bostrichus pubescens* Fabricius, 1792:368; *Eccoptogaster polygraphus:* Gyllenhal, 1811:349; *Hylesinus polygraphus:* Ratzeburg, 1837:182; *Polygraphus poligraphus* (Linné). Eichhoff, 1881:122; *P. polygraphus* Reitter, 1894:58)

→ Vorderrand des Kopfschildes gerade abgeschnitten oder sehr wenig und flach ausgebuchtet (Abb. 389). Fühlerkeule an der Spitze abgerundet oder mit sehr kurzer oder stumpfer Spitze. Stirn sehr dicht punktiert. Punkte dicht hintereinander liegend. Klein, nur 1,7–2,3 mm lang. Beim Weibchen Stirn dicht behaart. Halsschild beim Männchen gröber bis nahezu körnig punktiert und mattglänzend. Die Schuppen auf den Flügeldecken nehmen von vorne zum Absturz hin an Länge ab. Flügeldecken innen an der Basis bis weit nach hinten gekörnt; stärker und deutlicher als bei *P. poligraphus*. Beim Weibchen fehlen sie.

→ *Polygraphus subopacus* C. G. Thomson, 1871:393
(*P. sachalinensis* Eggers, 1926:133; *P. subopacus* v. *xaveri* Reitter, 1913:55; *P. subopacus* v. *minor* Lindemann, 1875:242 n.nudum; *P. nanus* Schedl, 1955:22)

Artenkapitel zur Gattung *Polygraphus* Erichson, 1836

Polygraphus grandiclava C. G. Thomson, 1886

Kirschbaum-Borkenkäfer

Lebensweise: Brutbild je nach Befall an *Prunus*-Arten oder Koniferen verschieden gestaltet. Zuweilen nur ein quer, längs oder schräg verlaufender Muttergang, auch 2 Muttergänge oder sternförmige, 3- bis 4-strahlige Brutbilder, mit Längen der Muttergänge von 3 bis 4,5 cm, mit gut ausgebildeter Rammelkammer, tief in den Splint eingreifend. Larvengänge sehr lang, verlaufen fast ganz im Bast; Puppenwiegen tief im Splint. Stark sekundäre Art, brütet vorzugsweise in absterbenden und abgebrochenen Ästen von Kirschbäumen.

Abb. 371: Das Brutbild vom Kirschbaum-Borkenkäfer – *Polygraphus grandiclava* (Mus. Frankfurt).

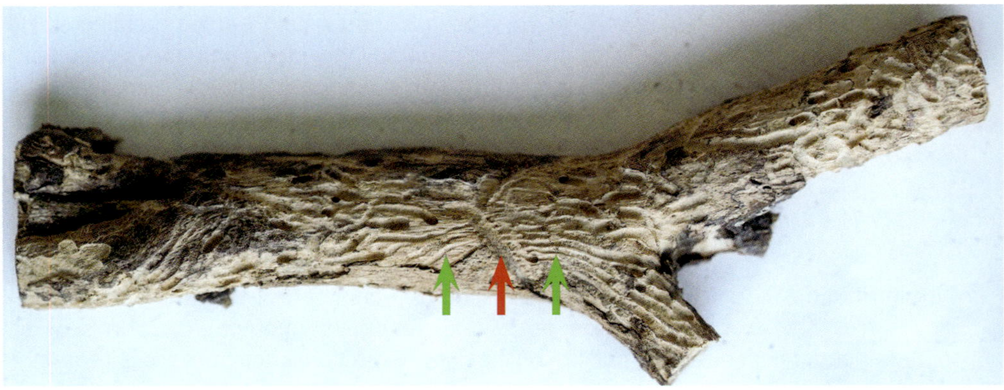

Abb. 372: Brutbilder vom Kirschbaum-Borkenkäfer – *Polygraphus grandiclava* (Uni Göttingen). Roter Pfeil: Muttergang. Grüne Pfeile: vom Muttergang ausgehende Larvengänge.

Bei Vorkommen an der Zirbelkiefer (*P. cembra*) und anderen Koniferen in erster Linie Befall der natürlicherweise absterbenden unteren Äste. 1 Generation im Jahr.
Wirtsarten: *Prunus avium, P. vulgaris*, seltener an *Picea abies, Pinus cembra, P. mugo, P. leucodermis*.

Verbreitung: Mittel- und Nordeuropa, Balkanhalbinsel. Tirol: *Polygraphus grandiclava* ist eine Art, die sowohl an Kirschbäumen brütet (mehr in tieferen Lagen) als auch in höheren Lagen an Zirben (*Pinus cembra*) und Latschen vorkommt und gelegentlich auch andere Kiefern (Stroben) befällt (Hellrigl 2002).

Abb. 373: Der Kirschbaum-Borkenkäfer *Polygraphus grandiclava* (Mus. Braunschweig) in Aufsicht. Die Beine sind deutlich dunkler als bei *P. poligraphus* und *P. subopacus*. Der Halsschild ist gekielt.

Abb. 374: Der Kirschbaum-Borkenkäfer *Polygraphus grandiclava* (Mus. Braunschweig) in Seitenansicht. Der obere Teil des vollständig geteilten Komplexauges ist sichtbar.

Abb. 375: Der Kirschbaum-Borkenkäfer *Polygraphus grandiclava* (Mus. Braunschweig) in Seitenansicht. Die Fühlerkeule ist deutlich länger als die Fühlergeißel.

Abb. 376: Der Kirschbaum-Borkenkäfer *Polygraphus grandiclava* (Mus. Braunschweig) in Frontalansicht. Die Füße sind gelblich, der Rest der Beine ist dunkelbraun bis schwarz.

Polygraphus poligraphus (Linnaeus, 1758)

Doppeläugiger Fichtenbastkäfer

Lebensweise: Tritt vor allem als Sekundärschädling auf und profitiert häufig vom Erstbefall durch Buchdrucker bzw. Kupferstecher. Aber auch Blitzschäden führen zur Ausbildung großer, flächiger Käfernester dieser Art. Brütet besonders in dünnrindigen Stammabschnitten, in den oberen, mittleren Stamm- und Kronenteilen älterer, absterbender und verwundeter Fichten, im Übergangsbereich zwischen Buchdrucker (untere Stammteile) und Kupferstecher (obere Wipfelstücke) sowie im Wipfelbereich oder an Ästen von älteren Nadelbäumen. Kann aber auch jüngere Bäume befallen und zum Absterben bringen. Brutbild sternförmig, mit 3 bis 8 Muttergängen, diese 3 bis 6 cm lang. Gesamtes Brutsystem meist ganz in der Rinde. Das sternförmige Brutbild wirkt in der abgehobenen Rinde unstrukturiert und unzusammenhängend, da es sich über verschiedene Ebenen in der Rinde verzweigt. Auch die Paarungskammer ist dann nicht erkennbar. Larvengänge weitgestellt, mehr in Längsrichtung verlaufend. Brutsystem wird unübersichtlich durch Reifungsfraß der Jungkäfer, der von den Puppenwiegen ausgeht sowie durch plätzeartigen Regenerationsfraß der Altkäfer. Der fortgeschrittene Befall lockt Spechte an und führt so zu Rindenablösungen. Es tritt nur geringer Bohrmehlauswurf auf. Flugzeit April/Mai (Spätschwärmer) und Mitte Juli bis Ende August. Neben Geschwisterbruten meist 2 Generationen im Jahr. Sofern noch 3. Generation etwa im September begonnen wird, dann Überwinterung als Larven, Puppen und unreife Käfer. Überwintert in der Rinde am unteren Stamm oder in abgefallenen Rindenstücken am Stammfuß. Im Norden des Verbreitungsgebietes sehr spät schwärmend. Dort nur eine Generation pro Jahr.

Abb. 377: Frühe Brutbilder vom Doppeläugigen Fichtenbastkäfer *Polygraphus poligraphus* (Mus. Frankfurt).

Abb. 378: Ältere Fraßbilder vom Doppeläugigen Fichtenbastkäfer *Polygraphus poligraphus* auf Fichterinde mit Reifungsfraß der Jungkäfer (Mus. Braunschweig). Das sehr unregelmäßige Brutbild befindet sich vollständig in der Rinde.

Wirtsarten: Vorzugsweise an *Picea abies, obovata*, seltener an *Pinus*-Arten (z. B. *Pinus sylvestris* und *P. strobus*), *Abies alba* und *Larix sibirica*. In der Schweiz der häufigste Borkenkäfer in der Douglasie.
Verbreitung: Mitttel- und Nordeuropa, Sibirien. Die unauffällige Art dürfte in Tirol zusammen mit Buchdrucker (*Ips typographus*) und Kupferstecher (*Pityogenes chalcographus*) in keinem Fichtenwald fehlen und von 500–1800 m überall vorkommen; ausnahmsweise auch in Tannenwipfeln. In Mitteleuropa häufige und forstwirtschaftlich bedeutende Art.

Abb. 379: Aufsicht auf den Doppeläugigen Fichtenbastkäfer *Polygraphus poligraphus* (Mus. Braunschweig). Die Flügeldecken sind mit länglichen Schuppen bedeckt. Der Halsschild (Pronotum) ist leicht gekielt. Die Beine sind gelb gefärbt.

Abb. 380: Seitenansicht vom Doppeläugigen Fichtenbastkäfer *Polygraphus poligraphus* (Mus. Braunschweig).

Abb. 381: Unterseiten-Ansicht vom Doppeläugigen Fichtenbastkäfer *Polygraphus poligraphus* (Mus. Braunschweig). Die Füße und die Fühler sind glänzend hellgelb, die restlichen Beine mittelgelb.

Abb. 382: Das Männchen vom Doppeläugigen Fichtenbastkäfer *Polygraphus poligraphus* (Mus. Braunschweig) trägt auf der Stirn einen Doppelhöcker. Dieser fehlt dem Weibchen. Bei beiden Geschlechtern ist der Halsschild-Vorderrand eingebuchtet.

Abb. 383: Die kurz eiförmige Fühlerkeule vom Fichtenbastkäfer *Polygraphus poligraphus* (Mus. Bonn) weist eine leicht gekrümmte stumpfe Spitze in der Vordermitte auf.

Abb. 384: Die obere Stirn ist relativ grob skulptuiert vom Doppeläugigen Fichtenbastkäfer *Polygraphus poligraphus* (Mus. Braunschweig). Der Stirn-Vorderrand (Epistom) ist deutlich eingebuchtet.

Abb. 385: Die Augen vom Doppeläugigen Fichtenbastkäfer *Polygraphus poligraphus* (Mus. Braunschweig) sind tief und weit geteilt.

Polygraphus subopacus C. G. Thomson, 1871:393

Lebensweise: Bevorzugt physiologisch geschwächte Bäume. Von größerer forstlicher Bedeutung, hauptsächlich im Norden und Osten seines Verbreitungsgebietes. Brutbild dem des *Polygraphus poligraphus* sehr ähnlich. Gesamtes Brutbild in der Rinde. Mehr an raues Klima angepasst, daher in Nord- und Osteuropa weiter verbreitet. Flugzeit spät, mit meist nur 1 Generation, bestenfalls Beginn einer 2. Generation.

Wirtsarten: In erster Linie an *Picea abies*, *obovata*, zuweilen auch an *Pinus sylvestris*, *montana*, *cembra*, *maritima*, *strobus*, selten an *Abies alba* und *Larix sibirica*. Weitere Wirtsbaumarten: *Picea jezoensis*, *Pinus koraiensis*, *P. pumila*.
Verbreitung: Hochgebirge und Torfmoore Mitteleuropas, Nordeuropa, Sibirien, Korea, Japan.

Abb. 386: Brutbilder von *Polygraphus subopacus* (Mus. Frankfurt).

Abb. 387: Aufsicht auf *Polygraphus subopacus* (Uni Göttingen). Der Halsschild (Pronotum) trägt eine ungekielte feine Mittellinie. Zum Flügeldecken-Absturz hin werden die Schuppen deutlich kürzer. Am Absturz sind sie überwiegend rundlich.

Abb. 388: Seitenansicht von *Polygraphus subopacus* (Uni Göttingen).

Abb. 389: Die obere Stirn von *Polygraphus subopacus* (Mus. Frankfurt) ist fein strukturiert. Der Stirn-Vorderrand ist fast nicht ausgebuchtet.

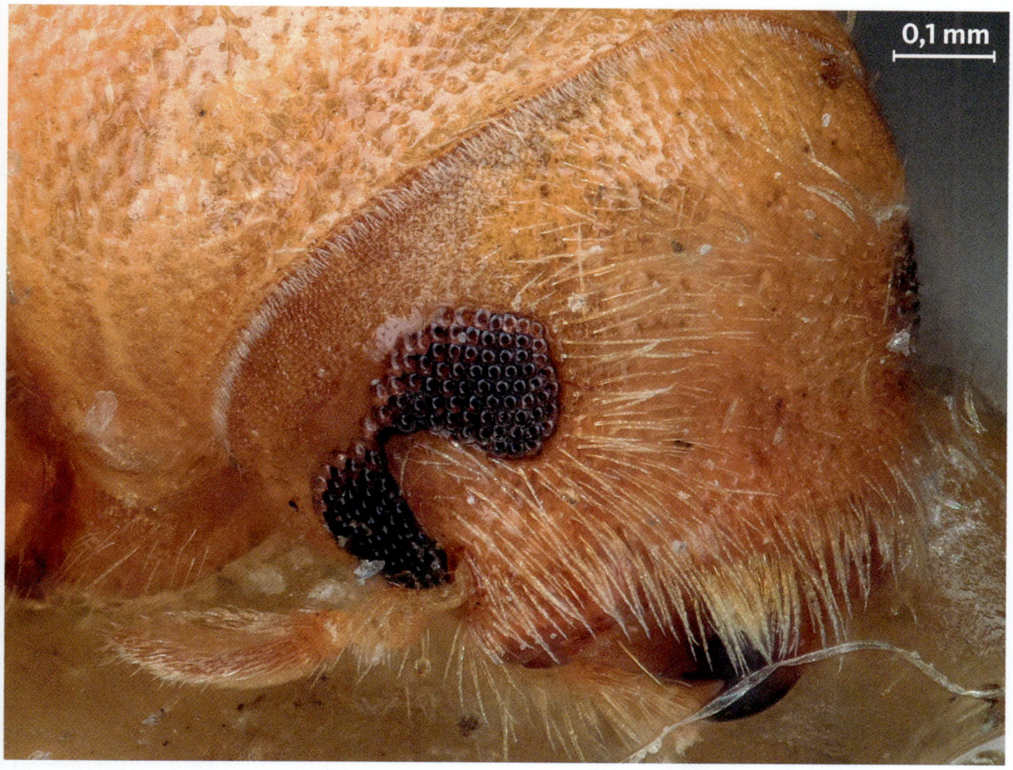

Abb. 390: Das tief geteilte Auge von *Polygraphus subopacus* (Mus. Frankfurt).

Abb. 391: Das Männchen von *Polygraphus subopacus* (Mus. Frankfurt) trägt keinen Doppelhöcker auf der Stirn (vergleiche Abb. 382).

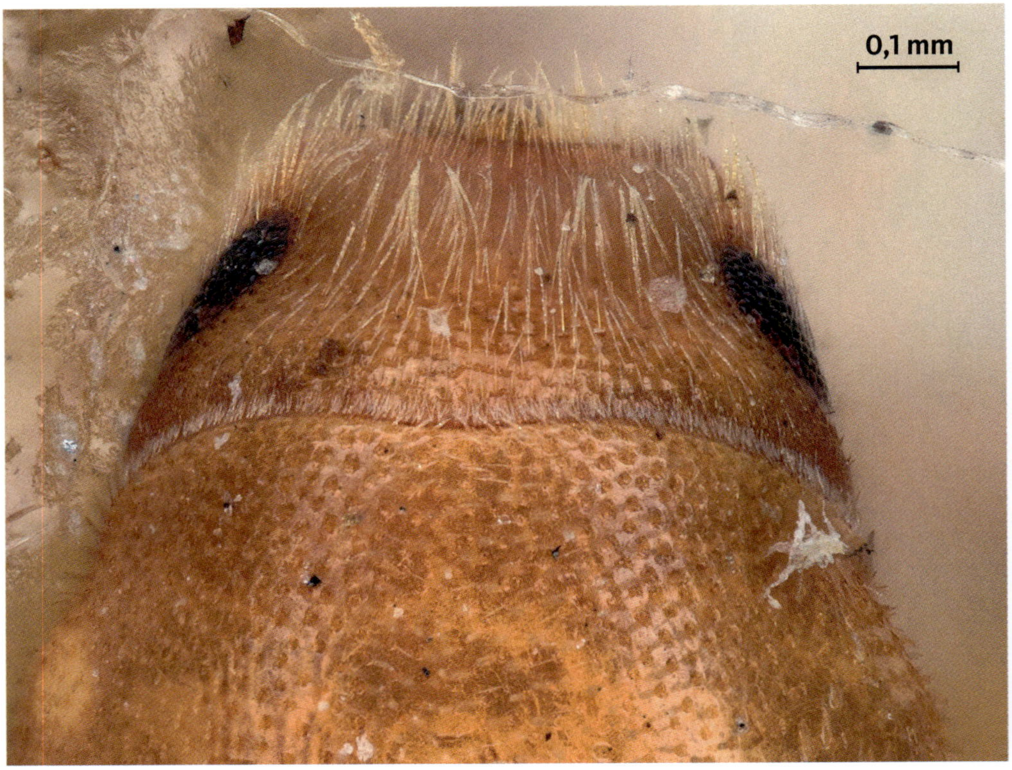

Abb. 392: Der Flügeldecken-Absturz (Pronotum) in Aufsicht von einem männlichen *Polygraphus subopacus* (Mus. Frankfurt). Wir sehen feine dünne und anliegende Härchen in den Punktreihen sowie in den Zwischenräumen mehr kürzere als längliche Schuppen. Die Körnchen sind bis zum Flügeldecken-Ende vorhanden (blaue Pfeile).

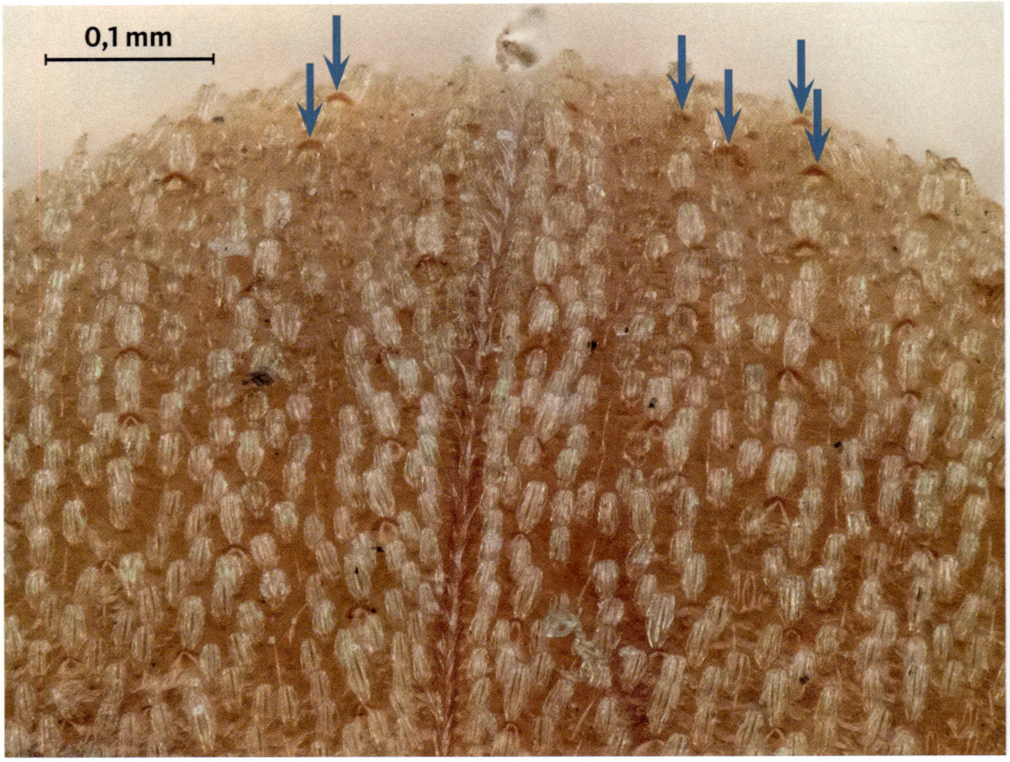

Abb. 393: Der Fühler von *Polygraphus subopacus* (Uni Göttingen).

Tribus Hypoborini Nüsslin, 1911

(*Hypoborinae* Nüsslin, 1911:376; *Hypoborina* Balachowsky, 1949:150)

Käfer: Körper gedrungen walzenförmig, sehr klein (1–1,3 mm); Augen nur schmal ausgerandet oder ohne Ausrandung. Stirn flach gewölbt. Fühlerkeule oval, 3- oder 4-gliedrig. Halsschild so lang wie breit, die Seiten nach vorne bogenartig verengt, meist sehr fein punktiert mit 2 lockeren feinen Körnchenreihen. Flügeldecken walzenförmig mit kurzen, nicht anliegenden und halbabstehenden Borstenhaaren. Der fein gekerbte oder gezähnelte Basalrand ist ganz gerade. Drittes Tarsalglied nicht gelappt. Schildchen nicht sichtbar.

Lebensweise: Muttergang unregelmäßig röhren- und platzartig, quer zur Faser tief den Splint furchend.

Verbreitung: Mediterrane Arten (Hellrigl 2012).

Gattung *Hypoborus* Erichson, 1836

Typusart: *Hypoborus ficus* Erichson, 1836

Käfer: 1–1,3 mm. Körper mäßig gedrungen, fein skulptuiert, rot- bis braunschwarz, Schenkel und Schienen rotbraun, Fühler und Füße gelbbraun (Abb. 397). Fühler mit 5-gliedriger Geißel und 4-gliedriger ovaler Keule (Abb. 399). Kopf von oben nicht sichtbar, Halsschild breiter als lang, im ersten Drittel am breitesten, die Seiten nach vorne bogenförmig verengt, fein körnig punktiert und vorne bis in die hintere Mitte mit bis zu 20 zerstreut stehenden feinen Zähnchen. Die Körper-Oberfläche ist mit beigen anliegenden Schuppen von drei verschiedenen Breiten bedeckt. Ergänzend auf den Flügeldecken sind in Reihen halb aufrechte, helle dünne Schuppen vorhanden. Auch die Schienen (Tibien) tragen Schuppen. Flügeldecken kurz walzenförmig. Der kammartig erhöhte Basalrand der Flügeldecken verläuft parallel zum Halsschild-Hinterrand, gegen die Naht wird er höher. In der Mitte ist er unterbrochen oder tiefer. Die seitlichen Kammzähne sind spitz endend und zur Mitte hin enden sie gerundet (Abb. 398). Das Schildchen ist versteckt. Das Männchen ist kleiner als das Weibchen. Der Absturz beginnt ungefähr in der Mitte und die Biegung nimmt zum Ende hin zu. Er ist ohne Körnchen. Stirn breit gewölbt, dicht mit schuppigen Härchen bedeckt, die schräg nach innen und aufwärts gerichtet sind, außerdem mit dichter, nach unten gerichteter Haarfranse am Epistomalrand. Augen seitenständig, oval und ganzrandig. Fühler mit 5-gliedriger Geißel, das 1. und 5. Geißelglied viel breiter als die restlichen; Keule flach, kurz oval, ganzrandig. Vorder-Schiene schlank, parallelseitig, mit leicht gebogenem Enddorn; an der Außenkante einige kleine Zähnchen im distalen Drittel. Vorderhüften einander berührend (Abb. 402).

Lebensweise: Entwicklung im Bast des Feigenbaumes (*Ficus carica*). Muttergang kurz, quer, doppelarmig, quer zur Faser tief in das Holz eingreifend, Eiablage einzeln in kleinen Nischen oder häufchenweise. Larvengänge längs gerichtet, ebenfalls den Splint schürfend. Monogame Art. 3 bis 4 Generationen pro Jahr.

Verbreitung: Mittelmeergebiet, Kanarische Inseln. Tirol: Diese südliche Art wurde in den wärmeren Gegenden Südtirols wiederholt in abgestorbenen Feigenästen gefunden. Die Vorkommen sind aber mehr vereinzelt und die Verbreitung ist mit dem Feigenbaum auf das Weinanbaugebiet beschränkt (Hellrigl 2012).

Abb. 394: Brutbilder vom Feigenbaum-Borkenkäfer *Hypoborus ficus* (Mus. Frankfurt).

Abb. 395: Brutbilder vom Feigenbaum-Borkenkäfer *Hypoborus ficus* (Mus. Basel).

Hypoborus ficus Erichson, 1836

Feigenbaum-Borkenkäfer

(*H. siculus* Ferrari, 1867:18; *H. fici* Dejean, 1837:333)

Abb. 396: Der Feigenbaum-Borkenkäfer *Hypoborus ficus* in Seitenansicht (Mus. Kassel).

Abb. 397: Der Feigenbaum-Borkenkäfer *Hypoborus ficus* in Aufsicht (Mus. Kassel).

Abb. 398: Der Feigenbaum-Borkenkäfer *Hypoborus ficus* in Frontalansicht (Mus. Kassel).

Abb. 399: Der Fühler des Feigenbaum-Borkenkäfers *Hypoborus ficus* (Mus. Kassel).

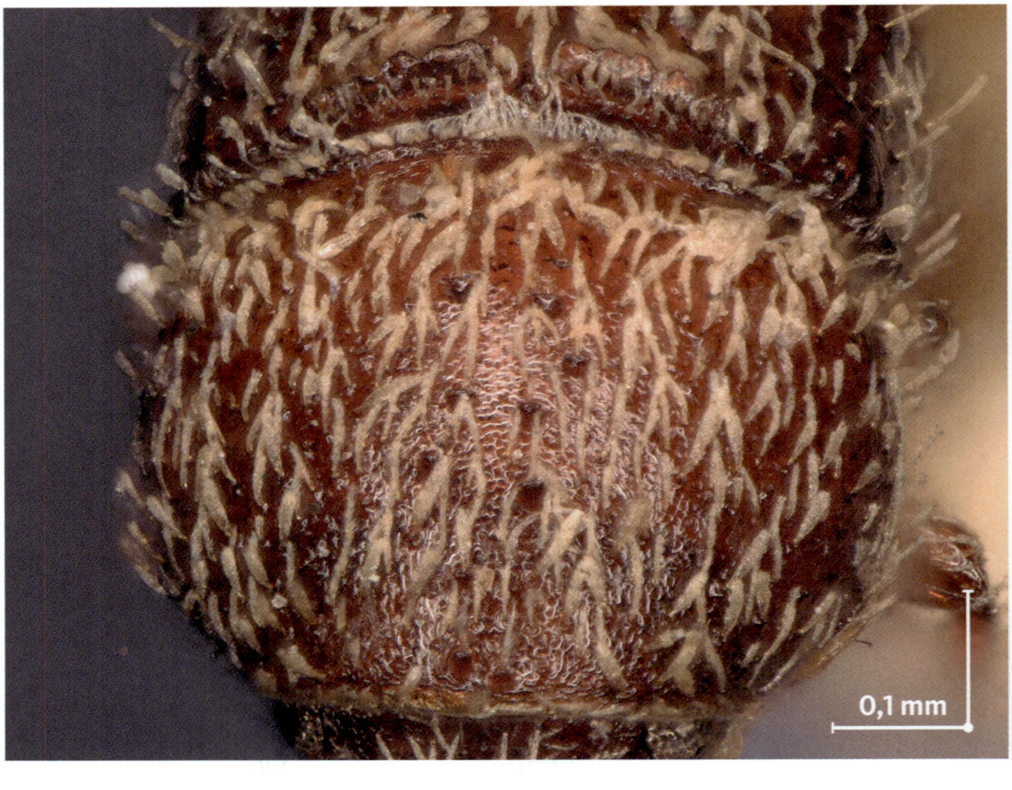

Abb. 400: Der Halsschild in Aufsicht des Feigenbaum-Borkenkäfers *Hypoborus ficus* (Mus. Frankfurt).

Abb. 401: Der Kopf (Caput) und seine Behaarung vom Feigenbaum-Borkenkäfer *Hypoborus ficus* (Mus. Frankfurt) sowie die Chagrinierung von Stirn und Halsschild.

Abb. 402: Die Vorderhüften (Coxa) des Feigenbaum-Borkenkäfers *Hypoborus ficus* (Mus. Frankfurt) berühren sich.

Gattung *Liparthrum* Wollaston, 1854

(*Erineosinus* Blackman, 1920:53; *Phloeochilus* Schedl, 1953:292; *Phloeotrypetus* Wood, 1960:16; *Dacryophthorus* Schedl, 1971:281; *Leiparthrum* Wollaston, 1854:294; *Trypanophellos* Bright, 1982:166)
Typusart: *Liparthrum bituberculatum* Wollaston, 1854.
Monographie: Schedl, 1959; Israelson, 1990.

Käfer: Größe 0,7–1,8 mm. Körper walzenförmig, massig gedrungen, braun bis schwarz gefärbt, meist seidenglänzend. Fühler und Beine gelbbraun. Kopf von oben nicht sichtbar. Fühler mit 4-gliedriger Geißel und 3-gliedriger Keule (Abb. 404). Halsschild meist breiter als lang, an oder kurz vor der leicht zweibuchtigen Basis am breitesten. Die Seiten nach vorne bogenförmig verengt. Oberfläche undeutlich bis körnig punktiert und längs der Mittellinie mit einer Doppelreihe feiner Höckerchen. Außer der Punktierung mit feinen anliegenden weißen oder gelben Haaren und (mit einer Ausnahme) halb aufstehenden weißen oder gelben kurzen Schuppen. Schildchen nicht erkennbar. Flügeldecken kurz walzenförmig, mit starken oder feinen Punktreihen.

Der gekerbte Basalrand ist fast gerade und gegen die Naht höher werdend: Punktstreifen mit feinen, gereihten Haaren. Die fein gerunzelten Zwischenräume sind mit gereihten kurzen, aufgerichteten weißen oder gelben, am Absturz oft rötlichen Schuppen besetzt. Absturz der Flügeldecken gewölbt.

Lebensweise: Entwicklung im Bast verschiedener Laubholzarten und Sträuchern oder kakteenartigen Euphorbiaceen. Die Brutbilder bestehen aus einer Platzkammer, an deren Ränder die Eier abgelegt werden.

Verbreitung: Im Mittelmeergebiet, Nordafrika und auf den Kanaren sind 10 monogame Arten, aus Mitteleuropa nur 2 Arten bekannt.

Artenschlüssel für die zwei mitteleuropäischen Spezies der Gattung *Liparthrum* Wollaston, 1854

1 Die halb liegenden Härchen in den Punktstreifen der Flügeldecken sind kurz und keines der Härchen erreicht die Basis des nächsten. Die weißen Spatelschuppen auf den Flügeldecken stehen dicht nebeneinander auf den Zwischenräumen. Abstand zwischen den einzelnen Schuppen zweimal so groß wie die einzelne Schuppe. Flügeldecken grob punktiert. Klein und gedrungen, 0,9–1,3 mm. Halsschild seidenglänzend, winzig punktuliert, Vorderrand mit 2 eng gestellten, spitzen Zähnchen in der Mitte, ein schmales Band winziger paariger Schuppenhöckerchen entlang der Mittel-Linie bis vor die Basis. Reihenpunkte der Flügeldecken fein, Zwischenräume mehr glatt.

➔ *Liparthrum mori* (Aube, 1862)
(*Hypoborus mori* Aube, 1862:387; *L. corsicum* Schedl, 1959:11; *L. dalmatinum* Eggers 1944:140; *L. mori* (Aubé): Eichhoff, 1878:112)

→ Die halbliegenden Härchen in den Flügeldeckenstreifen sind lang und erreichen die Basis der nächsten Härchen. Oft bilden sie eine geschlossene helle Längslinie. Flügeldecken mit groben Punktreihen und 1,5- bis 1,7-mal so lang wie breit. Körperbehaarung und Beschuppung satt gelb. Halsschild matt und körnig punktiert. 1,1–1,5 mm. Halsschild nahezu matt, kräftig körnelig punktiert, Schuppenhöckerchen entlang der Mittel-Linie bzw. am Vorderrand weniger auffallend, Reihenpunkte der Flügeldecken grob, eng gestellt in leicht vertieften Streifen liegend, Zwischenräume eng und etwas gerunzelt.

➔ *Liparthrum bartschti* Mühl, 1891

Artenkapitel zur Gattung *Liparthrum* Wollaston, 1854

Liparthrum mori (Aube, 1862)

Lebensweise: Muttergang unregelmäßig, mit Erweiterungen (plätzeförmig), Durchmesser etwa 4 mm, Larvengänge kurz, ± in der Faserrichtung, zuerst schwach dann tief in den Splint eingreifend, Puppenwiegen im Splint.

Verbreitung: Mittelmeerländer einschließlich Nordafrika und Kleinasien, im Norden bis Kroatien. Südfrankreich, Italien, Korsika, Dalmatien, Algerien, Marokko, Krim, Kaukasus (Abchasien). **Wirtsart:** Vorwiegend in Zweigen von *Morus alba* (Weißer Maulbeerbaum).

Abb. 403: *Liparthrum mori* in Seitenansicht (Mus. Braunschweig). Die Schuppenhaare stehen auf Abstand zueinander.

Abb. 404: Der Fühler mit 4-gliedriger Geißel von *Liparthrum mori* (Mus. Braunschweig).

Liparthrum bartschti Mühl, 1891

Lebensweise: Muttergang als einfache oder plätzeartige Röhre, die Zweige nahezu ringförmig umfassend, an den Außenseiten 10–15 geräumige Einischen, von denen bis 2 cm lange, sich stark verbreiternde Larvengänge abgehen, und später oft wirr durcheinander laufen; Puppenwiegen tief im Holz.

Wirtsart: Brütet in Ranken von *Viscum album* (Weißbeerige Mistel), vorwiegend auf *Populus alba, P. nigra, P. pyramidalis*, seltener auf *Tilia parvifolia, Acer pseudoplatanus, A. dasycarpus*, ausnahmsweise auf *Abies alba*.

Verbreitung: In Mitteleuropa von Niederösterreich bis in die Karpaten, außerdem im Kaukasus.

Abb. 405: *Liparthrum bartschti* in Aufsicht (Mus. Frankfurt).

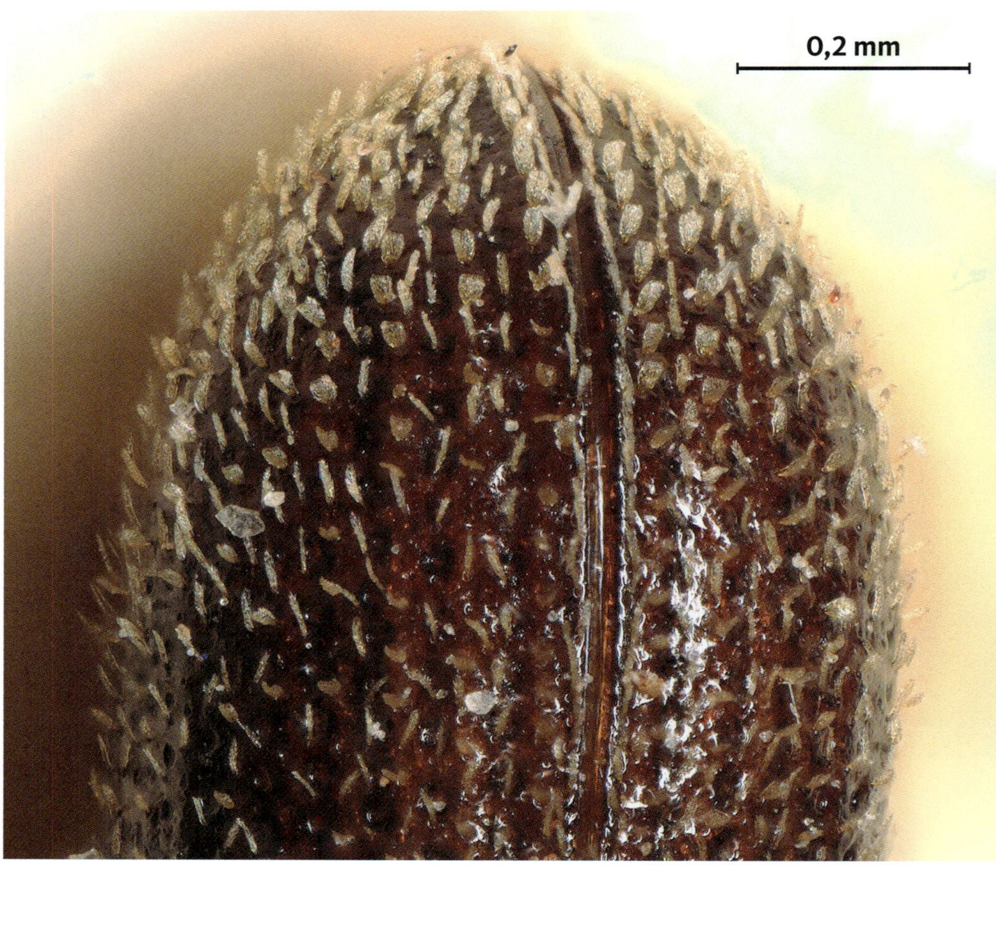

Abb. 406: Die Flügeldecken-Beschuppung in Aufsicht von *Liparthrum bartschti* (Mus. Frankfurt).

Abb. 407: *Liparthrum bartschti* in Seitenansicht (Mus. Frankfurt).

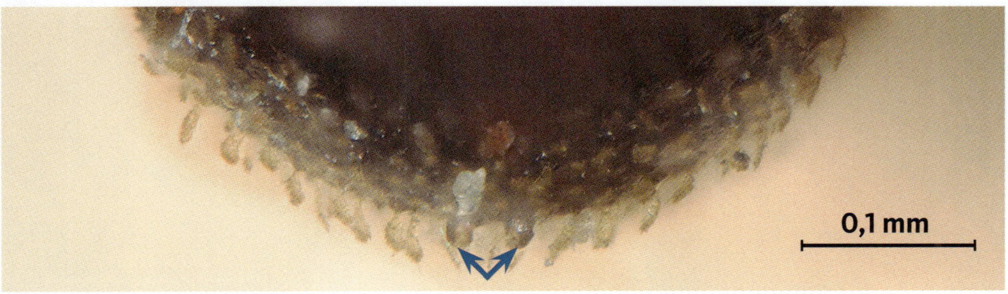

Abb. 408: Der Halsschild-Vorderrand (Pronotum) in Aufsicht von *Liparthrum bartschti* (Mus. Frankfurt) mit den zwei Hörnern (blauer Winkelpfeil).

Abb. 409: Die Halsschild-Beschuppung in Seitenansicht von *Liparthrum bartschti* (Mus. Frankfurt).

Abb. 410: Der Fühler von *Liparthrum bartschti* (Mus. Frankfurt) mit der 4-gliedrigen Geißel.

5.3.1.2 Gezähnte Borkenkäfer oder Borkenkäfer im engeren Sinne

(Forstwirtschaftlich wichtige Rindenbrüter an Nadel- und Laubbäumen sowie Holzbrüter; einzelne Arten auch in krautigen Pflanzen (Gattung *Thamnurgus*))

Tribus Corthylini LeConte, 1876

(*Corthyli* LeConte, 1876:346; *Pityophthoridae* Eichhoff, 1878:173; *Araptidae* Eichhoff, 1878:305; *Amphicranidae* Eichhoff, 1878:460; *Corthylidae* Eichhoff. 1878:429; *Corthylinae* Hagedorn, 1909:162)
Typusgattung: *Corthylus* Erichson, 1836

Körper walzenförmig. Vorderrand des Halsschilds mit feinem Höckerkranz, zur Basis und gegen die Seiten allmählich feiner werdend. Hintere Hälfte nur punktiert. Basis fein gerandet. Flügeldecken walzenförmig mit Punktreihen und ohne Schuppen. Basis ungehöckert, einfach gekantet. Absturz beidseits der Naht mit flachen oder tiefen Furchen versehen.

Gattung *Gnathotrichus* Eichhoff, 1869

(*Gnathotrichoides* Blackman, 1931:267; *Ancyloderes* Blackman, 1938:205; *Paraxyleborus* Hoffmann, 1942:72; *Prognathotrichus* Bright, 1972:1678)
Typusart: *Gnathotrichus corthyloides* Eichhoff, 1869.

Nur eine eingeschleppte monogame Art.

Käfer: Flügeldecken walzenförmig und parallel, mit feinen regelmäßigen Punktreihen. Streifen und Zwischenräume der Flügeldecken schwach punktiert, mit langen und dünnen, locker gestellten Haaren besetzt. Einfach gerundeter Absturz mit seichter Furche. Auf den Seitenwülsten der Nahtfurche mit je 3 haartragenden Körnchen. Fühlergeißel 5-gliedrig, 1. Fühlergeißelglied kürzer als bei *Pityophthorus*, Fühlerkeule kurzoval, abgeplattet, mit 2 stark gebogenen Nähten und 2 durchgehenden Septen. Halsschild länger als breit. Vorderrand mit feinem Höckerkranz. Im vorderen Teil gehöckert, im hinteren Abschnitt fein punktiert. Basis linienförmig gerandet. Diese breiter als Flügeldecken-Basis. Scheibe fein chagriniert, sehr fein und locker punktiert und mit einem kurzen queren Eindruck. Höchste Wölbung deutlich vor der Mitte durch Querkielchen erkennbar. Stirn des Männchens kahl, die des Weibchens flaumhaarig und runzelig. Länge: 3,2–3,5 mm.

Lebensweise: Entwicklung im Splint verschiedener Nadelholzarten. Er kommt in den Kiefernblockwäldern Tirols vor. Entwicklung im noch feuchten Splintholz frisch abgestorbener, liegender und stehender Stämme. Auch im Splintholz anbrüchiger Stämme. Ernährung der Larven vom Ambrosiapilz *Endomycopsis fasciculata*. Das Brutsystem entspricht nach der Art seiner Anlage mit Brutröhren der Mutterkäfer und „Leitersprossen" der Larven im Wesentlichen dem des Gestreiften Nutzholzborkenkäfers (*Trypodendron lineatum*). Im Gegensatz zu diesem verlaufen bei *Gnath. materiarius* die englumigeren (ca. 1 mm) Gänge mehr geschwungen und dringen wesentlich tiefer (10 bis 15 cm) in radialer Richtung bis in das Kernholz vor. Die von der Eingangsröhre abzweigenden, dem Jahrringverlauf folgenden Brutröhren erreichen ebenfalls beträchtliche Längen. Der Ambrosiapilz bewirkt eine schwarzbraune Holzverfärbung, die zusammen mit den Fraßgängen zu erheblichen Wertminderungen führen kann.

Gnath. materiarius gehört zu den Spätschwärmern – Flugzeit Ende April bis Mitte Juni – und bringt eine oder zwei Generationen pro Jahr hervor. Ähnlich wie bei verschiedenen *Xyleborus*-Arten wird oft ein zugunsten der Weibchen verschobenes Geschlechterverhältnis, das mitunter 150 Weibchen zu 1 Männchen erreichen kann, beobachtet.

Wirtsbäume: Bevorzugt in *Pinus sylvestris* und *Pseudotsuga menziesii*, auch in anderen Nadelbaumarten (u.a. *Larix, Picea, Tsuga* und *Abies*). Bis auf 1035 m, Schwarzkiefern-Rotföhren-Blockwald (Möller 2009, Aurenhammer et al. 2015).

Verbreitung: Neozoon. Oligophager Holzbrüter in Kiefern(misch)wäldern, der aus Nordamerika (engl. Name: eastern pine wood stainer) eingeschleppt wurde. Der Borkenkäfer wurde bereits 1933 in Frankreich, 1965 in Deutschland (Schwarzwald) und den Niederlanden, 1979 in Belgien und 1984 in der Schweiz nachgewiesen (Hirschheydt 1992).

Rote Liste Deutschland: Neobiota. Etabliertes Vorkommen. Aktuell mäßig häufig, langfristig zunehmend, kurzfristig stabil. Nicht bewertet.

Abb. 411: Das Brutbild vom Amerikanischen Nutzholzborkenkäfer – *Gnathotrichus materiarius*.

Gnathotrichus materiarius (Fitch, 1858)

Amerikanischer Nutzholzborkenkäfer (eng. Eastern pine wood stainer)

(*Tomicus materiarius* Fitch, 1858:726; *Gnathotrichus corthyloides* Eichhoff, 1869:275; *G. materiarius* (Fitch): Eichhoff, 1878:406; *Paraxyleborus duprezi* Hoffmann, 1942:72; *Xyleborus duprezi* Hoffmann, 1936:43)

Abb. 412: Der Amerikanische Nutzholzborkenkäfer *Gnathotrichus materiarius* in Aufsicht (Mus. Karlsruhe).

Abb. 413: Der Amerikanische Nutzholzborkenkäfer *Gnathotrichus materiarius* in Seitenansicht (Mus. Kassel).

Abb. 414: Die Körper-Unterseite des Amerikanischen Nutzholzborkenkäfers *Gnathotrichus materiarius* (Mus. Karlsruhe).

Abb. 415: Der Kopfbereich des Amerikanischen Nutzholzborkenkäfers *Gnathotrichus materiarius* (Mus. Karlsruhe).

Abb. 416: Der Fühler des Amerikanischen Nutzholzborkenkäfers *Gnathotrichus materiarius* (Mus. Karlsruhe).

Abb. 417: Das Schildchen (Scutellum) des Amerikanischen Nutzholzborkenkäfers *Gnathotrichus materiarius* (Mus. Karlsruhe).

Gattung *Pityophthorus* Eichhoff, 1864

(*Trigonogenius* Hagedorn, 1912:354; *Hagedornus* Lucas, 1920:683; *Myeloborus* Blackman, 1928:16; *Gnathophorus* Schedl, 1935:342; *Pityophthoroides* Blackman, 1942:199; *Cladoborus* Sawarnoro, 1942:165; *Ctenyophthorus* Schedl, 1955:26; *Conophthocranulus* Schedl, 1935:343; *Neomips* Schedl, 1954:37; *Hypopityophthorus* Bright, 1981:14; *Breviophthorus* Schedl, 1938:176)
Typusart: *Bostrichus lichtensteinii* Ratzeburg, 1837.
Monographie: Pfeffer, 1976.

385 *Pityophthorus*-Arten sind weltweit bekannt (Hulcr et al. 2015), davon 31 Arten aus der Paläarktis (Alonso-Zarazaga 2023). Mehrheitlich sind sie in Nord- und Zentralamerika heimisch (Alonso-Zarazaga & Lyal 2009). Ihre dortige Bezeichnung als "twig beetles" (Smith & Hulcr 2015) begründet sich in der vorrangigen Besiedlung von Zweigen und Ästen an lebenden Bäumen (Bright 1981, Smith & Hulcr 2015). So sind die Arten zumeist von geringer ökonomischer Bedeutung (Postner 1974, Bright 1981, Smith & Hulcr 2015). Eine der wenigen Ausnahmen bildet die in Nordamerika beheimatete Art *Pityophthorus juglandis* Blackman, 1928, die an Walnussgewächsen (Juglandaceae) lebt und als Vektor eines pathogenen Pilzes (*Geosmithia morbida* Kolarik et al. 2010) die "Tausend-Cankers-Krankheit" verbreitet (Tisserat et al. 2009, EFSA 2020). *P. juglandis* tritt mittlerweile als invasive Art auch in Europa an Walnussbäumen in Italien und Frankreich auf (Montecchio & Faccoli 2014, Saurat et al. 2023, Gebhardt et al. 2024a).

Käfer: 0,9–3 mm und schmal walzenförmig gebaut. Stirn bei den Männchen flach gewölbt, dicht punktiert, spärlich behaart und mit einem Längskiel oder mit einer glatten Längslinie versehen. Stirn bei den Weibchen oft abgeflacht, dicht punktiert und in der Mitte oft mit einer hellen Haarbürste bedeckt. Fühlerschaft keulenförmig. Fühler mit 5-gliedriger Geißel. Die 4-gliedrige kreisrunde oder ovale und abgeflachte Fühlerkeule ohne oder mit 1 bis 2 ganz oder teilweise septierten Nähten. An der Außenseite gerade bis bogig angeordnete Doppel-Haarreihen (kurze und lange Haare). Halsschild etwas länger als breit. Seitenränder der Basalhälfte fast parallel. Vorderrand mit feinem Höckerkranz. Basis nur punktiert und deutlich gerandet (im Gegensatz ungerandet bei *Pityogenes* und *Taphrorychus*). Flügeldecken 1,5- bis 2-mal so lang wie breit, walzenförmig meist mit Punktreihen. Schildchen (Scutellum) klein aber deutlich. Die „Furchenflügler-Borkenkäfer" (Gen. *Pityophthorus*); haben eine mehr oder weniger breite Furche am Ende der Flügeldecke im Bereich des Absturzes. Die Flügeldecken-Naht im Bereich des Absturzes ist erhaben, seitlich davon mit mehr oder weniger breiter und tiefer Furche. Deren Außenrand meist erhaben und mit einer Reihe feiner Körnchen mit Borsten oder nur mit Haaren besetzt. Augen nierenförmig. Vorderhüften eng gestellt. Vorderschienen außen bedornt. Schienen-Enddorn kurz und gebogen.

Lebensweise: Über weite Teile der Welt verbreitet. Paläarktische Vertreter dieser Gattung leben im Bast von Ästen oder Zweigen von Nadelhölzern. Brutbild bei polygamen Arten aus längeren Muttergängen bestehend, bei einigen monogamen Vertretern ist nur ein einfacher Längsgang vorhanden. Selten in stärkeren Sortimenten unter der Rinde, meist mit gut erkennbarer Rammelkammer und sternförmig angeordneten Brutröhren. Eiablage in kleinen Nischen, Larvengänge je nach Stärke des befallenen Materials strahlenförmig bis längsgerichtet, in dünnsten Verzweigungen brüten die Käfer ganz im Holz oder in der Markröhre.

1 Auf der glänzenden, glatten Oberfläche der Flügeldecken verteilt sich eine grobe und verworrene Punktur ohne oder mit kaum erkennbaren Punktreihen. Diese Punktierung setzt sich auf dem Flügeldeckenabsturz zwischen den leicht erhöhten ersten und dritten Zwischenräumen fort. Länge: 1,5–3 mm.
***Pityophthorus solus* Blackman, 1928**

→ Flügeldecken mit deutlich erkennbaren Punktreihen. Länge: 1–2,8 mm. **2**

2 Flügeldeckennaht am Ende des Absturzes deutlich vorgezogen. Seitenwülste am Absturz mit einzelnen kleinen und haartragenden Körnchen versehen. Polygame Arten. **3**

→ Flügeldeckennaht am Ende des Absturzes nicht deutlich vorgezogen. Hinterrand der Flügeldecken gleichmäßig abgerundet (in Aufsicht). **5**

3 Flügeldecken lang walzenförmig, 1,9- bis 2-mal so lang wie breit, mit feinen regelmäßigen Punktreihen. Flügeldecken am Absturz neben der Naht mit langer und tiefer Längsfurche, die fast in der Mitte der Flügeldecken beginnt. Die Seitenwülste höher als die erhabene Naht (Abb. 420). Rotbraune Körperfärbung. Stirn beim Männchen grob punktiert und fast kahl, beim Weibchen am Vorderrand mit kurzen gelben Härchen versehen. Länge 1,1 bis 1,7 mm.

→ *Pityophthorus exsculptus* (Ratzeburg, 1837) – Gekerbter Fichten-Borkenkäfer, Furchenflügeliger Fichtenborkenkäfer

(*Bostrichus exsculptus* Ratzeburg, 1837:162; *Pityophthorus macrographus* Eichhoff Schreiner, 1881:202; *Pityophthorus exsculptus* (Ratzeburg): Ferrari, 1867:32)

→ Flügeldecken kürzer, nur 1,65- bis 1,85-mal so lang wie breit. Die flachere Absturzlängsvertiefung nimmt nur das letzte Drittel oder Viertel der Flügeldecken ein. **4**

4 Die Stirn der Weibchen mit einem runden, goldgelben, langen, nach vorne gerichtetem Haarschopf in der Stirn-Mitte (Abb. 430), bei den Männchen Stirn vorgewölbt und mit einzelnen Haaren besetzt (Abb. 431). Hinterrand der Flügeldecken an der Nahtspitze vorspringend (Abb. 428). Länge 1,1–2,1 mm. Zwischenräume der Flügeldecken glatt und nicht punktiert. Naht am Absturz mit bis zu 6 härchentragenden Körnchen (Abb. 427). Oft unterscheiden sich die einzelnen Naht-Seiten in der Anzahl der Körnchen. Halsschildbasis und Flügeldeckenreihen fein punktiert. Dunkelrotbraun, Fühler, Schienen und Fußglieder hell. Flügeldecken am Absturz neben der Naht mit breiter und glatter Längsfurche, die im letzten Drittel der Flügeldecken beginnt. Naht der Flügeldecken erhaben, in kurze Spitze ausgezogen (Abb. 429) und gleich steil wie die Seitenwülste abfallend. Seitenwülste nicht höher als die Naht und mehr verrundet gewölbt.

→ *Pityophthorus pityographus pityographus* (Ratzeburg, 1837) – Gefurchter Fichtenborkenkäfer, Furchenflügliger Nadelholz-Borkenkäfer

(*Bostrichus pityographus* Ratzeburg, 1837:162; B. *abietiperda* Thiersch, 1830; *Pityophthorus pityographus* (Ratzeburg): Spessivtseff, 1923:205; *P. micrographus* auct. nec Linné; *P. pityographus bibractensis* Balachowsky, 1949:236; *P. pityographus pityographus* (Ratzeburg): Pfeffer, 1976:335)

→ Stirn beim Männchen mit einzelnen, kurzen abstehenden Härchen oder mit langen halbliegenden Härchen bedeckt. Im Gegensatz zu *Pit. pityographus* Stirn des Weibchens anstelle der dichten Haarbürste mit licht stehenden, kreisförmig angeordneten gelbgrauen Haaren. Diese sind wesentlich kürzer als bei *Pityophthorus pityographus pityographus* und die längsten Haare sind unten inseriert (Abb. 436). Hinterrand der Flügeldecken an der Nahtspitze stumpf vorspringend (Abb. 434). Stirn und Punktreihen der Flügeldecken mäßig stark punktiert. Länge 1,3–2,5 mm. Naht am Absturz mit 6 härchentragenden Körnchen. Körperfärbung dunkelrotbraun, Fühler, Schienen und Fußglieder hell. Flügeldecken am Absturz neben der Naht mit breiter und glatter Längsfurche, die im letzten Drittel der Flügeldecken beginnt. Naht der Flügeldecken erhaben, in kurze Spitze ausgezogen und gleich steil wie die Seitenwülste abfallend. Körnchen auf der Flügeldeckennaht und den Seitenwülsten schwächer ausgeprägt als bei *Pit. pityographus*.

→ *Pityophthorus micrographus micrographus* (Linnaeus, 1758) – Haarstirn-Borkenkäfer, Furchenflügeliger Fichtenborkenkäfer, Fichten-Haarstirnborkenkäfer, Kleiner nordischer Fichtenborkenkäfer

(*Dermestes micrographus* Linné, 1758:355; *Pityophthorus fennicus* Eggers, 1914:183; *P. micrographus* v. *longulus* Sokanovsky, 1954:19; *P. micrographus* v. *curtulus* Sokanovsky, 1954:19; *P. micrographus* (Linné): Spessivtseff, 1923:205; *P. micrographus micrographus* (Linné): Pfeffer, 1976:335)

5 Seitenwülste am Absturz kahl oder mit kurzen Borsten im unteren Absturz-Bereich. Höhere Körnchen auf den Seitenwülsten nur mit dünnen Haaren. Mit breiten oder schmalen Längsfurchen. **6**

→ Seitenwülste der Flügeldecken mit einzelnen haartragenden Körnchen oder mit kurzen deutlichen Härchen. **8**

6 Seitenwülste nur im unteren Absturz-Bereich mit bis zu 4 Körnchen. Naht mit kleinen Körnchen. Stirn bei beiden Geschlechtern gewölbt und sparsam behaart. Halsschild matt, Basis stark und dicht punktiert. Länge 1,5–1,8 mm.

→ *Pityophthorus traegardhi* Spessivtseff, 1921

→ Seitenwülste am Absturz mit 1 Reihe feiner/kleiner Körnchen. Polygame Arten. **7**

7 Längsfurche am Absturz breit, glatt und glänzend (Abb. 445). Seiten-Wülste mit winzigen Körnchen meist noch deutlich erkennbar. Stirn der Männchen gewölbt, kräftig punktiert und mit einzelnen Haaren (Abb. 448); bei den Weibchen Stirn halbkreisförmig abgeflacht, fein punktiert, mit kurzen, zur Mitte gerichteten, goldgelben Härchen (Abb. 449). Körperoberseite glänzend. Robuste Art. Flügeldecken 1,6- bis 1,65-mal so lang wie breit. Länge 1,5–2,2 mm. Körperfärbung schwarz, Fühler und Beine gelbrot. Halsschild kaum länger als breit. Flügeldecken mit feinen Punktreihen. Naht der Flügeldecken am Absturz etwa so hoch wie die flachen Seitenwülste der Furche, die nicht mit längeren, abstehenden Haaren besetzt sind (Gegensatz zu *Pit. lichtensteinii*).

➔ *Pityophthorus glabratus* Eichhoff, 1878 – Glatter Borkenkäfer oder Kleiner Kiefernzweigborkenkäfer

→ Längsfurche am Absturz schmal, chagriniert und matt. Stirn bei den Weibchen einzeln kurz behaart, bei den Männchen ebenso. Körperoberfläche chagriniert und halbmatt. Flügeldecken mit feinen Punktreihen. Länge 1,5–2,3 mm. Körperfärbung schwarz, Flügeldecken oft dunkelbraun, Fühler und Beine braunrot, Tarsen gelbrot. Basis der Flügeldecken dicht und unregelmäßig punktiert. Die Punktreihen deutlich. Flügeldeckennaht kaum so hoch wie die Seitenwülste.

➔ *Pityophthorus buyssoni buyssoni* Reitter, 1901

(*P. ramulorum* v. *buyssoni* Reitter, 1901:101; *P. glabratus* v. *buyssoni* Peyerimhoff, 1930:260; *P. henscheli* Schedl, 1964:312; *P. buyssoni buyssoni* Reitter: Pfeffer, 1976:337)

8 Absturz mit breiten, glatten und ziemlich tiefen Längsfurchen. Seitenwülste mit einzelnen ziemlich langen Haaren. Stirn bei den Männchen mit einzelnen kurzen Härchen, bei den Weibchen mit kurzem, konzentrischem dichtem hellem Haarschopf in der Mitte. Polygame Arten. **9**

→ Absturz kurz und dicht behaart oder nur mit einzelnen sehr kurzen Härchen auf den beiden Seitenwülsten und mit schmalen deutlichen oder flachen Furchen. **10**

9 Von oben gesehen liegen die Nahtränder am Absturz in der gleichen Höhe wie die beiden Furchenränder. Seitenwülste und Naht am Absturz mit 4 bis 5 haartragenden Körnchen. Länge 1,6–2,2 mm. Körperfärbung schwarzbraun, Stirn des Männchens gekörnt und dicht punktiert, des Weibchens mit Kranz gelblicher Haare. Spitzenrand der Flügeldecken nicht einfach gerundet.

➔ *Pityophthorus lichtensteinii* (Ratzeburg, 1837) – Waldföhren-Borkenkäfer, Lichtensteins-Schwarzkiefern-Borkenkäfer

(*Bostrichus lichtensteinii* Ratzeburg, 1837:162; *Pityophthorus lichtensteinii* (Ratzeburg): Ferrari, 1867:32)

→ Von oben gesehen liegen die Nahtränder am Absturz unterhalb der beiden Furchenränder. Seitenwülste und Naht am Absturz beim Männchen und Weibchen mit 6 bis 9 haartragenden Körnchen. Länge 2,2–2,8 mm. Größte *Pityophthorus*-Art. Körperfärbung dunkelbraun. Im Gegensatz zu *lichtensteinii* Flügeldecken-Naht am Absturz wenig erhaben, die Seitenwülste der Furche höher als die Naht.

➔ *Pityophthorus knoteki* Reitter, 1898 – Knoteks Arven-Borkenkäfer, Zirbenzweig-Borkenkäfer

10 Absturz mit schmalen, deutlichen chagrinierten Furchen und mehrreihig abstehend kurz behaart. Seitenwülste und die Naht mit feinen Körnchen. Stirn der Weibchen mit einem kurzen Haarschopf in der Mitte. Stirn beim Männchen dicht und stark punktiert, spärlich behaart, mit einem runden hellen Haarschopf in der Mitte. Flügeldecken (Elytren) mit regelmäßigen Punktreihen. Körnchen an den Absturzseitenwülsten fehlend oder nur wenig sichtbar. Zwischenräume der Flügeldecken so breit wie die Punktreihen. Körnchen am Absturz sichtbar. Halsschildbasis fein und nicht dicht punktiert. Länge 1–1,2 mm. Schwarzbraun, glänzend. Stirn des Männchens über dem Clypeus fein gekielt, Weibchen mit dichtem, gelbem Haarkranz auf der Stirn. Spitzenrand der Flügeldecken nicht vorgezogen, Punktstreifen dicht. Absturz mit schmaler Furche, mehrreihig behaart.

➔ *Pityophthorus pubescens* (Marsham, 1802) – Flaumiger Borkenkäfer

(*Ips pubescens* Marsharn, 1802:58; *Tomicus ramulorum* Perris, *1856:191; Pityophthorus micrographus* var. *ramulorum* Ferrari, *1867:33; Pityophthorus pubescens* (Marsharn): Blandford, 1891:15)

→ Absturz neben der Naht nur abgeflacht und mit kurzen, lichtgelben nach rückwärts gerichteten Härchen besetzt. Die schmalen Furchen sind glatt und behaart. Seitenwülste und Naht ohne Körnchen. Stirn der Weibchen nur mit einzelnen kurzen Härchen bedeckt. Monogame Arten. **11**

11 Flügeldecken nur 1,5-mal so lang wie breit, fast unregelmäßig stark punktiert, sehr kurz behaart. Stirn beim Weibchen mit Längskiel in der Mitte. Länge 1,1–1,5 mm. Körperfärbung dunkelbraun, Fühler und Beine rotgelb. Flügeldecken höchstens 1,75-mal so lang wie breit, oben unregelmäßig punktiert, nur an den Seiten stellenweise mit

Punktreihen. Absturz neben der Flügeldeckennaht nur undeutlich abgeflacht.

→ *Pityophthorus carniolicus* Wichmann, 1910 – Krainer Kiefern-Borkenkäfer
(*P. buyssoni* Balachowsky, 1949:238)

→ Flügeldecken schmal walzenförmig, 1,7- bis 1,8-mal so lang wie breit, fein punktiert gestreift und mit kurzen, lichtgelben nach rückwärts gerichteten Härchen besetzt (Abb. 473). **12**

12 Stirn beim Männchen fast kahl, stark punktiert und mit kurzem, oft undeutlichem Längskiel am Vorderrand, beim Weibchen stark punktiert und mit einzelnen Haaren bedeckt. Länge 1,3–1,5 mm. Halsschild im basalen Drittel parallelseitig, dann kräftig bogig verengt, mit gut entwickelter subapikaler Einschnürung, Flügeldecken-Absturz einfach gewölbt, die Naht kaum merklich erhöht, ohne erkennbare Körnchen oder Höckerchen auf den Seiten-Wülsten (Abb. 475). Stirn meist ohne einen medianen Längskiel.

→ *Pityophthorus morosovi* Spessivtseff, 1926 – Fichtenzweig-Borkenkäfer

→ Stirn beim Männchen und Weibchen stark punktiert und mit deutlichem Längskiel in der Mitte. Länge 1,7–1,9 mm. Oberseite der Flügeldecken in undeutlichen Reihen punktiert. Am Absturz neben der Naht schwach abgeflacht, nicht gefurcht, Nahtstreifen etwas stärker vertieft.

→ *Pityophthorus henscheli* Seitner, 1887 – Bergföhren-Borkenkäfer, Kleiner Zirbenzweig-Borkenkäfer
(*P. senex* Wichmann, 1913:143)

Artenkapitel zur Gattung *Pityophthorus* Eichhoff, 1864

Pityophthorus exsculptus (Ratzeburg, 1837)

Gekerbter Fichten-Borkenkäfer, Furchenflügliger Fichtenborkenkäfer

Lebensweise: Brütet in toten und absterbenden Ästen, oft gemeinsam mit anderen Borkenkäfern oder Prachtkäfern (Buprestidae). 2 bis 6 Muttergänge, bis 35 cm lang; gehen von meist kreisrunder Rammelkammer aus, tief den Splint furchend. Einischen weitgestellt. Larvengänge 5 bis 6 cm lang, geschlängelt. Reifungsfraß der Jungkäfer vorwiegend in der Rinde (Postner). Brutbild: Sterngang mit sehr langen Muttergängen. Befällt die unteren, durch Lichtmangel oder Bruch absterbenden Kronenäste alter Fichten; hier oft vergesellschaftet mit den (als selten geltenden) Bockkäfern *Monochamus saltuarius* und *Pronocera angusta*. Spielt eine wichtige Rolle bei natürlicher Aufastung (Astreinigung). Verursacht ein typisches Fraßbild mit gitterartiger Struktur, das durch stark längsgerichtete Muttergänge – von denen leitersprossenartig weitgestellte mit hellem Bohrmehl verstopfte Larvengänge mehr oder weniger senkrecht abzweigen – gebildet wird. Diese Art ist in Tirol in montanen Fichtenwäldern allgemein verbreitet. Frisch befallene Äste mit lebender Käferbrut sind aufgrund der unauffälligen sekundären Lebensweise nur selten aufzufinden. Hingegen gibt es andererseits kaum einen frischen Fichtenschlag, in dem nicht massenhaft alte abgestorbene Äste – teilweise bereits ohne Rinde – mit typischen Fraßbildern und Käferresten herumliegen.

Wirtsart: Besonders an *Picea abies*, weniger häufig an *Pinus sylvestris*.

Verbreitung: Mitteleuropa.

Rote Liste Deutschland: sehr selten, kurz- und langfristige Bestandsentwicklung: gleichbleibend. Ungefährdet.

Abb. 418: Brutbilder vom Gekerbten Fichten-Borkenkäfer *Pityophthorus exsculptus* (Mus. Frankfurt).

Abb. 419: Brutbilder vom Gekerbten Fichten-Borkenkäfer *Pityophthorus exsculptus* (Uni Göttingen). Rechts im Bild ist die kreisrunde Rammelkammer (gelber Pfeil) zu sehen. Von ihr gehen die langen längsgerichteten Muttergänge aus. Die weitgestellten und meist senkrecht abgehenden Larvengänge ergeben den leitersprossenartigen Eindruck.

Abb. 420: Das Männchen vom Gekerbten Fichten-Borkenkäfer *Pityophthorus exsculptus* in Aufsicht (Mus. Braunschweig). Die die Flügel-Naht begleitende Längsfurche beginnt schon vor dem letzten Drittel der Flügeldecken (Elytren).

Abb. 421: Das Männchen vom Gekerbten Fichten-Borkenkäfer *Pityophthorus exsculptus* in Seitenansicht (Mus. Braunschweig).

Abb. 422: Der Absturz des Männchens vom Gekerbten Fichten-Borkenkäfer *Pityophthorus exsculptus* in Aufsicht (Mus. Braunschweig). Die Flügel-Naht begleitend, aber auch auf den Seitenwülsten, sind kleine Pocken. Die Flügel-Naht steht am Elytren-Ende etwas vor.

Abb. 423: Der Absturz des Männchens vom Gekerbten Fichten-Borkenkäfer *Pityophthorus exsculptus* (Mus. Braunschweig). Die Seitenwülste überragen die Flügel-Naht. Auf den Seitenwülsten stehen die längsten Absturz-Borstenhaare.

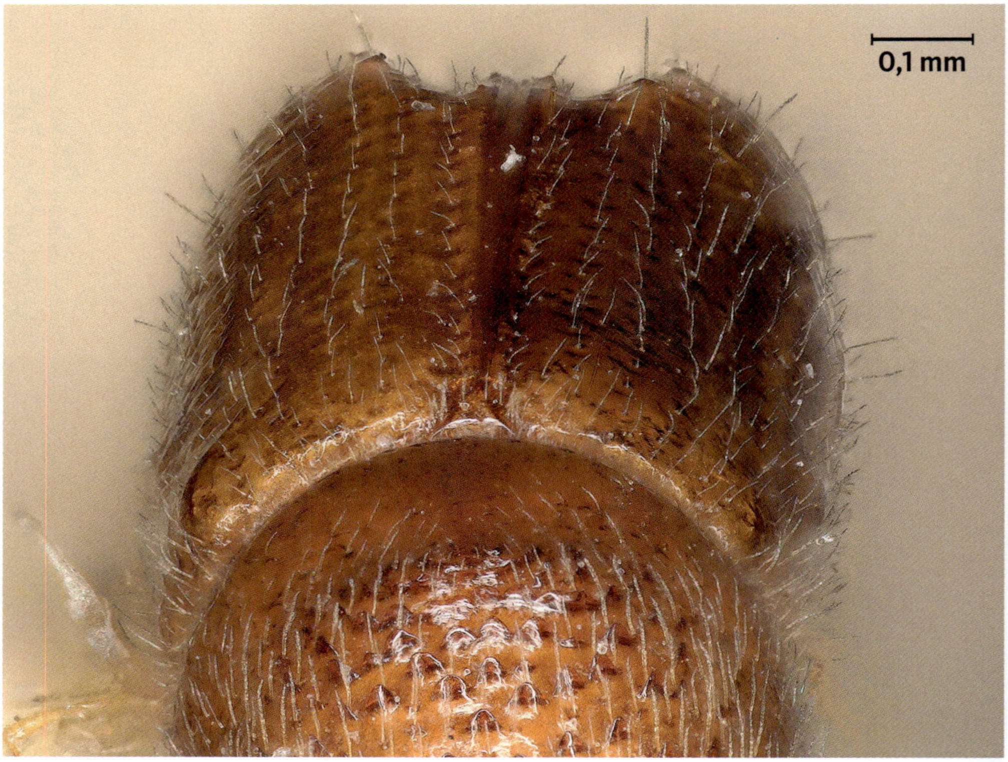

Abb. 424: Vor den Komplexaugen des Gekerbten Fichten-Borkenkäfers *Pityophthorus exsculptus* sind lange anliegende Haare (Mus. Braunschweig).

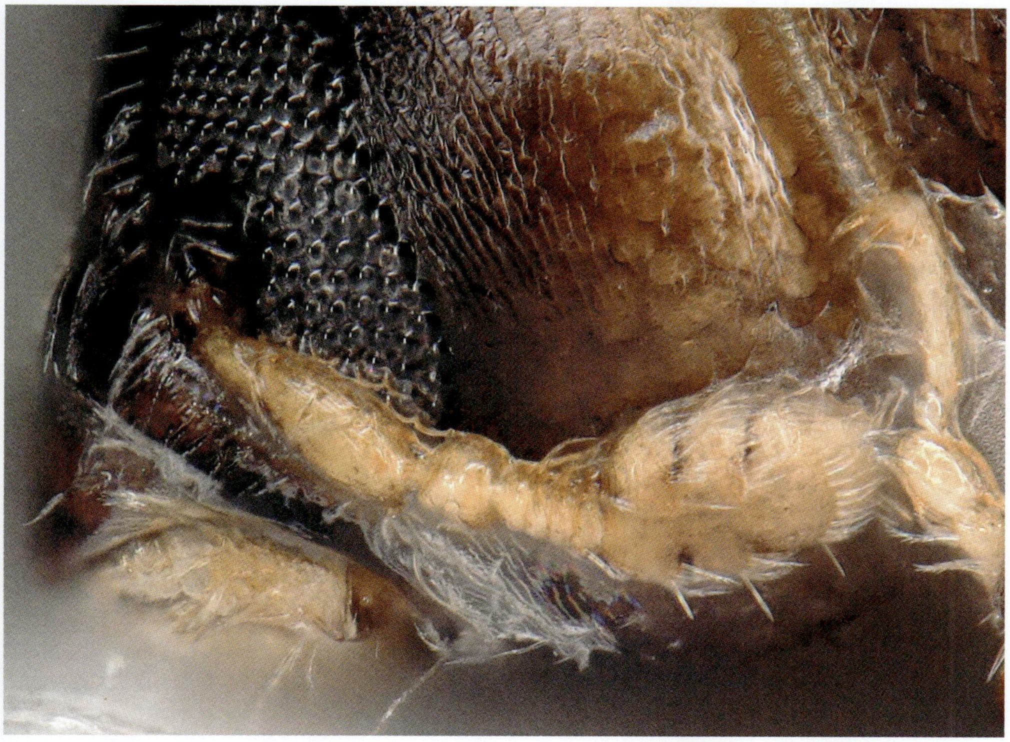

Abb. 425: Gattungstypisch ist die nur eingeschnittene Fühlerkeule beim Gekerbten Fichten-Borkenkäfer *Pityophthorus exsculptus* (Uni Göttingen).

Pityophthorus pityographus pityographus (Ratzeburg, 1837)

Gefurchter Fichtenborkenkäfer, Furchenflügliger Nadelholz-Borkenkäfer

Lebensweise: Brütet vorzugsweise in Zweigen und Ästen älterer Bäume, auch in dünnrindigen Stammteilen des Kronenbereiches. In Kulturen, Dickungen und Stangenhölzern werden daneben jüngere Bäume, die durch vorangegangene Schädigungen physiologisch geschwächt sind, von *Pityophthorus pityographus pityographus* befallen und zum Absterben gebracht. Von diesen ausgehend werden auch völlig gesund erscheinende jüngere Bäume angegriffen und zum Absterben gebracht. Sternförmiges Brutbild mit 4 bis 7 Muttergängen, die, gleich der Rammelkammer, tief in den Splint eingegraben sind. Einischen weitläufig gestellt (im Gegensatz zum Kupferstecher *Pityog. chalcographus*). Larvengänge kurz und hauptsächlich in Längsrichtung. Spätschwärmer mit Flugzeiten im Mai und Juli/August. 1 bis 2 Generationen, Geschwisterbruten nach Regenerationsfraß der Altkäfer.

Lebensweise: Brutbiologie siehe auch Kupferstecher. Der Furchenflügelige Fichtenborkenkäfer ist oft auch auf

Abb. 426: Ein noch junges Brutbild vom Gefurchten Fichtenborkenkäfer – *Pityophthorus pityographus pityographus* (Uni Göttingen).

Abb. 427: Der Absturz des Männchens vom Gefurchten Fichten-Borkenkäfer *Pityophthorus pityographus pityographus* in schräger Seitenansicht (Mus. Frankfurt). Die Naht am Absturz trägt auf beiden Seiten 6 härchentragende Körnchen.

der Douglasie zu finden. In der Schweiz ist er die häufigste Borkenkäferart auf dieser Gastbaumart. Insbesondere nach Winterfrostschäden werden junge Douglasienbestände sehr gerne angegangen, manchmal auch nach einem Befall durch die Russige Douglasienschütte (*Phaeocryptopus gäumannii*). In Südtirol ist *P. pityographus* von den in Nadelholzästen brütenden kleineren Borkenkäfern der verbreitetste und polyphagste (Fichte, Kiefer, Zirbe, Tanne, Douglasie, Lärche); befällt sowohl Zweige als auch stärkere Äste und dünnrindige Stammteile (bis 1850 m). Vergesellschaftet mit *Pityogenes chalcographus* und *Cryphalus abietis* an jungen Fichten (auf 1400 m); zusammen mit *Cryphalus intermedius* und *Ips cembrae* (auf 1100 m) in Lärchenaufforstung (15–20 j.). Rezentes Massenauftreten in Brixen/Waldheim, in Fichtendürrling an Rinzschlucht; zusammen mit Gebändertem Scheibenbock/Nadelholz-Wellenbockkäfer (*Semanotus undatus* L., 1758) schlüpften Anfang April 2011 massenhaft die kleinen Borkenkäfer (Hellrigl 2012).

Wirtsarten: Besonders an *Picea-Arten*, seltener an *Pinus* spec., *Abies alba, A. nordmanniana, Larix decidua, Pseudotsuga menziesii* und *Tsuga canadensis*.

Verbreitung: Mitteleuropa, Bosnien, Herzegowina, Serbien, Mazedonien, Bulgarien.

Rote Liste Deutschland: sehr häufig, kurz- und langfristige Bestandsentwicklung: gleichbleibend. Ungefährdet.

Abb. 428: Das Männchen vom Gefurchten Fichten-Borkenkäfer *Pityophthorus pityographus pityographus* in Aufsicht (Mus. Frankfurt). Die Flügeldecken-Naht endet im Absturz spitz vorstehend (Vergleiche Abb. 434).

Abb. 429: Das Weibchen vom Gefurchten Fichten-Borkenkäfer *Pityophthorus pityographus pityographus* in Aufsicht (Mus. Braunschweig). Die Flügeldecken-Naht endet im Absturz ebenfalls spitz. Unter dem Halsschild ragt die lange Stirnbehaarung hervor.

Abb. 430: Der Kopf des Weibchens vom Gefurchten Fichten-Borkenkäfer *Pityophthorus pityographus pityographus* in Seitenansicht (Mus. Braunschweig). Der dichtstehende Haarkranz auf der flachen Stirn wird durch lange, goldgelbe, abstehende Haare gebildet. Vergleiche Abb. 436.

Abb. 431: Der Kopf des Männchens vom Gefurchten Fichten-Borkenkäfer *Pityophthorus pityographus pityographus* in Seitenansicht (Mus. Braunschweig). Die Stirn ist vorgewölbt und gering behaart.

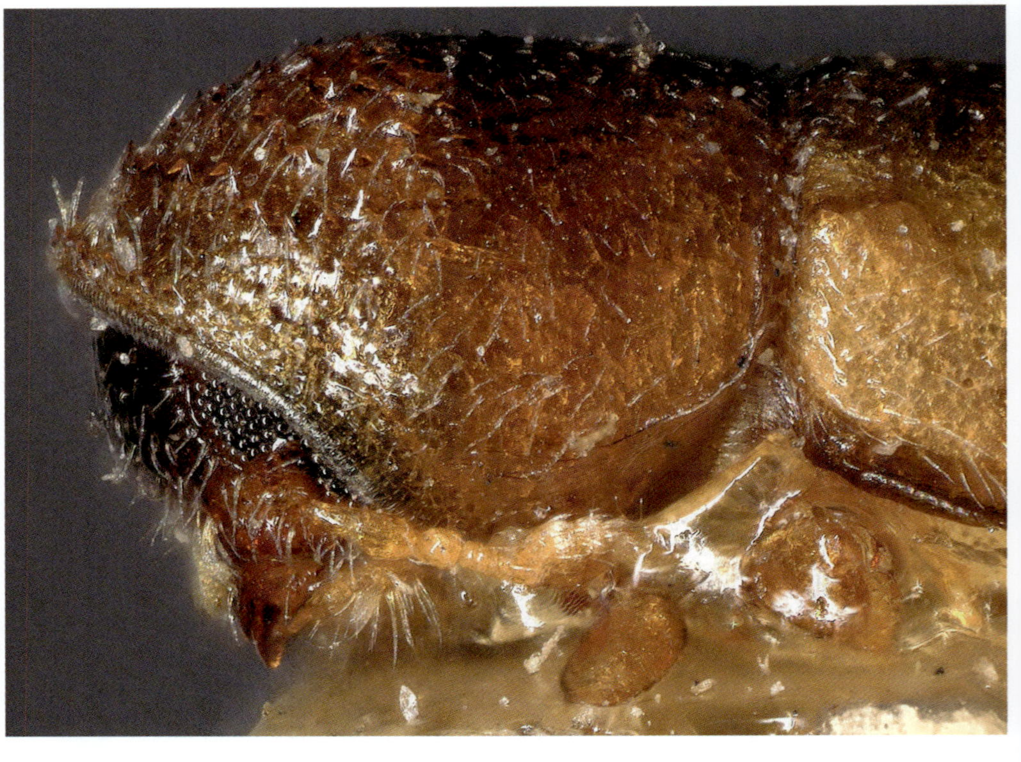

Pityophthorus micrographus micrographus (Linnaeus, 1758)

Haarstirn-Borkenkäfer, Furchenflügeliger Fichtenborkenkäfer, Fichten-Haarstirnborkenkäfer, Kleiner nordischer Fichtenborkenkäfer

Lebensweise: Brütet in Ästen, auch in dünnen Zweigen und in dünnrindigen Stammpartien, häufig in Gesellschaft von *Ips typographus* bzw. diesem und auch anderen Borkenkäfern nachfolgend. Tritt nicht nur an Altfichten auf, sondern befällt auch Bäume im Stangenholzalter, die er dicht besiedelt und zum Absterben bringen kann. Brutbild so ähnlich wie bei *Pityophthorus pityographus pityographus*. Die Muttergänge jedoch mehr längsverlaufend, die Larvengänge kürzer als bei *pityographus pityographus* und in ihrem Verlauf sich häufiger überkreuzend, woraus sich ein etwas verworreneres Brutbild ergibt. Entwicklung im Norden und Osten langsam, mit höchstens einer Generation im Jahr, unter besonders ungünstigen Verhältnissen wohl auch 2-jährige Entwicklung, Geschwisterbruten.

Wirtsarten: Besonders an *Picea abies, P. obovata*, auch an *Pinus sylvestris, P. cembra, Abies sibirica, Larix sibirica*.

Verbreitung: Nordeuropa, Sibirien, vereinzelt in Mitteleuropa (Böhmen, Polen, Mitteldeutschland, Niederösterreich).

Rote Liste Deutschland: Ausgestorben oder verschollen. Ausgestorben oder verschollen (0).

Abb. 432: Brutbilder vom Kleinen nordischen Fichtenborkenkäfer *Pityophthorus micrographus micrographus* (Mus. Frankfurt).

Abb. 433: Junge Brutbilder vom Kleinen nordischen Fichtenborkenkäfer *Pityophthorus micrographus micrographus* in der Baumrinde (Mus. Basel).

Abb. 434: Das Männchen des Kleinen nordischen Fichtenborkenkäfers *Pityophthorus micrographus micrographus* in Aufsicht (Mus. Karlsruhe). Die Flügeldecken-Naht ist nur stumpf vorspringend am Absturzende (Vergleiche Abb. 428).

Abb. 435: Das Männchen des Kleinen nordischen Fichtenborkenkäfers *Pityophthorus micrographus micrographus* in Seitenansicht (Mus. Karlsruhe).

Abb. 436: Das Weibchen des Kleinen nordischen Fichtenborkenkäfers *Pityophthorus micrographus micrographus* (Mus. Braunschweig). Auf der Stirn ist ein Haarkranz aus weißlichen kurzen Haaren. Die längsten Haare sind unten inseriert. Die Haare stehen lichter als bei *Pityophthorus pityographus pityographus* (Vergleiche Abb. 430).

Abb. 437: Das Männchen des Kleinen nordischen Fichtenborkenkäfers *Pityophthorus micrographus micrographus* (Mus. Frankfurt). Die vorgewölbte Stirn ist spärlich behaart.

Abb. 438: Der Absturz des Männchens des Kleinen nordischen Fichtenborkenkäfers *Pityophthorus micrographus micrographus* (Mus. Frankfurt).

Pityophthorus traegardhi Spessivtseff, 1921

Lebensweise: Brütet in 3 bis 8 mm dicken absterbenden Zweigen stehender Fichten. Nur ein etwa 1 cm langer Muttergang mit unregelmäßig verteilten Einischen. Monogame Art.

Wirtsarten: *Picea abies, P. obovata.*
Verbreitung: Nordeuropa, Nordpolen, Westsibirien, Österreich.

Abb. 439: *Pityophthorus traegardhi* in Seitenansicht (Mus. Frankfurt).

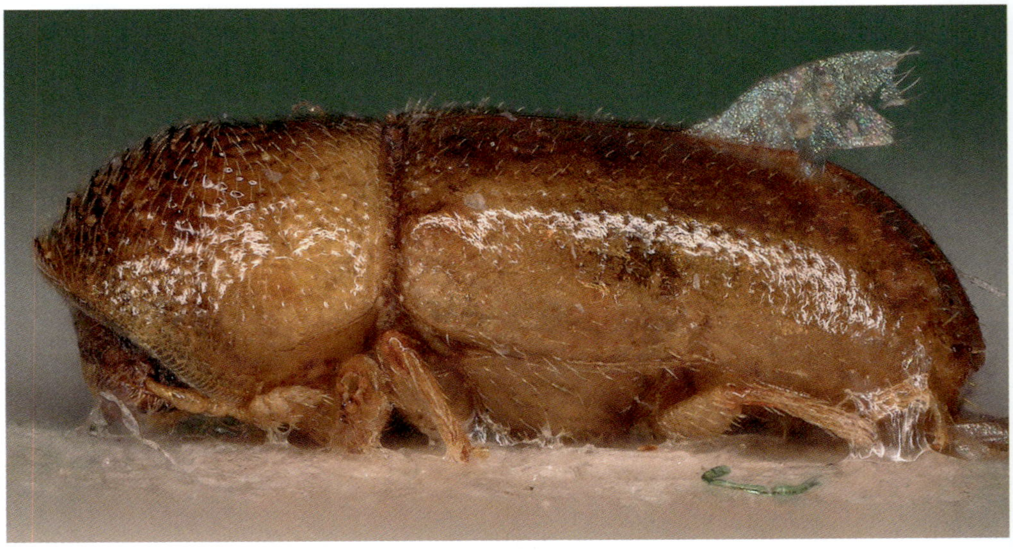

Abb. 440: *Pityophthorus traegardhi* in Aufsicht (Mus. Frankfurt). Die rechte Flügeldecke (im Foto die obere Elytre) ist im Absturz beschädigt.

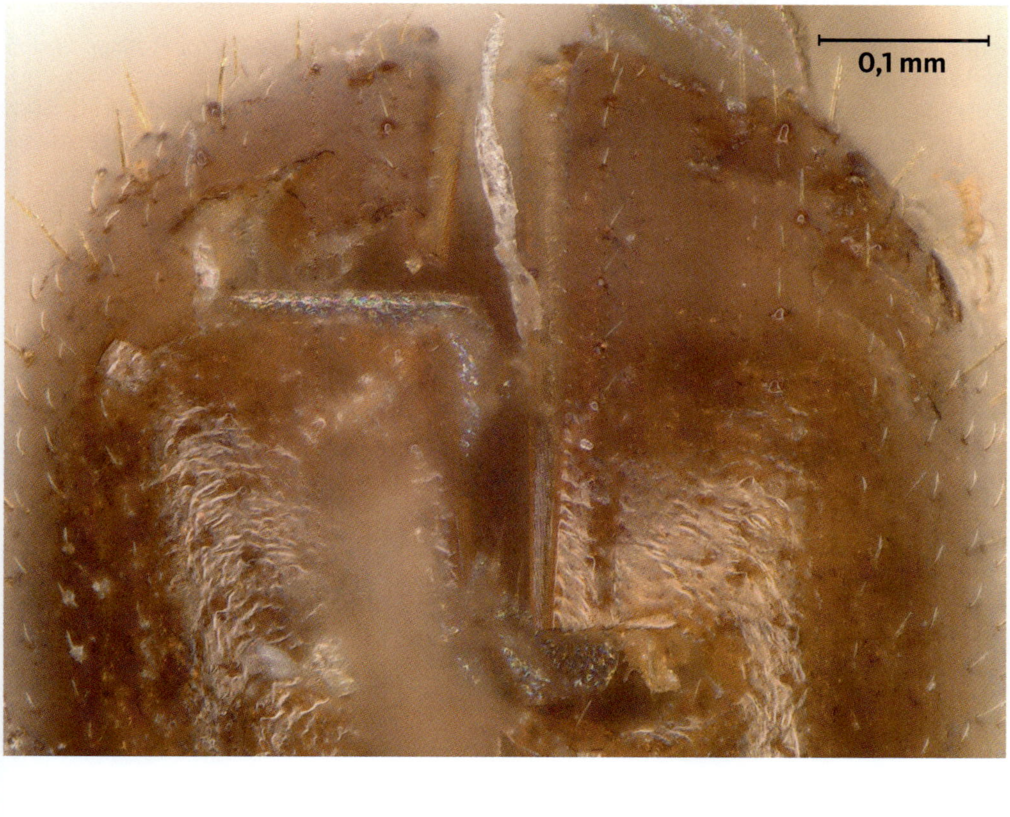

Abb. 441: Der Flügeldecken-Absturz von *Pityophthorus traegardhi* in Aufsicht (Mus. Frankfurt). Die rechte Flügeldecke (im Bild links) ist im Absturz beschädigt. Die Seitenwülste haben nur im unteren Absturz-Bereich bis zu 4 Körnchen. Diese tragen Borsten. Die Flügeldecken-Naht weist durchgehend kleine Körnchen auf.

Abb. 442: Der Kopf des Männchens von *Pityophthorus traegardhi* in Frontalansicht (Mus. Frankfurt).

Pityophthorus glabratus Eichhoff, 1878 oder 1879 –

Glatter Borkenkäfer oder Kleiner Kiefernzweigborkenkäfer

Lebensweise: Brütet in dünnen Ästen und Zweigen absterbender, toter und vom Wind geworfener Bäume. Sternförmiges Brutbild mit 2 bis 5 Muttergängen, die überwiegend längs gerichtet sind, tief ins Holz eingegraben. Häufigeres Auftreten als Sekundärschädling nach Befall der Kiefern durch *Cryptocephalus pini* (Gelber Kiefernblattkäfer, Chrysomelidae, Coleopt.) in Italien. Zuweilen durch Befall jüngerer, gesunder Kiefern und Lärchen auf Kulturflächen auffällig werdend.

Wirtsarten: Vor allem an *Pinus sylvestris*, *P. mugo* und *P. nigra nigra*. Häufig auch an *Larix decidua*.

Verbreitung: Mitteleuropa, auch Südeuropa, bis Südschweden, Südnorwegen, Südfinnland, Polen, Westrussland.

Rote Liste Deutschland: mäßig häufig, kurz- und langfristige Bestandsentwicklung: gleichbleibend. Ungefährdet.

Abb. 443: Brutbilder vom Kleinen Kiefernzweigborkenkäfer *Pityophthorus glabratus*.

Abb. 444: Brutbilder vom Kleinen Kiefernzweigborkenkäfer – *Pityophthorus glabratus* (Uni Göttingen).

Abb. 445: Der Glatte Borkenkäfer *Pityophthorus glabratus* in Aufsicht (Mus. Frankfurt). Oben das Weibchen und unten das Männchen. Der Absturz weist eine breite Längsfurche auf, die seitlich von Körnchenreihen eingefasst ist. Die Körnchen auf der Naht sowie am Rande der *Längsfurche besitzen keine Borsten*. Die Flügeldecken (Elytren) tragen regelmäßige Punktreihen.

Abb. 446: Der Absturz des Weibchens vom Glatten Borkenkäfer *Pityophthorus glabratus* in Aufsicht und starker Vergrößerung (Mus. Frankfurt). Die Oberfläche der breiten Längsfurche ist glatt. Die seitlichen Körnchenreihen sowie die Naht-Körnchen tragen sehr kurze und feine Härchen.

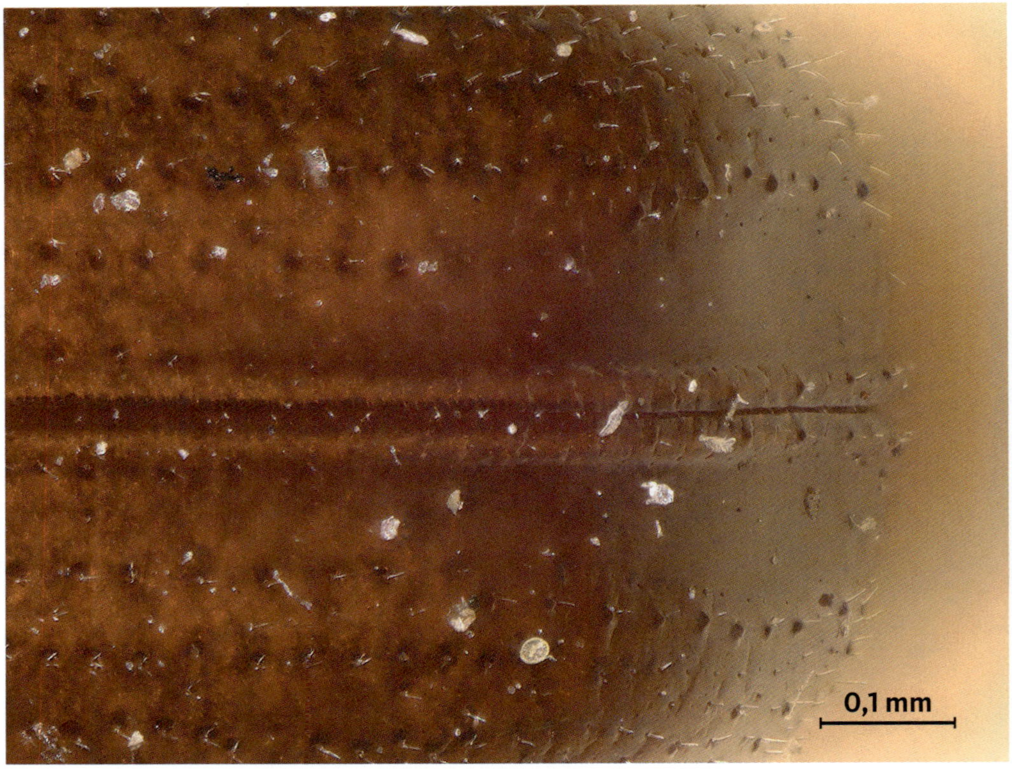

Abb. 447: Das Männchen des Glatten Borkenkäfers *Pityophthorus glabratus* in Seitenansicht (Mus. Frankfurt).

Abb. 448: Der Kopf des Männchens des Glatten Borkenkäfers *Pityophthorus glabratus* in Frontalansicht (Mus. Frankfurt). Die Stirn ist spärlich behaart und weist mittig ein kahles Dreieck auf.

Abb. 449: Das Weibchen des Glatten Borkenkäfers *Pityophthorus glabratus* in Schrägansicht (Mus. Frankfurt). Gut zu sehen ist der paarige Bürstenkamm der Stirn.

Pityophthorus buyssoni buyssoni Reitter, 1901

Lebensweise: Brütet in Ästen.
Wirtsarten: *Pinus nigra cevennensis, P. sylvestris.* Auch an *Larix decidua.*

Verbreitung: Südwestfrankreich, Spanien, Südbulgarien.

Abb. 450: *Pityophthorus buyssoni buyssoni* in Seitenansicht (Mus. Frankfurt).

Abb. 451: Der Flügeldecken-Absturz von *Pityophthorus buyssoni buyssoni* in Aufsicht (Mus. Frankfurt). Die Flügeldecken-Naht ist kaum erhaben. Die fünf unteren Höckerchen im Absturz tragen kurze Borsten, alle höheren Höckerchen sind mit kurzen und dünnen Haaren versehen.

Abb. 452: *Pityophthorus buyssoni buyssoni* in Aufsicht (Mus. Frankfurt). Die Flügeldecken-Naht ragt nicht am Ende vor.

Pityophthorus lichtensteinii (Ratzeburg, 1837)

Waldföhren-Borkenkäfer, Lichtensteins-Schwarzkiefern-Borkenkäfer

Lebensweise: Brütet in dünnen Ästen und Zweigen, dabei langgezogenes, sternförmiges Brutbild mit 2 bis 7 Muttergängen, tief in das Holz eingegraben. Flugzeiten der Käfer im Mai und Juli. Tritt weniger häufig auf, kann aber in Kiefernkulturen auch durch Befall gesunder Jungbäume örtlich auffällig werden (Postner). In Tirol: vor allem an Schwarzkiefernzweigen weit verbreitet, aber im Allgemeinen nicht häufig. Auf 580 bis 1000 m. In Schwarzkiefernzweigen, zusammen mit dem häufigeren *Pityogenes trepanatus*, oder in abgestorbenen Endtrieben von Schwarzkiefern, vergesellschaftet mit dem Nagekäfer *Ernobius nigrinus* (Hellrigl 2012).

Wirtsarten: *Pinus sylvestris, P. strobus, P. nigra nigra, P. nigra pallasiana, P. pinaster, P. sibirica, Picea obovata* sowie *Abies alba*.

Verbreitung: Europa, Kaukasus, Westsibirien, Mongolei, Nordchina.

Rote Liste Deutschland: mäßig häufig, kurz- und langfristige Bestandsentwicklung: gleichbleibend. Ungefährdet.

Abb. 453: Brutbild vom Lichtensteins-Schwarzkiefern-Borkenkäfer *Pityophthorus lichtensteinii*

Abb. 454: Der Lichtensteins-Schwarzkiefern-Borkenkäfer *Pityophthorus lichtensteinii* in Aufsicht (Mus. Frankfurt). Die Flügeldecken-Naht ragt nicht am Ende vor. Die Furche ist glatt und die begrenzenden Höcker tragen Borsten.

Abb. 455: Die Stirn des Männchens von *Pityophthorus lichtensteinii* ist spärlich gelblich behaart. Mittig ist ein Kiel erkennbar.

Abb. 456: Das Weibchen von *Pityophthorus lichtensteinii* in Seitenansicht (Mus. Frankfurt). Die Stirn ist mit einem kreisförmigen und gelben Haarschopf versehen.

Abb. 457: Die Flügeldecken-Naht ist im Absturz so erhaben wie die Seitenwülste mit den Höckern (*Pityophthorus lichtensteinii*)(Mus. Frankfurt).

Pityophthorus knoteki Reitter, 1898

Knoteks Arven-Borkenkäfer, Zirbenzweig-Borkenkäfer

Lebensweise: Brütet in Ästen und Zweigen.
Wirtsarten: *Pinus cembra, P. peuce, P. mugo, P. rotundata.*
Verbreitung: Alpenländer, Ostkarpaten, Bulgarien. In Tirol: subalpine Art, die in höheren Gebirgslagen (bis 2100 m) meist an *Pinus cembra* vorkommt. Die Art ist im Zirbengebiet des Vinschgau in Hochlagen verbreitet, aber nicht häufig (Hellrigl).
Rote Liste Deutschland: sehr selten, kurz- und langfristige Bestandsentwicklung: gleichbleibend. Ungefährdet.

Abb. 458: Knoteks Arven-Borkenkäfer *Pityophthorus knoteki* in Aufsicht (Mus. Stuttgart). Die größte Art innerhalb der Gattung. Die Flügeldecken-Naht ist im Absturz nur schwach erhaben.

Abb. 459: Knoteks Arven-Borkenkäfer *Pityophthorus knoteki* in Seitenansicht (Mus. Stuttgart).

Abb. 460: Der Absturz in schräger Aufsicht von *Pityophthorus knoteki* (Mus. Stuttgart). Die Seitenwülste sind deutlich höher als die Flügeldecken-Naht.

Abb. 461: Das Vorderbein mit dem Krummhaken am Ende der Schiene (Tibia) (*Pityophthorus knoteki*) (Mus. Stuttgart). Ebenso ist die lichte, lange Stirnbehaarung des Weibchens zu sehen.

Abb. 462: Das Weibchen von *Pityophthorus knoteki* hat nur eine lichte, lange Stirnbehaarung (Mus. Stuttgart).

Abb. 463: Die Stirn des Männchens von *Pityophthorus knoteki* ist nur sporadisch mit anliegenden kurzen Haaren versehen (Mus. Stuttgart).

Pityophthorus pubescens (Marsham, 1802)

Flaumiger Borkenkäfer

Lebensweise: Brütet in dünnsten, nicht über 1 cm dicken Trieben, auch in solchen, die von *Tomicus piniperda* durch Reifungsfraß geschädigt sind. Polygame Art.

Wirtsarten: *Pinus pinaster, P. halepensis, P. pinea, P. nigra nigra, P. sylvestris, P. nigra cevennensis.*

Verbreitung: Westmittelmeergebiet, Deutschland, England, Böhmen, Mähren, Slowakei, Ungarn, Slawonien, Dänemark, Südskandinavien.

Rote Liste Deutschland: mäßig häufig, kurz- und langfristige Bestandsentwicklung: gleichbleibend. Ungefährdet.

Abb. 464: Der Flaumige Borkenkäfer *Pityophthorus pubescens* in Aufsicht (Mus. Bonn). Die Körnchen auf der Naht sowie am Rande der Längsfurche tragen Borsten. Die Flügeldecken (Elytren) sind mit regelmäßigen Punktreihen versehen.

Abb. 465: Der Flaumige Borkenkäfer *Pityophthorus pubescens* in Seitenansicht (Mus. Frankfurt).

Abb. 466: Der Absturz in Aufsicht vom Flaumigen Borkenkäfer *Pityophthorus pubescens* (Mus. Frankfurt). Vor den borstentragenden Körnchenreihen der Furche ist jeweils eine parallele Punktreihe mit Haaren (gelbe Pfeile) auf der Furchenfläche. Die Furchenfläche selbst ist mit Querrinnen (schwarze Pfeile) versehen.

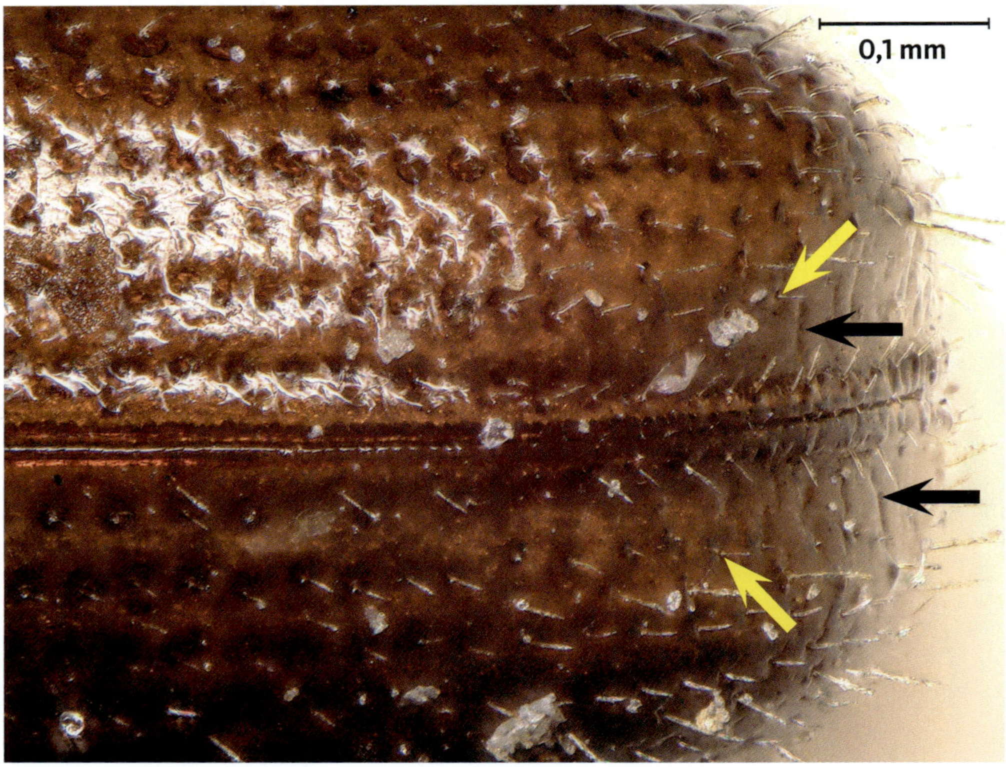

Abb. 467: Der Fühler vom Flaumigen Borkenkäfer *Pityophthorus pubescens* (Mus. Bonn).

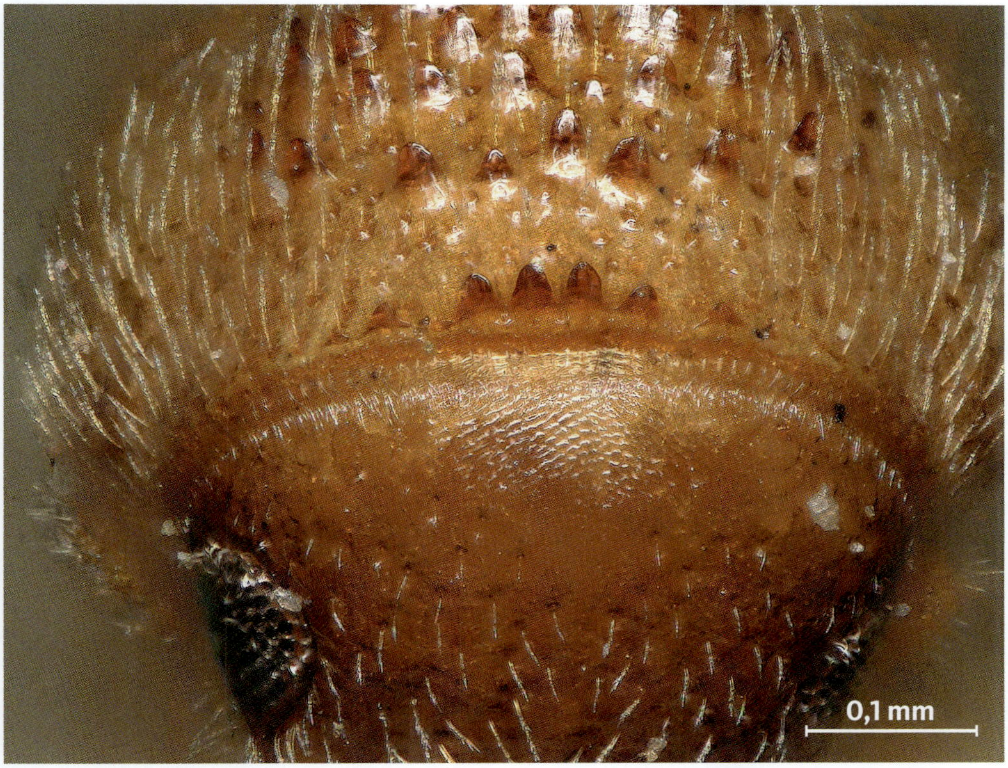

Abb. 468: Halsschild-Vorderrand (Pronotum) und Stirn (Frons) in Frontalansicht vom Flaumigen Borkenkäfer *Pityophthorus pubescens* (Mus. Bonn).

Pityophthorus carniolicus Wichmann, 1910

Krainer Kiefern-Borkenkäfer

Abb. 469: Der Krainer Kiefern-Borkenkäfer *Pityophthorus carniolicus* in Aufsicht (Mus. Frankfurt). Die Elytren sind relativ kurz. Dadurch ergibt sich das kompakte Erscheinungsbild des Käfers. Die schmale Furche am Absturz ist flach und abstehend behaart.

Lebensweise: Brütet in Ästen. Monogame Art.
Wirtsarten: *Pinus nigra nigra, P. sylvestris.*
Verbreitung: Österreich, Istrien, Schweiz, Deutschland, Böhmen, Mähren, Slowakei.
Rote Liste Deutschland: extrem selten, kurz- und langfristige Bestandsentwicklung: gleichbleibend. Extrem selten (R).

Abb. 470: Das Männchen des Krainer Kiefern-Borkenkäfers *Pityophthorus carniolicus* in Seitenansicht (Mus. Frankfurt).

Abb. 471: DerFlügeldecken-Absturz des Männchens vom Krainer Kiefern-Borkenkäfer *Pityophthorus carniolicus* in Aufsicht (Mus. Frankfurt). Der Absturz weist eine flache, glatte und enge Furche auf. Die Flügeldecken-Naht als auch der fast nicht mehr sichtbare Seitenwulst haben jeweils eine parallele Haarreihe. Die Flügeldecken-Naht begleitenden Haarreihen sind mit schwarzen und die Seitenwülste begleitenden Haarreihen mit gelben Pfeilen markiert.

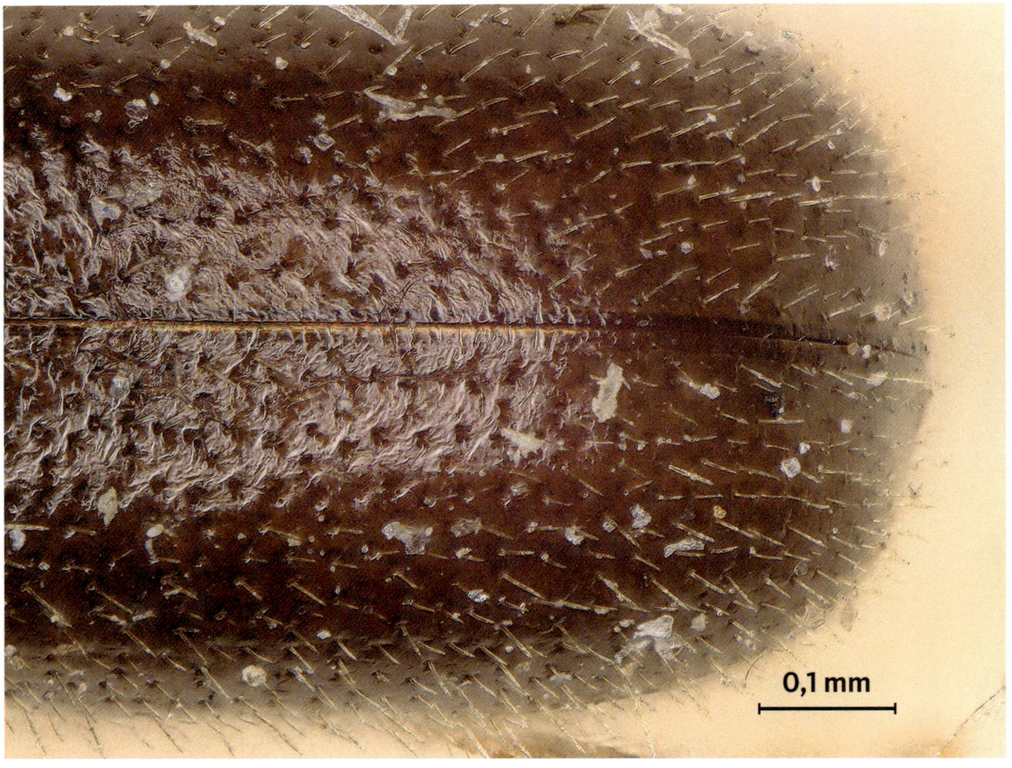

Abb. 472: Der Kopf des männlichen Krainer Kiefern-Borkenkäfers *Pityophthorus carniolicus* in Frontalansicht (Mus. Frankfurt). Die glatte Stirn ist spärlich und anliegend behaart.

Pityophthorus morosovi Spessivtseff, 1926

Fichtenzweig-Borkenkäfer

Lebensweise: Monogame Art.
Wirtsarten: *Picea abies, P. obovata, Abies concolor.*

Verbreitung: Nordrussland, Westsibirien, Nordpolen, Böhmen, Niederösterreich.

Abb. 473: Der kurze Fichtenzweig-Borkenkäfer *Pityophthorus morosovi* in Aufsicht (Mus. Frankfurt). Die Flügeldecken (Elytren) sind mit kurzen, lichtgelben nach rückwärts gerichteten Härchen besetzt

Abb. 474: Der kurze Fichtenzweig-Borkenkäfer *Pityophthorus morosovi* in Seitenansicht (Mus. Frankfurt).

Abb. 475: Der Absturz des Fichtenzweig-Borkenkäfers *Pityophthorus morosovi* (Mus. Frankfurt) ist einfach gewölbt. Die Naht ist kaum merklich erhöht. Auf den sehr schwach ausgeprägten Seiten-Wülsten sind keine Körnchen oder Höckerchen zu erkennen.

Pityophthorus henscheli Seitner, 1887

Bergföhren-Borkenkäfer, Kleiner Zirbenzweig-Borkenkäfer

Lebensweise: vorzugsweise in Ästen der Zirbe und Bergkiefer, *Pinus cembra* und *P. montana*, auch in *P. nigra*. Brütet überall im Zirbengebiet in Hochlagen (1800–2000 m) verbreitet und relativ häufig an Zirben, seltener an Latschen. Die kleine Art brütet hauptsächlich in dünnen Seitenzweigen von 3 bis 10 mm Stärke und 10–20 cm Länge und ist dort die vorherrschende *Pityophthorus*-Art; in stärkeren Zweigen und Ästen von 5–15 mm Durchmesser, mehr der etwas größere *P. conjunctus*. Brutbild als unregelmäßiger Sterngang mit 2 bis 5 Muttergängen. Monogame Art.

Wirtsarten: *Pinus mugo, P. cembra, P. leucodermis, P. montana, P. nigra.*

Verbreitung: Alpen (Österreich, Schweiz, Norditalien, Westfrankreich), Ost- und Südkarpaten (Ukraine, Rumänien), Bosnien, Bulgarien, Tirol.

Rote Liste Deutschland: sehr selten, kurz- und langfristige Bestandsentwicklung: gleichbleibend. Ungefährdet. Kommt in Hochlagen an Krummholz-Kiefer (*Pinus mugo*) vor.

Abb. 476: Der Kleine Zirbenzweig-Borkenkäfer *Pityophthorus henscheli* in Aufsicht (Mus. Frankfurt). Der Halsschild weist mittig einen punktfreien Bereich auf. Die Elytren sind relativ lang.

Abb. 477: Das Männchen des Kleinen Zirbenzweig-Borkenkäfers *Pityophthorus henscheli* in Seitenansicht (Mus. Frankfurt).

Abb. 478: Die Stirn des Männchens (Kleiner Zirbenzweig-Borkenkäfers *Pityophthorus henscheli*) ist lang gekielt; in Seitenansicht (Mus. Frankfurt).

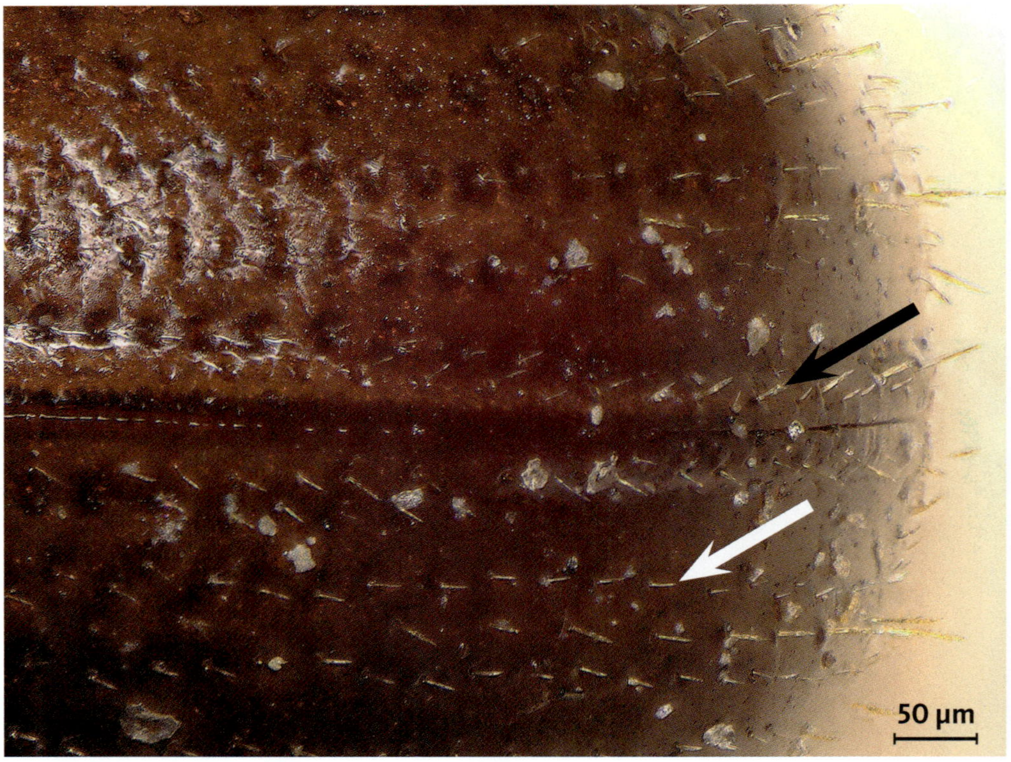

Abb. 479: Die Furche im Absturz des Männchens (Kleiner Zirbenzweig-Borkenkäfer *Pityophthorus henscheli*) in Aufsicht ist flach, schmal, glatt und weist zur randlichen Borstenbehaarung eine parallele kurze Behaarung auf (weißer Pfeil). Zur Borstenreihe der Flügeldecken-Naht treten nur vereinzelt zusätzliche kurze Haare auf (schwarzer Pfeil)(Mus. Frankfurt).

Abb. 480: Die Stirn des Männchens (Kleiner Zirbenzweig-Borkenkäfer *Pityophthorus henscheli*) ist spärlich anliegend behaart (Mus. Frankfurt).

Abb. 481: Der Fühler des Männchens vom Kleinen Zirbenzweig-Borkenkäfer *Pityophthorus henscheli* (Mus. Frankfurt).

Pityophthorus solus Blackman, 1928

Lebensweise: Nicht bekannt.
Wirtsarten: Äste von Waldkiefer (*Pinus sylvestris* L.).
Verbreitung: Das ursprüngliche Verbreitungsgebiet von *Pityophthorus solus* erstreckt sich von Mexiko bis in die südwestlichen Bundesstaaten der USA, Arizona und New Mexico (Atkinson 2024, Bright 1981, Wood 1982). Die Art wurde 2014 erstmalig für Europa aus dem nordwestlichen Spanien gemeldet (Goldarazena et al. 2014). Ebenfalls aus dem Jahre 2014 stammt bereits der Erstfund in Deutschland bei Nürnberg. In Belgien wurde sie 2023 nachgewiesen (Gebhardt et al. 2024a).

Abb. 482: Aufsicht von *Pityophthorus solus* (Fundort: Heilsbronn/Nordbayern). Foto: Sven Finnberg.

Abb. 483: Seitenansicht (Lateralansicht) von *Pityophthorus solus*. Foto: Sven Finnberg.

Tribus Cryphalini Lindemann, 1877 – Gekörnte Borkenkäfer

(Cryphalidae Eichhoff, 1878:107; Chryphalini Weise, 1883: 181; Cryphalinae Trédl, 1907:12; Cryphali Blandford, 1904:225; Cryphaloideae Lindemann, 1877:165; Cryphalina Balachowsky, 1949:200)
Typusgattung: *Cryphalus* Erichson, 1836.

Cryphalus ist die einzige Gattung innerhalb des Tribus Cryphalini (Johnson et al. 2020) mit 253 Arten (Justesen et al. 2023) weltweit. Man findet sie in Eurasien, Afrika, Ozeanien, Nordamerika, Zentralamerika (eingeschleppt) und Südamerika (eingeschleppt)(Johnson et al. 2020). Soweit bekannt, sind sie Rindenbrüter, meist monogam. In Europa leben fünf *Cryphalus*-Arten: *Cryphalus saltuarius* Weise, 1891, *Cryphalus asperatus* (Gyllenhal, 1813), *Cryphalus piceae* (Ratzeburg, 1837), *Cryphalus numidicus* Eichhoff, 1878 und *Cryphalus intermedius* Ferrari, 1867. Zusätzlich wurde die asiatische Art *Cryphalus dilutus* (Eichhoff, 1878) nach Malta, Italien und Frankreich eingeschleppt. Die fünf heimischen Arten in Europa sind nicht als problematische Schädlinge eingestuft, aber *C. piceae* und *C. numidicus* können geschwächte Bäume zum Absterben bringen (Justesen et al. 2023).

Käfer: Sehr kleine bis kleine Borkenkäfer (0,7 – 2,2 mm). Körperoberseite fein beschuppt oder mit feiner Grundbehaarung, dazwischen oft mit Schuppenborsten oder längeren Haaren. Halsschild gedrungen und bucklig gewölbt, im vorderen Teil mit einem scharf abgegrenzten Höckerfleck. Vorderrand mit einigen hervorragenden Zähnchen oder nur grob gekerbt. Basis punktiert und fein gerandet. Flügeldecken lang oder kurz walzenförmig und am Absturz ohne tiefere Furchen. Basalrand ungehöckert. Fühlergeißel 4- bis 5-gliedrig.
Lebensweise: Die in Europa an Waldbäumen auftretenden Arten leben teils monogam, teils polygam als Rindenbrüter. Meist in absterbenden Zweigen und Ästen; Muttergänge mehr oder wenig unregelmäßig oder als Platzgänge mit strahlenförmig ausgehenden Larvengängen.

Gattung *Cryphalus* Erichson, 1836

(*Pseudocryphalus* Ferrari, 1869:252; *Taenioglyptes* Bedel, 1888:398; *Cryptarthrum* Blandford, 1896:200; *Allarthrum* Hagedorn, 1912:355; *Dacryphalus* Hopkins, 1915: 42; *Ericryphalus* Hopkins, 1915:18; *Hypocryphalus* Hopkins, 1915: 41; *Margadillus* Hopkins, 1915: 37; *Piperius* Hopkins, 1915:39; *Ernocryphalus* Murayama, 1958:934; *Acryphalus* Tsai & Li, 1963:604,622; *Gugocryphelus* Tsai & Li, 1963:603; *Jugocryphalus* Tsai & Li, 1963:602,622)
Typusart: *Bostrichus asperatus* Gyllenhal, 1813 (*B. abietis* Ratzeburg, 1837 sensu Wood (1972)).

Die Gattung *Cryphalus* weist weltweit 253 Arten auf. Sie ist verbreitet in Eurasien, Afrika, Ozeanien, Nordamerika, Mittel- und Südamerika (eingeschleppt). Einige Arten verursachen Schäden bei Japanischen Wollmispeln (*Eriobotrya japonica*, Loquat), Feigen und Mangos. In Europa kommen 5 Arten vor. *Cryphalus numidicus* Eichhoff, 1878 ist in Bulgarien, Frankreich, Griechenland, Italien, Spanien, Nordafrika: Algerien, Ägypten, Libyen, Marokko, Tunesien und der Türkei nachgewiesen (Justesen et al. 2023). In der Artenliste für die Schweiz (Sanchez et al. 2020) fehlt sie dagegen. Deshalb wird sie im Schlüssel nicht berücksichtigt.
Käfer: 1,1–2 mm. Körper kurz walzenförmig, pechbraun gefärbt mit gelben Fühlern und Beinen. Kopf unter dem hochgewölbten Halsschild verdeckt. Fühler mit 4-gliedriger Geißel und 4-gliedriger ovaler Keule. Halsschild breiter als lang, hochgewölbt und vorne mit einem gut begrenztem, dreieckigem, aus scharfen Höckerchen unregelmäßig zusammengesetztem Fleck („Höckerfleck"). Vorderrand grob gekerbt ohne hervorragende scharfe dornartige Zähnchen in der Mitte (im Gegensatz zu *Ernoporus*). Basis fein gerandet. Schildchen (Scutellum) sichtbar. Flügeldecken kurz walzenförmig mit deutlichen oder feinen Punktreihen und mit schuppenartiger kurzer Behaarung. Absturz gewölbt, ohne Furchen. Schienen an der Außenseite gezähnelt. Augenvorderrand mit leichtem Einschnitt. Absturz gleichmäßig gerundet. Sexualdimorphismus angezeigt durch die in der Regel geringere Größe des Männchens und unterschiedliche Ausbildung der Stirn.
Lebensweise: Entwicklung im Bast von Nadelholzarten, in Ostasien auch von Laubholzarten. Brutbild besteht aus einem Platzgang. Monogame Arten mit 1 oder 2 Generationen pro Jahr. Frühschwärmer.

Artenschlüssel der Gattung *Cryphalus* Erichson, 1836

(Justesen et al. 2023, Pfeffer 1995)

1 Flügeldecken in Seitenansicht nur mit kurzen Härchen oder Schuppenbörstchen besetzt (Abb. 492). Die Härchen sind kürzer als die Breite des zweiten Zwischenstreifens. Die 30 bis 54 Zähnchen (Höcker) auf dem vorderen Pronotum sind zufällig verteilt (Abb. 493). **2**

→ Flügeldecken in Seitenansicht mit langen abstehenden Haaren besetzt (Abb. 488). Die Haare sind länger als die Breite des zweiten Zwischenstreifens. Flügeldecken ohne oder mit schwach ausgeprägten Punktstreifen, wenig dicht und lang abstehend behaart. Am Absturz abstehende Haare dichter gestellt. Die 47 bis 70 Zähnchen auf dem vorderen Pronotum sind konzentrisch angeordnet (Abb. 489). Länge 1 bis 1,8 mm, dunkelbraun, Fühler und Beine gelb, Flügeldecken gelbbraun, an den Seiten schwärzlich. Stirn beim Männchen flach, mit schmalem Kiel auf dem Clypeus, fast kahl, beim Weibchen gewölbt und behaart.

➔ *Cryphalus piceae* (Ratzeburg, 1837) – Kleiner Tannenborkenkäfer, Gekörnter Fichtenborkenkäfer

(*Bostrichus piceae* Ratzeburg, 1837:163; *B. asperatus* v. *abietis* Ferrari, 1867:12; *Cryphalus piceae* (Ratzeburg): Bach, 1854:136; *C. piceae* v. *orientalis* Eggers, 1911:122; *Cryphalus hattorii* Kôno, 1938: 67; *C. subdepressus* Eggers, 1940:37)

2 Körperlänge meist über 1,93 mm (Länge: 1,6–2,1 mm). Die Flügeldecken-Breite direkt hinter dem Scutellum ist größer als 0,9 mm. Flügeldecken kurz walzenförmig (Abb. 491). Die feinen Punktstreifen sind am Absturz deutlicher vertieft. Braunschwarz, ganz matt, Beine rostrot, Fühler gelblichbraun.

➔ *Cryphalus intermedius* Ferrari, 1867 – Kleiner Lärchenborkenkäfer, Kleiner gekörnter Lärchenborkenkäfer

→ Körperlänge meist unter 1,93 mm (Länge: 1,2 bis 2 mm). Die Flügeldecken-Breite in Aufsicht direkt hinter dem Scutellum gemessen ist kleiner als 0,9 mm (Abb. 496). Flügeldecken länger. **3**

3 Der Flügeldecken-Absturz ist in Seitenansicht gleichmäßig gewölbt. Die Körperlänge ist meist kleiner als 1,75 mm (Durchschnitt 1,61 mm). Die Flügeldecken-Breite direkt hinter dem Scutellum ist kleiner als 0,75 mm (Abb. 496). Flügeldecken zu Beginn mit deutlichen Punktreihen, diese verschwinden nach hinten. Punkte der Streifen größer als die Punkte der Zwischenräume. Körper mehr zylindrisch. Längen beim Männchen 1,1–1,3 mm und beim Weibchen 1,2–1,9 mm. Pechbraun, meist dunkler als *Cr. piceae*, Halsschild mit dichterem Höckerfleck. Höcker kleiner als bei *Chr. saltuarius*. Fühler und Beine gelb.

➔ *Cryphalus abietis* (Ratzeburg, 1837) - Gekörnter Fichtenborkenkäfer

(*Bostrichus abietis* Ratzeburg, 1837:163; *B. asperatus* part. Gyllenhai, 1813:363; *Cryphalus abietis* (Ratzeburg): Bach, 1854:136; *C. tiliae* Thomson, 1865:36)

→ Der Flügeldecken-Absturz in Seitenansicht verläuft abgeflacht gestreckt (Abb. 499). Die Körperlänge ist meist größer als 1,75 mm (Durchschnitt 1,82 mm, bis zu 2,05 mm). Die Flügeldecken-Breite direkt hinter dem Scutellum ist über 0,75 mm (Abb. 501).

➔ *Cryphalus saltuarius* Weise, 1891 – Bergwaldborkenkäfer

(*Bostrichus asperatus* Ratzeburg, 1837:163; *Cryphalus asperatus:* Schedl, 1975:39)

Artenkapitel zur Gattung *Cryphalus* Erichson, 1836

Cryphalus piceae (Ratzeburg, 1837)

Kleiner Tannenborkenkäfer

Lebensweise: Befällt bevorzugt den Kronenraum älterer Bäume (starker Harzfluss), daneben dünnrindige Bäume im Stangenholzalter. Man findet ihn im Inneren der Bastschicht von grünen Ästen, Zweigen und Gipfelteilen lebender Bäume, insbesondere der Astunterseite. Brütet gern in abgebrochenen Wipfelstücken und sonstigem Bestandsabfall. Von hier oder von kränkelnden Bäumen bzw. solchen, die durch den Überwinterungsfraß physiologisch geschädigt sein können, ausgehend, greift *Cr. piceae* auch auf gesunde Bäume zum Brutfraß über, bringt sie zum Erliegen oder erhöht zumindest ihre Befallsbereitschaft gegenüber anderen Borkenkäfern, z. B. des *Pityokt. curvidens* (s. dort), mit dem er häufig gemeinsam vorkommt. Bei hoher Populationsdichte stellt *Cr. piceae* für Tannenbestände, besonders im Stangenholzalter, durch seinen massierten Überwinterungsfraß und den sich anschließenden Brutfraß eine ernst zu nehmende Bedrohung dar. Kein Muttergang im üblichen Sinne, sondern unregelmäßig, platzartige Erweiterung, überwiegend im Splint liegend, haufenweise Eiablage an beliebigen Stellen. Durch die davon nach allen Richtungen ausgehenden Larvengänge entsteht ein dem sternförmigen Brutbild ähnelndes Brutsystem. Bei dichter Besiedlung völlige Vermulmung der Rindenschicht durch die sich vielfältig kreuzenden Larvengänge. Durch den Reifungsfraß der Jungkäfer in dünneren Ästen im Kronenraum sowie an Stämmchen junger Bäume entstehen krebsartige Wucherungen. Überwinterungsfraß in Form kurzer Gänge in Ästen und Zweigen älterer Tannen, erkennbar an Bohrmehl- und Harzaustritt an den Einbohrstellen. *Cr. piceae* ist Frühschwärmer mit Flugzeiten im März/April und im Juni/Juli, meist mit 2 Generationen im Jahr.

Abb. 484: Zwei Brutbilder von *Cryphalus piceae* auf dem Splintholz (Uni Göttingen).

Wirtsarten: Vor allem an *Abies alba, A. nordmanniana, A. cephalonica,* aber auch an *A. borisii regis* und *A. bornmuelleriana;* ausnahmsweise auch an *Picea abies, Pinus sylvestris,* zunehmend an *Pseudotsuga menziesii, Chamaecyparis lawsoniana, Larix decidua* und *Thuja* spec.

Verbreitung: Nord- und Mitteleuropa, Balkanhalbinsel, Kaukasus, Kleinasien. In Südtirol nicht häufig.

Rote Liste Deutschland: mäßig häufig, kurz- und langfristige Bestandsentwicklung: gleichbleibend. Ungefährdet.

Abb. 485: Junge Brutbilder auf der Rinden-Innenseite vom Kleinen Tannenborkenkäfer – *Cryphalus piceae* (Uni Göttingen).

Abb. 486: Brutbilder vom Kleinen Tannenborkenkäfer (*Cryphalus piceae*) in hoher Dichte auf der Rinden-Innenseite (Uni Göttingen).

Abb. 487: Der Kleine Tannenborkenkäfer *Cryphalus piceae* in Aufsicht (Mus. Stuttgart). Die Elytren (Flügeldecken) sind mit wenigen anliegenden Haaren, vielen Schuppenhaaren und einigen abstehenden Haaren besetzt. Die Beine sind gelb gefärbt.

Abb. 488: Der Kleine Tannenborkenkäfer *Cryphalus piceae* in Seitenansicht (Mus. Stuttgart). Die Elytren (Flügeldecken) sind auf dem Rücken mit abstehenden Haaren besetzt. Dies ist artcharakteristisch.

Abb. 489: Der Kleine Tannenborkenkäfer *Cryphalus piceae* in Aufsicht (Uni Göttingen). Auf dem Halsschild (Pronotum) sind die Zähnchen in konzentrischen Kreisen angeordnet. Unausgefärbtes Jungtier.

Cryphalus intermedius Ferrari, 1867

Kleiner Lärchenborkenkäfer, Kleiner gekörnter Lärchenborkenkäfer

Lebensweise: Brütet in dürren Ästen und abgebrochenen Wipfelstücken älterer Lärchen. Kann auch stehende, noch lebende Bäume befallen. Mit kleinerem, unregelmäßigem Platzgang. Larvengänge verlaufen oft sich kreuzend in der Rinde, diese vermulmend. Puppenwiegen stärker im Splint. Jährlich 2 Generationen möglich.
Wirtsart: *Larix decidua* und *Pinus sylvestris*.

Verbreitung: Österreich, Schweiz, Mähren, Slowakei, Polen. In Südtirol die häufigste *Cryphalus*-Art: mehr sekundär überall an Lärchen in gefällten Ästen und dünnrindigen Wipfelstücken. (Hellrigl 2012).
Rote Liste Deutschland: Daten ungenügend, langfristige Bestandsentwicklung: deutliche Zunahme. Daten unzureichend (D).

Abb. 490: Brutbilder vom Kleinen Lärchenborkenkäfer *Cryphalus intermedius* (Mus. Frankfurt).

Abb. 491: Der Kleine gekörnte Lärchenborkenkäfer *Cryphalus intermedius* in Aufsicht (Mus. Karlsruhe). Die relativ kurzen Flügeldecken (Elytren) lassen den Käfer kompakt erscheinen.

Abb. 492: Der Kleine gekörnte Lärchenborkenkäfer *Cryphalus intermedius* in Seitenansicht (Mus. Karlsruhe). Die Halsschild-Zähne gaben ihm den Namenszusatz „gekörnt".

Abb. 493: Der Halsschild (Pronotum) in Aufsicht vom Kleinen gekörnten Lärchenborkenkäfer *Cryphalus intermedius* (Mus. Karlsruhe). Die Zähnchen sind zufallsverteilt und nicht konzentrisch angeordnet.

Cryphalus abietis (Ratzeburg, 1837)

Gekörnter Fichtenborkenkäfer

Lebensweise: Befällt vorzugsweise Stangenholz, geht von anfänglichem Befall im Kronenraum (Einbohrungen meist an Astquirlen) auf den Stamm über. *Cr. abietis* brütet auch in älteren Bäumen, die mehrere Jahre dem Befall widerstehen können, bis sie durch nachfolgende Borkenkäfer-Angriffe zum Erliegen gebracht werden. Häufig auch Befall 6- bis 12-jähriger Jungpflanzen von *Picea abies* und *Pinus strobus*, die allein oder durch gemeinsamen Befall mit anderen Borkenkäfern abgetötet werden. Muttergang als Längs- oder Quergang mit unregelmäßigen Erweiterungen, Eiablage in Häufchen. Larvengänge von 2 bis 4 cm Länge, längsverlaufend. Reifungsfraß der Jungkäfer in der Umgebung der Puppenwiegen, das ursprüngliche Brutbild weitgehend zerstörend. Frühschwärmer mit Flugzeiten im März und Juli bis August. Altkäfer schreiten nach Regenerationsfraß zur Anlage von Geschwisterbruten. Meist 2 volle Generationen im Jahr. Häufige Art.

Wirtsarten: *Picea abies, P. omorica, P. obovata, P. orientalis, Pinus sylvestris, P. strobus, Abies alba, A. bornmuelleriana, Larix decidua;* gelegentlich an *Pseudotsuga menziesii, Chamaecyparis lawsoniana* und weiteren *Larix*-Arten. An rotfaulem *Picea excelsa*-Lagerholz.

Verbreitung: Europa, Kaukasus, Kleinasien. In Südtirol überall an *Picea* und *Abies*; viel häufiger als *C. piceae*. Bis 1850 m.

Rote Liste Deutschland: sehr häufig, kurz- und langfristige Bestandsentwicklung: gleichbleibend. Ungefährdet.

Abb. 494: Der Gekörnte Fichtenborkenkäfer – *Cryphalus abietis* legt seine Brutbilder gerne an Astquirlen an (Mus. Braunschweig).

Abb. 495: Der Gekörnte Fichtenborkenkäfer *Cryphalus abietis* in Aufsicht (Mus. Braunschweig). Die Punktreihen der Elytren (Flügeldecken) sind gut erkennbar. Sie laufen im Absturz-Bereich aus. Unausgefärbtes Exemplar.

Abb. 496: Der Gekörnte Fichtenborkenkäfer *Cryphalus abietis* in Aufsicht (Mus. Bonn). Hier ein ausgefärbtes pechbraunes Exemplar. Die Flügeldecken-Breite (Elytren) auf Scutellum-Höhe beträgt 0,69 mm.

Abb. 497: Der Gekörnte Fichtenborkenkäfer *Cryphalus abietis* in Seitenansicht (Mus. Braunschweig).

Cryphalus saltuarius Weise, 1891

Bergwaldborkenkäfer

Lebensweise: Befällt vorzugsweise Astholz und Bäume im Stangenholzalter.
Wirtsarten: *Picea abies, P. obovata, P. orientalis* (lebt in Stangen- und Astholz von Fichten), *Abies sibirica, A. nordmanniana, Pinus sibirica* und *Juniperus communis.*

Verbreitung: Mitteleuropa (Fichtenareal im Hochgebirge), Nordeuropa, Kaukasus, Westsibirien. Seltenste heimische *Cryphalus*-Art.
Rote Liste Deutschland: selten. Daten unzureichend (D). Aufgrund von Determinationsproblemen keine Bestandstrends dokumentiert.

Abb. 498: Der Bergwaldborkenkäfer *Cryphalus saltuarius* in Aufsicht (Coll. Bense). Punktreihen auf den Elytren (Flügeldecken) sind fast nicht mehr erkennbar. Körperlänge: 2,05 mm.

Abb. 499: Der Bergwaldborkenkäfer *Cryphalus saltuarius* in Seitenansicht (Coll. Bense).

Abb. 500: Der Fühler des Bergwaldborkenkäfers *Cryphalus saltuarius* in Aufsicht (Coll. Bense).

Abb. 501: Die Flügeldecken-Breite auf der Höhe des Scutellums beim Bergwaldborkenkäfer *Cryphalus saltuarius* in Aufsicht (Coll. Bense).

Abb. 502: Die abstehenden Haare an der äußersten seitlichen Pronotum-Ausbuchtung (roter Pfeil) sind gleichlang oder nur wenig kürzer als die Haare zwischen dieser Ausbuchtung und der höchsten Erhebung des Halsschildes (gelber Pfeil) (Bergwaldborkenkäfer *Cryphalus saltuarius*) (Coll. Bense).

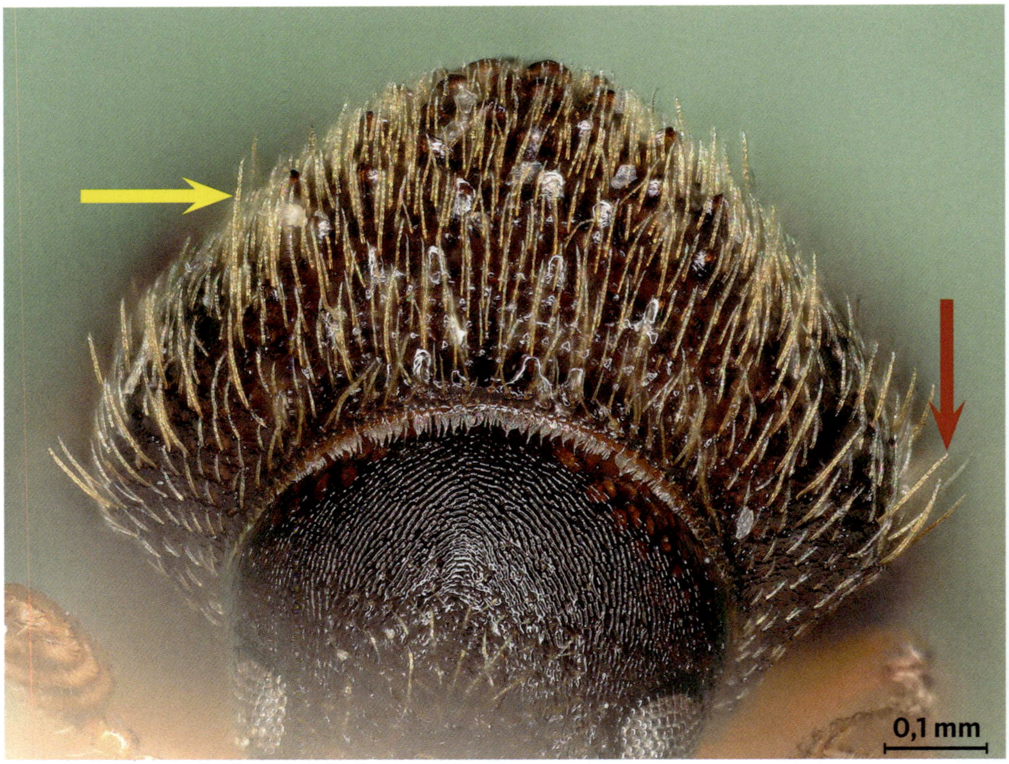

Tribus Ernoporini Nüsslin, 1911

(Ernoporinae Nüsslin, 1911: 375; Eidophelinae Murayama, 1954: 200; Eidopherinae Murayama, 1954: 200)
Typusgattung: *Ernoporus* Thomson, 1859.

Gattung *Ernoporicus* Berger, 1916

(*Ernopocerus Balachowsky*, 1949:211; *Cryphalus* sbg. *Ernoporus* Ferrari, 1867:14; *Eocryphalus* Kurentzov, 1941:161,230)
Typusart: *Ernoporicus spessivtsevi* Berger, 1917.

Käfer: 1,5–2 mm. Körper lang walzenförmig, schwarzgrau gefärbt, mattglänzend, oben mit gelblich grauen Schuppenhärchen bestäubt. Fühler und Beine gelbbraun. Stirn gekörnt und kurz behaart, flach gewölbt oder mit Querdepression. Halsschild so lang wie breit, in der Mitte des Vorderrands mit 2 bis 4 spitzigen, hervorragenden, enggestellten Höckerchen. Scheibe vorn mit Höckerfleck, der aus konzentrischen Höckerreihen zusammengesetzt ist. Hinten und an den Seiten dicht runzlig punktiert. Basis undeutlich gerandet. Flügeldecken lang walzenförmig, 1,7- bis 1,8-mal so lang wie breit. Punktreihen fein geprägt, die Zwischenräume breit mit kurzen Härchen und dazwischen mit einzelnen Schüppchen. Augen an der Innenseite nicht ausgerandet. Fühler mit 4-gliedriger Geißel und kurzovaler, flacher 4-gliedriger Keule. Die 3 konzentrischen Nähte nur an der Außenseite sichtbar.

Lebensweise: Entwicklung im Bast von Laubhölzern-Zweigen. Brutbild aus unregelmäßig verlaufenden Längsmuttergängen bestehend. Meist zwei Generationen pro Jahr. Im Gebiet sind 2 monogame Arten bekannt.

Artenschlüssel der Gattung *Ernoporicus* Berger, 1916

1 Körper 2,4- bis 2,6-mal so lang wie breit, Flügeldecken 1,4- bis 1,7-mal so lang wie breit mit feinen Punktstreifen (Abb. 503). Zwischenräume mit kurzen gelbbraunen Härchen und dazwischen mit einzelnen hellen langovalen Schuppen. Länge 1,5–2 mm.

➔ *Ernoporicus caucasicus* (Lindemann, 1876) – Kaukasischer Linden-Borkenkäfer, Kleiner Linden-Borkenkäfer

(*Cryphalus caucasicus* Lindemann, 1876:373; *Cryphalus schreineri* Eichhoff, 1881:185; *Ernopocerus caucasicus:* Balachowsky, *1949:212; Cryphalus* sbg. *Ernoporus caucasicus* Reitter, 1894:71; *Ernoporus caucasicus:* Tredl, 1909:12; *Ernoporicus caucasicus* (Lindemann): Wood, 1982:858)

→ Körper 2,7- bis 2,9-mal so lang wie breit, Flügeldecken lang walzenförmig, 1,7- bis 1,9-mal so lang wie breit und mit kaum sichtbaren Punktstreifen (Abb. 507). Zwischenräume mit kurzen gelbbraunen Härchen und dazwischen mit einzelnen hellen kurzen Schuppen. Stirn flach gewölbt. Länge 1,2–2 mm.

➔ *Ernoporicus fagi* (Fabricius, 1798) - Kleiner Laubholz-Borkenkäfer

(*Apate fagi* Fabricius, 1798:157; *Bostrichus serratus* Panzer, *1795:288; Crypturgus fagi:* Redtenbacher, 1858:831; *Cryphalus fagi:* Doebner, 1862:160; *C.* sbg. *Ernoporus fagi* Reitter, 1894:71; *Ernoporus thomsoni* Ferrari, 1867:14; *E. fagi:* Tredl, 1909:12; *Ernopocerus fagi.* Balachowsky, 1949:211; *Ernoporicus fagi* (Fabricius): Pfeffer, 1989:83)

Artenkapitel zur Gattung *Ernoporicus* Berger, 1916

Ernoporicus caucasicus (Lindemann, 1876)

Kaukasischer Linden-Borkenkäfer, Kleiner Linden-Borkenkäfer

Lebensweise: Entwickelt sich in Zweigen und schwächeren Ästen. Muttergänge zweiarmig von ungleicher Länge, mehr oder weniger quer zur Faser; 3–6 Larvengänge von wechselnder Breite und Tiefe. Puppenwiegen in der Rinde.
Wirtsarten: *Tilia cordata, T. platyphyllos, T. parvifolia, T. rubra, T. tomentosa, Ulmus glabra.*

Verbreitung: Mitteleuropa bis Rumänien, Frankreich, Österreich, Schweden, Norwegen, Krim, Kaukasus, Kleinasien.
Rote Liste Deutschland: selten, kurz- und langfristige Bestandsentwicklung: gleichbleibend. Ungefährdet.

Abb. 503: Der Kaukasische Linden-Borkenkäfer *Ernoporicus caucasicus* in Aufsicht (Mus. Braunschweig) mit den Messlinien. Die Elytren-Breite (Flügeldecken) wird immer mindestens dreimal gemessen. Hier wurden aus Übersichtsgründen nur zwei Hilfslinien abgebildet. Die Punktstreifen auf den Elytren (Flügeldecken) sind im Gegensatz zu *C. fagi* noch gut erkennbar.

Abb. 504: Der Kaukasische Linden-Borkenkäfer *Ernoporicus caucasicus* in Seitenansicht (Mus. Braunschweig) mit der typischen dunklen Körperfärbung.

Abb. 505: Der vordere Körperbereich des Kaukasischen Linden-Borkenkäfers *Ernoporicus caucasicus* in Seitenansicht (Mus. Braunschweig) mit den gattungstypischen bogenförmigen Fühlerkeulen-Nähten.

Ernoporicus fagi (Fabricius, 1798)

Kleiner Laubholz-Borkenkäfer

Lebensweise: Entwickelt sich in Buche, wobei dünne Äste und Zweige befallen werden (im Gegensatz zu *Taphrorychus bicolor*, der stärkere Äste und Stammpartien bevorzugt). Einarmige, unregelmäßige Brutröhren zwischen den Markstrahlen; wenige, meist geschlängelte Larvengänge. Das ganze Brutbild klein und wenig charakteristisch.

Wirtsarten: *Fagus sylvatica, F. orientalis, F. macrophylla, Carpinus betulus.*
Verbreitung: Mitteleuropa bis Balkangebirge, Krim, Kaukasus. In Südtirol sehr selten.
Rote Liste Deutschland: sehr häufig, kurz- und langfristige Bestandsentwicklung: gleichbleibend. Ungefährdet.

Abb. 506: Das Brutbild vom Kleinen Laubholz-Borkenkäfer – *Ernoporicus fagi* (Uni Göttingen).

Abb. 507: Der Kaukasische Linden-Borkenkäfer *Ernoporicus caucasicus* in Seitenansicht (Mus. Braunschweig) mit der typischen dunklen Körperfärbung.

Abb. 508: Der Kaukasische Linden-Borkenkäfer *Ernoporicus caucasicus* in Seitenansicht (Mus. Braunschweig) mit der typischen dunklen Körperfärbung.

Abb. 509: Detailansicht seitlich auf den hinteren Bereich der Flügeldecken vom Kleinen Laubholz-Borkenkäfer *Ernoporicus fagi* (Mus. Braunschweig). Es sind verschiedene Schuppenhaare sowie zwei unterschiedlich dünne Haartypen vorhanden.

Gattung *Ernoporus* Thomson, 1859

(*Cryphalops* Reitter, 1889:94; *Stephanorhopalus* Hopkins, 1915:35; *Euptilius* Schedl, 1940:589; *Cryphalus* sbg. *Ernoporus* Reitter, 1894:71; *Ernocladius* Wood, 1980: 93; *Allothenemus* Bright & Torres, 2006: 400)
Typusart: *Apate tiliae* Panzer, 1793.

Käfer: 1–1,75 mm. Körper kurz walzenförmig, dunkelbraun mit rötlichbraunen Fühlern und Beinen. Fühler mit 4-gliedriger Geißel. Ovale 4-gliedrige Keule mit geraden Quernähten (Abb. 513). Halsschild gewölbt, breiter als lang. Vorderrand in der Mitte mit 4 spitzigen und hervorragenden Höckerchen. Scheibe vorne mit einem dreieckigen Höckerfleck, welcher aus 4 regelmäßigen Reihen besteht. Basis sehr fein gerandet, dicht runzlig punktiert. Flügeldecken kurz walzenförmig, nur 1,4- bis 1,6-mal so lang wie breit. Die breiten Zwischenräume sind mit zwei unregelmäßigen Reihen grauer haarförmiger Schüppchen und mit einer Reihe größerer grauer Schuppen bedeckt. Augen an der Innenseite ausgerandet. Gattung enthält nur eine monogame Art.

Lebensweise: Brutbild aus doppelarmigen querverlaufenden dichten Muttergängen (1–4 cm lang). Larvengänge kurz. Gesamtes Brutbild in der Rinde. Brütet in absterbenden Zweigen und Ästen alter Bäume. In Mitteleuropa mit zwei Generationen pro Jahr, in Nordeuropa nur eine.

Wirtsarten: *Tilia cordata, T. platyphyllos, T. rubra, T. tomentosa;* auch an *Carpinus betulus* und *Fagus sylvatica.*

Verbreitung: Europa, Kaukasus, Asien, Afrika, Karibik (wahrscheinlich eingeschleppt) und Australien (eingeschleppt). In Tirol: in Südtirol eine häufige, weit verbreitete Art, in abgebrochenen Lindenzweigen.

Rote Liste Deutschland: mäßig häufig, kurz- und langfristige Bestandsentwicklung: gleichbleibend. Ungefährdet.

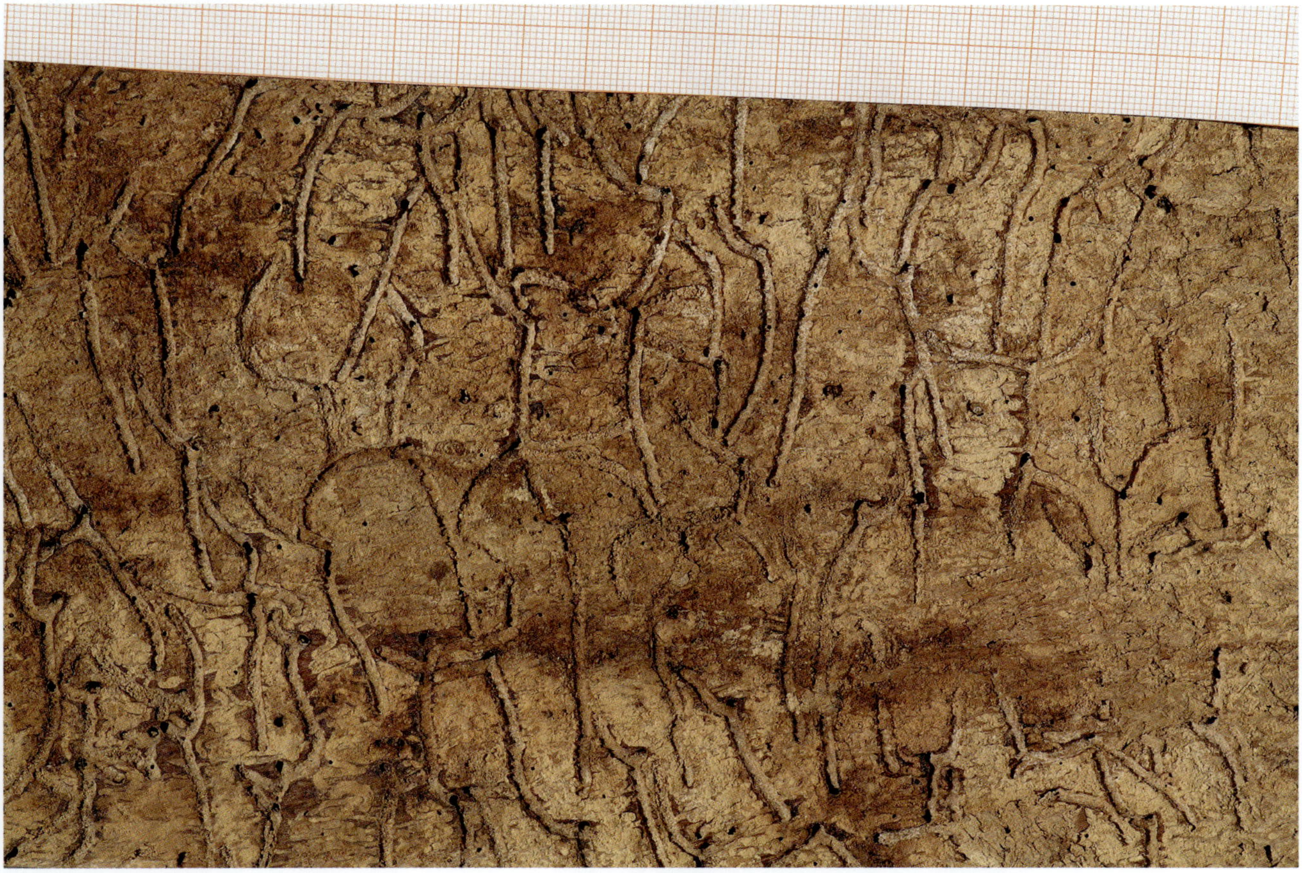

Abb. 510: Brutbilder des Linden-Borkenkäfers – *Ernoporus tiliae* auf der Rinden-Innenseite einer Linde.

Ernoporus tiliae (Panzer, 1793)

Linden-Borkenkäfer, Gewöhnlicher Linden-Borkenkäfer

(*Apate tiliae* Panzer, 1793:8; *Cryphalus tiliae:* Bach, 1854:137; *C. ratzeburgi* Ferrari, 1867:11; *C.* sbg. *Ernoporus tiliae:* Reitter, *1894:71; Ernoporus tiliae* (Panzer): Reitter, 1913:68; *Cryphalops lederi* Reitter, 1889:93; *Cryphalops tiliae* (Panzer): Postner, 1974)

Abb. 511: Der Linden-Borkenkäfer *Ernoporus tiliae* in Aufsicht (Mus. Frankfurt).

Abb. 512: Der Linden-Borkenkäfer *Ernoporus tiliae* in Seitenansicht (Mus. Frankfurt).

Abb. 513: Der Kopf des Linden-Borkenkäfers *Ernoporus tiliae* in Schrägansicht (Mus. Braunschweig) mit den gattungstypischen geraden Fühlerkeulen-Nähten.

Tribus Xyloterini LeConte, 1876 – Nutzholzborkenkäfer

(Trypodendrinae Trédl, 1907:18; Xyloterinae Nüsslin, 1911:432; Xyloterini Reitter, 1913: 28; Corthylini: Schedl, 1932:1644; Xyloteridae Eichhoff, 1878:411; Xyloteroideae Lindemann, 1877:165; Xyloterina Balachowsky, 1949:196; Trypodendrina Nunberg, 1954:16; Trypodendrini Browne, 1961: 45; Trypodendroninae Wood, 1978: 114; Xyloteri LeConte, 1876:356)
Typusgattung: *Xyloterus* Erichson, 1836.

Augen geteilt. Weibchen mit Mycetangien. Körper walzenförmig, glänzend, spärlich behaart (3–4 mm); Färbung strohgelb bis schwarzbraun, oft mit dunkler Längszeichnung. Halsschild quer und breit, halbkugelig gewölbt, an der Basis fein gerandet. – Monogame Holzbrüter in Laub- und Nadelbäumen; Brutsysteme in Form von charakteristischen, tief ins Splintholz führenden, leiterförmig verzweigten Brutgängen. – Erhebliche technische Holzschädlinge.
Verbreitung: Holarktisch und Südostasien.

Gattung *Trypodendron* Stephens, 1830 (= *Xyloterus* Erichson, 1836)

(*Xyloteres* Erichson, 1836 Pfeffer 1995:197; *Tripodendron* Redtenbacher, 1845:151; *Trypodendrum* Agassiz, 1846:380; *Xyloteres* Redtenbacher, 1847:36; *Xylotrophus* Gistel, 1848:4; *Xyloterus* Gistel, 1848; *Trypodendrum* Gistel, 1856:368; *Xyloteres* Ferrari, 1867:9)
Typusart: *Bostrichus lineatus* Olivier, 1795.
Monographien: Pfeffer, 1989. Johnson et al. 2020.

Käfer: 3–4 mm. Körper walzenförmig, meist unbehaart und zweifarbig. Fühler und Beine gelb oder braungelb. Augen in zwei Hälften geteilt. Stirn beim Männchen tief ausgehöhlt, bei den Weibchen gewölbt. Fühler mit 4-gliedriger Geißel und großer, flacher und nicht durch Nähte gegliederte Keule. Halsschild quergewölbt, an der Basis fein gerandet. Vorderrand geschuppt-gehöckert, Scheibe mit feiner, in die Quere gezogener Skulptur, dunkel gefärbt mit gelblicher Basis oder mit länglichen gelben Flecken an der Seite. Flügeldecken walzenförmig, mit regelmäßigen

Punktreihen und mit dunklen und gelbbraunen Längsstreifen. Absturz gewölbt und manchmal behaart. Schildchen groß. Schienen auf der Außenseite gezähnelt.

Lebensweise: Monogame Arten. In der Holarktis gibt es 13 und in Europa vier *Trypodendron*-Arten. Entwicklung im Splint von Nadel- und Laubhölzern. Bei Befall der Brutbäume Anlockung weiterer Käfer durch die zuerst eingebohrten Weibchen durch Aussendung von Pheromonen. Brutbild besteht aus 2 bis 3 radial verlaufenden Muttergängen, die mit kurzen vertikalen Larvengängen versehen sind. Ernährung von Hyphen und Sporen von Ambrosiapilzen (*Trichosporium ferrugineum* Math. Käär.). Im Gegensatz zu den *Xyleborus*-Arten, bei denen das Brutgangsystem ausschließlich vom Weibchen angelegt und mit Pilzsporen bepflanzt wird (z. B. *Anisandrus dispar*), oder seltener unter Beteiligung von Larven und Jungkäfern an der Erweiterung der Brutröhren (Brutsystem vom Typ Familienplatzgänge: z. B. *X. saxesenis*) erfolgen, in welchen die Larven später nur die sprießenden, nährstoffreichen Pilzenden (Konidien) abweiden, sind bei *Trypodendron* auch die Larven am Bau des Gangsystems beteiligt, da sie von den Einischen aus kurze, leitersprossenartige Gänge ins Holz fressen, an deren Ende sie sich verpuppen (z. B. *Trypodendron lineatum*). Die Weibchen stellen den Muttergang her und halten ihn sauber und regulieren auch die Luftfeuchtigkeit zum Gedeihen der mitgebrachten, ausgesäten Pilze. Die Pilze sind stets artspezifisch; „falsche" Pilze werden entfernt. Die alten Pilzfäden im Holz schwärzen die Gänge. Eine Generation pro Jahr, bei welcher die ausgereiften Adultkäfer überwintern.

Artenschlüssel der Gattung *Trypodendron* Stephens, 1830

1 Absturz fein, aber dicht behaart, beim Weibchen meist kürzer behaart (Abb. 522), die Naht und der dritte Zwischenraum erhöht. Der zweite Zwischenraum schwach vertieft (Abb. 522). Große und flache Fühlerkeule an der vorderen Außenecke zugespitzt (Abb. 523). Flügeldecken bis auf den dunklen Nahtstreif und die Außenränder schmutzig-blassgelb. Halsschild ganz schwarz oder mit gelber bis rötlicher Umfassung eines zentralen schwarzen Teils (Abb. 517). Länge 3–3,8 mm.

→ *Trypodendron domesticum* (Linnaeus, 1758) *(= Xyloterus domesticus)* – Buchen-Nutzholzborkenkäfer, Laubnutzholzborkenkäfer

(*Dermestes domesticus* Linné, 1758:356; *Apate limbata* Fabricius, 1792: 33; *Bostrichus domesticus* Gyllenhal, 1813:365; *B. limbatus* Herbst, 1784:20, 1787:382; *Trypodendron domesticum* Stephens, 1830:353; *Ips domesticus:* De Geer, 1775:196; *Trypodendron piceum* Strand, 1946: 172; *Xyloterus domesticus* (Linné): Pfeffer 1995:198; *Apate limbata* Fabricius, 1787:33)

→ Absturz nur mit einzelnen, sehr kurzen Härchen besetzt. Der zweite Zwischenraum nicht vertieft. Halsschild und Flügeldecken mit dunklen Längsstreifen. Große und flache Fühlerkeule, mehr oder weniger abgerundet. **2**

2 Flügeldecken mit feinen, flach punktierten, regelmäßigen Punktreihen. Die flachen Zwischenräume schwach genetzt und von nahezu unpunktiert bis mit einzelnen feinen Pünktchen besetzt. Fühlerkeule verkehrt eiförmig (Abb. 537). **3**

→ Flügeldecken mit stark punktierten Reihen. Vorletzter Seitenzwischenraum mit einer kurzen akzessorischen Punktreihe. Flügeldecken mit dunklen Längsstreifen. Die Naht und der dritte Zwischenraum am Absturz schwach, aber deutlich erhöht und mit 6 bis 8 deutlichen kleinen Körnchen besetzt (Abb. 543). Fühlerkeule breit, abgestumpft (Abb. 544), mit schwach angedeuteter Spitze am Außenrand. **4**

3 Schenkel an der Basis schwärzlich und die Beine meist umfangreicher dunkel gefärbt. Halsschild dunkel, nur in der Mitte der Basis gelblich (Abb. 527). Flügeldecken braun bis schwarz. Der schwarze Streifen am Seitenrand ist gegen die Schultern nicht verschmälert oder verkürzt; er reicht am Absturz nicht so weit nach hinten (Abb. 529). Die Zwischenräume am Absturz sind nicht gerunzelt. Länge 3–4 mm.

→ *Trypodendron laeve* Eggers, 1939 – Glatter Nutzholzborkenkäfer

(*Xyloterus laeve* Eggers: Pfeffer 1995:198;)

→ Beine einfarbig hell (Abb. 535). Halsschild hell oder dunkel. Flügeldecken mit sehr feinen Punkten. Die Zwischenräume am Absturz sind nicht gerunzelt (Abb. 536) wie bei *Trypodendron signatum*. Flügeldecken gewöhnlich hellgelb mit ausgeprägten schwarzen Dorsalstreifen. Der schwarze Seitenrandstreifen reicht auf dem Absturz weiter nach hinten und ist an den Schultern verschmälert oder verkürzt. Absturz spärlich behaart und matt. Länge 2,8–3,8 mm.

➔ ***Trypodendron lineatum* (Olivier, 1795) (= *Xyloterus bivittatum, X. lineatus)* – Gestreifter Nutzholzborkenkäfer, Linierter Nutzholzborkenkäfer, Nadelholz-Ambrosiakäfer**

(*Bostrichus lineatus* Olivier, 1795:19; *B. cavifrons* Mannerheim, 1843:297; *B. domesticus* Duftschmid, 1825:95; *Xyloterus lineatus* (Olivier): Pfeffer 1995:199; X. *bivittatus* Mannerheim, 1853:236; *Apate bivittata* Kirby, 1837:192; *Trypodendron lineatum* Eichhoff, 1878:417; *T. bivittatum* Prevancher, 1877:567; *Trypodendron vittiger* Eichhoff, 1881: 298; *T. cavifrons* Swaine, 1918:85; *T. borealis* Swaine, 1917:21; *Trypodendron granulatum* Eggers, 1933: 51; *T. meridionale* Eggers, 1940:38)

4 Flügeldecken dunkel rotbraun mit 5 dunklen Längsstreifen. Flügeldecken mit groben Punktreihen. Die rundlichen Punkte sind am Absturz in Runzeln stehend (Abb. 543). Absturz nur spärlich und kurz behaart, glänzend. Fühlerkeule deutlich länger als breit, asymmetrisch und mit stumpfwinkliger Außenecke. Länge 3,2–4 mm.

➔ ***Trypodendron signatum* (Fabricius, 1792) *(= Apate signatus, Xyloterus signatus)* – Eichen-Nutzholzborkenkäfer, Linierter Laubnutzholz-Ambrosiakäfer , Linierter Laubnutzholzborkenkäfer**

(*Apate signata* Fabricus, 1787:383; *A. limbata* Paykull, 1800:144; *Bostrichus quinquelineatus* Adams, 1827:312; *B. lineatus* Gyllenhal, 1813:366; *B. waringi* Curtis, 1840:279; *Xyloterus quinquelineatus* Erichson, 1836:60; *X. signatus* (Fabricius): Reitter, 1894:92; *X. signatus* (Fabricius): Pfeffer 1995:199; *X. lineatus* Bach, 1854:138; X. *quercus* Eichhoff, 1864:381; *Trypodendron quercus* Ferrari, 1867:9; *T. suturale* Eggers, 1933:52; *T. obtusum* Eggers, 1939:121)

Artenkapitel zur Gattung *Trypodendron* Stephens, 1830

Trypodendron domesticum (Linnaeus, 1758) (= *Xyloterus domesticus)*

Buchen-Nutzholzborkenkäfer, Laubnutzholzborkenkäfer (engl. European hardwood ambrosia beetle)

Lebensweise: Polyphag an Laubbäumen. Leitet die Zersetzung von Frischholz ein. Begattung erfolgt auf der Rinde oder direkt am Eingang des Brutbildes. Brutbild mit Horizontgabel- und Leitersprossengängen (einholmiger Leitergang). Von der ins Holz getriebenen Eingangsröhre (1,5–4 cm lang) zweigen in einer Ebene 2 bis 5 Brutröhren ab, dem Verlauf der Jahresringe folgend, diese aber auch schräg durchquerend. Sie werden bis zu 10 cm lang. Von ihnen nagen die Larven von den oben und unten alternierend angelegten Einischen senkrechte, kurze etwa 5 mm lange, stollenartige Gänge, die in ihrer Gesamtheit dem Brutbild ein leitersprossenähnliches Aussehen verleihen. Überwinterung der Jungkäfer im Brutbild. Eine Generation im Jahr mit Flugzeit bereits ab März. Befällt stehende, kränkelnde Bäume. Brütet daneben in Stöcken und Ästen. Gelegentlich in Heisterpflanzen. Darin oft auch gleichzeitiger Befall durch den Ungleichen Holzbohrer (*Anisandrus dispar*). Auch in vitalen Buchen können die *Trypodendron*-Weibchen bis zu 95% Bruterfolg erreichen. Befallsmerkmale: weiße Bohrmehlhäufchen und Einbohrlöcher mit einem Durchmesser von ca. 2 mm. Häufig sind die Einbohrlöcher entlang von Rindenrissen, Rindenverletzungen oder Rindennarben (z.B. Chinesenbärte). Diese Störungen sind jedoch nicht zwingend erforderlich für das erfolgreiche Einbohren. Insbesondere im Bereich von Holzlagerplätzen kann es bei günstigen Witterungsbedingungen zu Massenvermehrungen kommen.

Wirtsarten: *Fagus sylvatica, F. orientalis, Carpinus betulus, Alnus glutinosa, A. incana, Acer pseudoplatanus, Betula pendula, B. pubescens, Caragana* spp., *Quercus robur, Q. petraea, Juglans regia, Tilia, Prunus, Robinia pseudoacacia, Sorbus.*

Verbreitung: Mittel- und Nordeuropa, Balkanländer, Krim, Kaukasus. In Tirol: Die Art ist in Südtirol weit selte-

Abb. 514: Das Leitersprossen-Brutbild von *Trypodendron domesticum* (Mus. Braunschweig).

ner als in Nordtirol, wo sie auf Buche öfters vorkommt. In Osttirol mehrfach in Buche und Erle (Hellrigl 2012).

Rote Liste Deutschland: mäßig häufig, kurz- und langfristige Bestandsentwicklung: gleichbleibend. Ungefährdet.

Abb. 515: Das Leitersprossen-Brutbild von *Trypodendron domesticum* im Lateral- und Querschnitt.

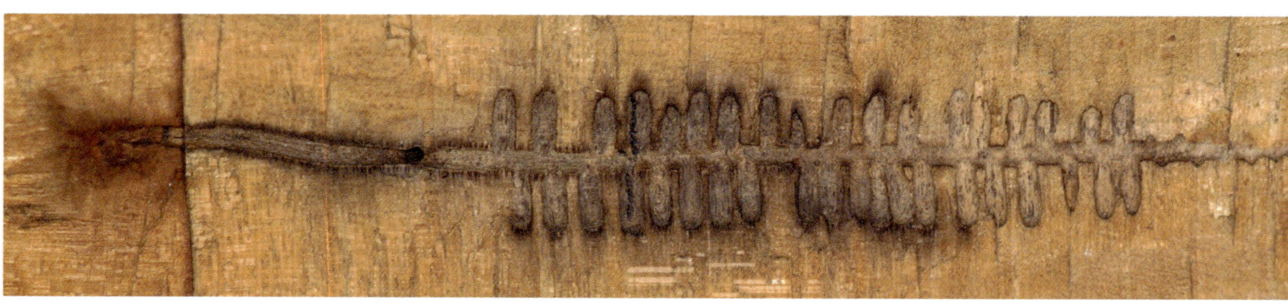

Abb. 516: Das Leitersprossen-Brutbild von *Trypodendron domesticum* (Uni Göttingen).

Abb. 517: Das Männchen des Laubnutzholzborkenkäfers – *Trypodendron domesticum* (Mus. Kassel) in Aufsicht.

Abb. 518: Das Weibchen des Laubnutzholzborkenkäfers – *Trypodendron domesticum* (Mus. Kassel) in Aufsicht.

Abb. 519: Das Männchen des Laubnutzholzborkenkäfers – *Trypodendron domesticum* (Mus. Frankfurt) in Seitenansicht.

Abb. 520: Das Weibchen des Laubnutzholzborkenkäfers – *Trypodendron domesticum* (Mus. Kassel) in Seitenansicht.

Abb. 521: Der Flügeldecken-Absturz des Männchens vom Laubnutzholzborkenkäfer – *Trypodendron domesticum* (Mus. Frankfurt) in schräger Seitenansicht. Die Naht steht etwas hervor und wird von einer Furche begleitet. Insgesamt ist der Absturz anliegend behaart.

Abb. 522: Der Flügeldecken-Absturz des Weibchens vom Laubnutzholzborkenkäfer – *Trypodendron domesticum* (Mus. Kassel) in schräger Seitenansicht. Die Naht steht etwas hervor und wird von einer Furche begleitet. Insgesamt ist der Absturz kürzer anliegend behaart als bei dem Männchen.

Abb. 523: Der Fühler des Laubnutzholzborkenkäfer-Männchens (*Trypodendron domesticum*)(Mus. Kassel) in Aufsicht.

Abb. 524: Der Kopf des Laubnutzholzborkenkäfer-Männchens (*Trypodendron domesticum*) (Mus. Kassel) in schräger Seitenansicht. Die Stirn ist kräftig eingesenkt und das Auge ist vollständig getrennt in zwei Hälften.

Abb. 525: Das Vorderbein in Vorderansicht des Laubnutzholzborkenkäfer-Männchens (*Trypodendron domesticum*)(Mus. Kassel).

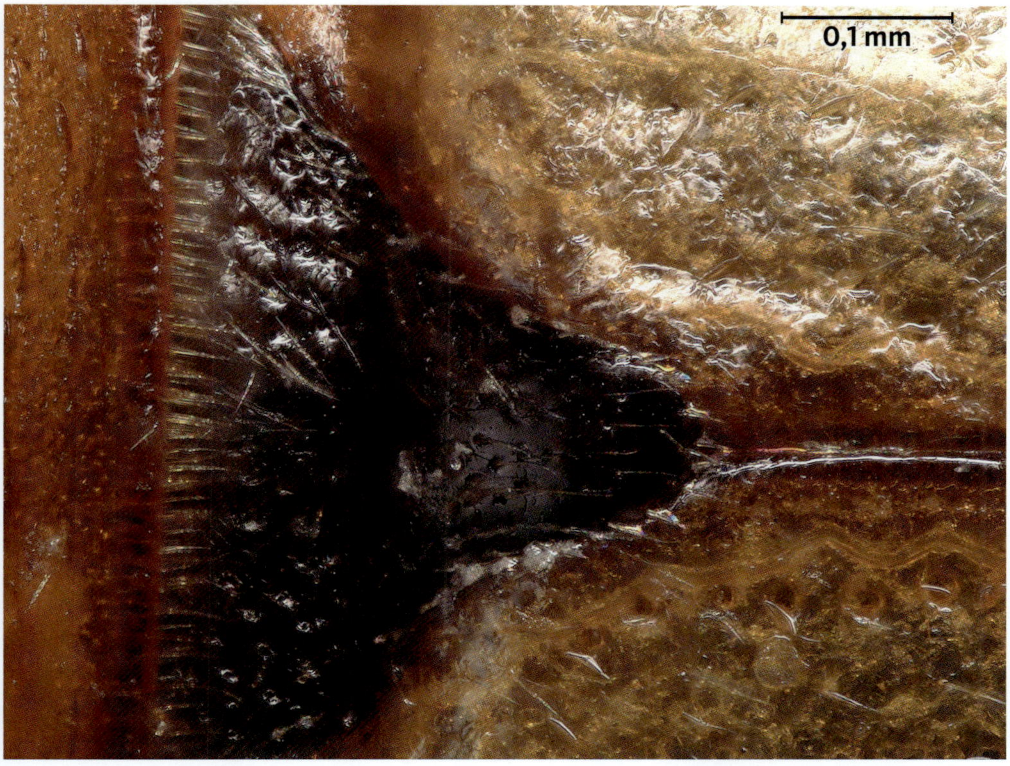

Abb. 526: Das Schildchen (Scutellum) des Laubnutzholzborkenkäfer-Männchens (*Trypodendron domesticum*)(Mus. Kassel) in Aufsicht.

Trypodendron laeve Eggers, 1939

Glatter Nutzholzborkenkäfer

Abb. 527: Der Glatte Nutzholzborkenkäfer – *Trypodendron laeve* (Mus. Karlsruhe) in Aufsicht. Der dunkle Halsschild (Pronotum) ist in der Mitte der Basis aufgehellt.

Abb. 528: Der Glatte Nutzholzborkenkäfer – *Trypodendron laeve* (Coll. Bense) in Aufsicht. Die Art zeigt eine große Variabilität in der Färbung. Das Schildchen (Scutellum) ist relativ lang. Die Stirn weist zwei Leisten mit langen Haaren auf. Fundort: Bayerischer Wald. Länge: 3,87 mm.

Lebensweise: Sehr seltener, oligophager Holzbrüter, der auf groß dimensioniertes Totholz angewiesen ist. Einige Autoren vermuten, dass er durch Holzimporte eingeschleppt wurde, aber nicht invasiv ist. Diese Vermutung ist allerdings umstritten. Entwicklung einjährig im Splint groß dimensionierter, liegender Äste und bodennah in abgestorbenen, austrocknenden Stämmen. Ernährung von Ambrosiapilzen, Überwinterung der Adulti.

Wirtsarten: *Picea jezoensis*, *P. obovata*, *P. abies*, *Pinus sylvestris*. Bevorzugt in *Abies*, *Pinus* und *Picea* (z. B. *Picea abies*).

Verbreitung: Japan, Norwegen, Schweden, Finnland, Litauen, Estland, Polen, Tschechien, Rumänien, Deutschland, Schweiz, Österreich. Vermehrte aktuelle Nachweise aus Mitteleuropa (Österreich, Bayrischer Wald). Österreich: aus naturschutzfachlicher Sicht bisher ohne Auswirkungen. Auf 1180 m im Schwarzkiefern-Rotföhren-Blockwald.

Rote Liste Deutschland: extrem selten, kurz- und langfristige Bestandsentwicklung: nicht bekannt. Extrem selten (R). Bisher nur im Bayerischen Wald; kein Import anzunehmen.

Abb. 529: Der Glatte Nutzholzborkenkäfer – *Trypodendron laeve* (Mus. Karlsruhe) in Seitenansicht. Die Schenkel sind an der Basis dunkel gefärbt. Der seitliche Flügeldecken-Streifen endet deutlich vor dem Absturz.

Abb. 530: Ein dunkelgefärbter Glatter Nutzholzborkenkäfer – *Trypodendron laeve* (Coll. Bense) in Seitenansicht. Fundort: Bayerischer Wald. Länge: 3,23 mm.

Abb. 531: Ein dunkelgefärbter Glatter Nutzholzborkenkäfer – *Trypodendron laeve* (Coll. Bense). Die Augen sind gattungstypisch vollständig gespalten in eine obere und untere Hälfte. Direkt am Augeninnenrand (zur Stirn hin) sind die langen, goldfarbenen abstehenden Haare inseriert. Nach unten ergibt sich ein stereoskopisches Sehen aufgrund der Stellung der beiden unteren Augenhälften. Die Vorderfüße werden in seitliche Vertiefungen der Tibien (Schenkel) eingeklappt.

Trypodendron lineatum (Olivier, 1795) (= *Xyloterus bivittatum, X. lineatus*)

Gestreifter Nutzholzborkenkäfer, Linierter Nutzholzborkenkäfer, Nadelholz-Ambrosiakäfer, Striped ambrosia beetle

Lebensweise: Monogamer, polyphager Holzbrüter, ausschließlich an Nadelbäumen. Brutsystem nach Art der Leitersprossengänge allein vom Weibchen angelegt, das kurz nach dem Anflug an den Brutbaum oder während des Einbohrens vom Männchen begattet wird. Männchen später an der Säuberung des Brutsystems mitbeteiligt. Mehr oder weniger tief, in der Regel 5 bis 10 cm, in das Splintholz radiär vorgetriebene Eingangsröhre; von ihr abgehend meist 2 Brutröhren, die überwiegend dem Jahrringverlauf folgen, in einer Ebene angeordnet. Einischen in den Brutröhren alternierend oben und unten, im Gegensatz zu den beiden anderen *Trypodendron*-Arten mit etwas größeren Abständen voneinander. Larven fertigen stollenartige Gänge von 4 bis 4,8 mm Länge stets genau in Richtung der Holzfasern an (Leitersprossengänge). Die Fraßgänge können mit denen des Amerikanischen Nutzholzborkenkäfers (*Gnathotrichus materiarius*) verwechselt werden. Seine Gänge haben einen etwas geringeren Durchmesser (ca. 1 mm) und sind etwas geschwungener und länger und dringen bis zu 15 cm in das Holz ein.

Übertragung des Ambrosia-Pilzes durch den weiblichen Käfer. Larvenentwicklung über 2 Stadien, Verpuppung in den von der Larve genagten Leitersprossen. Nach Ausfärbung und weiterem Fraß an dem Nährpilzrasen verlassen Jungkäfer im Sommer das Brutsystem, um Überwinterungsplätze aufzusuchen. Überwinterung in der Bodenstreu in Diapause ab Juli, im näheren Umkreis um die Brutstätten, meist in einer Entfernung bis zu 30 m, wobei zwischen 6 und 18 m besonders hohe Belagsdichten der überwinternden Käfer erreicht werden. Anflug zu den Brutbäumen wird, in Abhängigkeit von standörtlichen und klimatischen Bedingungen, von Temperaturverlauf und Lichteinwirkung sowie durch die Aussendung von Populationslockstoffen durch die sich einbohrenden Käferweibchen gesteuert. Die Entwicklung vom Ei bis zum Jungkäfer dauert etwa 6–10 Wochen. Zusätzlich führen die Jungkäfer innerhalb von 2–3 Wochen einen Ernährungsfraß im Gangsystem durch.

Trypodendron lineatum ist ein Frühschwärmer mit Flugzeit oft bereits ab Anfang März (in wärmeren Lagen schon im Februar), mit einer Generation im Jahr. Zuweilen, namentlich bei ungünstiger Witterung oder bei Verschlechterung der Brutbedingungen in den besiedelten Hölzern, verlassen die Altkäfer die Brutsysteme vorzeitig, um sich an anderen Stämmen erneut einzubohren (Geschwisterbruten). Auf diese Weise kann der Käferflug bis in den Herbst reichen. Die Art befällt als ausgesprochen sekundärer Schädling stehende Bäume nach vorangegangenen Schädigungen jeglicher Art sowie frischeingeschlagene Stämme, vorwiegend der höheren Altersklassen,

Abb. 532: Zwei Brutbilder des Gestreiften Nutzholzborkenkäfers – *Trypodendron lineatum* (Mus. Frankfurt) in Aufsicht.

Abb. 533: Brutbilder des Gestreiften Nutzholzborkenkäfers – *Trypodendron lineatum* (Mus. Frankfurt).

und Stöcke. Dabei erweist sich der Wassergehalt des Holzes als wesentlicher Faktor für die Eignung der Bäume oder geschlagenen Stämme und Stöcke als Brutsubstrat (Entwicklung des Ambrosia-Pilzes). So werden beispielsweise im schattigen Bestandsinnern liegende Stämme, die langsamer austrocknen, stärker von *Trypodendron lineatum* befallen, selbst wenn sie bereits entrindet sind. Aus demselben Grund werden Seiten und besonders Unterseiten der Hölzer bevorzugt angegangen und meist dichter besiedelt. Im gleichen Sinne wirkt sich der Fällungszeitpunkt auf die Befallsfähigkeit der Bäume bzw. auf die Dichte des Befalles aus. Im Gefolge von Massenvermehrungen rindenbrütender Borkenkäfer, besonders dem Buchdrucker (*Ips typographus*) und dem Kupferstecher (*Pityogenes chalcographus*) sowie nach Sturmkatastrophen und ausgedehnten Schneebruchschäden gelangt *Trypodendron lineatum* selbst zu Massenvermehrungen z. T. beachtlichen Ausmaßes, wobei in mehreren aufeinanderfolgenden Jahren die Populationsdichte des Käfers in den betroffenen Beständen und auch in größeren Nadelwaldgebieten sehr hoch bleiben kann. Der Befall an liegenden Stämmen ist an den weißen Bohrmehlhäufchen erkennbar.

Abb. 534: Der Gestreifte Nutzholzborkenkäfer – *Trypodendron lineatum* (Mus. Frankfurt) in Aufsicht.

Abb. 535: Der Gestreifte Nutzholzborkenkäfer – *Trypodendron lineatum* (Mus. Frankfurt) in Seitenansicht. Die Beine sind einheitlich hell gefärbt. Der breite und dunkle Seitenstreifen der Flügeldecken (Elytren) ist an den Schultern und zum Absturz hin dünner.

Abb. 536: Der Flügeldecken-Absturz des Gestreiften Nutzholzborkenkäfers – *Trypodendron lineatum* (Mus. Frankfurt) in Aufsicht. Die feinen Punktstreifen verlaufen ohne Runzeln in den Absturz-Zwischenräumen. Es sind keine Furchen vorhanden. Der Absturz ist spärlich behaart und matt.

Abb. 537: Die verkehrt eiförmige Fühlerkeule des Gestreiften Nutzholzborkenkäfers – *Trypodendron lineatum* (Mus. Frankfurt) ist am Ende nicht zugespitzt.

Wirtsarten: *Picea abies, P. jezoensis, P. obovata, P. omorica, P. orientalis, Pinus strobus, P. cembra, P. halepensis, P. halepensis* var. *brutia, P. leucodermis, P. peuce, P. pinaster, P. sibirica, P. sylvestris, Abies alba, A. bornmuelleriana, A. cilicica, A. holophylla, A. nephrolepis, A. nordmanniana, A. sibirica, A. numidica, A. pinsapo, Larix decidua, L. gmelinii, L. sibirica, Cedrus atlantica, C. libani.*

Verbreitung: Im ganzen paläarktischen (ausgenommen Zentralasien) und nearktischen Gebiet, in dem diese Nadelhölzer vorkommen. Von England, Spanien bis Korea und Japan, Kleinasien, Algerien. In Tirol: überall häufig an Fichte und Tanne, wo der Borkenkäfer auch Schäden verursacht; besonders in schattigen, feuchten Lagen bis ca. 1500 m (500–1900 m). Der Nadelholz-Ambrosiakäfer kommt im gesamten Nadelwaldgebiet vor, besonders an Fichte und Tanne, seltener an Lärche und Kiefer.

Rote Liste Deutschland: sehr häufig, kurz- und langfristige Bestandsentwicklung: deutliche Zunahme. Ungefährdet.

Abb. 538: Der Gestreifte Nutzholzborkenkäfer – *Trypodendron lineatum* (Mus. Frankfurt) in Frontalansicht.

Abb. 539: Die Außenkanten des Mittelbeins (links) und des Vorderbeins (rechts) des Gestreiften Nutzholzborkenkäfers – *Trypodendron lineatum* (Mus. Frankfurt).

Trypodendron signatum (Fabricius, 1792) (= *Apate signatus, Xyloterus signatus*)

Eichen-Nutzholzborkenkäfer, Linierter Laubnutzholz-Ambrosiakäfer , Linierter Laubnutzholzborkenkäfer

Abb. 540: Das Brutbild des Linierten Laubnutzholz-Ambrosiakäfers – *Trypodendron signatum* (Mus. Frankfurt) in einer Erle.

Abb. 541: Der Linierte Laubnutzholz-Ambrosiakäfer – *Trypodendron signatum* (Mus. Frankfurt) in Aufsicht.

Lebensweise: Polyphag an Laubbäumen. Eiche (*Quercus* spec.) wird deutlich bevorzugt, besonders in frisch gefällten Stämmen. Die Brutbilder werden hauptsächlich in den äußersten Splintholzschichten angelegt. Brutsystem in Form des für die Gattung charakteristischen Leiterganges im Wesentlichen wie bei *Trypodendron domesticum*, ebenso Übertragung des Nährpilzes. Abweichend von voriger Art überwintern die Jungkäfer außerhalb des Brutsystems in dicker Borke älterer Bäume, wobei sie die von Anobiiden-Arten angelegten Gänge in der Borke als Winterquartiere benutzen. Eine Generation im Jahr mit Flugzeit im März/April. Das in der Zeit von Juni bis August vor sich gehende Ausschwärmen der Jungkäfer geschieht zum Aufsuchen der Überwinterungsplätze, nicht zur Gründung einer 2. Generation.

Wirtsarten: *Quercus petraea, Q. robur, Fraxinus excelsior, F. ornus, Betula pendula, B. pubescens, Acer platanoides, A. pseudoplatanus, Populus* sp.

Verbreitung: Mittel- und Nordeuropa, Krim, Kaukasus, Sibirien, Japan.

Rote Liste Deutschland: häufig, kurzfristiger Bestandstrend: deutliche Zunahme, langfristige Bestandsentwicklung: gleichbleibend. Ungefährdet.

Abb. 542: Der Linierte Laubnutzholz-Ambrosiakäfer – *Trypodendron signatum* (Mus. Frankfurt) in Seitenansicht.

Abb. 543: Der Flügeldecken-Absturz des Linierten Laubnutzholz-Ambrosiakäfers – *Trypodendron signatum* (Mus. Frankfurt) ist spärlich behaart und in den Punktreihen-Zwischenräumen gerunzelt. Nahtbegleitend sind Körnchen mit Borsten vorhanden.

Abb. 544: Der Fühler des Linierten Laubnutzholz-Ambrosiakäfers – *Trypodendron signatum* (Mus. Frankfurt) ist breit abgestumpft endend.

Tribus Trypophloeini Nüsslin, 1911

(Trypophloeinae Nüsslin, 1911: 375)
Typusgattung: *Trypophloeus* Fairmaire, 1864

Gattung *Trypophloeus* Fairmaire, 1869

(*Glyptoderes* Eichhoff, 1878: 34; *Cryphalus* part. Ferrari, 1867:12; Wood, 1954:987; *Cryphalus* sbg. *Trypophloeus* Reitter, 1894:72)
Typusart: *Bostrichus binodulus* Ratzeburg, 1837.
Monographie: Hansen, 1955.

Käfer: 1,1–2,3 mm. Körper braunschwarz bis rein schwarz, glänzend oder halbmatt, mit sehr feinen gelben oder weißgrauen Schüppchen dünn bestäubt. Fühler und Beine gelb bis braun gefärbt. Augen an der Innenseite ausgerandet. Fühlergeißel 5-gliedrig. Zugespitzte längliche 4-gliedrige Fühlerkeule. Halsschild breiter als lang, hochgewölbt, vorne mit einem Höckerfleck, der aus konzentrischen Höckerreihen besteht. Vorderrand mit 4 bis 6 zusammenstehenden, spitzigen und hervorragenden Höckerchen in der Mitte. Basis fein gerandet, fein bis grob punktiert. Flügeldecken mit sehr feinen oder starken Punktreihen und mit sehr feinen hellen Schüppchen. Dazwischen mit größeren halbaufstehenden Schuppen bedeckt. Absturz meist neben der Naht mehr oder weniger niedergedrückt oder abgeflacht und bei den Männchen oft in dem 3. Zwischenraum ein oder bis zu 3 dicht übereinanderstehenden spitzen Zähnchen. Schienen außen gezähnelt.

Lebensweise: Entwicklung im Bast der Ästchen oder unter der dünnen Rinde verschiedener Laubholzarten (*Populus* spp., *Salix* spp. und *Alnus* spp.). Brutbild besteht aus flachen, unregelmäßigen, querverlaufenden Muttergängen. Einfache Generation.

Verbreitung: Ostasien, Europa, Nordafrika und Nordamerika.

Artenschlüssel der Gattung *Trypophloeus* Fairmaire, 1869

1 Körper schmal gebaut. Flügeldecken 1,56- bis 1,88-mal so lang wie breit. Höckerchen an der vorderen Halsschildscheibe in unregelmäßigen Querreihen angeordnet. Männchen ohne spitzige Häkchen am Absturz. **2**

→ Körper breit walzenförmig. Flügeldecken 1,35- bis 1,5-mal so lang wie breit. Halsschild mit regelmäßigen konzentrischen Höckerreihen. Männchen am vierten Zwischenraum vor dem Absturz mit einem einfachen oder mit 2 bis 3 dicht übereinander stehenden spitzigen Häkchen. **3**

2 Flügeldecken lang walzenförmig, 1,76- bis 1,88-mal so lang wie breit. Vierter Zwischenraum am Absturz ohne deutliche Beule. Länge 1,2–1,9 mm.

→ *Trypophloeus alni* (Lindemann, 1875) – Kleiner Erlenborkenkäfer

(*Cryphalus alni* Lindemann, 1875:136; *C.* sbg. *Trypophloeus alni* Reitter, 1894:73; *Glyptoderes alni* Eichhoff, 1878:140; *Trypophloeus alni* (Lindemann): Tredl, 1909:13; *T. holdhausi* Wichmann, 1912:186)

→ Flügeldecken kürzer walzenförmig. Nur 1,56- bis 1,67-mal so lang wie breit. Männchen mit wenig prononcierter Beule am vierten Absturzzwischenraum. Fühlergeißel gelb, Fühlerkeule dunkelbraun. Beine dunkelbraun, Tarsen gelb. Länge 1,3–1,9 mm.

→ *Trypophloeus rybinskii rybinskii* Reitter, 1895 – Weiden-Borkenkäfer

(*T. rybinskii* Reitter, 1894:72; *T. rybinskii* ssp. *salicis* Stark, 1952:283; *T. alni* v. *rybinskii* Sokanovsky, 1954:13; *T. rybinskii rybinskii* Reitter: Pfeffer, 1989:84)

3 Flügeldecken nur an den Seiten undeutlich oder deutlich punktiert gestreift (Abb. 551). Absturz beginnt bei den Männchen mit einer Abflachung in der Mitte, bei den Weibchen ist die Abflachung etwas kürzer und steiler. Haare an der Basis des Halsschilds kurz. Ein einzelnes Haar erreicht nicht die Basis anderer Haare (Abb. 552). Halsschildbasis sehr fein und spärlich punktiert. Vorderrand mit 4 zusammengedrängten hervorragenden Zähnchen. Das Männchen hat am Absturz einfache, selten doppelte Dornen (auch einseitig)(Abb. 551). Nahtstreifen am Absturz tiefer eingedrückt und die Naht ist hier etwas erhöht. Absturz mit weißen kurzen Schuppen bedeckt. Einzelne Schuppen zweimal so lang wie breit. Länge 1,2–1,7 mm

→ *Trypophloeus binodulus* (Ratzeburg, 1837) – Zweihöckeriger Aspenborkenkäfer

(*Bostrichus asperatus* Gyllenhal, 1813:368; *B. binodulus* Ratzeburg, 1837:163; *B. fagi:* Duftschmid, 1825:139; *Glyptoderes binodulus:* Eichhoff, 1878:39; *Cryphalus* sbg. *Trypophloeus asperatus* (Gyllenhal): Reitter, 1894:73; *T. spiculatus:* Stark, 1952:295; *T. berezinae* Stark, 1952:285; *T. asperatus asperatus* (Gyllenhal): Pfeffer, 1989:84)

→ Flügeldecken bis zur Spitze mit deutlichen Punktreihen (Abb. 553). Absturz gewölbt. Haare an der Halsschildbasis lang. Ein einzelnes Haar erreicht die Basis anderer Haare (Abb. 555). Flügeldecken mit stark und tief punktierten Reihen und schmalen Zwischenräumen. Schuppen lang oval oder sogar haarförmig. Die schmalen, hellen Schuppen und Haare auf den Flügeldecken sind sehr lang. Die halbglänzende tief schwarze Körperoberfläche sieht deshalb wie kahl aus. Punktreihen bis zur Spitze gut sichtbar. Männchen hat am Absturz einfache, selten doppelte oder dreifache Häkchen (Abb. 555). Länge 1,4–2,33 mm.

→ *Trypophloeus granulatus* (Ratzeburg, 1837) – Espen-Borkenkäfer

(*Bostrichus granulatus* Ratzeburg, 1837:164; *Glyptoderes granulatus:* Eichhoff, 1878:137; *Cryphalus granulatus:* Bach, 1854:137; C. sbg. *Trypophloeus granulatus* (Ratzeburg): Reitter, 1894:72; *T. granulatus* var. *tredli* Hagedorn, 1904:232)

Artenkapitel zur Gattung *Trypophloeus* Fairmaire, 1869

Trypophloeus alni (Lindemann, 1875)

Kleiner Erlenborkenkäfer

Lebensweise: entwickelt sich in Zweigen und absterbenden Ästen von *Alnus incana* (Grau-Erle) und *A. glutinosa* (Schwarz-Erle, Europäische Rot-Erle). Brutröhre längs gerichtet, seitlich mit unregelmäßig gestellten Ausbuchtungen; geschlängelte, sich oft überkreuzende Larvengänge.

Wirtsarten: *Alnus glutinosa, A. incana.*
Verbreitung: Finnland, nördliche Teile Russland bis Sibirien, Italien, Österreich.

Abb. 545: Der Kleine Erlenborkenkäfer – *Trypophloeus alni* in Aufsicht (Mus. Karlsruhe).

Abb. 546: Der Kleine Erlenborkenkäfer – *Trypophloeus alni* in Seitenansicht (Mus. Karlsruhe).

Trypophloeus rybinskii rybinskii Reitter, 1895

Weiden-Borkenkäfer

Lebensweise: Brütet dicht unter Rindenoberfläche dickerer Äste von *Salix* (Postner 1974)(Hellrigl 2012).

Wirtsarten: *Salix eleagnos, S. fragilis, Salix* spp., *Populus nigra, P. canadensis.*

Verbreitung: Böhmen, Mähren, Slowakei; Polen, Ukraine, Kaukasus, aber auch aus Osttirol nachgewiesen: an gefälltem Stamm *Salix caprea* (Ø 20 cm), Begleitart war *Trachodes hispidus* (Schuppiger Totholzrüssler).

Rote Liste Deutschland: extrem selten, keine Aussagen zur Bestandsentwicklung möglich. Extrem selten (R).

Abb. 547: Der Weiden-Borkenkäfer – *Trypophloeus rybinskii rybinskii* in Aufsicht (Mus. Braunschweig).

Abb. 548: Der Weiden-Borkenkäfer – *Trypophloeus rybinskii rybinskii* in Seitenansicht (Mus. Braunschweig).

Abb. 549: Der Weiden-Borkenkäfer – *Trypophloeus rybinskii rybinskii* in Schrägansicht von hinten (Mus. Braunschweig). Das Männchen trägt eine schwache Beule (roter Pfeil) im Absturzbereich.

Trypophloeus binodulus (Ratzeburg, 1837)

Zweihöckeriger Aspenborkenkäfer

Lebensweise: Muttergänge unregelmäßig bogig, mit einzelnen Ausbuchtungen unter der Spiegelrinde. Eiablage häufchenweise, Larvengänge unregelmäßig strahlenförmig.

Wirtsarten: *Populus tremula, P. nigra, P. alba, P. canadensis, Salix fragilis.*

Verbreitung: Europa und Algerien. Tirol: Entwickelt sich in Zitterpappel (*Populus tremula*), wobei Äste und schwache Stammteile bevorzugt werden. Dürfte in ganz Österreich verbreitet sein, wird aber kaum beachtet. Erst seit 1989 auch für Nordtirol (Wipptal: Vill, 780 m, leg. Kahlen) nachgewiesen (Hellrigl 2012).

Abb. 550: Der Zweihöckerige Aspenborkenkäfer – *Trypophloeus binodulus* in Aufsicht (Mus. Kassel).

Abb. 551: Der Zweihöckerige Aspenborkenkäfer – *Trypophloeus binodulus* in Seitenansicht (Mus. Braunschweig). Das Männchen kann im Absturzbereich zwei oder bis zu vier Zähne aufweisen. An den Flügeldecken-Seiten kann man Punktereihen erkennen.

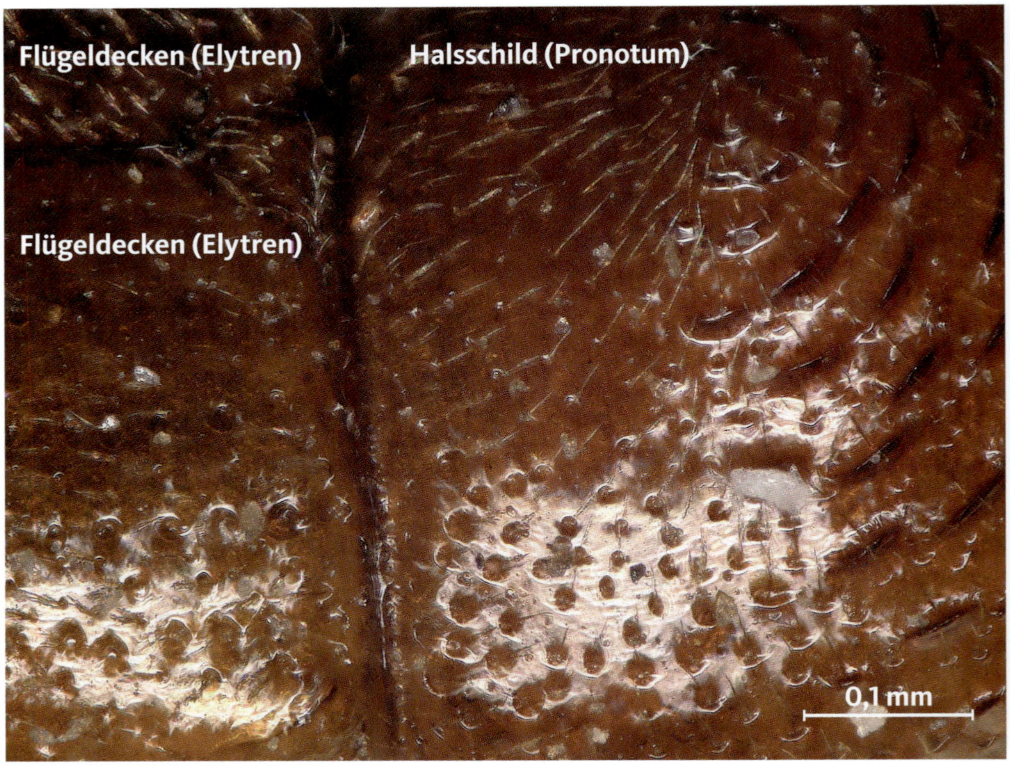

Abb. 552: Der Halsschild-Hinterrand vom Zweihöckerigen Aspenborkenkäfer – *Trypophloeus binodulus* (Mus. Braunschweig). Die nach vorne gerichteten kurzen, dünnen und anliegenden Härchen überlappen sich nicht.

Trypophloeus granulatus (Ratzeburg, 1837)

Espen-Borkenkäfer

Lebensweise: Brütet in den absterbenden Ästen. Brutröhren sehr unregelmäßig unter der Spiegelrinde.
Wirtsarten: *Populus alba, P. nigra, P. tremula, P. pyramidalis* und *Salix* spec.

Verbreitung: Mittel- und Südeuropa.
Rote Liste Deutschland: extrem selten, keine Aussagen zur Bestandsentwicklung möglich. Extrem selten (R).

Abb. 553: Der Espen-Borkenkäfer – *Trypophloeus granulatus* in Aufsicht (Mus. Braunschweig). Die Punktreihen auf den Flügeldecken (Elytren) sind gut sichtbar und ziehen bis zu deren Ende.

Abb. 554: Der Espen-Borkenkäfer – *Trypophloeus granulatus* in Seitenansicht (Mus. Braunschweig).

Abb. 555: Beim Espen-Borkenkäfer – *Trypophloeus granulatus* überlappen die anliegenden Haare am Halsschild-Hinterrand (Mus. Braunschweig).

Abb. 556: Beim Männchen des Espen-Borkenkäfers – *Trypophloeus granulatus* können im Absturzbereich bis zu sechs Zähne hervorragen. Oft ist auch eine ungerade Anzahl an Zähnen vorhanden (Mus. Braunschweig).

Gattung *Hypothenemus* Westwood, 1836

(*Hypothonemus* LeConte, 1868: 154; *Stephanoderes* Eichhoff, 1872:132; *Triarmocerus* Eichhoff, 1878:42, 119, 383; *Homeocryphalus* Lindemann, 1876:168; *Cryphalus* subg. *Hypothenemus* Reitter, 1894:73; *Adiaeretus* Hagedorn, 1909:744; *Trischidias* Hopkins, 1915: 12; *Stylotentus* Schedl, 1939:380; *Chondronoderes* Schedl, 1940: 589; *Archeophalus* Schedl, 1941:392; *Pachynoderes* Schedl, 1941:393; *Lepiceroides* Schedl, 1957:59 und 1977:499; *Ernophloeus* Nunberg, 1958:484; *Epsips* Beeson, 1941:287; *Periocryphalus* Wood, 1971: 33; *Macrocryphalus* Nobuchi, 1981:14)
Typusart: *Hypothenemus eruditus* Westwood, 1836.
Monographie: Wood, 1982.
Typusgattung: *Tomicus eruditus* Westwood, 1834

Käfer: Körper sehr klein. Weibchen 0,9–1,8 mm. Männchen ungeflügelt, selten, nur 0,7–1 mm. Körper walzenförmig. Kopf und Halsschild meist rotbraun, Flügeldecken schwarzbraun, Fühler und Beine rotbraun. Fühlergeißel bei den Weibchen 4- bis 5-gliedrig, bei den Männchen 3- bis 4-gliedrig. Fühlerkeule oval mit 3 feinen Quernähten und mit einem kurzen Einschnitt (Septum) an der ersten Naht. Halsschild meist walzenförmig, so lang wie breit, oder etwas länger als breit, vorn mit zahlreichen feinen Körnchen an der Scheibe besetzt. Der Höckerfleck des Halsschildes meist hinten nicht stark beulenförmig emporgehoben. Vorderrand in der Mitte mit 6 bis 10 scharfen Zähnchen. Basis fein gerandet. Flügeldecken walzenförmig, mit regelmäßigen Punktstreifen. Zwischenräume mit einer Schuppenborstenreihe oder mit hellen, gereihten Borstenhaaren. Geschlechtsdimorphismus aufgrund der Fühlergeißelstruktur und der Körpergröße erkennbar.
Lebensweise: Entwicklung im Bast von Ästchen oder in Früchten verschiedener Pflanzen. Mehrere Generationen pro Jahr.
Verbreitung: Mittelmeergebiet und Tropen. Mehrfach nach Mitteleuropa importiert wie z. B. *Hypothenemus hampei* (Ferrari, 1867) mit Kaffeebohnen, *H. arecae* (Hornung, 1842) mit Arecanüssen (*Areca catechu* L.; Betelnuß- oder Arecapalme), *H. obscurus* (Fabricius, 1801) mit Paranüssen (*Bertholletia excelsa* Humb. et Bonpl., Brasilnuss- oder Paranussbaum).

Hier wird nur die am häufigsten importierte Art vorgestellt.
Käfer: Fühlergeißel beim Weibchen 4-gliedrig, beim Männchen 3-gliedrig. Stirn mit kleiner Grube oder mit einem Höckerchen. Halsschild 0,85- bis 0,95-mal so lang wie breit. Vorderrand mit 6 (selten 4 bis 8) Zähnchen. Flügeldecken walzenförmig mit deutlichen Punktreihen. Zwischenräume mit sehr kurzen, dicken, weißen Schuppen. Kopf und Halsschild meist rotbraun. Flügeldecken schwarzbraun. Länge: Weibchen 1–1,3 mm; Männchen 0,7–0,8 mm.
Lebensweise: Polyphag, am häufigsten mit *Hypoborus ficus* Erichson, 1836 in Feigenbaumästen (*Ficus carica* L.; Moraceae).
Verbreitung: Subtropen und Tropen von Asien, Afrika, Amerika, Mittelmeergebiet (von der Krim bis zu den Kanarischen Inseln), Schweiz.

Hypothenemus eruditus Westwood, 1836

Eine umfangreiche Auflistung der Synonyme findet sich in Pfeffer 1995, Seite 194–195

Abb. 557: *Hypothenemus eruditus* in Aufsicht (Mus. Basel).

Abb. 558: *Hypothenemus eruditus* in Seitenansicht (Mus. Basel).

Abb. 559: Der Kopf frontal von *Hypothenemus eruditus* mit kleiner Grube und darin liegendem Höckerchen (Mus. Basel).

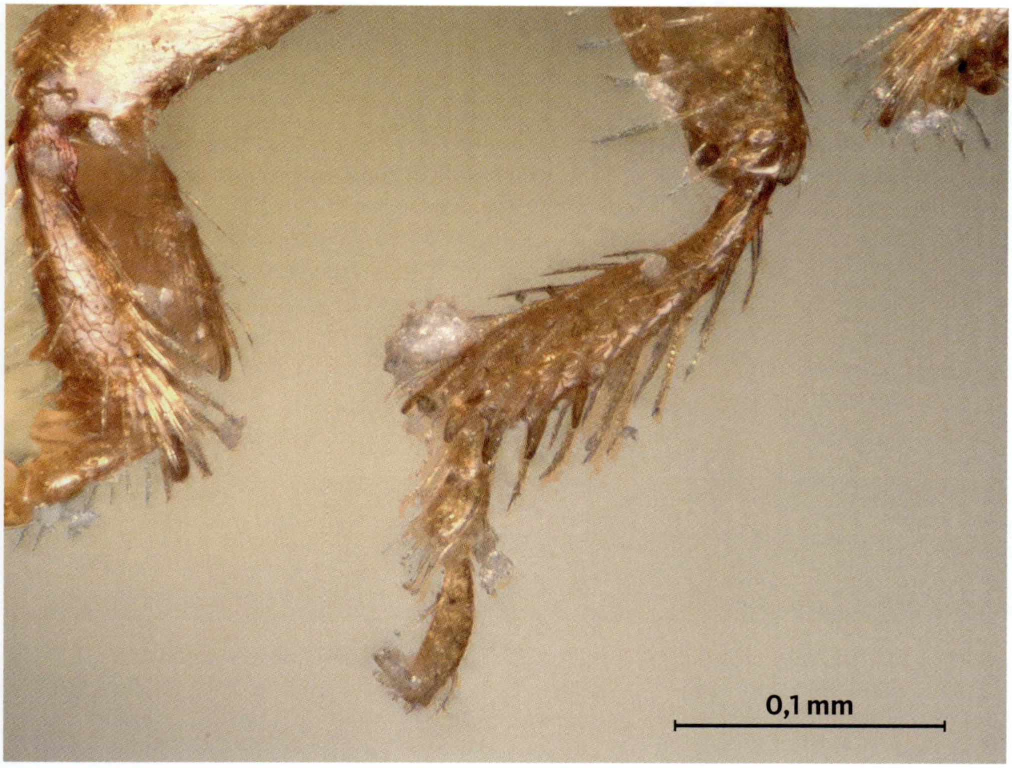

Abb. 560: Die Schienen der Vorderbeine haben dünne und relativ lange Dornen an der Außenkante und Unterseite (*Hypothenemus eruditus*)(Mus. Basel).

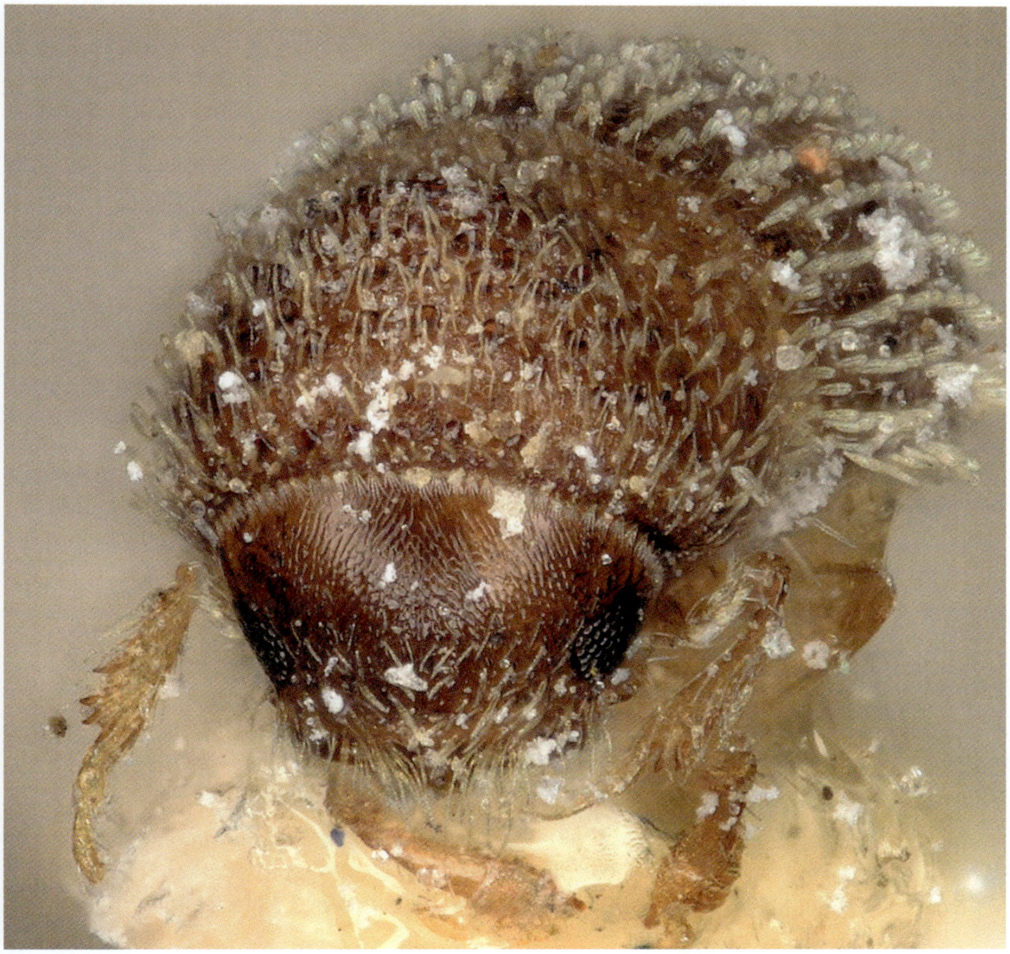

Abb. 561: Der Halsschild trägt seitlich und auf der Oberseite halbgeneigte Schuppenhaare. Sehr dicht stehen die aufrechten Schuppenhaar-Reihen auf den Flügeldecken (*Hypothenemus eruditus*)(Mus. Basel).

Tribus Crypturgini LeConte, 1876

(*Crypturgi* LeConte, 1876:374; *Crypturgidae* Eichhoff, 1878:72; *Crypturginae* Tredl, 1907:11; *Hylastini* part. Reitter, 1894:59; *Hylesininae* part. Swaine, 1909:90; *Crypturgina* Balachowsky, 1949:188)

Typusgattung: *Crypturgus* Erichson, 1836.

Käfer: Körper klein (0,9–2,6 mm), braun oder schwarzbraun; nur bei der Gattung *Aphanarthrum* Woll. oft bunt gefleckt. Fühlergeißel 2-gliedrig. Fühlerkeule mit oder ohne Nähte, mit oder ohne einseitiges Septum. Halsschild einfach punktiert. Vorderrand einfach oder mit einer subapikalen Einschnürung oder mit Zähnchen. Basis ohne Randlinie. Flügeldecken lang- oder kurz walzenförmig, deutlich oder undeutlich punktiert gestreift. Basalrand nicht gehöckert, Absturz gewölbt.

Zusätzlich zur Gattung *Crypturgus* Erichson kommen noch folgende Gattungen in Europa vor: *Coleobothrus* Enderlein, *Cisurgus* Reitter, *Deropria* Enderlein und *Aphanarthrum* Wollaston. Die letztgenannten Gattungen wurden noch nicht im Untersuchungsgebiet nachgewiesen. Deshalb wird hier nur die Gattung *Crypturgus* Erichson behandelt.

Gattung *Crypturgus* Erichson, 1836

Typusart: *Bostrichus pusillus* Gyllenhal, 1813.

Monographien: Pfeffer, 1942; Schedl, 1946.

Käfer: Größe 0,9–1,6 mm. Körper schmal walzenförmig, schwarz oder grauschwarz, matt oder glänzend. Fühler mit 2-gliedriger Geißel und ovaler Keule, ohne Nähte aber mit einem einseitigen Septum. Halsschild meist länger als breit, gleichmäßig punktiert. Vorderrand einfach abgerundet ohne Zähnchen. Basis ungerandet. Flügeldecken schmal walzenförmig, deutlich gestreift punktiert mit schmalen unpunktierten oder nur sehr fein und spärlich punktierten Zwischenräumen und mit einem schwach eingedrückten Nahtstreif. Die Zwischenräume sind sehr kurz anliegend und locker behaart, nur bei den Weibchen oft mit einer dichten braunen Behaarung auf dem Absturz.

Lebensweise: Monogame Rindenbrüter in Nadelholz; Brutbilder unregelmäßig verworren. – Brutsysteme sekundär im Bereich anderer Borkenkäfergänge („Parainquilinen"), da sie nicht imstande sind, die Borke selbst zu durchdringen.

Wirtsarten: Vorwiegend an Kiefern und Fichten, in Mitteleuropa an *Pinus silvestris, P. nigra austriaca, strobus, Picea excelsa*, seltener an *Abies pectinata*. Vergesellschaftet mit *Tomicus minor, piniperda, Polygraphus poligraphus, P. subopacus, Pityogenes chalcographus, Orthotomicus proximus, O. suturalis, O. mannsfeldi, Ips typographus, I. acuminatus, I. duplicatus, I. sexdentatus* ...

Verbreitung: Von Frankreich bis in den Fernen Osten, von Nordafrika bis Lappland, einschließlich Kaukasus.

Artenschlüssel der Gattung *Crypturgus* Erichson, 1836

1 Halsschild glänzend, sehr fein netzartig und dabei fein oder stark punktiert (Abb. 568). Flügeldecken glänzend mit fast glatten Zwischenräumen (Abb. 564). Weibchen ohne braunen Haarschopf am Flügeldeckenabsturz. **2**

→ Halsschild am Grund schuppig chagriniert, matt oder halbmatt (Abb. 572), und dabei dicht oder spärlich fein oder stark punktiert. Flügeldecken halbmatt, dicht und kräftig in den Streifen punktiert. Die Zwischenräume sehr schmal, querrunzlig mit feinen Punkten und Härchenreihen (Abb. 570). Weibchen mit braunem Haarschopf am Absturz. **3**

2 Flügeldecken kräftig gestreift punktiert. Die Zwischenräume enger als die Punktstreifen, mit einer Reihe feiner Pünktchen, auf denen abstehende, steife, börstchenartige, gelbweiße Haare sitzen. Halsschildscheibe fein bis stark punktiert. Oberseite rein schwarz. Länge 1,1–1,3 mm.

→ *Crypturgus hispidulus* C. G. Thomson, 1870 – Rauer Zwergborkenkäfer, Kleiner borstiger Nadelholzborkenkäfer

(*C. pusillus* var. *hispidulus* Tredl, 1907:11; *C. maulei* Rouba , 1910:(?)203)

→ Flügeldecken mäßig stark punktiert. Zwischenräume etwas breiter als die Punktreihen und mit feinen kurzen Härchen besetzt. Halsschild fein und spärlich punktiert. Zwischenräume zwischen den Punkten deutlich fein genetzt und dreimal so groß wie die einzelnen Punkte. Oberseite oft mit schwachem Schimmer. Länge 1–1,35 mm.

→ ***Crypturgus pusillus*** **(Gyllenhal, 1813) – Winziger Fichtenborkenkäfer**
(*Bostrichus pusillus* Gyllenhal, 1813:371; *B. aphodiodes* Villa, 1833:36; *Crypturgus danicus* Eggers, 1922:80; *C. atomus* LeConte, 1868:151; *C. pusillus* (Gyllenhal): Erichson, 1836:61; *Polygraphus minimus* Stebbing, 1903:257)

3 Halsschild beim Männchen so lang wie breit, beim Weibchen 1,1-mal so lang wie breit, sehr stark chagriniert, matt und fein, oder spärlich-massig stark punktiert. Zwischenräume 1,5 bis 2-mal so groß wie die einzelnen Punkte. Flügeldecken länger, 1,5- bis 1,7-mal so lang wie breit und dicht gestreift punktiert, die Reihenpunkte sehr eng stehend. Zwischenräume eng mit kurzen Härchen und schwachem Schimmer und gerunzelter netzartiger Struktur. Beim Weibchen sind am Absturz-Ende ein Elytren-Haarschopf. Darin befinden sich paarig angeordnete haarlose Sensillen-Felder. Länge: 1,1–1,5 mm.

→ ***Crypturgus cinereus*** **(Herbst, 1794) – Kleiner Kiefernborkenkäfer**
(*Bostrichus cinereus* Herbst, 1793:116; *B. minutus* Duftschmid, 1828:95; *Hylesinus tenerrimus* Sahlberg, 1836:140; *Crypturgus atticus* Eggers, 1911:120; *C. corsicus* Eggers, 1923:135; *C. apfelbecki* Eggers, 1940:36; *C. cinereus* (Herbst): Erichson, 1836:61; *C. japonicus* Eggers, Nomen nudum Schedl 1979)

→ stark gerunzelte Zwischenräume und schwächere Punktierung auf den Flügeldeckenstreifen. Der Haarschopf der Weibchen am Ende der Elytren ist ohne haarlose Felder. Ebenso schwächere Punktierung auf dem Halsschild. Länge: 1–1,3 mm.

→ ***Crypturgus subcribrosus*** **Eggers, 1933**
(*C. cinereus* (Herbst): Pfeffer 1995:116 partim)

Artenkapitel zur Gattung *Crypturgus* Erichson, 1836

Crypturgus hispidulus C. G. Thomson, 1870

Rauer Zwergborkenkäfer, Kleiner borstiger Nadelholzborkenkäfer

Abb. 562: Der Raue Zwergborkenkäfer – *Crypturgus hispidulus* in Aufsicht (Mus. Stuttgart). Halsschild und Elytren (Flügeldecken) sind glänzend.

Lebensweise: vergesellschaftet mit *Polygraphus punctifrons* Thoms., *P. grandiclava* Thoms., *Tomicus minor* (Hart.), *Xylechinus pilosus* (Ratzb.), *Pityogenes chalcographus* (L.), *Orthotomicus starki* Spess.
Wirtsarten: *Picea abies, P. excelsa, P. obovata, P. jezoensis, Abies sibirica, Pinus mugo, P. rotundata.*
Verbreitung: Hochgebirge Mitteleuropas, Nordeuropa, Sibirien. Tirol: in Südtirol anscheinend die seltenste *Crypturgus*-Art; dürfte aber vermutlich mehr in höheren Lagen vorkommen. In Osttirol ist die Art aus 800 bis 1200–1400 m (Fichtenäste) bekannt. In Nordtirol im Karwendel und Brandenberg mehrfach von 1200–1430 m in Fichtendürrlingen, nur vereinzelt in tieferen Lagen.
Rote Liste Deutschland: mäßig häufig, kurz- und langfristige Bestandsentwicklung: gleichbleibend. Ungefährdet.

Abb. 563: Der Raue Zwergborkenkäfer – *Crypturgus hispidulus* in Seitenansicht (Mus. Stuttgart).

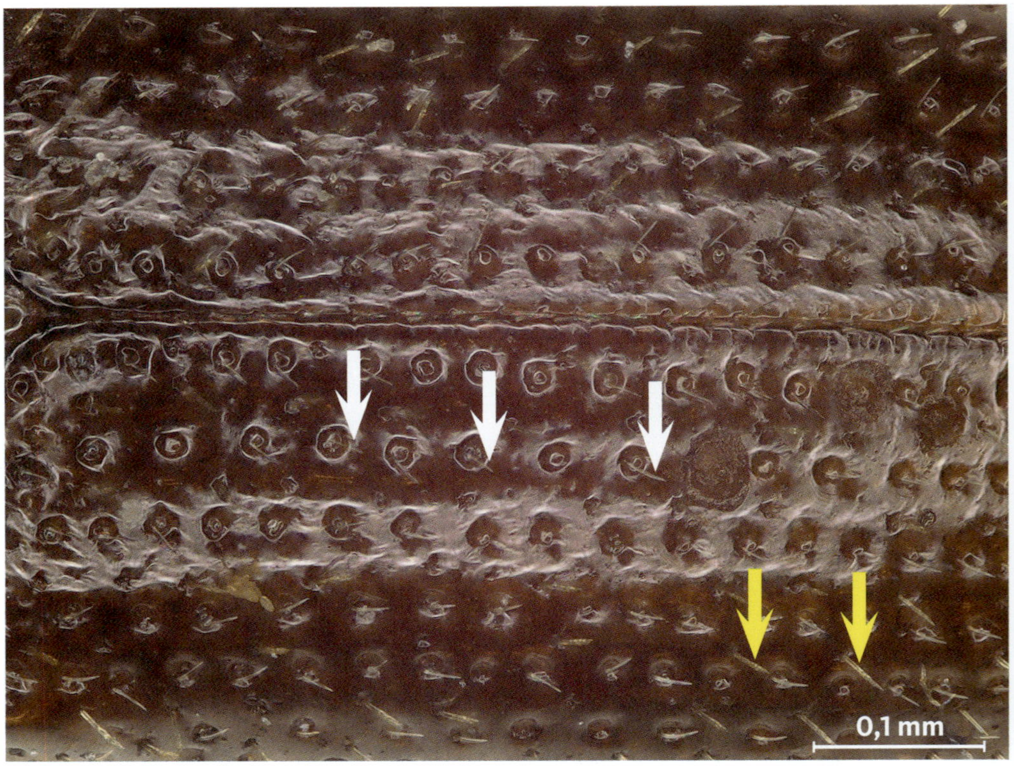

Abb. 564: Der obere Teil der Flügeldecken (Elytren) vom Rauen Zwergborkenkäfer – *Crypturgus hispidulus* (Mus. Stuttgart). Die Flügeldecken sind kräftig gestreift punktiert. Die Zwischenräume weisen eine Reihe feiner Pünktchen auf, mit abstehenden gelbweißen Börstchen (gelbe Pfeile). Die Punktreihen tragen dünne weiße Haare (weiße Pfeile).

Crypturgus pusillus (Gyllenhal, 1813)

Winziger Fichtenborkenkäfer

Lebensweise: Die kleinen *Crypturgus*-Arten brüten als Raumparasiten sekundär im Bereich der Gangsysteme anderer Borkenkäfer. Häufig unter Fichten- und Kiefernrinde, auch in Tannenästen; in Holzlagerplätzen unter der Rinde von den genannten Baumgattungen, unter der Rinde von Fichtenstämmen z. B. mit *Ips typographus* (Hellrigl 2012). Vergesellschaftet mit *Hylastes ater* (Payk.), *H. brunneus* Er., *H. opacus* Er., *Hylurgops palliatus* (Gyll.), *Tomicus minor* (Hart.), *Polygraphus poligraphus* (L.), *Pityogenes chalcographus* (L.), *Pityokteines curvidens* (Germ.), *Ips sexdentatus* (Börn.), *I. typographus* (L.), *I. amitinus* (Eichh.), *I. duplicatus* Sahlb., *I. cembrae* Heer, *I. acuminatus* (Gyll.), *Orthotomicus laricis* (F.), *O. suturalis* (Gyll.), *O. proximus* (Eichh.).

Wirtsarten: *Picea abies, P. jezoensis, P. obovata, P. omorica, P. orientalis, Pinus cembra, P. densiflora, P. halepensis, P. halepensis* var. *brutia, P. koraiensis, P. leucodermis, P. mugo, P. peuce, P. pinaster, P. pinea, P. pumila, P. rotundata, P. sibirica, P. strobus, P. sylvestris, Abies alba, A. holophylla, A. sibirica, Larix decidua, L. gmelinii, L. sibirica.*

Verbreitung: Europa, Sibirien, Kaukasus, Kleinasien.

Rote Liste Deutschland: sehr häufig, kurz- und langfristige Bestandsentwicklung: gleichbleibend. Ungefährdet.

Abb. 565: Der Winzige Fichtenborkenkäfer – *Crypturgus pusillus* als Raumparasit beim Zottigen Fichtenborkenkäfer (*Dryocoetes autographus*) (Mus. Braunschweig).

Abb. 566: Der Winzige Fichtenborkenkäfer – *Crypturgus pusillus* in Aufsicht (Mus. Braunschweig).

Abb. 567: Der Winzige Fichtenborkenkäfer – *Crypturgus pusillus* in Seitenansicht (Mus. Braunschweig). Die Punktreihen auf den Flügeldecken (Elytren) sind nicht so deutlich ausgeprägt wie bei *Crypturgus hispidulus* (vergleiche Abb. 563).

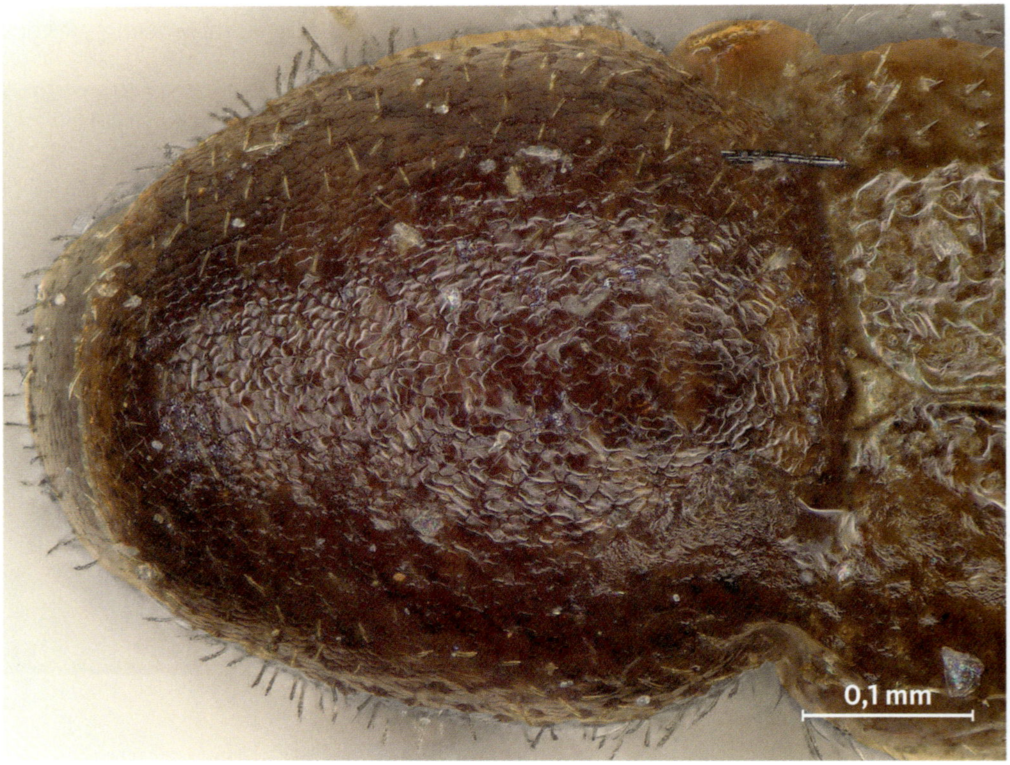

Abb. 568: Der Halsschild (Pronotum-Aufsicht) vom Winzigen Fichtenborkenkäfer – *Crypturgus pusillus* (Mus. Braunschweig). Die Oberfläche ist netzartig strukturiert.

Crypturgus cinereus (Herbst, 1794)

Kleiner Kiefernborkenkäfer

Lebensweise: unter Tannenrinde, unter Fichtenrinde in Borkenkäfergängen, unter Kiefernrinde im Gangsystem von *Ips acuminatus* (Hellrigl 2002). Vergesellschaftet mit *Tomicus piniperda* (L.), *T. minor* (Hart.), *Hylastes ater* (Payk.), *H. brunneus* Er., *H. opacus* Er., *Hylurgops palliatus* (Gyll.), *Polygraphus poligraphus* (L.), *P. subopacus* Thoms., *Pityogenes bidentatus* (Hbst.), *Pityokteines curvidens* (Germ.), *Ips acuminatus* (Gyll.), *I. duplicatus* Sahib., *I. sexdentatus* (Börn.), *Orthotomicus laricis* (F.), *O. proximus* (Eichh.), *O. suturalis* (Gyll.), *O. mannsfeldi* Wachtl.

Wirtsarten: *Picea abies, P. obovata, P. orientalis, Pinus halepensis, P. halepensis* var. *brutia, P. leucodermis, P. nigra nigra, P. nigra laricio, P. nigra pallasiana, P. strobus, P. pinaster, P. pinea, P. rotundata, P. sylvestris, Abies alba, A. sibirica.*

Verbreitung: Europa, Korsika, Kaukasus, Kleinasien, Sibirien.

Rote Liste Deutschland: mäßig häufig, kurz- und langfristige Bestandsentwicklung: gleichbleibend. Ungefährdet.

Abb. 569: Der Kleine Kiefernborkenkäfer (*Crypturgus cinereus*) als Raumparasit im Brutbild vom Kleinen Waldgärtner (*Tomicus minor*)(Uni Göttingen).

Abb. 570: Der weibliche Kleine Kiefernborkenkäfer – *Crypturgus cinereus* in Aufsicht (Mus. Bonn). Die Punktreihen auf den Flügeldecken (Elytren) sind schwer erkennbar aufgrund der runzeligen Oberfläche. Am Elytren-Ende tragen die Weibchen einen Haarschopf.

Abb. 571: Der Kleine Kiefernborkenkäfer – *Crypturgus cinereus* in Seitenansicht (Mus. Braunschweig).

Abb. 572: Der Halsschild (Pronotum) vom Kleinen Kiefernborkenkäfer – *Crypturgus cinereus* in Aufsicht (Mus. Braunschweig). Die halbmattschimmernde Oberfläche ist schuppig chagriniert.

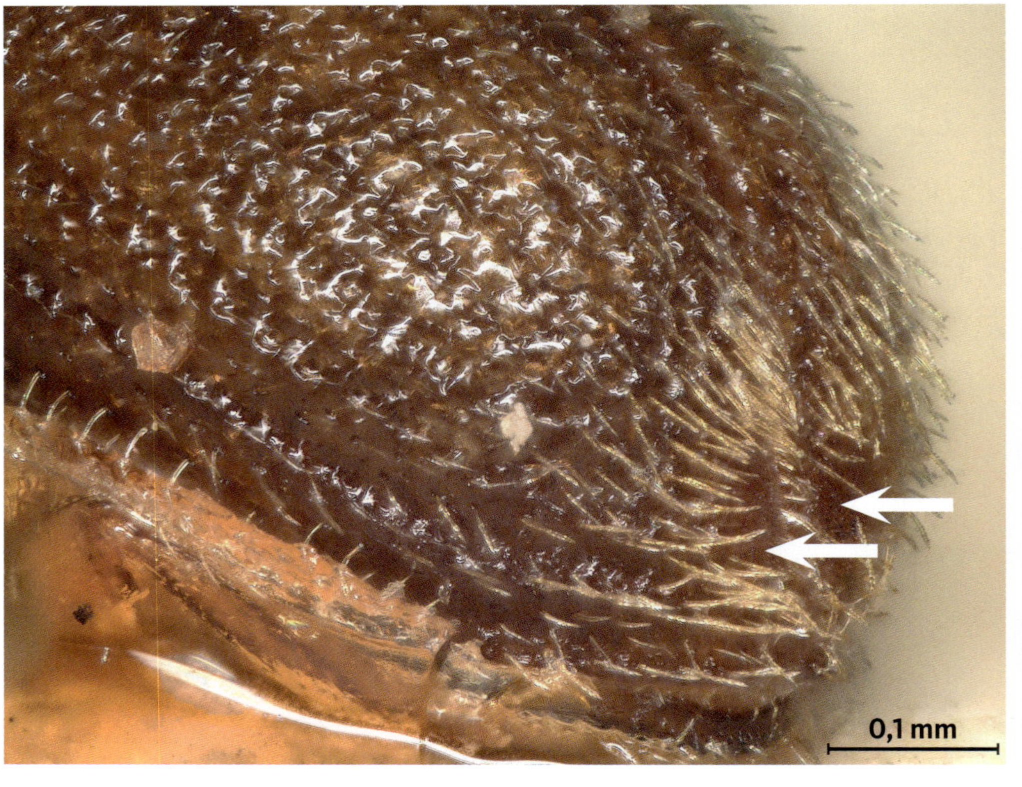

Abb. 573: Am Elytren-Ende tragen die Weibchen von *Crypturgus cinereus* und *subcribrosus* einen Haarschopf. Beim Kleinen Kiefernborkenkäfer – *Crypturgus cinereus* ist ein paariges haarloses Feld in dem Haarschopf (weiße Pfeile)(Mus. Braunschweig).

Crypturgus subcribrosus Eggers, 1933

Lebensweise: Im Gegensatz zu *C. cinereus* eine Charakterart der Fichtendürrlinge, in der Rinde von Stämmen stärkerer Dimension (Hellrigl 2012).
Wirtsart: *Picea abies*.
Verbreitung: Schweden, Norwegen, Ungarn.
Rote Liste Deutschland: Daten unzureichend (D). Die Art wurde erst neuerdings von *Crypturgus cinereus* abgetrennt.

Abb. 574: *Crypturgus subcribrosus* in Aufsicht (Mus. Kassel). Die Punktreihen auf den Flügeldecken (Elytren) sind noch schwerer erkennbar aufgrund der stark runzeligen Oberfläche als bei *Crypturgus cinereus* (vergleiche Abb. 570).

Abb. 575: *Crypturgus subcribrosus* in Seitenansicht (Mus. Kassel).

Abb. 576: Der Halsschild (Pronotum) von *Crypturgus subcribrosus* in Aufsicht (Mus. Kassel). Die matt-schimmernde Oberfläche ist schuppig chagriniert, enthält aber deutlich weniger Punkte auf der Oberseite (Scheibe) als bei *Crypturgus cinereus* (vergleiche Abb. 573).

Abb. 577: Das Weibchen von *Crypturgus subcribrosus* weist einen Haarschopf am Elytren-Ende auf (Mus. Kassel). Dieser weist aber keine haarlosen paarigen Flecken auf wie bei *Crypturgus cinereus* (vergleiche Abb. 573).

Tribus Dryocoetini Lindemann, 1876

(*Dryocoetoideae* Lindemann, 1876:165; *Thamnurginae* part. Nüsslin, 1911:377;
Ipini part. Reitter, 1894:39; *Crypturgini* part. Schedl, 1981:65; *Dryocoetina* Balachowsky, 1949:175)
Typusgattung. *Dryocoetes* Eichhoff. 1864.

Körper mittelgroß. Halsschild vorne mit raspel- oder reibeisenartiger, hinten mit etwas abgeschwächter Skulptur. Basis und Seiten ohne Randlinie. Fühlergeißel 4- oder 5-gliedrig. Nähte auf der Keulenaußenseite sichtbar. Flügeldecken walzenförmig. Basalrand nicht gehöckert. Absturz gewölbt oder flach furchenartig ausgehöhlt. Nur bei den Männchen der Gattung *Xylocleptes* Ferr. tief ausgehöhlt und beidseits mit einem Zahn. Sexualdimorphismus manchmal bei der Stirn- oder der Flügeldeckenstruktur sichtbar. 5 Gattungen im Gebiet (Pfeffer).

Kleine bis mittlere Borkenkäfer (2–4,5 mm) von zylindrischer Gestalt, lang abstehend behaart; Halsschild groß, gleichmäßig gewölbt, vorne mit raspelartiger Struktur; Fühler-Geißel 5- bis 4-gliedrig. – Monogame Rindenbrüter in Nadel- und Laubholz; Brutbilder unregelmäßig verworren (Hellrigl 2012).

Gattung *Xylocleptes* Ferrari, 1867

Xestips Hagedorn, 1912:353; *Hylonius* Nunberg, 1973:26)
Typusart: *Bostrichus bispinus* Duftschmid, 1825.

Käfer: 1,8–3,2 mm. Körper walzenförmig, braun bis braunschwarz gefärbt und kräftig grau-gelblich behaart. Fühler und Beine hellbraun gefärbt. Stirn flach gewölbt, dicht granuliert. Fühler mit 5-gliedriger Geißel und mit flacher, kreisovaler 3-gliedriger Keule. Konzentrische Nähte an der Außenseite deutlich ausgeprägt und mit einem Haarkranz versehen. Halsschild länger als breit, deutlich behaart, vor der Mitte am breitesten. Halsschildscheibe vorne flach gekörnelt, hinten punktiert. Basis ungerandet. Flügeldecken lang walzenförmig mit sehr dichten Punktreihen, da die Punkte der Hauptreihen und der Zwischenräume kaum unterschiedlich sind. Absturz mit vorstehender gekörnelter Naht, beim Männchen ausgehöhlt, beim Weibchen flach gefurcht. Schildchen (Scutellum) spitz-dreieckig.
Männchen: 2,1–3,2 mm. Stirn gewölbt, in der oberen Hälfte mit einem feinen medianen Längskiel. Reihen- und Zwischenraumpunkte gleich groß und schwer zu unterscheiden, wie der Halsschild lang abstehend behaart, Flügeldeckenhinterrand sehr breit gerundet, in der Nähe der Naht leicht eingebuchtet, Absturz sehr breit, leicht konkav, auf das distale Drittel beschränkt. Seitenrand leicht wulstig erhöht und fein gekörnt, in Verlängerung des 3. Zwischenraumes mit einem kräftigen 3eckigen Zahn.
Weibchen: 1,8–3,2 mm, ebenfalls lang abstehend behaart, Stirn mit einem leichten Quereindruck. Absturz kurz, schief abgewölbt. Die Flügeldecken-Naht trägt beidseitig kräftig dunkelgefärbte Noppen mit langen gelben Borstenhaaren. Der erste Punktstreifen weist etwas kleinere Noppen mit größeren Abständen auf, die leicht bogenförmig zur Naht verlaufen. Diese werden auch von langen gelben Borstenhaaren begleitet. Die erste Zwischenreihe ist mit Punkten versehen, die nur kurze weiße Haare tragen. Zum Absturz-Ende hin werden die Abstände der Punkte der ersten Zwischenreihe immer größer.
Lebensweise: Polygam und phloeophag. Entwicklung im Bast der Waldrebe (*Clematis* spp.). Brutbild: 2- bis 5-armiger Längssterngang, mit Rammelkammer. Die einzelnen Brutröhren unter der Rinde, der Faser folgend, oft mit

Abb. 578: Fraßgänge vom Waldreben-Borkenkäfer (*Xylocleptes bispinus*) in *Clematis vitalba*.

schrägen Strecken, Eiablage häufchenweise in Eikammern, die Larvengänge dem Faserverlauf folgend. Eine Generation pro Jahr; Jungkäfer überwintern.
Verbreitung: Ursprünglich in Südeuropa und in südlichen Teilen Mitteleuropas. Mit verwilderter Waldrebe (*Clematis*) jetzt fast in ganz Mitteleuropa weit verbreitet. Kommt bis in subalpine Lagen vor, wie Funde von der Seiser Alm und der Brixner Skihütte (1900 m) belegen.
Rote Liste Deutschland: häufig, kurz- und langfristige Bestandsentwicklung: gleichbleibend. Ungefährdet.

Xylocleptes bispinus (Duftschmid, 1825)

Waldreben-Borkenkäfer

(*Bostrichus bispinus* Duftschmid, 1825:92; *Scolytus retusus* Olivier, 1878:10; *Xylocleptes bispinus* (Duftschmid): Ferrari, 1867:37)

Abb. 579: Das Weibchen des Waldreben-Borkenkäfers – *Xylocleptes bispinus* in Aufsicht (Mus. Frankfurt). Am Absturz sind keine Dornen ausgebildet.

Abb. 580: Das Weibchen des Waldreben-Borkenkäfers – *Xylocleptes bispinus* in Seitenansicht (Mus. Frankfurt). Am Absturz sind keine Dornen ausgebildet. Die Flügeldecken (Elytren) sind dicht und lang behaart.

Abb. 581: Das Männchen des Waldreben-Borkenkäfers – *Xylocleptes bispinus* in Aufsicht (Mus. Mainz). Im oberen Absturzbereich sind paarige Dornen ausgebildet.

Abb. 582: Das Männchen des Waldreben-Borkenkäfers – *Xylocleptes bispinus* in Seitenansicht (Mus. Bonn). Am Absturz sind kräftige Dornen ausgebildet.

Abb. 583: Der Absturzbereich des Waldreben-Borkenkäfer-Männchens – *Xylocleptes bispinus* in Aufsicht (Mus. Bonn). Die paarigen Dornen am Absturz-Oberrand sind deutlich dunkler gefärbt als die restlichen Flügeldecken. Die Dornen können auch zweispitzig sein.

Abb. 584: Der Absturzbereich des Waldreben-Borkenkäfer-Weibchens – *Xylocleptes bispinus* in Aufsicht (Mus. Frankfurt). Die Flügeldecken-Naht trägt beidseitig kräftig dunkelgefärbte Noppen mit langen gelben Borstenhaaren. Der erste Punktstreifen weist etwas kleinere Noppen mit größeren Abständen auf, die leicht bogenförmig zur Naht verlaufen. Diese werden auch von langen gelben Borstenhaaren begleitet. Die erste Zwischenreihe ist mit Punkten versehen, die nur kurze weiße Haare tragen. Zum Absturz-Ende hin werden die Abstände der Punkte der ersten Zwischenreihe immer größer.

Abb. 585: Die Außenseite der Fühler vom Waldreben-Borkenkäfer – *Xylocleptes bispinus* (Mus. Frankfurt) mit der 5-gliedrigen Fühlergeißel.

Abb. 586: Die Schrillkante am Oberkopf des Waldreben-Borkenkäfer-Weibchens – *Xylocleptes bispinus* (Mus. Frankfurt).

Abb. 587: Die Vorderschiene (Tibia) vom Waldreben-Borkenkäfer – *Xylocleptes bispinus* (Mus. Bonn) mit 8 Zähnen an der Außenkante.

Gattung *Coccotrypes* Eichhoff, 1878

(*Poecilips* Schaufuss, 1897:110; *Cryphaloides* Formanek, 1908:91; *Thamnurgides* Hopkins, 1915:45; *Spermatoplex* Hopkins, 1915:48; *Dendrurgus* Eggers, 1923:144)
Typusart: *Bostrichus dactyliperda* Fabricius, 1801.

Käfer: Männchen 1,5 mm, Weibchen 1,9–2,5 mm. Körper länglich eiförmig, rotbraun bis schwarzbraun gefärbt, mattglänzend und fein behaart. Stirn beim Männchen und Weibchen leicht gewölbt. Fühler mit 5-gliedriger Geißel und 3-gliedriger Keule. Nähte nur an der Außenseite sichtbar. Halsschild etwas länger als breit, kurzoval und ganz fein gekörnt. Flügeldecken kurz walzenförmig, 1,5-mal länger als der Halsschild, mit zarten Punktstreifen und fein punktierten Zwischenräumen. Nahtstreifen nicht vertieft. Vorderschienen mit 3 bis 4 größeren Zähnchen an der Außenseite. Geschlechtsdimorphismus aufgrund der Körpergröße erkennbar.

Lebensweise: Tropenbewohner, bei uns nur eine polygame Art. Entwicklung in Kernen von Palmfrüchten (*Phoenix dactylifera, Phoenix canariensis, Hyphaene thebaica, Phytelephas* spec., *Chamaerops humilis* und viele weitere Arten). Können bis zu 52,7 % Ernteverluste verursachen (Spanien). Die Männchen sind nicht fähig, Gänge in den Palmkernen anzulegen. Das Weibchen befällt noch grüne Früchte meist in Stiel-Nähe. Innerhalb einer Stunde durchquert sie das Fruchtfleisch und gelangt zum Kern. Dort legt sie innerhalb der nächsten 24 Stunden einen Initialgang mit einer Brutkammer an und beginnt mit der Eiablage. Sie reinigt die Brutkammer von Kot und Fraßresten. Ansonsten sitzt sie in der Nähe des Einbohrlochs und verhindert, dass Larven aus Versehen den Kern verlassen bzw. dass andere Weibchen den Kern übernehmen. Wird ein Palmkern von einem anderen Weibchen erobert, so entfernt sie sofort alle fremden Larven und legt selbst eine neue Brut an. Die mittlere Lebensdauer eines begatteten Weibchens liegt bei 63 Tagen, ein unbegattetes Weibchen lebt im Mittel 10 Tage länger.

Die haplodiploide Art ist zur Parthenogenese befähigt. Unbefruchtete Weibchen können haploide Eier legen. Daraus schlüpfen nur Männchen. Danach kann sie mit einem der Söhne wieder eine gemischte Brut anlegen. Durch diese besondere Fähigkeit können leicht neue Gebiete erfolgreich besiedelt werden.

In Abhängigkeit von der Samengröße der Kanarischen Palme können bis zu drei Folgegenerationen entstehen mit bis zu 100 Individuen. Die größeren Samen der Steinnuss-Palmen (*Phytelephas*) können bis zu 500 Tiere ernähren und die größten Samen der Doum-Palme (Lebkuchenbaum) – *Hyphaene thebaica* erlauben die Entwicklung von bis zu 1300 Käfern. Die Jungkäfer verbleiben oft noch im Samen und helfen der Mutter bei der Reinigung des Brutbildes sowie bei der Wache am Eingang.

Herabgefallene als auch von Nagern angefressene Palmfrüchte werden ebenfalls erfolgreich besiedelt.

Verbreitung: Zentral- und Westmittelmeergebiete. Mit getrockneten Datteln in Europa importiert.

Coccotrypes dactyliperda (Fabricius, 1801)

Dattelkern-Borkenkäfer (engl. Date stone beetle)

(*Bostrichus dactyliperda* Fabricius, 1801:397; *B. palmicola* Hornung, 1842:116; *Coccotrypes eggersi* Hagedorn, 1904:449; *C. moreirai* Eggers, 1928:86; *C. tanganus* Eggers, 1935:307; *C. laboulbenei* Decaux, 1890:36; *C. bassiavorus* Hopkins, 1915:47; *C. dactyliperda* (Fabricius): Eichhoff, 1878:309; *C. borassi* Beeson, 1939:284; *C. elaeocarpi* Beeson, 1939:284).

Abb. 588: Das Weibchen des Dattelkern-Borkenkäfers – *Coccotrypes dactyliperda* in Aufsicht.

Abb. 589: Das Männchen des Dattelkern-Borkenkäfers – *Coccotrypes dactyliperda* in Aufsicht (Mus. Frankfurt). Es ist deutlich kleiner als das Weibchen und am Elytren-Ende sind wesentlich weniger abstehende Haare.

Abb. 590: Das Männchen des Dattelkern-Borkenkäfers – *Coccotrypes dactyliperda* in Seitenansicht (Mus. Frankfurt).

Abb. 591: Das Weibchen des Dattelkern-Borkenkäfers – *Coccotrypes dactyliperda* in Seitenansicht.

Abb. 592: Das Männchen des Dattelkern-Borkenkäfers – *Coccotrypes dactyliperda* schräg von vorn (Mus. Frankfurt).

Abb. 593: Das Weibchen des Dattelkern-Borkenkäfers – *Coccotrypes dactyliperda* in Frontalansicht.

Abb. 594: Der Fühler des weiblichen Dattelkern-Borkenkäfers – *Coccotrypes dactyliperda* von unten.

Gattung *Dactylotrypes* Eggers, 1927

Typusart: *Trypodendron longicollis* Wollaston, 1864

Käfer: 1,6–2,2 mm. Körper kurz walzenförmig, dunkelbraun gefärbt und fein kurz behaart. Stirn beim Männchen quer breit eingedrückt, beim Weibchen gewölbt. Fühler mit 4-gliedriger Geißel und mit abgeflachter, schräg gestutzter Keule (Abb. 597). 2 Quernähte nur an der Außenseite sichtbar. Halsschild kurz eiförmig. Halsschildscheibe fein flach gekörnt. Scutellum deutlich schlanker und kleiner als bei *Dryocoetes*. Flügeldecken kurz walzenförmig, 1,5-mal so lang wie der Halsschild. Absturz steil abgewölbt (Abb. 596). Punktstreifen und Zwischenräume gleichmäßig dicht, fein punktiert und fein zweireihig behaart. Nahtstreifen leicht vertieft. Vorderschienen an der Außenseite mit 7 bis 9 feinen Zähnchen (Abb. 598). Geschlechtsdimorphismus aufgrund der Stirnform erkennbar.

Lebensweise: Entwicklung in Früchten von *Dracaena draco, Phoenix canariensis, P. dactylifera, P. reclinata, Butia eriospatha, Chamaerops humilis* und *Rhapis excelsa*.

Verbreitung: Nordafrika, Kanarische Inseln, Madeira. Nach Italien, Frankreich, Deutschland und Nordamerika (z. B. Kalifornien) eingeschleppt.

Dactylotrypes longicollis (Wollaston, 1864)

(*Trypodendron longicollis* Wollaston, 1864:256; *Dactylotrypes uyttenboogaarti* Eggers, 1927:38; *D. longicollis* (Wollaston): Schedl, 1959:23)

Abb. 595: *Dactylotrypes longicollis* in Aufsicht (Mus. Stuttgart). Der Halsschild (Pronotum) ist breiter als lang. Die Flügeldecken sind 1,5-mal so lang wie der Halsschild. Das Scutellum ist klein und schlank dreieckig geformt.

Abb. 596: *Dactylotrypes longicollis* in Seitenansicht (Mus. Stuttgart). Das Flügeldecken-Ende unterwölbt den Absturz.

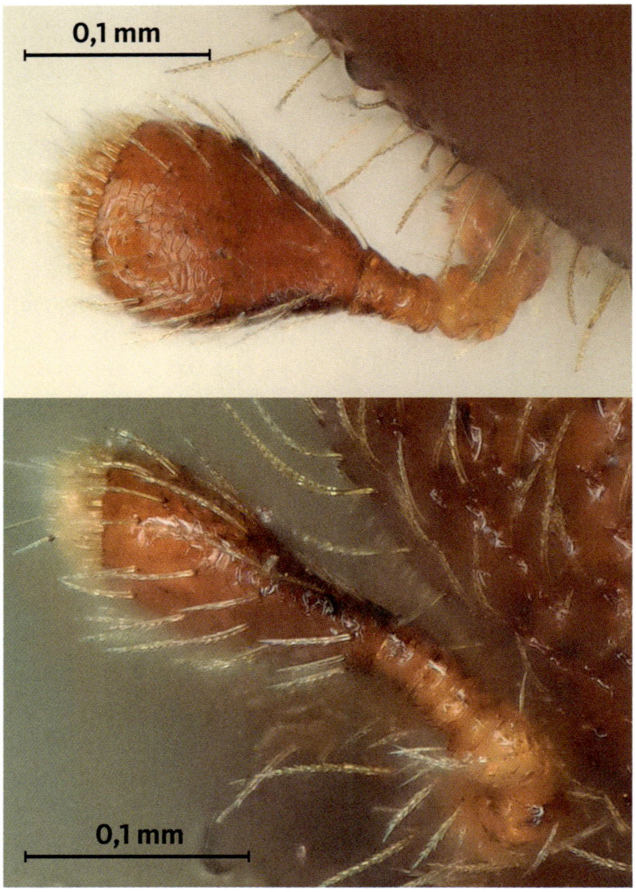

Abb. 597: Die Fühler von *Dactylotrypes longicollis* sind abgeflacht und schräg abgeschnitten (Mus. Stuttgart). Die Fühlergeißel ist 4-gliedrig.

Abb. 598: Eine Vorderschiene (Tibia) von *Dactylotrypes longicollis* mit 8 Zähnen an der Außenkante (Mus. Stuttgart). Der Fuß (Tarsus) ist eingeklappt in eine lange und breite Vertiefung der Vorderschiene. Diese längliche Vertiefung fehlt in der Gattung *Dryocoetes*.

Abb. 599: Der Kopf-Vorderrand (Clypeus) ist ausgeschnitten bei *Dactylotrypes longicollis* (Mus. Stuttgart).

Gattung *Dryocoetes* Eichhoff, 1864

(*Anodius* Motschulsky, 1860:155; suppressed by Intern. Zool. Commission 1979:149; *Dryocoetinus* Balachowsky, 1949:180)
Typusart: *Bostrichus autographus* Ratzeburg, 1837.

Käfer: 2–4 mm. Körper meist breit walzenförmig, dunkelbraun bis braunschwarz gefärbt und ziemlich lang, abstehend behaart. Fühler und Beine hellbraun. Kopf breit, dicht runzlig punktiert. Fühler mit 5-gliedriger Geißel und rundlicher, asymmetrischer, an der Spitze schief abgestutzter Keule. Augen am Innenrand ausgebuchtet. Halsschild etwas länger als breit, gleichmäßig schuppig punktiert oder mit reibeisenförmiger Skulptierung, die nach hinten hin in eine einfache Punktierung übergeht. Basis ungerandet. Flügeldecken walzenförmig mit starken Punktreihen. Die Zwischenräume mit feineren Punktstreifen. Am gerundeten Absturz der Nahtstreifen stark oder leicht vertieft. Geschlechtsdimorphismus manchmal bei der Form der Nahtfurche oder der Stirnbehaarung erkennbar. Die Vorderseite der Vordertibien sind nicht mit einer länglichen Vertiefung versehen zum Einklappen des Tarsus.

Lebensweise: Entwicklung im Bast von Laub- oder Nadelholzarten. Das Brutbild besteht aus Längsgängen oder mehrarmigen Quergängen. Polygame Arten.

Artenschlüssel der Gattung *Dryocoetes* Eichhoff, 1864

1 Nahtstreifen am Absturz nicht oder nur kaum wahrnehmbar vertieft. Halsschild an den Seiten gerundet, dicht hinter der Mitte am breitesten. Flügeldecken mit stark punktierten Streifen. **2**

→ Nahtstreifen am Absturz furchenartig vertieft und die Naht selber dachförmig erhöht (Abb. 612). **3**

2 Absturz fast gleichmäßig gewölbt und mit gereihten großen, aber flachen pupillierten Punkten (Abb. 604). Naht leicht dachförmig erhöht. Länge 3–4,2 mm.

→ *Dryocoetes autographus* (Ratzeburg, 1837) – Zottiger Fichtenborkenkäfer
(*Bostrichus autographus* Ratzeburg, 1837:160; *B. septentrionis* Mannerheim, 1843:298; *B. villosus* part. Herbst, 1793:121; *B. semicastaneus* Mannerheim, 1852:358; *B. victoris* Mulsant et Rey, 1853:91; *Xyleborus septentrionis:* LeConte, 1876:361; *Dryocoetes americanus* Hopkins, 1915:51; *D. pseudotsugae* Swaine, 1915:360; *D. suecicus* Eggers, 1923:138; *D. artepunctatus* Eggers, 1941:122; *D. autographus* (Ratzeburg): Eichhoff, 1864:38; *D. autographus* v. *sachalinensis* Sokanovsky, 1960:675)

→ Der zweite Zwischenraum am Absturz leicht, aber deutlich vertieft und mit feinen, nicht pupillierten Punkten besetzt (Abb. 608). Länge 3–4,5 mm.

→ *Dryocoetes hectographus* Reitter, 1913 – Skandinavischer Walzenborkenkäfer
(*D. autographus:* Schedl, 1981:71)

3 Die gekielte Naht am Absturz ist glatt und ohne Spuren von Körnchen (Abb. 613). Vorderrand des walzenförmigen Halsschilds schwach gekerbt. Halsschild meist dunkel, Flügeldecken rostrot. Halsschild fein gekörnt-punktiert. Flügeldecken glänzend, glatt, die Reihenpunkte nur mäßig groß, kleiner als die Breite der Zwischenräume. Die Zwischenraumpunkte viel feiner. Stirn beim Männchen spärlich, beim Weibchen dichter behaart. Länge 2–2,3 mm.

→ *Dryocoetes alni* (Georg, 1856) – Französischer Erlenborkenkäfer, Erlen-Borkenkäfer
(*Bostrichus alni* Georg, 1856:59; *Tomicus marshami* Rey, 1868:188; *Dryocoetes alni* (Georg): Ferrari, 1867:27; *D. similis* Eggers, 1911:121; *D. alni* v. *leonhardi* Eggers, 1912:49; *Dryocoetinus alni:* Balachowsky, 1949: 183)

→ Die gekielte Naht am Absturz mit einigen Körnchen. Vorderrand des ovalen Halsschildes glattrandig. Die Punkte der Flügeldeckenstreifen meist breiter als die Zwischenräume (Abb. 617). **4**

4 Der 1. Zwischenraum am Flügeldeckenabsturz erweitert, dabei ist der 1. Punktstreifen nach außen gebogen. Stirn zwischen der Punktur glänzend. Gedrungen gebaut, rostrot bis rotbraun, lang und dicht abstehend behaart, Halsschild kräftig gekörnt-punktiert. Flügeldecken in Reihen grob punktiert. Zwischenräume schmal, rau, einreihig feiner, aber auch eingestochen punktiert. Absturzfurche beim Männchen sehr kräftig, Naht wulstig erhöht, mit je einer Reihe von Körnchen, die lang abstehende Haare tragen. Ähnliche unregelmäßig verteilte Körnchen auch auf den seitlichen Zwischenräumen. Beim Weibchen ist die Furche flacher und die Naht weniger erhöht. Länge 2,45–3,8 mm.

→ *Dryocoetes villosus villosus* (Fabricius, 1792) – Zottiger Eichenborkenkäfer

(*Bostrichus villosus* Fabricius, 1792:367; *B. histerinus* Dufour, *1843:91*; *B. pilosus* Dejean, 1837:332; *Tomicus villosus:* Thomson, 1857:371; *Dryocoetes eichhoffi* Ferrari, 1867:27, *D. villosus* (Fabricius): Ferrari, 1867:27; *D. villosus* v. *starhoni* Reitter, 1913:76; *Dryocoetinus villosus villosus*: Balachowsky, 1949:182)

→ Der 1. Zwischenraum am Flügeldeckenabsturz ist nicht erweitert, der 1. Punktstreifen verläuft parallel zur Naht im Absturz. Stirn zwischen der Punktur matt. Länge: 2,3–2,8 mm.

→ *Dryocoetes himalayensis* Strohmeyer, 1908

Artenkapitel zur Gattung *Dryocoetes* Eichhoff, 1864

Dryocoetes autographus (Ratzeburg, 1837)

Zottiger Fichtenborkenkäfer

Lebensweise: Brütet bevorzugt in älteren Stöcken, in abgestorbenen, stehenden oder seit längerem gefällten Stämmen, insbesondere, solange deren Rinde noch ausreichend feucht ist. Anlage der Brutsysteme auch im Wurzelhals. Das Brutbild wird in liegendem Holz häufig im Bereich mit Bodenkontakt angelegt. Oft vergesellschaftet mit dem Gelbbraunen Fichtenbastkäfer (*Hylurgops palliatus*) und dem Dunkelbraunen Fichtenbastkäfer (*H. glabratus*). Mit längsverlaufendem Muttergang und leicht den Splint furchend. Der Muttergang folgt der Faser oft nicht ganz gerade. Die Eiablage erfolgt unregelmäßig, teils einzeln, teils häufchenweise. Die Larvengänge sind strahlenförmig angeordnet und durchkreuzen sich häufig. Es treten auch Ernährungsgänge auf. Die Puppenwiegen befinden sich im Bast, sind aber auch etwas in den Splint eingetieft. Der Reifungsfraß der Jungkäfer erfolgt durch dendritische Gänge, die das ursprüngliche Brutbild weitgehend zerstören. Spätschwärmer mit Flugzeiten Mitte bis Ende Mai und Mitte bis Ende Juli. In klimatisch günstigen Gebieten zwei Generationen im Jahr und Geschwisterbruten.

Wirtsarten: *Picea abies, P. glehnii, P. jezoensis, P. obovata, P. omorica, P. orientalis, Pinus cembra, P. koraiensis, P. rotundata, P. sibirica, P. strobus, P. sylvestris*, selten an *Abies holophylla, A. sibirica* und *Larix decidua, L. gmelinii, L. sibirica.*

Verbreitung: Europa, Kaukasus, Sibirien. In Tirol: von der submontanen bis zur subalpinen Stufe unter Stammrinde von Fichte verbreitet und nicht selten. In Brasilien eingeschleppt.

Rote Liste Deutschland: sehr häufig, kurz- und langfristige Bestandsentwicklung: gleichbleibend. Ungefährdet.

Abb. 600: Frühes Brutbild vom Zottigen Fichtenborkenkäfer – *Dryocoetes autographus* (Mus. Frankfurt).

Abb. 601: Älteres verworrenes Brutbild vom Zottigen Fichtenborkenkäfer *Dryocoetes autographus* (Mus. Braunschweig) mit Reifungsfraß der Jungkäfer (rechts im Bild).

Abb. 602: Der Zottige Fichtenborkenkäfer – *Dryocoetes autographus* in Aufsicht (Mus. Braunschweig).

Abb. 603: Der Zottige Fichtenborkenkäfer – *Dryocoetes autographus* in Seitenansicht (Mus. Frankfurt).

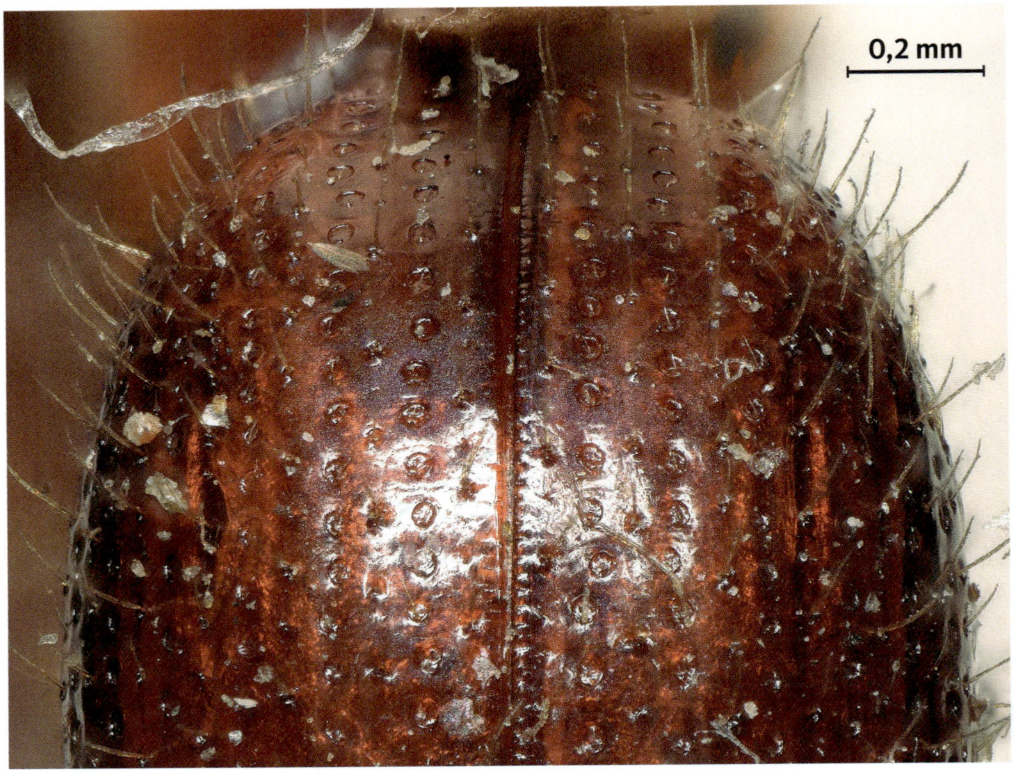

Abb. 604: Der Absturz des Zottigen Fichtenborkenkäfers – *Dryocoetes autographus* in Aufsicht (Mus. Frankfurt). Die Punktreihen bestehen aus großen kreisförmigen Vertiefungen (flachen pupillierten Punkten)(vergleiche Abb. 608).

Abb. 605: Die Vorderseite der Vorderschiene des Zottigen Fichtenborkenkäfers – *Dryocoetes autographus* trägt keine längliche Vertiefung zum Einklappen des Tarsus (Mus. Bonn).

Dryocoetes hectographus Reitter, 1913

Skandinavischer Walzenborkenkäfer

Wirtsarten: *Picea abies, P. obovata, Abies sibirica, A. nephrolepis, A. holophylla, Larix sibirica, L. gmelinii.*
Verbreitung: Hochgebirge in Mitteleuropa (Alpen, höhere Lagen im Erzgebirge), Nordeuropa, Sibirien.

Rote Liste Deutschland: sehr selten, kurz- und langfristige Bestandsentwicklung: gleichbleibend. Ungefährdet.

Abb. 606: Der Skandinavische Walzenborkenkäfer – *Dryocoetes hectographus* in Aufsicht (Mus. Stuttgart). Das Scutellum ist deutlich breiter als bei *Dactylotrypes*.

Abb. 607: Der Skandinavische Walzenborkenkäfer – *Dryocoetes hectographus* in Seitenansicht (Mus. Stuttgart).

Abb. 608: Der Absturz des Skandinavischen Walzenborkenkäfers – *Dryocoetes hectographus* in Aufsicht (Mus. Stuttgart). Die Punktreihen bestehen aus feinen, nicht pupillierten Punkten (vergleiche Abb. 604).

Dryocoetes alni (Georg, 1856)

Französischer Erlenborkenkäfer, Erlen-Borkenkäfer

Lebensweise: Brütet in den aufgeführten Baumarten in dünnrindigen, meist abgestorbenen oder kränkelnden, von Pilzen befallenen Ästen und Stangen sowie Stöcken. Muttergänge unregelmäßig quer zur Faser oder längsgerichtet; am Anfang mit rammelkammerartiger Erweiterung. Larvengänge ebenfalls unregelmäßig, der Hauptachse nach längsgerichtet, 2–6 cm lang. Flugzeit April, bis zu zwei Generationen im Jahr.

Wirtsarten: *Alnus glutinosa, A. incana, A. viridis, Corylus avellana, Fagus orientalis.*

Verbreitung: Mittel- und Nordeuropa, ehem. Jugoslawien, Bulgarien, Griechenland, Krim, Kaukasus, Kleinasien. In Tirol scheint die Art in höheren Lagen (bis 1800 m) an Grün-Erlen (*Alnus viridis*) häufiger zu sein als in den Talniederungen an Schwarz- und Grau-Erlen (*Alnus glutinosa* & *Alnus incana*). Durch die inzwischen weitgehende Vernichtung der Flussauen in Südtirol, wie auch in anderen Regionen, ist der Erlenborkenkäfer in den Tallagen nicht mehr zu erwarten.

Rote Liste Deutschland: selten, kurz- und langfristige Bestandsentwicklung: gleichbleibend. Ungefährdet.

Abb. 609: Das frühe Brutbild vom Französischen Erlenborkenkäfer – *Dryocoetes alni* (Mus. Frankfurt).

Abb. 610: Der Französische Erlenborkenkäfer – *Dryocoetes alni* in Aufsicht (Mus. Frankfurt). Die Vertiefung neben der Flügeldecken-Naht im Absturzbereich ist direkt von oben kaum erkennbar.

Abb. 611: Der Französische Erlenborkenkäfer – *Dryocoetes alni* in Seitenansicht (Mus. Frankfurt).

Abb. 612: Kippt man den Käfer schräg nach hinten, so erkennt man die flach vertieften Furchen neben der Flügeldecken-Naht im Absturzbereich (Französischer Erlenborkenkäfer – *Dryocoetes alni* (Mus. Frankfurt)).

Abb. 613: Beim Französischen Erlenborkenkäfer – *Dryocoetes alni* stehen die Borsten auf der Flügeldecken-Naht im Absturzbereich nur auf sehr kleinen Erhebungen (gelbe Pfeile)(vergleiche Abb. 620)(Uni Göttingen).

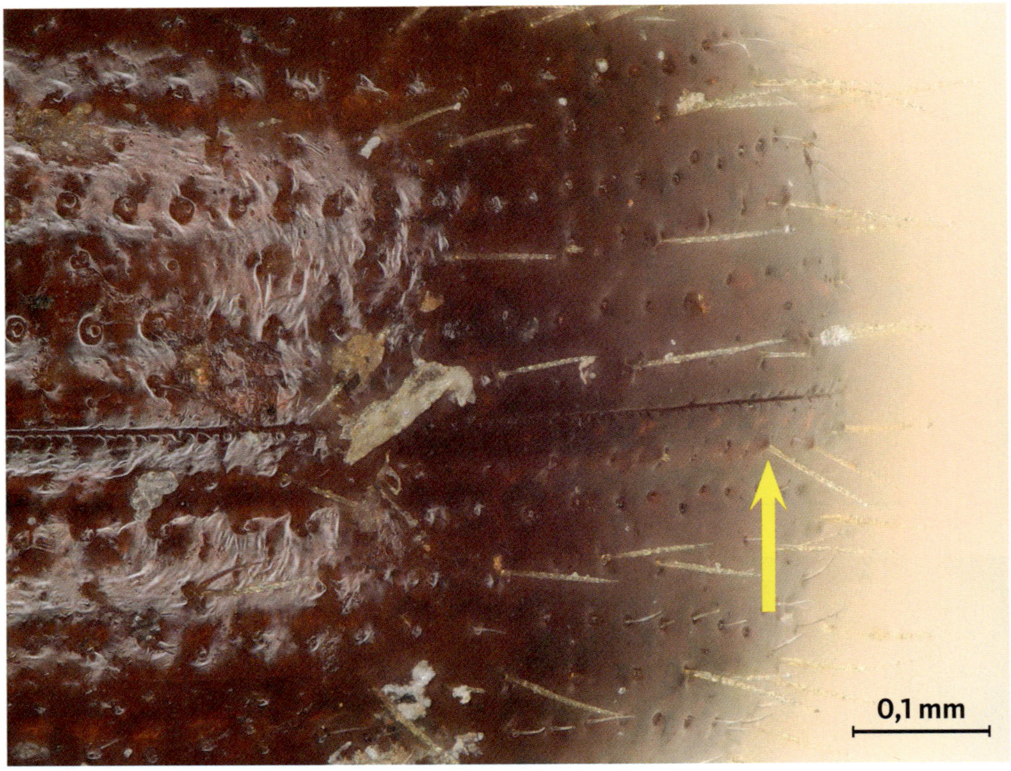

Abb. 614: Die Punkte in den Punktreihen sind auf der Oberseite der Flügeldecken (Elytren) kleiner als die Zwischenräume (vergleiche Abb. 617) (Französischer Erlenborkenkäfer – *Dryocoetes alni* (Mus. Frankfurt)).

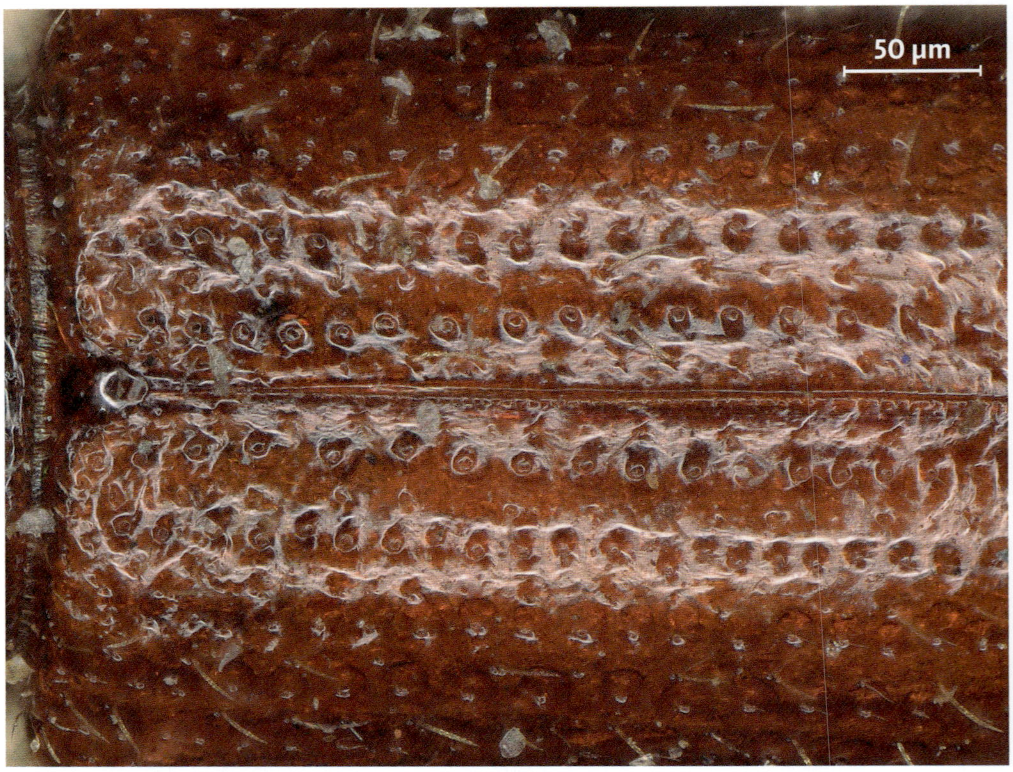

Abb. 615: Auf der Kopf-Oberseite ist ein Feld mit Schrillleisten erkennbar (Französischer Erlenborkenkäfer – *Dryocoetes alni* (Mus. Frankfurt)).

Dryocoetes villosus villosus (Fabricius, 1792)

Zottiger Eichenborkenkäfer

Abb. 616: Brutbild im frühen Eiablagestadium vom Zottigen Eichenborkenkäfer – *Dryocoetes villosus villosus* (Uni Göttingen).

Lebensweise: Brutbild mit Rammelkammer, 2–7 quer gerichteten Muttergängen, Larvengänge unregelmäßig längsgerichtet in der Rinde.
Wirtsarten: *Quercus petraea, Q. robur, Castanea sativa*. In Mitteleuropa vorzugsweise in *Quercus pedunculata* und *Castanea sativa*, selten in *Fagus sylvatica*.

Verbreitung: Mitteleuropa, Krim, Kaukasus, Kanarische Inseln. In Tirol: in tieferen, wärmeren Lagen verbreitet, aber nicht häufig. Öfters, aber vereinzelt unter Rinde von Edelkastanie (*Castanea sativa* Mill.).
Rote Liste Deutschland: mäßig häufig, kurzfristiger Bestandstrend: gleichbleibend, langfristige Bestandsentwicklung: mäßiger Rückgang. Ungefährdet.

Abb. 617: Beim Männchen des Zottigen Eichenborkenkäfers – *Dryocoetes villosus villosus* sind die Furchen neben der Flügeldecken-Naht und die Erhebungen darauf sehr gut ausgeprägt (Mus. Wiesbaden). Die Punkte in den Punktreihen sind auf der Flügeldecken-Oberseite meist breiter als die Zwischenräume (vergleiche Abb. 614). Länge: 2,78 mm.

Abb. 618: Beim Weibchen des Zottigen Eichenborkenkäfers – *Dryocoetes villosus villosus* ist die Naht wesentlich flacher erhoben als bei dem Männchen (Mus. Stuttgart).

Abb. 619: Das Männchen des Zottigen Eichenborkenkäfers – *Dryocoetes villosus villosus* in Seitenansicht (Mus. Wiesbaden).

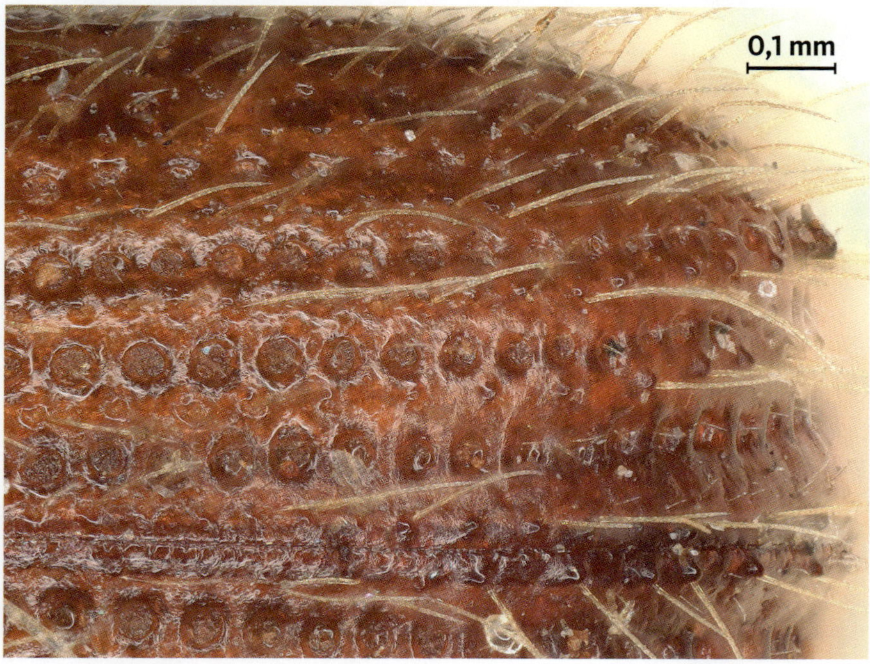

Abb. 620: Beim Weibchen des Zottigen Eichenborkenkäfers – *Dryocoetes villosus villosus* sind die Furchen neben der Flügeldecken-Naht flacher als beim Männchen und die Erhebungen auf der Naht geringer dimensioniert (Mus. Braunschweig). Allerdings sind sie deutlich größer als bei *Dryocoetes alni* (vergleiche Abb. 613).

Abb. 621: Kippt man das Weibchen vom Zottigen Eichenborkenkäfer – *Dryocoetes villosus villosus* schräg nach hinten, so erkennt man die Vertiefungen neben der Flügeldecken-Naht (Mus. Braunschweig)(vergleiche Abb. 612).

Abb. 622: Der Absturz des Zottigen Eichenborkenkäfer-Männchens – *Dryocoetes villosus villosus* in schräger Aufsicht (Mus. Wiesbaden). Die kräftigen Körnchen auf der Flügeldecken-Naht sind deutlich dunkler gefärbt als die Flügeldecken-Oberseite. Der 1. Zwischenraum am Flügeldeckenabsturz ist erweitert. Dadurch ist der 1. Punktstreifen nach außen hin gekrümmt. Bei *D. himalayensis* verläuft der 1. Punktstreifen parallel zur Naht. Vergleiche Abb. 631.

Dryocoetes himalayensis Strohmeyer, 1908

Lebensweise und Wirtsarten: Zur Biologie dieser Art liegen bisher nur wenige Informationen vor. Aus dem Ursprungsgebiet, Kaschmir und dem indischen Bundesstaat Uttarakhand sind zumindest zwei Brutbaumarten benannt, *Sorbus lanata* (Synonym: *Pyrus lanata*) und *Juglans regia*. In Europa wurden die Tiere überwiegend in Fallen gefangen. Lediglich *Juglans regia* konnte als Wirtsbaumart bestätigt werden (Gebhardt & Bense 2016).

Verbreitung: Indien (Kaschmir), inzwischen auch in Frankreich, Tschechien, Slowakei, Österreich, Schweiz und Süddeutschland eingeschleppt (Procházka et al. 2028).

Abb. 623: Brutbild von *Dryocoetes himalayensis* auf der Rinden-Innenseite von *Juglans regia* (Sammlung Gebhardt).

Abb. 624: Detailaufnahme eines mit Kot und Genagsel gefüllten Brutgangs aus dem Brutbild von *Dryocoetes himalayensis* auf der Rinden-Innenseite von *Juglans regia* (Sammlung Gebhardt).

Abb. 625: *Dryocoeteshimalayensis*inAufsicht (Sammlung Bense).

Abb. 626: *Dryocoetes himalayensis* in Seitenansicht (Sammlung Bense).

Abb. 627: *Dryocoeteshimalayensis* in Frontalansicht (Sammlung Bense).

Abb. 628: Die Flügeldecken (Elytren) von *Dryocoetes himalayensis* in Aufsicht (Sammlung Bense).

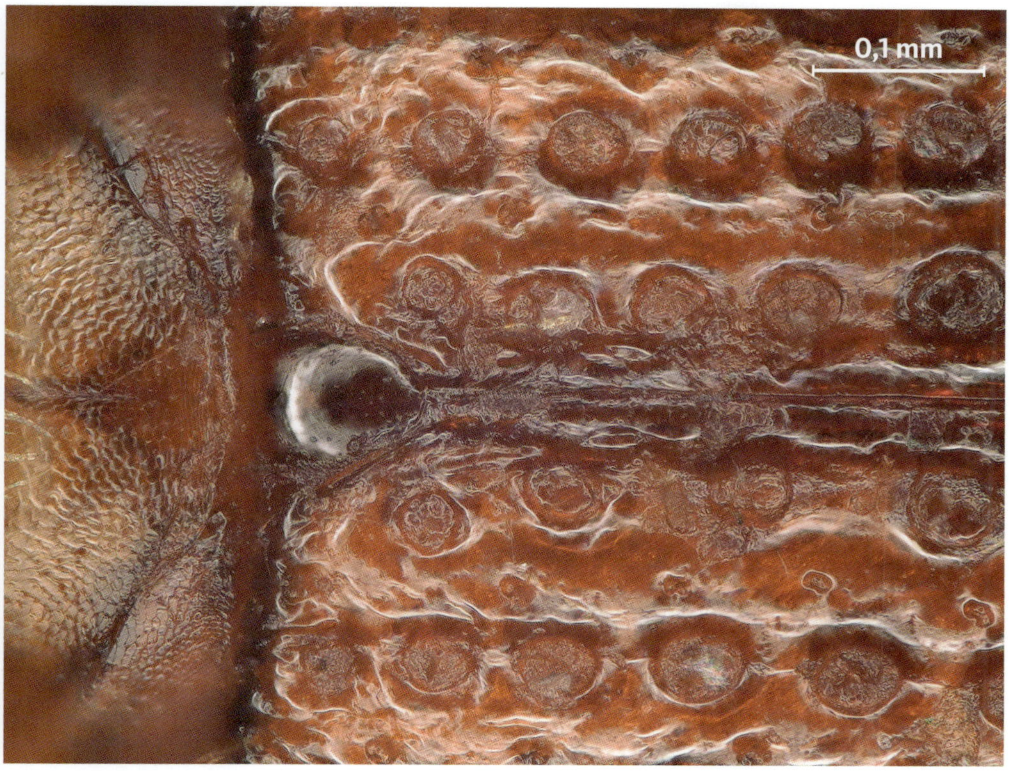

Abb. 629: Das Schildchen (Scutellum) von *Dryocoetes himalayensis* in Aufsicht (Sammlung Bense).

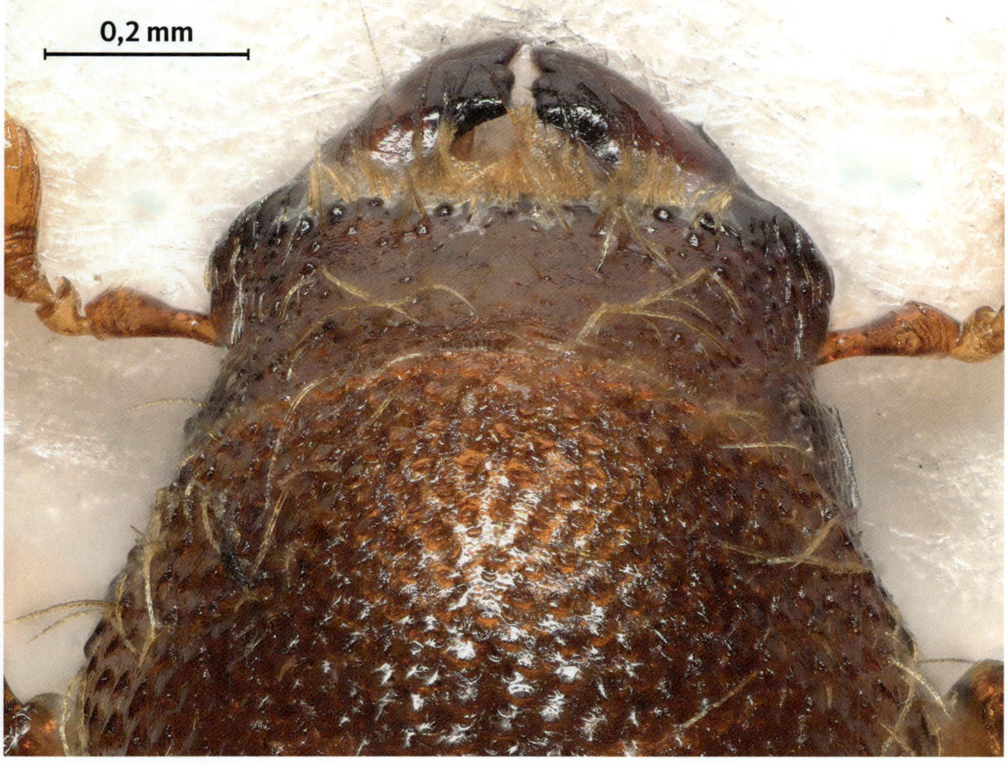

Abb. 630: Der Halsschild-Vorderrand (Pronotum) von *Dryocoetes himalayensis* in Aufsicht (Sammlung Bense).

Abb. 631: Der Flügeldecken-Absturz von *Dryocoetes himalayensis* in Aufsicht (Sammlung Bense). Der 1. Zwischenraum ist nicht erweitert. Dadurch verläuft der 1. Punktstreifen parallel zur Naht. Vergleiche Abb. 622.

Abb. 632: Der Flügeldecken-Absturz von *Dryocoetes himalayensis* in schräger Seitenansicht (Sammlung Bense).

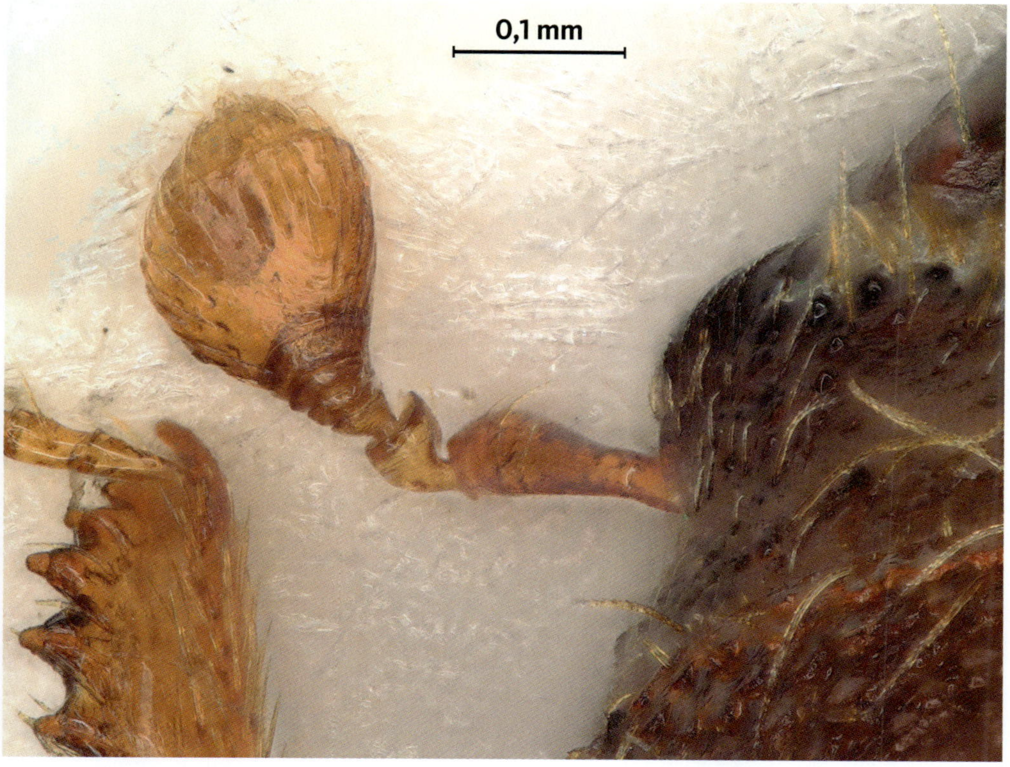

Abb. 633: Der Fühler von *Dryocoetes himalayensis* in Aufsicht (Sammlung Bense).

Abb. 634: Das Vorderbein von vorne des *Dryocoetes himalayensis* (Sammlung Bense).

Abb. 635: Mittel- und Hinterbein von hinten des *Dryocoetes himalayensis* (Sammlung Bense).

Gattung *Lymantor* Løvendal, 1889

(*Dryocoetes* part. Hagedorn, 1910:65; *Triotemnus:* Schedl, 1964:306)
Typusart: *Tomicus coryli* Perris, 1853.

Käfer: 1,5–2,2 mm. Körper lang walzenförmig, dunkelbraun gefärbt, sehr dünn und spärlich behaart. Fühler und Beine rostgelb gefärbt. Kopfscheitel beim Männchen mit glänzendem Höckerchen. Fühler mit 4-gliedriger Geißel und ovaler Keule mit einer undeutlichen Naht. Halsschild lang oval, in der Mitte am breitesten und mit abgerundeten Hinterecken. Scheibe vorne dichter und höckerig punktiert, hinten feiner und weitläufiger punktiert mit glatter Mittellinie. Basis nicht gerandet. Flügeldecken gestreckt lang walzenförmig mit sehr dichten und etwas unregelmäßigen Punktreihen. Punkte der Hauptreihen und der Zwischenräume sind kaum unterschiedlich. Absturz flach gefurcht, glatt und glänzend oder gleichmäßig gewölbt, punktiert mit etwas vertieften Nahtstreifen. Schildchen (Scutellum) gut sichtbar.

Lebensweise: Entwicklung im Bast abgestorbener Äste von verschiedenen Laubholzarten in Symbiose mit den Pilzen *Diaporthe* div. sp. und *Massaria* div. sp. Brutbild: 2- bis 3-armiger unregelmäßiger Längssterngang. Muttergänge mehrfach bogig geschwungen. Im Gebiet 2 polygame Arten.

Artenschlüssel der Gattung *Lymantor* Løvendal, 1889

1 Absturz abgeflacht, leicht gefurcht, glatt und glänzend. Länge 1,6–2,2 mm.

→ *Lymantor coryli* (Perris, 1853 oder 1855) – Hasel-Borkenkäfer, Haselnuss-Borkenkäfer
(*Tomicus coryli* Perris, 1853:79; *Dryocoetes coryli:* Ferrari, 1867:28; *Lymantor sepicola* Lövendal, 1889:69; *L. coryli* (Perris): Lövendal, 1889:69; *Triotemnus coryli:* Schedl, 1981:67)

→ Absturz gleichmäßig gewölbt mit etwas vertieften Nahtstreifen und am Absturz mit gereihten Punkten besetzt. Männchen mit einem runden, flachen und glänzenden Höckerchen auf dem Kopfscheitel. Länge 1,6–2 mm.

→ *Lymantor aceris aceris* (Lindemann, 1875) – Ahorn-Borkenkäfer
(*Dryocoetes aceris* Lindemann, 1875:140; *Lymantor aceris* (Lindemann): Reitter, 1894:88; *Triotemnus aceris:* Schedl, 1981:67)

Artenkapitel zur Gattung *Lymantor* Løvendal, 1889

Lymantor coryli (Perris, 1853 oder 1855)

Hasel-Borkenkäfer, Haselnuss-Borkenkäfer

Lebensweise: monogamer Rindenbrüter, mit unregelmäßigen Muttergängen, in morschen, teilweise verpilzten Zweigen und Ästen von *Corylus* u. a., in trockenen, teilweise morschen und pilzbefallenen oder durch Feuer versengten Haselschösslingen. In Symbiose mit den Pilzen *Diaporthe nigricorne* Nitschie und *D. conjuncta* (Ness) Fuckel.

Wirtsarten: *Corylus avellana, Carpinus betulus, Frangula alnus.*

Verbreitung: Kaukasus sowie Nord-, Mittel- und Südeuropa, auch Italien. Nord- und Osttirol (bis 800 m).

Rote Liste Deutschland: mäßig häufig, kurz- und langfristige Bestandsentwicklung: gleichbleibend. Ungefährdet.

Abb. 636: Brutbilder in *Corylus avellana* vom Haselnuss-Borkenkäfer *Lymantor coryli* (Mus. Frankfurt).

Abb. 637: Der Haselnuss-Borkenkäfer – *Lymantor coryli* in Aufsicht (Mus. Karlsruhe). Der Absturz ist glatt und glänzend.

Abb. 638: Der Haselnuss-Borkenkäfer – *Lymantor coryli* in Seitenansicht (Mus. Karlsruhe). Seitlich am Absturz sitzt eine Milbe.

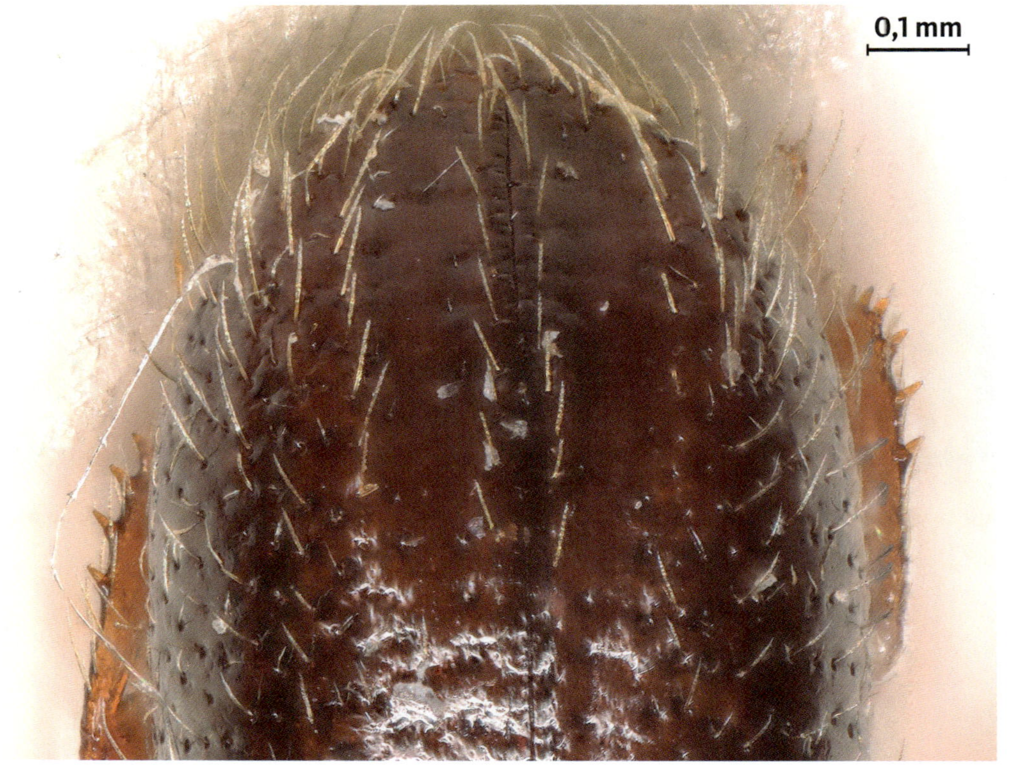

Abb. 639: Der Absturz vom Haselnuss-Borkenkäfer – *Lymantor coryli* in schräger Aufsicht (Mus. Karlsruhe). Es sind keine Punktreihen vorhanden.

Lymantor aceris aceris (Lindemann, 1875)

Ahorn-Borkenkäfer

Wirtsarten: *Acer platanoides, A. tataricum, A. campestre, A. pseudoplatanus, Padus avium, Frangula alnus, Cornus mas.* In Symbiose mit den Pilzen *Dothiora rhamni* Funk., *Massaria* sp.

Verbreitung: Russland, Lettland, Litauen, Krim, Kaukasus, Polen, Böhmen, Mähren, Slowakei, Deutschland, Österreich, Schweiz.

Rote Liste Deutschland: extrem selten, keine Aussage zur Bestandsentwicklung möglich. Extrem selten (R).

Abb. 640: Der Ahorn-Borkenkäfer – *Lymantor aceris aceris* in Aufsicht (Mus. Karlsruhe). Der Absturz trägt Punktreihen.

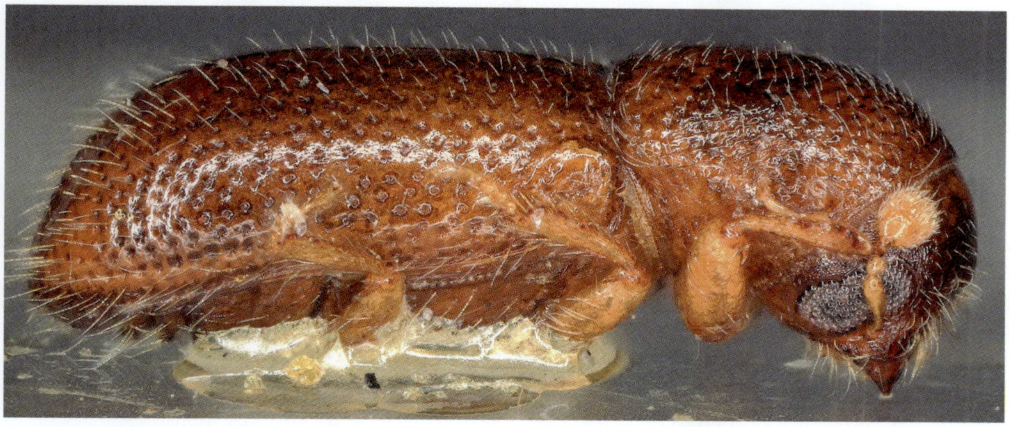

Abb. 641: Der Ahorn-Borkenkäfer – *Lymantor aceris aceris* in Seitenansicht (Mus. Frankfurt).

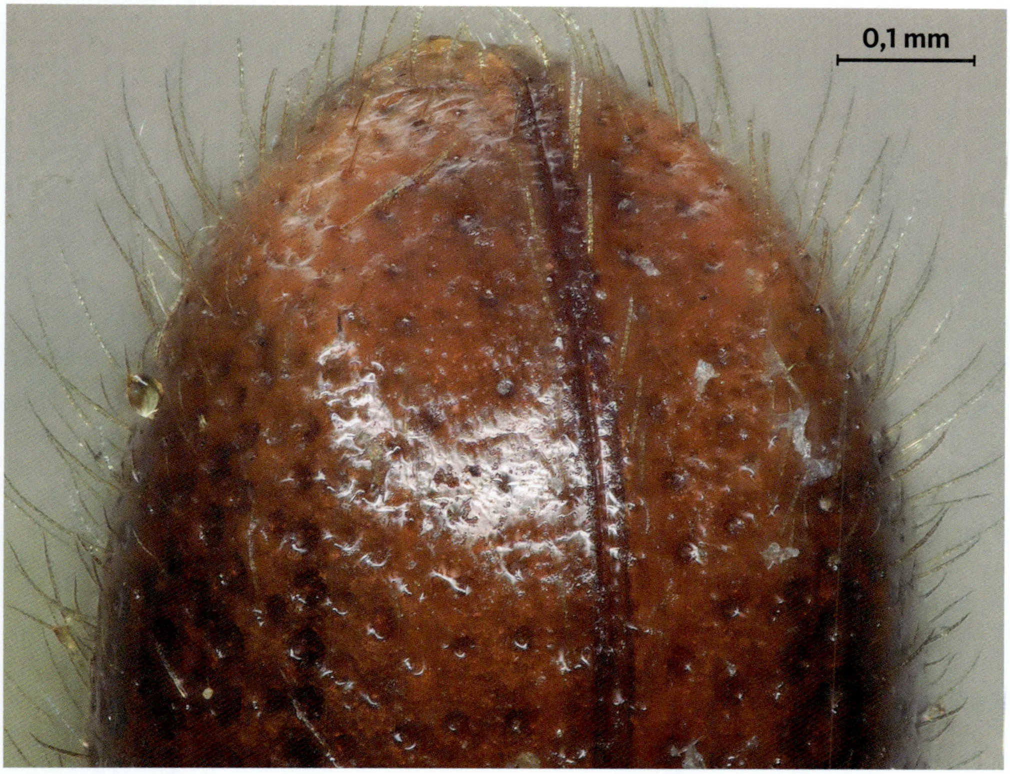

Abb. 642: Der Absturz vom Ahorn-Borkenkäfer – *Lymantor aceris aceris* ist mit Punktreihen durchzogen und nicht glatt (Mus. Frankfurt).

Abb. 643: Der Kopf vom männlichen Ahorn-Borkenkäfer – *Lymantor aceris aceris* trägt mittig auf der Stirn eine haarlose, flache und glatt-glänzende Erhebung (Mus. Frankfurt).

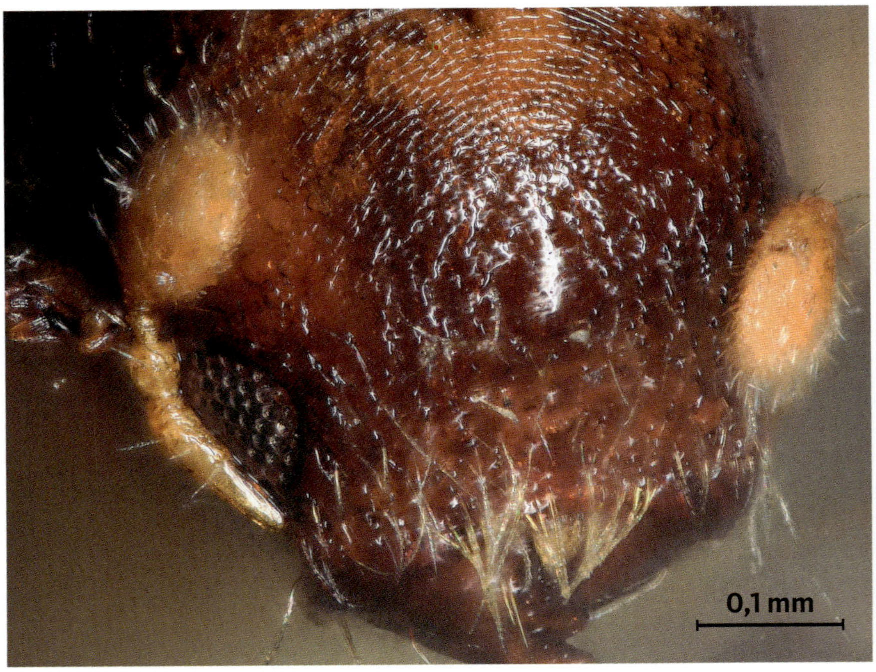

Tribus Taphrorychini Reitter, 1913

(*Taphrorychina* Nunberg, 1954:17,63)
Typusgattung: *Taphrorychus* Eichhoff, 1878

Käfer: Körper mittelgroß, walzenförmig. Fühlergeißel 4- oder 5-gliedrig. 4-gliedrige ovale Fühlerkeule. Halsschild walzenförmig, vorne gehöckert oder gezähnelt wie bei der Gattung *Hypothenemus* Westw. Flügeldecken lang walzenförmig mit feinpunktierten Streifen. Basalrand nicht gehöckert. Absturz bei den Männchen oft abgeflacht, bei den Weibchen gewölbt. Geschlechtsdimorphismus bei der Stirn- und Absturzform sichtbar.

Lebensweise: Entwicklung im Bast von Laubbäumen. Polygame Arten. Im Untersuchungsgebiet nur eine Gattung.

Gattung *Taphrorychus* Eichhoff, 1878

(*Pseudopoecilips* Murayama, 1957:614; *Taphroterus* Schedl, 1965:341; *Taphrocoetes* Pfeffer, 1987)
Typusart: *Bostrichus bicolor* Herbst, 1793.
Übersicht: Sokanovsky, 1954; Pfeffer, 1962

Käfer: 1,5–2,6 mm. Körper walzenförmig, braun bis braunschwarz gefärbt, ziemlich lang und weißgrau behaart. Fühler und Beine gelb. Stirn bei den Männchen flach gewölbt, dünn und spärlich behaart, bei den Weibchen mit einem lichten, kurzen oder längeren Haarschopf in der Mitte. Fühlergeißel 5-gliedrig mit runder 4-gliedriger abgeplatteter Keule; diese linsenförmig mit 3 leicht gebogenen Nähten auf der Außenseite. Halsschild walzenförmig, etwas länger als breit, nach vorne leicht oval verschmälert, vorne mit feinen, aber deutlichen Höckerchen, die nach hinten in Punkte übergehen. Mittellinie nicht sichtbar. In der Seitenansicht befindet sich die Wölbung inmitten des Halsschilds. Basis ungerandet. Flügeldecken mit dichten und starken Punktreihen. Zwischenräume meist nur etwas schwächer und dichter punktiert als die Reihen. Absturz bei den Männchen mehr oder weniger abgeflacht, bei den Weibchen flach gewölbt. Absturzfläche mit verschiedener Punktierung. Schwach erhöhte Naht mit einzelnen schwachen Granulen.

Lebensweise: Entwicklung im Bast verschiedener Laubholzarten. Brutbild besteht aus mehreren Längsstern-Muttergängen. Brüten in absterbenden Ästen und gefällten Stämmen. Meist doppelte Generation, bei welcher Larven, Puppen und Jungkäfer überwintern. Polygam.

Artenschlüssel der Gattung *Taphrorychus* Eichhoff, 1878

Von *Taphrorychus hirtellus* lagen keine Männchen vor.

1 Stirn sparsam und kurz behaart. Absturz mit kreisförmiger Abflachung, die seitlich ringsum deutlich begrenzt ist. (**Männchen**). **2**

→ Absturz mehr oder weniger steil gewölbt, nicht abgeflacht. Stirn mit einem runden Haarschopf in der Mitte (Abb. 660). Wenn der Absturz nicht steil gewölbt ist und die Stirn spärlich behaart ist, dann ist der Absturz nicht deutlich begrenzt. (**Weibchen**). **5**

2 Absturz punktiert mit einzelnen oder mehreren Punktreihen (Abb. 666). **3**

→ Absturz sehr fein punktuliert, fast glatt, mit drei Streifen. Naht mit 5 bis 6 deutlichen Körnchen. Flügeldeckenstreifen und Zwischenräume gleich stark punktiert. Absturzfläche mit verrundeten Randkanten, chagriniert, halbmatt mit 3 Reihen feiner Körnchen (Abb. 651). Flügeldecken 1,7- bis 1,8-mal so lang wie breit. Länge 1,8–2,6 mm.

→ *Taphrorychus villifrons* (Dufour, 1843) – Kleiner Eichen-Borkenkäfer

(*Bostrichus villifrons* Dufour, 1843; *B. bulmerincqui* Kolenati, 1846; *Dryocoetes capronatus* Perris, 1866, var. *roubali* Pfeffer, 1940; *subcribrosus* Eggers)

♂

3 Absturzfläche steil und scharf ringsum begrenzt, glänzend und mit Spuren von 1 bis 2 Streifen (Abb. 663). Naht mit 5 bis 7 sehr feinen Körnchen. Flügeldecken 1,5- bis 1,7-mal so lang wie breit mit stark punktierten Reihen und Zwischenräumen. Länge 1,6–2,5 mm.

→ *Taphrorychus bicolor* (Herbst, 1793) – Kleiner Buchen-Borkenkäfer

(*Bostrichus bicolor* Herbst, 1793:116; *Ips fuscus* Marsham, 1802:43; *Dryocoetes bicolor:* Ferrari, 1867:28; *D. tristiculus* Ferrari, 1867:28, var. *Siculus* Eggers 1908; *Taphrorychus bicolor* (Herbst): Eichhoff, 1878:205)

♂

→ Absturzfläche mit verrundeten Randkanten und mit deutlichen Punktstreifen (Abb. 666). **4**

4 Flügeldecken mit stark punktierten Streifen und sehr fein punktierten Zwischenräumen. Naht am Absturz mit 8 bis 9 deutlichen Körnchen. Zwischenräume am Absturz mit feinen Körnchen. Flügeldecken 1,8- bis 1,9-mal so lang wie breit (Abb. 664); dadurch sieht *alni* deutlich schlanker aus als *T. siculus*. Absturzfläche steil und glänzend (Abb. 666). Länge 1,8–3 mm.

→ *Taphrorychus alni* Pfeffer, 1940 – Kleiner Erlen-Borkenkäfer

♂

→ Flügeldecken 1,5- bis 1,7-mal so lang wie breit (Abb. 667). Absturzfläche halbmatt und flach gewölbt (Abb. 669). Länge 2–2,9 mm.

→ *Taphrorychus siculus* Eggers, 1908

(*Taphrorychus bicolor* var. *siculus*: Pfeffer, 1962:242)

♂

5 Absturz mit deutlichen Punktreihen. **7**

→ Absturz ohne deutliche Punktreihen (Abb. 644). **6**

6 Stirn in der Mittelfläche dicht, kurz und hell behaart und eingerahmt von einem Rand dichter, abstehender Haare (Abb. 650). Nur der Nahtzwischenraum, der 3. Und der 5. Zwischenraum an der Absturzfläche je mit einer Reihe feiner Körnchen. Absturzfläche halbmatt. Flügeldecken 1,6- bis 1,8-mal so lang wie breit mit stark und dicht punktierten Streifen und Zwischenräumen.

→ *Taphrorychus villifrons* (Dufour, 1843) – Kleiner Eichen-Borkenkäfer

♀

→ Stirn des Weibchens ohne lichten Haarschopf in der Mitte (Abb. 646). Absturz matt und mit 3 bis 4 Reihen feiner Körnchen (Abb. 646). Flügeldecken chagriniert, oben ohne deutliche Punktreihen (Abb. 644), solche nur an den Seiten erkennbar. Halsschildbasis matt. Länge 1,6–1,8 mm.

➔ ***Taphrorychus hirtellus*** **Eichhoff, 1878**
(*Taphrorychus mecedanus* Reitter, 1913:95; *Taphrocoetes hirtellus* Pfeffer, 1995:145)
♀

7 Absturz mit deutlichen Punktreihen. Zwischenräume zwischen den Punktreihen auf der Absturzfläche nur fein punktiert. Naht ohne Körnchen. Flügeldecken 1,8- bis 1,85-mal so lang wie breit, mit stark punktierten Reihen und Zwischenräumen. Länge 1,6–2,5 mm.

➔ ***Taphrorychus bicolor*** **(Herbst, 1794) – Kleiner Buchen-Borkenkäfer**
♀

→ Zwischenräume auf der Absturzfläche mit 8 bis 9 Körnchen besetzt. Flügeldecken mit stark und dicht punktierten Streifen und fein punktierten Zwischenräumen. **8**

8 Flügeldecken 1,85- bis 1,90-mal so lang wie breit. Absturzfläche glänzend. Länge 1,8–2,6 mm.

➔ ***Taphrorychus alni*** **Pfeffer, 1940 - Kleiner Erlen-Borkenkäfer**
♀

→ Flügeldecken 1,65- bis 1,75-mal so lang wie breit. Absturzfläche halbmatt. Länge 2–3 mm.

➔ ***Taphrorychus siculus*** **Eggers, 1908**
♀

Artenkapitel zur Gattung *Taphrorychus* Eichhoff, 1878

Taphrorychus hirtellus Eichhoff, 1878

Lebensweise: Polyphager Rindenbrüter in Laubbäumen.
Wirtsarten: *Quercus cerris, Q. frainetto, Fagus sylvatica, F. orientalis, Corellus avellana.*

Verbreitung: Österreich, Südbulgarien, Serbien, Bosnien, Dalmatien, Kroatien, Ungarn, Slowakei, Asien und Nordafrika.

Abb. 644: *Taphrorychus hirtellus* in Aufsicht (Coll. Gebhardt). Die Elytren (Flügeldecken) sind stark chagriniert. Punktreihen sind dadurch nicht erkennbar.

Abb. 645: *Taphrorychus hirtellus* in Seitenansicht (Coll. Gebhardt).

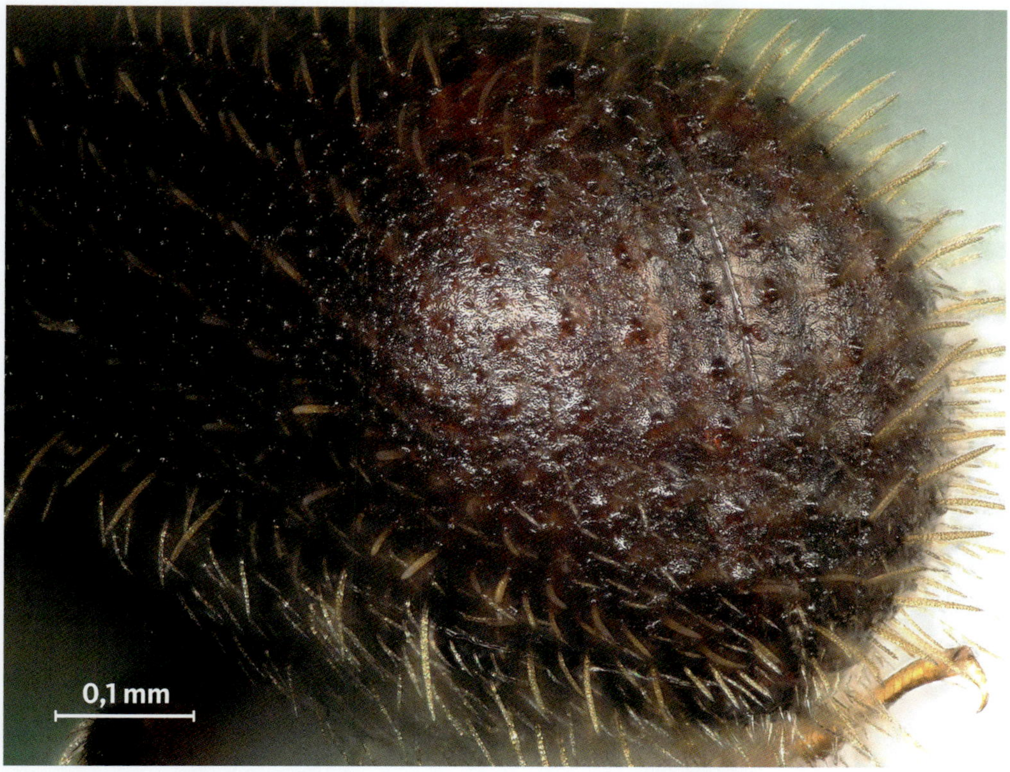

Abb. 646: Der Absturz von *Taphrorychus hirtellus* (Coll. Gebhardt). Es sind keine Punktreihen erkennbar. Bis zu vier Körnchen-Reihen sind vorhanden.

Abb. 647: Die Stirn in Schrägansicht von *Taphrorychus hirtellus* (Coll. Gebhardt). Es sind nur spärlich einzelne Haare vorhanden.

Abb. 648: Die Elytren von *Taphrorychus hirtellus* (Coll. Gebhardt) tragen gelbe Borsten-Reihen und dazwischen kurze weißliche Haar-Reihen.

Taphrorychus villifrons (Dufour, 1843)

Kleiner Eichen-Borkenkäfer

Lebensweise: Muttergänge in Form verzweigter Längsgänge; Larvengänge in regelmäßiger Anordnung. Gesamtes Brutbild in der Rinde. Flugzeiten im März und Juli, 2 Generationen, überwintert als Käfer im Brutbild. Brütet in dicker Stammrinde und in Ästen toter und frisch geschlagener Bäume.
Wirtsarten: *Quercus canariensis, Q. castaneifolia, Q. castaneifolia* var. *incana, Q. cerris, Q. frainetto, Q. ilex, Q. lusitanica, Q. petraea, Q. robur, Q. suber, Fagus orientalis, Carpinus betulus, C. orientalis, Castanea sativa, Fagus sylvatica, orientalis, Acer campestre, Ulmus effusa, campestris, Aesculus hippocastanum, Castanea vesca, Padus* spec. und *Prunus avium*.
Verbreitung: West- und Südeuropa, Österreich, Slowakei, Ungarn, Mazedonien, Bulgarien, Krim, Kaukasus, Armenien, Kleinasien, Tunesien, Algerien.
Rote Liste Deutschland: selten, kurz- und langfristige Bestandsentwicklung: gleichbleibend. Ungefährdet.

Abb. 649: Der Kleine Eichen-Borkenkäfer *Taphrorychus villifrons* in Aufsicht (Mus. Stuttgart).

Abb. 650: Der weibliche Kleine Eichen-Borkenkäfer *Taphrorychus villifrons* in Seitenansicht (Mus. Stuttgart).

Abb. 651: Der Absturz vom männlichen Kleinen Eichen-Borkenkäfer *Taphrorychus villifrons* (Mus. Stuttgart). Die Flügeldecken-Naht weist 5 bis 6 kräftige Körnchen auf. Die Absturz-Fläche ist chagriniert, halbmatt und darin verlaufen 3 Reihen mit feinen Körnchen. Die Körnchen der inneren Reihe haben den größten Abstand zueinander. Der Absturz ist von verrundeten Randkanten umfasst. Punktreihen existieren nicht auf der Absturz-Fläche.

Abb. 652: Der Fühler vom Kleinen Eichen-Borkenkäfer *Taphrorychus villifrons* (Mus. Stuttgart). Die Fühlergeißel besteht aus 5 Gliedern.

Abb. 653: Das Vorderbein vom Kleinen Eichen-Borkenkäfer *Taphrorychus villifrons* (Mus. Stuttgart). Dieses Exemplar hat zusätzliche Dornen auf der Außenkante. Üblicherweise sind es nur 8 bis 9 Dornen.

Taphrorychus bicolor (Herbst, 1794)

Kleiner Buchen-Borkenkäfer

Lebensweise: Hauptflugzeiten: März und Mai/Juni. Schwärmt ab 14,0 °C. Bevorzugt stärkere Äste und Stammpartien von Buche (im Gegensatz zu *Ernoporus fagi*). Früher: absterbende Äste und gefällte Stämme. Heute: auch stehende, lebende Bäume. 5–8 Muttergänge unregelmäßig, oft in Sternform mit Tendenz zur Längsrichtung mit schwach ausgeprägten Rammelkammern (Abb. 656); Larvengänge sich oft überkreuzend. Befallsmerkmale:

Abb. 654: Schrotschussartig verteilte Schleimflecken am liegenden Buchenstamm verraten die Besiedlung durch den Kleinen Buchen-Borkenkäfer (*Taphrorychus bicolor*).

Abb. 655: Frühes Brutbild des Kleinen Buchen-Borkenkäfer (*Taphrorychus bicolor*). Oben das Abbild in der Rinde und unten die schwache Schürfung des Splintholzes.

Schrotschussartig verteilter Schleimfluss am Buchenstamm (Abb. 654) und Einbohrstellen ggf. einseitig am Stamm mit wenig Schleimfluss. Polygamer Rindenbrüter. Oft vergesellschaftet mit *Agrilus viridis* (Buchenprachtkäfer) und seltener mit *Ernopous fagi* (Buchenspringrüssler). Überwinterung: meist im Brutbild, nur in geringer Zahl in der Bodenstreu. Bildet in der Regel zwei Generationen pro Jahr aus.

Wirtsarten: *Fagus sylvatica, F. orientalis, Carpinus betulus, C. orientalis, Quercus petraea, Q. robur, Q. pedunculata, Q. sessiliflora, Q. pontica, Populus tremula, Betula* spec., *Alnus* spec. und *Juglans regia*.

Abb. 656: Ältere sternförmige Brutbilder des Kleinen Buchen-Borkenkäfer (*Taphrorychus bicolor*).

Abb. 657: Stark zerfressenes Baumgewebe mit sehr hoher Dichte von allen Stadien des Kleinen Buchen-Borkenkäfers (*Taphrorychus bicolor*). Braunes erstes Larvenstadium: gelber Pfeil; letztes Larvenstadium: grüner Pfeil; Puppe: roter Pfeil; ausgefärbter Käfer: hellblauer Pfeil.

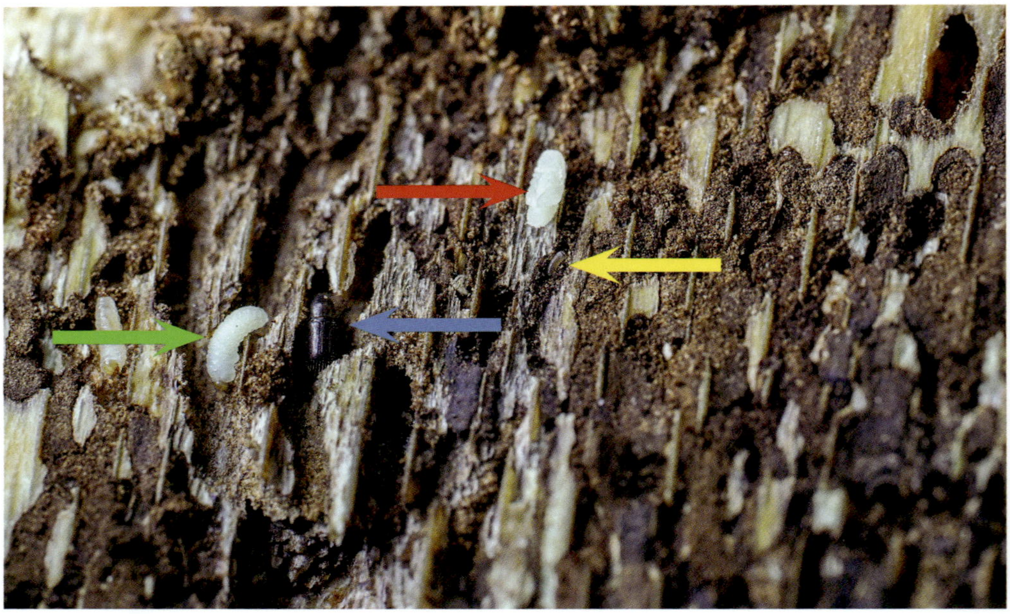

Abb. 658: Der Kleine Buchen-Borkenkäfer *Taphrorychus bicolor* in Aufsicht (Mus. Kassel). Hier ist ein Männchen abgebildet.

Abb. 659: Ein Weibchen des Kleinen Buchen-Borkenkäfers *Taphrorychus bicolor* in Seitenansicht (Mus. Frankfurt). Das Weibchen trägt einen dichten Haarschopf auf der Stirn.

Verbreitung: Mitteleuropa, England, Südschweden, Balkanländer, Kaukasus. In Tirol in Höhen von 630–1350 m.

Rote Liste Deutschland: sehr häufig, kurzfristiger Bestandstrend: deutliche Zunahme, langfristige Bestandsentwicklung: gleichbleibend. Ungefährdet.

Abb. 660: Ein Weibchen des Kleinen Buchen-Borkenkäfers *Taphrorychus bicolor* im Brutbild. Der goldgelbe Haarschopf ist kreisförmig.

Abb. 661: In Aufsicht erkennt man den relativ steilen Abfall der Flügeldecken beim männlichen Kleinen Buchen-Borkenkäfer *Taphrorychus bicolor* (Mus. Frankfurt).

Abb. 662: In gleicher Ansicht verläuft der Absturz deutlich runder und ohne klare Randkanten beim Weibchen des Kleinen Buchen-Borkenkäfers *Taphrorychus bicolor* (Mus. Frankfurt). Auf der Naht sind 5 bis 7 feine Körnchen.

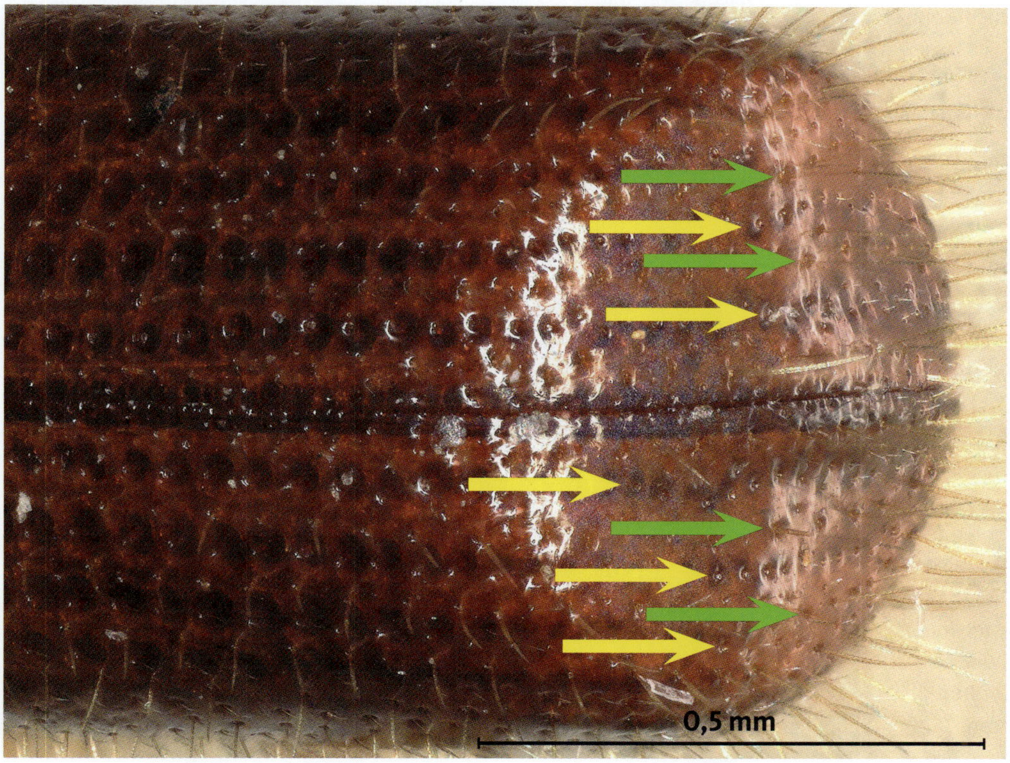

Abb. 663: In Schräg-Aufsicht ist die scharfe Absturz-Umgrenzung erkennbar beim männlichen Kleinen Buchen-Borkenkäfer *Taphrorychus bicolor* (Mus. Frankfurt). Auf der Absturzfläche verlaufen drei Punktreihen (gelbe Pfeile) mit kurzen und dünnen Haaren sowie drei Zwischenreihen (grüne Pfeile) mit gelben, langen und kräftigen Borstenhaaren.

Taphrorychus alni Pfeffer, 1940

Kleiner Erlen-Borkenkäfer

Wirtsart: *Alnus glutinosa.*
Verbreitung: Südfrankreich, Korsika und Portugal.

Abb. 664: Der Kleine Erlen-Borkenkäfer *Taphrorychus alni* in Aufsicht (Mus. Karlsruhe).

Abb. 665: Der Kleine Erlen-Borkenkäfer *Taphrorychus alni* in Seitenansicht (Mus. Karlsruhe). Das Männchen ist an der spärlichen Stirn-Behaarung erkennbar.

Abb. 666: Der Flügeldecken-Absturz bei einem Männchen vom Kleinen Erlen-Borkenkäfer *Taphrorychus alni* (Mus. Karlsruhe). Der steile Absturz ist seitlich verrundet und ohne scharfe Randkanten. Auf der Absturzfläche sind deutliche Punktstreifen und die Zwischenstreifen weisen kleine Kegel (Körnchen) auf. Auf dem Nahtstreifen sind ebenfalls kleine Kegel. Die Anzahl schwankt zwischen 5 und 9, auch innerhalb eines Individuums. Die Zwischenstreifen sind mit gelblichen Borsten und die Punktstreifen mit kurzen, dünnen Haaren versehen.

Taphrorychus siculus Eggers, 1908

Wirtsart: *Alnus* sp., in Stämmen (ca. 12–17 cm Durchmesser) und Ästen (ca. 7 cm) von *Alnus incana*.
Verbreitung: Sizilien, Südschweiz, Kaukasus?, Bosnien.

Abb. 667: *Taphrorychus siculus* (Mus. Genf) in Aufsicht.

Abb. 668: *Taphrorychus siculus* (Mus. Genf) in Seitenansicht.

Abb. 669: Der Absturz eines männlichen *Taphrorychus siculus* (Mus. Genf).

Abb. 670: Frontalansicht eines männlichen *Taphrorychus siculus* (Mus. Genf).

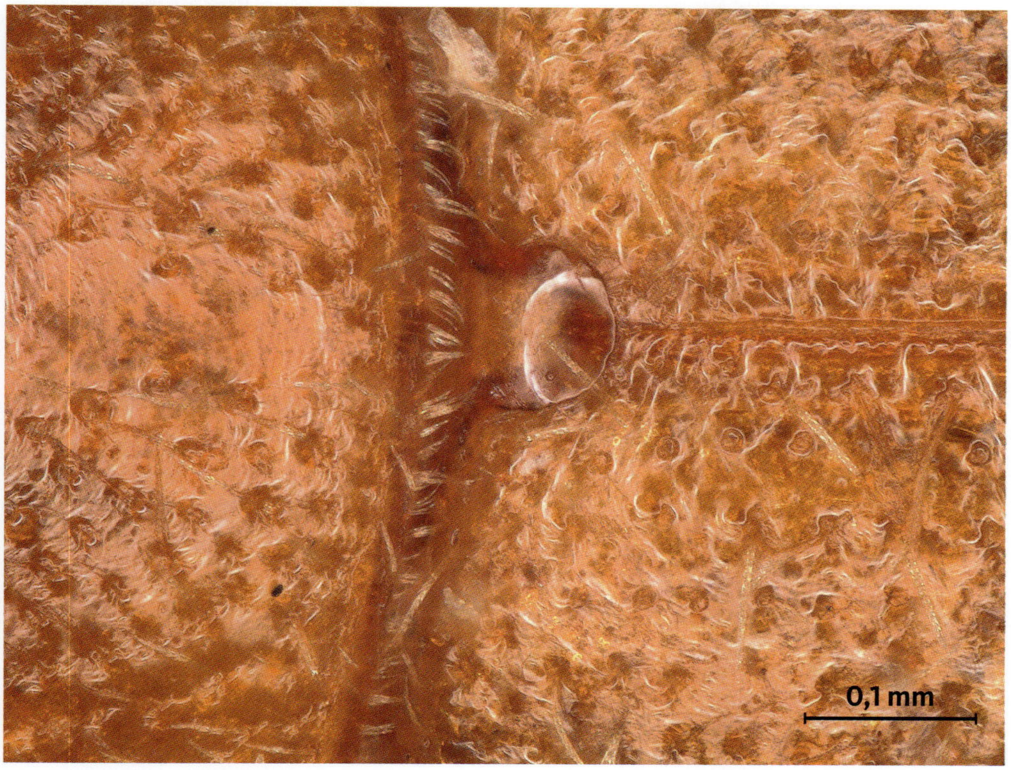

Abb. 671: Das Schildchen (Scutellum) von *Taphrorychus siculus* (Mus. Genf).

Tribus Thamnurgini Nüsslin, 1911

(Thamnurginae Nüsslin, 1911:377; Hylastini part. Reitter, 1894:59; Taphrorychini sbtr. Thamnurgina Reitter, 1913:84; Crypturgini part. Sehedl, 1981:65; Dryocoetini part. Wood, 1982:70)

Typusgattung: *Thamnurgus* Eichhoff, 1864.

Übersicht: Peyerimhoff, 1945–1947; Pfeffer, 1991.

Gattung *Thamnurgus* Eichhoff, 1864

Typusart. *Bostrichus euphorbiae* Küster, 1845.

Übersicht: Schedl, 1969; Sokanovsky, 1954; Peyerimhoff, 1945–1947.

Käfer: 1,8–3 mm. Die Weibchen sind etwas länger als die Männchen. Körper lang walzenförmig, braun bis braunschwarz gefärbt und kurz oder lang abstehend, locker behaart. Stirn beim Männchen und Weibchen flach gewölbt und oft mit feinem Mittelkielchen. Fühler mit keulenförmigem Schaft (Scapus) und mit 5-gliedriger Geißel und kleinerer, flacher, an der Basis verdickter, distal schief abgeschrägter behaarter Keule. Nähte nur auf der Außenseite sichtbar. Halsschild einfach gewölbt ohne Buckel, langoval oder lang walzenförmig gebaut, stark dicht oder locker punktiert und sparsam lang, abstehend behaart. Die einzelnen Halsschildpunkte sind länglich oder nierenförmig. Basis ungerandet. Flügeldecken lang walzenförmig, 1,7- bis 1,9-mal so lang wie breit. Streifen und Zwischenräume gleich stark und manchmal auch verworren punktiert und spärlich kurz oder lang abstehend behaart. Absturz beim Männchen abgeflacht mit schwach dachförmig vorstehender Naht und stumpfen Außenrändern, beim Weibchen schwach abgeflacht ohne erhöhte Naht und ohne deutlichen Außenrändern.

Die Form des Pronotums (Halsschild) ist nicht für die Artunterscheidung geeignet. Eine Arbeit aus Russland (Mandelshtam et al. 2012) konnte anhand der männlichen Genitalien drei Untergattungen erkennen: *Thamnurgus* s. str. mit *Th. euphorbiae* und *Th. varipes*; *Parathamnurgus* mit *Th. kaltenbachii* und *Macrothamnurgus* mit *Th. delphinii* und *Th. petzi*.

Lebensweise: Entwicklung im Stängel krautiger Pflanzen (Ranunculaceae, Euphorbiaceae, Labiatae und in *Tamarix*). Meist nur 1 Generation, bei welcher die ausgeschlüpften Jungkäfer überwintern. Monogame Arten.

Artenschlüssel der Gattung *Thamnurgus* Eichhoff, 1864

1 Halsschild (Pronotum) locker punktiert (Abb. 685). Untergattung *Macrothamnurgus* **2**

→ Halsschild (Pronotum) dichter punktiert (Abb. 672). Untergattungen *Thamnurgus* s. str. und *Parathamnurgus* **3**

2 Oberseite des Pronotums (Halsschild) kürzer behaart (Abb. 683). Halsschild viel spärlicher punktiert als die Flügeldecken (Abb. 684)(Elytren). Flügeldecken verworren und ziemlich stark punktiert. Schenkel und Schienen rotbraun gefärbt. Braunschwarze Körper-Färbung. Halsschild-Mittellinie undeutlich. Stirn mit feinem Mittelkielchen. Flügeldecken 1,75- bis 1,9-mal so lang wie breit. Absturz glänzend, mit seichtem Längseindruck und mit fein punktierten 2. und 3. Reihen. Schildchen gut sichtbar. Naht und Seitenwülste gleich hoch. Länge 2–2,8 mm.

→ *Thamnurgus delphinii* (Rosenhauer, 1856) – Rittersporn-Krautborkenkäfer, Rittersporn-Borkenkäfer

(*Bostrichus delphinii* Rosenhauer, 1856:302; *Thamnurgus robustus* Eggers, 1907:122; *T. holtzi* Strohmeyer, 1907:6; *T. semirufus* Reitter, 1906:36; *T. delphinii* (Rosenhauer): Ferrari, 1867:36)

→ Oberseite des Pronotums länger behaart (Abb. 686). Körper-Oberseite mit langen weißen Haaren versehen. Beine bei ausgefärbten Käfern braunschwarz. Halsschild mit ovalen Punkten und mit punktfreier Mittellinie. Halsschildseiten hinten parallel, locker und grob punktiert. Robuste Art. Flügeldecken 1,7- bis 1,8-mal so lang wie breit, grob verworren punktiert. Absturz schwach abgeflacht, grob und locker punktiert. Länge 2,5–3 mm.

→ *Thamnurgus petzi* Reitter, 1901 – Eisenhut-Krautborkenkäfer

3 Flügeldecken (Elytren) in regelmäßigen Reihen relativ fein punktiert (Abb. 679) Untergattung *Thamnurgus* s. str. **4**

→ Flügeldecken (Elytren) kräftiger und mehr verworren punktiert, insbesondere in Nahtnähe. Halsschild dicht und stark punktiert; die Punktur ist gleich intensiv der Flügeldeckenpunktur (Abb. 687). Schenkel und Schienen bei ausgefärbten pechschwarzen Käfern braunrot gefärbt. Halsschild grob nierenförmig punktiert. Stirn beim Männchen fein zerstreut punktiert und in der Mitte mit einem kurzen Längskielchen. Beim Weibchen ist die Stirn stärker punktiert und das Mittelkielchen oft kaum sichtbar. Flügeldecken verworren grob punktiert. Absturz beim Männchen schräg abgewölbt mit mäßig breiter und seichter dicht verworren punktierter Längsfurche. Seitenwülste so hoch wie die leicht erhöhte Naht. Weibchen mit nur leicht abgeflachtem, kräftig verworrenem und dicht punktiertem Absturz. Länge 1,8–2,5 mm.

→ *Thamnurgus kaltenbachii* Bach, 1849 – Gamander-Krautborkenkäfer, Kraut-Borkenkäfer, Lippenblütler-Borkenkäfer

(*Bostrichus kaltenbachii* Bach, 1849:199; T. *declivis* Reitter, 1897:244; T. *czikii* Endrödi, 1957:307; T. *kaltenbachii* (Bach): Eichhoff,1864:41)

4 Halsschild lang oval: 1,22- bis 1,28-mal so lang wie breit. Körper lang und schmal, die Flügeldecken bei beiden Geschlechtern bis zu doppelt so lang wie breit (Index: 1,84-2)(Abb. 679). Beine bei mahagoni-braunen Käfern braunrot gefärbt. Absturz beim Männchen neben der dachförmigen Naht mit tiefer, breiter und glatter Längsfurche, die mit einzelnen feinen Körnchen besetzt ist. Beim Weibchen ist diese Furche viel seichter. Länge 2,5–3 mm.

→ *Thamnurgus euphorbiae* (Küster, 1845) – Südlicher Krautborkenkäfer

(*Bostrichus euphorbiae* Küster, 1845:39; *Thamnurgus euphorbiae* (Küster): Eichhoff, 1864:40; *T. siculus* Eggers, 1912:115)

→ Halsschild gedrungener oval: 1,08- bis 1,18-mal so lang wie breit. Die Flügeldecken sind etwas gedrungener (Index: 1,77–1,87). Oberseite kurz abstehend behaart (Abb. 673). Haare etwas geneigt. Schienen (Tibien) bei den ausgefärbten braunschwarzen Käfern dunkelbraun gefärbt. Männchen: Absturz deutlich abgeflacht, glatt mit stumpfen Außenrändern; Naht deutlich hervortretend. Weibchen: Absturz schwach abgeflacht und mit feinen Pünktchen besetzt; Naht nicht deutlich hervortretend. Länge 1,8–2,6 mm.

→ *Thamnurgus varipes* Eichhoff, 1878 – Wolfsmilch-Krautborkenkäfer

Artenkapitel zur Gattung *Thamnurgus* Eichhoff, 1864

Thamnurgus varipes Eichhoff, 1878

Wolfsmilch-Krautborkenkäfer, Euphorbien-Borkenkäfer

Wirtsarten: Die Art lebt in den Blütenstängeln von *Euphorbia amygdaloides* (Mandelblättrige Wolfsmilch) und *E. characias* (Palisaden-Wolfsmilch), die auf trockenen, lichten und sonnigen Stellen stehen. Die Käfer überwintern in den ausgefressenen Markröhren trockener Stängel.

Verbreitung: Südliches Mitteleuropa (Frankreich, Deutschland, Österreich, Mähren, Ukraine, Slowakei, Ungarn, Polen, Rumänien, Bosnien, Bulgarien, Griechenland, Türkei).

Rote Liste Deutschland: extrem selten, keine Aussage zur Bestandsentwicklung möglich. Extrem selten (R).

Abb. 672: Der Wolfsmilch-Krautborkenkäfer – *Thamnurgus varipes* in Aufsicht (Mus. Stuttgart). Die Grundfärbung ist deutlich dunkler als beim Südlichen Krautborkenkäfer (*Thamnurgus euphorbiae*) (Vergleiche Abb. 679).

Abb. 673: Der Wolfsmilch-Krautborkenkäfer – *Thamnurgus varipes* in Seitenansicht (Mus. Stuttgart). In der Regel ist er kürzer als die beiden ähnlichen Arten Südlicher Krautborkenkäfer (*Thamnurgus euphorbiae*) und Eisenhut-Krautborkenkäfer (*Thamnurgus petzi*).

Abb. 674: Vorder-, Mittelbein (links) und Hinterbein (rechts) vom Wolfsmilch-Krautborkenkäfer (*Thamnurgus varipes*) tragen nur wenige dünne Dornen an der Außenkante der dunklen Schiene (Mus. Stuttgart).

Abb. 675: Der Halsschild (Pronotum) vom Wolfsmilch-Krautborkenkäfer (*Thamnurgus varipes*) weist nierenförmige Vertiefungen auf (Mus. Stuttgart).

Abb. 676: Der Fühler vom Wolfsmilch-Krautborkenkäfer (*Thamnurgus varipes*) mit 5-gliedriger Fühlergeißel und 3-gliedriger spatelförmiger Keule (Mus. Stuttgart).

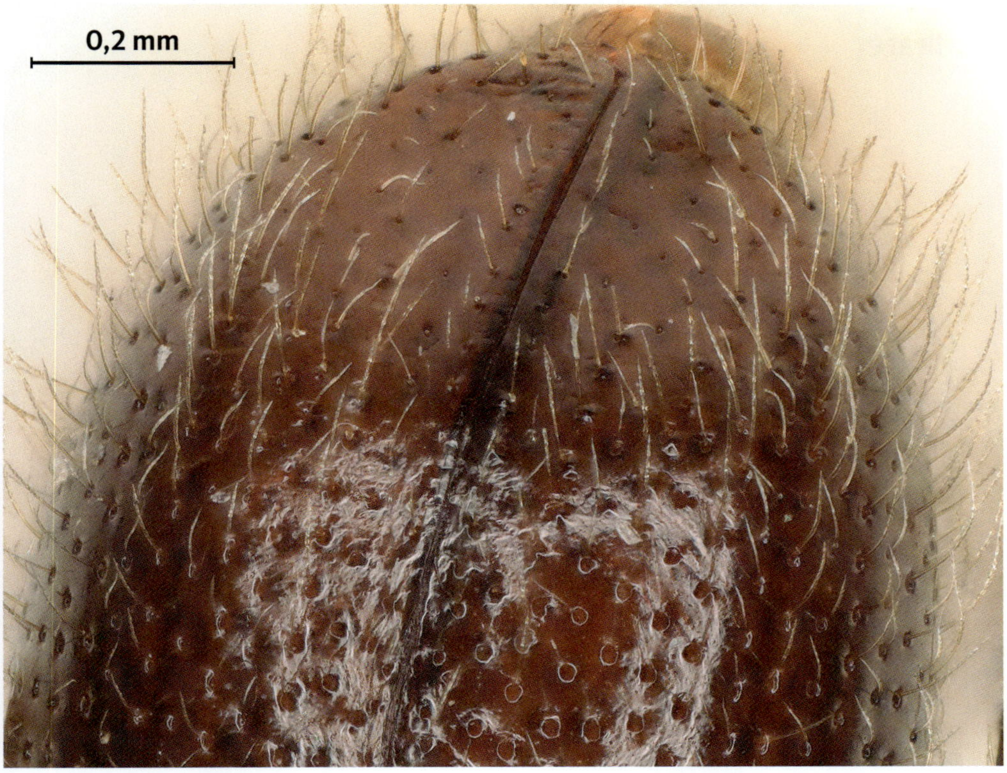

Abb. 677: Der Flügeldecken-Absturz vom Wolfsmilch-Krautborkenkäfer (*Thamnurgus varipes*)(Mus. Stuttgart). Der Absturz beim Weibchen ist schwach abgeflacht und mit feinen Pünktchen besetzt; die Naht ist nicht deutlich hervortretend.

Abb. 678: Der Flügeldecken-Absturz vom männlichen Wolfsmilch-Krautborkenkäfer (*Thamnurgus varipes*)(Mus. Stuttgart) ist deutlich abgeflacht und die Naht ist hervorgehoben.

Thamnurgus euphorbiae (Küster, 1845)

Südlicher Krautborkenkäfer

Abb. 679: Der Südliche Krautborkenkäfer – *Thamnurgus euphorbiae* in Aufsicht (Mus. Stuttgart). Die Schienen (Tibien) sind deutlich heller gefärbt als beim Wolfsmilchkraut-Borkenkäfer (*Thamnurgus varipes*)(Vergleiche Abb. 672).

Lebensweise: Die Käferlarven verursachen in den Zweigspitzen von *E. amygdaloides* keulenförmige Anschwellungen. Die Käfer überwintern in den Pflanzenstängeln. Im April schwärmen sie aus. Die Kopulation findet auf den Stängeln statt. In den Stängeln ist die Geschlechterverteilung 3 Weibchen zu 1 Männchen. Die Weibchen legen einzeln durchschnittlich ca. 85 Eier ab. Dabei bewegen sie sich im Stängel abwärts. Aus einem Stängel können bis zu 49 Käfer schlüpfen. Eine Generation pro Jahr.

Wirtsarten: *Euphorbia dendroides, E. wulfenii, E. characias, E. amygdaloides.*

Verbreitung: Kroatien (Dalmatien, Istrien), Bosnien, Herzegowina, Italien mit Sizilien und Sardinien, Griechenland.

Abb. 680: Der Südliche Krautborkenkäfer – *Thamnurgus euphorbiae* in Seitenansicht (Mus. Stuttgart).

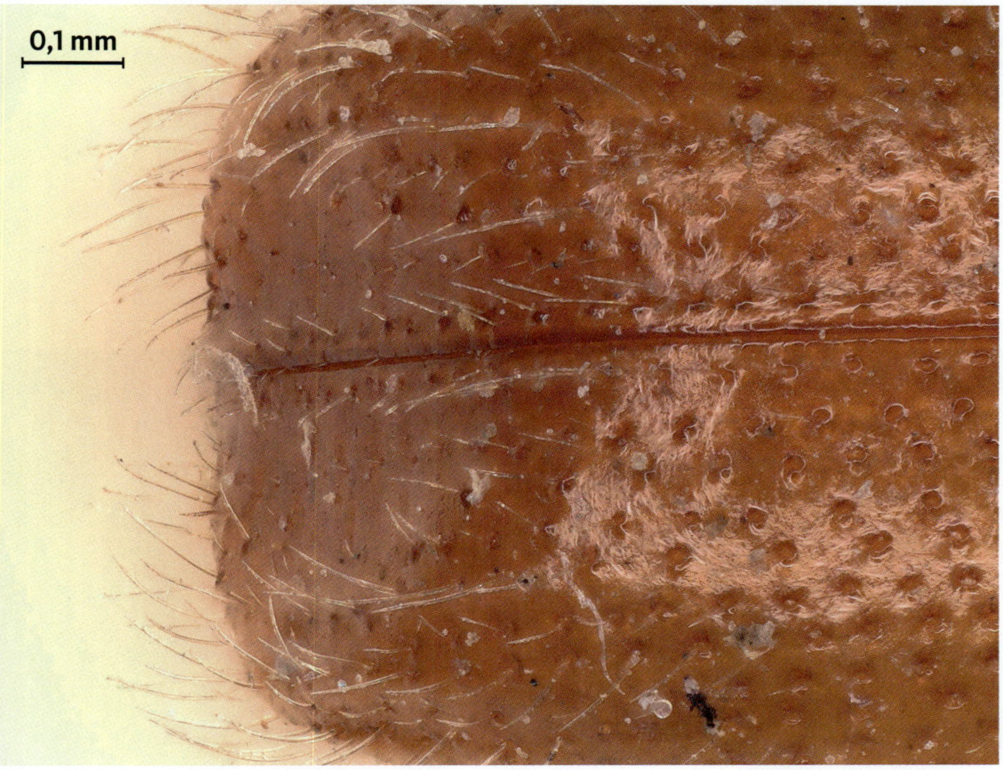

Abb. 681: Der Flügeldecken-Absturz vom Südlichen Krautborkenkäfer – *Thamnurgus euphorbiae* in Aufsicht (Mus. Braunschweig). Der Absturz beim Weibchen ist mit einer tieferen und breiten Längsfurche neben der Naht versehen als beim Wolfsmilchkraut-Borkenkäfer (*Thamnurgus varipes*)(Vergleiche Abb. 677).

Thamnurgus delphinii (Rosenhauer, 1856)

Rittersporn-Krautborkenkäfer, Rittersporn-Borkenkäfer

Wirtsarten: *Delphinium consolida* (Acker-Rittersporn), *Delphinium hispanicum* (Spanischer Ackerrittersporn), *Teucrium scorodonia* (Salbei-Gamander).

Verbreitung: Südspanien, Italien, Sizilien, Griechenland, Kaukasus, Kleinasien, Algerien, Marokko, Turkmenistan. Tirol: nur eine alte Einzelmeldung aus „Tyrol" (Hellrigl 2012).

Abb. 682: Der Rittersporn-Krautborkenkäfer – *Thamnurgus delphinii* in Aufsicht (Mus. Frankfurt).

Abb. 683: Der Rittersporn-Krautborkenkäfer – *Thamnurgus delphinii* in Seitenansicht (Mus. Frankfurt).

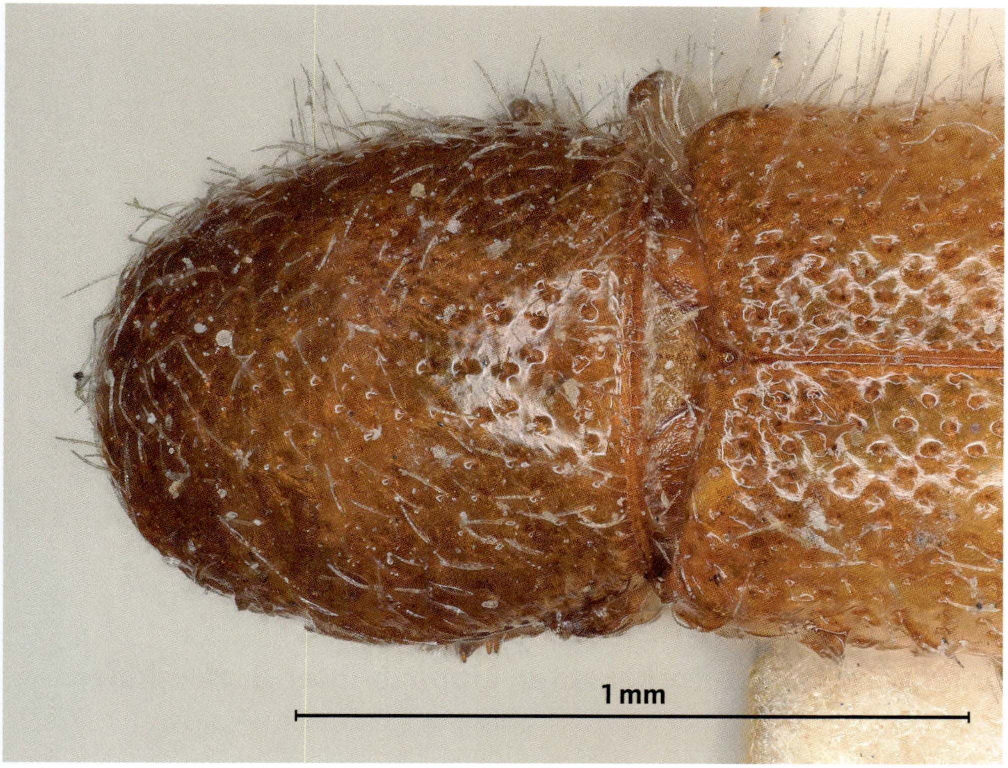

Abb. 684: Der Halsschild (Pronotum) vom Rittersporn-Krautborkenkäfer – *Thamnurgus delphinii* ist wesentlich weniger dicht punktiert als die Flügeldecken (Elytren)(Mus. Frankfurt). Vergleiche Abb. 687.

Thamnurgus petzi Reitter, 1901

Eisenhut-Krautborkenkäfer

Lebensweise: Die Einbohrstelle liegt im Stängel, aber auch häufig in den Blattachseln der Pflanze. Die Larven entwickeln sich stielabwärts in der Futterpflanze und bringen diese oberhalb der Einbohrstelle zum welken (Weichselbaumer 2014).

Wirtsart: *Aconitum.*

Verbreitung: Deutschland (Bergheim), Oberösterreich (Grosse Dirn). Ungarn. Tschechien. Rumänien. Moldavien.

Abb. 685: Der Eisenhut-Krautborkenkäfer – *Thamnurgus petzi* in Aufsicht (Mus. Frankfurt).

Abb. 686: Der Eisenhut-Krautborkenkäfer – *Thamnurgus petzi* in Seitenansicht (Mus. Frankfurt).

Thamnurgus kaltenbachii Bach, 1849

Gamander-Krautborkenkäfer, Kraut-Borkenkäfer, Lippenblütler-Borkenkäfer

Wirtsart: *Teucrium scorodonia, Origanum vulgare, Lamium album* und *Betonica officinalis.*
Verbreitung: Deutschland, Österreich und Frankreich.

Rote Liste Deutschland: sehr selten, kurz- und langfristige Bestandsentwicklung: gleichbleibend. Ungefährdet.

Abb. 687: Der Gamander-Krautborkenkäfer – *Thamnurgus kaltenbachii* in Aufsicht (Uni Göttingen). Der Halsschild (Pronotum) ist mit ähnlich dichter Punktur versehen wie die Flügeldecken (Elytren)(Vergleiche Abb. 684).

Abb. 688: Der Gamander-Krautborkenkäfer – *Thamnurgus kaltenbachii* in Seitenansicht (Mus. Bonn). Bei schwarzer Körperfärbung fallen die rotbraun gefärbten Beine und die gelben Fühler auf.

Abb. 689: Der Gamander-Krautborkenkäfer – *Thamnurgus kaltenbachii* in Frontalansicht (Mus. Bonn).

Abb. 690: Der Flügeldecken-Absturz vom Gamander-Krautborkenkäfer – *Thamnurgus kaltenbachii* in Schrägansicht (Uni Göttingen). Die Flügeldecken-Naht und die seitlichen Abgrenzungen sind hervorgehoben. Auf den Furchen und der Naht stehen zahlreiche abstehende lange Haare.

Tribus Ipini Bedel, 1888

(*Tomicidae* Eichhoff, 1878:210; *Tomici* Blandford, 1898:186; *Tomicinae* Tredl, 1907:14; *Tomicini* Barbey, 1901:21; *Ipinae* Hagedorn, 1909:163)

Typusgattung: *Ips* DeGeer, 1775.

Käfer: Körper walzenförmig-zylindrisch, mittelgroß bis groß, meist mehr oder weniger dicht lang abstehend behaart. Fühlergeißel 5-gliedrig, Fühlerkeulennähte auf beiden Seiten sichtbar. Stirn bei den Männchen einfach kurz behaart, bei den Weibchen mit dichterer Behaarung, ausgehöhlt oder einfach gewölbt. Halsschild groß, gleichmäßig gewölbt, länger als breit (mehr oder weniger parallelseitig, vorne verrundet). Halsschild-Vorderrand mit feinem Höckerkranz (*Taphrorychus*, *Pityophthorus* – Anmerkung: diese Gattungen gehören nach Pfeffer nicht zum Tribus Ipini – sowie *Pityogenes*), oder Halsschild-Vorderrand gehöckert ohne Höckerkranz (*Pityokteines*, *Ips* und *Orthotomicus*), an der Basis einfach punktiert oder glatt. Basis ungerandet. Absturz stark oder schwach ausgehöhlt und am Rand gezähnelt, bei den Weibchen manchmal nur schwach gehöckert. Basalrand nicht gehöckert. Geschlechtsdimorphismus oft bei der Stirnbehaarung und beim Absturz sichtbar.

Lebensweise: Polygame Rindenbrüter mit mehrarmigen Brutbildern, fast ausschließlich an Nadelhölzern, ausnahmsweise an Laubholz.

Gattung *Ips* De Geer, 1775

(*Bostrichus* part. Fabricus, 1775:59; *Tomicus* part. Latreille, 1807:276; *Cumatotomicus* Ferrari, 1867:44; *Cyrtotomicus* Ferrari, 1867:44) Typusart: *Dermestes typographus* Linne, 1758.

Monographien: Schedl, 1950; Nobuchi, 1974; Wachtl, 1883.

Käfer: 2,2–8 mm. Körper walzenförmig und gedrungen, braunschwarz, glänzend, stark abstehend behaart. Fühler und Tarsen braungelb. Stirn flach punktiert und kurz einfach behaart. Fühler mit 5-gliedriger Geißel und stumpf-eiförmiger 3-gliedriger, flacher Keule. Halsschild etwas länger als breit, vorne gehöckert, hinten weitläufig punktiert, mit einer glatten aber nicht erhöhten Mittellinie. Basis ungerandet. Flügeldecken walzenförmig, punktiert gestreift. Zwischenräume glatt oder fein spärlich punktiert und breiter als die Punktstreifen. Absturz ausgehöhlt. Flügeldecken am Absturz S-förmig abfallend und der gebogene Spitzenrand etwas horizontal abgeflacht. Der Spitzenrand ist bei dieser Gattung doppelt. Der innere Rand umfasst das Abdomen, der äußere die Absturzfläche. Absturz beidseits mit 3, 4 oder 6 kegelförmigen Zähnen. Geschlechtsdimorphismus nur bei einigen Arten aufgrund der Stirn- oder Absturzstruktur oder Dichte der Pronotum-Behaarung erkennbar.

Lebensweise: Entwicklung im Bast von Nadelholzarten. Brutbild aus 2 bis 7 Längs- oder Längssternmuttergängen oder typischen Sterngängen mit zentraler Rammelkammer. 1 bis 3 Generationen pro Jahr. Polygame Arten. Die „knopfzahnigen" Borkenkäfer (Gattung *Ips*) oder „Knopfzahner" (wegen eines knopfförmig verbreiterten Zahnes am Außenrand des Flügeldecken-Absturzes) sind von erheblicher forstwirtschaftlicher als auch ökologischer Bedeutung (z. B. Buchdrucker und Kupferstecher), einige Arten haben sub- bis primäre Befallstendenz.

Artenschlüssel der Gattung *Ips* De Geer, 1775

1 Absturz beidseits mit 3 oder 6 Zähnen. **2**

→ Absturz beidseits mit 4 Zähnen. **3**

2 Absturzrand an jeder Seite mit 3 Zähnen, wovon der unterste beim Männchen plattenförmig verbreitert und zweispitzig ist (Abb. 698). Beim Weibchen ist der 3. Zahn nur einfach gespitzt (Abb. 696). Manchmal fehlt der erste Zahn. Der Absturz ist glänzend, unregelmäßig, an der Flügeldecken-Naht dichter punktiert. Flügeldecken nur 1,35- bis 1,45-mal so lang wie breit, stark glänzend und regelmäßig fein gestreift punktiert. Zwischenräume mit einer Punktreihe. Dunkelbraun, Flügeldecken rötlich braun. Länge 2,2–4,9 mm. Fühler und Beine gelbrot.

➔ *Ips acuminatus* (Gyllenhal, 1827) – Spitz- oder Sechszähniger Kiefernborkenkäfer

(*Bostrichus acuminatus* Gyllenhal, 1827:620; *B. geminatus* Zetterstedt, 1828:345; *B. iconographus* Kugelann, 1837:332; *B. porographus* Escholtz, 1837:332; *B. quadridentatus* Sturm, 1826:102; *Cyrtotomicus acuminatus* Ferrari, 1867:44; *Tomicus acuminatus* Thomson, 1865:303; *T. acuminatus v. heydeni* Eichhoff, 1884:298; *Ips acuminatus* (Gyllenhal): Reitter, 1894:82)

→ Absturz mit beidseits 6 Zähnen. Der vierte Zahn ist der größte. Dieser ist geknöpft (Abb. 705). Flügeldecken walzenförmig, 1,6-mal so lang wie breit, regelmäßig gestreift. Zwischenräume breit und unregelmäßig punktiert oder auch glatt. Hell- bis dunkelbraun, lang behaart, besonders dicht im Bereich des schrägen Flügeldeckenabsturzes. Beim Männchen ist der dritte und vierte Zahn an der Basis verschmolzen. Länge 5–8 mm.

→ *Ips sexdentatus* (Boerner, 1766) – Zwölfzähniger Kiefernborkenkäfer, Großer zwölfzähniger Kiefernborkenkäfer

(*Dermestes sexdentatus* Börner, 1776:78; *Bostrichus typographus* Fabricius, 1801:385; *B. pinastri* Bechstein, 1818:93; *B. stenographus* Duftschmid, 1825:88; *Cumatotomicus stenographus* Ferrari, 1867:43; *Scolytus typographus* Olivier, 1795:78; *Tomicus sexdentatus* Gemminger &Harold, 1872:2691; *Ips sexdentatus* (Börner): Reitter, 1894:80; *I. typographus* DeGeer, 1775:193)

3 Der zweite Absturzzahn ist plattenförmig in Form eines Rechtecks und an der Basis mit dem dritten breit verbunden (Abb. 715). Abstand der beiden Suturalzähnchen kleiner oder nur so groß wie die Entfernung vom Suturalzähnchen zum nächsten Zahn. Absturz deutlich schief abgeschrägt. Apikalrand kräftig vorgezogen. Seitenrand der Flügeldecken hinter dem untersten Zahn glatt und ungekerbt. Abstand zwischen dem zweiten und dritten Zahn deutlich kleiner als die Entfernung vom Suturalzähnchen zum nächsten zweiten Zahn. Flügeldecken 1,4-mal so lang wie breit. Zwischenräume mit einer Reihe weitläufig gestellter Punkte. Der dritte Zahn ist klein, zylindrisch bis leicht geknöpft. Absturzfläche glänzend und kräftig punktiert. Körper braunschwarz bis pechbraun. Länge 3,2–4,4 mm.

→ *Ips duplicatus* (C. R. Sahlberg, 1836) ♂ – Nordischer Fichtenborkenkäfer

(*Bostrichus duplicatus* Sahlberg, 1836:144; *B. judeichi* Kirsch, 1870:388; *Cyrtotomicus rectangulus* Ferrari, 1867:108; *Tomicus judeichi* Eichhoff, 1878:230; *T. duplicatus* Judeich, Nietsche, 1895:498; *T. infucatus* Eichhoff, 1877:392; *Ips duplicatus* (Sahlberg): Reitter, 1894:81)

→ Alle 4 Zähne stehen frei. Der Zweite bildet keinen rechten Winkel. Körper pech- bis rotbraun. **4**

4 Abstand zwischen dem zweiten und dritten Zahn deutlich kleiner als die Entfernung vom Suturalzähnchen zum nächsten zweiten Zahn (Abb. 716). Flügeldecken 1,4-mal so lang wie breit. Zwischenräume mit einer Reihe weitläufig gestellter Punkte. Der zweite und dritte Zahn sind gleich geformt: kurz, dreieckig, kegelförmig. Absturzfläche glänzend und kräftig punktiert sowie behaart. Länge 3,2–4,5 mm.

→ *Ips duplicatus* (C. R. Sahlberg, 1836) ♀ – Nordischer Fichtenborkenkäfer

→ Abstand der beiden Suturalzähnchen deutlich größer als die Entfernung vom Suturalzähnchen zum zweiten Zahn (Abb. 726). Geschlechtsdimorphismus kaum sichtbar. **5**

5 Die zweiten bis vierten Zwischenräume auf den Flügeldecken-Oberseiten sind glatt, breit und ohne Punkte (Abb. 722). Absturz seifenglänzend, fein punktiert (Abb. 723). Flügeldecken 1,3- bis 1,5-mal so lang wie breit. Der zweite Zahn ist kräftig dreieckig (Zwiebelturm). Stirn mit hervortretendem Höckerchen in der Mitte. Vorderer Halsschildbereich beim Weibchen dichter behaart als beim Männchen (Schlyter & Cederholm 1981). Länge 4,1–6,3 mm. Der Hauptunterschied zum Lärchenborkenkäfer (*Ips cembrae*) ist die Flügeldeckennaht-Behaarung im Absturz. Beim Buchdrucker reicht sie maximal nur bis zur Mitte (Abb. 727), beim Lärchenborkenkäfer geht sie bis zum unteren Absturz-Ende (Abb. 742). Meist sind die Borstenhaare beim Buchdrucker nur im obersten Absturz-Drittel zu finden.

→ *Ips typographus* (Linnaeus, 1758) – Buchdrucker, Großer achtzähniger Fichtenborkenkäfer

(*Dermestes typographus* Linne, 1758:355; *Bostrichus octodentatus* Paykull, 1800:146; *B. typographus* Ratzeburg, 1837:139; *Cumatotomicus typographus* Ferrari, 1867:48; *Tomicus typographus* Eichhoff, 1878:243; *Ips typographus* (Linné): Reitter, 1894:80)

→ Zwischenräume der Flügeldecken-Oberseiten spärlich aber deutlich punktiert (Abb. 734). Absturz glänzend und stark punktiert (Abb. 735). **6**

6 Naht des Basalglieds der Fühlerkeule fast gerade (Abb. 737). Flügeldeckennaht-Behaarung reicht maximal bis zur Mitte des Absturzes (Abb. 736). Flügeldecken 1,4- bis 1,7-mal so lang wie breit. Länge 3,5–4,8 mm.

→ *Ips amitinus* (Eichhoff, 1872) – Kleiner achtzähniger Fichtenborkenkäfer, Achtzähniger Zirbenborkenkäfer

(*Tomicus amitinus* Eichhoff, 1871:138; *Bostrichus duplicatus* Hlawa, 1870:344; *Ips amitinus* (Eichhoff): Reitter, 1894:81; *I. amitinus* v. *montanus* Fuchs, 1913:74; *Ips amitinus* v. *montana* Schedl, 1979:18; *I. amitinus* v. *helveticus* Schedl, 1932:1644)

→ Naht des Basalglieds der Fühlerkeule in der Mitte stark bogig vorgezogen (Abb. 743). Flügeldeckennaht-Behaarung geht bis zum unteren Absturz-Ende (Abb. 742). Flügeldecken 1,4- bis 1,6-mal so lang wie breit. Länge 4,5–6 mm.

→ *Ips cembrae* (Heer, 1836) – Großer Lärchenborkenkäfer, Achtzähniger Lärchenborkenkäfer

(*Bostrichus cembrae* Heer, 1836:28; *B. subelongatus* Motschulsky, 1860:155; *Ips cembrae* (Heer): Reitter, 1894:80; *Ips cembrae* var. *engadinensis* Fuchs, 1913:82; *I. shinanonensis* Yano, 1924:2, synon. Sawarnoto, 1940, 14:95; *Cyrtotomicus cembrae* Ferrari, 1867:42; *Neotomleus cembrae* Fuchs, 1911:33; *I. engadinensis* Eggers, 1944:140; *I. fallax* Eggers, 1915:96).

Artenkapitel zur Gattung *Ips* De Geer, 1775

Ips acuminatus (Gyllenhal, 1827)

Spitz- oder Sechszähniger Kiefernborkenkäfer, Sechszähniger Föhrenborkenkäfer

Lebensweise: Der spätschwärmende Käfer ist ziemlich wärmebedürftig und fliegt erst Ende April/Anfang Mai und dann wieder im August. Er befällt eher primär geschädigte Bäume (sekundär), ist aber zum Teil auch Erstbesiedler. Der Befall, der meist im dünnrindigen Spiegelrindenbereich oben am Stamm oder an Starkästen beginnt, bleibt häufig zunächst unentdeckt und wird erst durch die Besiedlung der unteren Stammpartie durch den Zwölfzähnigen Kiefernborkenkäfer (*Ips sexdentatus*) oder den Großen Waldgärtner (*Tomicus piniperda*) bzw. durch von Starkästen abfallende Rinde sichtbar. Besonders häufig finden wir ihn in Kienzopf-befallenen Beständen, in lockeren Beständen, auf Ackersterbeflächen, nach Waldbrand sowie auf Schlagflächen (Schlagabraum). Von hier aus kann er auf vitale Stämme übergreifen und Äste, Kronenteile oder ganze Bäume zum Absterben bringen. Auch Zweige von sehr geringer Dimension werden befallen. Im Frühling besiedelte Kiefern (Föhren) fallen zuerst durch das Welken der neuen Triebe auf. Später, oft erst beim Ausflug der Käfer oder nur wenige Tage zuvor, verfärben sich die Kronen rot. Im fortgeschrittenen Befallsstadium fallen Rindenstücke ab. Es tritt nur ein geringer Ausstoß von weiß-orangebraun meliertem Bohrmehl auf. Dies ist vom Boden aus kaum bemerkbar. Überträgt Bläuepilze. Als einzige *Ips*-Art hat das Weibchen ein orales Mycetangium. Darin werden die Pilz-Sporen des symbiotischen *Ophiostoma macrosporum* transportiert. Dieser Pilz ist für die Ernährung wichtig (Papek et al. 2024). Das Brutbild ist ein tief in den Splint eingreifender, vielarmiger Sterngang (allgemein 3 bis 5 Muttergänge, gelegentlich aber 2 bis 12) mit einer geräumigen Rammelkammer. Einischen in weiteren Abständen, oft alternierend. Die kurzen Larvengänge sind weit voneinander entfernt und furchen ebenfalls den Splint stark. Die Puppenwiegen liegen auch im Splint. Die Zahl der angelegten Muttergänge, die eine Länge bis zu 40 cm erreichen können, unterliegt stärkeren Schwankun-

Abb. 691: Brutbild vom Spitz- oder Sechszähnigen Kiefernborkenkäfer (*Ips acuminatus*)(Uni Göttingen).

gen. Mitunter stehen benachbarte Fraßbilder durch Vereinigung einzelner Muttergänge und auch der Rammelkammern miteinander in Verbindung. Untypisch für Borkenkäfer, werden die Gänge mit Bohrmehl verstopft. Unregelmäßiger Regenerationsfraß der Altkäfer am Ende der Muttergänge in Form von buchtigen Erweiterungen. Der Reifefraß der Jungkäfer ist plätzeartig im Anschluss an die Puppenwiegen. Überwinterung der Jungkäfer in den Kiefernkronen, oft noch mit grüner Benadelung. In Südtirol ist *Ips acuminatus* der Kiefernborkenkäfer, welcher die meisten Schäden verursacht. Vielarmige, längsorientierte, stark eingetiefte Sterngänge mit starker pilzlicher Holzbläuung. Es kann zu Schäden mit gruppenweisem Absterben (Vergilbung) zahlreicher Kiefern kommen. Notorische Befallsgebiete sind auch karge Felshänge sowie warme Trockenhänge. In trockenen, tiefen Lagen neigt er zu Massenvermehrungen.

Das Brutbild von *Ips acuminatus* ähnelt sehr dem des Zweizähnigen Kiefernborkenkäfers (*Pityogenes bidentatus*), der aber stärkere Äste bevorzugt und wesentlich kürzere Muttergänge besitzt. Vom ähnlichen Brutbild des Kiefernstangen-Borkenkäfers (*Orthotomicus suturalis* Gyll.) ist es durch die langen Muttergänge, die starke Furchung des Splintes und die weitständigen Larvengänge gut zu unterscheiden. Das Brutbild weist zwei bis zwölf Muttergänge auf. Die Larvengänge sind meist kürzer als 15 mm. Bei ungeschlechtlich sich fortpflanzenden Muttertieren können bis zu 20 Muttergänge auftreten. Im Norden des Verbreitungsgebietes in der Regel nur eine Generation im Jahr mit dem Mai als Flugmonat. Ansonsten meist zwei Generationen pro Jahr mit Geschwisterbruten. Überwinterung meist als Käfer im Brutbild, seltener als Larve. Es tritt geschlechtliche als auch ungeschlechtliche (Pseudogamie) Vermehrung auf. Diese asexuelle Fortpflanzung ist eine besondere Form der Parthenogenese. Dabei werden Spermien von Männchen benötigt um die Embryogenese anzuregen. Allerdings verschmelzen die Spermien nicht mit den Eiern, d.h. die Eier entwickeln sich alleine zum Embryo. Die pseudogamen Weibchen sind triploid (3n = 48) und die sexuell sich fortpflanzenden Weibchen sind diploid (2n = 32). Morphologisch unterscheiden sie sich nicht (Papek et al. 2024). Durch Übertragung von Bläuepilzen kann der Käfer die visuellen Holzeigenschaften beeinträchtigen.

Wirtsbaumarten: *Pinus sylvestris, P. densiflora, P. rotundata, P. nigra balcanica, P. nigra cevennensis, P. nigra pallasiana, P. pentaphylla, P. pumila, P. leucodermis, P. sibirica, P. koraiensis,* seltener *Picea abies, P. obovata, P. orientalis, Abies nordmanniana, Larix decidua, Pseudotsuga menziesii* und *Juniperus communis*. Tirol: Brütet in Südtirol überaus häufig in dünnrindigen Kronenteilen von Wald-Kiefern, wobei Wipfel und Äste dicht befallen werden (Käfer auch in dünnen Zweigen, aber dort kein Brutfraß, sondern Reifungs-

Abb. 692: Brutbild vom Spitz- oder Sechszähnigen Kiefernborkenkäfer (*Ips acuminatus*).

Abb. 693: Brutbilder vom Spitz- oder Sechszähnigen Kiefernborkenkäfer (*Ips acuminatus*) in hoher Dichte.

fraß). Bei Jungkiefern von 2–3 m Höhe kommt es auch zu Befall in Stämmchen mit etwas dickerer Rinde. Kommt ausnahmsweise auch in Ästen von Fichte und an Lärche vor. Die Art zeigt ausgeprägte subprimäre Befallstendenz und tritt regelmäßig herdartig an Wald-Kiefern auf, unter denen Wipfelstücke und Äste (nach Schneedruck oder Waldarbeiten, z. B. Bau von Wegen oder Wasserleitungen) liegen geblieben waren und günstige Brutgelegenheiten boten.

Verbreitung: Europa, Krim, Kaukasus, Kleinasien, Sibirien, Korea, Japan. Die Art ist im gesamten Kieferngebiet in Tirol von 250–1500 m Seehöhe verbreitet und häufig. In Osttirol selten an Wald-Kiefer und auch in Nordtirol nicht häufig.

Rote Liste Deutschland: mäßig häufig, kurz- und langfristige Bestandsentwicklung: gleichbleibend. Ungefährdet.

Abb. 694: Ein Weibchen des Spitz- oder Sechszähnigen Kiefernborkenkäfers (*Ips acuminatus*) in Aufsicht (Mus. Braunschweig) mit typischer Färbung. Auf den Flügeldecken (Elytren) sind die lückig stehenden Punkte der Zwischenstreifen gut erkennbar.

Abb. 695: Ein Männchen des Spitz- oder Sechszähnigen Kiefernborkenkäfers (*Ips acuminatus*) in Seitenansicht (Mus. Wiesbaden).

Abb. 696: Der Flügeldecken-Absturz des Weibchens vom Spitz- oder Sechszähnigen Kiefernborkenkäfer (*Ips acuminatus*) in schräger Seitenansicht (Mus. Frankfurt). Der dritte und größte Zahn ist einspitzig.

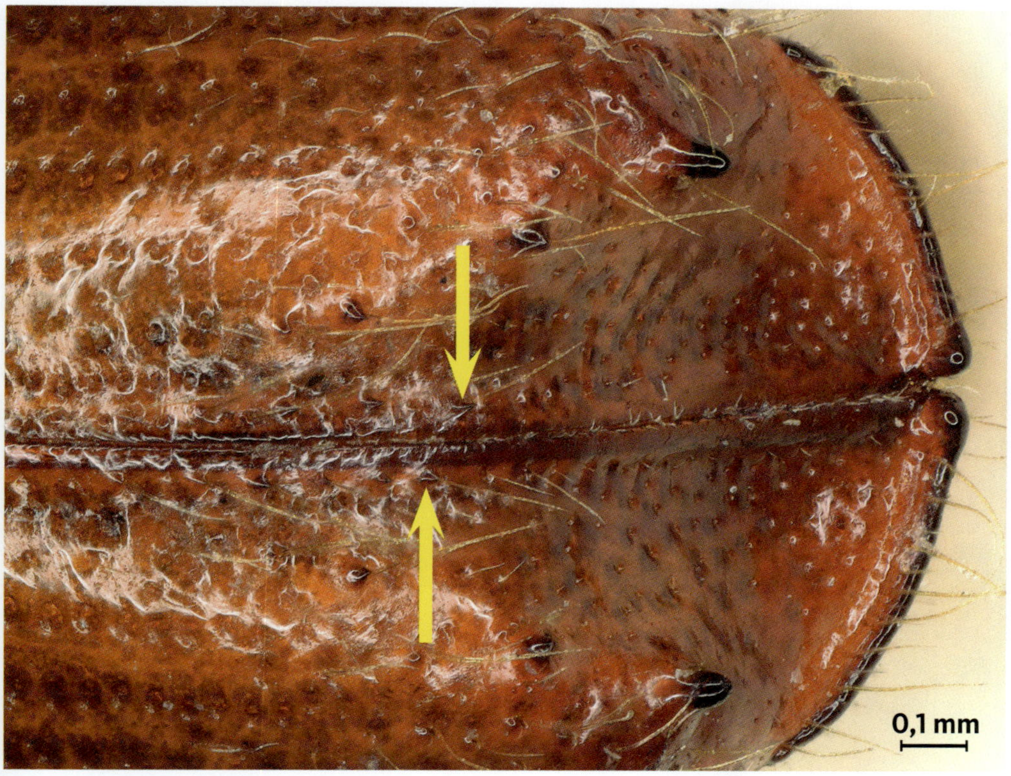

Abb. 697: Der Flügeldecken-Absturz des Weibchens vom Spitz- oder Sechszähnigen Kiefernborkenkäfer (*Ips acuminatus*) in Aufsicht (Mus. Frankfurt). Der dritte und größte Zahn ist einspitzig. Auf der Höhe zwischen erstem und zweitem Zahn können auf der Flügeldecken-Naht ebenfalls kleine, haartragende Spitzkegel auftreten (gelbe Pfeile).

Abb. 698: Der Flügeldecken-Absturz des Männchens vom Spitz- oder Sechszähnigen Kiefernborkenkäfer (*Ips acuminatus*) in schräger Seitenansicht (Mus. Frankfurt). Der dritte und größte Zahn ist zweispitzig.

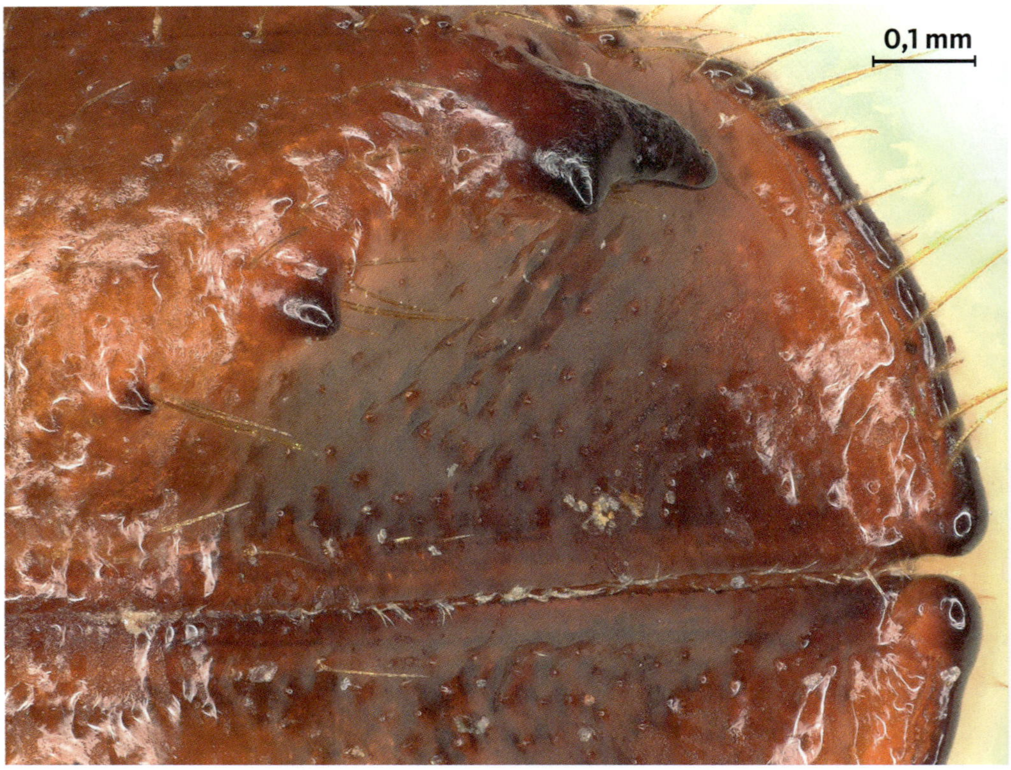

Abb. 699: Der Flügeldecken-Absturz des Männchens vom Spitz- oder Sechszähnigen Kiefernborkenkäfer (*Ips acuminatus*) in schräger Aufsicht (Mus. Frankfurt). Der Absturz ist glänzend und an der Flügeldecken-Naht dichter punktiert.

Abb. 700: Der Fühler vom Spitz- oder Sechszähnigen Kiefernborkenkäfer (*Ips acuminatus*)(Mus. Frankfurt).

Ips sexdentatus (Boerner, 1766)

Zwölfzähniger Kiefernborkenkäfer, Großer zwölfzähniger Kiefernborkenkäfer

Lebensweise: Flugzeiten April bis August, Hauptflugzeiten: April/Mai und Juli/August. Von einer großen Rammelkammer unter dicker Stammrinde gehen zumeist 3, seltener 2 bis 5 Muttergänge ab. Die bis 1 m langen und 3–5 mm breiten Brutgänge verlaufen vorwiegend parallel zur Stammachse, sind stimmgabelförmig und weisen zahlreiche Luftlöcher (2 bis 9 je Muttergang) auf. Sie furchen stark den Splint. Die rasch breiter werdenden Larvengänge sind bis zu 9 cm lang und rechtwinklig von den Muttergängen abgehend. Sie berühren gegen Ende der Larvenentwicklung den Splint, in dem auch die napfförmigen Puppenwiegen eingetieft sind. Der Reifefraß der Jungkäfer findet von den Puppenwiegen aus in Form von unregelmäßigen Plätzen oder geweihartigen Gängen (diese können das Brutbild völlig zerstören) statt. Nach Ablage der Eier führen die Altkäfer einen Regenerationsfraß durch (Verlängerung der Muttergänge oder an stärkeren Ästen an weiteren Bäumen) und legen neue Geschwisterbruten an. Befallsmerkmale: starker Bohrmehlauswurf, Rötung oder Vergilbung der Krone, Spechtlöcher, später Abfallen der Rinde. Vergleichbar mit den Waldgärtner-Arten (*Tomicus* spp.) und dem Buchdrucker (*Ips typographus*) benötigen die Kiefernborkenkäfer oft einen Überwinterungsfraß, der labyrinthartig unter der Rinde von starken Kiefern im Bereich des Stammfußes durchgeführt wird. Überwinterung in der Bodenstreu, unter der Rinde von Stämmen, Stöcken, alten Kiefern oder im Brutbild als Käfer oder als Larve. Die Anzahl der Generationen pro Jahr liegt je nach Witterung und geographischer Lage in Mitteleuropa bei 2–3, in Nordeuropa bei einer Generation und im Mittelmeergebiet bei 4–5 Generationen. Hinzu kommen Geschwisterbruten. Bei hohen Temperaturen dauert die Entwicklung nur 3 bis 6 Wochen. Massenvermehrungen in der Regel am eingeschlagenen Holz oder an dickborkigen Stammteilen absterbender oder vorgeschädigter Bäume (Vorschäden: z. B. Waldbrand, Sturm, nadelfressende Insekten); von dort Übergreifen zum Stehendbefall vitaler Bestände. Beim Stehendbefall fuchsrote Färbung der Nadeln im Sommer. Bei erhöhten Populationsdichten ist der Borkenkäfer in der Lage, vitale Kiefern primär abzutöten (Ebert et al., 1978 & Postner, 1974). In Österreich und in Deutschland ist in den letzten Jahren ein zunehmendes Auftreten des Zwölfzähnigen Kiefernborkenkäfers festzustellen (Perny, 2003). Tritt häufig mit anderen Borkenkäferarten auf. Überträgt auf gelagertes Holz Bläuepilze.

Wirtsbaumarten: *Pinus sylvestris, P. nigra balcanica, P. nigra nigra, P. nigra banatica, P. nigra laricio, P. nigra pallasiana, P. leucodermis, P. sibirica, P. koraiensis* sowie *Picea orientalis*, selten an Fichte, Douglasie (*Pseudotsuga menziesii*), *Abies alba, A. nordmanniana, Larix decidua* und *L. sibirica*. Tirol: Die Art ist hier eher selten und nur in befallenen (stehenden oder frisch gefällten) Kiefernstämmen sehr lokal und sporadisch in größerer Anzahl anzutreffen (400–1300 m).

Verbreitung: Europa, nicht im Norden Großbritanniens, Türkei, Sibirien bis nach Korea, Japan.

Rote Liste Deutschland: mäßig häufig, kurz- und langfristige Bestandsentwicklung: gleichbleibend. Ungefährdet.

Abb. 701: Brutbilder vom Zwölfzähnigen Kiefernborkenkäfer (*Ips sexdentatus*)(Uni Göttingen).

Abb. 702: Die Brutbilder vom Lärchenborkenkäfer (*Ips cembrae*)(links), in der Mitte der Zwölfzähnige Kiefernborkenkäfer (*Ips sexdentatus*) mit dem sehr langen Muttergang und rechts der Buchdrucker (*Ips typographus*).

Abb. 703: Der Zwölfzähnige Kiefernborkenkäfer (*Ips sexdentatus*) in Aufsicht (Mus. Wiesbaden).

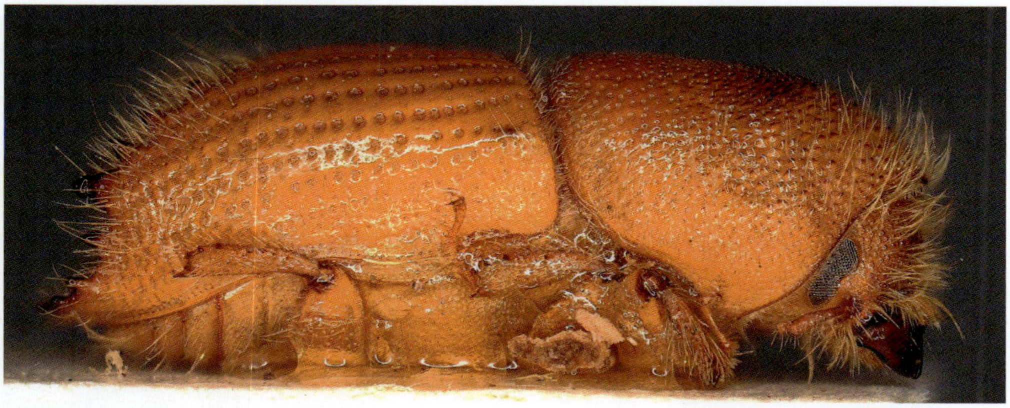

Abb. 704: Der Zwölfzähnige Kiefernborkenkäfer (*Ips sexdentatus*) in Seitenansicht (Mus. Braunschweig).

Abb. 705: Der Flügeldecken-Absturz des Männchens vom Zwölfzähnigen Kiefernborkenkäfer (*Ips sexdentatus*) in schräger Seitenansicht (Mus. Braunschweig). Der vierte Zahn ist pilzförmig (knopfartig) und an der Basis mit dem dritten Zahn verschmolzen. Die Flügeldecken-Naht ist hochgewölbt. Im obersten Absturz-Bereich stehen auf der Flügeldecken-Naht nach hinten geneigte vier bis sechs kurze Zähnchen (gelbe Pfeile).

Abb. 706: Der Flügeldecken-Absturz des Weibchens vom Zwölfzähnigen Kiefernborkenkäfer (*Ips sexdentatus*) in schräger Seitenansicht (Mus. Wiesbaden). Der vierte Zahn ist ebenfalls pilzförmig (knopfartig), aber deutlich kleiner ausgeprägt als beim Männchen. An der Basis ist er nicht mit dem dritten Zahn verschmolzen. Auf der Absturzfläche befinden sich viele rundliche Vertiefungen.

Abb. 707: Der Kopf von vorn (frontal) des Männchens vom Zwölfzähnigen Kiefernborkenkäfer (*Ips sexdentatus*)(Mus. Braunschweig). Deutlich sind auf der Stirn eine glänzende Quererhebung sowie eine darunterliegende Beule zu sehen.

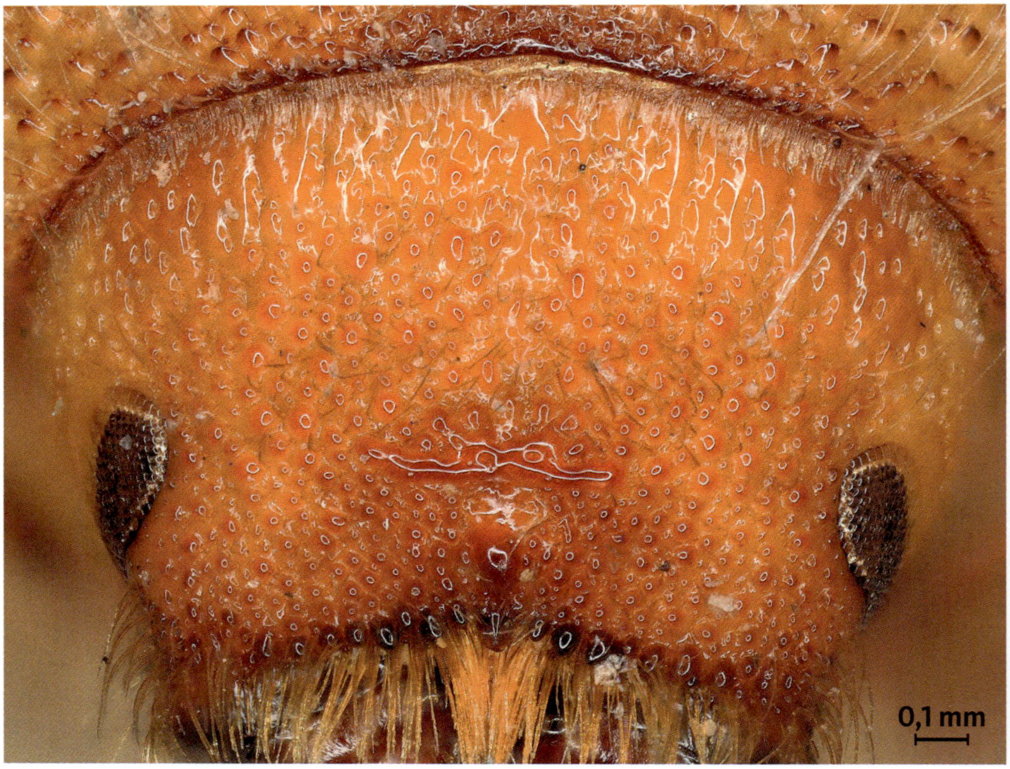

Abb. 708: Die Oberkiefer (Mandibeln) und der Kopf-Vorderrand mit Zähnchen des Männchens vom Zwölfzähnigen Kiefernborkenkäfer (*Ips sexdentatus*)(Mus. Braunschweig).

Abb. 709: Vorder- und Mittelbein sowie Fühler vom Zwölfzähnigen Kiefernborkenkäfer (*Ips sexdentatus*) in Vorderansicht (Mus. Wiesbaden). Man beachte die zahlreichen Zähne an der Außenkante der Vorderschiene (Protibia).

Ips duplicatus (C. R. Sahlberg, 1836)

Nordischer Fichtenborkenkäfer (engl. Double-spined bark beetle or Northern bark beetle)

Lebensweise: *Ips duplicatus* ist eine boreale Fichtenborkenkäferart. Bisher gab es keine Massenvermehrungen in Deutschland, Österreich oder in der Schweiz. Brutbild sehr ähnlich dem des Buchdruckers (*Ips typographus*), aber kleiner. Die Einbohr- als auch Ausschlupflöcher sind ebenfalls kleiner als beim Buchdrucker. Von der Rammelkammer gehen 1 bis 7 leicht geschwungene Muttergänge ab, die meist in Längsrichtung verlaufen und 7 bis 10 cm

Abb. 710: Brutbilder vom Nordischen Fichtenborkenkäfer (*Ips duplicatus*)(Foto: Miloš Knížek).

Abb. 711: Brutbilder vom Nordischen Fichtenborkenkäfer (*Ips duplicatus*)(Foto: Miloš Knížek).

lang werden. Sie furchen nur gering den Splint. Die Mutter- und Larvengänge sind etwas enger und kürzer als beim Buchdrucker. Die Larvengänge werden 6 bis 12 cm lang. Überkreuzungen kommen vor. In der Regel sind 2–3 Larvengänge mit 2 Seitengängen zu finden, welche am Ende leicht auseinanderstreben. Reifungsfraß der Jungkäfer wie beim Buchdrucker. Der Frühjahrsflug beginnt im April, in der Regel ein paar Tage früher als der von *I. typographus*. Im südlichen Verbreitungsgebiet bis zu drei Generationen im Jahr. Überwinterung in der Streuauflage.

Wirtsarten: *Picea abies, P. obovata, P. jezoensis, Pinus sylvestris, P. sibirica.* Kann auch an Douglasie (*Pseudotsuga menziesii*), Tannen (*Abies*) und Lärchen (*Larix*) vorkommen.

Verbreitung: In Mitteleuropa seltener, in Nord- und Osteuropa häufiger. Geht bis Sibirien. *Ips duplicatus* war ursprünglich in Europa auf die nördlichen Länder beschränkt. Im 20. Jahrhundert erweiterte er sein Verbreitungsgebiet nach Süden und Osten (z. B. Rumänien und Tschechien mit Massenvermehrung). Er ist auch im Rheintal in der Schweiz und in Liechtenstein (Wermelinger et al. 2020) sowie Österreich, Bayern und Baden-Württemberg verbreitet.

Rote Liste Deutschland: Für eine Einstufung sind die Daten unzureichend.

Abb. 712: Der Nordische Fichtenborkenkäfer (*Ips duplicatus*) in Aufsicht (Coll. Knížek) in typischer Adultfärbung. Länge: 3,6 mm.

Abb. 713: Der Nordische Fichtenborkenkäfer (*Ips duplicatus*) in Seitenansicht (Mus. Braunschweig).

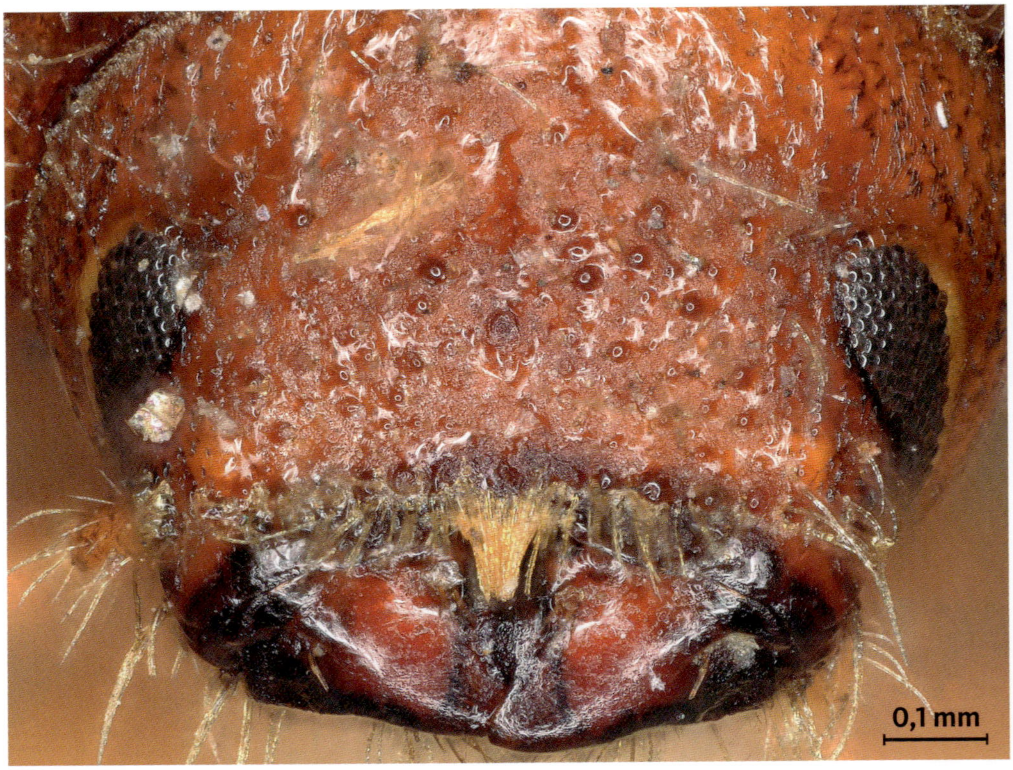

Abb. 714: Der Kopf in Frontalansicht vom Männchen des Nordischen Fichtenborkenkäfers (*Ips duplicatus*)(Mus. Braunschweig). Es sind keine Querstrukturen oder Beulen zu erkennen. Am Vorderrand sind aber kleine Zähnchen vorhanden (vergleiche Abb. 707).

Abb. 715: Detail aus dem randlichen Absturzbereich vom Männchen des Nordischen Fichtenborkenkäfers (*Ips duplicatus*) (Mus. Braunschweig). Der zweite Absturzzahn ist plattenförmig in Form eines Rechtecks an der Basis mit dem dritten Zahn breit verbunden. Die obere Spitze zeigt etwas nach innen, die untere Spitze mehr nach außen.

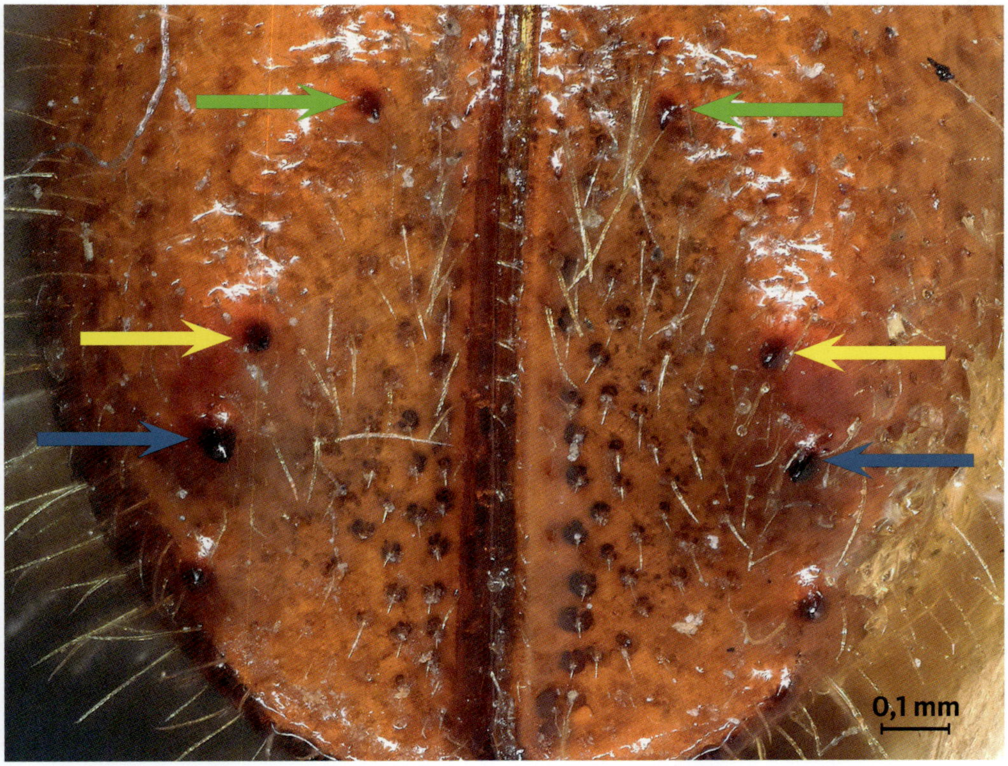

Abb. 716: Der Flügeldecken-Absturz in schräger Aufsicht von einem Weibchen des Nordischen Fichtenborkenkäfers (*Ips duplicatus*)(Mus. Braunschweig). Der Abstand zwischen dem zweiten (gelbe Pfeile) und dritten Zahn (blaue Pfeile) ist deutlich kleiner als zwischen dem Suturalzähnchen (grüne Pfeile) und dem zweiten Zahn. Die Absturzfläche ist behaart.

Ips typographus (Linnaeus, 1758)

Buchdrucker, Großer achtzähniger Fichtenborkenkäfer

Lebensweise: Der Buchdrucker ist der am weitesten verbreitete und wirtschaftlich bedeutendste Rindenbrüter an Fichte. Massenvermehrungen dieser zunächst sekundären Art führen zum Befall von lebenden, vitalen Bäumen (Stehendbefall) und können dadurch großflächige Kalamitäten hervorrufen. Er brütet vornehmlich in dickeren Stammteilen von Fichten und neigt zu Massenvermehrungen nach Windwürfen und Schneebrüchen sowie nach Nonnen-Kalamitäten und gilt als gefährlicher Forstschädling. Der Käfer bevorzugt die dickere Stammrinde von Fichten im Baum- bis Altholzalter (Durchmesser über 20 cm). Der Bast im oberen Stammbereich am Kronenansatz weist mehr Nährstoffe auf als im unteren Bereich. Bei ausreichender Bastdicke entwickeln sich die Larven und Jungkäfer deshalb besser in oberen Stammabschnitten. Dies ist auch im Befallsverlauf erkennbar, der meist am Kronenansatz beginnt. Bei Brutraum-Mangel werden aber auch deutlich dünnere Bäume im Stangenholzstadium befallen. Die Zahl der abgelegten Eier je Muttergang ist von der Brutbilddichte abhängig: Je höher die Siedlungsdichte, desto geringer ist die Eianzahl. Gleiches ist für *Ips amitinus* zutreffend.

Die Baumabwehrstrategien sind für die Buchdrucker nur überwindbar, wenn diese Abwehr durch äußere Faktoren geschwächt sind oder wenn gleichzeitig tausende Borkenkäfer-Individuen attackieren. Als Daumenwert werden 2000 Buchdrucker zum erfolgreichen Befall einer vitalen Fichte angenommen. Buchdrucker haben ein effektives System zur Lokalisation geeigneter Brutbäume entwickelt. Zusätzlich nutzen sie die Abwehrmechanismen der Bäume zur Anlockung zahlreicher Artgenossen aus. Durch die massive Attacke überwinden sie die mechanische Baumabwehr.

Die Komplexaugen des Buchdruckers bestehen zusammen nur aus 430 Einzelaugen (Ommatidien)(Byers et al. 1989: 760). Deshalb ist die räumliche Auflösung relativ gering.

Borkenkäfer sind mit Farbrezeptoren für grünes und blaues Licht ausgestattet (Grobermann & Borden 1981 aus Baier & Netherer 2019). Borkenkäfer werden von dunklen Baum-Silhouetten angezogen. Insgesamt kann man von einer groben optischen Orientierung ausgehen. Diese wird für den gezielten Anflug auf attraktive Duftquellen eingesetzt. So können durch Luftbewegungen verursachte Richtungsänderungen im Flug wieder durch entsprechende Ausrichtungen der Körperachse ausgeglichen werden.

Das Rindengewebe von geschwächten oder kränkelnden Bäumen gibt leicht flüchtige Substanzen ab. Diese sind attraktiv für *Ips typographus*. Er kann sie über seine Sinnesrezeptoren auf den Keulen der Fühler wahrnehmen.

Die Rezeptorneuronen sind in Riechhaaren (Sensillen) eingebettet. Durch Porenkanäle (Durchmesser ca. 10 nm) in der Sensillen-Kutikula sind sie mit der Umgebungsluft verbunden. Der Buchdrucker hat wahrscheinlich bis zu 70 unterschiedliche Duft-Rezeptortypen (Hoch et al. 2019). Durch verschiedene Kombinationsmöglichkeiten ergeben sich dadurch wesentlich mehr Sinneseindrücke. Der Buchdrucker kann sowohl die eigenen Pheromone als auch die anderer Borkenkäfer-Arten (z. B. des Kupferstechers) wahrnehmen. Ebenso erkennt er viele Düfte von Bäumen. Anhand dieser leichtflüchtigen Substanzen ist für den Buchdrucker die Unterscheidung von bruttauglichen Fichten mit geringer Abwehr und hoher Nahrungsqualität von Fichten mit hohem Abwehrstatus oder bereits befallenen, in Zersetzung befindlichen Fichten möglich. Aber auch Düfte von Nichtwirtsbaumarten sowie von Bläuepilzen sind für den Buchdrucker riechbar (Hoch et al. 2019).

Die ersten Männchen (Pionierkäfer auch genannt) landen zufällig oder von Baum-Duftstoffen geleitet auf einem Wirtsbaum. Die Bruttauglichkeit eines Baumes wird durch Einbohrversuche untersucht. Durchmesser der Einbohrlöcher: durchschnittlich 2,2 x 2,5 mm. Ein 2-mm-Nagel kann leicht eingeführt werden. Einige Käfer verlassen aber auch den Baum ohne Einbohrversuche. Gut wasserversorgte Fichten mit hohen Harzflussraten können Einbohrversuche leicht abwehren. Gleichzeitig sind sie aber attraktiv und werden von mehreren Buchdruckern angeflogen. Bei vitalen Bäumen verklebt das ausfließende Harz die Mundwerkzeuge und der Käfer wird in Harz eingeschlossen. Oder dem Käfer gelingt das Einbohren. Danach produzieren die männlichen Käfer artspezifische Duft-Cocktails.

Das Buchdrucker-Pheromon besteht aus einem Stoffgemisch. Es dient der Anlockung von Artgenossen beiderlei Geschlechts sowie im späteren Verlauf der Dichteregulation. Die Anlockung erfolgt über das Aggregationspheromon. Dieses besteht hauptsächlich aus drei Substanzen: den beiden Monoterpen-Alkoholen cis-Verbenol und Ipsdienol sowie dem hydroxylierten Isopren-Derivat 2-Methyl-3-buten-2-ol. Für die Synthese von cis-Verbenol muss dem Buchdrucker das vom Baum stammende Monoterpen (-)-alpha-Pinen zur Verfügung stehen. Die beiden anderen Substanzen kann der Käfer unabhängig vom Baum produzieren. Das Stoffgemisch wird im Enddarm gespeichert und mit dem Kot und dem Bohrmehl nach außen abgegeben. Männliche Buchdrucker erzeugen wesentlich mehr Pheromon als Weibchen. In den Baum einbohrende Männchen geben ca. 2–3 % des eigenen Körpergewichts (Trockengewicht) an Pheromon-Mengen ab. Cis-Verbenol lockt auf weite Distanz Käfer beiderlei Geschlechts an. Das hochflüchtige 2-Methyl-3-buten-2-ol dient der Anlockung im Nahbereich. Letzteres erleichtert den gezielten Landeanflug am Stamm. Beide Substanzen setzt das Buchdrucker-Männchen beim Einbohren und der Anlage der Rammelkammer in großen Mengen frei. Die Fichte reagiert auf das Einbohren mit einer erhöhten Freisetzung von wirtsbaumbürtigen Duftstoffen. Die Abgabe von Monoterpenen steigt auf das 10- bis 100-fache an. Dies wirkt in der Ferne zusätzlich anlockend auf weitere Buchdrucker im Suchflug. Allerdings gibt es auch oxidierte Monoterpene der Fichte (1,8-Cineol), die die Geruchswahrnehmung des Buchdruckers für cis-Verbenol stören können. Der hohe Anstieg der Pheromonkonzentration zu Beginn des Befalls führt zur Ablenkung der Männchen auf nahe, noch nicht befallene Stammbereiche. Bei weiterer Steigerung der Populationsdichte erfolgt die Ablenkung auf benachbarte Bäume. Ist die Wirtsbaum-Abwehr durch das von den Weibchen angelegte Brutsystem überwunden, verringert sich die Abgabe des Aggregationspheromons und der Anteil der ablenkenden Substanzen (z. B. Verbenon, ein Oxidationsprodukt des cis-Verbenols) nimmt zu. Somit sinkt die direkte Raum-Konkurrenz um das eigene Brutsystem herum und die umliegenden, neu entstandenen Befallsherde werden attraktiver. Ipsdienol wird vom Männchen erst dann synthetisiert, wenn die Weibchen mit dem Bau der Muttergänge beginnen. In niedriger Konzentration ist es anlockend, in höherer Menge zeigt es eine ablenkende Wirkung auf Artgenossen beiderlei Geschlechts (Hoch et al. 2019). Die Buchdrucker-Lockstoffe können auf konkurrierende Borkenkäfer-Arten anflughemmend wirken. Für Parasiten, Parasitoide und Räuber können sie dagegen anziehend sein (Kairomone).

Flugzeit: April bis September, gesteuert durch Temperaturbedingungen (ab 16,5 °C; regional etwas unterschiedlich) und Tageslichtlänge (mehr als 14 Stunden). Hauptflugzeiten: April/Mai und Juli/August.

In Hochlagen über 1000 m meist nur ein bis zwei Generationen, ansonsten bis 3 Generationen pro Jahr. Regelhaft auch Geschwisterbruten. Zunehmend höhere Temperaturen während der Vegetationsperiode ermöglichen frühere Schwärmzeiten im Frühjahr und längere Entwicklungszeiten im Herbst. Des Weiteren ist das Vermehrungspotenzial von der Nahrungsqualität und den Feuchtebedingungen im Bast abhängig. So können deutlich mehr winterharte Käfer entstehen. Dadurch steigt das Vermehrungspotenzial des Buchdruckers kräftig.

Die Entwicklungszeit vom Ei bis zum fertigen Käfer beträgt temperaturabhängig ca. 5 bis 10 Wochen. Dabei ist das Nahrungsangebot ebenfalls entscheidend. Innerhalb einer Vegetationsperiode können unter günstigen Witterungsbedingungen mehrere Generationen entstehen. Hinzu kommen noch Geschwisterbruten. Bei hohen Temperaturen sind Buchdrucker bis in den Oktober fliegend anzutreffen. Allerdings suchen die Spätschwärmer dann nur noch nach einem Überwinterungsquartier und verursachen keinen neuen Befallsherd.

Überwinterung: hauptsächlich in der Rinde. Im Brutbild alle Stadien, die Käfer auch in separaten kurzen Überwinterungsgängen. Z. T. auch in der Bodenstreu und in abgefallenen Rindenstücken am Boden. Gebrochene, nicht geräumte Fichtenkronen werden zu 22–42 % durch die Parentalkäfer besiedelt, wenn der Durchmesser an der Bruchstelle (Bruchstärke) größer als 10 cm ist. Bevorzugt werden stärkere Kronen mit einer Bruchstärke größer als 15 cm Durchmesser. Die wenigen nicht durch die Parentalkäfer besiedelten Kronen werden auch durch die Folgegeneration ab Juli nicht mehr besiedelt, vermutlich aufgrund fortschreitender Austrocknung (Kautz & Delb 2023).

Strenge Winter erhöhen die Mortalität der weißen Entwicklungsstadien (Ei, Larve und Puppe). In milden Wintern können diese überleben. Die Kältetoleranz des Buchdruckers ist saisonal verschieden. Im August übersteht der Käfer -6 °C und im Winter bis zu -29 °C. Bei nasskalter Witterung verlassen die Jungkäfer schon ab August nicht mehr das Brutbild und überwintern dort. Die Gefrierpunktserniedrigung der Körperflüssigkeiten erreicht er durch Einlagerung von Frostsubstanzen (Zucker und Zuckeralkohole). Die Eier, Larven und Puppen können nur bis -5 °C überleben. Die Temperaturangaben beziehen sich nicht auf die Lufttemperatur, sondern auf den jeweiligen Temperaturbereich des Überwinterungshabitats. Der gut isolierende Luftanteil von Schneeschichten ist zu berücksichtigen. Adulte Buchdrucker zeigen Überlebensraten von ca. 50 %. Die Mortalität wird meist durch unzureichende Körperreserven und Infektionen durch Pathogene (z. B. entomopathogene Pilze) verursacht.

Brutbild und Befallsmerkmale: Bei geringen Populationsdichten erfolgen die ersten Einbohrungen meist unterhalb des Kronenansatzes. Entsprechend der Lebensweise der Buchdrucker sind die Oberkiefer besonders kräftig ausgebildet. Das Einbohrloch ist in der Regel schräg nach oben gerichtet. Der Baum probiert über Harztröpfchen/-fluss die Eindringlinge zu binden. Bei Dürre ist dies der Fichte nicht möglich. Der männliche Käfer legt danach die Rammelkammer (Paarungs- oder Begattungskammer) an. Dabei und später wird immer wieder braunes Bohrmehl über das Einbohrloch ausgeworfen. So bilden sich am liegenden Stamm Bohrmehlhäufchen und am stehenden Stamm sammelt sich das Auswurfmehl hinter den Rindenschuppen (Abb. 718) oder am Stammfuß oder auf Spinnweben zwischen den Wurzelanläufen sowie

Abb. 717: Rindenabschläge durch Spechte auf Nahrungssuche nach Buchdruckern.

Abb. 718: Braunes Bohrmehl vom Buchdrucker (*Ips typographus*) in einer Fichten-Rindenschuppe.

Abb. 719: Reifungsfraß von Jungkäfern (*Ips typographus*) außerhalb des Brutbildes.

auf der Bodenvegetation. Durch Regen und Wind können diese flüchtigen Hinweise auf Befall allerdings schnell verschwinden.

Nach olfaktorischer Anlockung der Weibchen legen diese ihre bis zu 15 cm (meist 7–8 cm) langen Muttergänge beginnend von der Rammelkammer in Faserrichtung an. Ein bis maximal fünf Längsmuttergänge sind möglich, in der Regel finden wir aber 2- bis 3-armige Brutbilder. Die 30 bis 80 weißen Eier eines Weibchens werden entlang der Brutgänge alternierend und in regelmäßigen Abständen in Eigrübchen abgelegt und mit einem Bohrmehlpfropfen bedeckt. Nach ein bis zwei Wochen Embryonalentwicklung schlüpfen aus den Eiern die typischen Borkenkäfer-Larven: beinlose, bauchwärts gekrümmte, weiße Larven mit einer hellbraunen Kopfkapsel. Auf der Unterseite der Brustsegmente haben sie Kriechwülste zur Fortbewegung. Die enggestellten (im Mittel 3,3 mm Abstand) Larvengänge gehen im rechten Winkel von den Muttergängen ab. Sie verlaufen wenig schlängelnd und überkreuzen sich nicht (Abb. 702). Entsprechend dem Larvenwachstum werden die Larvengänge rasch breiter. Bald danach beginnen Spechte nach Käfern und Larven zu suchen. Sie verursachen bei der Nahrungssuche etwa 2-Euro-Stück-große, helle Flecken auf der Rinde (Rindenspiegel) durch Abschlagen einzelner Rindenschuppen. Die Larvalentwicklung dauert etwa drei bis vier Wochen mit insgesamt drei Larvenstadien. Am Ende der Larvengänge befinden sich die längsovalen Puppenwiegen mit den nackten Puppen. In der Puppenkammer können oft Pilzmycelien oder -fruchtkörper, Nematoden und Milben sein. Nach ein bis zwei Wochen schlüpft ein hellbrauner, stark behaarter Jungkäfer. Die Jungkäfer müssen einen Reifungsfraß durchführen (Abb. 719). Ist im Brutbild noch genug Nahrung vorhanden, so findet dort der Fraß statt. Durch den Reifungsfraß der jungen Buchdrucker löst sich die Rinde vom Stamm. Bei Nahrungsmangel verlassen die Jungkäfer das Brutbild und der Reifungsfraß kann in jeder Fichtenpflanze, auch in kleinen Bäumchen, stattfinden. Bei Massenvermehrungen wird dadurch, neben dem flächigen Absterben der befallenen Bestände, auch noch die Naturverjüngung stark dezimiert. Den Absterbevorgang erkennt man an der Verfärbung der Fichtenkronen und dem Nadelverlust. Die Nadeln verfärben sich fahlgrün, dann gelb/rötlich und final braun. Auch grüne Nadeln fallen verstärkt ab (Nadelteppich am Boden). Gleichzeitig schlagen die Spechte größere Rindenstücke, auch bei noch grüner Krone, ab. Die Borkenkäfer-Weibchen können nach Erschöpfung des Eivorrates einen Regenerationsfraß ausführen. Dies geschieht durch Verlängerung des Brutgangs (sogenannter Witwengang). Danach verlässt das Weibchen das Brutbild und kann in einem neuen Brutbild eine Geschwisterbrut (Nachkommen der gleichen Mutter) anlegen. Insgesamt kann ein Weibchen bis zu 150 Eier in einem Jahr ablegen.

Wirtsarten: Neben Fichten (*Picea abies, P. obovata, P. omorica, P. jezoensis, Pinus sylvestris, P. sibirica, P. koraiensis*) werden bei hohem Populationsdruck selten und mit geringerem Bruterfolg auch Kiefern, Tannen (*Abies sibirica*), Lärchen und Douglasien befallen.

Abb. 720: Der Buchdrucker (*Ips typographus*) in Aufsicht (Mus. Stuttgart).

Verbreitung: Im Fichtenareal von Mitteleuropa, Kaukasus, Sibirien, Bosnien, Serbien, Bulgarien, Nordeuropa. Ist in Südtirol im ganzen Fichtengebiet verbreitet und häufigster *Ips*. In Südtirol, im natürlichen Optimum der Fichte, beschränken sich die Befallsauftreten von *I. typographus* an lebenden Fichten in Normaljahren in der Regel auf Einzelbäume und kleinere Baumgruppen, meist nach Blitzschlag oder sonstigen Vorschädigungen. Zu einer stärkeren Zunahme von Borkenkäfern führen schwere Schneedruckschäden sowie größere Windwürfe.

Rote Liste Deutschland: sehr häufig, kurzfristiger Bestandstrend: stark zunehmend; langfristige Bestandsentwicklung: deutliche Zunahme. Ungefährdet.

Abb. 721: Der Buchdrucker (*Ips typographus*) in Seitenansicht (Mus. Stuttgart). Junge Käfer sind noch gut behaart und etwas heller als ältere Exemplare. Die nach hinten gerichtete, borstige Behaarung erlaubt dem Käfer in den Gängen das anfallende Bohrmehl sicher und mit geringem Kraftaufwand aus dem Gangsystem zu befördern. Zum Zurückschieben größerer Bohrmehlmengen wird auch der Absturz sehr effektiv eingesetzt. Nach längerem Einsatz in den Brutbildern verliert der Käfer zahlreiche Haare bzw. die verbleibenden Haare sind z. T. erheblich verkürzt (vergleiche Abb. 723).

Abb. 722: Der Buchdrucker (*Ips typographus*)(Mus. Braunschweig). Im Gegensatz zu *Ips amitinus* sind die zweiten (gelber Pfeil) bis vierten (grüner Pfeil) Zwischenräume auf den Flügeldecken-Oberseiten glatt, breit und ohne Punkte.

Abb. 723: Der Absturz von einem alten Buchdrucker (*Ips typographus*) in schräger Seitenansicht. Die Haare sind deutlich weniger und auch kürzer durch Abnutzung. Die Absturzfläche ist nicht glänzend, sondern milchig trüb schimmernd – der sogenannte Seifenglanz. Für die Erkennung dieses Merkmals benötigt man etwas Erfahrung. Der dritte und größte Zahn ähnelt einem Zwiebelturm (geknöpft). Gattungstypisch ist die horizontale untere Absturz-Umfassung gerandet.

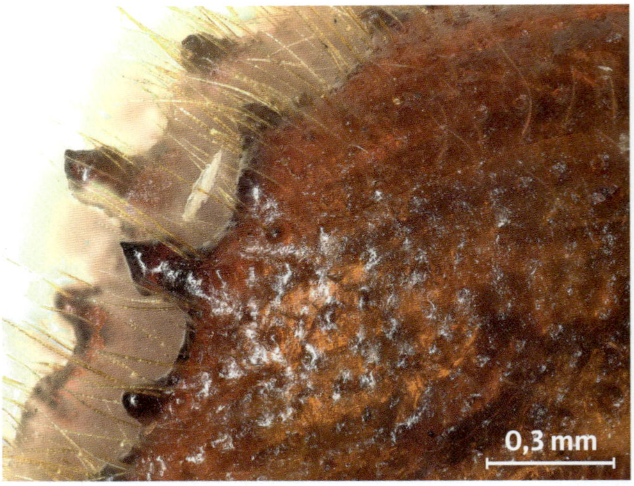

Abb. 724: Der dritte Zahn am Absturz des Buchdruckers (*Ips typographus*) kann auch knopfartig (links) oder sehr spitz (rechts) ausgeprägt sein.

Abb. 725: Die Oberfläche vom Absturz des Buchdruckers (*Ips typographus*) mit 500-facher Vergrößerung aufgenommen.

Abb. 726: Der Flügeldecken-Absturz von einem Buchdrucker (*Ips typographus*) von hinten (Mus. Braunschweig). Der Abstand der beiden Suturalzähnchen (grüne Pfeile) ist deutlich größer als die Entfernung vom Suturalzähnchen zum zweiten Zahn (gelbe Pfeile).

Abb. 727: Das sicherste Unterscheidungsmerkmal zum Lärchenborkenkäfer (*Ips cembrae*) ist die Flügeldeckennaht-Behaarung im Absturz. Beim Buchdrucker (*Ips typographus*) reicht sie nur maximal bis zur Hälfte (roter Pfeil). Meist ist sie nur im obersten Drittel zu finden (Mus. Stuttgart). Vergleiche Abb. 742.

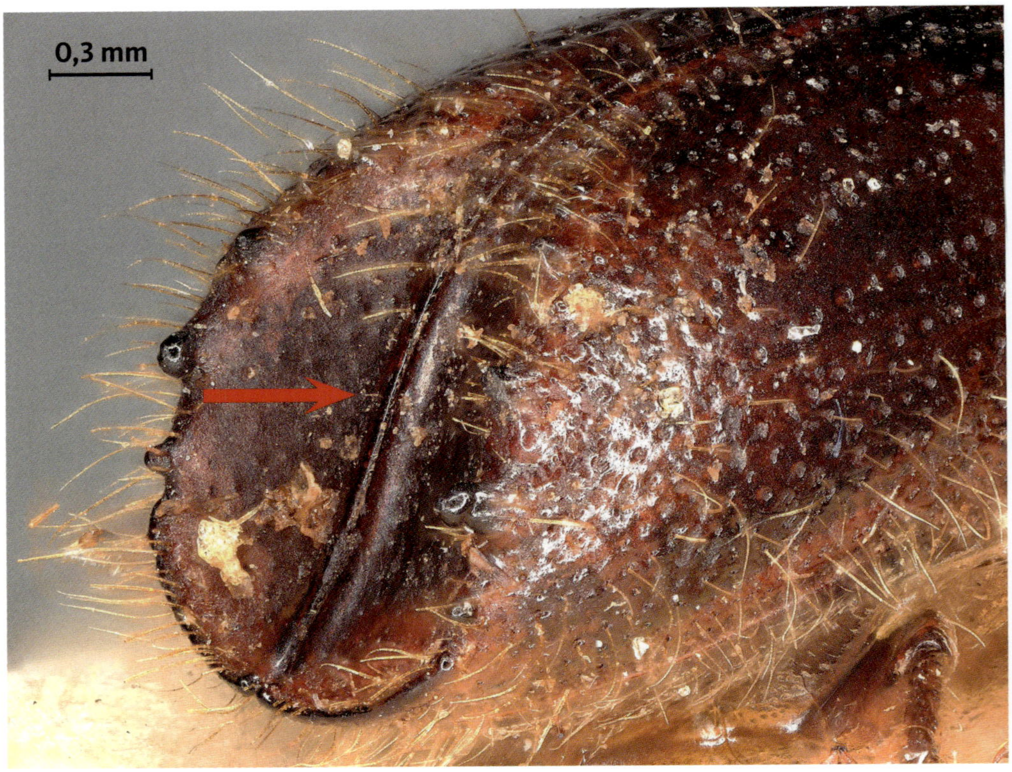

Abb. 728: Der Fühler vom Buchdrucker (*Ips typographus*). Die erste Keulen-Naht ist deutlich bogig verlaufend.

Abb. 729: Auf der Stirn trägt der Buchdrucker (*Ips typographus*) mittig einen glänzenden, haarlosen Höcker (roter Pfeil). Dieser ist beim Männchen in der Regel höher und mit einer breiteren Basis versehen als beim Weibchen (Schlyter & Cederholm 1981).

Ips amitinus (Eichhoff, 1872)

Kleiner achtzähniger Fichtenborkenkäfer, Achtzähniger Zirbenborkenkäfer, Kleiner Buchdrucker, Großer Arvenborkenkäfer

Lebensweise: Befall im mittleren und unteren Stammabschnitt. Kommt oft gemeinsam mit dem Buchdrucker vor. Die Art neigt nur bedingt zu Massenvermehrungen. Durchmesser der Einbohrlöcher: durchschnittlich 1,8 x 1,9 mm. Ein 2-mm-Nagel lässt sich nur schwer in das Einbohrloch einführen. Beim Buchdrucker (*Ips typographus*) geht es dagegen leicht. Meist 3 bis 7 Muttergänge, die aus der deutlich an der Rindeninnenseite sichtbaren Rammel-

Abb. 730: Das Brutbild vom Kleinen achtzähnigen Fichtenborkenkäfer (*Ips amitinus*)(Uni Göttingen). Die Larvengänge weisen einen größeren Abstand auf als beim Buchdrucker.

kammer bogig geschwungen entspringen und in schräger Richtung verlaufen. So entsteht ein langgezogenes, sternförmiges Brutbild. Die Muttergänge werden stärker als beim Buchdrucker (*Ips typographus*) in den Splint eingetieft. Die Einischen sind in größeren Abständen (im Mittel 4,8 mm) und unregelmäßiger angeordnet als beim Buchdrucker (*Ips typographus*). Die Larvengänge sind 4 bis 5 cm lang und im Wesentlichen in der Rindenschicht verlaufend. Der Reifungsfraß der Jungkäfer sind plätzeartige Erweiterungen der Puppenwiegen oder unregelmäßig verzweigte Gänge. Der Altkäfer-Regenerationsfraß findet am Ende der Muttergänge statt (sogenannte Witwengänge). Die Käfer überwintern im Brutbild oder in der Bodenstreu. Meist zwei Generationen pro Jahr. Geschwisterbruten treten auf. Flugzeit ab Mai bis Anfang Juli.

Wurde erst 1871 von *Ips typographus* und *I. cembrae* unterschieden.

Abb. 731: Das frühe Brutbild vom Kleinen achtzähnigen Fichtenborkenkäfer (*Ips amitinus*) (Uni Göttingen). Die Muttergänge verlaufen deutlich bogenförmig.

Abb. 732: Der Kleine achtzähnige Fichtenborkenkäfer (Kleiner Buchdrucker)(*Ips amitinus*) in Aufsicht (Mus. Braunschweig).

Wirtsarten: *Picea abies, P. omorica, Pinus montana* (Bergföhre), *P. mugo, P. rotundata, P. cembra* (Arve), *P. peuce, P. leucodermis*. Selten an *Abies alba* und *Larix decidua*.
Verbreitung: Mitteleuropa, Bosnien, Serbien, Herzegowina, Mazedonien, Bulgarien. Nach dem 2. Weltkrieg auch in Finnland. In Tirol: Brütet vorzugsweise in Zirbe/Arve (*Pinus cembra*), häufig in Latschen-Kiefer (*Pinus mugo*) und Fichte (*Picea abies*), seltener an Föhre/Wald-Kiefer (*Pinus sylvestris*); in Fichte werden die oberen, dünnrindigen Stammteile bevorzugt („Kleiner Buchdrucker"). Von submontanen Lagen bis Subalpinstufe häufig (800–1900 m). Meist Sekundärbefall an physiologisch geschwächten Bäumen, besonders an Zirben nach Hallimaschbefall, oder an frisch geschlägerten Bäumen (Zirben und Fichten). Vermehrtes Auftreten an waldbrandgeschädigten Zirben. Weniger häufig als *I. typographus* und Zirbenborkenkäfer der Gattungen *Pityogenes* und *Pityophthorus*. Tritt auch zusammen mit *P. chalcographus* und *P. conjunctus* auf.
Rote Liste Deutschland: selten, kurz- und langfristiger Bestandstrend: gleichbleibend. Ungefährdet.

Abb. 733: Der Kleine achtzähnige Fichtenborkenkäfer (Kleiner Buchdrucker)(*Ips amitinus*) in Seitenansicht (Mus. Braunschweig).

Abb. 734: Die Flügeldecken-Oberseite vom Kleinen achtzähnigen Fichtenborkenkäfer (Kleiner Buchdrucker) (*Ips amitinus*) in Aufsicht (Mus. Braunschweig). In allen Zwischenstreifen sind Punkte vorhanden. Vergleiche dazu *Ips typographus* in Abb. 722.

Abb. 735: Der Absturz vom Kleinen achtzähnigen Fichtenborkenkäfer (Kleiner Buchdrucker)(*Ips amitinus*) glänzt deutlich (Mus. Wiesbaden).

Abb. 736: Die Flügeldeckennaht-Behaarung vom Kleinen achtzähnigen Fichtenborkenkäfer (*Ips amitinus*) reicht maximal bis zur Absturz-Mitte (gelber Pfeil)(Mus. Braunschweig).

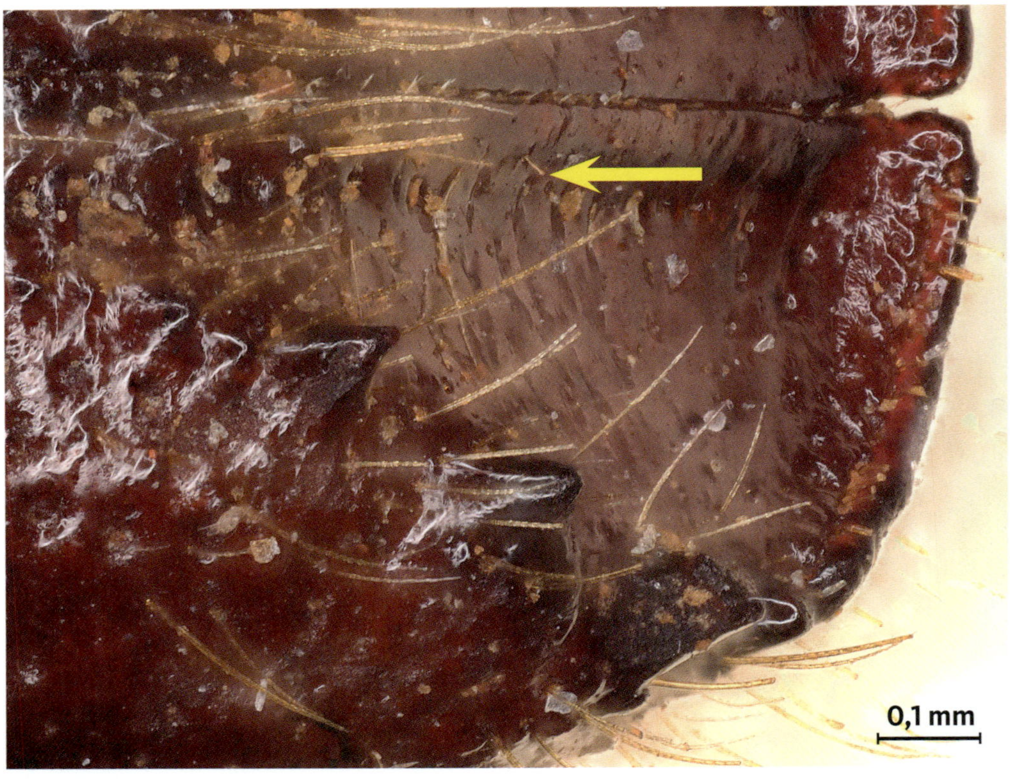

Abb. 737: Der Fühler vom Kleinen achtzähnigen Fichtenborkenkäfer (Kleiner Buchdrucker)(*Ips amitinus*)(Mus. Braunschweig). Die erste und zweite Fühlerkeulen-Naht sind nur sehr schwach bogig verlaufend. Vergleiche dazu die Fühlerkeule von *Ips typographus* in Abb. 728.

Ips cembrae (Heer, 1836)

Großer Lärchenborkenkäfer, Achtzähniger Lärchenborkenkäfer (engl. Larch bark beetle)

Lebensweise: Der Hauptbrutbaum ist die Lärche (*Larix decidua*). Meist in frisch abgestorbenen Bäumen. Die Art erweist sich als aggressiv und erfordert nach Lärchennutzungen die saubere Entfernung von Stämmen und Schlagabraum, um Primärbefall umstehender Lärchen vorzubeugen. Daneben wurde die Art wiederholt auch an bzw. in liegendem berindetem Rundholz von Kiefern (*Pinus sylvestris*) gefunden. Die aus der Schweiz beschriebene var. *engadinensis* Fuchs, 1913 befällt Fichte (*Picea abies*). Bei Massenauftreten an Lärche und anschließendem Absterben der Lärchenbestände kann es auch zum Primärbefall an jungen Schwarzkiefern kommen. Im natürlichen Verbreitungsgebiet der Lärche tritt die Art in der Regel sekundär auf, vor allem an berindeten liegenden Stämmen, neigt dabei aber zu rascher Vermehrung und bei gutem Brutangebot auch zum Primärbefall. Zu sporadischen bis schweren Schäden mit Absterbensfolge von Einzelbäumen, Baumgruppen oder Beständen kann es nach Vorschädigungen durch Sturmkalamitäten, Lärchenwickler- und /oder Lärchenkrebsbefall kommen, besonders in Trockenjahren. Frühjahrs- und Sommereinschläge in Verbindung mit Nichtbeachtung der sauberen Waldwirtschaft sowie zu lang im Wald verbleibende Holzpolter können Ausgangspunkte für massiven Stehendbefall sein. Im Vergleich zum Buchdrucker (*Ips typographus*) verlaufen die Massenvermehrungen des Lärchenborkenkäfers meist schneller und kürzer. Aus den Überwinterungsplätzen startend, führen die Pionierkäfer anfänglich einen ungerichteten Dispersionsflug durch. Dann orientieren sie sich an spezifischen Duftkomponenten des Wirtsbaumes. Der Käfer bevorzugt dickere Stammrinde, befällt aber auch dünnrindige Stangenhölzer, insbesondere wenn nach Durchforstungen der Aushieb im Bestand verbleibt. Beim Einbohren und der Anlage der Rammelkammer geben die Männchen anlockende Pheromone (Aggregationspheromone) ab. Diese sind für Männchen und Weibchen attraktiv. Deshalb wird auch von Populationslockstoffen gesprochen. Nicht selten ist im unteren Stammbereich eine Vergesellschaftung mit dem Lärchenbockkäfer (*Tetropium gabrieli*) anhand der Brutbilder erkennbar. Sehr häufig erfolgt gleichzeitig ein massiver Befall in der Krone durch den Kupferstecher (*Pityogenes chalcographus*). Wenn drei Tage mit mindestens 19 °C auftreten, beginnt das Schwärmen der Alttiere. Bei länger anhaltenden Regenperioden oder tiefen Nacht- und niedrigen Tagestemperaturen unterbrechen die Käfer ihren Schwärmflug, um sich besonders an liegenden Stämmen und Ästen massenweise einzubohren. Stets benützt dabei eine größere Zahl von Käfern dasselbe Einbohrloch. Es werden handtellergroße, wirr durcheinanderlaufende gemeinsame Gangsysteme gefressen, die tief in den Splint eingreifen. Dieser Schlechtwetterfraß ist an auffallend großen Bohrmehlhäufchen (zum Teil von der Größe eines kleinen Hühnereis) zu erkennen. Bei günstigerer Witterung setzt der Schwärmflug

Abb. 738: Brutbilder vom Großen Lärchenborkenkäfer (*Ips cembrae*).

Abb. 739: Brutbilder vom Großen Lärchenborkenkäfer (*Ips cembrae*) bei hoher Besiedlungsdichte (ttBraunschweig).

meist mit besonderer Dichte wieder ein. Dadurch kann der Frühjahrsflug sich bis über 6 Wochen erstrecken. Die Käfer begründen danach neue Brutanlagen.

Sternförmiges Brutbild mit 2 bis 4 Muttergängen, 5 bis 17 cm lang. Vorwiegend in Längsrichtung mit wenigen Ventilationslöchern. Das Weibchen wird wiederholt bei der Anlage des Brutbildes begattet. Die Weibchen legen auf beiden Seiten der Muttergänge Einischen an und nach Eiablage wird das Grübchen mit einem Nagemehlpfropfen verstopft. Die 4 bis 8 cm langen Larvengänge stehen sehr dicht und wenig geschlängelt in der Rinde. Die Larvengänge enden in relativ großen, längsovalen Puppenwiegen. Die Entwicklung vom Ei bis zum Käfer dauert je nach Witterung ca. 36 bis 50 Tage (bei 15 °C: 120 Tage, bei 20 °C: 64 Tage und bei 25 °C: 37 Tage). Unter 11,2 °C stoppt die Entwicklung (Schebeck & Schopf 2017). Das Fraßbild liegt bei dickeren Stämmen in der Rinde den Splint nicht oder nur schwach furchend, bei dünneren Stämmen deutlich den Splint furchend. Bei Brutraumnot werden Zweige bis zu einer Mindeststärke von 2 cm als Brutstätte genutzt. Reifungsfraß der Jungkäfer um die Puppenwiegen oder in dendritisch verlaufenden Gängen, die auch den Splint furchen können. Bei hoher Besiedlungsdichte oder zu rascher Austrocknung der Borke suchen die Jungkäfer entweder kränkelndes, geschwächtes oder liegendes Holz auf und fressen geweihartige Gänge oder sie fliegen auf vitale Bäume, um dort in dünnen, weniger als 4 cm dicken Zweigen im Wipfelbereich ihren Reifungsfraß zu vollziehen. Dabei können sie einen äußerlichen Triebfraß ähnlich den *Hylastes*-Arten durchführen oder im Inneren des Triebes 3 bis 6 cm lange Gänge anlegen, vergleichbar dem Reifungsfraß der beiden Waldgärtner-Arten (*Tomicus*). Die mechanisch geschwächten Zweige bleiben geknickt und vergilbend in der Krone oder werden leicht vom Wind abgebrochen (siehe auch *Tomicus*). Der Regenerationsfraß der Altkäfer erfolgt durch unregelmäßige Erweiterungen am Ende der Muttergänge. Bei räumlicher Enge durch benachbarte Brutbilder suchen die Mutterkäfer außerhalb der Brutstätten entweder dünnberindete Baumteile und Stöcke auf oder Wipfelpartien vorwiegend junger vitaler Lärchen (Harzfluß). Dem Regenerationsfraß folgt häufig eine Geschwister-Eiablage. Die Entwicklung vom Ei bis zum Schwärmen der Jungkäfer dauert durchschnittlich neun Wochen. Je nach Höhenlage des Vorkommens 1 bis 2 Generationen mit Flugzeiten Ende April/Anfang Mai (Frühjahrsflug) und Ende Juli/Anfang August (Sommerflug). Unter günstigen Bedingungen können auch drei Generationen entstehen. Meist ist dieser Herbstflug deutlich schwächer als die beiden anderen Flüge. Die Gänge der Geschwisterbruten sind weniger regelmäßig angeordnet. Überwinterung in allen Stadien im Brutbild. Der Käfer kann auch in die Bodenstreu ausweichen. Überträger von Bläuepilzen (*Ceratocystis laricicola*).

Wirtsarten: *Larix decidua, L. kaempferi, L. gmelinii, L. sibirica, Picea abies*. Tanne (*Abies alba*), *Zirbel*- und Schwarzkiefer, Waldkiefer sowie Douglasie.

Verbreitung: Mitteleuropa, Nordrussland, Sibirien, Sachalin, Korea, Mongolei, Japan, Nordwestchina. *Ips cembrae* ist in Südtirol nach dem Buchdrucker der häufigste *Ips* und allgemein verbreitet.

Rote Liste Deutschland: mäßig häufig, kurz- und langfristiger Bestandstrend: deutliche Zunahme. Ungefährdet.

Abb. 740: Der Große Lärchenborkenkäfer (*Ips cembrae*) in Aufsicht (Mus. Braunschweig). Länge: 4,7 mm. Im Absturz sitzen 5 große Milben.

Abb. 741: Der Große Lärchenborkenkäfer (*Ips cembrae*) in Seitenansicht (Mus. Frankfurt).

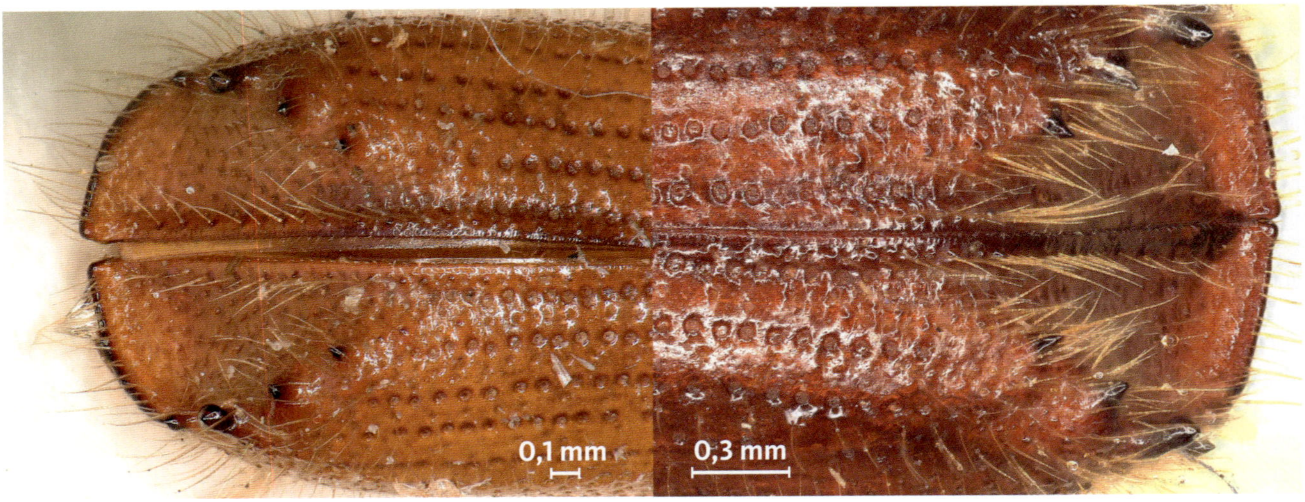

Abb. 742: Unabhängig von einer schwachen (linkes Foto) oder starken Behaarung (rechtes Foto) der Flügeldecken ist das Unterscheidungsmerkmal zum Buchdrucker (*Ips typographus*) immer gut erkennbar: Die Flügeldecken-Naht ist bis zum unteren Ende mit abstehenden Borsten versehen. Der Große Lärchenborkenkäfer (*Ips cembrae*) in Aufsicht (Mus. Frankfurt).

Abb. 743: Der Fühler vom Großen Lärchenborkenkäfer (*Ips cembrae*)(Mus. Frankfurt).

Abb. 744: Der Absturz und die Zähne vom Großen Lärchenborkenkäfer (*Ips cembrae*) sind dem Absturz des Buchdruckers recht ähnlich. Allerdings glänzt die Absturzfläche des Lärchenborkenkäfers (Mus. Frankfurt). Vergleiche Abb. 723.

Gattung *Orthotomicus* Ferrari, 1867 – „Kerbzahner"

(*Bostrichus* part. Fabricius, 1792:365; *Tomicus* part. Latreille, 1807:276; *Ips* part. Reitter, 1894:80; *Cyrtotomicus* Ferrari, 1867; *Neotomicus* Fuchs, 1911: 33; *Orthotomicus* Prell, 1929)
Typusart: *Bostrichus laricis* Fabricius, 1792.

Käfer: 1,6–5,4 mm. Körper walzenförmig, dunkelbraun bis pechschwarz, kurz spärlich behaart. Vorderhüften eng gestellt. Fühler und Tarsen braun. Fühler mit 5-gliedriger Geißel, 2. Geißelglied stets viel kürzer als das erste. Ovale 3-gliedrige Fühler-Keule. Keule gedrungen, Basis verdickt, distal schief abgeschrägt, mit 2 gebogenen filzigen Haarreihen. Halsschild etwas länger als breit, vorne gehöckert, hinten nur punktiert mit deutlicher oder undeutlicher Mittellinie. Basis ungerandet. Flügeldecken tief und gleichmäßig gestreift. Die Zwischenräume sind nicht breiter als die Punktstreifen. 1. Zwischenraum der Punktstreifen an der Naht vor dem Absturz ohne Körnchenreihe. Am Beginn des Absturzes auf dem 2. Zwischenraum ein kleines Zähnchen (Suturalzähnchen). Absturz der Flügeldecken sehr steil, fast senkrecht, nicht muldenförmig vertieft (Gegensatz zu Gattung *Ips*), daher Flügeldeckennaht in diesem Bereich gerade. Spitzenrand der Flügeldecken gebogen, aber nicht abgeflacht, sehr fein gekerbt, innen nicht gerandet (Gegensatz zu Gattung *Ips*). Spitzenrand bei dieser Gattung doppelt. Der innere Rand umfasst das Abdomen, der äußere die Absturzfläche. Am Absturzrand meist 3 bis 5 Paar einfache Kegelzähne oder Höcker, bei Männchen und Weibchen zwar an gleicher Stelle, aber nur beim Männchen sehr kräftig ausgebildet, dadurch Sexualdimorphismus bei den meisten Arten sehr deutlich ausgeprägt. Zwischen Zahn 2 und 3 am Absturzrand 1 oder 2 mitunter größere Höcker. Stirn in beiden Geschlechtern einfach gewölbt, körnelig punktiert, meist mit Andeutung einer Längsschwiele, Augen gedrungen nierenförmig. Stirn bei Männchen und Weibchen spärlich und kurz behaart.

Lebensweise: 2 Generationen pro Jahr. Leben als polygame Rindenbrüter ausschließlich an Koniferen. Im Allgemeinen stark sekundär; in trockenen und warmen Jahren, auch im wärmeren Klimabereich des Mittelmeergebietes, jedoch oft primär. Die „kerbzahnigen" Nadelholzborkenkäfer leben teilweise stark sekundär in Baumstubben und liegenden Stämmen (*O. laricis* und *O. proximus*) oder unterliegen dem Konkurrenzdruck stärker primärer Kiefernborkenkäfer wie *Ips acuminatus*.

Artenschlüssel der Gattung *Orthotomicus* Ferrari, 1867

1 Der zweite Zahn ist breit, stumpf beulenförmig, oben flach gedrückt und abgeschliffen. Beim Weibchen ohne und beim Männchen mit einer nach innen gedrückten kleinen Spitze (Abb. 760). Flügeldecken walzenförmig, 1,6- bis 1,7-mal so lang wie breit. Der Nahtstreifen der Flügeldecken ist kaum tiefer eingedrückt als die anderen Punktstreifen. **2**

→ Der zweite Zahn ist von anderer Gestalt. Flügeldecken 1,4- bis 1,7-mal so lang wie breit, mit 3 bis 5 Paar Kegel- oder Plattenzähnen. Nahtstreifen sind doppelt so stark vertieft wie die übrigen Punktstreifen. Die ersten (Sutural-) Zähnchen sind gut ausgebildet. **3**

2 Naht am Absturz glatt. Zähne gut ausgebildet. Der erste und zweite Zahn sind breit beulenförmig verschmolzen, der dritte bis fünfte Kegelzahn spitz geformt (Abb. 760). Länge 2,8–5 mm. In Ostsachsen jedoch 3,4–4,3 mm. Körperbau schmal, langgestreckt, mit besonders langem Halsschild, dunkelbraun, glänzend, bräunlich grau bis grau behaart, Fühler und Beine rotbraun. Am Vorderrand des Kopfschildes beim Männchen mittig ein großer Höcker (Abb. 765). Flügeldeckenabsturz sehr steil, fast senkrecht. Beim Männchen 1. und 2. Zahn miteinander zu breiter, beulenförmiger Platte verbunden, Zahnspitzen zur Flügeldeckennaht hin gerichtet. 3. Zahn kegelförmig, nach innen versetzt. Zwischen 2. und 3. Zahn zwei kräftige, kegelförmige Höcker auf dem Absturzrand. Beim Weibchen sind diese undeutlich ausgeprägt. Flügeldeckennaht im Bereich des Absturzes deutlich erhaben. Beim Weibchen anstelle der Zähne kleine, spitze Höckerchen in gleicher Anordnung.

→ *Orthotomicus longicollis* (Gyllenhal, 1827) – Langhalsiger Kiefernborkenkäfer

(*Bostrichus longicollis* Gyllenhal, 1827:621; *Tomicus oblitus* Perris, 1862:218; *Orthotomicus longicollis* (Gyllenhal): Reitter, 1913:110)

♂

→ Naht am Absturz mit kerbartiger Körnerreihe. Suturalzähnchen rudimentär oder fehlend. Die übrigen Zähne sind klein und stumpf. Anstatt des zweiten Zahnes ist hier ein deutlicher Wulst. Die übrigen Zähne sind höckerartig (Abb. 761). Am Vorderrand des Kopfschildes ein kleiner Höcker. Länge 3,1–4,7 mm.

→ *Orthotomicus longicollis* (Gyllenhal, 1827) – Langhalsiger Kiefernborkenkäfer

♀

3 Erste Fühlerkeulen-Naht gerade verlaufend (Abb. 753). **4**

→ Erste Fühlerkeulen-Naht leicht (Abb. 806) oder deutlich nach oben gebogen. **5**

4 Der Absturz trägt zahlreiche Haare (Abb. 798). Weibchen: Suturalhöcker voneinander viel weiter entfernt als von den ähnlichen alleinstehenden zweiten Höckern. Fühlerkeule mit geraden Nähten. Stirn glänzend und dicht punktiert. Absturz mit 3 spitzen Zahnpaaren auf einer Bogenlinie im Absturz (♀)(Abb. 799) oder zusätzlich mit 2 bis 3 weiteren, etwas nach außen gerückten, kleineren Hügelchen-Paaren (♂)(Abb. 798) am Absturz-Rand. Länge 2,5–3,5 mm lang.

→ *Orthotomicus suturalis* (Gyllenhal, 1827)

(*Bostrichus suturalis* Gyllenhal, 1827:622; *B. nigritus* Gyllenhal, 1827:623; *B. laricis* Hartig, 1834:108; *B. laricis* v. *suturalis* Doebner, 1862:175; *Orthotomicus nigritus* Ferrari, 1867:43; *Tomicus laricis* Perris, 1856:184; *T. suturalis* Eichhoff, 1878:270; *Ips suturalis* Reitter, 1894:84; *Orthotomicus suturalis* (Gyllenhal): Reitter, 1913:108)

→ Der Absturz ist weitgehend unbehaart (Abb. 751). Männchen: Der zweite und dritte Zahn zu einer gemeinsamen, seitlich komprimierten Platte verschmolzen (sehr ähnlich *Orthotomicus erosus*). Der vorletzte und letzte Zahn spitzig, niemals geknöpft. Der Apikalrand ist nur unwesentlich vorgezogen. Die Absturzseitenränder sind scharf und hoch. Flügeldeckenstreifen dicht punktiert. Zwischenräume glatt, breit, vorne nicht punktiert, vor dem Absturz mit großen und dichten Punkten. Halsschildbasis locker punktiert. Kopf und Halsschild schwarzbraun, Flügeldecken heller braun. Oft zahlreiche Suturalzähnchen vorhanden. Geschlechtsdimorphismus gut ausgebildet. Weibchen: Abstand der beiden oberen Suturalzähnchen kleiner oder nur so groß wie die Entfernung vom Suturalzähnchen zum nächsten Absturz-Zahn. Seitenrand hinter dem letzten Zahn glatt und ungekerbt. Scheibe sehr regelmäßig gestreift punktiert. Zwischenräume glatt, breit, vorne nicht punktiert, vor dem Absturz mit großen und dichten Punkten. Der zweite Zahn ist groß, bildet einen rechten oder größeren Winkel und ist nicht mit dem dritten verschmolzen. Der zweite und dritte Zahn sitzen auf einem erhöhten Seitenrand. Kopf und Halsschild schwarzbraun, Flügeldecken hellbraun. Ähnlich *Orthotomicus robustus*. Länge 2,5–3,4 mm.

→ *Orthotomicus mannsfeldi* (Wachtl, 1880) – Schwarzkiefern-Borkenkäfer

(*Tomicus mannsfeldi* Wachtl, 1879:51; *Ips mannsfeldi* (Wachtl, 1879): Reitter, 1894:82: Pfeffer, 1995:162)

5 Der zweite Zahn ist breit rechteckig und an der Basis mit dem dritten Zahn zusammenhängend oder bildet mit dem dritten Zahn einen schwalbenschwanzartigen Einschnitt. Seitenrand hinter dem Doppelzahn mit 2 bis 3 scharfen Kegelzähnen. Seitenrand hinter dem untersten Kegelzahn mit 1 bis 2 Einkerbungen. Die dichten Punkte auf den Zwischenräumen sind hinten und an den Seiten ebenso stark wie die Punkte der Punktstreifen. **6**

→ Der zweite Zahn ist niemals plattenförmig oder schwalbenschwanzartig verbreitert und nicht mit dem dritten Zahn verschmolzen. **8**

6 Beim Männchen Zähne des Flügeldeckenabsturzes kräftig entwickelt, besonders der 2. Zahn. Dieser weist beim Männchen eine flach gerundete Seite auf (Abb. 772). Beim Weibchen ist die Seite des zweiten Zahns mit groben und unregelmäßigen Vertiefungen versehen (Abb. 773). Anstelle der weiteren Absturzzähne sind beim Weibchen nur kleinere Höcker ausgebildet. Der Absturz ist dicht und grob punktiert. Zwischenräume im oberen Drittel der Flügeldecken (Elytren) glatt und mit großen Abständen punktiert (Abb. 774). Flügeldecken 1,4- bis 1,5-mal so lang wie breit. Stirn glänzend dicht granuliert und zudem punktiert (Abb. 776). Länge 2,7–5,4 mm. Schwarz oder kastanienbraun, grau behaart, mit helleren Flügeldecken. Fühlerkeule rundlich, Nähte bogig.

→ *Orthotomicus erosus* (Wollaston, 1857) – Südeuropäischer Kiefernborkenkäfer

(*Tomicus erosus* Wollaston, 1857:95; *Bostrichus laricis* Perris, 1856:185; *B. duplicatus* Ferrari, 1868:54; *Cyrtotomicus rectangulus* Ferrari, 1867:83; *Tomicus rectangulus* Eichhoff, 1878:260; *Ips erosus:* Reitter, 1894:83; *Orthotomicus erosus* (Wollaston): Reitter, 1913:108)

♂

→ Der zweite Zahn ist ein scharfeckiger Doppelzahn oder bildet mit dem dritten fast ebenso starken Zahn einen schwalbenschwanzartigen Einschnitt. Absturz matt und ziemlich fein punktiert. Zwischenräume bis zur Basis punktiert. Flügeldecken länger, 1,45- bis 1,55-mal so lang wie breit. Stirn grob und dicht punktiert mit einzelnen Körnern. Länge 2,7–4,5 mm. Hier 2 morphologisch ähnliche Arten mit völlig unterschiedlicher Biologie. **7**

7 Die Absturzfläche ist stark skulpturiert (Abb. 782). Der zweite Zahn ist scharf rechteckig oder bildet mit dem dritten starken Zahn einen schwalbenschwanzartigen Einschnitt (Abb. 780). Der freistehende vierte Zahn ist spitzig und dahinter tritt noch ein abgerundeter Höcker hervor. Länge 2,7–4,5 mm.

→ *Orthotomicus robustus* (Knotek, 1899)

(*Tomicus erosus* v. *robustus* Knotek, 1899:296; *Orthotomicus erosus* v. *melanurus* Reitter, 1913:109; *O. robustus* (Knotek) Schedl, 1932:1645; *Ips robustus* Wood and Bright, 1992:522)

♂

→ Die Absturzfläche ist schwach skulpturiert (Abb. 789). Der zweite Zahn bildet mit dem dritten Zahn immer einen schwalbenschwanzartigen Einschnitt. Der freistehende vierte Zahn ist spitzig und dahinter tritt noch ein starker und spitziger Höcker hervor. Länge 2,8–4,4 mm.

→ *Orthotomicus tridentatus* Eggers, 1921

(*O. erosus* v. *tridentatus Eggers*, 1921:41; *O. tridentatus* Eggers: Schedl, 1932:1645; *Ips tridentatus:* Wood and Bright, 1992:504)

♂

8 Absturz mit 3 spitzen Zahnpaaren auf einer Bogenlinie im Absturz oder zusätzlich mit 2 bis 3 weiteren, etwas nach außen gerückten, kleineren Zähnchen- (Abb. 795) oder Hügelchen-Paaren am Absturz-Rand. Die zwei oberen Absturz-Zähne sind lang kegelförmig zugespitzt und nach innen geneigt. Sie stehen nahe beieinander auf einer gemeinsamen Basis. Drittes und viertes Zähnchen sind deutlich kleiner und stehen etwas nach außen gerückt. Das fünfte Zähnchen ist wieder direkt auf dem Absturz-Rand. Es ist vom zweiten Zahn und von der unteren Randkante gleich weit entfernt. Die untere Absturz-Randkante ist sehr schmal. Die Zähnchen des Weibchens sind kurz und abgestumpft. Stirn runzlig punktiert. Körper braun, gelblich behaart, Beine heller, Fühler gelblich. Stirn bei Männchen und Weibchen schwach gewölbt, spärlich und kurz behaart. Halsschild etwas länger als breit. Flügeldeckenabsturz oval, ziemlich steil. Flügeldeckennaht am Absturz leicht erhaben. Länge 1,6–3,5 mm.

→ *Orthotomicus starki* Spessivtseff, 1926

→ Absturz mit 4 Paar höckerartigen Zähnchen oder zwischen 3 Paar größeren höckerartigen Zähnchen sind noch 1 bis 3 Paar beulenartige Höckerchen angeordnet, sodass der Absturz mehr als dreizähnig erscheint. Körperlänge mehr als 2,5 mm. **9**

9 Der erste Suturalhöcker liegt viel näher beim zweiten großen Höcker als der zweite beim vierten Höckerchen. Die dichten Punkte auf den Flügeldeckenzwischenräumen sind hinten und auf den Seiten ebenso groß wie die Punkte auf den Hauptreihen. Flügeldecken 1,4- bis 1,8-mal so lang wie breit. Der zweite Zahn ist groß, aber nicht quer verbreitert. Beim Männchen stehen alle Zähne am Absturzrand, beim Weibchen ist der vierte Höcker etwas nach innen gerückt und steht nicht in einer Reihe mit den anderen. Länge 3–3,8 mm.

➔ *Orthotomicus proximus* (Eichhoff, 1868) – Kiefernstangenholz-Borkenkäfer

(*Tomicus proximus* Eichhoff, 1867:403; *T. omissus* Eichhoff, 1871:138; *Ips proximus:* Reitter, 1894:84; *Orthotomicus proximus* (Eichhoff): Reitter, 1913:109; *I. fejferi* Keler, 1925:191)

→ Der erste Suturalhöcker ist vom zweiten Höcker ebenso weit entfernt wie der zweite Querhöcker vom vierten Höckerchen. Stirn glänzend, dicht punktiert und granuliert. **10**

10 Zwischenräume der Flügeldecken mit Ausnahme des ersten im vorderen Drittel unpunktiert. Der zweite und der dritte größere Zahn sind vom Seitenrand abgerückt. Absturz meist glänzend und dicht punktiert. Flügeldecken 1,4- bis 1,5-mal so lang wie breit. Länge 2,7–3,5 mm.

➔ *Orthotomicus erosus* (Wollaston, 1857) – Südeuropäischer Kiefernborkenkäfer

♀

→ Flügeldeckenzwischenräume mit einer ganzen Punktreihe. Absturz matt und dicht punktiert. Flügeldecken 1,4- bis 1,6-mal so lang wie breit. Länge 2,7–4,5 mm. Hier 2 Arten mit unterschiedlichen Brutbildern. **11**

11 Am Absturz 3 Paar stärkere Zähne, von denen die oberen zwei etwas eingerückt sind. Der dritte Zahn steht auf dem Rand. Der zweite Zahn steht näher beim ersten als beim dritten. Länge 3–4,4 mm.

➔ *Orthotomicus tridentatus* Eggers, 1921

♀

→ Am Absturz stehen die drei stärkeren Zähne in regelmäßigen Abständen fast ganz auf dem Rand (Abb. 779). Länge 2,7–4,5 mm.

➔ *Orthotomicus robustus* (Knotek, 1899)

♀

Artenkapitel zur Gattung *Orthotomicus* Ferrari, 1867 – „Kerbzahner“

Orthotomicus mannsfeldi (Wachtl, 1879)

Schwarzkiefern-Borkenkäfer (engl. European pine engraver)

Lebensweise: Brutbild längssternförmig, ähnlich *Ips acuminatus* Gyll.

Wirtsart: *Pinus nigra banatica, P. nigra laricio, P. nigra nigra, P. nigra pallasiana.*

Verbreitung: Niederösterreich, Kärnten, Steiermark, Tirol, Korsika, Rumänien, Kroatien, Bosnien und Herzegowina, Mazedonien, Türkei, Kleinasien.

Abb. 745: Brutbilder von *Orthotomicus mannsfeldi* (Uni Göttingen).

Abb. 746: Brutbild von *Orthotomicus mannsfeldi* (Uni Göttingen).

Abb. 747: Brutbild von *Orthotomicus mannsfeldi* (Uni Göttingen).

Abb. 748: Das Weibchen vom Schwarzkiefern-Borkenkäfer (*Orthotomicus mannsfeldi*) in Aufsicht (Mus. Braunschweig). Die Flügeldecken-Zwischenräume sind breit, glatt und vorne nicht punktiert. Vor dem Absturz treten in den Zwischenräumen große und dichte Punkte auf. Kopf und Halsschild dunkler als die Flügeldecken (Elytren).

Abb. 749: Das Weibchen vom Schwarzkiefern-Borkenkäfer (*Orthotomicus mannsfeldi*) in Seitenansicht (Mus. Braunschweig). Seitenrand hinter dem letzten Zahn glatt und ungekerbt. Der zweite Zahn ist groß und bildet einen rechten oder größeren Winkel zum dritten Zahn. Der zweite und dritte Zahn sitzen auf einem erhöhten Seitenrand.

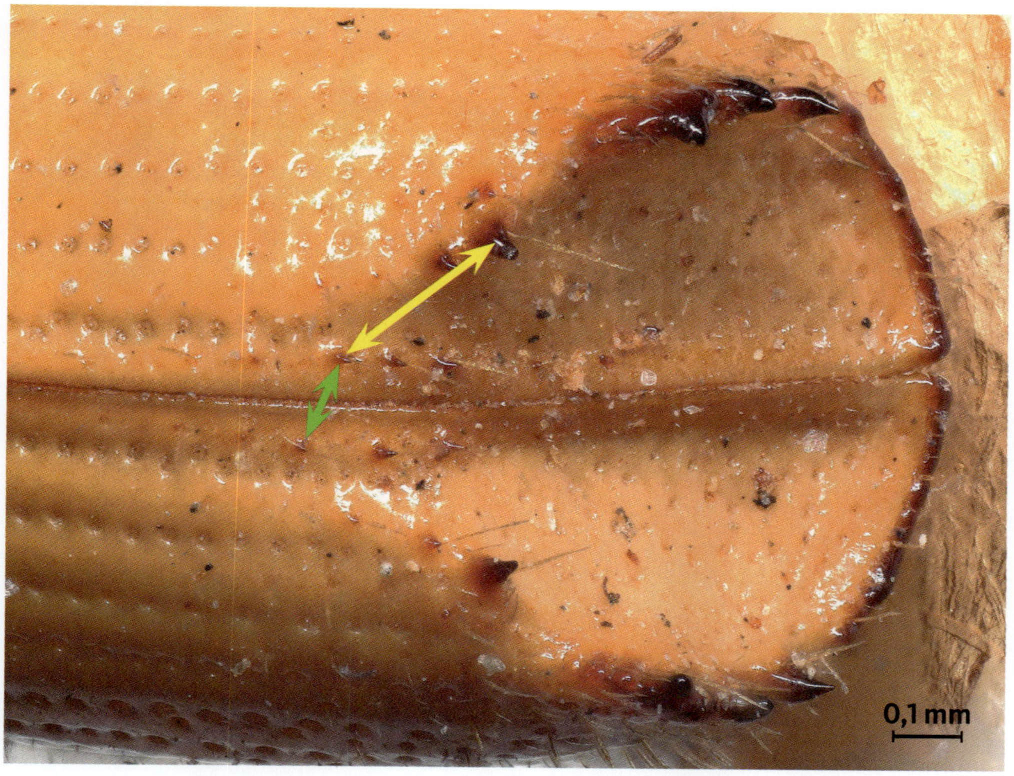

Abb. 750: Der Absturz des Weibchens vom Schwarzkiefern-Borkenkäfer (*Orthotomicus mannsfeldi*) in schräger Aufsicht (Mus. Braunschweig). Es sind 8 Suturalzähnchen vorhanden. Oft verlaufen drei Paar Suturalzähnchen parallel zur Naht und ein weiteres Paar steht vor dem ersten Absturzzahn. Der Abstand der oberen paarigen Suturalzähnchen zueinander (grüner Doppelpfeil) ist deutlich geringer als der Abstand zwischen dem Suturalzähnchen und dem nächsten Absturzzahn (gelber Doppelpfeil).

Abb. 751: Der Absturz vom Schwarzkiefern-Borkenkäfer-Männchen (*Orthotomicus mannsfeldi*) in schräger Seitenansicht (Mus. Wiesbaden). Der zweite und dritte Zahn stehen auf einer gemeinsamen breiten Basis, die leicht nach innen gebogen ist. Der letzte Zahn ist spitz und nicht geknöpft. Der untere Absturzrand (Apikalrand) ist nur gering vorgezogen. Die Absturzseitenränder sind scharf und hoch. Es gibt zahlreiche Suturalzähnchen (hier 8 Zähnchen). Oft sind auch 10 Suturalzähnchen vorhanden. Wie beim Weibchen sind drei Paar parallel zur Naht. Im Gegensatz zum Weibchen stehen zwei Paar vor dem ersten Absturzzahn. Nicht selten sind die Paare nicht vollständig ausgeprägt. Die Absturzfläche trägt fast keine Haare.

Abb. 752: Die Stirn vom Schwarzkiefern-Borkenkäfer-Männchen (*Orthotomicus mannsfeldi*) ist nur spärlich lang-abstehend behaart (Mus. Wiesbaden).

Abb. 753: Die erste Fühlerkeulen-Naht vom Schwarzkiefern-Borkenkäfer (*Orthotomicus mannsfeldi*) ist gerade verlaufend (Mus. Stuttgart).

Orthotomicus longicollis (Gyllenhal, 1827)

Langhalsiger Kiefernborkenkäfer

Lebensweise: *Orthotomicus longicollis* wurde erstmals 1981 in Deutschland nachgewiesen und ist nur sehr lokal in den ostdeutschen Bundesländern vorkommend. Durch kleinflächige Massenvermehrungen können Altkiefern absterben (Ostsachsen). Bevorzugt werden vorgeschädigte Bestände von ca. 60–120 Jahren. Der Befall führt zum Absterben einzelner weit verteilter Bäume oder Baumgruppen von ca. 20–30 Bäumen (BHD: 15–48 cm) und setzt sich nicht zwangsläufig über mehrere Jahre fort. Die Befallsstellen befinden sich nicht an Bestandsrändern, Südkanten etc. Entweder sind sie inmitten von Kiefernwäldern oder an Waldinnenrändern. Liegendes Holz oder Polter werden nicht besiedelt. Brutbilder bis in Höhen von 8,5 m. Oft tritt gemeinsamer Befall von *Phaenops cyanea* (Fabricius, 1775) oder *Ips sexdentatus*, seltener *I. acuminatus* und *O. longicollis* auf. In den Gängen der *O. longicollis*-Brutbilder wurden nachfolgende räuberische Käfer-Arten nachgewiesen: *Corticeus longulus* Gyllenhal, 1827; *Corticeus fraxini* (Kugelann, 1794); *Plegadeus saucius* Erichson, 1834; *Paromalus parallelepipedus* (Herbst, 1792) und *Cerylon impressum* Erichson, 1845 (Sobczyk et al., 2023).

Das Brutbild ist ungewöhnlich für eine *Orthotomicus*-Art. Bei stärkeren Bäumen und moderatem Befallsdruck von einer Rammelkammer ausgehend meist 2 bis 3 Muttergänge (Spanne: 1–8 Muttergänge), die überwiegend quer verlaufen. Sie können bis zu 15 cm lang werden, sind jedoch meist kürzer und weisen dann oft Abzweigungen auf. Die Einischen werden unregelmäßig, manchmal nur ein-

Abb. 754: Fraßbild bei starkem Befall durch den Langhalsigen Kiefernborkenkäfer (*Orthotomicus longicollis*). Saalau, 06.12.2022. Beachte: starke Verzweigung und Überschneidung der Muttergänge (Foto: Thomas Sobczyk).

Abb. 755: Brutbilder vom Langhalsigen Kiefernborkenkäfer (*Orthotomicus longicollis*) auf der *Pinus sylvestris*-Borken-Innenseite. Saalau, 06.12.2022 (Foto: Thomas Sobczyk).

seitig angelegt. Der Abstand dieser Einischen ist variabel, selten unter 4 mm. An schwächerem Holz oder bei Brutraumkonkurrenz sind die Gänge viel unregelmäßiger und weisen mehr Verzweigungen auf. Sie erscheinen dann abgewinkelt, mehrfach die Richtung ändernd. Dann überschneiden sich die Gänge und der Verlauf scheint wirr. So entsteht ein Netzwerk aus Muttergängen (Abb. 754). Die Gänge sind schwach im Holz und deutlich tiefer in der Rinde angelegt (Abb. 755). Entsprechend sind sie mit überwiegend braunem Bohrmehl gefüllt. In den Gängen finden sich unregelmäßig Ausbohrlöcher. Die Ausfluglöcher sind kreisrund und weisen Durchmesser zwischen 1,3 und 1,8 mm auf. Die Käfer überwintern im Bereich der Fraßbilder in der Borke (meist 1–2 cm stark) in rechtwinklig nach außen verlaufenden Gängen (Sobczyk et al. 2023).

Wirtsarten: *Pinus sylvestris, P. nigra balcanica, P. nigra laricio, P. nigra pallasiana.*

Verbreitung: Kaukasus, Kleinasien, Russland, Europa (Mittelmeerländer bis Spanien), Polen, Finnland, Schweden, Estland. Mitteleuropa: Tschechien, Polen, Slowakei, Österreich, Schweiz, Ostdeutschland.

Rote Liste Deutschland: extrem selten, kurz- und langfristiger Bestandstrend: ungenügende Datenbasis. Extrem selten (R).

Abb. 756: Stehendbefall: Brutbilder vom Langhalsigen Kiefernborkenkäfer (*Orthotomicus longicollis*) an *Pinus sylvestris*. Saalau, 06.12.2022 (Foto: Thomas Sobczyk).

Abb. 757: Das Männchen vom Langhalsigen Kiefernborkenkäfer (*Orthotomicus longicollis*) in Seitenansicht (Mus. Braunschweig).

Abb. 758: Das Weibchen vom Langhalsigen Kiefernborkenkäfer (*Orthotomicus longicollis*) in Aufsicht (Mus. Braunschweig).

Abb. 759: Das Männchen vom Langhalsigen Kiefernborkenkäfer (*Orthotomicus longicollis*) in Aufsicht (Mus. Braunschweig).

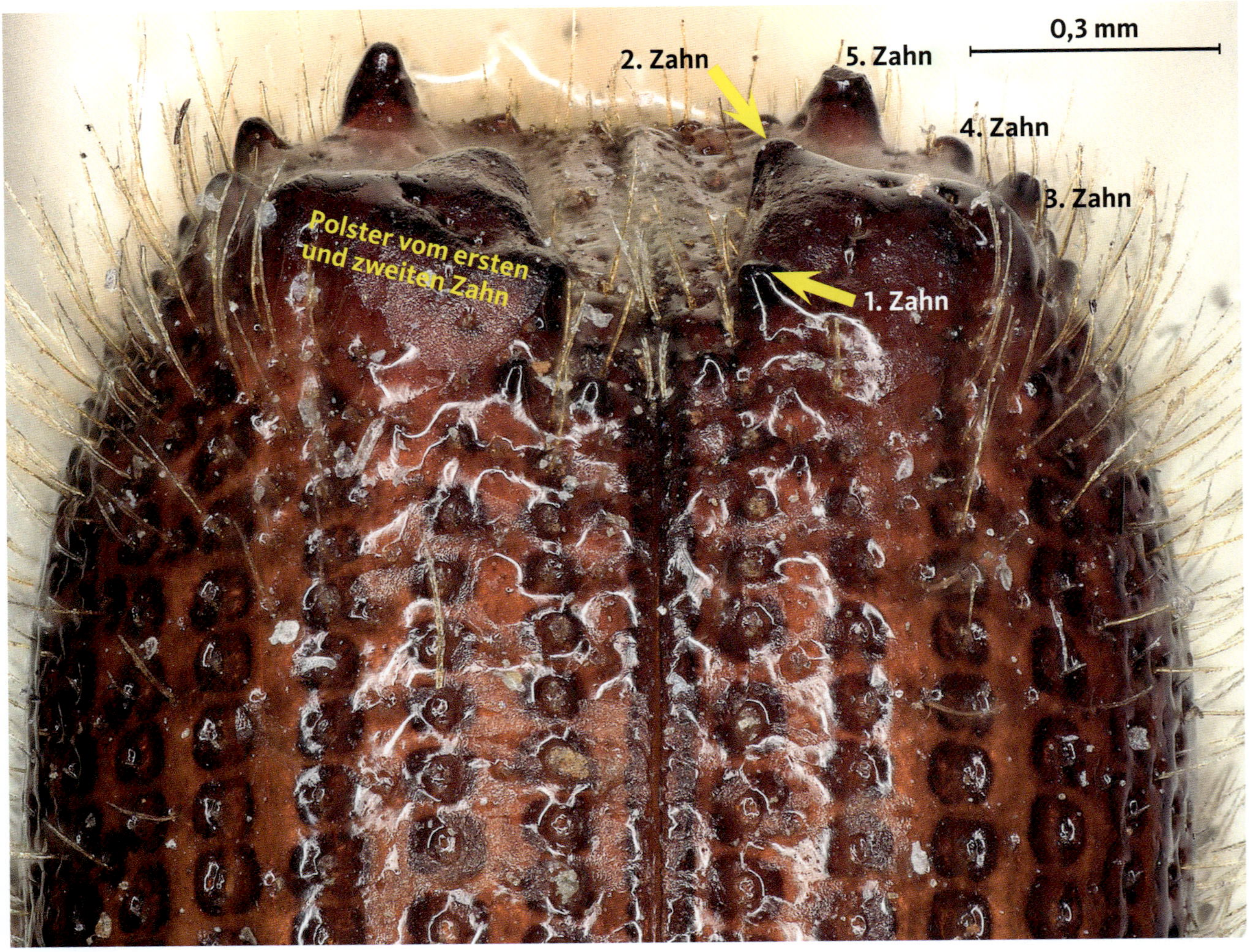

Abb. 760: Der Flügeldecken-Absturz des Männchens vom Langhalsigen Kiefernborkenkäfer (*Orthotomicus longicollis*) in Aufsicht (Mus. Braunschweig).

Abb. 761: Der Flügeldecken-Absturz des Weibchens vom Langhalsigen Kiefernborkenkäfer (*Orthotomicus longicollis*) in schräger Aufsicht (Mus. Braunschweig). Die Zähne und das Polster sind deutlich schwächer ausgeprägt als beim Männchen. Dagegen sind die Höcker auf der Flügeldecken-Naht erheblich kräftiger ausgebildet.

Abb. 762: Der Flügeldecken-Absturz des Männchens vom Langhalsigen Kiefernborkenkäfer (*Orthotomicus longicollis*) von hinten in Schrägansicht (Mus. Braunschweig).

Abb. 763: Der Flügeldecken-Absturz des Weibchens vom Langhalsigen Kiefernborkenkäfer (*Orthotomicus longicollis*) von hinten in Schrägansicht (Mus. Braunschweig).

Abb. 764: Der Fühler vom Langhalsigen Kiefernborkenkäfer (*Orthotomicus longicollis*)(Mus. Braunschweig). Die Nähte der Fühlerkeule verlaufen gerade.

Abb. 765: Der Kopf-Vorderrand vom Langhalsigen Kiefernborkenkäfer (*Orthotomicus longicollis*) (Mus. Braunschweig) weist einen breiten zentralen Fortsatz und ca. 5–6 weitere seitliche Zähne auf.

Orthotomicus erosus (Wollaston, 1857)

Südeuropäischer Kiefernborkenkäfer, (engl. mediterranean pine engraver beetle) (span. escolítido del pino)

Abb. 766: Rammelkammer-Anlage vom Südeuropäischen Kiefernborkenkäfer (*Orthotomicus erosus*) (Uni León).

Abb. 767: Frühes Brutbild vom Südeuropäischen Kiefernborkenkäfer (*Orthotomicus erosus*) (Uni León).

Abb. 768: Brutbild vom Südeuropäischen Kiefernborkenkäfer (*Orthotomicus erosus*)(Uni Göttingen).

Lebensweise: Normalerweise in kränkelnden, pilzbefallenen, absterbenden Bäumen sowie in gefällten Stämmen brütend. Von diesen ausgehend auch Befall von Kiefern aller Altersklassen. Brutbild unregelmäßig sternförmig, mit 2 bis 3, meist längsgerichteten Muttergängen, bis 8 cm, seltener bis 25 cm lang. Einischen dicht stehend, aber häufig die einzelnen Gruppen mit größeren Abständen zueinander (Eiablage durch Regenerationsfraß unterbrochen). Die 6 bis 8 cm langen Larvengänge fast ganz in der Bastschicht, Puppenwiegen in der Rinde. Reifungsfraß der Jungkäfer an der Geburtsstätte bzw. an weiteren Bäumen (2. Generation) in dendritischen Fraßfiguren. In der Regel mit 2 Generationen im Jahr, 1. Flugzeit April/Mai, 2. Flugzeit Ende Juli. Manchmal bis vier Generationen pro Jahr.

Wirtsarten: *Pinus halepensis, P. canariensis, P. halepensis* var. *brutia, P. pinaster, P. pinea, P. nigra cevennensis, P. nigra mauretanica, P. nigra nigra, P. nigra pallasiana, P. sylvestris, Cedrus atlantica*. Auch an *Abies pinsapo, A. alba, A. nordmanniana*.

Verbreitung: Südeuropa (nördlich bis Niederösterreich), Ukraine (Krim), Kaukasus, Kleinasien, Mittelmeerinseln, Palästina, Nordafrika, Kanaren (Gran Canaria), Madeira.

Abb. 769: Reifungs- und Regenerationsfraß vom Südeuropäischen Kiefernborkenkäfer (*Orthotomicus erosus*).

Abb. 770: Das Weibchen vom Südeuropäischen Kiefernborkenkäfer (*Orthotomicus erosus*) in Aufsicht (Mus. Basel).

Abb. 771: Das Männchen vom Südeuropäischen Kiefernborkenkäfer (*Orthotomicus erosus*) in Seitenansicht (Mus. Braunschweig).

Abb. 772: Der Absturz des Männchens vom Südeuropäischen Kiefernborkenkäfer (*Orthotomicus erosus*) in schräger Seitenansicht (Mus. Braunschweig). Der zweite Zahn ist am größten und sitzt auf einem breiten Polster. Er ist von allen Zähnen am stärksten nach innen geneigt.

Abb. 773: Der Absturz des Weibchens vom Südeuropäischen Kiefernborkenkäfer (*Orthotomicus erosus*) in schräger Seitenansicht (Mus. Basel). Der zweite Zahn ist am größten und sitzt auf einem breiten Polster. Dieses ist aber schwächer ausgeprägt als beim Männchen. Insgesamt sind die Zähne deutlich geringer in der Dimensionierung als beim Männchen. Die Absturzinnenfläche ist stark skulpturiert. Auch das zweite Zahn-Polster weist unregelmäßige Vertiefungen auf.

Abb. 774: Die Zwischenräume auf den Flügeldecken weisen schon im vorderen Bereich (Scheibe) Kreisvertiefungen auf. Schrägaufsicht auf ein Weibchen vom Südeuropäischen Kiefernborkenkäfer (*Orthotomicus erosus*) (Mus. Basel).

Abb. 775: Der Halsschild (Pronotum) ist deutlich eingeschnürt. Seitenansicht auf ein Männchen vom Südeuropäischen Kiefernborkenkäfer (*Orthotomicus erosus*) (Mus. Basel).

Abb. 776: Die Stirn weist im zentralen Bereich hervorstehende Körnchen auf. Frontalansicht auf ein Männchen vom Südeuropäischen Kiefernborkenkäfer (*Orthotomicus erosus*)(Mus. Braunschweig).

Orthotomicus robustus (Knotek, 1899)

Lebensweise: Brutbild sternförmig. Lebt unter dünner Rinde.
Wirtsarten: *Pinus nigra nigra, P. heldreichii, Cedrus libani.*

Verbreitung: Bosnien und Herzegowina, Bulgarien (Pirin-Gebirge), Griechenland, Niederösterreich, Ungarn (Umgebung von Balaton), Mittelslowakei.

Abb. 777: Das Männchen von *Orthotomicus robustus* in Aufsicht (Mus. Karlsruhe).

Abb. 778: Das Weibchen von *Orthotomicus robustus* in Seitenansicht (Mus. Karlsruhe).

Abb. 779: Der Absturz des *Orthotomicus robustus*-Weibchens von hinten in Schrägansicht (Mus. Karlsruhe). Der dritte Zahn ist etwas nach außen gerückt.

Abb. 780: Der Absturz des *Orthotomicus robustus*-Männchens in Seitenansicht (Mus. Karlsruhe).

Abb. 781: Der Absturz des *Orthotomicus robustus*-Männchens von hinten in Schrägansicht (Mus. Karlsruhe). Der dritte Zahn steht in einer Linie mit den anderen Zähnen auf dem Absturz-Rand.

Abb. 782: Die Absturzfläche des *Orthotomicus robustus*-Männchens ist stark skulpturiert (Mus. Karlsruhe).

Abb. 783: Die Zwischenreihen der Flügeldecken (Elytren) sind schon von Beginn an mit kreisförmigen Vertiefungen versehen (Mus. Karlsruhe).

Abb. 784: Die Stirn des *Orthotomicus robustus*-Weibchens weist vorstehende Körnchen auf (Mus. Karlsruhe). Das Männchen trägt ebenfalls dieses Merkmal.

Orthotomicus tridentatus Eggers, 1921

Lebensweise: *O. tridentatus* ist ein Spätschwärmer (Mitte April). Er ist in erster Linie sekundär, kann bei einer Massenvermehrung aber auch primär werden und dann einzelne gesunde Bäume, aber auch Baumgruppen zum Absterben bringen. Der Brusthöhendurchmesser stehender befallener Stämme schwankt zwischen 2 cm and 25 cm, die Höhe zwischen 2,5 and 18 m. Liegende Bäume mit dem gleichen oder noch größeren Durchmesser (bis 50 cm) dienen dem Käfer ebenfalls als Brutstätte. Die Einbohrstellen liegen auf 6 bis 14 m Höhe und sind erkennbar an Bohrmehlauswurf, starkem Harzfluss oder Harztropfen. Harztrichterbildung ist selten. Das Brutbild wird meist unter dicker Rinde angelegt. Die Muttergänge können s-förmig, als liegendes U oder auch halbkreisförmig verlaufen. Sie schürfen den Splint und die Innenseite der Rinde stark. Die Rammelkammer liegt meist in der Rinde und ist dann auf der Innenseite der abgelösten Rinde nicht sichtbar. Die einzelnen Arme der Muttergänge erreichen eine Länge von 1,8 bis 7,5 cm (Mittelwert 3,5 cm) und sind 1,2–2,2 mm (Mittelwert 1,5 mm) breit. Die Einischen werden beiderseits der Muttergänge meist dicht angelegt. Die Zahl der Larvengänge an beiden Armen eines Mutterganges schwankt zwischen 40 and 164 (durchschnittlich 90). Sie sind 2–5,5 cm, in der Regel 3–4 cm, lang, schürfen die Oberfläche des Splintes ziemlich stark und stehen dicht. Insbesondere gegen Ende der Muttergänge verlaufen sie zuerst diagonal zur Holzfaserrichtung nach außen and drehen sich dann in Holzfaserrichtung. Die Verpuppung erfolgt fast immer im Splint in ovalen Puppenwiegen mit der Längsachse der Puppenwiegen in Holzfaserrichtung. Unregelmäßige, an den Puppenwiegen beginnende Erweiterungen, die von den Jungkäfern während des Reifungsfraßes entstehen, sind auf der Innenseite der Borke deutlich sichtbar. Eine weitere typische Brutbildform von *O. tridentatus*, bei einer Befallsdichte von ca. 6 Muttergängen auf 100 cm² Rindenfläche, ist ein zwei-

Abb. 785: Das Männchen von *Orthotomicus tridentatus* in Aufsicht (Mus. Karlsruhe).

Abb. 786: Das Männchen von *Orthotomicus tridentatus* in Seitenansicht (Mus. Karlsruhe).

armiger Längsgang. In diesem Fall sind aus Raummangel nur wenige Larvengänge vorhanden. Die Käfer überwintern im Brutbild. In der Regel entstehen zwei Generationen (Can 1964).

Wirtsarten: *Pinus nigra, P. halepensis* var. *brutia, Cedrus libani.*
Verbreitung: Kleinasien, Türkei, Niederösterreich.

Abb. 787: Die Flügeldecken (Elytren) des Männchens von *Orthotomicus tridentatus* in Aufsicht (Mus. Karlsruhe). Auf den Zwischenstreifen sind schon zu Beginn kreisförmige Vertiefungen.

Abb. 788: Der Absturz des Männchens von *Orthotomicus tridentatus* in schräger Seitenansicht (Mus. Karlsruhe). Der zweite und dritte Zahn sitzen auf einer gemeinsamen Basis. Der zweite Zahn ist wesentlich breiter als der dritte Zahn.

Abb. 789: Der Absturz des Männchens von *Orthotomicus tridentatus* ist schwach skulpturiert (Mus. Karlsruhe).

Abb. 790: Die Dornen an der Hinterbein-Schiene sind nach vorne unten gebogen (*Orthotomicus tridentatus* in Seitenansicht)(Mus. Karlsruhe).

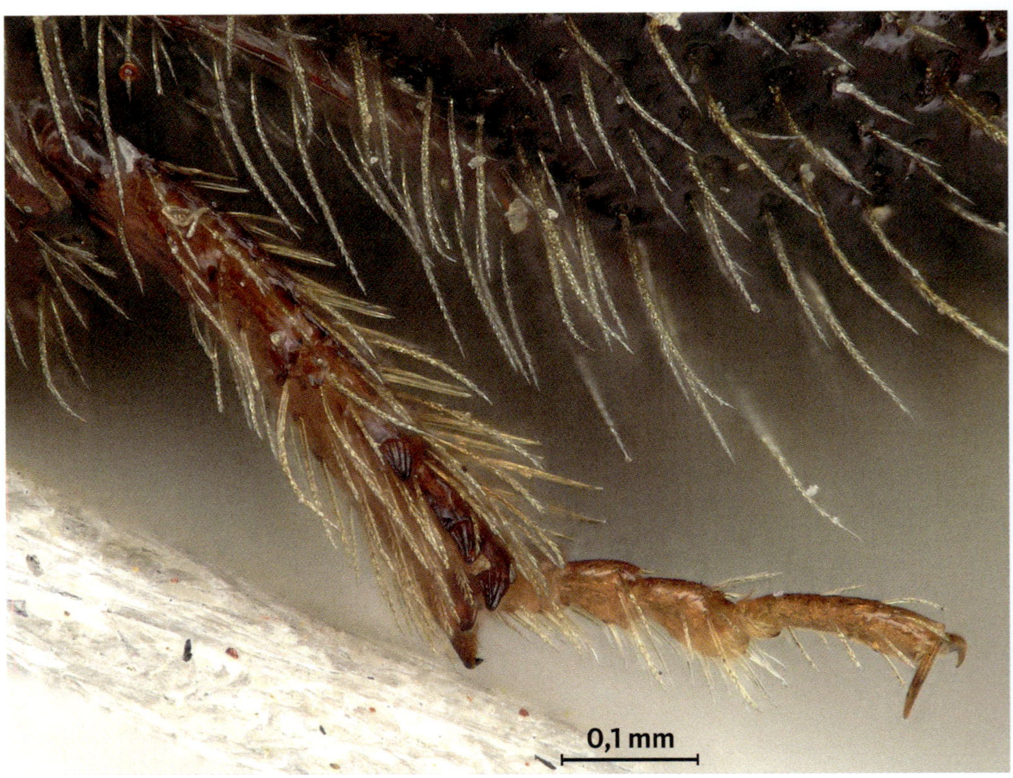

Abb. 791: Vorderbein von vorn und Fühler von *Orthotomicus tridentatus* (Mus. Karlsruhe).

Abb. 792: Stirn von einem Männchen von *Orthotomicus tridentatus* (Mus. Karlsruhe).

Orthotomicus starki Spessivtseff, 1926

Lebensweise: Brütet in oberen, dünnen Ästen absterbender, vom Wind geworfener oder eingeschlagener Fichten, ohne größere forstliche Bedeutung zu erlangen. Sternförmiges Brutbild aus 2 bis 3, selten mehreren längsverlaufenden, kurzen Muttergängen, die von einer tief in den Splint eingegrabenen Rammelkammer ausgehen. Einischen dicht gestellt. Larvengänge schräg oder quer, gelegentlich auch in Längsrichtung abbiegend. Reifungsfraß der Jungkäfer am Geburtsort. Überwinterung in allen Stadien. In der Regel 1 Generation im Jahr

Wirtsarten: An *Picea abies*, *P. obovata*, auch an *Pinus sylvestris* und *Larix sibirica*.

Verbreitung: Nordpolen, Russland, Sibirien.

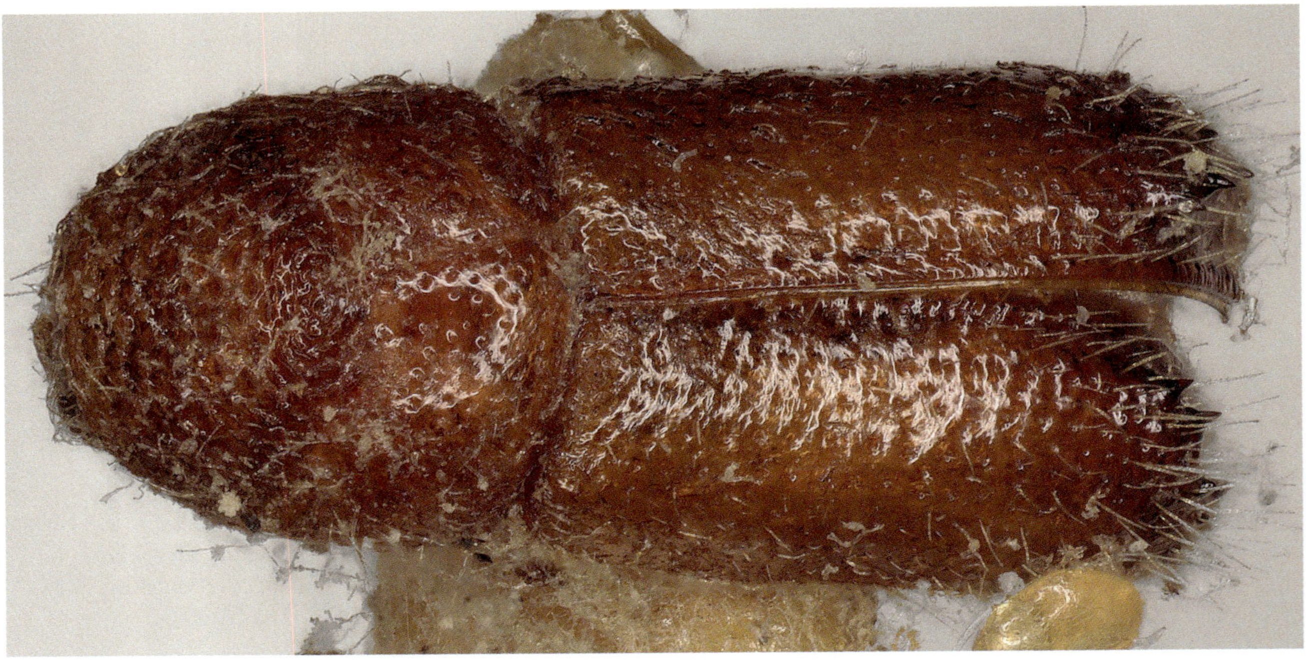

Abb. 793: *Orthotomicus starki* in Aufsicht (Mus. Wien).

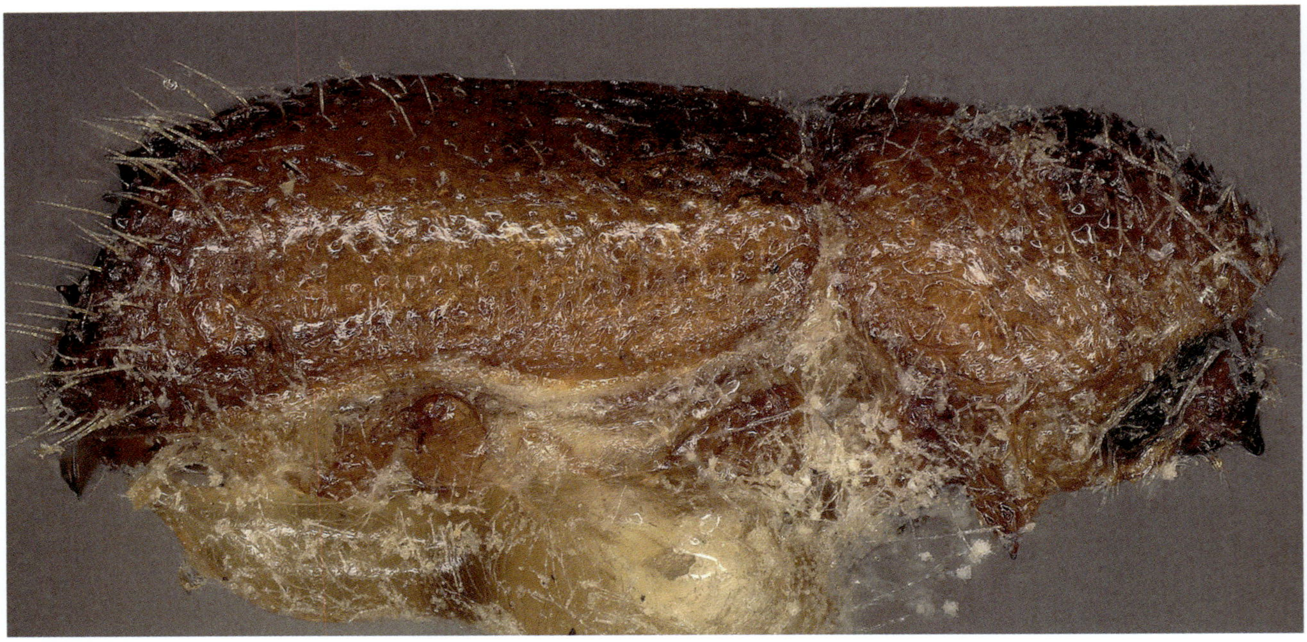

Abb. 794: *Orthotomicus starki* in Seitenansicht (Mus. Wien).

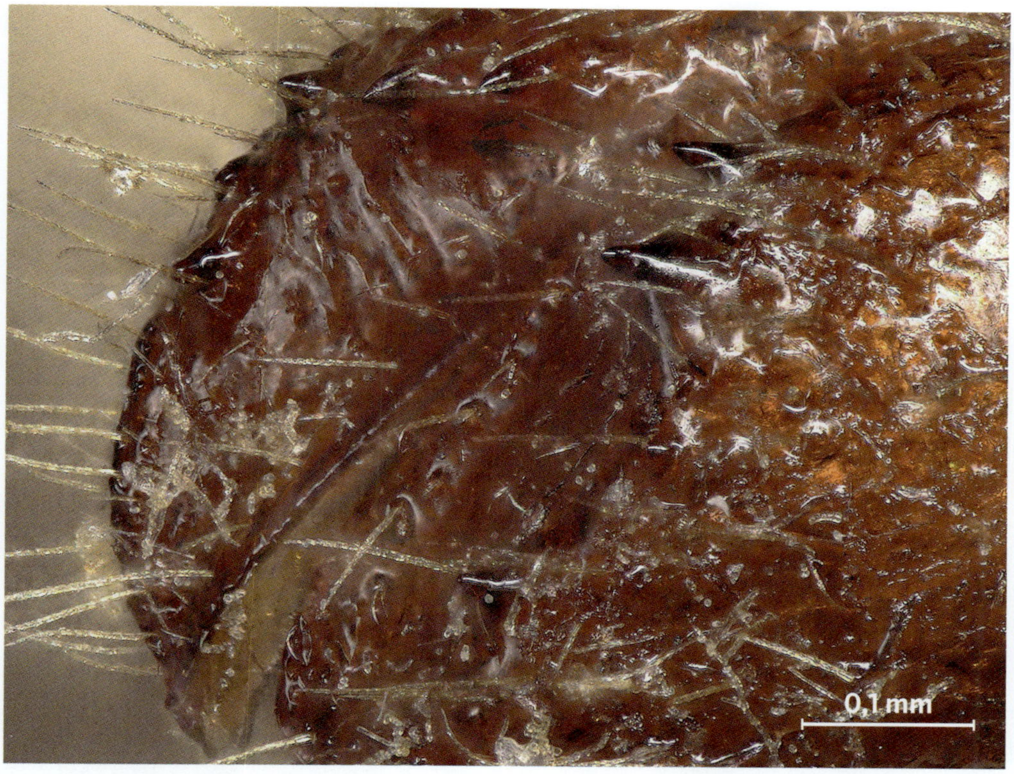

Abb. 795: Der Absturz von *Orthotomicus starki* in schräger Seitenansicht (Mus. Wien).

Orthotomicus suturalis (Gyllenhal, 1827)

Lebensweise: Flugzeit im Mai und gegebenenfalls Juli/August (Spätschwärmer). Brutbild sternförmig mit 2 bis 5 Muttergängen zwischen Rinde und Splint. Brutbild hat große Ähnlichkeit mit dem *O. proximus*-Brutbild. Muttergänge 3 bis 6 cm, zuweilen aber auch bis 12 cm lang. Larvengänge engstehend, bis 6 cm lang, geschlängelt und mit Luftlöchern versehen. Puppenlager nur wenig im Splint eingetieft. Reifefraß der Jungkäfer von hier aus als platzförmige Erweiterung. Vorzugsweise im mittleren und oberen Stammteil sowie im Wipfel abstehender oder toter, stehender bzw. gefällter Stangen- und Althölzer. Gerne auch in geschwächten Jungbeständen und in von Waldbränden

Abb. 796: *Orthotomicus suturalis* in Aufsicht (Mus. Bonn).

beschädigten Bäumen. In den Jungbeständen kann er auch Bäume zum Absterben bringen. Überwinterung meist als Käfer. In der Regel nur eine Generation im Jahr.

Wirtsarten: *Picea abies, P. glehnii, P. jezoensis, P. orientalis, P. obovata, Pinus sylvestris, P. thunbergiana, P. sibirica, P. densiflora, P. koraiensis, P. nigra nigra, P. pumila, Larix decidua.* Unter der Rinde von Föhrenstangen (Kiefern), selten an Latschen (Bergkiefer – *Pinus mugo*) und Tannen.

Verbreitung: Europa, Kaukasus, Sibirien, Mongolei, Nordchina, Japan, Kleinasien.

Rote Liste Deutschland: selten. Kurz- und langfristige Bestandsentwicklung: gleichbleibend. Ungefährdet.

Abb. 797: Das Männchen von *Orthotomicus suturalis* in Seitenansicht (Mus. Bonn).

Abb. 798: Der Absturz des Männchens von *Orthotomicus suturalis* in Aufsicht (Mus. Bonn). Neben den drei großen spitzen Zähnen im Absturz erkennt man noch drei zusätzliche Hügelchen am Absturz-Rand (rote Pfeile).

Abb. 799: Der Absturz des Weibchens von *Orthotomicus suturalis* trägt wesentlich kleinere Zähne in der Absturz-Fläche. Am Absturz-Rand fehlen in der Regel die zusätzlichen Hügelchen (Mus. Bonn).

Orthotomicus proximus (Eichhoff, 1868)

Kiefernstangenholz-Borkenkäfer

Abb. 800: Frühes Brutbild vom Kiefernstangenholz-Borkenkäfer (*Orthotomicus proximus*)(Uni Göttingen).

Abb. 801: Das Brutbild vom Kiefernstangenholz-Borkenkäfer (*Orthotomicus proximus*)(Uni Göttingen).

Lebensweise: Flugzeit Mai und Juli/August (Spätschwärmer). Vorwiegend in der dünnen Rinde von gefällten oder absterbenden und toten, stehenden Bäumen. Häufig nach Waldbrand. Brutbild hat große Ähnlichkeit mit dem *O. suturalis*-Brutbild. Sichere Unterscheidung nur anhand der Käfer möglich. Brutbild ist ein 2- bis 5-armiger Längssterngang, mit zum Teil sehr langen, ca. 1,8 mm breiten Muttergängen, die tief in den Splint eingreifen. Larvengänge dicht gestellt, sich häufig überkreuzend, mit feinen Luftlöchern. Reifefraß der Jungkäfer von der Puppenwiege ausgehend in geweihartig verzweigten Gängen. Überwinterung als Käfer. Zwei Generationen im Jahr (Ebert et al. 1978).

Wirtsarten: *Pinus sylvestris, P. halepensis, P. densiflora, P. koraiensis, P. thunbergiana, P. pentaphylla.*

Verbreitung: Mittel- und Nordeuropa, Bosnien und Herzegowina, Bulgarien, Spanien, Krim, Kaukasus, Sibirien, Korea, Nordchina, Japan. Tirol: In Kiefernstamm zusammen mit *Ips sexdentatus*, in *Pinus sylvestris* mit *Hylurgops palliatus*, unter Rinde abgestorbener Kiefernstangen mit Befall vom Halsgrubenbock (*Criocephalus*)(Hellrigl 2012).

Rote Liste Deutschland: selten, kurz- und langfristige Bestandsentwicklung: gleichbleibend. Ungefährdet.

Abb. 802: *Orthotomicus proximus*-Männchen in Aufsicht (Mus. Bonn).

Abb. 803: *Orthotomicus proximus*-Männchen in Seitenansicht (Mus. Bonn).

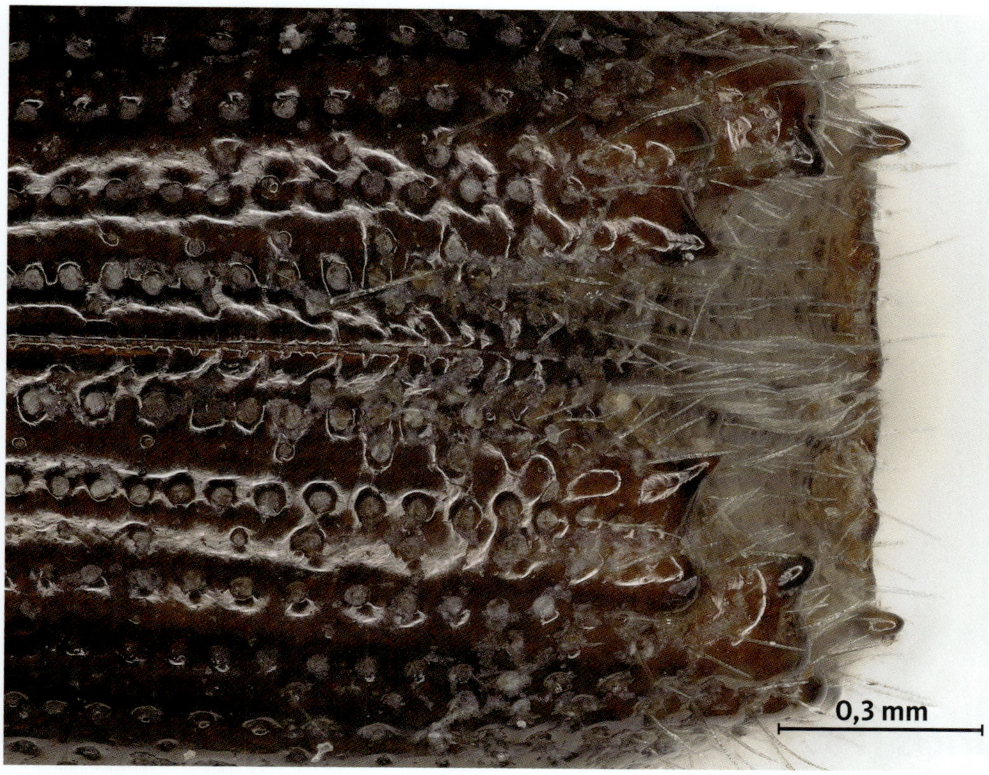

Abb. 804: Der Absturz des Männchens von *Orthotomicus proximus* in Aufsicht (Mus. Bonn).

Abb. 805: Der Absturz des Weibchens von *Orthotomicus proximus* in Aufsicht (Mus. Bonn).

Abb. 806: Der Fühler von *Orthotomicus proximus* (Mus. Bonn). Die erste Fühlerkeulen-Naht ist leicht gebogen.

Orthotomicus laricis (Fabricius, 1792)

Vielzähniger Kiefernborkenkäfer, Vielzähniger Nadelholzborkenkäfer

Lebensweise: Die Art findet sich hauptsächlich unter (feuchten) Rinden von Kiefern- sowie Fichtenstrünken und befällt als stark sekundäre Art vorzugsweise kränkelnde Bäume sowie frisch gefällte Stämme und Baumstümpfe. Brutbild aus mehreren unregelmäßigen kurzen Muttergängen (unter 7 cm) bestehend. Brutbild in seiner Ausbildung stark abweichend von dem der übrigen *Orthotomicus*-Arten: unregelmäßiger Platzgang mit fingerförmigen Erweiterungen. Eiablage in Häufchen. Larven fressen anfänglich gemeinsam Erweiterungen des Platzganges, um später getrennte, bogig verlaufende und sich vielfach kreuzende Gänge anzulegen. Reifungsfraß der Jungkäfer am Geburtsort. Spätschwärmer mit 1. Flug im Mai und 2. Flug im August. In der Regel mit 2 Generationen im Jahr.

Wirtsarten: *Pinus cembra, P. densiflora, P. koraiensis, P. nigra laricio, P. nigra nigra, P. nigra pallasiana, P. sibirica, P. strobus, P. sylvestris*, seltener an *Picea abies, P. jezoensis, P. obovata, P. orientalis, Larix decidua, L. gmelinii, L. sibirica* und *Abies alba*.

Verbreitung: Europa, Kaukasus, Kleinasien, Sibirien, Korea, Japan. Tirol: unter Föhren-, Fichten- und Lärchenrinde bis 1600 m; nicht häufig (Hellrigl 2012).

Rote Liste Deutschland: häufig, kurz- und langfristige Bestandsentwicklung: gleichbleibend. Ungefährdet.

Abb. 807: *Orthotomicuslaricis*-Männchen in Aufsicht (Mus. Stuttgart).

Abb. 808: *Orthotomicuslaricis*-Männchen in Seitenansicht (Mus. Stuttgart). Mit Milbenbesatz.

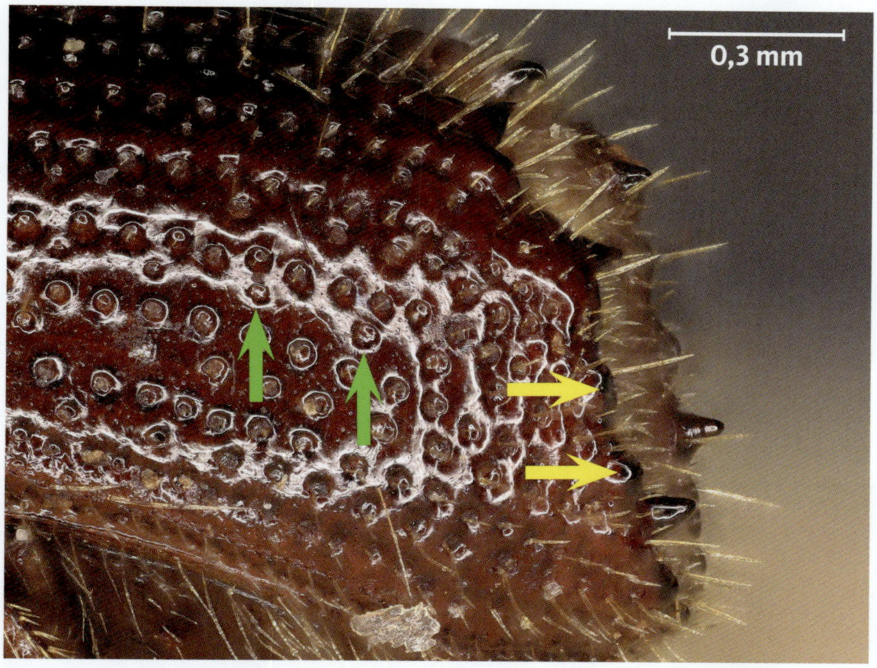

Abb. 809: Der Absturz des *Orthotomicus laricis*-Männchens in Seitenansicht (Mus. Braunschweig). Zwischen dem zweiten und dritten Höckerzahn sind noch zwei weitere kleinere Höckerchen zu erkennen (gelbe Pfeile). Die Flügeldecken-Zwischenräume sind weitläufig punktiert, d. h. die kreisförmigen Vertiefungen sind deutlich weiter voneinander entfernt (grüne Pfeile) als bei den Flügeldecken-Reihen.

Abb. 810: Die Fühlerkeulen weisen gerade Nähte auf bei *Orthotomicus laricis* (Mus. Braunschweig). Am rechten Scapus (Fühlerschaft) befindet sich eine Milbe. Auf dieser Abbildung ist der Kopf stark in den Halsschild zurückgezogen. Man sieht überwiegend die Kopfunterseite.

Abb. 811: Der Kopf von *Orthotomicus laricis* in Frontalansicht (Mus. Braunschweig). Vor den Augen sind kräftige Borsten inseriert.

Abb. 812: Die Absturz-Bezahnung beim *Orthotomicus laricis*-Weibchen ist nicht so kräftig entwickelt und mehr höckerartig ausgeprägt (Mus. Braunschweig).

Gattung *Pityogenes* Bedel, 1888

(*Eggersia* Lebedev, 1926:121; *Pityoceragenes* Balachowsky, 1947:44; *Ips* sbg. *Pityogenes* Hagedorn, 1910:47)
Typusart: *Dermestes chalcographus* Linne, 1761.
Monographien: Nobuchi, 1974.

Der Körper der kleinen „Hakenflügler" ist walzenförmig, von kurzer und gedrungener Gestalt und 1,5–3,5 mm lang. Körperfärbung: dunklerer Kopf und Halsschild sowie braune oder rotbraune Flügeldecken oder die ganze Oberseite braunschwarz. Fühler und Tarsen rotbraun. Stirn bei den Männchen flachgewölbt und spärlich behaart, bei den Weibchen entweder mit einer Mittelgrube oder sehr dicht behaart. Augen nierenförmig. Fühlergeißel 5-gliedrig, die rundovale Keule stark abgeplattet, außen mit ± deutlichen bogigen Haarreihen. Nähte nur auf der Außenseite gut zu erkennen. Großer Halsschild etwas länger als breit, vorne gehöckert, hinten punktiert und mit einer glatten, flachen Längsschwiele, Basis ungerandet. Die Lateralbeulen sind ausgeprägt. Parallele Flügeldecken mit feinen oder mäßig starken Punktreihen. Der Spitzenrand der Flügeldecken umfasst das Abdomen. Absturz längs der Naht breit und tief oder nur flach eingedrückt. Absturz schräg oder steil, an den Seiten beim Männchen mit 1 bis 3 verschieden großen, vorspringenden, hakenförmigen Zähnen besetzt, die beim Weibchen entweder ganz fehlen oder durch kleine Höckerchen ersetzt sind. Entwicklung im Bast von Nadelholzarten. Brüten polygam vornehmlich in Zweigen und Ästen von Kiefern und Fichten. In jüngeren Beständen und Kulturen können sie öfter forstwirtschaftliche Schäden hervorrufen. Insbesondere der Kupferstecher (*Pityogenes chalcographus*) kann auch primär auftreten und erntereife Bestände zum Absterben bringen. Brutbild mit sternförmig angeordneten 3 bis 8 Muttergängen. Generation einfach oder doppelt. 13 Arten in der Westpaläarktis. Weltweit 42 Arten.

1 Männchen: Absturz beidseits mit 3 kegelförmigen Zähnchen. Weibchen: Absturz mit 3 Paar kleinen Kegelzähnchen. **2**

→ Männchen: Absturz mit 1 bis 3 Zahnpaaren. Der 1. Zahn (Suturalzahn) ist entweder gut entwickelt, rudimentär oder ganz fehlend. Der 2. Hakenzahn ist immer gut ausgebildet. Der 3. Zahn ist klein, kegelförmig oder auch fehlend. Weibchen: Absturz mit 1 bis 3 Paar warzenförmigen Höckerchen. **5**

2 Abstand des Suturalzähnchens vom 2. Zahn so groß oder wenig kürzer als jener zwischen dem 2. und 3. Zahn. Weibchen mit einer runden oder ovalen Mittelgrube auf der Stirn. **3**

→ Abstand des Suturalzähnchens vom 2. Zahn beim Männchen viel kürzer als der Abstand zwischen dem 2. und 3. Zahn. Beim Weibchen ist die Stirn einfach spärlich behaart ohne Mittelgrube. Die Absturzränder sind mit je 3 ganz kleinen Zähnchen bewehrt (in derselben Stellung wie beim Männchen). **4**

3 Flügeldecken hinten sehr fein bis undeutlich punktiert, lackglänzend, nur 1,5- bis 1,55-mal so lang wie breit. Halsschild schwarz und Flügeldecken (Elytren) rotbraun. Punktreihen der Flügeldecken schwach angedeutet, seitlich vor der Spitze erloschen. Absturz sehr schräg, etwa in der Mitte der Flügeldecken beginnend. Beim Männchen am Rand mit 3 kräftigen, kegelförmigen Zähnen, die in nahezu gleichem Abstand stehen (Abb. 819 und Abb. 821). Die Suturalzähne (oberste Zähne) sind etwas nach hinten gebogen. Alle Zähne sind leicht nach innen gebogen. Beim Weibchen an ihrer Stelle kleinere, der Nahtfurche genäherte Höckerchen (Abb. 823). Weibchen mit einer runden bis querovalen Grube in der Stirnmitte (Abb. 826). Davor eine goldgelbe, matte, dicht und kurz tomentierte Stelle („Tomentfleck")(Abb. 826), welche den Vorderrand des Kopfschilds erreicht. Sie besteht aus vielen sehr dicht stehenden kurzen Haaren. Von vorne (Frontalansicht) wirken sie wie ein Schwamm. Länge 1,6–2,9 mm.

➔ *Pityogenes chalcographus* (Linnaeus, 1760) – Kupferstecher, Sechszähniger Fichtenborkenkäfer

(*Bostrichus chalcographus* Linne, 1760; *Dermestes chalcographus* Linne, 1761:143; *Bostrichus xylographus* Sahlberg, 1836:148; *B. bicolor* Chevrolat, 1838:332; *Ips spinosus* DeGeer, 1775:197; *Scolytus sexdentatus* Olivier, 1795:11; *Pityogenes chalcographus* (Linne): Bedel, 1888:401)

→ Flügeldecken länger, 1,6- bis 1,7-mal so lang wie breit, mit deutlichen feinen Punktreihen, die bis zur Spitze reichen. Beim Männchen ist der Abstand von den Suturalzähnchen und dem zweiten Zahn kürzer als jener zwischen Zahn 2 und 3 (Abb. 833). Flügeldeckenzähnchen beim Weibchen deutlicher als beim Kupferstecher-Weibchen. Suturalzähnchen beim Männchen klein. Länge 2,2–2,5 mm. Beim Weibchen runde Stirngrube (Abb. 832) in der Stirnmitte (bei *P. chalcographus* Stirngrube rund bis quer-oval) und ohne Toment über dem Epistom.

➔ *Pityogenes trepanatus* (Nördlinger, 1848) – Kleiner Schwarzkiefern-Borkenkäfer
(*Bostrichus bidens* v. *trepanatus* Nördlinger, 1848:239; *Tomicus austriacus* Wachtl, 1887:320; *T. elongatus* Lövendal, 1889:61; *Ips bistridentatus* v. *trepanatus* Hagedorn, 1910:50; *Pityogenes trepanatus* (Nördlinger): Reitter, 1894:77)

4 Beim Männchen ist der Hakenzahn (2. Zahn) am Absturz wesentlich kleiner als bei *P. irkutensis irkutensis* (Abb. 836). Flügeldecken mäßig glänzend, fein, aber deutlich in Reihen punktiert. Abstand des Suturalzähnchens vom 2. Zahn ist beim Männchen viel kleiner als der Abstand zwischen Zahn 2 und 3. Stirn beim Weibchen spärlicher behaart und ohne Mittelgrube. Länge 2–2,5 mm.

➔ *Pityogenes irkutensis monacensis* Fuchs, 1911
(*P. monacensis* Fuchs, 1911:3; *P. monacensis* v. *bialowiezensis* Karpinski, 1931:39; *P. irkutensis* Schedl, 1962:140; *P. irkutensis monacensis* Fuchs: Pfeffer, 1989:69). Es konnte nur ein Männchen aus der SCHEDL-Sammlung in Wien (Herkunft: München, 14.12.1930) untersucht werden.

→ Beim Männchen ist der Hakenzahn (2. Zahn) am Absturz wesentlich größer als bei *P. irkutensis monacensis* (Abb. 839). Flügeldecken lackglänzend, sehr fein in Reihen punktiert. Länge 1,8–2,3 mm.

➔ *Pityogenes irkutensis irkutensis* Eggers, 1910
(*P. irkutensis* Eggers, 1910:38; P. *irkutensis irkutensis* Eggers: Pfeffer, 1989:69)

5 Seitenrand des Absturzes bei den Männchen nur mit einem Hakenzahn, aber ohne weiteren Kegelzahn. Weibchen nur mit einem Paar warzenförmiger kleiner Höckerchen auf den Seitenwülsten des Absturzes. Stirn mit tomentfleckenartigen Auszeichnungen. Suturalzähnchen (erste/obere Zähnchen) am Absturz beim Männchen sehr klein oder auch fehlend. Hakenzahn lang und distal abgewinkelt. Flügeldecken lang walzenförmig, 1,55- bis 1,6-mal so lang wie breit und mit deutlichen Punktreihen. Stirnfleck beim Weibchen klein, dreieckig, kaum erhöht, oft leicht glänzend und seitlich ohne Eindrücke. Absturz beim Weibchen nur mit einem Paar sehr undeutlicher warziger Körnchen und heller als die Flügeldeckenscheibe. Länge 2–2,8 mm.

Käfer: schwarzbraun glänzend, Flügeldeckenabsturz steil, muldenförmig vertieft, fast kreisrund. Beiderseits 2 Zähne, wobei der erste sehr klein ist, zuweilen auch fehlt, der 2. hingegen ist groß und an der Spitze hakenförmig. Stirn des Weibchens ohne Grube, gewölbt und runzelig punktiert, spärlich gelb behaart.

➔ *Pityogenes bidentatus* (Herbst, 1784) – Zweizähniger Kiefernborkenkäfer
(*Bostrichus bidentatus* Herbst, 1784:24; *B. bispinus* Guyon, 1855:481; *B. bidens* Fabricius, 1792:368; *B. ater* Fabricius, 1792:368; *Scolytus bidentatus* Olivier, 1789:73; *Tomicus bidentatus* Eichhoff, 1878:279; *Pityogenes bidentatus* (Herbst): Bedel, 1888:402; *P. bidentatus* var. *carniolicus* Fuchs, 1911:35; *P. obtusus* Eggers, 1932:81)

→ Männchen auf dem Absturz der Flügeldecken beidseits mit einem gut entwickelten großen Hakenzahn und einem kleinen Kegelzahn. Suturalzahn entweder gut ausgebildet, rudimentär oder fehlend. Manchmal zwischen Haken- und Kegelzahn mit 1 bis 3 kleinen haartragenden Körnchen. Weibchen mit 2 oder 3 Paaren warzenförmiger Körnchen. Stirn mit einer Mittelgrube oder nur stark behaart. **6**

6 Männchen am Absturz ohne oder mit sehr kleinen Suturalzähnen, dann mit einem Paar der schmalen Hakenzähne und mit einem Paar gut entwickelter Kegelzähne. Flügeldecken 1,5- bis 1,6-mal so lang wie breit, mäßig dicht und fein reihig punktiert. Kopf und Halsschild braunschwarz, Flügeldecken bräunlich rot. Zwischen Hakenzahn und Kegelzahn ohne rudimentäre haartragende Körnchen. Stirn beim Weibchen nur spärlich behaart und mit einem kleinen Mittelhöckerchen. Absturz nur mit 2 Paar kleinen warzenförmigen Körnchen. Suturalkörnchen fehlen. Länge 1,6–2,2 mm.

➔ *Pityogenes quadridens* (Hartig, 1834) – Vierzähniger Kiefernborkenkäfer
(*Bostrichus quadridens* Hartig, 1834:109; *Tomicus bidentatus* var. *quadridens* Eichhoff, 1878:280; *Pityogenes quadridens* (Hartig). Bedel, 1888:402; *P. quadridentatus* Kleine, 1944:48)

→ Absturz beim Männchen mit scharfen, kleinen Suturalzähnchen, großem starkem Hakenzahn und mit kleinen Kegelzähnchen. Absturz beim Weibchen mit 3 Paar warzenförmigen Körnchen. Körper braunschwarz. **7**

7 Beim Männchen ist der Hakenzahn, von der Seite gesehen, dem Ende zu hakenförmig gebogen und verengt sich gleichmäßig. Die Spitze ist scharf und oft sichelförmig. Flügeldecken bis zum Suturalzähnchen 0,95- bis 1,1-mal so lang wie breit, ziemlich stark reihig punktiert. Stirn des Weibchens dicht und lang behaart, neben den Augen stark punktiert (Abb. 871) und mit sehr kleinen, manchmal undeutlichen Mittelhöckerchen über dem Epistom. Länge

2,2–2,8 mm.

➔ *Pityogenes conjunctus* Reitter, 1887 – Kleiner Arvenborkenkäfer, Sechszähniger Arvenborkenkäfer

(*Tomicus bistridentatus* var. *conjunctus* Reitter, 1887:196; *T. quadridens* var. *bistridentatus* Eichhoff, 1881:260; *Pityogenes conjunctus* (Reitter): Schedl, 1932:1644; *P. bistridentatus* Reitter, 1913:100; *P. alpinus* Eggers, 1922:119; *P. baicalicus* Eggers, 1933:49; *P. bistridentatus montanus* Balachowsky, 1949:251)

→ Beim Männchen ist der Hakenzahn massiv, im Profil der obere wie der untere Teil fast gleichlaufend zugespitzt. Bei der Ansicht von oben mehr gerade, nach innen gebogen und der obere Spitzenrand schräg gestutzt. Spitze stumpf. Flügeldecken bis zum Suturalzähnchen 0,85- bis 0,98-mal so lang wie breit. Der Seitenrand am Absturz beim Männchen zwischen Hakenzahn und Kegelzahn höchstens mit einem feinen Körnchen. Flügeldecken mit Punktstreifen ziemlich stark punktiert. Nahtfurche am Absturz deutlich. Beim Weibchen ist die Stirn dicht und lang behaart, neben den Augen ziemlich fein punktiert (Abb. 865) und mit einem kleinen, aber deutlichen Mittelhöckerchen über dem Epistom. Ähnlich *P. conjunctus* (Reitt.). Länge 1,8–2,8 mm.

➔ *Pityogenes bistridentatus* (Eichhoff, 1878) – Sechszähniger Kiefernborkenkäfer

(*Tomicus bidentatus* var. *bistridentatus* Eichhoff, 1878:282; *Pityogenes bistridentatus* (Eichhoff): Reitter, 1894:79; *P. pilidens* Reitter, 1894:79; *P. pilidens* var. *albanicus* Eggers, 1911:22)

Artenkapitel zur Gattung *Pityogenes* Bedel, 1888

Pityogenes chalcographus (Linnaeus, 1760)

Kupferstecher, Sechszähniger Fichtenborkenkäfer

Lebensweise: Der Kupferstecher brütet vorzugsweise in dünner Rinde der Stämme und Äste älterer, kränkelnder oder absterbender sowie frisch eingeschlagener Bäume, im Bestandsabfall jeglicher Art, wie Wipfelstücken, Ästen und Zweigen. Er verhält sich dabei normalerweise ausgesprochen sekundär. Daneben werden häufig Bäume im Stangenholzalter und ganz junge Bäume in Dickungen und Kulturen auch primär befallen, wobei oft stärkere Schäden eintreten können. Während einer Gradation können auch ältere Bäume erfolgreich befallen werden. Bei reichlichem Angebot an bruttauglichem Material, wie es beim Verbleiben des Schlagabraumes und defizitärer Sortimente (Aushiebsmaterial von Pflegeeingriffen) im Bestand oder durch plötzlichen Sturmholzanfall, nach Schneebruch und Waldbränden, auch durch Trockenheit gegeben ist, kommt es bei nachfolgend günstigen klimatischen Bedingungen, namentlich in warmen und trockenen Sommern, zu rascher Massenvermehrung und zum Übergreifen auf gesunde und auch größere Bäume. Diese erliegen entweder den massierten Angriffen des Kupferstechers allein oder werden zumindest soweit geschädigt, dass nachfolgender Befall durch andere Borkenkäferarten, insbesondere den Buchdrucker, *Ips typographus* begünstigt wird. Insbesondere während der Latenzphasen bietet Bruchmaterial den beiden Borkenkäfer-Arten oft die einzige Möglichkeit zur Vermehrung.

Die ersten Merkmale des Befalls sind Rötungen einzelner Äste oder ganzer Kronen, viele Harztröpfchen durch Harzaustritt an den Einbohrlöchern und Auswurf von feinem braunen Bohrmehl. Der Befall in den Ästen und in der Krone fällt oft nicht auf. Bei Betrachtung der Nadelbäume vom Gegenhang oder beim Einsatz von Drohnen ist der Befall deutlich besser zu erkennen (verändert und ergänzt nach Postner 1974, John et al. 2016).

Eine bis zwei, in sehr warmen Jahren drei Generationen im Jahr (John et al. 2016).

Brutbild sternförmig, mit 3 bis 7 Muttergängen, die radspeichenartig von der Rammelkammer ausgehen. Länge der Muttergänge bis 6 cm. Bei Anlage des Brutsystems in dickerer Rinde befindet sich die Rammelkammer ganz in der Rinde. Sie ist nach deren Ablösung auf der Rindeninnenseite nicht sichtbar (im Gegensatz zu den meisten anderen *Pityog.*- und *Pityophthorus*-Arten). In dünnrindigem Brutmaterial – Bereich der Spiegelrinde bei Kiefer oder in dünnen Ästen und Zweigen – wird die Rammelkammer mehr oder weniger tief in den Splint eingegraben. Einischen sehr dicht gestellt, aber häufig unregelmäßig zu beiden Seiten der Muttergänge verteilt. Larvengänge relativ kurz; Puppenwiegen vorwiegend im Innern der Rinde.

P. chalcographus ist Spätschwärmer mit Flugzeiten im April/Mai- erscheint gewöhnlich vor *Ips typographus* – und Juli/August.

In der Regel mit 2 Generationen im Jahr, daneben mit Geschwisterbruten. In höheren Lagen nur eine Generation. Im Mediterrangebiet auch 3 Generationen möglich.

Überwinterung hauptsächlich im Brutbild, in Reifungsfraßgängen, in abgefallener Rinde und in der Streuschicht. 78–100 % der gebrochenen Fichtenkronen werden von der überwinterten Parentalgeneration befallen. Die wenigen nicht durch die Parentalkäfer besiedelten Kronen wurden auch durch die Folgegeneration ab Juli nicht mehr besiedelt, vermutlich aufgrund fortschreitender Austrocknung. Artendifferenzierend wirkt der Durchmesser an der Bruchstelle (Bruchstärke). Für Kupferstecher ist der gesamte Bruchstärkenbereich attraktiv, Buchdrucker bevorzugen dagegen stärkere Kronen mit > 15 cm Bruchstärke. Kronen mit Bruchstärken < 10 cm werden hingegen vom Buchdrucker konsequent gemieden (Kautz & Delb, 2023).

Unter der Rinde können alle Stadien und in der Streu nur die Käfer überwintern.

Kupferstecher und der Furchenflügelige Fichtenborkenkäfer (*Pityophthorus pityographus*) können überall gefunden werden, wo Nadelholz stockt, am häufigsten auf der Fichte. Beide Käferarten gehören zum Ökosystem der europäischen Nadelwälder und sind weit verbreitet. Meist besiedeln sie stark gestresste oder frisch abgestorbene Bäume. Nach Störungen wie Nassschneedruck, Sturmschäden oder Trockenheit kann es zu einem Populationsaufbau mit verstärktem Befall kommen. Gerne attackieren die Käfer auch bereits durch andere Schädlinge und Krankheiten geschwächte Bäume. Sogenannter Primärbefall gesunder Bäume ist hingegen seltener als beim Buchdrucker. Beim Kupferstecher wird ein Primärbefall gelegentlich beobachtet, kaum jedoch beim Furchenflügeligen Fichtenborkenkäfer. Bereits vorhandene Käferpopulationen vermehren sich bei günstigen Bedingungen mit viel geeignetem Brutmaterial. Da die kleinen Käfer sehr leicht sind, können sie vom Wind über Strecken bis zu mehreren Kilometern verfrachtet werden. Insbesondere im Fall des Kupferstechers können dann isolierte Einzelbäume auf bestockten Weiden oder in Siedlungsgebieten weitab vom Wald plötzlich befallen werden.

Beide rindenbrütenden Arten schwärmen erst relativ spät im Frühling. Bevorzugt befallen sie dünnrindiges Brutmaterial, das heißt junge Bäume vom Dickungs- bis ins Stangenholzalter oder die Oberkrone und Äste von älterem Nadelholz. Zuerst bohren sich die Männchen in die Rinde von attraktiven Brutbäumen und nagen sogenannte Rammelkammern. Mittels artspezifischer Duftstoffe locken sie weitere Käfer an die frisch befallenen Bäume. Bei einer erfolgreichen Besiedelung dringen mehrere Weibchen in die vorbereitete Rammelkammer ein und werden dort durch das Männchen begattet. Von der Kammer ausgehend fressen die Weibchen zwischen Rinde und Holz sternförmige, 3 bis 6 cm lange Muttergänge. Dabei stoßen sie braunes Bohrmehl aus dem nur etwa 1 mm kleinen Einbohrloch aus. Beim kleineren Furchenflügeligen Fichtenborkenkäfer ist die Rammelkammer immer deutlich im Splintholz eingetieft, beim Kupferstecher hingegen liegt sie oft ganz in der Rinde. Nur wenn die Rinde sehr dünn ist, furcht auch die Kammer des Kupferstechers das Splintholz, in der Regel jedoch weniger deutlich als beim Furchenflügeligen Fichtenborkenkäfer. Das sternförmige Brutbild beider Borkenkäferarten besteht aus 3 bis 7 Muttergängen. Entlang dieser Gänge legen die Weibchen ihre Eier ab, die Kupferstecher oft in kleineren Abständen als die Furchenflügeligen Fichtenborkenkäfer. Die geschlüpften Larven fressen im Bereich des Kambiums unregelmäßig geschlängelte Gänge und verpuppen sich am Gangende in einer Puppenwiege. Die Larvengänge und Puppenwiegen sind in der Regel nicht oder nur leicht im Splintholz abgezeichnet. Durch das Gangsystem wird der Saftstrom im Bereich des Kambiums unterbrochen und der befallene Teil des Baumes stirbt ab. Nach dem Reifungsfraß, der das Gangsystem in der Rinde oft zerstört, fliegen die jungen Käfer durch kreisrunde, nadelstichkleine Ausbohrlöcher aus.

Pro Jahr entwickeln sich normalerweise eine bis zwei Generationen, dazu auch noch Geschwisterbruten. Die Bruten überwintern häufig im Fraßbild in der Rinde, der Kupferstecher in unterschiedlichen Entwicklungsstadien, der Furchenflügelige Fichtenborkenkäfer mehrheitlich als Jungkäfer. Der Käferflug erreicht Ende April und im Mai einen Höhepunkt, wenn die überwinterten Käfer ihre Brutbäume verlassen. In höheren Lagen mit nur einer Käfergeneration pro Jahr ist die Hauptflugzeit erst im Juni. Weitere Flugaktivitäten sind über die ganze Vegetationsperiode verteilt. Der Flug der Käfer wird stark durch die Witterung bestimmt. Die beiden nur 1 bis 2,5 mm langen, kleinen Borkenkäfer-Arten stehen oft im Schatten des größeren Buchdruckers (*Ips typographus*), der sich bei günstigen Bedingungen aggressiver verhält und bei hohem Populationsdruck häufiger auf gesunde Fichten übergeht als die kleineren Arten. Oft befällt der Buchdrucker den unteren und mittleren Stammteil mit dicker Rinde. Die kleinen Borkenkäferarten befallen anschließend die absterbende Krone und die Äste. Einzelne mittlere Stammpartien werden durch den Buchdrucker und den Kupferstecher gemeinsam befallen. Vor allem der Kupferstecher befällt auch alleine und zuerst die Kronen von Fichten im Baum- oder Altholzalter, insbesondere wenn diese durch Trockenheit und Hitze vorgeschädigt sind. Häufig findet man die kleinen Borkenkäferarten auch in mechanisch geschwächten Jungbeständen, vor allem in Stangenhölzern nach Schädigungen durch Schneedruck oder Sturm. Kupferstecher und Furchenflügeliger Fichtenborkenkäfer vermehren sich auf Sturmschadenflächen in Ästen und Wipfeln liegender Bäume explosionsartig. Das Risiko für einen Folgebefall im benachbarten Bestand ist aber geringer als beim Buchdrucker. Der Kupferstecher ist vielerorts die zahlenmäßig häufigste Borkenkäferart in den Fichtenwäldern. Ohne große Schäden zu verursachen, lebt er in natürlich absterbenden Ästen der Unterkronen und besiedelt gerne Schlagabfälle und liegengebliebenes

Durchforstungs-Material. An der Fichte, der Douglasie und der Lärche treffen wir meist den Kupferstecher und den Furchenflügeligen Fichtenborkenkäfer an. Daneben kommt an der Fichte auch noch der Gekörnte Fichtenborkenkäfer *(Cryphalus abietis)* vor. Gelegentlich befällt dieser auch die Douglasie. Auch der Kleine Tannenborkenkäfer *(Cryphalus piceae)* kann hin und wieder auf Douglasie gefunden werden.

Der Kupferstecher bevorzugt tiefere Lagen. Bis rund 1300 m ü. NN. kommt er sehr dominant vor. Gerne besiedelt er da auch die Weymouthskiefer (*Pinus strobus*) und gelegentlich die Waldkiefer (*Pinus sylvestris*) und die Lärche. An der Kiefer treffen wir neben dem Kupferstecher auch auf den Vierzähnigen Föhrenborkenkäfer *(Pityogenes quadridens)* und den Zweizähnigen Föhrenborkenkäfer *(Pityogenes bidentatus)*. In Bergregionen wird der Kupferstecher vielerorts durch den Furchenflügeligen Fichtenborkenkäfer abgelöst, der hier neben der Fichte auch Lärche, Bergkiefer (*Pinus mugo*) und Arve/Zirbelkiefer (*Pinus cembra*) befällt. Eigentliche Käfernester durch die beiden zuletzt genannten Borkenkäferarten sind im Gebirgswald eher selten, obschon beide Arten bis an die Waldgrenze vorkommen. Die natürlichen Feinde der beiden Käfer sind die gleichen wie bei anderen Borkenkäfer-Arten. Vor allem Larven von parasitischen Wespen und räuberischen Fliegen dezimieren die Käferbruten. Von den räuberischen Käfern ist die Jagdkäfer-Art *Nemozoma elongatum* zu erwähnen. Auch der erwachsene Ameisenbuntkäfer (*Thanasimus formicarius*) stellt gelegentlich den sich einbohrenden Borkenkäfern nach. Die Larven des Ameisenbuntkäfers hingegen sind meist zu groß, um durch die engen Gänge der kleinen Borkenkäferarten zu kriechen. Für Spechte sind kleine Borkenkäfer-Arten weniger attraktiv. Pilzkrankheiten, Bakterien und Viren können die Käferbruten beträchtlich dezimieren. Massenvermehrungen können aber nicht alleine durch Borkenkäfer-Feinde beendet werden. Es benötigt dazu auch einen Rückgang an geeignetem Brutmaterial. Eine große Rolle spielt bei den kleinen Borkenkäfer-Arten auch die Eigenkonkurrenz im Brutbild sowie das zu rasche Austrocknen der dünnen Rinde, weshalb sich nicht alle Borkenkäfer fertig entwickeln können (Forster, 2017).

Abb. 813: Kupferstecher-Anfangsfraß (*Pityogenes chalcographus*) auf der Rinden-Innenseite. Die Muttergänge gehen strahlenförmig von der Rammelkammer aus. Diese ist nur im Splint zu sehen. Die ersten Einischen sind angelegt (Uni Göttingen). Es verläuft kein Muttergang senkrecht nach oben.

Wirtsbäume: Deutlich bevorzugt an *Picea*-Arten (z. B. *Picea abies, P. glehnii, P. jezoensis, P. obovata, P. omorica, P. orientalis*), seltener an *Pinus* spec. (z. B. *Pinus cembra, P. densiflora, P. koraiensis, P. mugo, P. pentaphylla, P. peuce, P. pumila, P. rotundata, P. sibirica, P. strobus, P. sylvestris*); auch an *Larix decidua, L. gmelinii, L. sibirica, Abies alba, A. sibirica* und Douglasie. In Tirol: Gelegentlich werden auch Äste von Lärche und von Kiefern befallen, häufiger solche von Strobe und Zirbe (400–1650 m); in Zweigen von *Pinus cembra, Pinus strobus, Pinus nigra,* massenhaft in frisch abgestorbener Strobe; Brut in Ästen von 2–8 cm Ø, unter deren Rinde die Jungkäfer überwintern (Reifungsfraß auch an der Basis dünnerer Zweige).

Verbreitung: In Fichtenarealen von Mitteleuropa, Griechenland, Bosnien, Bulgarien, Kaukasus, Nordeuropa, Sibirien, Korea, Japan. In Tirol: In Südtirol im ganzen Gebiet an Fichten verbreitet. Er bevorzugt schwächere Fichten-Sortimente. Regelmäßiger Begleiter des Buchdruckers auch in Borkenkäferfallen (Präsenzanteil ca. 5 %).

Rote Liste Deutschland: sehr häufig, kurzfristige Bestandsentwicklung: deutliche Zunahme, langfristige Bestandsentwicklung: gleichbleibend. Ungefährdet.

Abb. 814: Kupferstecher-Brutbild (*Pityogenes chalcographus*) auf dem Splint mit vollständigen Larvengängen. Manchmal weist ein Muttergang nur auf einer Seite Larvengänge auf.

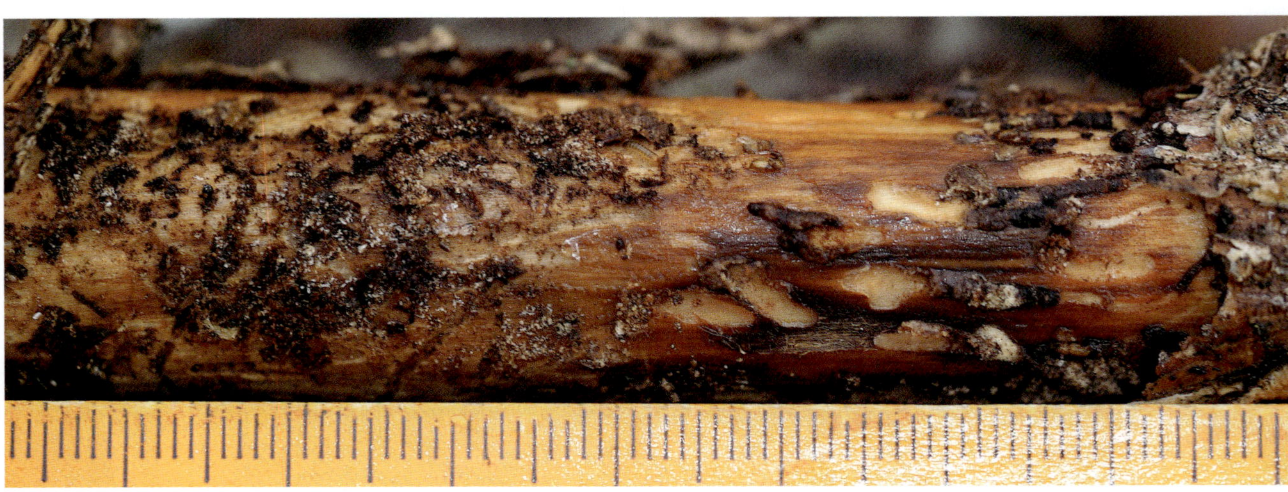

Abb. 815: Reifungsfraß der Kupferstecher-Jungkäfer (*Pityogenes chalcographus*) an Fichte.

Abb. 816: Kupferstecher-Weibchen(*Pityogenes chalcographus*) in Aufsicht (Uni Göttingen).

Abb. 817: Das Kupferstecher-Weibchen (*Pityogenes chalcographus*) in Seitenansicht (Uni Göttingen).

Abb. 818: Die Unterseite des Kupferstecher-Weibchens (*Pityogenes chalcographus*)(Uni Göttingen).

Abb. 819: Unausgefärbtes Kupferstecher-Männchen (*Pityogenes chalcographus*) in Seitenansicht (Uni Göttingen).

Abb. 820: Der Absturz des Kupferstecher-Männchens (*Pityogenes chalcographus*) in Aufsicht.

Abb. 821: Der Flügeldecken-Absturz des Kupferstecher-Männchens (*Pityogenes chalcographus*)(Uni Göttingen). Die Zähne haben ungefähr den gleichen Abstand zueinander. Der zweite große Zahn weist oft einen Vorhöcker auf (grüner Pfeil).

Abb. 822: Der Flügeldecken-Absturz des Kupferstecher-Männchens (*Pityogenes chalcographus*). Der dritte (unterste) Zahn kann auch zwei Spitzen aufweisen.

Abb. 823: Der Flügeldecken-Absturz des Kupferstecher-Weibchens (*Pityogenes chalcographus*)(Uni Göttingen).

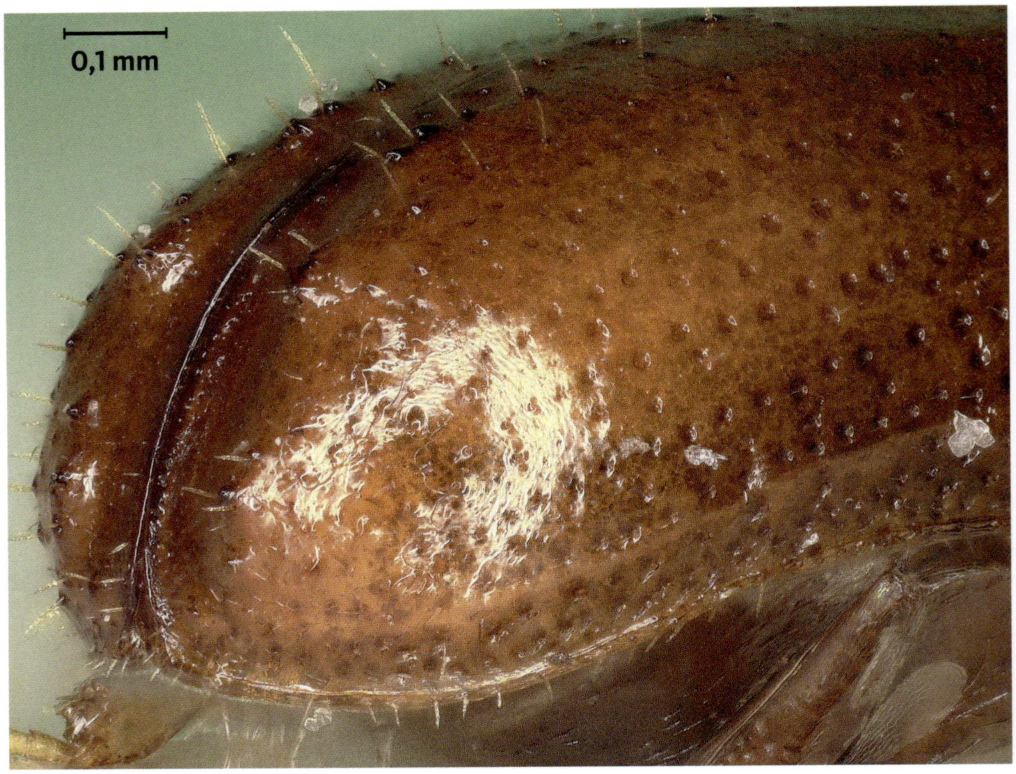

Abb. 824: Die Beine des Kupferstecher-Weibchens (*Pityogenes chalcographus*)(Uni Göttingen).

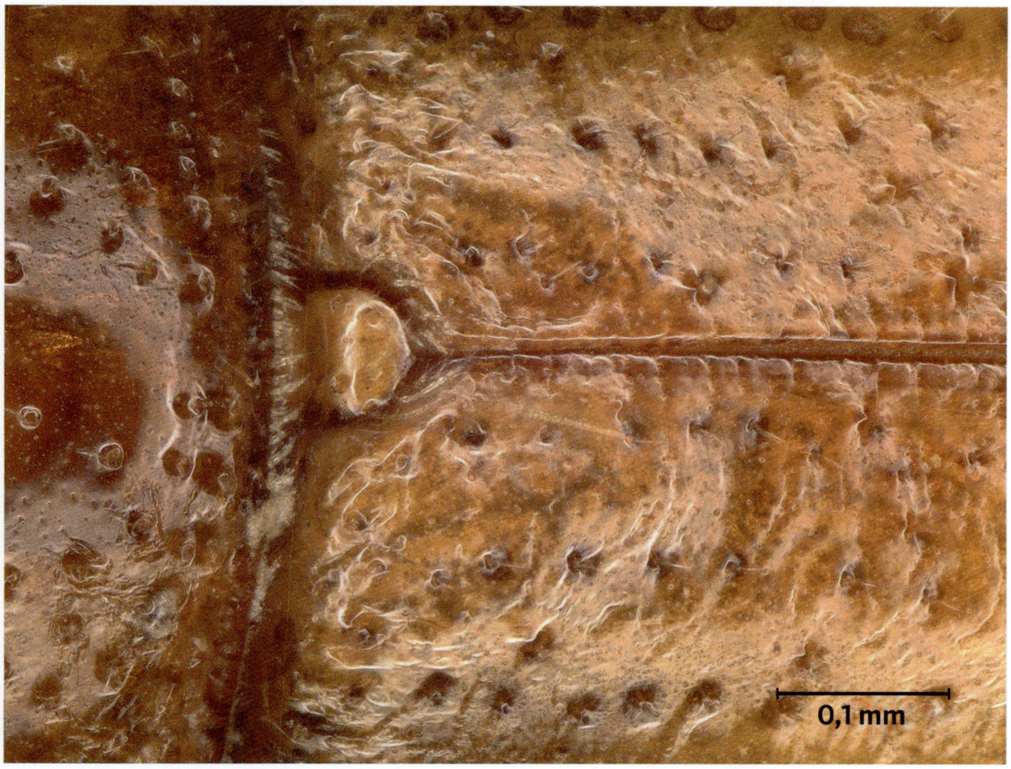

Abb. 825: Das Schildchen (Scutellum) des Kupferstecher-Weibchens (*Pityogenes chalcographus*)(Uni Göttingen).

Abb. 826: Die zentrale Vertiefung auf der Stirn des Kupferstecher-Weibchens ist mit einem Kranz aus langen abstehenden Haaren umgeben. Direkt darunter ist der sogenannte „Tomentfleck". Dieser besteht aus kurzen, sehr dicht stehenden, goldgelben Haaren (*Pityogenes chalcographus*)(Uni Göttingen).

Abb. 827: Über dem hier orangefarbenen Tomentfleck (dichtes Haarpolster) befindet sich eine querovale Vertiefung auf der Stirn des Kupferstecher-Weibchens mit einem Kranz aus langen abstehenden Haaren (*Pityogenes chalcographus*)(Uni Göttingen).

Abb. 828: Die beinlose Kupferstecher-Larve (*Pityogenes chalcographus*) im Brutbild.

Abb. 829: Ein im Brutbild verstorbener Kupferstecher (*Pityogenes chalcographus*) mit einem entomopathogenen Pilz (*Beauveria bassiana*).

Pityogenes trepanatus (Nördlinger, 1848)

Kleiner Schwarzkiefern-Borkenkäfer

Lebensweise: Brutbild sternförmig, meist 3-armig. Wie die durch Buchten unregelmäßig erweiterte, große Rammelkammer, sind auch die 3 bis 6,5 cm langen Muttergänge tief in den Splint eingeschnitten. Larvengänge bis 4 cm, häufig geschlängelt, vorwiegend in der Bastschicht. Puppenwiegen mehr oder weniger tief (bis zu 9 mm) in den Splint vorgetrieben. Zwei Generationen und in günstigen Lagen drei Generationen im Jahr. Vorzugsweise in Ästen und Zweigen absterbender Schwarzkiefern (*P. nigra*), aber auch auf gesunde Bäume übergehend.

Abb. 830: Dreiarmiges Brutbild des Kleinen Schwarzkiefern-Borkenkäfers, *Pityogenes trepanatus*, (Mus. Frankfurt) mit buchtig erweiterter Rammelkammer.

Wirtsarten: *Pinus nigra laricio, P. nigra cevennensis, P. nigra nigra, P. sylvestris, P. pinaster, P. radiata.*
Verbreitung: Mitteleuropa bis Südskandinavien, Spanien, Korsika, Zentralrussland. In Tirol: Zusammen mit *P. lichtensteini* ein typischer Besiedler absterbender Schwarzkiefern-Zweige; nur an dieser Kiefernart häufig. Auch an *Pinus sylvestris* (Hellrigl, 2012).
Rote Liste Deutschland: sehr selten, kurz- und langfristige Bestandsentwicklung: gleichbleibend. Ungefährdet.

Abb. 831: Kleines Schwarzkiefern-Borkenkäfer-Weibchen (*Pityogenes trepanatus*) in Aufsicht (Mus. Kassel).

Abb. 832: Kleines Schwarzkiefern-Borkenkäfer-Weibchen (*Pityogenes trepanatus*) in Frontalansicht (Mus. Kassel) mit runder Vertiefung auf der Stirn. Davor ist kein Tomentfleck.

Abb. 833: Kleines Schwarzkiefern-Borkenkäfer-Männchen (*Pityogenes trepanatus*) in Seitenansicht (Mus. Braunschweig). Die Stirn ist schwach behaart.

Abb. 834: Kleines Schwarzkiefern-Borkenkäfer-Weibchen (*Pityogenes trepanatus*) in Seitenansicht (Mus. Braunschweig) mit starker Stirnbehaarung.

Abb. 835: Der Absturz des Kleinen Schwarzkiefern-Borkenkäfer-Männchens (*Pityogenes trepanatus*) in Aufsicht (Mus. Braunschweig).

Pityogenes irkutensis monacensis Fuchs, 1911

Wirtsart: *Pinus sylvestris.*
Verbreitung: Mitteldeutschland, Niederösterreich, Böhmen, Mähren, Polen, Ukraine, Kaukasus.

Anmerkung: Die Flügeldecken-Abbildungen von *Pityogenes irkutensis irkutensis* auf Seite 295 (Nr. 1 und 6) sowie die im Schlüssel angegebenen Indices auf Seite 154 in Pfeffer (1995) entsprechen den hier gezeigten Fotos von *Pityogenes irkutensis monacensis* Fuchs, 1911.

Abb. 836: Das Männchen von *Pityogenes irkutensis monacensis* in Aufsicht (Mus. Wien).

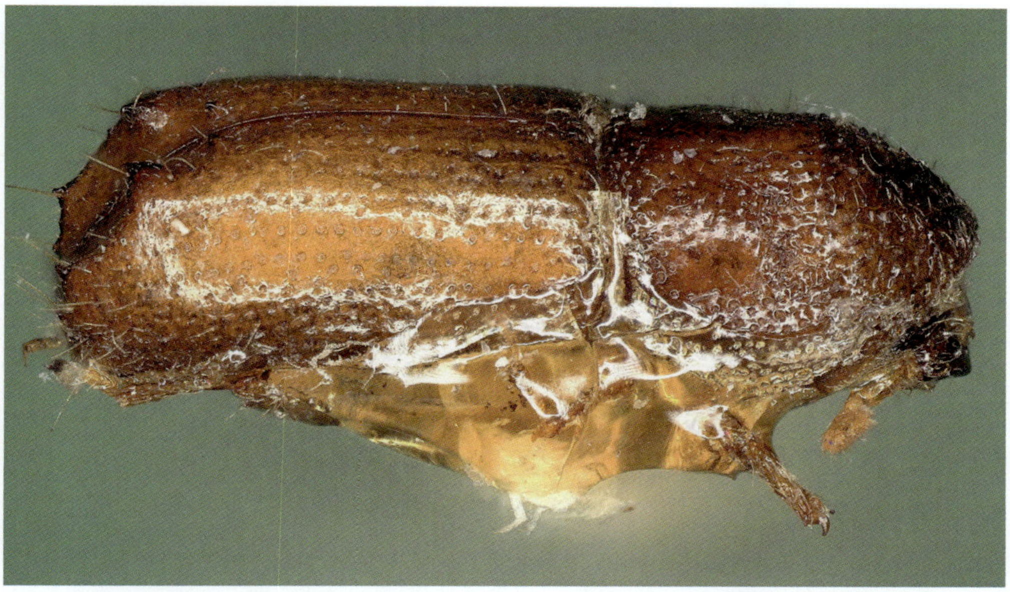

Abb. 837: Das Männchen von *Pityogenes irkutensis monacensis* in Seitenansicht (Mus. Wien).

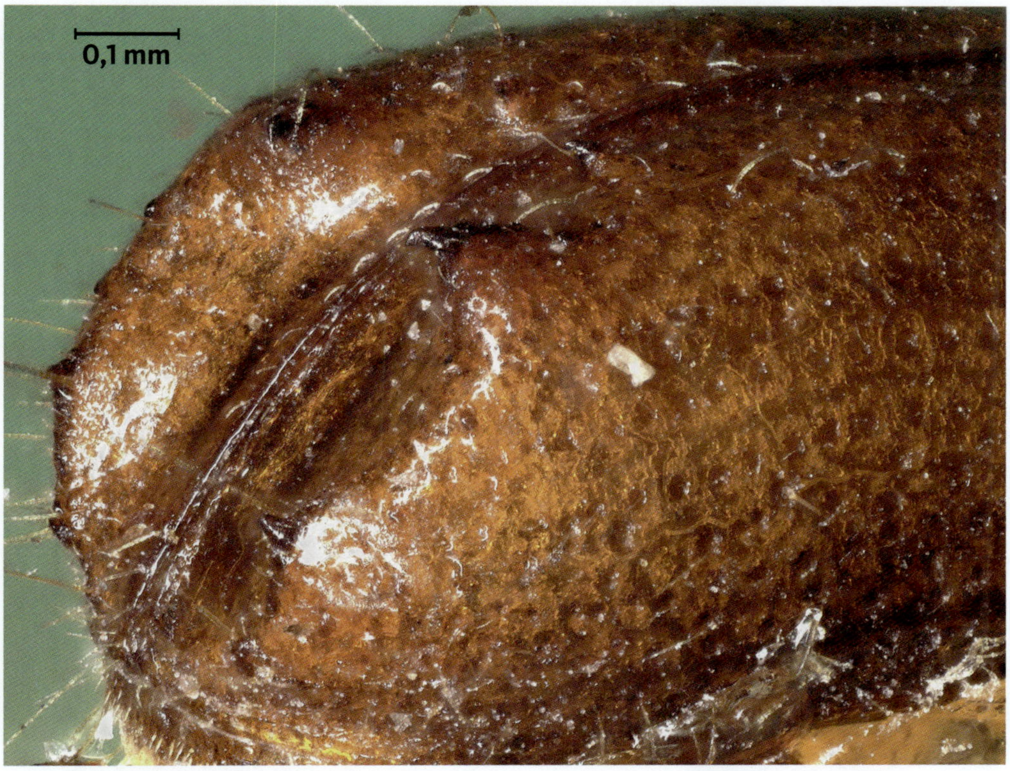

Abb. 838: Der Absturz des Männchens von *Pityogenes irkutensis monacensis* in schräger Seitenansicht (Mus. Wien).

Pityogenes irkutensis irkutensis Eggers, 1910

Wirtsarten: *Pinus sylvestris*, *P. koraiensis*.
Verbreitung: Deutschland, Schweden, Finnland, Nordrussland, Sibirien, Mongolei.

Rote Liste Deutschland: extrem selten, kurz- und langfristige Bestandsentwicklung: Datenbasis ungenügend. Extrem selten (R).

Abb. 839: Das Männchen von *Pityogenes irkutensis irkutensis* in Aufsicht (Mus. Braunschweig).

Abb. 840: Das Weibchen von *Pityogenes irkutensis irkutensis* in Seitenansicht (Mus. Braunschweig) mit starker Stirnbehaarung.

Abb. 841: Der Absturz des Männchens von *Pityogenes irkutensis irkutensis* in schräger Seitenansicht (Mus. Braunschweig).

Abb. 842: Der Absturz des Weibchens von *Pityogenes irkutensis irkutensis* in schräger Seitenansicht (Mus. Karlsruhe).

Abb. 843: Die Stirn des Weibchens von *Pityogenes irkutensis irkutensis* (Mus. Karlsruhe).

Abb. 844: Der Fühler des Weibchens von *Pityogenes irkutensis irkutensis* (Mus. Karlsruhe).

Pityogenes bidentatus (Herbst, 1784)

Zweizähniger Kiefernborkenkäfer

Lebensweise: Flugzeit Mai/Juni und Juli/August (Spätschwärmer). Hauptflugzeit Mai und August. Brütet vorzugsweise in Ästen oder Wipfeln primär durch andere Faktoren geschädigter Kiefernstangen- und -althölzer, wo der Fraß zur Kronenauflichtung und zum Befall mit anderen Borkenkäfern führen kann. Befallsmerkmale: Absterben von Ästen und Pflanzen im Kulturstadium. Besonders in heißen und trockenen Sommern befällt der Käfer 5- bis 15-jährige Kiefern, die er zusammen mit anderen Borken- und Rüsselkäfern (z. B. auf Kulturflächen mit dem Kiefernkulturrüssler (*Pissodes castaneus*) oder in Stangenhölzern mit dem Kiefernstangenrüssler – (*Pissodes piniphilus*)) oder alleine zum Absterben bringt. Sternförmiges Brutbild mit 3–7 schmalen Muttergängen von 1–5 cm Länge. Rammelkammer und Muttergänge tief im Splint. Die etwa 1 mm breiten Muttergänge sind in schwachem Brutmaterial mehr längsgerichtet mit weitständigen Einischen, in stärkerem Brutmaterial nach allen Seiten auseinandergehend mit dichter gestellten Einischen. Die Larvengänge furchen den Splint anfangs nur oberflächlich, um dann gegen Ende der Larvenentwicklung tiefer einzudringen; sie sind von unterschiedlicher Länge und gehen teilweise ineinander über. Im Fraßbild sehr ähnlich ist der Sechszähnige Kiefernborkenkäfer (*Ips acuminatus* Gyll.), der meist in den oberen Stammteilen brütet, aber auch in Ästen vorkommt. Muttergänge diesem gegenüber wesentlich kürzer und Einischen enger.

Die Puppenlager vom Zweizähnigen Kiefernborkenkäfer sind in die Splintschicht eingesenkt. An den Enden der Muttergänge findet der Regenerationsfraß der Altkäfer in Form unterschiedlicher Ausbuchtungen statt; anschließend werden vielfach Geschwisterbruten angelegt.

Abb. 845: Junges Brutbild vom Zweizähnigen Kiefernborkenkäfer (*Pityogenes bidentatus*) (Mus. Frankfurt).

Abb. 846: Älteres Brutbild vom Zweizähnigen Kiefernborkenkäfer (*Pityogenes bidentatus*) (Mus. Frankfurt).

Der Reifefraß der Jungkäfer geht von den Puppenwiegen als breiter Platzfraß aus. Überwinterung als Larve, Puppe und Käfer im Brutbild.

In Mittel- und Südeuropa mit 2 Generationen pro Jahr (Ebert et al., 1978 & Pfeffer, 1995 & Postner, 1974).

Wirtsbaumarten: *Pinus sylvestris, P. nigra balcanica, P. nigra cevennensis, P. nigra nigra, P. strobus, P. mugo, P. rotundata, P. sibirica, Picea obovata, P. orientalis* (Pfeffer, 1995) sowie *Abies alba, A. nordmanniana, Larix decidua* (ohne Bruterfolg allerdings) und *Pseudotsuga menziesii* (Postner, 1974 & John et al., 2016). In Tirol: Häufig in Waldkiefer-Ästen (auch dünneren), seltener in Schwarzkiefer und Fichte. Insgesamt nicht häufig. Ihre Höhenverbreitung in Osttirol wird von 700–1000 m angegeben und in Nordtirol von 590–1250 m.

Rote Liste Deutschland: mäßig häufig, kurz- und langfristige Bestandsentwicklung: gleichbleibend. Ungefährdet.

Abb. 847: Männchen vom Zweizähnigen Kiefernborkenkäfer (*Pityogenes bidentatus*)(Mus. Kassel) in Aufsicht.

Abb. 848: Männchen vom Zweizähnigen Kiefernborkenkäfer (*Pityogenes bidentatus*)(Mus. Kassel) in Seitenansicht.

Abb. 849: Absturz des Männchens vom Zweizähnigen Kiefernborkenkäfer (*Pityogenes bidentatus*) (Mus. Kassel) in schräger Rückansicht.

Abb. 850: Absturz des Weibchens vom Zweizähnigen Kiefernborkenkäfer (*Pityogenes bidentatus*) (Uni Göttingen) in schräger Rückansicht.

Abb. 851: Kopf des Männchens vom Zweizähnigen Kiefernborkenkäfer (*Pityogenes bidentatus*) (Mus. Kassel) in Frontalansicht.

Pityogenes quadridens (Hartig, 1834)

Vierzähniger Kiefernborkenkäfer

Lebensweise: Brutbild sternförmig mit 2 bis 7, teilweise recht langen Muttergängen. Brütet vorzugsweise in dünnerer Rinde im Wipfelbereich und in Ästen kränkelnder oder frisch gefällter Bäume.

Abb. 852: Brutbild vom Vierzähnigen Kiefernborkenkäfer (*Pityogenes quadridens*)(Uni Göttingen).

Wirtsarten: *Pinus sylvestris, P. leucodermis, P. nigra nigra, P. nigra pallasiana, P. rotundata, P. strobus, P. peuce.*
Verbreitung: Mittel- und Nordeuropa, Balkanländer, Kaukasus, Sibirien. In Tirol: Die Art brütet in *Pinus sylvestris* (Wald-Kiefer), in Ästen und schwächerem Stangenholz manchmal überaus zahlreich (800–1350 m)(Hellrigl, 2012).

Rote Liste Deutschland: mäßig häufig, kurz- und langfristige Bestandsentwicklung: gleichbleibend. Ungefährdet.

Abb. 853: Männchen vom Vierzähnigen Kiefernborkenkäfer (*Pityogenes quadridens*)(Mus. Kassel) in Aufsicht.

Abb. 854: Weibchen vom Vierzähnigen Kiefernborkenkäfer (*Pityogenes quadridens*)(Mus. Braunschweig) in Seitenansicht.

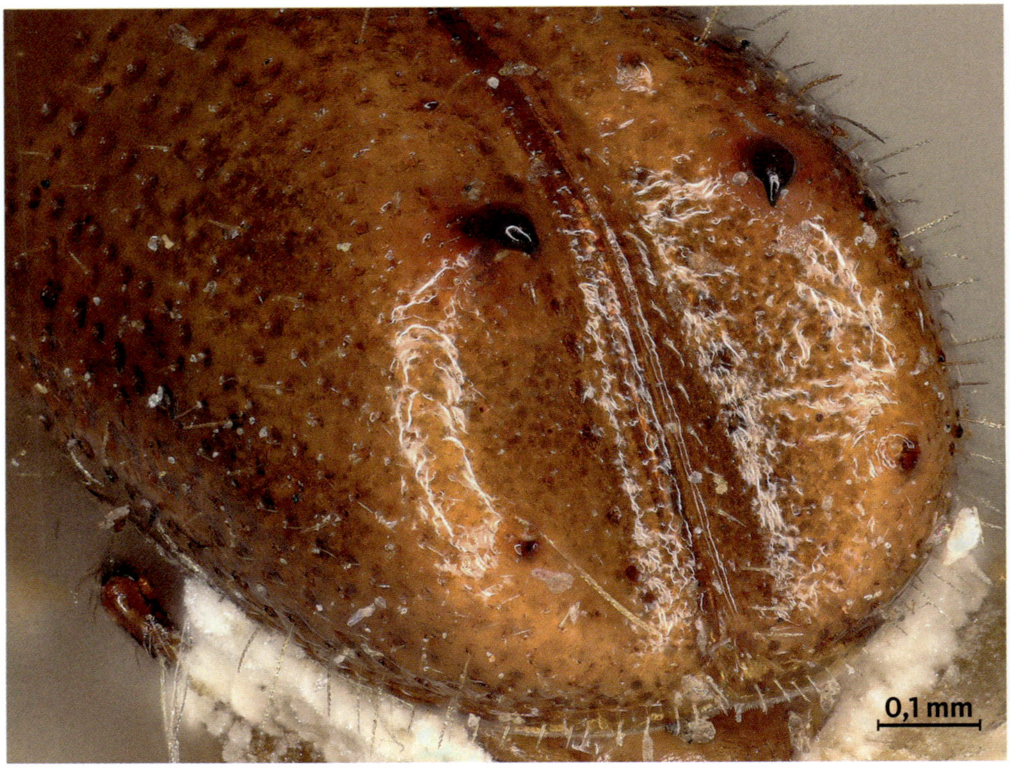

Abb. 855: Der Absturz des Männchens vom Vierzähnigen Kiefernborkenkäfer (*Pityogenes quadridens*) (Mus. Braunschweig) in schräger Rückansicht.

Abb. 856: Absturz des Weibchens vom Vierzähnigen Kiefernborkenkäfer (*Pityogenes quadridens*) (Mus. Stuttgart) in Aufsicht.

Abb. 857: Der Kopf des Weibchens vom Vierzähnigen Kiefernborkenkäfer (*Pityogenes quadridens*) (Mus. Stuttgart) in Aufsicht.

Abb. 858: Der Kopf desselben Weibchens vom Vierzähnigen Kiefernborkenkäfer (*Pityogenes quadridens*)(Mus. Stuttgart) in Frontalansicht.

Pityogenes bistridentatus (Eichhoff, 1878)

Sechszähniger Kiefernborkenkäfer

Lebensweise: Brutbild sternförmig mit 5 bis 7 Muttergängen und großer Rammelkammer. Länge der Muttergänge in Zweigen bis 10 cm lang und längsgerichtet, in stärkeren Ästen nach allen Richtungen verlaufend und meist kurz (3 bis 4 cm). Larvengänge kurz und gekrümmt sowie weitgestellt. 2 Generationen mit Flugzeiten im Mai und Juli. Brütet vorzugsweise in Zweigen und Ästen kränkelnder Stämme und der beim Einschlag anfallenden Wipfelstöcke. Geht auch an gesunde Bäume im Kultur- und Stangenholz und bringt sie zum Absterben.

Wirtsarten: *Pinus nigra balcanica, P. nigra banatica, P. nigra cevennensis, P. nigra laricio, P. nigra nigra, P. nigra pallasiana, P. leucodermis, P. pinaster, P. sylvestris* und auch *Larix decidua*. Ausnahmsweise an *Abies* sp. und *Picea* spec.

Verbreitung: Südfrankreich, Korsika, Italien, Slowenien, Bosnien, Herzegowina, Mazedonien, Rumänien (Domogled), Bulgarien, Griechenland, Niederösterreich, Ungarn, Böhmen, Westslowakei, Mähren, Krim, Kaukasus, Kleinasien.

Um *Pityogenes bistridentatus* (Eichhoff, 1878) und *Pityogenes conjunctus* Reitter, 1887 gibt es nomenklatorische als auch taxonomische und bezüglich der Brutpflanzen kontroverse Ansichten. Schedl (1981) zieht beide Taxa zusammen und betrachtet „*conjunctus* Reitt." nur als Synonym von *bistridentatus*, andere Autoren hingegen halten sie für gute Arten (z. B. Postner, 1974), wobei *bistridentatus* (Eichh.) an Weiß- und Schwarzkiefer (seltener auch an *Larix*) vorkommen soll, während *conjunctus* Reitt. an Zirbe und Latsche brüten würde (Horion, 1935 & Hellrigl, 1985 & Pfeffer, 1995: 156). Nun lassen sich aber die Südtiroler Belege morphologisch nicht eindeutig trennen, da es Übergänge gibt (Hellrigl, 1985). *P. bistridentatus* ist nach Auffassung von Hellrigl (2012) in Südtirol die häufigste *Pityogenes*-Art an Fichte, Tanne, Lärche sowie Weiß- und Schwarzkiefern. In Borkenkäferfallen 1984/85 regelmäßig häufige Begleitart des Buchdruckers, mit einem Präsenzanteil von 10 % (Hellrigl, 2012).

Abb. 859: Das Brutbild des Sechszähnigen Kiefernborkenkäfers (*Pityogenes bistridentatus*)(Mus. Frankfurt) an einem stärkeren Ast.

Abb. 860: Das Brutbild des Sechszähnigen Kiefernborkenkäfers (*Pityogenes bistridentatus*)(Mus. Frankfurt) an einem dünnen Ast.

Abb. 861: Der männliche Sechszähnige Kiefernborkenkäfer (*Pityogenes bistridentatus*)(Mus. Braunschweig) in Aufsicht.

Abb. 862: Der weibliche Sechszähnige Kiefernborkenkäfer (*Pityogenes bistridentatus*)(Mus. Braunschweig) in Seitenansicht.

Abb. 863: Der Absturz des männlichen Sechszähnigen Kiefernborkenkäfers (*Pityogenes bistridentatus*)(Mus. Kassel) in Aufsicht.

Abb. 864: Der Absturz des männlichen Sechszähnigen Kiefernborkenkäfers (*Pityogenes bistridentatus*)(Mus. Kassel) in schräger Seitenansicht. Zwischen dem Hakenzahn und dem Kegelzahn ist kein körnchenartiges Höckerchen am Absturzrand.

Abb. 865: Der Kopf des weiblichen Sechszähnigen Kiefernborkenkäfers (*Pityogenes bistridentatus*)(Mus. Braunschweig) in Aufsicht. Neben den Augen ist die Punktierung schwach ausgeprägt.

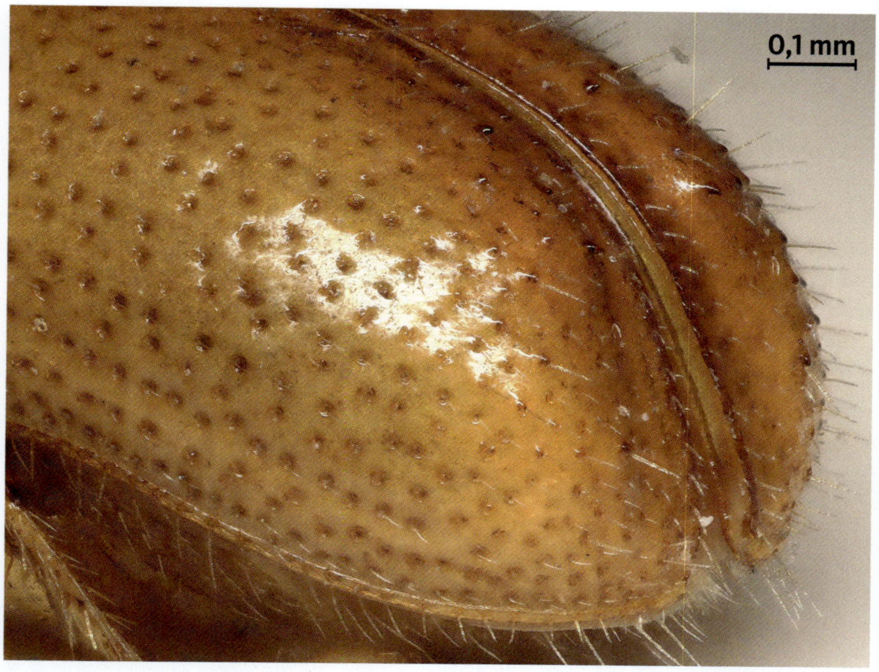

Abb. 866: Der Absturz des weiblichen Sechszähnigen Kiefernborkenkäfers (*Pityogenes bistridentatus*)(Mus. Braunschweig) mit kleinen bedornten Höckerchen in schräger Seitenansicht.

Pityogenes conjunctus Reitter, 1887

Kleiner Arvenborkenkäfer, Sechszähniger Arvenborkenkäfer

Lebensweise: Unregelmäßig sternförmige Brutbilder mit 3 bis 5 Muttergängen an Zweigen und dünneren Stämmen. Muttergänge oft geschwungen und bis zu 11 cm lang. Meist mit deutlich sichtbarer Rammelkammer (Abb. 868). Bei dünnerer Rinde auch im Splintholz. Kurze Larvengänge sehr weit gestellt, geschlängelt oder bogig verlaufend. Oft wirre Fraßbilder mit plätzeartigen Erweiterungen durch Reifungs- und Regenerationsfraß. Der Reifungs- und Regenerationsfraß unterbricht oft den Saftstrom und befallene Bäume oder Kronenteile sterben ab. Die Nadeln verfärben sich braunrot und die Rinde löst sich. Sein Vorkommen erstreckt sich vor allem oberhalb von 1400 m bis an die Waldgrenze. Meist werden Einzelbäume befallen, nesterweiser Befall findet selten statt. Es können auch sehr junge Bäumchen angenommen werden. Häufig zusammen mit *Ips amitinus* vorkommend. Pro Jahr eine Generation. Der Flug und Neubefall können sich bis in den Hochsommer erstrecken. Überwinterung als Jungkäfer im Brutbild.

Wirtsarten: *Pinus mugo, Pinus montana* (Bergföhre), *P. rotundata, P. cembra* (Arve), *P. leucodermis, P. sibirica, P. pumila, P. pentaphylla, P. picea* und *P. peuce.*

Abb. 867: Das Brutbild des Kleinen Arvenborkenkäfers (*Pityogenes conjunctus*)(Mus. Frankfurt) mit sehr weitgestellten Larvengängen (gelbe Pfeile).

Verbreitung: Gebirge von Mittel- und Südeuropa (Pyrenäen, Alpen, Böhmerwald, Riesengebirge, Karpaten, Balkangebirge), Sibirier, Mandschurei, Japan. In der Schweiz: In dünnen Arven- und Bergföhrenzweigen mit *Pityophthorous henscheli, P. knoteki* und *P. lichtensteinii* und weiteren noch kleineren Borkenkäfer-Arten vergesellschaftet. Diese befallen oft nur wenige Millimeter dünne Ästchen. In Tirol: Der Großteil der Nordtiroler Meldungen betrifft Legföhren und Zirben in höheren Lagen – und somit *P. conjunctus* Diese Art soll auch die „Latschenfriedhöfe" im Schwarzwald verursacht haben. In Latsche (*Pinus mugo*) zusammen mit *P. henscheli*, und in Zirbe (*Pinus cembra*) mit *Ips cembrae*, an Latschen- und Zirbenzweigen mit *P. henscheli*; Matschertal, 1800 m, an Zirbenzweigen, zusammen mit *P. henscheli* und *P. knoteki*; Ritten, Loden (1500–1600 m), in von Hallimasch befallenen absterbenden Zirben zusammen mit *P. chalcographus, P. henscheli, P. pityographus* und *Ips amitinus*. Die Art ist an Zirben hochmontaner bis subalpiner Lagen überaus häufig und verbreitet.

Rote Liste Deutschland: selten, kurzfristige Bestandentwicklung: Abnahme mäßig oder im Ausmaß unbekannt, langfristige Bestandsentwicklung: mäßiger Rückgang. Rückläufiger Trend könnte sich wegen Rückgangs der Moor-Kiefer (*Pinus rotundata*) fortsetzen. Gefährdet (3).

Abb. 868: Das Brutbild des Kleinen Arvenborkenkäfers (*Pityogenes conjunctus*)(Mus. Frankfurt) mit deutlich sichtbarer Rammelkammer und plätzeartigen Erweiterungen durch Reifungs- und Regenerationsfraß.

Abb. 869: Der weibliche Kleine Arvenborkenkäfer (*Pityogenes conjunctus*) (Mus. Karlsruhe) in Aufsicht.

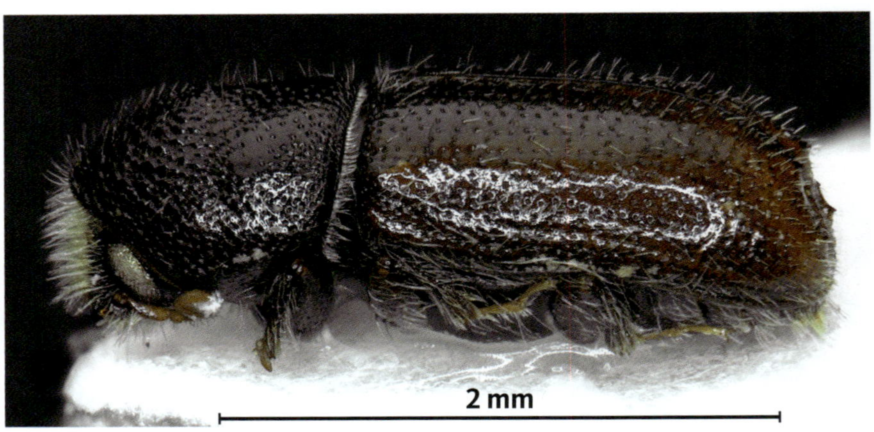

Abb. 870: Der weibliche Kleine Arvenborkenkäfer (*Pityogenes conjunctus*) (Mus. Karlsruhe) in Seitenansicht.

Abb. 871: Der weibliche Kleine Arvenborkenkäfer (*Pityogenes conjunctus*) (Mus. Karlsruhe) ist um die Augen stark punktiert.

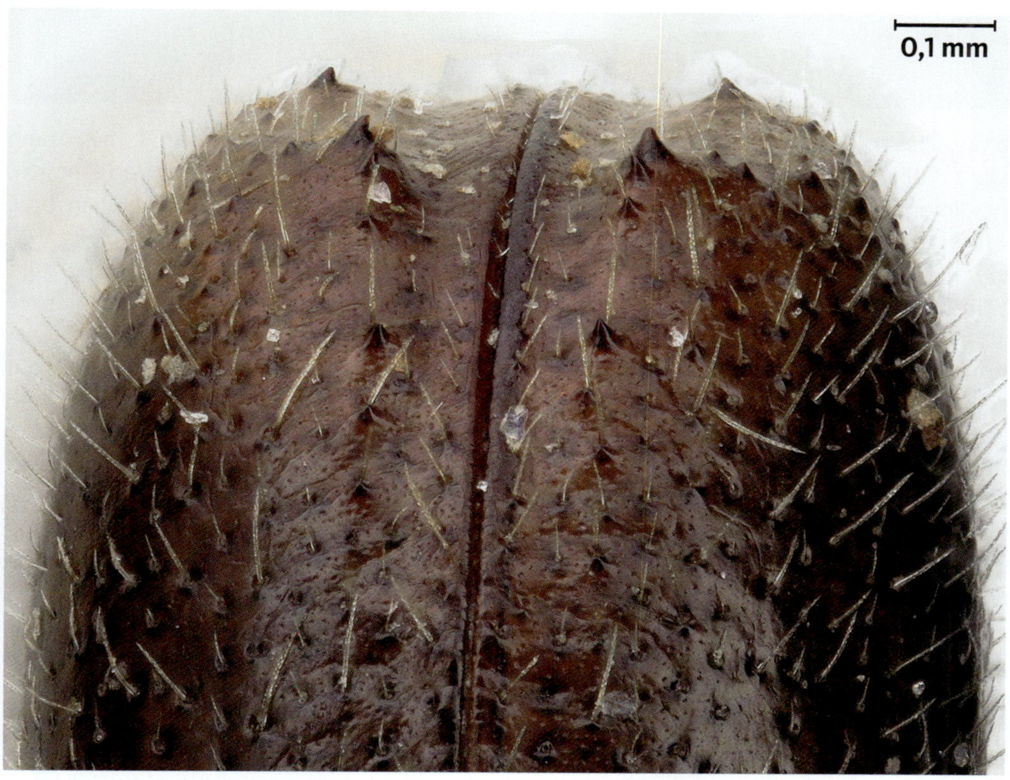

Abb. 872: Der Absturz des weiblichen Kleinen Arvenborkenkäfers (*Pityogenes conjunctus*)(Mus. Karlsruhe) in Aufsicht.

Abb. 873: Der Absturz des weiblichen Kleinen Arvenborkenkäfers (*Pityogenes conjunctus*)(Mus. Karlsruhe) in leicht schräger Seitenansicht.

Gattung *Pityokteines* Fuchs, 1911 – Hakenzahner

(*Orthotomides* Wood, 1951:32; *Ips* part. Bedel, 1888:396)
Typusart: *Tomicus curvidens* Germar, 1824.
Monographie: Wachtl, 1895.

Käfer: 1,6–3,2 mm. Körper braunschwarz, kräftig und lang behaart, besonders am Absturz. Fühler und Tarsen gelbbraun (Abb. 875). Geschlechtsdimorphismus bei der Stirn und dem Absturz sichtbar. Stirn bei den Männchen flach, spärlich behaart und mit einem feinen Mittelkiel, an den Seiten gekörnelt. Bei den Weibchen sehr lang, mehr oder weniger dicht goldgelb behaart. Fühlergeißel 5-gliedrig, Fühlerkeule annähernd kreisrund, auf der Außenseite mit 3 deutlichen, gebogenen Nähten. Halsschild walzenförmig mit geraden Seiten, vorne fein gehöckert, hinten punktiert; bei den Weibchen lang, dicht goldgelb am Vorderrand behaart. Die Basalhälfte fein punktiert und mit einer glatten, aber nicht erhöhten Mittellinie. Basis ungerandet, Lateralbeulen nur angedeutet. Flügeldecken nach hinten schwach verbreitert; Grübchen der Punktstreifen zum Hinterende hin stark vergrößert. Zwischenräume sehr fein einreihig punktiert. Absturz steil, bei den Männchen mit einem scharfen Suturalzahn, dann mit einem großen Hakenzahn und einem starken Kegelzahn. Zwischen dem 2. und 3. Zahn stehen zudem 2 kleine kegelförmige Zähnchen. Der Spitzenrand ist bei dieser Gattung doppelt. Der innere Rand umfasst das Abdomen (Abb. 889), der äußere die Absturzfläche. Spitzenrandduplikatur der Flügeldecken schmal, auf der Unterseite an der Naht 3-eckig ausgeschnitten. Am Spitzenrand, zwischen dem 3. Hakenzahn und der Flügeldeckennaht, zwei schwächere Vorragungen. Absturz bei den Weibchen mit 5 Paar Höckerchen bzw. Zähnchen.

Lebensweise: Die Weißtannen-Borkenkäfer treten zum Teil gemeinsam auf und sind in der Regel sekundär, d.h. sie finden nur in kränkelnden und absterbenden Bäumen günstige Entwicklungsbedingungen. Manche von ihnen neigen zu Massenvermehrungen (besonders der Krummzähnige Tannenborkenkäfer) und können bei hoher Käferdichte auch gesunde, nur vorübergehend geschwächte Tannen befallen und abtöten, d.h. primär werden. Der sprunghafte Anstieg der Käferpopulation bei einer Massenvermehrung wird durch die häufige Ausbildung einer zweiten Generation und durch Geschwisterbruten mit beeinflusst.

Geeignete Brutbäume sind Tannen, die durch Windwürfe, Schneebrüche, Insekten- (z. B. Tannenstammläuse (*Dreyfusia piceae*, Syn. *Adelges piceae*), Tannentriebwickler (*Choristoneura murinana*)) und Pilzbefall (Hallimasch (*Armillaria mellea*) oder *Neonectria*), Frost (gefährlicher Spätfrost), besonders aber anhaltende Trockenheit und Hitze geschwächt sind. Der Tannenstammlausbefall führt zu einer Verringerung der Wasserleitfähigkeit der Tanne. Damit wird Wasserstress verursacht und die Tanne ist prädisponiert für den Befall durch Sekundärschädlinge. Im weiteren Verlauf der Komplexkrankheit Tannen-Rindennekrose treten der Weißtannenrüsselkäfer (*Pissodes piceae*) und die Tannenborkenkäfer *Cryphalus piceae, Pityokteines curvidens, P. spinidens* und *P. vorontzowi* vergesellschaftet auf.

Entwicklung im Bast von Tannenarten (*Abies* spp.) im Wipfel- und Stammbereich kränkelnder Bäume. Das Brutbild besteht aus mehreren doppelarmigen querverlaufenden Muttergängen (X-förmige doppelte Klammergänge). Pro Jahr 1 bis 2 Generationen. Drei polygame Arten.

Verbreitung: Europa, Kaukasus und Japan.

Die „Hakenzahner" der Gattung *Pityokteines* kommen in Südtirol nicht endemisch vor. Sie folgen in Europa der Verbreitung der Tanne (*Abies*) von den Pyrenäen über die Alpen und Karpathen bis Kleinasien und Kaukasus, vermeiden nach Schedl (1981) aber die inneren Alpentäler. Die bisherigen Nachweise der 3 europäischen Arten in Südtirol beziehen sich auf importiertes Tannenrundholz aus Bayern (Hellrigl 2012).

Artenschlüssel der Gattung *Pityokteines* Fuchs, 1911

1 Absturz mit einem Suturalzahn, einem Hakenzahn und einem Kegelzahn. Stirn spärlich behaart (Männchen). **2**

→ Absturz mit 5 Paar Höckerchen. Stirn lang, dicht goldgelb behaart (Weibchen)(Abb. 875). **4**

2 1. Hakenzahn (Suturalzahn) fast horizontal (Abb. 881), wie die anderen Zähne des Absturzes. 2. Zahn lang, hakenförmig und relativ dünn, oft von der Wurzel an stark einwärts gekrümmt (var. *heterodon* Wachtl)(Abb. 880). 3. Zahn lang, spitzkegelförmig; zwischen 2. und 3. Zahn zwei kräftige, kegelförmige Zähne. Der Raum zwischen den vier großen Zähnen ist quadratisch (Abb. 880). Körper schwarzbraun gefärbt, Fühler gelb. Länge 1,9–2,8 mm.

→ *Pityokteines spinidens* (Reitter, 1895) ♂ – Westlicher Tannenborkenkäfer, Spitzzähniger Tannenborkenkäfer

(*Ips spinidens* Reitter, 1894:85; *Ips curvidens* var. *heterodon* Wachtl, 1895:15; *Ips curvidens* var. *spinidens* Hagedorn, 1910:53; *Pityokteines spinidens* (Reitter): Fuchs, 1911:33)

→ Suturalzähnchen stehen schräg oder senkrecht in die Höhe. Der Raum zwischen den 4 Zähnen ist quer rechteckig. **3**

3 Suturalzähnchen (1. Hakenzahn) schräg nach oben gerichtet (nicht steil nach oben wie bei *Pit. curvidens*). Der Hakenzahn ist auffallend dick und erst am Ende zugespitzt. 2. Zahn kürzer als bei übrigen Arten, stark verdickt, fast waagrecht abstehend, mit schwacher Spitze. 3. Zahn spitzkegelförmig, leicht schräg nach oben stehend. Körper schmal und schwarzbraun. Länge 1,6–2,5 mm.

→ *Pityokteines vorontzowi* Jakobson, 1896 (manchmal auch *Pityokteines vorontzovi* geschrieben) ♂ – Mittlerer Tannenborkenkäfer, Vorontzowis Tannenborkenkäfer

(*Tomicus vorontzowi* Jakobson, 1895:521; *Ips curvidens* var. *vorontzowi* Hagedorn, 1910:53; *Pityokteines vorontzowi* (Jakobson): Fuchs, 1911:33)

→ Suturalzähnchen (1. Hakenzahn) lang und ziemlich dünn sowie steil nach oben gerichtet (Abb. 896). 2. Zahn groß und hakenförmig, 3. Zahn, dem unteren Absturzrand genähert, lang, spitzkegelförmig, fast waagerecht. Zwischen 2. und 3. Zahn zwei kräftige, kegelförmige Zähne. Länge 2,5–3,2 mm. Körperfärbung: schwarzbraun, Fühler gelb.

→ *Pityokteines curvidens* (Germar, 1824) ♂ – Krummzähniger Tannenborkenkäfer, Krummzähniger Weißtannen-Borkenkäfer

(*Tomicus curvidens* Germar, 1824:462; *Bostrichus psilonotus* Germar, 1824:463; *B. calligraphus* Duftschmid, 1825:91; *B. orthographus* Duftschmid, 1825:91; *Tomicus curvidens:* Eichhoff, 1978:375; *Ips curvidens* Reitter, 1894:43; *Orthotomicus curvidens* Ferrari, 1867:43; *Pityokteines curvidens* (Germar): Fuchs, 1911:33)

4 Der erste Zahn am Absturz (Suturalzahn) steht waagrecht ab (Abb. 879). Der Raum zwischen den 4 großen Höckerchen am Absturz ist annähernd quadratisch. Stirn in der Mitte glatt und glänzend (Abb. 877). Haarschirm am Vorderrand des Halsschilds etwas länger als der Haarschopf an der Stirn (Abb. 876). Länge 1,9–2,8 mm.

→ *Pityokteines spinidens* (Reitter, 1895) ♀ – Westlicher Tannenborkenkäfer, Spitzzähniger Tannenborkenkäfer

→ Der erste Zahn am Absturz (Suturalzahn) steht zumindest leicht schräg nach oben (Abb. 887). Der Raum zwischen den 4 großen Höckerchen am Absturz ist quer rechteckig. Haarschirm am Vorderrand des Halsschilds ist nicht länger als der Haarschopf der Stirn. **5**

5 Der erste Zahn am Absturz (Suturalzahn) steht leicht schräg nach oben (Abb. 887). Stirn mit einem langen Längskiel (Abb. 888). Dichte Behaarung der Stirn so lang wie die des Halsschild-Vorderrandes (Abb. 886). Körperlänge 1,6–2,5 mm.

➔ *Pityokteines vorontzowi* Jakobson, 1896 ♀ – Mittlerer Tannenborkenkäfer, Vorontzowis Tannenborkenkäfer

→ Der erste Zahn am Absturz (Suturalzahn) ist stark nach oben gerichtet (Abb. 895). Stirn mit einem kleinen Höckerchen oder einer Eindellung in der Mitte. Ganze Stirn sehr lang, büschelförmig gelb behaart. Am Vorderrand des Halsschildes Behaarung von gleicher Länge wie die der Stirn. Mit kleinen, kegelförmigen Zähnen am Absturzrand. Länge 2,5–3,2 mm.

➔ *Pityokteines curvidens* (Germar, 1824) ♀ – Krummzähniger Tannenborkenkäfer, Krummzähniger Weißtannen-Borkenkäfer

Artenkapitel zur Gattung *Pityokteines* Fuchs, 1911

Pityokteines spinidens (Reitter, 1895)

Westlicher Tannenborkenkäfer, Spitzzähniger Tannenborkenkäfer

Lebensweise: *Pityokteines spinidens* kommt wesentlich seltener vor als die anderen *Pityokteines*-Arten. Er befällt vorwiegend die oberen Stammteile und Äste, besiedelt aber auch, wie der Krummzähnige Tannenborkenkäfer (*Pityokteines curvidens*), die unteren Stammpartien, in denen er oft gemeinsam mit letzterem brütet. Daneben tritt *Pit. spinidens* an noch gesund erscheinenden jungen Tannen und Lärchen in Kulturen und Pflanzgärten auf, die durch den Befall zum Absterben gebracht werden.

Brutbild sternförmig, meist 4-armig, seltener mit mehreren Muttergängen. Diese sind durchschnittlich 4 bis 5 cm, zuweilen auch bis 10 cm lang und zeigen in ihrem Verlauf Tendenz zur Längsrichtung. Die Rammelkammer besteht in einer Erweiterung des Einbohrganges ähnlich wie beim Krummzähnigen Tannenborkenkäfer (*Pityokteines curvidens*). Larvengänge relativ kurz und dichtgestellt, überwiegend in Längsrichtung in der Rinde, teilweise den Splint furchend. Die Puppenwiegen sind einige mm in den Splint eingetieft. Die Brutsysteme der Geschwisterbruten bestehen oft nur aus 2 Muttergängen, die zu kurzem Regenerationsfraß verlängert sind. Reifungsfraß der Jungkäfer im Anschluss an die Puppenwiegen in kurzen Gängen in der Rinde. In der Regel 2 Generationen im Jahr mit Flugzeiten März/April und im August. Geschwisterbruten treten auf.

Wirtsarten: *Abies alba, A. cephalonica, A. nordmanniana;* daneben an *Picea abies, P. orientalis, Larix decidua;* seltener an *Pseudotsuga menziesii, Pinus sylvestris* und *Cedrus*.

Verbreitung: Im Tannenareal von den Pyrenäen bis zum Kaukasus, Korsika.

Rote Liste Deutschland: selten, kurz- und langfristige Bestandsentwicklung: gleichbleibend. Ungefährdet.

Abb. 874: Brutbilder von *Pityokteines spinidens* (Mus. Frankfurt).

Abb. 875: Weibchen vom Spitzzähnigen/ Westlichen Tannenborkenkäfer (*Pityokteines spinidens*)(Mus. Kassel) in Aufsicht. Die gattungstypische lange, goldgelbe Behaarung des Weibchens auf der Stirn und dem Pronotum-Vorderrand ist gut erkennbar. Ebenso charakteristisch für die Gattung ist der walzenförmige Halsschild.

Abb. 876: Weibchen vom Spitzzähnigen/ Westlichen Tannenborkenkäfer (*Pityokteines spinidens*)(Mus. Kassel) in Seitenansicht. Gattungstypisch werden die Grübchen der Punktstreifen zum Hinterende hin größer. Die Behaarung am Halsschild-Vorderrand überragt den Stirnschopf.

Abb. 877: Weibchen vom Spitzzähnigen/Westlichen Tannenborkenkäfer (*Pityokteines spinidens*)(Mus. Kassel) in Frontalansicht. Arttypisch ist die glänzende Stirnmitte des Weibchens.

Abb. 878: Der Absturz des Weibchens vom Spitzzähnigen/Westlichen Tannenborkenkäfer (*Pityokteines spinidens*)(Uni Göttingen) in schräger Aufsicht (links) und Aufsicht (rechts). Die unteren großen Zähne können etwas weiter voneinander entfernt stehen als die mittleren großen Zähne. Der Raum zwischen den vier großen Zähnen ist annähernd quadratisch.

Abb. 879: Der 1. Zahn (Suturalzahn) im Absturz des Weibchens vom Spitzzähnigen/Westlichen Tannenborkenkäfer (*Pityokteines spinidens*)(Mus. Kassel) steht waagrecht ab (gelbe Pfeile).

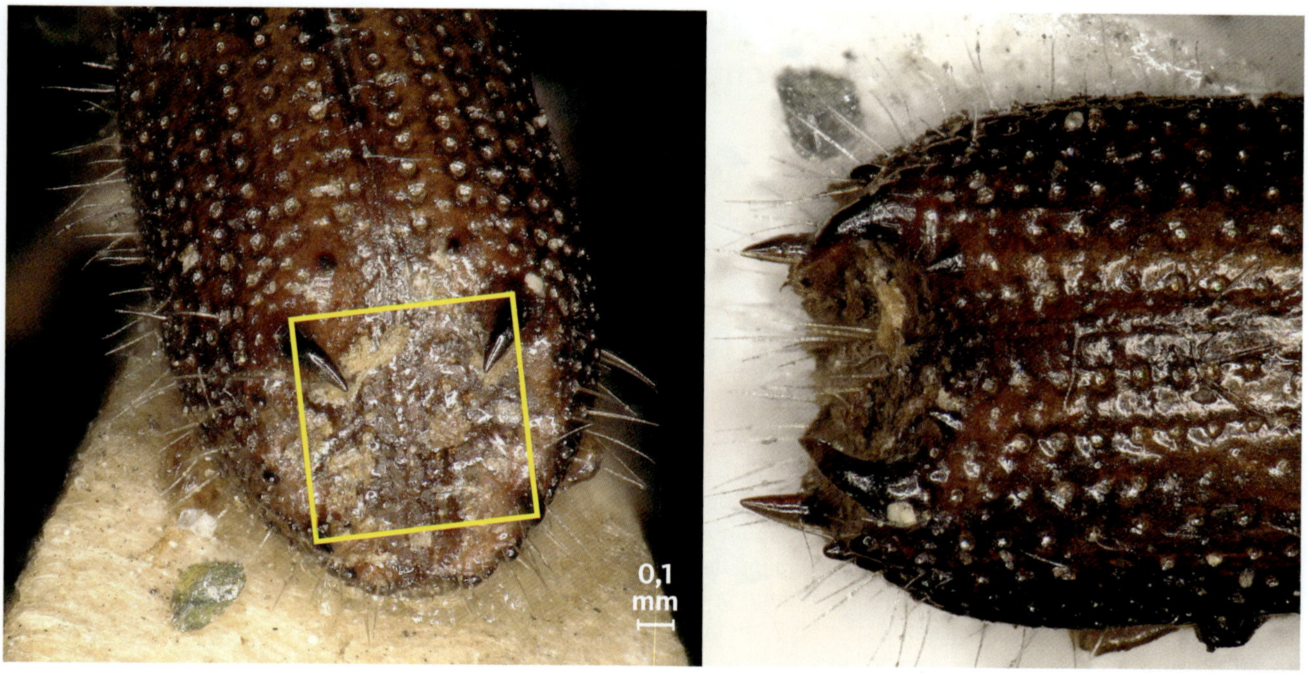

Abb. 880: Der Absturz des Männchens vom Spitzzähnigen/Westlichen Tannenborkenkäfer (*Pityokteines spinidens*)(Mus. Braunschweig) von hinten (links) und in Aufsicht (rechts). Die großen Hakenzähne und die unteren spitzen Kegelzähne umfassen ein Quadrat.

Abb. 881: Der Absturz des Männchens vom Spitzzähnigen/Westlichen Tannenborkenkäfer (*Pityokteines spinidens*)(Mus. Braunschweig) in Seitenansicht. Der 1. Zahn (Suturalzahn) ist mehr oder weniger waagrecht ausgerichtet (gelbe Pfeile).

Pityokteines vorontzowi Jakobson, 1896

Mittlerer Tannenborkenkäfer, Vorontzowis Tannenborkenkäfer

Lebensweise: Brütet mehr als die beiden anderen Arten in schwächerem Material. Befällt daher bevorzugt dünn- und glattrindige Äste und Stammteile von etwa 1 bis 16 cm Durchmesser. Dadurch kommt es zu absterbenden Kronen oder Kronenteilen mit den typischen rötlichen Verfärbungen. Oft ist der Mittlere Tannenborkenkäfer in Kronen von Tannen zu finden, die im Stammbereich bereits von anderen Weißtannen-Borkenkäferarten befallen sind. An jungen Bäumen wird auch der Stamm in seiner ganzen Länge befallen. Scheint etwas höhere Ansprüche an die Holz- und Rindenfeuchte des Brutmaterials zu stellen.

Quer-sternförmiges Brutbild mit 2 bis 8 Muttergängen. Diese meist länger als bei *spinidens*, stark in den Splint eingeschnitten und aus einer großen, auf dem Splint deutlichen Rammelkammer entspringend. Muttergänge in der Regel 4 bis 5 cm lang, an schwachen Ästen bis 7 cm lang. Larvengänge 3 bis 4 cm lang, vorwiegend in Längsrichtung, Brutsysteme bei Geschwisterbruten mit oft nur 1 oder 2 Muttergängen. Puppenwiegen nicht immer wie bei *Pit. curvidens* im Splint, oft mehr in der Rinde. Regenerationsfraß und Reifungsfraß wie bei *Pit. curvidens*. In tieferen Lagen werden meist 2 Generationen im Jahr gebildet. Geschwisterbruten kommen regelhaft vor. Die Käfer fliegen ab April und im Juli.

Wirtsarten: *Abies alba, A. nordmanniana, A. bornmuelleriana, A. cephalonica*; seltener an *Larix decidua, Picea abies* und *Pseudotsuga menziesii.*

Verbreitung: Im Tannenareal von Südfrankreich bis zum Kaukasus, Bulgarien.

Rote Liste Deutschland: selten, kurz- und langfristige Bestandsentwicklung: gleichbleibend. Ungefährdet.

Abb. 882: Brutbild vom Mittleren Tannenborkenkäfer (*Pityokteines vorontzowi*)(Mus. Frankfurt).

Abb. 883: Männchen vom Mittleren Tannenborkenkäfer (*Pityokteines vorontzowi*)(Mus. Braunschweig) in Aufsicht. Der 2. große Hakenzahn ist deutlich kräftiger als bei *Pityokteines spinidens*.

Abb. 884: Männchen vom Mittleren Tannenborkenkäfer (*Pityokteines vorontzowi*)(Mus. Braunschweig) in Seitenansicht. Der 2. große Hakenzahn ist deutlich kräftiger als bei den zwei anderen *Pityokteines*-Arten.

Abb. 885: Der Absturz des Männchens vom Mittleren Tannenborkenkäfer (*Pityokteines vorontzowi*)(Mus. Braunschweig) in Seitenansicht. Der 1. Hakenzahn (Suturalzahn) ist schräg nach oben gerichtet (gelber Pfeil).

Abb. 886: Weibchen vom Mittleren Tannenborkenkäfer (*Pityokteines vorontzowi*)(Mus. Braunschweig) in Seitenansicht. Die Behaarung am Halsschild-Vorderrand überragt nicht den Stirnschopf.

Abb. 887: Der erste Zahn am Absturz des Weibchens vom Mittleren Tannenborkenkäfer (*Pityokteines vorontzowi*) (Mus. Braunschweig) steht leicht schräg nach oben (gelber Pfeil).

Abb. 888: Auf der Stirn ist ein langer Längskiel beim Weibchen des Mittleren Tannenborkenkäfers (*Pityokteines vorontzowi*) (Mus. Braunschweig).

Abb. 889: Die Unterseite vom Mittleren Tannenborkenkäfer (*Pityokteines vorontzowi*)(Mus. Braunschweig). Der innere Rand der Flügeldecken-Enden umfasst den Hinterleib (Abdomen).

Pityokteines curvidens (Germar, 1824)

Krummzähniger Tannenborkenkäfer, Krummzähniger Weißtannen-Borkenkäfer

Lebensweise: Der Krummzähnige Weißtannen-Borkenkäfer tritt oft als einzige Art auf und ist der häufigste der *Pityokteines*-Arten. Manchmal tritt er vergesellschaftet mit *P. spinidens* im gleichen Stammabschnitt auf, zum Teil findet man ihn am gleichen Baum mit dem Mittleren Tannenborkenkäfer (*Pityokteines vorontzovi*), der in der Oberkrone brütet, sowie mit dem Kleinen Tannenborkenkäfer (*Cryphalus piceae*), der dünnere Äste besiedelt.

Pityokteines curvidens befällt bevorzugt die astfreien Stammpartien unterdrückter, kränkelnder, entwurzelter Nadelbäume oder beschädigte und absterbende Tannen höherer Altersklassen. Er kommt nur selten in Stämmen von weniger als 16 cm Durchmesser vor. Befall geht meist von Wipfelpartien aus, die bereits von *Cryph. piceae* besetzt sind, um im weiteren Verlauf auf den Stamm überzugreifen. Dabei werden häufig auch grüne Bäume befallen und zum Absterben gebracht.

Ungünstige Witterungseinflüsse, insbesondere Trockenheit, sowie vorangehende Schwächung der Tannen durch andere Insekten sind wesentliche Faktoren zur Auslösung von Gradationen. Ebenso zeigen Tannen außerhalb ihres natürlichen Verbreitungsgebietes, insbesondere auf ungeeigneten Standorten (Föhntäler, Schotterböden), erhöhte Befallsbereitschaft gegenüber *Pityokteines curvidens*. Häufig ist er mit *Pityokteines spinidens* vergesellschaftet.

Einbohrlöcher vorwiegend unter Borkenschuppen v. a. in der Nähe abgestorbener Äste.

Das Weibchen legt nach rechts und links, den Splint schürfend, je einen Muttergang (Armlänge je 4 bis 7 Zentimeter) quer zur Stammachse an (doppelarmige Quergänge (Klammergänge)). Bei rasch fortschreitender Austrocknung des Brutmaterials sind die Gänge jedoch wesentlich länger. Häufig nagt ein zweites Weibchen von der gleichen Eingangsröhre aus einen ebenfalls zweiarmigen Quergang. So entsteht das für diese Art typische, quer zur Faserrichtung verlaufende Brutbild in Form eines liegenden H (Doppelklammer). Häufig aber fehlen einzelne Arme oder es werden zusätzliche Muttergänge durch weitere Weibchen angelegt. So kann das Fraßbild zu einer queren Sternform abgewandelt werden. Die Rammelkammer ist als Erweiterung des Einbohrganges meist in der Rinde verborgen, an dünnrindigen Stammteilen zwischen Rinde und Splint, den letzteren schwach furchend. Zwischen 30 bis 80 Larvengänge pro Doppelklammer werden angelegt. Die Larvengänge sind meist dichtgestellt, geschlängelt und überwiegend in Längsrichtung verlaufend (6–7 cm lang). Die Mutter- und Larvengänge verlaufen überwiegend in der Rinde. Bohrmehl wird nur in geringen Mengen ausgestoßen. Puppenwiegen mehr oder weniger tief (bis 10 mm) im Splint mit Pfropf aus feinen Nagespänen verstopft. Brutbild der Geschwistergeneration meist durch Fehlen einer Rammelkammer, zusätzliche Anlage von Regenerationsfraßgängen und durch unregelmäßige Sternform abweichend gestaltet. Reifungsfraß der Jungkäfer, von den Puppenwiegen ausgehend, in kurzen Gängen in der Rinde oder wie Regenerationsfraßgänge von Altkäfern geweihartig verzweigt und den Splint furchend. Überwinterung als Larve und Puppe im Splint oder als Jungkäfer in kleinen Reifungsfraßkammern in der Rinde nahe den Puppenwiegen. Auch mit dem Schäleisen entrindete Bäume erlauben die vollständige Entwicklung der Puppen. Bei maschineller Entrindung wird der Entwicklungsprozess meist unterbrochen. Jungkäfer, die früher die Geburtsstätte verlassen, bohren sich zu kurz dauerndem Reifungsfraß in kurzen, harzfreien Bohrgängen in die Rinde benachbarter, unbefallener Tannen ein, um danach unter Rindenschuppen und an anderen geschützten Stellen zu überwintern. Diese Überwinterungsbäume sind durch perlschnurförmigen Harzfluss, der aus erfolglos an-

Abb. 890: Brutbilder vom Krummzähnigen Tannenborkenkäfer (*Pityokteines curvidens*)(Mus. Frankfurt).

gebohrten Harztaschen der Rinde austritt, deutlich gekennzeichnet. Bleiben die Bäume vital, ist keine Zwangsnutzung erforderlich. Frühschwärmer mit Flugzeiten im März/April und erneut im Juli.

Neben Geschwisterbruten normalerweise 2 Generationen, unter besonders günstigen Bedingungen bis zu 3 Generationen im Jahr.

Abb. 891: Brutbilder vom Krummzähnigen Tannenborkenkäfer (*Pityokteines curvidens*)(Mus. Frankfurt).

Abb. 892: Brutbilder vom Krummzähnigen Tannenborkenkäfer (*Pityokteines curvidens*)(Mus. Frankfurt).

Wirtsarten: Vor allem *Abies*-Arten (*A. alba, A. cephalonica, A. borisii regis, A. bornmuelleriana, A. cilicica, A. firma, A. sachalinensis*), seltener an *Picea abies, Larix decidua, Pseudotsuga menziesii, Pinus sylvestris, P. strobus, Cedrus libani*.
Verbreitung: Im Tannenareal von den Pyrenäen bis zum Kaukasus, Korsika, Balkanländer, Kleinasien, Japan. Im Untersuchungsgebiet vor allem in Mittelgebirgen und den Alpen verbreitet. Die vertikale Verbreitung reicht bis 1.700 m (Südalpentäler).
Rote Liste Deutschland: mäßig häufig, kurzfristiger Bestandstrend: gleichbleibend, langfristige Bestandsentwicklung: mäßiger Rückgang. Ungefährdet.

Abb. 893: Das Männchen vom Krummzähnigen Tannenborkenkäfer (*Pityokteines curvidens*) (Mus. Karlsruhe) in Aufsicht.

Abb. 894: Das Weibchen vom Krummzähnigen Tannenborkenkäfer (*Pityokteines curvidens*) (Mus. Karlsruhe) in Seitenansicht.

Abb. 895: Der Absturz des Weibchens vom Krummzähnigen Tannenborkenkäfer (*Pityokteines curvidens*)(Mus. Braunschweig). Der erste Absturzzahn (Suturalzahn) ist stark nach oben geneigt (gelber Pfeil).

Abb. 896: Der Absturz des Männchens vom Krummzähnigen Tannenborkenkäfer (*Pityokteines curvidens*)(Mus. Karlsruhe). Der erste Absturzzahn (Suturalzahn) ist steil nach oben geneigt (blauer Pfeil).

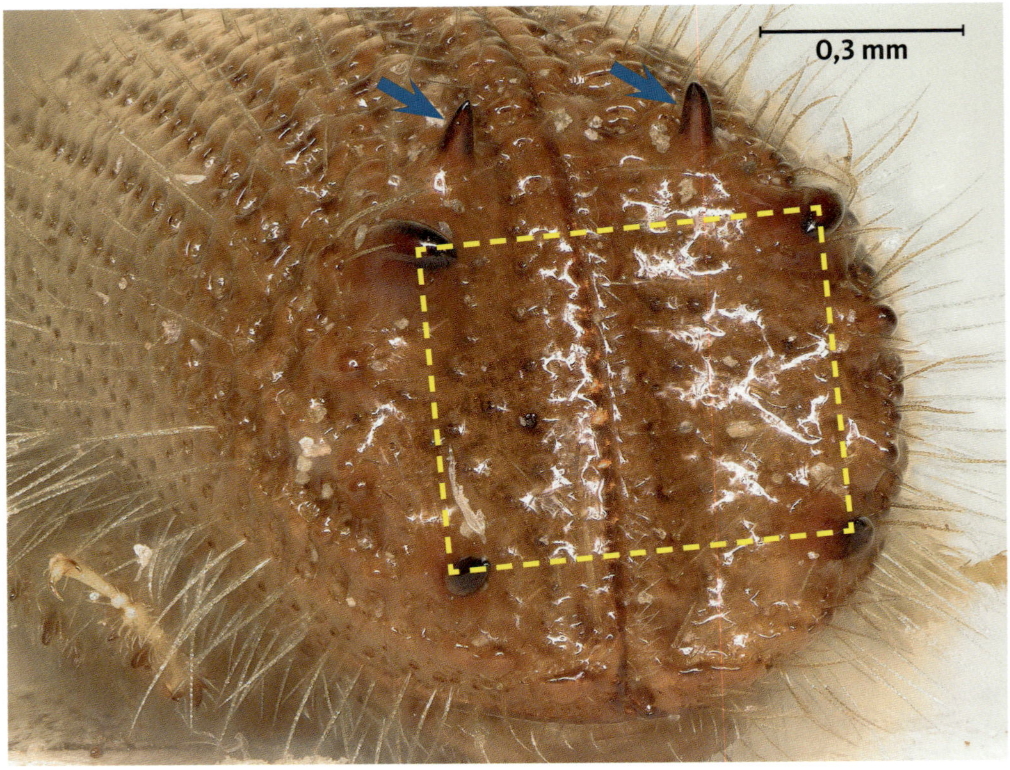

Abb. 897: Der Absturz des Männchens vom Krummzähnigen Tannenborkenkäfer (*Pityokteines curvidens*)(Mus. Karlsruhe). Der erste Absturzzahn (Suturalzahn) ist steil nach oben geneigt (blaue Pfeile). Die zweiten und dritten Absturzzähne sind die Eckpunkte für ein liegendes Rechteck.

Abb. 898: Der Kopf des Männchens vom Krummzähnigen Tannenborkenkäfer (*Pityokteines curvidens*)(Mus. Karlsruhe) in Frontalansicht.

Tribus Xyleborini LeConte, 1876 – Holzbohrer

(Xylebori LeConte, 1876:346; Webbinae Hopkins, 1915:224; Xyleboridae Eichhoff, 1878:308; Xyleborinae Nüsslin, 1911:432; Xyleborina Balachowsky, 1949:218)

Typusgattung: *Xyleborus* Eichhoff, 1864.

Weltweiter Internetschlüssel: https://idtools.org/id/xyleborini/fs_images/key.htm

Der Tribus Xyleborini enthält weltweit mit ca. 1.300 beschriebenen Spezies in 43 Gattungen die meisten Arten innerhalb der Unterfamilie der Borkenkäfer (Ruzzier et al. 2023). Im Untersuchungsgebiet sind 6 Gattungen mit 15 Arten vorhanden.

Die Arten besiedeln alle Haupt-Klimaregionen der Welt und die größte Vielfalt findet sich in tropischen und subtropischen Regionen.

Es tritt Arrhenotokie auf. Bei diesem Fortpflanzungsmodus entwickeln sich aus unbefruchteten Eiern haploide Männchen und aus befruchteten Eiern diploide Weibchen. Die Männchen sind haploide Klone ihrer Mütter, zwergwüchsig und mit verschmolzenen Flügeldecken. Der Kopf, die Augen und die Fühler sind im Vergleich zu den Weibchen reduziert (Smith & Hulcr 2015). Reife Töchter paaren sich mit einem Bruder, bevor sie das Geburtsnest verlassen, um nach einer neuen Wirtspflanze zu suchen (Kirkendall 1993).

Die Ernährungsweise ist überwiegend xylomycetophag. Dazu werden in den vom Weibchen angelegten Gängen Ambrosia-Pilze kultiviert. Diese nutzen Larven und adulte Tiere. Zusätzlich entgiftet der Pilz für die Borkenkäfer schädliche Substanzen der Wirtsbäume. Manchmal kann die Pilzinfektion auch zum Absterben der Bäume führen. Einige wenige Arten sind Samenfresser. Viele Xyleborini-Arten werden als bedeutsame Schädlinge in der Forst- und Landwirtschaft eingestuft. Zusätzlich gibt es einige weltweit verschleppte invasive Holzbohrer-Arten. Es werden große Anstrengungen unternommen, um weitere Einschleppungen zu verhindern. Einfuhren von Wirtspflanzen spielen oft eine primäre Rolle als Einschleppungsweg und sind häufig verantwortlich für die Etablierung von Arten in gebietsfremden Umgebungen. Diese Arten haben z. T. starke ökonomische und ökologische Auswirkungen (Smith & Hulcr 2015; Ruzzier et al. 2023).

Für Mitteleuropa: Kleine bis mittelgroße Ambrosiakäfer mit ausgeprägtem Sexualdimorphismus: ♀♀ langzylindrisch, die viel selteneren ♂♂ kleiner, oft schildkrötenförmig und flugunfähig. Meist polyphag an Laubbäumen, selten an Nadelbäumen.

Gattung *Anisandrus* Ferrari, 1867

Artenschlüssel für die Gattung *Anisandrus* Ferrari, 1867

1 Weibchen: Flügeldecken mit kräftigen Punktreihen. Absturz auch punktiert gestreift. Dunkelbrauner, rundlicher Halsschild stark aufgewölbt und hinten fein chagriniert sowie sehr fein und sparsam punktiert, matt. Flügeldecken dunkelbraun und glänzend mit Punktstreifen. Fühler und Beine heller gefärbt. Absturz mäßig steil mit feinen Körnchenreihen. Schwach behaart. Länge 3–3,8 mm.

Männchen: Schildkrötenförmiger flachgewölbter Körperbau. Flügeldecken rundlich, so lang wie breit, mit starken Punktreihen. Ab der Mitte im flachen Bogen zur Hinterleibsspitze verlaufend; seitlich und am Absturz fein behaart. Ausgefärbt mittelbraun bis braunschwarz. Fühler und Beine heller gefärbt. Halsschild herzförmig und vorne fein gekörnelt. Länge 1,8–2,4 mm.

→ *Anisandrus dispar* (Fabricius, 1792) – Ungleicher Holzbohrer – Pear blight beetle

(*Apate dispar* Fabricius, 1792:363; *Bostrichus dispar:* Herbst, 1793:113; *B. brevis* Panzer, 1793:34; *B. thoracicus* Panzer, 1793:34; *B. ratzeburgi* Kolenati, 1846:39; *B. tachygraphus* Sahlberg, 1834:52; *Tomicus dispar* Thomson, 1857:369; *T. pyri Harris*, 1852:80; *Xyleborus dispar* (Fabricius): Eichhoff, 1864:38; *X. pyri* Zimmermann, 1868: 144; *Scolytus pyri* Peck, 1817:205; *A. swainei* Drake, 1921:203; *X. cerasi* Eggers, 1937:335; *A. rugulosus* Eggers, 1922:17; *Trypodendron dispar* Stephens, 1830:353)

→ Weibchen: Flügeldecken mit schwach ausgeprägten Punktreihen Länge 2,2–2,5 mm.

Männchen standen nicht zur Verfügung.

→ *Anisandrus maiche* (Kurentzov, 1941)

(*Xyleborus maiche* Kurentzov, 1941: 192; *Anisandrus maiche* (Kurentzov): Nikulina et al., 2015: 43)

Artenkapitel zur Gattung *Anisandrus* Ferrari, 1867

Anisandrus maiche (Kurentzov, 1941)

Lebensweise: Polyphag in allen Laubholzarten. Sehr wirtsunspezifisch. Oft werden junge und auch vitale Bäumchen (Durchmesser meist unter 15 cm) befallen. Dabei wird ein pathogener Pilz eingetragen. Dieser kann die Bäumchen zum Absterben bringen. Der Holzbrüter ernährt sich von seinem Ambrosiapilz, den er in einem Mycetangium transportiert. Das Brutbild gleicht dem von *Anisandrus dispar*.

Wirtsarten: Alle Laubbaumarten.

Verbreitung: Ursprünglich aus Ostasien stammend. Dort sehr weit verbreitet. Inzwischen in Nordamerika, Australien und Europa eingeschleppt.

Abb. 899: Das Weibchen von *Anisandrus maiche* (Coll. Sanchez) in Aufsicht. Es ist wesentlich kleiner als das Weibchen von *A. dispar*. Die Punktreihen auf den Elytren (Flügeldecken) sind unregelmäßiger und undeutlicher ausgeprägt als bei *A. dispar*.

Abb. 900: Das Weibchen von *Anisandrus maiche* (Coll. Sanchez) in Seitenansicht.

Anisandrus dispar (Fabricius, 1792)

Ungleicher Holzbohrer – Pear blight beetle

Lebensweise: Polyphag in allen Laubholzarten. Gelegentlich schädlich in Obstbaumkulturen. Unbedeutend hingegen die Beeinträchtigungen an Eichen und Buchen durch Ringelung von Ästen. Schäden in Heisterpflanzen (mit Absterbefolge) und in Stämmen (durch Wertminderung). Auch an *Corylus* und *Aesculus*. Selten an *Pinus*, *Thuja* und *Juniperus*.

Der Ungleiche Holzbohrer geht an gefällte Stämme, frische Stöcke und lebende, physiologisch geschwächte Bäume jeglichen Alters. Bei Massenvermehrung werden auch völlig gesunde Bäume befallen. Im Obstbau kann er Ertragsminderungen an älteren Bäumen hervorrufen. Die jüngeren Obstbäume können bei stärkerem Befall auch absterben. Auf Kulturflächen kann *Anisandrus dispar* durch seinen Fraß physiologisch geschwächte, jüngere Bäume, z. B. Ahorn- und Eichenheister, zum Absterben bringen oder die Bruchgefahr an den Befallsstellen erhöhen. An Heisterpflanzen Einbohrlöcher bevorzugt in Zweigachseln, an Astquirlen und Astnarben. Das Weibchen legt allein das Brutsystem an. Sie bohrt kürzere oder längere Eingangsröhren in das Holz. In stärkerem Brutmaterial können diese bis zu 6 cm lang sein. Danach werden Brutgänge entlang den Jahresringen angelegt. Von diesen gehen kurze Brutröhren in unregelmäßigen Abständen ab. Die Brutsysteme können in mehreren Ebenen angelegt werden und tief in den Holzkörper eindringen. Die mitgeführten Ambrosiapilze werden im Gangsystem verteilt und anschließend gepflegt. Die Eiablage erfolgt in kleinen Häufchen. Die Larven nagen keine Gänge. Die stets in wesentlich geringerer Zahl schlüpfenden Männchen sind flugunfähig und begatten die Jungweibchen im Brutsystem. Die Überwinterung der Käfer findet im Brutsystem statt. Flugzeit in der Regel im April und Mai. Eine Generation im Jahr.

Abb. 901: Fraßgänge von *Anisandrus dispar* in Eiche (Mus. Frankfurt). Die kurzen Eingangsröhren gabeln sich in Brutgänge, die meist den Jahresringen folgen. Nach oben und unten werden danach in den Brutgängen vom Weibchen kurze, blind endende Brutröhren angelegt (siehe Abb. 903).

Abb. 902: Brutbilder von *Anisandrus dispar* (Uni Göttingen) im Astbereich.

Wirtsarten: *Acer, Actinidia, Aesculus, Ailanthus, Akebia, Alniaria, Alnus, Aralia, Betula, Carpinus, Celtis, Cornus, Corylus, Crataegus, Cydonia, Eleutherococcus, Eucalyptus, Fagus, Fraxinus, Gleditsia, Ilex, Koelreuteria, Liquidambar, Liriodendron, Malus, Olea, Paulownia, Phellodendron, Physocarpus, Platanus, Populus, Prunus, Punica, Pyrus, Quercus, Rhamnus, Rhododendron, Ribes, Robinia, Rosa, Salix, Sorbus, Spiraea, Syringa, Tilia, Ulmus* und *Vitis*. Selten an *Pinus, Thuja* und *Juniperus*.

Verbreitung: Europa, Sibirien, Kleinasien, Kaukasus, Nordafrika, eingeschleppt in die USA. In Tirol: In Südtirol häufig.

Rote Liste Deutschland: häufig, kurz- und langfristige Bestandsentwicklung: gleichbleibend. Ungefährdet.

Abb. 903: Einbohrlöcher und Brutbilder von *Anisandrus dispar* (Uni Göttingen). Links oben sind Brutröhren zu sehen.

Abb. 904: Das Männchen des Ungleichen Holzbohrers (*Anisandrus dispar*)(Mus. Braunschweig) in Aufsicht.

Abb. 905: Das Männchen des Ungleichen Holzbohrers (*Anisandrus dispar*)(Mus. Braunschweig) in Seitenansicht.

Abb. 906: Das Weibchen des Ungleichen Holzbohrers (*Anisandrus dispar*)(Mus. Kassel) in Aufsicht. Der Absturz ist fein gekörnelt.

Abb. 907: Das Weibchen des Ungleichen Holzbohrers (*Anisandrus dispar*)(Mus. Braunschweig) in Seitenansicht. Die Füße sind hinter die kräftig behaarten Hinter- und Mittel-Schenkel eingeklappt.

Abb. 908: Der siebengliedrige Fühler des Weibchens (Ungleicher Holzbohrer (*Anisandrus dispar*), Mus. Braunschweig).

Abb. 909: Das Hinterbein des Weibchens (Ungleicher Holzbohrer (*Anisandrus dispar*), Mus. Braunschweig). Die Schienen (Femur) der Beine sind als Grabschaufeln ausgebildet (siehe auch Abb. 910). Damit kann Bohrmehl sehr gut aus den Brutgängen ausgekehrt werden.

Abb. 910: Das Mittelbein des Weibchens (Ungleicher Holzbohrer (*Anisandrus dispar*), Mus. Braunschweig). Die kräftige Behaarung sowie die abgeflachte und dornenbewehrte Schiene erlauben eine effektive Auskehrung von Bohrmehl.

Abb. 911: Das Weibchen trägt einen leichten Mittelkiel über den kräftigen Mandibeln (Ungleicher Holzbohrer (*Anisandrus dispar*), Mus. Braunschweig).

Abb. 912: Das Weibchen in Frontalansicht (Ungleicher Holzbohrer (*Anisandrus dispar*), Mus. Kassel).

Gattung *Heteroborips* Reitter, 1913 (partim *Xyleborus*)

Typusart: *Bostrichus cryptographus* Ratzeburg, 1837

Weibchen: Flügeldecken schmal walzenförmig, 1,8-mal so lang wie breit. Halsschildbasis mäßig dicht und mäßig stark punktiert. Absturz neben der Naht schwach flach gefurcht und mit Punktreihen besetzt. Zwischenräume mit feinen Körnchen. Körper pechbraun. Weibchen: 2,1–2,5 mm.

Männchen: Flügeldecken sehr flach gewölbt, am Absturz mit feinen Punktreihen. Halsschild fast glatt. Gelb gefärbt. Männchen: Länge 1,5 mm.

Lebensweise: Das Brutgangsystem wird unter der Rinde angelegt. Dabei wird das Splintholz gefurcht. Geklumpte Eiablage. Larven ernähren sich vom Ambrosiapilz in dem Muttergangsystem (Mandelshtam et al. 2019).
Wirtsarten: *Populus tremula, P. nigra, P. alba.* Bisher nur einmal auf *Salix rorida* Lacksch. (Salicaceae) beobachtet.
Verbreitung: Europa (z. B. Deutschland, Ukraine), Kaukasus, Westsibirien.

→ *Heteroborips cryptographus* (Ratzeburg, 1837)

(*Bostrichus cryptographus* Ratzeburg, 1837:160 ♀; *B. villosus* Ratzeburg, 1837:160 ♂, Balachowsky, 1949:226; *Tomicus dryographus* Thomson, 1865:369, Pfeffer, 1995:202; *Dryocoetes cryptographus* Ferrari, 1867:28; *Xyleborus cryptographus* (Ratzeburg): Eichhoff, 1878:337; *Heteroborips cryptographus* (Ratzeburg): Reitter, 1913: 82)

Abb. 913: Das *Heteroborips cryptographus*-Männchen (Mus. Wiesbaden) in Aufsicht.

Abb. 914: Das *Heteroborips cryptographus*-Männchen (Mus. Wiesbaden) in Seitenansicht.

Abb. 915: Das *Heteroborips cryptographus*-Weibchen (Mus. Kassel) in Aufsicht.

Abb. 916: Das *Heteroborips cryptographus*-Weibchen (Mus. Kassel) in Seitenansicht.

Abb. 917: Das *Heteroborips cryptographus*-Weibchen (Mus. Kassel) in Frontalansicht.

Abb. 918: Der Fühler mit 5-gliedriger Geißel des *Heteroborips cryptographus*-Weibchens (Mus. Karlsruhe) in Vorderansicht.

Abb. 919: Der Flügeldecken-Absturz des *Heteroborips cryptographus*-Weibchens (Mus. Karlsruhe).

Abb. 920: Mittel- (links) und Vorderbein (rechts) in seitlicher Ansicht. Die Dornen der Mittelschiene zeigen nach vorne und die Dornen der Vorderschiene sind nach hinten gerichtet. *Heteroborips cryptographus*-Weibchens (Mus. Karlsruhe).

Gattung *Xyleborinus* Reitter, 1913

Die Ambrosia-Käfer-Gattung *Xyleborinus* Reitter, 1913 (Xyleborini) umfasst mindestens 84 Arten weltweit (Cognato 2008). Wie alle Xyleborini-Arten sind *Xyleborinus*-Arten Ambrosiapilz-Züchter, die sich in das Holz von Wirtsbäumen bohren und Pilzsymbionten als Nahrung für Adulttiere und Larven kultivieren (Biedermann et al. 2009).

Artenschlüssel für die Gattung *Xyleborinus* Reitter, 1913

1 Körper entweder rundlich oder kurzoval oder flachwalzenförmig mit flachem Halsschild, einzeln lang behaart. Länge 1,6–2,2 mm (Männchen). **2**

→ Körper walzenförmig. Halsschild walzenförmig, länger als breit und vorn gleichmäßig abgerundet. Absturz der Flügeldecken matt, mit feinen Körnchenreihen an der Naht und am dritten und fünften Zwischenraum. Länge 2–2,8 mm (Weibchen). **4**

2 Flügeldecken flach gewölbt mit deutlichen Punktreihen, 1,7-mal so lang wie breit. Absturz mit feinen Körnchen an der Naht, am dritten und fünften Zwischenraum. Halsschild vorne einzeln gekörnt, hinten punktiert, nur chagriniert. Gelbbraun bis dunkelbraun gefärbt. **3**

3 Halsschildbasis und Flügeldeckenbasis abstehend behaart. Absturz mit feinen, scharfen Körnchen an der Naht und am dritten und fünften Zwischenraum. Länge 1,8–2,2 mm.

➔ *Xyleborinus attenuatus* (Blandford, 1894) ♂

(*Xyleborus attenuatus* Blandford, 1894: 114. *Xyleborinus attenuatus* (Blandford): Beaver & Liu, 2010: 30. *Xyleborus alni* Niisima, 1909: 160. Synonymie: Knížek, 2011: 246. *Xyleborus canus* Niisima, 1909: 161)

→ Halsschild- und Flügeldeckenbasis fast unbehaart. Absturz mit stumpfen, feinen Körnchen an der Naht, am dritten und fünften Zwischenraum. Länge 1,6–1,8 mm.

➔ *Xyleborinus saxesenii* (Ratzeburg, 1837) – Kleiner Holzbohrer, Kleiner Laubholzbohrer ♂ (engl. Fruit-tree pinhole borer)

(*Bostrichus saxesenii* Ratzeburg, 1837:167 ♀; *Tomicus dohrnii* Wollaston, 1854:290; *T. decolor* Boieldieu, 1859:473 ♂; *Xyleborus saxeseni* (Ratzeburg): Eichhoff, 1878:378; *X. sachseseni* Ferrari, 1867:21; *X. frigidus* Blackburn, 1885:193; *X. aesculi* Ferrari, 1867:22; *X. sobrinus* Eichhoff, 1875:202; *X. subdepressus* Rey, 1883:142; *X. quercus* Hopkins, 1915:99, 63; *X. pecanus* Hopkins, 1915:99, 64; *X. floridensis* Hopkins, 1915:99, 63; *X. arbuti* Hopkins, 1915:99, 64; *X. tsugae* Swaine, 1934:204; *X. libocedri* Swaine, 1934:205; *X. peregrinus* Eggers, 1944; *X. pseudoangustatus* Schedl, 1948:28; *Xyleborinus xylographus* Hagedorn, 1910:112; *X. subspinosus* Eggers, 1930:203; *X. retrusus* Schedl, 1941:208; *X. pseudogracilis* Schedl, 1937:161; *X. paraguayensis* Schedl, 1948:276; *X. cinctipennis* Schedl, 1980:186)

4 Der zweite Zwischenraum ist flach. Absturz mit scharfen gebogenen Zähnchen an der Naht („Haifischzähne") und am dritten sowie fünften Zwischenraum (Abb. 924). Halsschild- und Flügeldeckenbasis fast unbehaart (Abb. 922). Länge 2,5–2,8 mm.

➔ *Xyleborinus attenuatus* (Blandford, 1894) ♀

→ Der zweite Zwischenraum ist leicht vertieft. Absturz mit konisch-stumpfen Zähnchen an der Naht (Abb. 937) und am dritten sowie fünften Zwischenraum. Halsschild- und Flügeldeckenbasis durchgehend abstehend behaart (Abb. 934). Länge 2–2,4 mm.

➔ *Xyleborinus saxesenii* (Ratzeburg, 1837) – Kleiner Holzbohrer, Kleiner Laubholzbohrer ♀

Artenkapitel zur Gattung *Xyleborinus* Reitter, 1913

Xyleborinus attenuatus (Blandford, 1894)

Lebensweise: Polyphage Art an Laubbäumen.
Wirtsarten: *Salix* spp., *Alnus glutinosa, A. hirsuta, Corylus avellana, Betula pendula, B. platyphylla* var. *japonica, Fagus sylvatica, Fraxinus excelsior, Prunus avium, Quercus robur, Sorbus aucuparia, Tilia amurensis.*

Verbreitung: Ursprünglich aus der östlichen Paläarktis (China, Japan, Korea, Russland, Taiwan) stammend. Eingeschleppt und etabliert in den meisten Teilen Europas (Slowakei, Polen, Deutschland, Österreich, Italien) und Nordamerikas.
Rote Liste Deutschland: etablierte gebietsfremde Art (Neobiota). Nicht bewertet.

Abb. 921: Das *Xyleborinus attenuatus*-Weibchen (Mus. Kassel) in Aufsicht.

Abb. 922: Das *Xyleborinus attenuatus*-Weibchen (Mus. Kassel) in Seitensicht.

Abb. 923: Das gattungstypische konische und gekielte Schildchen (Scutellum) des weiblichen Kleinen Laubholzbohrers (*Xyleborinus attenuatus*) (Mus. Kassel) mit dem Haarkranz (gelber Pfeil). Es schließt nicht direkt an die Flügeldecken an. Es liegt unterhalb der Elytren.

Abb. 924: Der Absturz des *Xyleborinus attenuatus*-Weibchens (Mus. Kassel) in Aufsicht mit den „Haifischzähnen".

Abb. 925: Der Kopf des *Xyleborinus attenuatus*-Weibchens (Mus. Kassel) in Frontalansicht.

Xyleborinus saxesenii (Ratzeburg, 1837)

Kleiner Holzbohrer, Kleiner Laubholzbohrer, (engl. Fruit-tree pinhole borer), (span. xileboro pequeño)

Lebensweise & Wirtsarten: Polyphager Holzbrüter. Über 81 Wirtsbaum-Arten bekannt. Laubbäume werden bevorzugt (*Acer, Aesculus, Alnus, Betula, Castanea, Corylus, Fagus, Fraxinus, Morella, Quercus, Salix, Tilia* und *Ulmus*), brütet aber auch in Koniferen, z. B. *Pinus* spec., *Larix* spec., *Picea* spec., *Cedrus* spec., *Cryptomeria* spec., *Abies* spec. und *Tsuga* spec. Sehr groß ist auch sein Wirtsbaum-Spektrum unter den Obstbäumen (*Malus, Persea, Prunus, Pyrus*). Flugzeit: April und Juni. Brütet vorzugsweise in absterbenden, aber noch relativ frischen Bäumen und Stöcken, daneben werden ähnlich wie von *Anisandrus dispar* Heister befallen und physiologisch schwer als auch final geschädigt. Soweit das Holz noch genügend Feuchtigkeit enthält, werden neben berindeten auch entrindete Stämme angegangen und dicht besiedelt. Brutbild: taschenartige Familienplatzgänge (ähnlich *Xylosandrus germanus*). Das Weibchen bohrt 1–3 cm lange Eingangsröhren meist in radialer Richtung in das Splintholz. Von der Eingangsröhre werden nach beiden Seiten, oft dem Jahrringverlauf folgende, seltener in radiärer Richtung sich fortsetzende Brutröhren vorgetrieben, in denen die Eier abgelegt werden. Die Larven und Jungkäfer erweitern die Brutröhren nach oben und unten, der Faserrichtung folgend, zu taschenartigen Räumen, die mitunter größere Ausdehnung erreichen können. Aufgrund der Eiablage, die sich über längere Zeit erstreckt, befinden sich in den Bruträumen gleichzeitig Eier, Larven aller Stadien, Puppen sowie Jungkäfer. Die Begattung der Jungkäfer-Weibchen durch die stets zahlenmäßig viel geringer vertretenen Männchen findet im Brutsystem statt. Überwinterung in der Regel als Jungkäfer im Brutbild, seltener noch im Larven- oder Puppenstadium. 1 bis 2 Generationen pro Jahr.

Die Weibchen transportieren in ihren Mycetangien und im Verdauungstrakt die symbiontischen Ambrosia-Pilze *Raffaelea sulphurea* und *R. canadensis* (Ascomycetes: Ophiostomatales). *R. sulphurea* dominiert in jungen Nestern und *R. canadensis* in älteren Nestern. Vermutlich dient *R. sulphurea* in erster Linie als Nahrung für die Larven und *R. canadensis* als Nahrung für die Käfer. *Xyleborinus saxesenii* kultiviert in den Brutgängen den angelegten Pilzrasen aktiv und beeinflusst so die Zusammensetzung dieser Symbiontengemeinschaft. Er unterdrückt störende Bakterien sowie Pilze (z. B. *Chaetomium* sp.) und fördert seine essbaren Ambrosia-Pilze (*Raffaelea*)(Diehl et al., 2022).

Abb. 926: Der Larven-Familienfraß von *Xyleborinus saxesenii* (Mus. Braunschweig).

Abb. 927: Der Larven-Familienfraß von *Xyleborinus saxesenii* (Mus. Frankfurt) in einer Elsbeere (*Sorbus torminalis*).

Abb. 928: Der Larven-Familienfraß von *Xyleborinus saxesenii* (Mus. Frankfurt) in einer Elsbeere (*Sorbus torminalis*).

Verbreitung: Europa, Zentralasien, Sibirien, Kaukasus, Iran, Kleinasien, Mongolei, Nordchina, Korea, Japan, USA, Kanada, Australien, Brasilien. In Tirol: polyphag an zahlreichen Laubhölzern und Obstbäumen (gelegentlich auch an Koniferen). In Südtirol weit verbreitet, aber nicht häufig (Hellrigl, 2012).

Rote Liste Deutschland: sehr häufig, kurz- und langfristige Bestandsentwicklung: deutliche Zunahme. Ungefährdet.

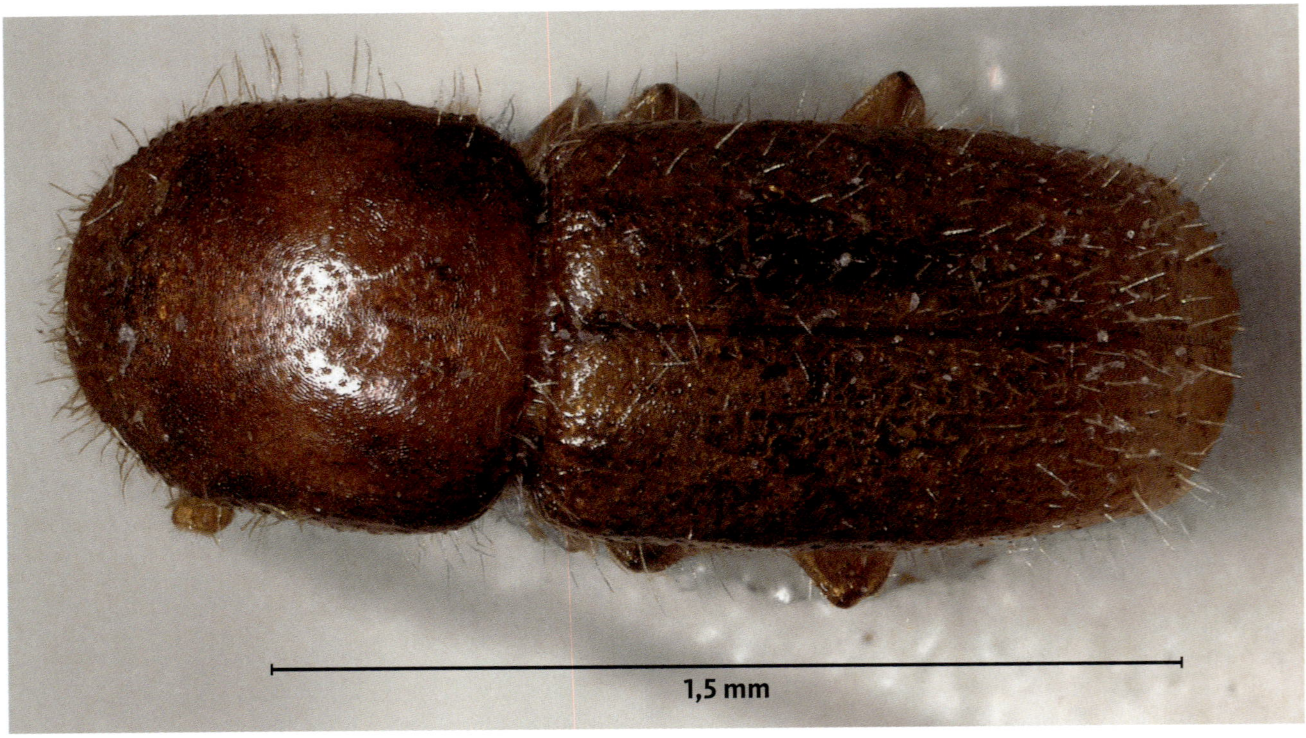

Abb. 929: Das *Xyleborinus saxesenii*-Männchen (Mus. Braunschweig) in Aufsicht. Auch Kleiner Laubholzbohrer genannt.

Abb. 930: Das *Xyleborinus saxesenii*-Männchen (Mus. Braunschweig) in Seitenansicht. Deutsche Trivialnamen: Kleiner Laubholzbohrer oder Kleiner Holzbohrer.

Abb. 931: Der Kopf des Männchens des Kleinen Laubholzbohrers (*Xyleborinus saxesenii*) in Frontalansicht (Mus. Braunschweig). Gleichmäßig verteilt sind in der chagrinierten Frons rundliche flache Vertiefungen mit je einem Haar.

Abb. 932: Der Absturz des Männchens des Kleinen Laubholzbohrers (*Xyleborinus saxesenii*) in schräger Aufsicht (Mus. Braunschweig).

Abb. 933: Das *Xyleborinus saxesenii*-Weibchen (Mus. Frankfurt) in Aufsicht.

Abb. 934: Die Weibchen des Kleinen Laubholzbohrers (*Xyleborinus saxesenii*)(Mus. Frankfurt) in Seitenansicht.

Abb. 935: Die Flügeldecken-Behaarung des weiblichen Kleinen Laubholzbohrers (*Xyleborinus saxesenii*)(Mus. Frankfurt) von vorne. Die Haare sind in durchgehenden Reihen von vorne bis zum Absturz angeordnet. Es gibt alternierend Reihen mit langen und kurzen Haaren. Siehe auch Abb. 933.

Abb. 936: Die Unterseite des weiblichen Kleinen Laubholzbohrers (*Xyleborinus saxesenii*)(Uni Göttingen) mit den eng stehenden Vorderhüften (Coxa).

Abb. 937: Der Flügeldecken-Absturz des weiblichen Kleinen Laubholzbohrers (*Xyleborinus saxesenii*)(Mus. Frankfurt) in Aufsicht mit den stumpfen Zähnen.

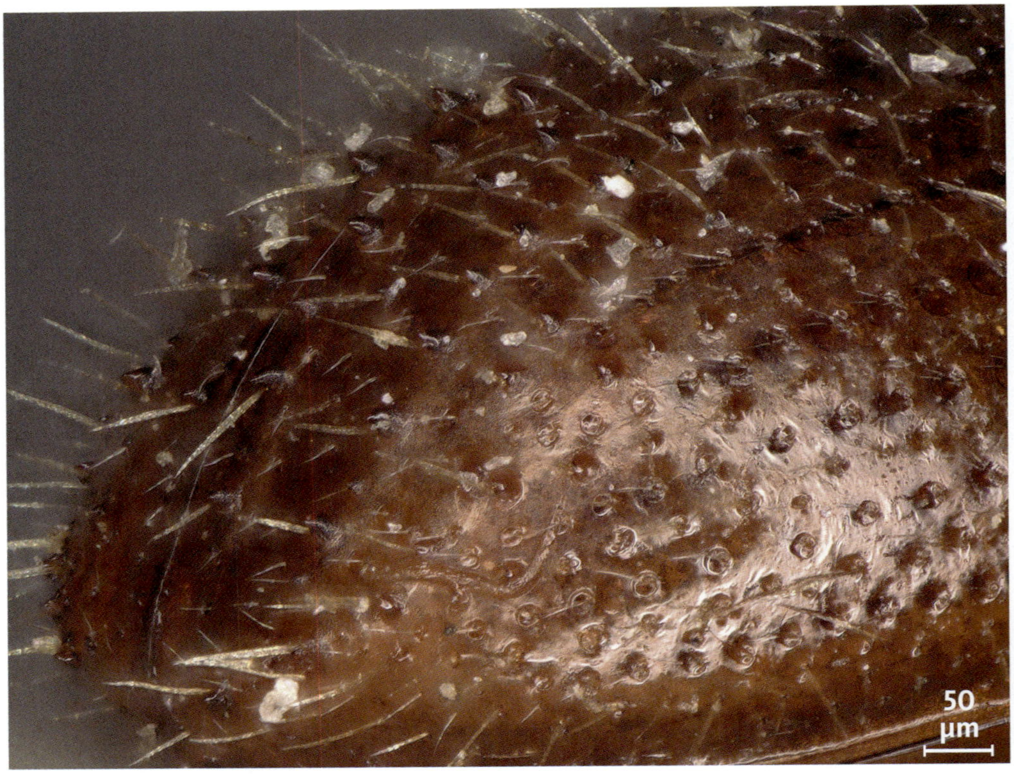

Abb. 938: In seitlicher Ansicht ist die Absturz-Behaarung des weiblichen Kleinen Laubholzbohrers (*Xyleborinus saxesenii*) (Mus. Braunschweig) gut zu erkennen.

Abb. 939: Das gattungstypische konische Schildchen (Scutellum) des weiblichen Kleinen Laubholzbohrers (*Xyleborinus saxesenii*)(Mus. Frankfurt) in Aufsicht. Es schließt nicht direkt an die Flügeldecken an und liegt unterhalb der Elytren.

Abb. 940: Beim Weibchen des Kleinen Laubholzbohrers (*Xyleborinus saxesenii*)(Mus. Braunschweig) ist auf der Stirn flächendeckend eine Mikroskulptur (Chagrinierung) vorhanden. Darin eingesenkt sind gleichmäßig verteilte, flache, kreisförmige Gruben mit je einem abstehenden Haar.

Abb. 941: Das mittlere (links) und vordere Bein (rechts) des weiblichen Kleinen Laubholzbohrers (*Xyleborinus saxesenii*)(Mus. Braunschweig) in Vorderansicht. Der Vorderfuß ist nach vorne eingeklappt (gelber Pfeil) und der Mittelfuß nach hinten (grüner Pfeil).

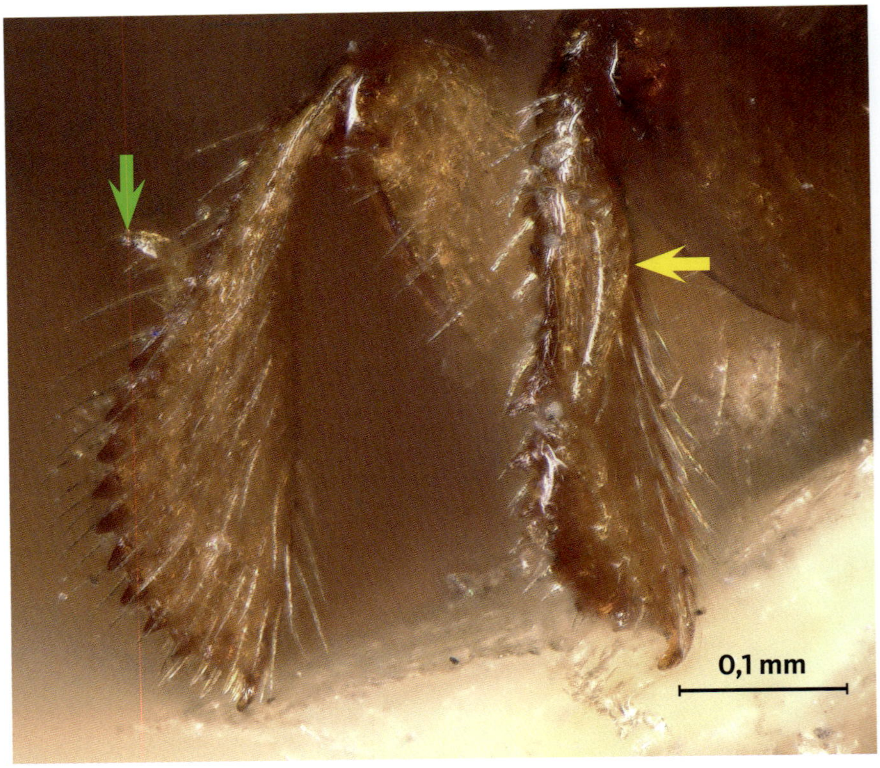

Gattung *Xyleborus* Eichhoff, 1864

Artenschlüssel der Gattung *Xyleborus* Eichhoff, 1864

Ein Männchen von *Xyleborus affinis* stand nicht zur Verfügung.

1 Körper entweder rundlich oder kurzoval oder flachwalzenförmig mit flachem Halsschild oder walzenförmig mit einer Aushöhlung oder mit zurückgebogenen Hörnchen vorn auf dem Halsschild (Männchen). **2**

→ Körper walzenförmig. Halsschild kugelig oder walzenförmig, vorn gleichmäßig abgerundet (Abb. 947), oder länglich viereckig (Abb. 959)(Weibchen). **6**

2 Halsschild flach, einzeln lang behaart. Länge 1,5 mm. Flügeldecken sehr flach gewölbt, am Absturz mit feinen Punktreihen. Halsschild fast glatt. Gelb gefärbt.

➔ *Xyleborus cryptographus* (Ratzeburg, 1837) ♂

(*Bostrichus cryptographus* Ratzeburg, 1837:160 Weibchen; *B. villosus* Ratzeburg, 1837:160 Männchen; *Tomicus dryographus* Thomson, 1865:369; *Dryocoetes cryptographus* Ferrari, 1867:28; *Xyleborus cryptographus* (Ratzeburg) Eichhoff, 1878:337)

→ Halsschild vorne mit einer Aushöhlung, hinten deutlich punktiert (Abb. 954). Körper braun, rotbraun bis schwarz. Länge 1,9–4 mm. **3**

3 Halsschild vorne ohne Hörnchen und vor der Aushöhlung abgerundet, der Vorderrand leicht aufgebogen (Abb. 955). Halsschildgrube punktiert und hinten flach gerinnt. Stirn mit Längskielchen. Rot bis rotbraun. Länge 3–4 mm.

➔ *Xyleborus eurygraphus* (Ratzeburg, 1837) ♂

(*Bostrichus eurygraphus* Ratzeburg, 1837:168; *B. impressus* Gravenshorst, 1826:56; *Tomicus eurygraphus* Perris, 1858:196)

→ Vorderrand des Halsschilds in der Mitte der Aushöhlung mit einem zurückgebogenen Hörnchen (Abb. 972). Körper braun. Länge 1,9–2,6 mm. **4**

4 Absturz abgeflacht, ohne Punktstreifen, die Naht nicht erhöht. Neben der Naht, weiter nach außen mit einzelnen, ziemlich großen Höckerchen besetzt. Diese Höckerchen bilden oft ein Viereck. Länge 2–2,5 mm.

➔ *Xyleborus monographus* (Fabricius, 1792) – Kleiner schwarzer Eichenholzbohrer ♂
(*Bostrichus monographus* Fabricius, 1792:365 ♀; *B. tuberculatus* Herbst, 1793:113; *B. monographus* Ratzeburg, 1837:167 ♂/♀; *Tomicus monographus* Thomson, 1879:170; *Xyleborus monographus* v. *corvinus* Reitter, 1913:82; *X. monographus* v. *nitidipennis* Raubal, 1937:67)

→ Absturz flach gewölbt, die dorsalen Streifen vertieft, die Zwischenräume mit kleinen dichten Körnchen. **5**

5 Die Naht und alle folgenden Zwischenräume am Absturz mit einer Reihe feiner Körnchen besetzt. Länge 1,9–2 mm.

➔ *Xyleborus dryographus* (Ratzeburg, 1837) – Gekörnter Nutzholzborkenkäfer, Gekörnter Laubholzbohrer ♂
(*Bostrichus dryographus* Ratzeburg, 1837:167; *B. angustatus* Sturm, 1826:101; *Xyleborus sampsoni* Donisthorpe, 1940:6; *X. linearis* Schedl, 1948:373; *X. donisthorpi* Schedl, 1961:51; *Tomicus flavus* Stephens, 1830:356)

→ Die Naht und der dritte Zwischenraum mit einzelnen Körnchen am Absturz besetzt. Länge 2,1–2,6 mm.

➔ *Xyleborus pfeilii* (Ratzeburg, 1837) – Kleiner Erlenholzbohrer ♂
(*Bostrichus pfeilii* Ratzeburg, 1837:168 ♀; *B. alni* Mulsant & Rey, 1856:20; *Xyleborus eurygraphus* Ferrari, 1867:20; *X. pfeili* (Ratzeburg) Reitter, 1894:90 ♂/♀; *X. vicarius* Eichhoff, 1875:203; *X. adumbratus* Blandford, 1894:115).

6 Halsschild kugelig, nicht länger als breit. Flügeldecken schmal walzenförmig, 1,8-mal so lang wie breit. Halsschildbasis mäßig dicht und mäßig stark punktiert. Absturz neben der Naht schwach flach gefurcht und mit Punktreihen besetzt. Zwischenräume mit feinen Körnchen. Körper pechbraun (Abb. 947). Länge 2,3–2,5 mm.

➔ *Xyleborus cryptographus* (Ratzeburg, 1837) ♀

→ Halsschild walzenförmig, länger als breit. Flügeldecken 1,8- bis 2-mal so lang wie breit. **7**

7 Halsschild länglich viereckig, der Vorderrand niedergebogen, gerade gestutzt, hinten stark punktiert (Abb. 959). Flügeldecken mit großen und dicht gedrängten Punkten in den Reihen. Absturz runzlig punktiert, mit Körnchen auf dem ersten und dritten Zwischenraum. Stirn mit einem erhöhten Längskiel. Pechbraun bis pechschwarz. Länge 3,5–4 mm.

➔ *Xyleborus eurygraphus* (Ratzeburg, 1837) ♀

→ Halsschild walzenförmig, vorn gleichmäßig abgerundet. **8**

8 Absturz meist matt (Abb. 965) oder erste Zwischenstreifen weiten sich nach unten aus und dadurch stehen die Höckerchen deutlich weiter auseinander **9**

→ Absturz glänzend **10**

9 Die Höckerchen entlang der Naht sind deutlich größer als die Höckerchen auf dem 3. Zwischenstreifen. Naht nicht erhöht. Die größeren Höckerchen bilden oft ein Viereck (Abb. 967). Ausnahmsweise kann der Absturz glänzend sein (*X. monographus* var. *nitidipennis* Roubal, 1937). Körper mahagonibraun. In Sardinien und Algerien manchmal auch braunschwarz (*X. monographus* var. *corvinus* Reitter, 1913). Länge 3–3,5 mm.

➔ *Xyleborus monographus* (Fabricius, 1792) – Kleiner schwarzer Eichenholzbohrer ♀

→ Alle Höckerchen sind klein und von annähernd gleicher Größe (Abb. 946).

➔ *Xyleborus affinis* Eichhoff, 1868 – Zuckerrohr-Ambrosiakäfer ♀

10 Länge 2,8–3,6 mm. Absturz flach gewölbt und die Naht etwas erhöht. Der dritte Zwischenraum und die Naht sind mit feinen Körnchen besetzt. Körper dunkelbraun.

➔ *Xyleborus pfeilii* (Ratzeburg, 1837) – Kleiner Erlenholzbohrer ♀

→ Länge 2,1–3 mm. Absturz flach gewölbt und mit feinen Körnchen auf allen Zwischenräumen (Abb. 976). Körper mahagonibraun.

➔ *Xyleborus dryographus* (Ratzeburg, 1837) – Gekörnter Nutzholzborkenkäfer, Gekörnter Laubholzbohrer ♀

Artenkapitel zur Gattung *Xyleborus* Eichhoff, 1864

Xyleborus affinis Eichhoff, 1868

Zuckerrohr-Ambrosiakäfer (engl. Sugarcane shot-hole borer)

Lebensweise: Der am weitesten verbreitete Ambrosia-Käfer der Welt. Befällt meist kränkelnde und absterbende Bäume. Kann aber auch vitale Bäume erfolgreich besiedeln. Brutgänge oft unter der Rinde. Keine Brutkammern. Mehr als eine Generation im Brutbild. Nutzt mehrere verschiedene Ambrosia-Pilzarten von Raff.
Sexual-Dimorphismus. Polygamie.

Wirtsarten: 248 verschiedene Laub- und Nadelbäume, aber auch Zuckerrohr. Auch in *Dracaena* und Lauraceen. Wirtschaftlich relevant bei Befall von Avocado-, Mango-, Cashew-Bäumen und Durian-Plantagen.

Verbreitung: Ursprünglich Zentral- und Südamerika. Verschleppt nach Afrika, Belgien, Frankreich, Österreich, Schweiz und Deutschland.

Abb. 942: Das *Xyleborus affinis*-Weibchen (Coll. Gebhardt) in Aufsicht.

Abb. 943: Das *Xyleborus affinis*-Weibchen (Coll. Gebhardt) in Seitenansicht.

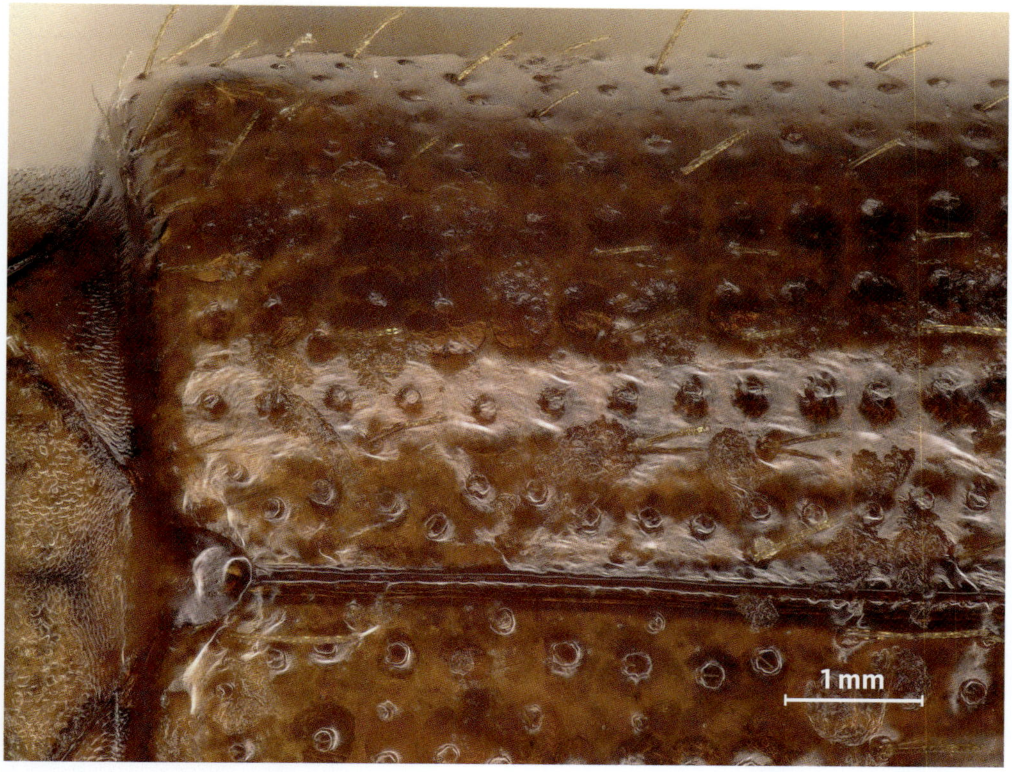

Abb. 944: Das Scutellum von *Xyleborus affinis* (Coll. Gebhardt) in Aufsicht.

Abb. 945: *Xyleborus affinis* (Coll. Gebhardt) in Frontalansicht.

Abb. 946: Der Absturz von *Xyleborus affinis* (Coll. Gebhardt) in Schrägansicht.

Xyleborus cryptographus (Ratzeburg, 1837)

Lebensweise: Legt sein Brutsystem mit dem Pilzrasen im Bast an.
Wirtsarten: *Populus tremula, P. nigra, P. alba.*

Verbreitung: Europa, Kaukasus, Westsibirien.
Rote Liste Deutschland: selten, kurz- und langfristige Bestandsentwicklung: gleichbleibend. Ungefährdet.

Abb. 947: Das *Xyleborus cryptographus*-Weibchen (Mus. Kassel) in Aufsicht.

Abb. 948: Das *Xyleborus cryptographus*-Weibchen (Mus. Kassel) in Seitenansicht.

Abb. 949: Das *Xyleborus cryptographus*-Weibchen (Mus. Kassel) in Frontalansicht.

Abb. 950: Der Flügeldecken-Absturz des *Xyleborus cryptographus*-Weibchens (Mus. Kassel) in Aufsicht.

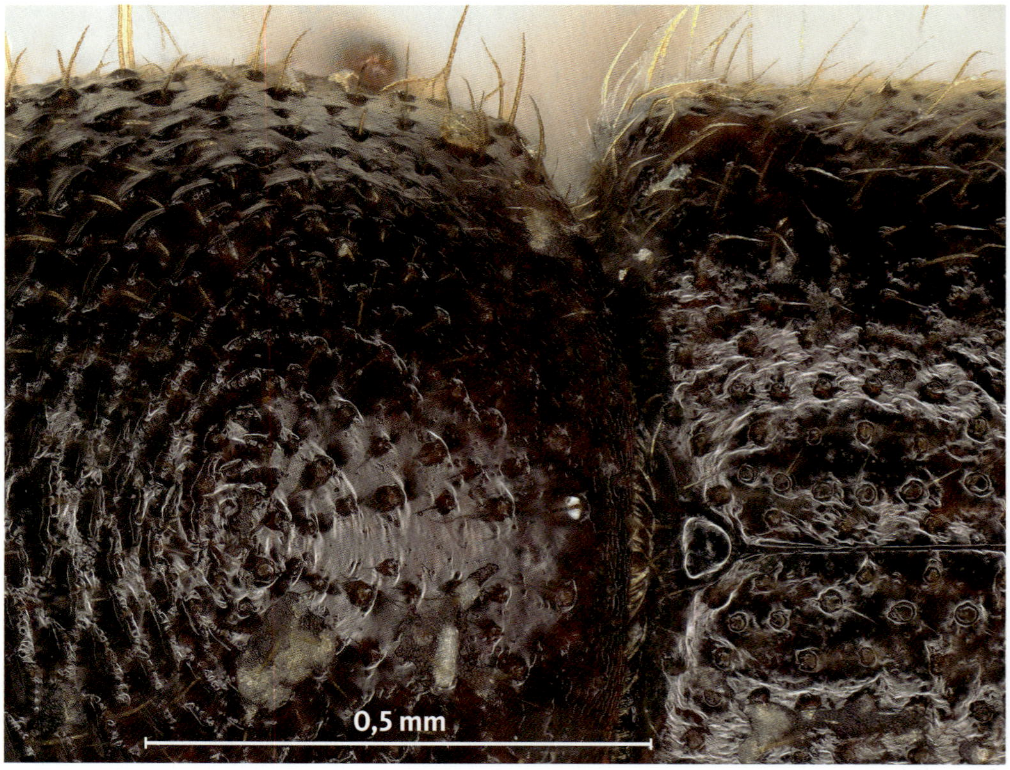

Abb. 951: Das Schildchen (Scutellum) des *Xyleborus cryptographus*-Weibchens (Mus. Kassel) in Aufsicht. Der Halsschild ist im Scheibenbereich (siehe Reflektion) ohne Chagrinierung.

Xyleborus eurygraphus (Ratzeburg, 1837)

Lebensweise: Feuchtigkeits- und wärmeabhängiger Holzbrüter, der sich in austrocknendem Starkholz von *Pinus*-Arten entwickelt (Aurenhammer et al. 2015). Brütet als einzige der in Europa vorkommenden *Xyleborus*-Arten ausschließlich in Koniferen der Gattung *Pinus* (oligophage Art). Befällt vorzugsweise alte, absterbende Bäume und frischgeschlagene Kiefernstämme in den unteren Stammteilen sowie Baumstümpfe. Weibchen nagt 1 bis 3 cm lange Eingangsröhre, meist in radialer Richtung in den Holzkörper. Von dieser ausgehend werden 2 bis 4 Brutröhren angelegt, die in ihrem weiteren Verlauf meist den Jahrringen folgen. Gesamtes Brutsystem im nährstoffreicheren Splintholz, zum Typ des Gabelganges in einer Ebene gehörend. Eier werden in unregelmäßigen Häufchen jeweils nach Fertigstellung einer Brutröhre an deren Ende abgelegt. Überwinterung der Jungkäfer im Brutbild. Bei zu rascher Austrocknung des Holzes wird das Brutsystem von den Jungkäfer-Weibchen vorzeitig verlassen. Diese überwintern im Mulm oder in der Rinde von Kiefernstöcken.

Flugzeit der Jungkäfer-Weibchen meist von Ende April bis Ende Juni. Nur eine Generation im Jahr, aufgrund der langsamen Entwicklung.

Wirtsarten: *Pinus nigra cevennensis, P. nigra laricio, P. nigra nigra, P. nigra pallasiana, P. sylvestris, P. halepensis* var. *brutia, P. halepensis, P. pinaster, P. pinea.*

Verbreitung: Südeuropa, Mitteleuropa (Frankreich, Schweiz), Krim, Kaukasus, Kleinasien, Algerien. In Tirol: In Südtirol seltenster *Xyleborus*, seit 45 Jahren keine neueren Funde. Aus Nordtirol und Osttirol bisher noch nicht nachgewiesen. Historische Funde aus der Umgebung von Klagenfurt. Frühere Fundorte: 540 m, Kiefern-Fichtenwald; 590 m, Schwarzkiefern-Rotföhren-Blockwald; 630 m, Kiefern-Fichtenwald; 860 m, Schwarzkiefern-Rotföhren-Blockwald; 900 m, Buchen(misch)wald; 900 m, Schwarzkiefern-Rotföhren-Blockwald (Aurenhammer et al. 2015).

Rote Liste Deutschland: extrem selten. Vor 1950 ausgestorben oder verschollen (0).

Abb. 952: Röhren des Brutsystems von *Xyleborus eurygraphus* (Mus. Frankfurt).

Abb. 953: Das *Xyleborus eurygraphus*-Männchen (Uni Göttingen) in Aufsicht.

Abb. 954: Das *Xyleborus eurygraphus*-Männchen (Uni Göttingen) in Seitenansicht. Der Halsschild hat vorne eine flache Aushöhlung. Der Flügeldecken-Absturz ist deutlich bezahnt.

Abb. 955: Das *Xyleborus eurygraphus*-Männchen (Uni Göttingen) in Frontalansicht.
Der Halsschild ist vorne leicht aufgebogen und trägt am vorderen Rand kein Hörnchen. Die Halsschildgrube hat haartragende rundliche Vertiefungen und ist auf ihrer Mittellinie haarlos.

Abb. 956: Kopf und Halsschild des *Xyleborus eurygraphus*-Männchens (Mus. Braunschweig) in Seitenansicht.

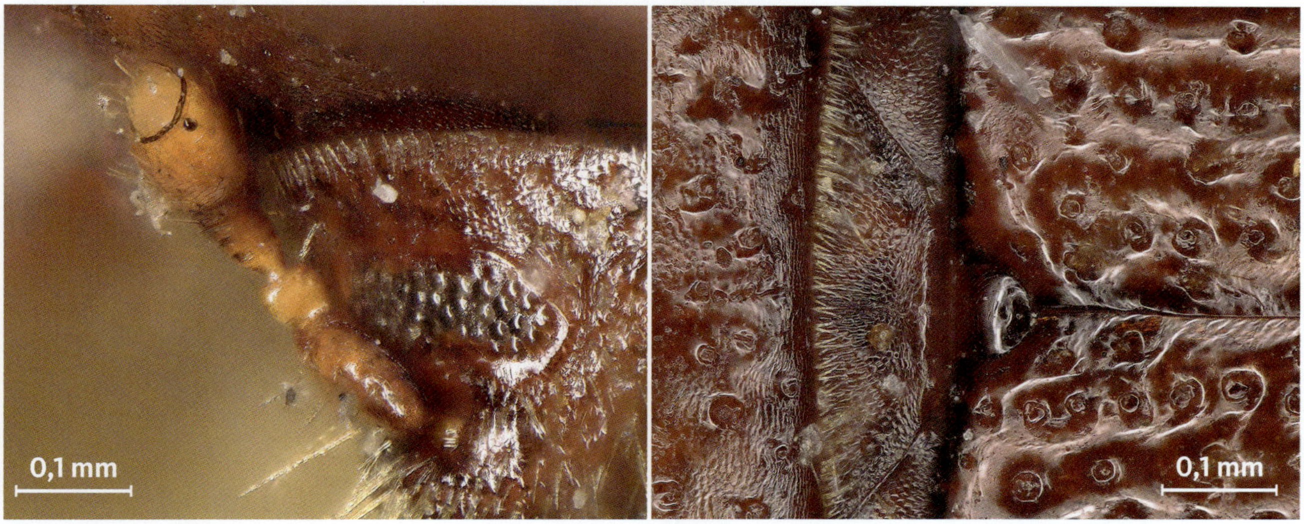

Abb. 957: Links der Fühler des *Xyleborus eurygraphus*-Männchens (Mus. Braunschweig) und rechts das Schildchen (Scutellum) (Uni Göttingen).

Abb. 958: Der Flügeldecken-Absturz des *Xyleborus eurygraphus*-Männchens (Uni Göttingen) mit Kegelzähnen.

Abb. 959: Das *Xyleborus eurygraphus*-Weibchen (Uni Göttingen) in Aufsicht.

Abb. 960: Das *Xyleborus eurygraphus*-Weibchen (Uni Göttingen) in Seitenansicht.

Abb. 961: Der Fühler (links, Mus. Braunschweig) und das Schildchen (Scutellum, Uni Göttingen) des *Xyleborus eurygraphus*-Weibchens.

Abb. 962: Das *Xyleborus eurygraphus*-Weibchen (Mus. Braunschweig) in Frontalansicht.

Abb. 963: Der Flügeldecken-Absturz des *Xyleborus eurygraphus*-Weibchens (Uni Göttingen).

Xyleborus monographus (Fabricius, 1792)

Kleiner schwarzer Eichenholzbohrer, Gehöckerter Eichenholzbohrer

Lebensweise: Befällt bevorzugt ältere, kränkelnde Bäume, besonders Eichen (oft mit Hallimasch-Befall) und brütet auch häufig in stärkeren Ästen absterbender Kronenpartien überalterter Bäume; auch unter der Rinde von Edelkastanienstöcken. Daneben werden allgemein frische Baumstümpfe und eingeschlagene Stämme, sofern sie noch genügend Holzfeuchte aufweisen, sofort und meist sehr dicht besiedelt. Brutbild, allein vom Mutterkäfer angelegt, bestehend aus Eingangsröhre und von dieser nach beiden Seiten abgehenden, einfachen oder mehrfach verzweigten Brutröhren, die in der Regel in einer quer zur Stammachse orientierten Ebene liegen. Brutsystem von „spalierbaumartiger Gestalt" (Abb. 964). Daneben können, häufiger bei der Brutanlage der 2. Generation, auch Brutröhren senkrecht nach oben oder unten vorgetrieben werden. Eiablage in kleinen Häufchen meist an den Enden der Quer- und Gabelgänge. Hier wird die Entwicklung der Eier bzw. Larven nicht gestört durch das Hinausschaffen des Bohrmehls. Die Anlage des gesamten Brutsystems hinsichtlich seiner Ausdehnung in mehr oder weniger zahlreiche Quer-, Gabel- und Sekundärgänge sowie seiner Er-

Abb. 964: „Spalierbaumartig"gestaltetes Brutbild von *Xyleborus monographus* (Mus. Frankfurt).

streckung in die Tiefe des Holzkörpers ist sehr variabel und stark von der Beschaffenheit des Holzes abhängig, so beispielsweise wenig tiefgehend beim Brüten in engringigen Wurzelstöcken, weit den Holzkörper bis in den Kern durchdringend in Stammholz mit weiten Jahrringen. Entwicklung über 3 Larvenstadien, Verpuppung in Endabschnitten der Brutröhren. Jungkäfer verbleiben bis zum Abschluss ihrer Ausfärbung im Brutsystem und ernähren sich von dem die Gangwände überziehenden Ambrosiapilz. Anzahl der Männchen unter den Jungkäfern wesentlich geringer als die der Weibchen, z. B. 1 Männchen: 8,5 Weibchen.

2 Generationen im Jahr mit Flugzeiten im März/April und Juni/Juli.

Wirtsarten: *Quercus canariensis, Q. castaneifolia* var. *incana, Q. cerris, Q. coccifera, Q. ilex, Q. lusitanica, Q. petraea, Q. pubescens, Q. robur, Q. suber, Castanea sativa, Fagus sylvatica, F. orientalis, Ulmus laevis.*

Verbreitung: Mittel- und Südeuropa, Krim, Kaukasus, Kleinasien, Algerien. Dürfte im ganzen Eichenbuschwaldgebiet vorkommen.

Rote Liste Deutschland: mäßig häufig, kurz- und langfristige Bestandsentwicklung: deutliche Zunahme. Ungefährdet.

Abb. 965: Das *Xyleborus monographus*-Weibchen (Uni Göttingen) in Aufsicht. Der Flügeldecken-Absturz hat nicht auf allen Zwischenräumen Körnchen oder kleine Kegelzähnchen. Der Absturz ist matt, glatt und ohne vertiefte Furchen.

Abb. 966: Das *Xyleborus monographus*-Weibchen (Uni Göttingen) in Seitenansicht.

Abb. 967: Der Flügeldecken-Absturz des *Xyleborus monographus*-Weibchens (Mus. Braunschweig). Die kleinen Kegelzähnchen bilden ein Viereck.

Abb. 968: Vorderbein, Vorderansicht. *Xyleborus monographus*-Weibchen (Mus. Braunschweig).

Xyleborus dryographus (Ratzeburg, 1837)

Gekörnter Nutzholzborkenkäfer, Gekörnter Laubholzbohrer

Lebensweise: Häufig in Eichenholz, manchmal zusammen mit *X. monographus*; vereinzelt in Edelkastanien-Stöcken (Hellrigl 2012). Ausgetrocknetes und behandeltes Holz wird nicht besiedelt. Technische Schäden in Holz, die aber nur von Bedeutung sind, wenn das Holz lange Zeit unbearbeitet gelagert wird. Eingangsröhre mit verzweigten bzw. platzförmigen Brutröhren ins Holz. Flugzeit: April und Juni. 2 Generationen pro Jahr.

Wirtsarten: *Quercus castaneifolia* var. *incana, Q. cerris, Q. ilex, Q. petraea, Q. pubescens, Q. ·robur, Q. suber* und *Castanea sativa* sowie in Buchen, Ahornen, Ulmen und Linden.

Verbreitung: Mittel- und Südeuropa, Krim, Kaukasus, Iran.

Rote Liste Deutschland: mäßig häufig, kurz- und langfristige Bestandsentwicklung: deutliche Zunahme. Ungefährdet.

Abb. 969: Das Männchen von *Xyleborus dryographus* (Mus. Braunschweig) in Aufsicht.

Abb. 970: Das Männchen von *Xyleborus dryographus* (Mus. Braunschweig) in Seitenansicht.

Abb. 971: Der Halsschild (Pronotum) des *Xyleborus dryographus*-Männchens (Mus. Braunschweig) in Aufsicht.

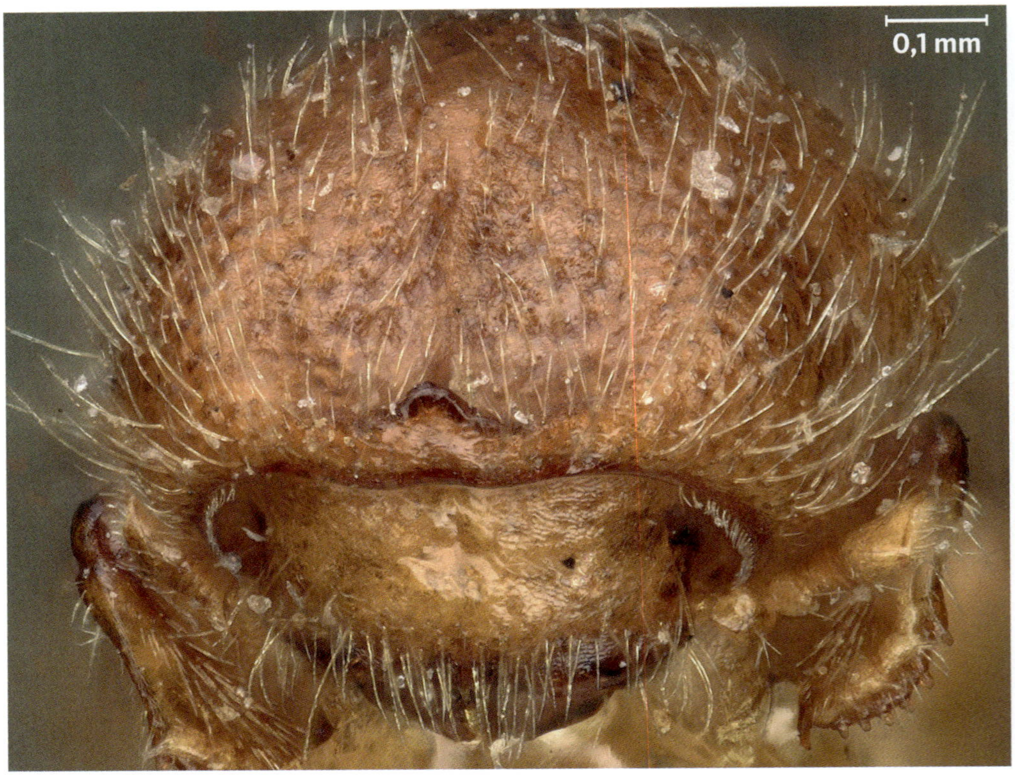

Abb. 972: Der Kopf (Caput) und das Halsschild (Pronotum) des *Xyleborus dryographus*-Männchens (Mus. Braunschweig) in Frontalansicht.

Abb. 973: Das Weibchen von *Xyleborus dryographus* (Mus. Kassel) in Aufsicht.

Abb. 974: Das Weibchen von *Xyleborus dryographus* (Mus. Kassel) in Seitenansicht.

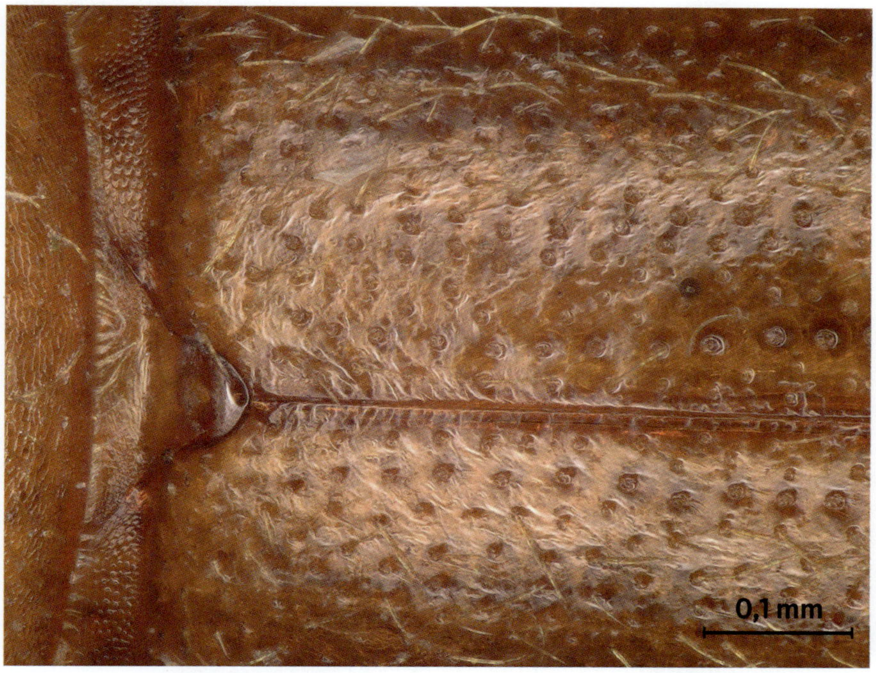

Abb. 975: Das Schildchen (Scutellum) des *Xyleborus dryographus*-Weibchens (Mus. Kassel) in Aufsicht.

Abb. 976: Der Flügeldecken-Absturz des *Xyleborus dryographus*-Weibchens (Uni Göttingen) trägt auf allen Zwischenreihen kleine Kegelchen oder Körnchen.

Xyleborus pfeilii (Ratzeburg, 1837)

Kleiner Erlenholzbohrer

Lebensweise: Brutbild in Form von Gabelgängen in einer Ebene, ähnlich dem des *Xyleborus monographus*. Brutröhren dringen meist nicht sehr tief in den Holzkörper ein. Befällt bevorzugt die Stammbasis von Erlen, die nahe dem Wasser oder auch im Wasser stehen, wobei das Brutsystem zuweilen bis unter die Wasserlinie reichen kann.
Wirtsart: *Alnus glutinosa*. Seltener an Pappeln (*Populus*-Arten).

Verbreitung: Frankreich, Westdeutschland, Niederösterreich, Steiermark, Böhmen, Kärnten, Mähren, Slowakei, Polen, Ukraine, Krim, Kaukasus, Ungarn, Kroatien, Slowenien, Bulgarien. In Nordtirol in frisch gestürzten Erlenstämmen (Hellrigl 2012).
Rote Liste Deutschland: extrem selten, kurzfristiger Bestandstrend: gleichbleibend, langfristige Bestandsentwicklung: mäßiger Rückgang. Stark gefährdet (2).
Vermutlich durch Wiederausbreitung des Bibers (*Castor fiber*) gefördert, besiedelt ins Wasser gefallene Bäume.

Abb. 977: Das Brutbild des Kleinen Erlenholzbohrers (*Xyleborus pfeilii*)(Mus. Frankfurt) in Schwarz-Erle (*Alnus glutinosa*).

Abb. 978: Das Weibchen von *Xyleborus pfeilii* (Uni Göttingen) in Aufsicht. Auf dem ersten und dritten Zwischenraum, im Flügeldecken-Absturz, stehen die kleinen Kegelchen.

Abb. 979: Das Weibchen von *Xyleborus pfeilii* (Uni Göttingen) in Seitenansicht.

Abb. 980: Der Flügeldecken-Absturz des *Xyleborus pfeilii*-Weibchens (Uni Göttingen) hat keine kleinen Kegelchen oder Körnchen in der zweiten Zwischenreihe.

Gattung *Xylosandrus* Reitter, 1913

Leben als polyphage Holzbrüter vorwiegend an Laubbäumen. Weltweit sind 54 Arten beschrieben (Stephen & Bright 1992). Besonders in tropischen und subtropischen Gebieten verbreitet. Die Paarung findet meist zwischen Geschwistern und vor dem Ausflug der Weibchen statt. Falls unbefruchtete Weibchen ausfliegen, können sie immer noch unbefruchtete Eier legen. Aus diesen schlüpfen haploide Männchen. So kann sich das Weibchen mit einem Sohn erfolgreich paaren und wiederum diploide Eier legen. Für die Neugründung einer Population reicht ein unbefruchtetes Weibchen aus. In Europa mit 3 eingeschleppten Ambrosia-Käfern vertreten. Der ursprünglich aus dem indomalayischen Raum stammende *Xylosandrus morigerus* lebt in Europa nur in Gewächshäusern als Schädling an Orchideen. Den japanischen *Xylosandrus germanus* findet man an zahlreichen Laubbaum-Arten, seltener an Nadelbäumen. Der aus Asien stammende *Xylosandrus crassiusculus* ernährt sich polyphag von vielen Laubbäumen und Sträuchern.

Kleine Arten mit deutlich ausgeprägtem Sexualdimorphismus. Unterscheiden sich von Gattung *Xyleborus* in folgenden Merkmalen:

- Vorderhüften voneinander durch eine querliegende Platte getrennt.
- 1. Fühlergeißel-Glied von nahezu gleicher Breite wie das 5. Glied.
- Seitenrand des Flügeldecken-Absturzes mit scharfer Kante.

♀: Bis 2,5 mm. Körper gedrungen walzenförmig, glänzend, einfarbig, spärlich behaart. Stirn gewölbt, Augen nierenförmig, Fühlergeißel 5-gliedrig, Keule in der basalen Hälfte verdickt, stark chitinisiert, distal schief abgeschrägt, dicht kurz behaart, mit einwärts gebogenen Haarreihen. Halsschild halbkugelig, der höchste Punkt mehr oder weniger in der Mitte, vorne geschuppt-gehöckert, hinten einfach punktiert, Vorderrand. mit Schuppenhöckern. Schildchen groß und glatt. Flügeldecken gedrungen zylindrisch, Seiten parallel, Absturz steil ab gewölbt, Scheibe in Reihen punktiert, Zwischenraumpunkte feiner, lockerer gestellt und kurze abstehende Haare tragend, Absturzpunktierung kräftiger oder dichter, Behaarung auffallender. Vorderhüften weit getrennt, Vorderschienen mit der Außenkante leicht asymmetrisch gebogen, im distalen Teil fein gezähnt, Fußglieder 1- bis 3-zylindrisch.

♂: Kürzer als 2 mm, meist deutlich kleiner als Weibchen. Flugunfähig. meist nicht ausgefärbt, gelb bis gelbbraun, Körperbau flacher als bei den ♀♀, Stirn eng und rüsselförmig, Halsschild ohne deutlichen Buckel, vorne manchmal etwas schnauzenförmig vorgezogen, Schuppenhöcker ± reduziert, Flügeldecken mehr eiförmig im Umriss, ohne deutlichen Absturz, der Länge nach gleichförmig gewölbt, Punktierung weniger regelmäßig und die Behaarung länger. Geschlechtsverhältnis sehr stark zugunsten der ♀♀ verschoben, die ♂♂ nehmen an dem Brutgeschäft nicht teil.

Artenschlüssel der Gattung *Xylosandrus* Reitter, 1913

1 Körper entweder rundlich oder kurzoval oder flachwalzenförmig mit flachem Halsschild oder mit zurückgebogenen Hörnchen vorn auf dem Halsschild. Halsschild flach, einzeln lang behaart. Länge: 0,9–1,8 mm (Männchen; von *Xylosandrus crassiusculus* und *morigerus* lagen mir keine Männchen vor). **2**

→ Körper walzenförmig. Halsschild kugelig oder walzenförmig, vorn gleichmäßig abgerundet oder länglich viereckig. Länge 1,4–2,3 mm (Weibchen). **3**

2 Halsschild mäßig, einfach gewölbt, vorn mit einzelnen flachen Höckerchen besetzt, hinten glänzend, ohne Punktierung. Flügeldecken lackglänzend (Abb. 999). Flügeldecken 1,5-mal so lang wie breit. Punktstreifen fein punktiert. Gelbbraun bis dunkelbraun. Länge: 1–1,8 mm. Meist in Laub- (auch in Weingärten), selten in Nadelbäumen.

→ *Xylosandrus germanus* (Blandford, 1894) – Japanischer Nutzholzborkenkäfer, Schwarzer Nutzholzbohrer, Black stem borer ♂

(*Xyleborus germanus* Blandford, 1894:106♀; *X. orbatus* Blandford, 1894; *X. germanus* Eggers, 1926:146; *Xylosandrus germanus* Hoffmann, 1941:38)

→ Halsschild sehr flach gewölbt, Schuppenhöcker weitgehend reduziert, Flügeldecken seidenglänzend. Punktierung ± ungeordnet und kräftig, Hinterrand einfach. Länge: 0,9–1,2 mm. Österreich: in Gewächshäusern an Orchideen.

→ *Xylosandrus morigerus* Blandford, 1894 ♂

3 Länge unter 2 mm. Körper gedrungen, 1,8- bis 2-mal so lang wie breit, Halsschild (Pronotum) breiter als lang,

Flügeldecken in kaum vertieften Reihen fein punktiert, Zwischenraumpunkte feiner, lockerer gestellt und mit kurzen abstehenden Härchen besetzt, Absturz vor der Mitte der Flügeldecken beginnend, auf dem letzten Drittel plötzlich und sehr steil abfallend (Abb. 989). Länge: 1,4–1,7 mm. In Österreich in Gewächshäusern.

→ *Xylosandrus morigerus* Blandford, 1894 ♀

→ Länge mindestens 2 mm. **4**

3 Auf dem glänzenden Absturz sind keine Körnchen. Körperfarbe: schwarzbraun. Halsschild kugelig, nicht länger als breit, glänzend, dicht fein punktiert. Flügeldecken breit walzenförmig, 1,3- bis 1,4-mal so lang wie breit. Flügeldecken mit schwach geprägten Punktstreifen. Körper schmaler als *A. dispar*. Länge: 2–2,3 mm. Weibchen: Körper mäßig schlank, 2,1- bis 2,3-mal so lang wie breit, Absturz in der Mitte der Flügeldecken beginnend und schräg gewölbt, Flügeldecken-Scheibe fein gestreift punktiert, Haare der locker gestellten Zwischenraumpunkte meist abgerieben, auf dem Absturz die Punktstreifen kräftiger, die Zwischenraumpunkte gedrängter. Teilweise stehen die abstehenden Haare in Nahtnähe etwas erhöht.

→ *Xylosandrus germanus* (Blandford, 1894) – Japanischer Nutzholzborkenkäfer, Schwarzer Nutzholzbohrer ♀

→ Auf dem matten Absturz sind viele Körnchen (Abb. 983). Die Körperfärbung ist dunkelbraun-rötlich (Abb. 981). Körper schlank, 2,3-mal so lang wie breit. Länge: 2,1–3 mm.

→ *Xylosandrus crassiusculus* (Motschulsky, 1866) – Asiatischer Nutzholzborkenkäfer ♀, (engl. Asian ambrosia beetle)

(*Xyleborus crassiusculus* Motschulsky, 1866; *Trypodendron crassiusculus* Motschulsky, 1866; *Phloeotrogus crassiusculus* Motschulsky 1866; *Xyleborus semiopacus* Eichhoff 1878; *Xyleborus semigranosus* Blandford 1896; *Dryocoetes bengalensis* Stebbing 1908; *Xyleborus mascarenus* Hagedorn 1908; *Xyleborus ebriosus* Niisima 1909; *Xyleborus okoumeensis* Schedl 1935; *Xyleborus declivigranulatus* Schedl 1936)

Artenkapitel zur Gattung *Xylosandrus* Reitter, 1913

Xylosandrus crassiusculus (Motschulsky, 1866)

Asiatischer Nutzholzborkenkäfer (engl. Asian ambrosia beetle, Granulate ambrosia beetle)

Lebensweise: *X. crassiusculus* ist haplodiploid. Die Männchen entstehen aus unbefruchteten Eiern. Das Geschlechterverhältnis beträgt 1:10 (Männchen:Weibchen). Die Männchen sind flugunfähig und die befruchteten Weibchen verlassen das Brutsystem und gründen neue Nestanlagen. Es werden Stämme (bevorzugt unter 7,5 cm Durchmesser), Baumstümpfe und Äste befallen. Auch vitale Pflanzen können erfolgreich attakiert werden. Insbesondere Jungpflanzen in Baumschulen werden häufig befallen und können sterben. Das Weibchen legt ein oder zwei Gänge an, die meist nur im Splintholz verlaufen (EPPO 2020). Sie bringen ihren Ambrosia-Pilz (*Ambrosiella roeperi*) mit in das Brutsystem und kultivieren ihn dort. Die Pilze werden in einem Mycetangium, das am Scutellum inseriert, transportiert (Harrington et al. 2014).
Wirtsarten: *X. crassiusculus* ist sehr polyphag an Laubbäumen und Sträuchern. Über 120 Wirtsarten sind beschrieben. In Thailand ist der Ambrosiakäfer häufig in Durian-Plantagen (*Durio zibethinus*). In Italien wurde er an *Ceratonia siliqua* und an *Castanea sativa* gefunden (EPPO 2020).
Verbreitung: Invasive Art ursprünglich aus Asien stammend. Dort auch in hohen Lagen (Himalaya) vorkommend. Vor langer Zeit nach Afrika verbracht. In Nordamerika um 1970 und in Südamerika um 1990 eingeschleppt. In Ohio (USA) konnten 2019 in Flugfallen 450-mal so viele *X. crassiusculus* als der häufigste heimische Borkenkäfer *Xyleborinus politus* nachgewiesen werden (Baniszewski et al. 2023). In Italien 2003, in Frankreich 2014, in Spanien 2016, in Slowenien und Holland 2017 zum ersten Mal nachgewiesen. Das hier abgebildete Material stammt aus Urmitz (nördlich von Koblenz; Rheinland-Pfalz) aus dem Jahre 2000. Der invasive Ambrosiakäfer weist ein enormes Ausbreitungspotenzial auf (EPPO 2020).

Abb. 981: Das Weibchen des Asiatischen Nutzholzborkenkäfers (*Xylosandrus crassiusculus*)(Mus. Bonn) in Seitenansicht.

Abb. 982: Der Kopf des weiblichen Asiatischen Nutzholzborkenkäfers (*Xylosandrus crassiusculus*) in Frontalansicht (Mus. Bonn).

Abb. 983: Der Flügeldecken-Absturz des Weibchens des Asiatischen Nutzholzborkenkäfers (*Xylosandrus crassiusculus*)(Mus. Bonn) in schräger Seitenansicht. Er ist scharfkantig von den Elyten abgegrenzt (Gattungsmerkmal). Zwischen den Reihen mit flachen Gruben („Punktreihen“) befinden sich die Körnchen-Reihen. Diese tragen auch längere Haare als die Grubenreihen.

Abb. 984: Das Vorderbein des weiblichen Asiatischen Nutzholzborkenkäfers (*Xylosandrus crassiusculus*)(Mus. Bonn) von hinten. Der Fuß (Tarsus) wird auf die Vorderseite der Schiene (Tibia) geklappt.

Abb. 985: Das Mittelbein des weiblichen Asiatischen Nutzholzborkenkäfers (*Xylosandrus crassiusculus*)(Mus. Bonn) von vorn. Der Fuß (Tarsus) wird auf die Hinterseite der Schiene (Tibia) geklappt.

Abb. 986: Die Fühlervorderseite des weiblichen Asiatischen Nutzholzborkenkäfers (*Xylosandrus crassiusculus*)(Mus. Bonn). Das 5. Fühlergeißelglied ist gleichbreit mit dem 1. Fühlergeißelglied (Gattungsmerkmal).

Xylosandrus morigerus Blandford, 1894

Lebensweise, Wirtsarten & Verbreitung: *Xylosandrus morigerus* ist in den tropischen Regionen des indischen Subkontinents, Südostasiens und Papua-Neuguineas beheimatet, hat sich aber in letzter Zeit in allen tropischen Regionen der Welt etabliert, darunter auch auf vielen isolierten ozeanischen Inseln (Andersen et al. 2012). In Warmhäusern an Stängeln bzw. Ranken von Orchideen, z. B. *Dendrobium phalaenopsis* (var. *schröderianum*). Das Weibchen bohrt sich radial in die Ranken bzw. Triebe ein und nagt dann axial in beide Richtungen ± lange, unregelmäßig geformte Brutröhren. Österreich: in Gewächshäusern.

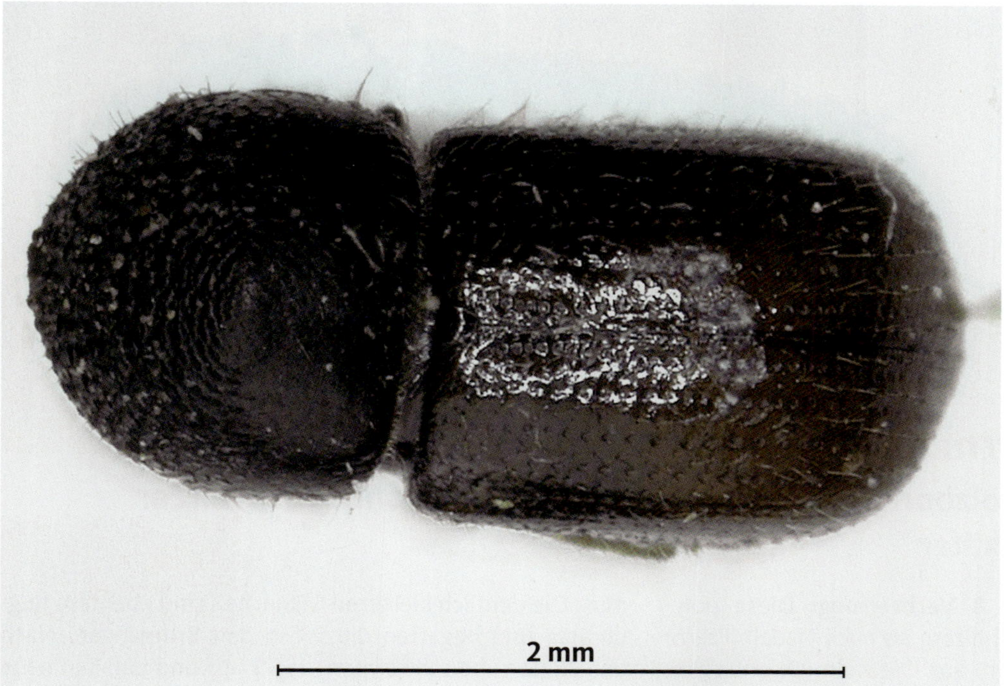

Abb. 987: Das Weibchen von *Xylosandrus morigerus* (Mus. Karlsruhe) in Aufsicht.

Abb. 988: Das Weibchen von *Xylosandrus morigerus* (Mus. Karlsruhe) in Seitenansicht.

Abb. 989: Der Flügeldecken-Absturz des *Xylosandrus morigerus*-Weibchens (Mus. Karlsruhe) in Schrägansicht. Es sind keine Körnchen vorhanden.

Xylosandrus germanus (Blandford, 1894)

Japanischer Nutzholzborkenkäfer, Schwarzer Nutzholzbohrer, Schwarzer Nutzholzambrosiakäfer

Lebensweise, Wirtsarten & Verbreitung: Diese polyphage Art (sowohl an Laubhölzern als auch Nadelhölzern) wurde zu Beginn des 20. Jh. aus Ostasien (Orientregion und östliche Paläarktis, vermutlich Japan) mit Eichenrundholz-Importen nach USA und Europa (Deutschland, Frankreich, Italien, Portugal, Belgien, Westschweiz) eingeschleppt. In Deutschland seit 1952 nachgewiesen, seither von der Umgebung von Darmstadt in südlicher Richtung über das Neckarbergland, den Rhein aufwärts bis zum Oberrhein zwischen Konstanz und den südl. Westhängen des Schwarzwaldes vorgedrungen. Im Aussehen ähnlich dem etwas größeren *Anisandrus dispar* und wie dieser mit ausgeprägtem Sexualdimorphismus. Die deutlich kleineren Männchen sind ebenfalls flugunfähig und begatten die ♀♀ in den Brutgängen. Nach der Winterruhe schwärmen die ♀♀ aus und befallen neue

Abb. 990: Die Einbohrlöcher vom Japanischen Nutzholzborkenkäfer (*Xylosandrus germanus*)(Uni Göttingen) in Birke (*Betula*).

Wirtspflanzen. Wie bei *Xyleborus dispar* legen die Weibchen in den Gangsystemen die Ambrosia-Pilzrasen an, dessen Myzel den Larven und dem Weibchen ausschließlich als Nahrung dient. Im Sommer verpuppen sich die Larven und entwickeln sich bis zum Herbst zu Jungkäfern, die in den Bohrgängen überwintern (www7).

In frisch geschlagenem Holz, Stöcken und gelegentlich absterbenden stehenden Bäumen. Bodennah bis in 2 m Höhe am Stamm. Flugzeit: Mai, Juni/Juli (Spätschwärmer). Sekundärschädling, führt durch Verbläuung zu Wertminderung von eingeschlagenem Nadelholz.

Wirtsarten: In Laub- und Nadelhölzern sowie in Reben. In Westeuropa meist in *Fagus sylvatica* und Eichen *(Quercus pedunculata, Q. rubra, Q. sessiliflora)*, aber auch an *Acer platanoides*, A. *pseudoplatanus, Alnus glutinosa, Betula verrucosa, Carpinus betulus, Juglans regia, Prunus cerasus, Robinia pseudoacacia, Ulmus effusa, Picea abies, Pinus densiflora, P. pentaphylla*, in Stöcken von *Abies pectinata, Picea excelsa* und *Pinus strobus*. Vorwiegend Brutsystem vom Typ der Familienplatzgänge, vergleichbar mit *Xyleborus saxeseni*. Bisher aus Südtirol nicht bekannt. In Italien an Nussbäumen (*Juglans regia*) und in Weingärten.

Rote Liste Deutschland: etablierte gebietsfremde Art (Neobiota). Nicht bewertet.

Abb. 991: Die Gänge des Brutsystems des Japanischen Nutzholzborkenkäfers (*Xylosandrus germanus*)(Uni Göttingen) in Eiche (*Quercus*).

Abb. 992: Die Gänge des Brutsystems des Japanischen Nutzholzborkenkäfers (*Xylosandrus germanus*)(Uni Göttingen) in Birke (*Betula*).

Abb. 993: Das Weibchen des Japanischen Nutzholzborkenkäfers (*Xylosandrus germanus*)(Mus. Frankfurt) in Aufsicht.

Abb. 994: Das Weibchen des Japanischen Nutzholzborkenkäfers (*Xylosandrus germanus*)(Mus. Frankfurt) in Seitenansicht.

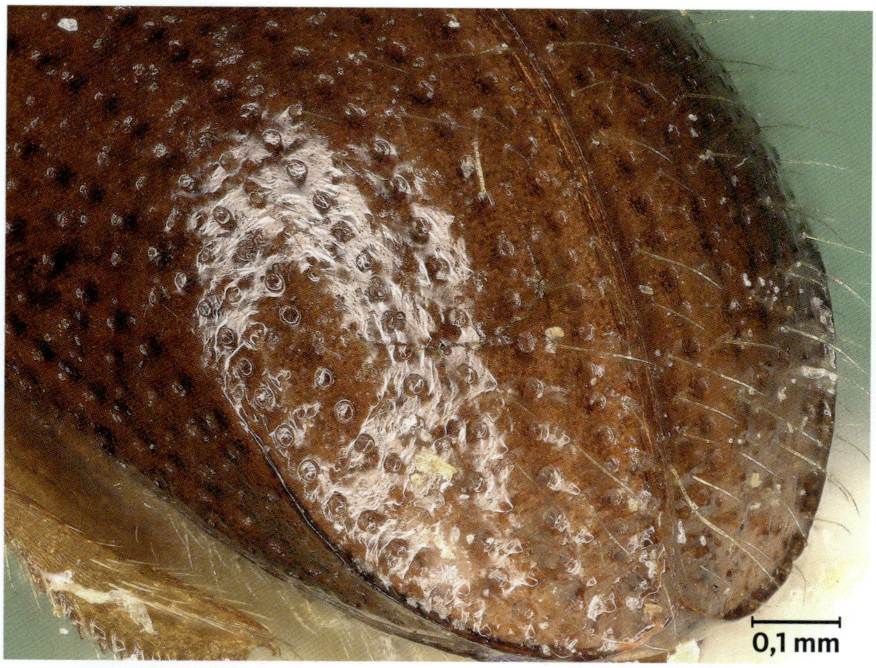

Abb. 995: Der Flügeldecken-Absturz des *Xylosandrus germanus*-Weibchens (Uni Göttingen) in Schrägansicht. Es sind keine Körnchen vorhanden.

Abb. 996: Das Hinterbein des weiblichen Japanischen Nutzholzborkenkäfers (*Xylosandrus germanus*)(Mus. Bonn) in Seitenansicht. Der Fuß (Tarsus) wird wie beim Mittelbein auf die Hinterseite der Schiene (Tibia) geklappt.

Abb. 997: Die Fühlerrückseite des weiblichen Japanischen Nutzholzborkenkäfers (*Xylosandrus germanus*)(Mus. Kassel).

Abb. 998: Die Körperunterseite des weiblichen Japanischen Nutzholzborkenkäfers (*Xylosandrus germanus*)(Mus. Frankfurt). Die Flügeldecken (Elytren) umfassen den Hinterleib.

Abb. 999: Das Männchen des Japanischen Nutzholzborkenkäfers (*Xylosandrus germanus*)(Mus. Frankfurt) in Aufsicht.

Abb. 1000: Das Männchen des Japanischen Nutzholzborkenkäfers (*Xylosandrus germanus*) (Mus. Frankfurt) in Seitenansicht.

Abb. 1001: Die Körperunterseite des männlichen Japanischen Nutzholzborkenkäfers (*Xylosandrus germanus*)(Mus. Frankfurt).

Abb. 1002: Der Flügeldecken-Absturz ist beim Männchen des Japanischen Nutzholzborkenkäfers (*Xylosandrus germanus*)(Mus. Frankfurt) ohne Körnchen.

Gattung *Cyclorhipidion* Hagedorn, 1912

Artenschlüssel der Gattung *Cyclorhipidion* Hagedorn, 1912

Weibchen-Bestimmungsschlüssel zu den in Mitteleuropa bekannt gewordenen Arten der Gattung *Cyclorhipidion*.

1 Auf dem ersten Zwischenstreifen verlaufen zwei Haarreihen und auf dem zweiten Zwischenstreifen eine Haarreihe (Abb. 1018). 2. Zwischenraum am Flügeldeckenabsturz nicht vertieft (Abb. 1019). Flügeldecken-Absturz matt, die Reihenpunkte mit eigentümlicher warziger Struktur, außer auf dem 2. Zwischenraum, mit Reihen von feinen, etwa gleichgroßen Körnchen besetzt sowie mit zahlreichen gelblichgrauen Haaren, die zu Reihen verdichtet sind. Körperlänge: 1,6–2,5 mm. Halsschild deutlich länger als breit, ca. 1,25-mal.

➔ *Cyclorhipidion bodoanum* (Reitter, 1913)

(*Xyleborus bodoanus* Reitter, 1913:82. *Cyclorhipidion bodoanum* (Reitter): Bussler and Immler, 2007:5; *Xyleborus peregrinus* Eggers, 1944; *Xyleborus punctulatus* Kurentzov, 1948:52. Synonymie: Knížek, 2011:245. *Xyleborus californicus* Wood, 1975b:399. Synonymie: Knížek, 2011:245. *Xyleborus misatoensis* Nobuchi, 1981a:146)

→ 2. Zwischenraum am Flügeldeckenabsturz vertieft, erkennbar im Vergleich zum 1. Zwischenraum. Flügeldecken-Absturz glänzend. **2**

2 Der erste Zwischenstreifen im Absturz trägt im oberen Bereich Höcker und drei unregelmäßige Haarreihen. Der zweite Zwischenstreifen ist ohne Höcker und mit einer Haarreihe. Der dritte Zwischenstreifen trägt viele Höcker. Körperlänge: 3–3,5 mm, Halsschild und Flügeldecken einheitlich dunkelbraun gefärbt (Abb. 1008). Halsschild relativ kürzer, nur 1,1-mal so lang wie breit. Der 2. Zwischenraum der Flügeldecken am Absturz deutlich vertieft (Abb. 1010). Die Punkte der Streifen auf dem Flügeldeckenabsturz deutlicher und größer als die der Zwischenräume, deutlich gereiht (Abb. 1011). Punktur am Absturz ähnlich wie oben bei *C. bodoanum* beschrieben.

➔ *Cyclorhipidion pelliculosum* (Eichhoff, 1878)

(*Xyleborus pelliculosus* Eichhoff, 1878:392. *Xyleborus seiryorensis* Murayama, 1930:25. *Xyleborus quercus* Kurenzov, 1948:51. *Xyleborus starki* Nunberg, 1956:209)

→ Der erste Zwischenstreifen trägt ebenfalls drei unregelmäßige Haarreihen, der zweite Zwischenstreifen trägt aber zwei Haarreihen (Abb. 1006). Der Absturz ist deutlich dichter behaart als bei *C. pelliculosum* (Abb. 1003). Käfer: 2,45–3,1 mm lang. Der 2. Zwischenraum der Flügeldecken am Absturz leicht vertieft; Punkte der Streifen und der Zwischenräume auf dem Flügeldeckenabsturz gleich groß, etwas ungeordnet (Abb. 1007).

→ *Cyclorhipidion distinguendum* (Eggers, 1930)

(*Xyleborus distinguendus* Eggers, 1930:205. *Cyclorhipidion distinguendum* (Eggers): Maiti and Saha, 2004: 105. *Xyleborus fukiensis* Eggers, 1941:225. = *Xyleborus ganshoensis* Murayama, 1952:16)

Artenkapitel zur Gattung *Cyclorhipidion* Hagedorn, 1912

Cyclorhipidion distinguendum (Eggers, 1930)

Wirtspflanzen: *Castanea* sp., *Quercus* sp. *Castanopsis* sp., *Lithocarpus* sp. und weitere Baumarten der Fagaceae, Dipterocarpaceae und Pinaceae (Sanchez et al., 2023).

Verbreitung: China (Fujian), Taiwan, Japan, Nepal, Indien (Uttar Pradesh), Thailand (Chiang Mai). Zuerst in Frankreich 2013 entdeckt und 2023 für die Schweiz beschrieben (Sanchez et al., 2023), Griechenland.

Abb. 1003: *Cyclorhipidion distinguendum* (Coll. Sanchez) in Aufsicht. Der Absturz ist deutlich dichter behaart als bei *Cyclorhipidion pelliculosum* (vergleiche Abb. 1008).

Abb. 1004: *Cyclorhipidion distinguendum* (Coll. Sanchez) in Seitenansicht. Die Elytren (Flügeldecken) sind dichter behaart als bei *Cyclorhipidion pelliculosum* (vergleiche Abb. 1009).

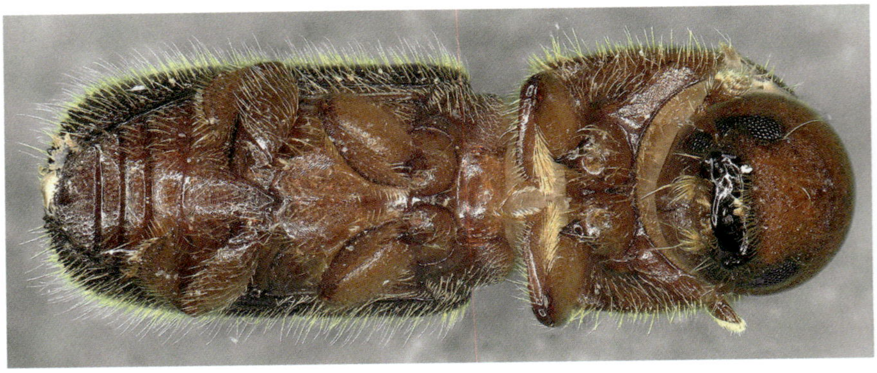

Abb. 1005: Die Unterseite von *Cyclorhipidion distinguendum* (Coll. Sanchez).

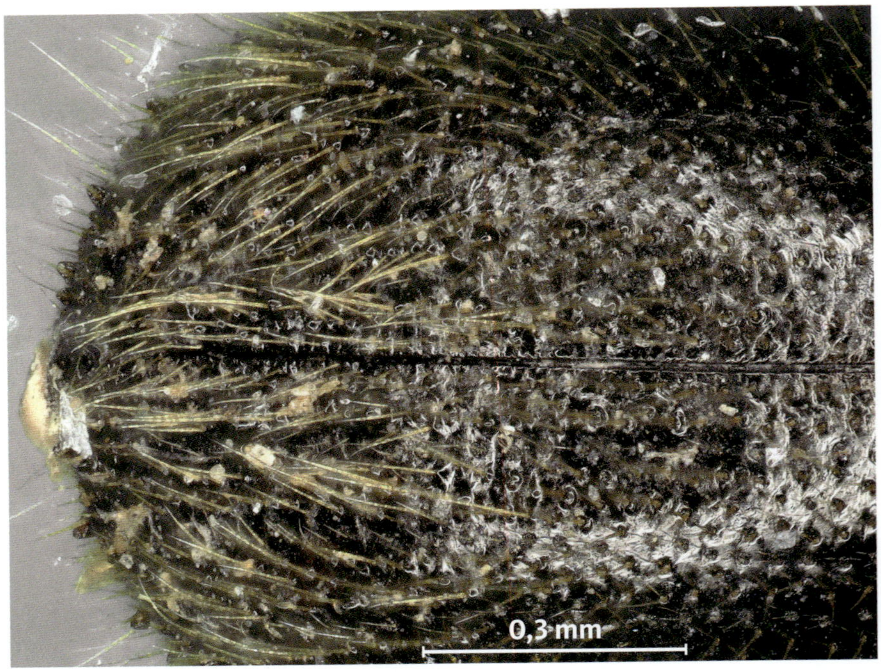

Abb. 1006: Die Haarreihen im Absturz von *Cyclorhipidion distinguendum* (Coll. Sanchez). Der erste Zwischenstreifen trägt drei unregelmäßige Haarreihen, der zweite Zwischenstreifen trägt zwei Haarreihen.

Abb. 1007: Die Punktreihen im Absturz von *Cyclorhipidion distinguendum* (Coll. Sanchez). Sie verlaufen unregelmäßiger als bei *Cyclorhipidion pelliculosum* (vergleiche Abb. 1011).

Cyclorhipidion pelliculosum (Eichhoff, 1878)

Wirtspflanzen: *Acer, Alnus, Betula, Castanea, Castanopsis, Fagus, Fraxinus, Quercus, Populus* (Wood & Bright 1992; https://zenodo.org/record/7326500).

Verbreitung: Japan, China (Fujian), Taiwan, Nepal, Indien (Uttarakhand), Süd-Korea, Nord-Korea, östliches Russland. Eingeschleppt in die USA und weit verbreitet sowie nach Kanada. In Deutschland zuerst in Karlsruhe (Oberwald), danach regelmäßig nachgewiesen; verschleppt aus Ostasien. Für die Schweiz 2023 beschrieben (Sanchez et al. 2023).

Abb. 1008: *Cyclorhipidion pelliculosum* (Coll. Gebhardt) in Aufsicht. Länge: 3,26 mm.

Abb. 1009: *Cyclorhipidion pelliculosum* (Coll. Gebhardt) in Seitenansicht.

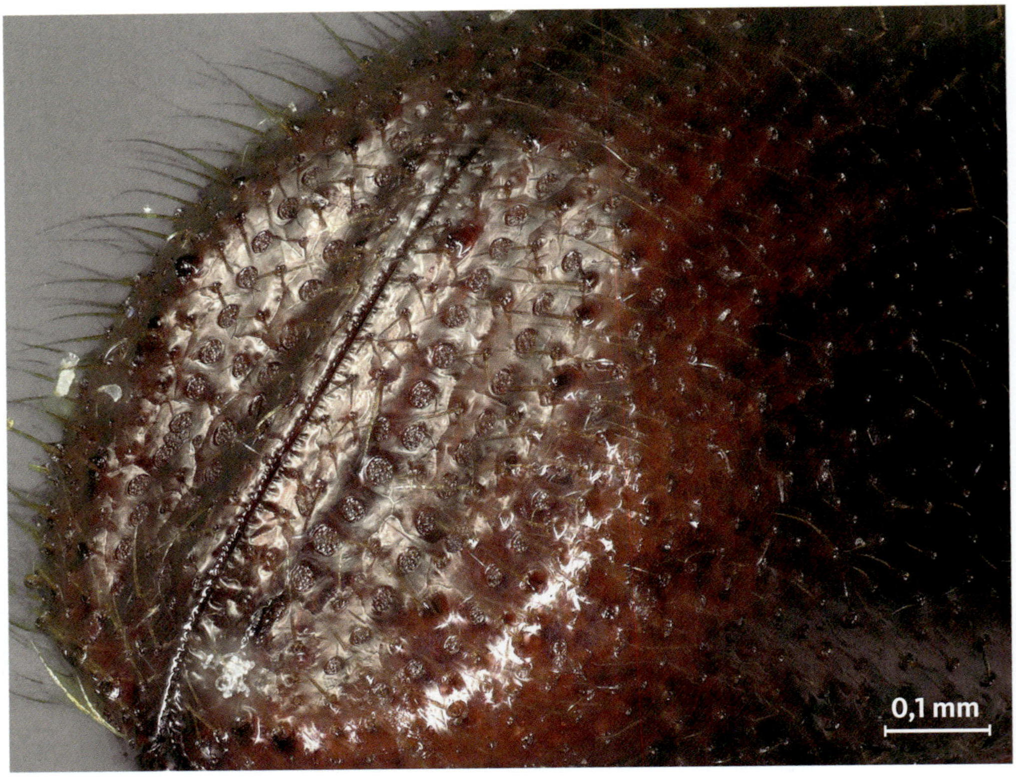

Abb. 1010: Der Flügeldecken-Absturz von *Cyclorhipidion pelliculosum* (Coll. Gebhardt) in Schrägansicht. Deutlich ist die Vertiefung des zweiten Zwischenstreifens zu sehen. Auf dem ersten Zwischenstreifen verlaufen drei Haarstreifen und auf dem zweiten Zwischenstreifen eine Haarreihe. (vergleiche *Cyclorhipidion bodoanum*, Abb. 1009)

Abb. 1011: Der Flügeldecken-Absturz von *Cyclorhipidion pelliculosum* (Coll. Gebhardt) in Aufsicht. Die Punkte der Streifen auf dem Flügeldeckenabsturz sind deutlich gereiht und größer als die der Zwischenräume.

Abb. 1012: Frontalansicht von *Cyclorhipidion pelliculosum* (Coll. Gebhardt).

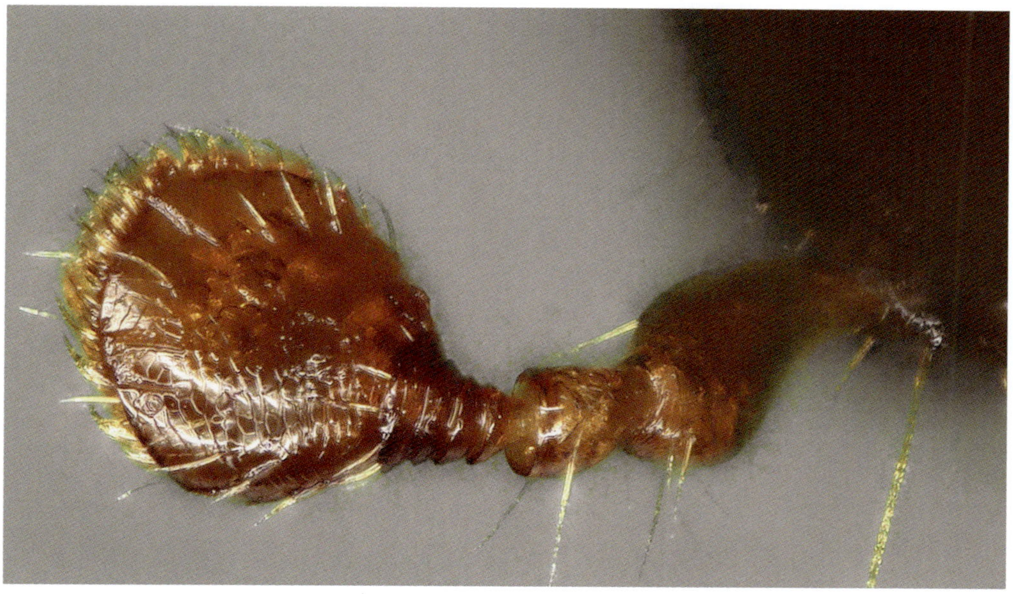

Abb. 1013: Der Fühler von *Cyclorhipidion pelliculosum* (Coll. Gebhardt) in Rückansicht.

Abb. 1014: Vorderseite des Vorderbeins von *Cyclorhipidion pelliculosum* (Coll. Gebhardt).

Abb. 1015: Vorderseite des Hinterbeins von *Cyclorhipidion pelliculosum* (Coll. Gebhardt).

Cyclorhipidion bodoanum (Reitter, 1913)

Lebensweise: Der Käfer entwickelt sich besonders in wärmegetönten Eichenwäldern, bevorzugt im Kronenraum an starken Ästen der Eichen, selten in Esskastanie. Brutbild: Die Eingangsröhre führt zu einer einzigen erweiterten Brutkammer.

Wirtspflanzen: *Quercus glauca, Q. mongolica, Q. phillyreoides* und seltener Esskastanien (*Castanea*). Nur ausnahmsweise auf Kiefern (*Pinus*) und Pappeln (*Populus*). Auch an *Castanopsis cuspidata* und *Carya*.

Verbreitung: Asien. Eingeschleppt in Europa und USA.

Rote Liste Deutschland: etablierte gebietsfremde Art (Neobiota). Nicht bewertet.

Abb. 1016: *Cyclorhipidion bodoanum* (Mus. Kassel) in Aufsicht.

Abb. 1017: *Cyclorhipidion bodoanum* (Mus. Kassel) in Seitenansicht.

Abb. 1018: Die Flügel von *Cyclorhipidion bodoanum* (Coll. Marten, Nationalpark Harz) in schräger Aufsicht.

Abb. 1019: Der Flügeldecken-Absturz von *Cyclorhipidion bodoanum* (Coll. Marten, Nationalpark Harz). Auf dem ersten Zwischentreifen verlaufen zwei Haarstreifen und auf dem zweiten Zwischenstreifen eine Haarreihe.

Abb. 1020: Der Fühler von *Cyclorhipidion bodoanum* (Coll. Marten, Nationalpark Harz).

Abb. 1021: Frontalansicht von *Cyclorhipidion bodoanum* (Coll. Marten, Nationalpark Harz).

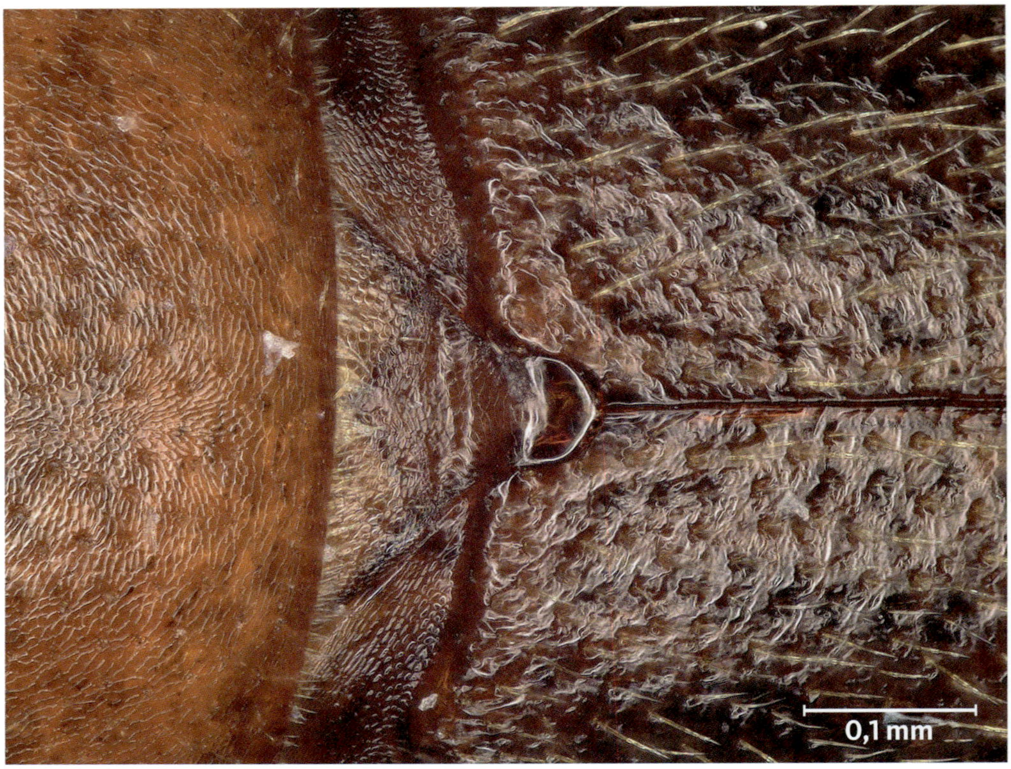

Abb. 1022: Das Schildchen (Scutellum) von *Cyclorhipidion bodoanum* (Mus. Kassel) in Aufsicht.

Abb. 1023: Das Vorderbein von *Cyclorhipidion bodoanum* (Mus. Kassel) in Vorderansicht.

6 Auswahl an Wirtspflanzen und ihre Splint-, Borken- und Kernholzkäfer

Das Kapitel bezieht sich überwiegend auf Pfeffer (1995). Ergänzt wurden die Angaben mit folgenden Werken und Internetquellen: Fiala et al. 2022; Nierhaus-Wunderwald 1995; Nierhaus-Wunderwald & Forster 2004; Balachowsky 1949; Bertheau et al. 2009; www1. Die deutschen Gehölznamen orientieren sich an Hecker et al. 2017. Es werden Wald-, Park- und Gewächshausgehölze sowie wenige krautige Pflanzen aufgelistet. Nicht alle aufgeführten Käferarten sind im Untersuchungsgebiet nachgewiesen worden.

Auf das sehr umfangreiche Datenmaterial zu den Wirtspflanzen aller Xyleborini-Arten sei hingewiesen: Scolytinae Xyleborini host plants dataset https://zenodo.org/record/7326500

Abies

Treptoplatypus oxyurus L. Dufour, 1843
Gnathotrichus materiarius (Fitch, 1858)
Hylastes angustatus (Herbst, 1793)
Hylastes cunicularius Erichson, 1836
Hylurgops glabratus (Zetterstedt, 1828) – Dunkelbrauner Fichtenbastkäfer
Hylurgops palliatus (Gyllenhal, 1813) – Gelbbrauner Fichtenbastkäfer
Hylurgus ligniperda (Fabricius, 1787)
Dendroctonus micans (Kugelann, 1794) – Riesenbastkäfer
Tomicus minor (Hartig, 1834) – Kleiner Waldgärtner
Tomicus piniperda (Linnaeus, 1758) – Großer Waldgärtner
Xylechinus pilosus (Ratzeburg, 1837) – Fichtenbastkäfer
Pityophthorus exsculptus (Ratzeburg, 1837) – Gekerbter Fichten-Borkenkäfer
Pityophthorus glabratus Eichhoff, 1878 – Glatter Borkenkäfer
Pityophthorus pityographus pityographus Ratzeburg, 1837 – Gefurchter Fichtenborkenkäfer
Cryphalus abietis (Ratzeburg, 1837)
Cryphalus piceae (Ratzeburg, 1837) – Kleiner Tannenborkenkäfer
Crypturgus cinereus (Herbst, 1794) – Kleiner Kiefernborkenkäfer
Crypturgus pusillus (Gyllenhal, 1813) – Winziger Fichtenborkenkäfer
Ips acuminatus (Gyllenhal, 1827) – Sechszähniger Kiefernborkenkäfer
Ips amitinus (Eichhoff, 1872) – Kleiner achtzähniger Fichtenborkenkäfer
Ips duplicatus (C. R. Sahlberg, 1836)
Ips typographus (Linnaeus, 1758) – Buchdrucker, Großer achtzähniger Fichtenborkenkäfer
Ips cembrae (Heer, 1836) – Großer Lärchenborkenkäfer, Achtzähniger Lärchenborkenkäfer
Ips sexdentatus (Boerner, 1766) – Zwölfzähniger Kiefernborkenkäfer, Großer zwölfzähniger Kiefernborkenkäfer
Orthotomicus proximus (Eichhoff, 1868)
Orthotomicus laricis (Fabricius, 1792) – Vielzähniger Kiefernborkenkäfer
Pityogenes quadridens (Hartig, 1834) – Vierzähniger Kiefernborkenkäfer
Pityogenes bistridentatus (Eichhoff, 1878)
Pityogenes chalcographus (Linnaeus, 1760) – Kupferstecher
Pityokteines curvidens (Germar, 1824) – Krummzähniger Tannenborkenkäfer, Krummzähniger Weißtannenborkenkäfer
Pityokteines spinidens (Reitter, 1894) – Westlicher Tannenborkenkäfer
Pityokteines vorontzowi Jakobson, 1896 – Mittlerer Tannenborkenkäfer, Vorontzowis Tannenborkenkäfer
Pityophthorus pityographus pityographus Ratzeburg, 1837 – Gefurchter Fichtenborkenkäfer
Pityophthorus cribratus Pfeffer, 1940
Xyleborinus saxesenii (Ratzeburg, 1837)
Xylosandrus germanus (Blandford, 1894) – Japanischer Nutzholzborkenkäfer
Trypodendron laeve Eggers, 1939
Trypodendron lineatum (Olivier, 1795) – Gestreifter Nutzholzborkenkäfer, Linierter Nutzholzborkenkäfer, Nadelholz-Ambrosiakäfer

Acer spec. – Ahorn-Arten

Scolytus koenigi Schevyrew, 1890
Hylesinus crenatus (Fabricius, 1787) – Großer schwarzer Eschenbastkäfer
Chaetoptelius vestitus Kanaren
Cyclorhipidion pelliculosum (Eichhoff, 1878)
Lymantor coryli (Perris, 1855) – Hasel-Borkenkäfer, Haselnuss-Borkenkäfer
Lymantor aceris aceris (Lindemann, 1875)
Anisandrus dispar (Fabricius, 1792) – Ungleicher Holzbohrer
Trypodendron domesticum (Linnaeus, 1758)
Trypodendron signatum (Fabricius, 1792)
Xyleborus dryographus (Ratzeburg, 1837)
Xyleborinus saxesenii (Ratzeburg, 1837)
Xylosandrus germanus (Blandford, 1894) – Japanischer Nutzholzborkenkäfer

Aconitum

Thamnurgus petzi Reitter, 1901 – Eisenhut-Krautborkenkäfer

Alnus spec. – Erlen-Arten
Scolytus rugulosus (P. W. Müller, 1818)
Cyclorhipidion pelliculosum (Eichhoff, 1878)
Dryocoetes alni (Georg, 1856)
Scolytus laevis Chapuis, 1869
Taphrorychus alni Pfeffer, 1940
Taphrorychus bicolor (Herbst, 1794)
Trypophloeus alni (Lindemann, 1875)
Xyleborinus attenuatus (Blandford, 1894)
Xyleborinus saxesenii (Ratzeburg, 1837)
Xyleborus pfeilii (Ratzeburg, 1837)
Xylosandrus germanus (Blandford, 1894) – Japanischer Nutzholzborkenkäfer
Trypodendron domesticum (Linnaeus, 1758)

Amelanchier ovalis Medik. – Echte Felsenbirne
Scolytus rugulosus (P. W. Müller, 1818)

Betula sp. – Birken
Scolytus pygmaeus (Fabricius, 1787) – Zwergsplintkäfer
Scolytus ratzeburgii E. W. Janson, 1856
Scolytus intricatus (Ratzeburg, 1837) – Eichen-Splintkäfer
Scolytus scolytus (Fabricius, 1775) – Großer Ulmensplintkäfer
Cyclorhipidion pelliculosum (Eichhoff, 1878)
Lymantor coryli (Perris, 1855) – Hasel-Borkenkäfer, Haselnuss-Borkenkäfer
Ernoporicus fagi (Fabricius, 1798) – Kleiner Laubholz-Borkenkäfer
Taphrorychus bicolor (Herbst, 1794) – Kleiner Buchen-Borkenkäfer
Taphrorychus villifrons (Dufour, 1843) – Kleiner Eichen-Borkenkäfer
Anisandrus dispar (Fabricius, 1792) – Ungleicher Holzbohrer
Trypodendron domesticum (Linnaeus, 1758)
Trypodendron signatum (Fabricius, 1792)
Xyleborinus attenuatus Blandford, 1894 (= *Xyleborus alni*)
Xyleborinus saxesenii (Ratzeburg, 1837)
Xylosandrus germanus (Blandford, 1894) – Japanischer Nutzholzborkenkäfer

Carpinus sp. – Hainbuchen
Scolytus intricatus (Ratzeburg, 1837) – Eichen-Splintkäfer
Scolytus pygmaeus (Fabricius, 1787) – Zwergsplintkäfer
Scolytus carpini (Ratzeburg, 1837)
Scolytus scolytus (Fabricius, 1775) – Großer Ulmensplintkäfer
Ernoporicus fagi (Fabricius, 1798)
Ernoporus tiliae (Panzer, 1793)
Hylesinus varius (Fabricius, 1775)
Lymantor coryli (Perris, 1855)
Taphrorychus bicolor (Herbst, 1794)
Taphrorychus villifrons (Dufour, 1843)
Pseudothamnurgus scrutator (Pandellé, 1883)
Anisandrus dispar (Fabricius, 1792) – Ungleicher Holzbohrer
Xyleborinus saxesenii (Ratzeburg, 1837) – Kleiner Holzbohrer
Trypodendron domesticum (Linnaeus, 1758)

Castanea sativa Mill. – Europäische Esskastanie, Gewöhnliche Esskastanie
Platypus cylindrus (F., 1792)
Scolytus intricatus (Ratzeburg, 1837)
Dryocoetes villosus villosus (Fabricius, 1792)
Liparthrum mandibulare Wollaston, 1854
Taphrorychus villifrons (Dufour, 1843)
Anisandrus dispar (Fabricius, 1792)
Xyleborus dryographus (Ratzeburg, 1837)
Xyleborus monographus (Fabricius, 1792)
Xyleborinus saxesenii (Ratzeburg, 1837)
Xylosandrus crassiusculus (Motschulsky, 1866)
Trypodendron signatum (Fabricius, 1792)

Cedrus sp. – Zedern
Hylurgops palliatus (Gyllenhal, 1813) – Gelbbrauner Fichtenbastkäfer
Cryphalus piceae (Ratzeburg, 1837)
Crypturgus cedri Eichhoff, 1867
Hylastes batnensis Brisout, 1883
Pityokteines curvidens (Germar, 1824) – Krummzähniger Tannenborkenkäfer, Krummzähniger Weißtannenborkenkäfer
Pityokteines spinidens (Reitter, 1894)
Pityophthorus pityographus pityographus Ratzeburg, 1837 – Gefurchter Fichtenborkenkäfer
Orthotomicus erosus (Wollaston, 1857)
Orthotomicus tridentatus Eggers, 1921
Phloeosinus acatayi Schedl, 1958
Phloeosinus cedri Brisout, 1883
Xyleborinus saxesenii (Ratzeburg, 1837) – Kleiner Holzbohrer
Trypodendron lineatum (Olivier, 1795)

Chamaerops humilis L. – Zwergpalme
Coccotrypes dactyliperda (Fabricius, 1801)

Clematis vitalba L. – Gewöhnliche Waldrebe
Xylocleptes bispinus (Duftschmid, 1825)

Cornus mas L. – Kornelkirsche
Lymantor aceris aceris (Lindemann, 1875)

Corylus avellana L. – Haselnuss
Scolytus carpini (Ratzeburg, 1837)
Scolytus rugulosus (P. W. Müller, 1818) – Runzliger Obstbaumsplintkäfer

Scolytus laevis Chapuis, 1869 – Mittlerer Ulmensplintkäfer
Dryocoetes alni (Georg, 1856)
Hylesinus varius (Fabricius, 1775)
Lymantor coryli (Perris, 1855)
Taphrorychus bicolor (Herbst, 1794) – Kleiner Buchen-Borkenkäfer
Taphrorychus villifrons (Dufour, 1843) – Kleiner Eichen-Borkenkäfer
Taphrocoetes hirtellus (Eichhoff, 1878)
Pseudothamnurgus scrutator (Pandellé, 1883)
Anisandrus dispar (Fabricius, 1792) – Ungleicher Holzbohrer
Xylosandrus germanus (Blandford, 1894) – Japanischer Nutzholzborkenkäfer
Xyleborinus saxesenii (Ratzeburg, 1837)
Xyleborinus attenuatus (Blandford, 1894)

Cotoneaster multiflorus Bunge – Vielblütige Zwergmispel
Scolytus mali (Bechstein, 1805)
Scolytus rugulosus (P. W. Müller, 1818)

Crataegus spp. – Weißdorn
Scolytus mali (Bechstein, 1805)
Scolytus rugulosus (P. W. Müller, 1818)
Anisandrus dispar (Fabricius, 1792) – Ungleicher Holzbohrer

Cupressus sempervirens L. – Mittelmeer-Zypresse
Phloeosinus armatus Reitter, 1887
Phloeosinus aubei (Perris, 1855)
Phloeosinus thujae (Perris, 1855)

Cupressus sempervirens pyramidalis L. – Pyramiden-Zypresse
Phloeosinus armatus Reitter, 1887
Phloeosinus henschi Reitter, 1901
Phloeosinus aubei (Perris, 1855)
Phloeosinus thujae (Perris, 1855)

Cydonia oblonga Mill. – Echte Quitte
Scolytus rugulosus (P. W. Müller, 1818) – Runzliger Obstbaumsplintkäfer
Scolytus mali (Bechstein, 1805)
Anisandrus dispar (Fabricius, 1792) – Ungleicher Holzbohrer

Cytisus sp. – Geißklee
Hylastinus fankhauseri Reitter, 1895
Hylastinus obscurus (Marsham, 1802)
Phloeotribus cristatus (Fauvel, 1889)
Phloeotribus rhododactylus (Marsham, 1802)

Delphinium sp. – Rittersporn
Thamnurgus delphinii (Rosenhauer, 1856) – Rittersporn-Krautborkenkäfer

Dracaena draco L. – Kanarischer Drachenbaum
Dactylotrypes longicollis (Wollaston, 1864)

Dendrobium sp. – Dendrobium-Orchidee
Xylosandrus morigerus Blandford, 1894

Eleagnus sp. – Ölweiden
Hylesinus oleiperda (Fabricius, 1792) – Kleiner schwarzer Eschenbastkäfer

Euphorbia amygdaloides L. – Mandelblättrige Wolfsmilch
Thamnurgus caucasicus Reitter, 1887
Thamnurgus varipes Eichhoff, 1878

Euphorbia balsamifera Ait. – Balsam-Wolfsmilch (span. "Tabaiba dulce")
Aphanarthrum affine Wollaston, 1860
Aphanarthrum bicinctum Wollaston, 1860

Euphorbia canariensis L. – Kanaren-Wolfsmilch (span. "cardón")
Aphanarthrum affine Wollaston, 1860
Aphanarthrum bicinctum Wollaston, 1860
Cisurgus pusillus (Wollaston, 1860)
Triotemnus subretusus Wollaston, 1864

Euphorbia regis-jubae Webb & Berthel. – (span. "Tabaiba")
Aphanarthrum affine Wollaston, 1860
Aphanarthrum bicinctum Wollaston, 1860

Fagus orientalis Lipsky – Orient-Buche, Kaukasische Rotbuche
Platypus cylindrus (F., 1792)
Scolytus carpini (Ratzeburg, 1837)
Scolytus intricatus (Ratzeburg, 1837)
Dryocoetes alni (Georg, 1856)
Ernoporicus fagi (Fabricius, 1798)
Saliciphilus ramicola (Reitter, 1894)
Taphrocoetes hirtellus (Eichhoff, 1878)
Taphrorychus bicolor (Herbst, 1794)
Taphrorychus villifrons (Dufour, 1843)
Xyleborus monographus (Fabricius, 1792)
Trypodendron domesticum (Linnaeus, 1758)

Fagus sylvatica L. – Europäische Buche, Gewöhnliche Rotbuche
Platypus cylindrus (F., 1792)
Scolytus carpini (Ratzeburg, 1837)
Scolytus intricatus (Ratzeburg, 1837)

Scolytus pygmaeus (Fabricius, 1787)
Cyclorhipidion pelliculosum (Eichhoff, 1878)
Ernoporicus fagi (Fabricius, 1798)
Ernoporus tiliae (Panzer, 1793)
Taphrocoetes hirtellus (Eichhoff, 1878)
Taphrorychus bicolor (Herbst, 1794)
Xylosandrus germanus (Blandford, 1894)
Xyleborus dryographus (Ratzeburg, 1837)
Xyleborus monographus (Fabricius, 1792)
Xyleborinus attenuatus Blandford, 1894 (= *Xyleborus alni*)
Xyleborinus saxesenii (Ratzeburg, 1837)
Trypodendron domesticum (Linnaeus, 1758)

Ficus carica L. – Echte Feige
Hypoborus ficus Erichson, 1836
Hypothenemus leprieuri (Perris, 1866)

Frangula alnus Mill. – Faulbaum, Pulverholz
Lymantor aceris aceris (Lindemann, 1875)
Lymantor coryli (Perris, 1855)

Fraxinus sp. – Eschen
Platypus cylindrus (F., 1792)
Scolytus scolytus (Fabricius, 1775) – Großer Ulmensplintkäfer
Scolytus kirschii kirschii Skalitzky, 1876
Cyclorhipidion pelliculosum (Eichhoff, 1878)
Hylesinus crenatus (Fabricius, 1787)
Hylesinus oleiperda (Fabricius, 1792)
Hylesinus varius (Fabricius, 1775)
Hylesinus wachtli Reitter, 1887
Hylesinus orni (Fuchs, 1906)
Phloeotribus fraxini Eggers, 1913
Phloeotribus scarabaeoides (Bernard, 1788)
Phloeotribus caucasicus Reitter, 1891
Phloeotribus muricatus (Eggers, 1929)
Trypodendron signatus (F., 1787)
Xyleborinus attenuatus Blandford, 1894 (= *Xyleborus alni*)
Xyleborinus saxesenii (Ratzeburg, 1837)

Genista sp. – Ginster
Hylastinus fankhauseri Reitter, 1895
Hylastinus obscurus (Marsham, 1802)
Phloeotribus cristatus (Fauvel, 1889)
Phloeotribus rhododactylus (Marsham, 1802) – Ginster-Borkenkäfer
Phloeotribus sharpi (Guillebeau, 1893)
Liparthrum corsicum Eichhoff, 1878
Liparthrum genistae Wood & Bright, 1992

Hedera helix L. – Efeu
Kissophagus hederae (Schmitt, 1843)
Kissophagus novaki Reitter, 1894
Kissophagus erinacellus Wichmann, 1916
Taphrorychus villifrons (Dufour, 1843) – Kleiner Eichen-Borkenkäfer

Juglans sp. – Walnuss
Platypus cylindrus (F., 1792)
Hylesinus varius (Fabricius, 1775) – Bunter Eschenbastkäfer
Hypothenemus bezaziani Peyerimhoff, 1935
Scolytus scolytus (Fabricius, 1775) – Großer Ulmensplintkäfer
Taphrorychus bicolor (Herbst, 1794) – Kleiner Buchen-Borkenkäfer
Anisandrus dispar (Fabricius, 1792) – Ungleicher Holzbohrer
Trypodendron domesticum (Linnaeus, 1758)
Xyleborinus saxesenii (Ratzeburg, 1837)
Xylosandrus germanus (Blandford, 1894) – Japanischer Nutzholzborkenkäfer

Juniperus sp. – Wacholder
Chaetoptelius vestitus (Mulsant & Rey, 1861)
Phloeosinus aubei (Perris, 1855)
Phloeosinus thujae (Perris, 1855)
Phloeosinus serrifer Wichmann, 1916
Phloeosinus henschi Reitter, 1901

Laburnum sp. – Goldregen
Hylastinus fankhauseri Reitter, 1895
Hylastinus obscurus (Marsham, 1802)

Lamium album L. – Weiße Taubnessel
Thamnurgus kaltenbachii Bach, 1849

Larix decidua Mill. – Europäische Lärche
Cryphalus abietis (Ratzeburg, 1837)
Cryphalus intermedius Ferrari, 1867
Crypturgus pusillus (Gyllenhal, 1813)
Dendroctonus micans (Kugelann, 1794)
Dryocoetes autographus (Ratzeburg, 1837)
Gnathotrichus materiarius (Fitch, 1858)
Hylurgops palliatus (Gyllenhal, 1813)
Ips acuminatus (Gyllenhal, 1827)
Ips cembrae (Heer, 1836)
Ips sexdentatus (Boerner, 1766) – Zwölfzähniger Kiefernborkenkäfer, Großer zwölfzähniger Kiefernborkenkäfer
Ips typographus (Linnaeus, 1758)
Orthotomicus laricis (Fabricius, 1792)
Orthotomicus suturalis (Gyllenhal, 1827)
Pityogenes chalcographus (Linnaeus, 1760)
Pityokteines curvidens (Germar, 1824) – Krummzähniger Tannenborkenkäfer, Krummzähniger Weißtannenborkenkäfer
Pityophthorus pityographus pityographus Ratzeburg, 1837
Tomicus minor (Hartig, 1834)
Tomicus piniperda (Linnaeus, 1758)

Trypodendron lineatum (Olivier, 1795)
Xyleborinus saxesenii (Ratzeburg, 1837)

Larix kaempferi (Lamb.) Carrière – Japanische Lärche
Scolytus morawitzi Semenov, 1902
Gnathotrichus materiarius (Fitch, 1858)
Ips cembrae (Heer, 1836)

Larix sibirica Led. – Sibirische Lärche
Scolytus morawitzi Semenov, 1902
Carphoborus teplouchovi Spessivtseff, 1916
Crypturgus pusillus (Gyllenhal, 1813)
Dryocoetes autographus (Ratzeburg, 1837)
Dryocoetes baicalicus Reitter, 1899
Dryocoetes hectographus Reitter, 1913
Hylurgops palliatus (Gyllenhal, 1813)
Ips cembrae (Heer, 1836)
Orthotomicus laricis (Fabricius, 1792)
Pityogenes chalcographus (Linnaeus, 1760)
Pityophthorus micrographus sibiricus Stark, 1952
Polygraphus proximus Blandford, 1894
Trypodendron lineatum (Olivier, 1795)

Malus sp. – Apfel
Scolytus mali (Bechstein, 1805)
Scolytus rugulosus (P. W. Müller, 1818)
Pseudothamnurgus scrutator (Pandellé, 1883)
Anisandrus dispar (Fabricius, 1792)
Xyleborinus saxesenii (Ratzeburg, 1837)

Mespilus germanica L. – Echte Mispel
Scolytus rugulosus (P. W. Müller, 1818)
Xyleborinus saxesenii (Ratzeburg, 1837)

Morus alba L. – Weiße Maulbeere
Liparthrum mori (Aubé, 1862)

Origanum vulgare L. – Dost
Thamnurgus kaltenbachii Bach, 1849

Ostrya carpinifolia Scop. – Europäische Hopfenbuche
Scolytus carpini (Ratzeburg, 1837)
Scolytus intricatus (Ratzeburg, 1837)

Phoenix canariensis & _P. dactylifera_ – Kanarische Palme & Echte Dattelpalme
Dactylotrypes longicollis **(Wollaston, 1864)**
Coccotrypes dactyliperda **(Fabricius, 1801)**

Picea abies (L.) Karsten – Europäische Fichte, Gewöhnliche Fichte, Rottanne
Carphoborus rossicus Semenov, 1902 (lebt vergesellschaftet mit *Polygraphus subopacus*)
Carphoborus teplouchovi Spessivtseff, 1916
Cryphalus abietis (Ratzeburg, 1837)
Cryphalus saltuarius Weise, 1891
Crypturgus cinereus (Herbst, 1794)
Crypturgus pusillus (Gyllenhal, 1813) – Winziger Fichtenborkenkäfer
Crypturgus hispidulus C. G. Thomson, 1870
Dryocoetes autographus (Ratzeburg, 1837)
Dryocoetes hectographus Reitter, 1913
Dendroctonus micans (Kugelann, 1794)
Hylastes brunneus (Erichson, 1836)
Hylastes cunicularius Erichson, 1836
Hylastes obscurus Chapuis, 1875
Hylurgops glabratus (Zetterstedt, 1828)
Hylurgops palliatus (Gyllenhal, 1813)
Ips acuminatus (Gyllenhal, 1827)
Ips amitinus (Eichhoff, 1872)
Ips cembrae (Heer, 1836)
Ips duplicatus (C. R. Sahlberg, 1836)
Ips typographus (Linnaeus, 1758)
Orthotomicus erosus (Wollaston, 1857)
Orthotomicus laricis (Fabricius, 1792)
Orthotomicus starki Spessivtseff, 1926
Orthotomicus suturalis (Gyllenhal, 1827)
Phloeotribus spinulosus (Rey, 1883)
Pityogenes chalcographus (Linnaeus, 1760)
Pityokteines curvidens (Germar, 1824) – Krummzähniger Tannenborkenkäfer, Krummzähniger Weißtannenborkenkäfer
Pityophthorus exsculptus (Ratzeburg, 1837)
Pityophthorus micrographus micrographus (Linnaeus, 1758)
Pityophthorus morosovi Spessivtseff, 1926
Pityophthorus pityographus pityographus Ratzeburg, 1837
Polygraphus grandiclava C. G. Thomson, 1886
Polygraphus poligraphus (Linnaeus, 1758)
Polygraphus subopacus C. G. Thomson, 1871
Polygraphus punctifrons C. G. Thomson, 1886
Xylechinus pilosus (Ratzeburg, 1837)
Tomicus minor (Hartig, 1834)
Tomicus piniperda (Linnaeus, 1758)
Trypodendron laeve Eggers, 1939
Trypodendron lineatum (Olivier, 1795)
Xyleborinus saxesenii (Ratzeburg, 1837)
Xylosandrus germanus (Blandford, 1894) – Japanischer Nutzholzborkenkäfer

Picea omorica (Panc.) Purk. – Serbische Fichte, Omorika-Fichte
Cryphalus abietis (Ratzeburg, 1837)
Dryocoetes autographus (Ratzeburg, 1837)
Crypturgus pusillus (Gyllenhal, 1813)
Hylurgops palliatus (Gyllenhal, 1813)
Ips amitinus (Eichhoff, 1872)
Ips typographus (Linnaeus, 1758)
Pityogenes chalcographus (Linnaeus, 1760)

Pityophthorus pityographus pityographus Ratzeburg, 1837
Polygraphus poligraphus (Linnaeus, 1758) – Doppeläugiger Fichtenbastkäfer
Trypodendron lineatum (Olivier, 1795)

Picea orientalis (L.) Peterm. – Kaukasus-Fichte, Orient-Fichte
Cryphalus abietis (Ratzeburg, 1837)
Cryphalus saltuarius Weise, 1891
Crypturgus cinereus (Herbst, 1794)
Crypturgus cylindricollis Eggers, 1940
Crypturgus pusillus (Gyllenhal, 1813)
Dryocoetes autographus (Ratzeburg, 1837)
Hylastes brunneus (Erichson, 1836)
Hylastes cunicularius Erichson, 1836
Hylurgops palliatus (Gyllenhal, 1813)
Ips sexdentatus (Boerner, 1766)
Orthotomicus laricis (Fabricius, 1792)
Orthotomicus suturalis (Gyllenhal, 1827)
Pityogenes bidentatus (Herbst, 1784)
Pityogenes chalcographus (Linnaeus, 1760)
Pityophthorus cribratus Pfeffer, 1940
Trypodendron lineatum (Olivier, 1795)

Picea pungens Engelm. – Stech-Fichte, Blau-Fichte
Crypturgus cinereus (Herbst, 1794) – Kleiner Kiefernborkenkäfer
Crypturgus pusillus (Gyllenhal, 1813) – Winziger Fichtenborkenkäfer
Ips typographus (Linnaeus, 1758) – Buchdrucker, Großer achtzähniger Fichtenborkenkäfer
Pityophthorus pityographus pityographus Ratzeburg, 1837 – Gefurchter Fichtenborkenkäfer
Polygraphus poligraphus (Linnaeus, 1758) – Doppeläugiger Fichtenbastkäfer
Xylechinus pilosus (Ratzeburg, 1837) – Fichtenbastkäfer

Picea sitchensis (Bong.) Carrière – Sitka-Fichte
Dendroctonus micans (Kugelann, 1794)
Hylurgops palliatus (Gyllenhal, 1813) – Gelbbrauner Fichtenbastkäfer
Dryocoetes autographus (Ratzeburg, 1837) – Zottiger Fichtenborkenkäfer
Ips typographus (Linnaeus, 1758) – Buchdrucker, Großer achtzähniger Fichtenborkenkäfer
Pityogenes chalcographus (Linnaeus, 1760) – Kupferstecher

Pinus canariensis P. Smith – Kanarische Kiefer
Hylastes linearis Erichson, 1836
Hylastes lowei Paiva, 1861
Orthotomicus erosus (Wollaston, 1857)
Tomicus destruens (Wollaston, 1865)

Pinus cembrae L. – Europäische Zirbel-Kiefer, Zirbe, Arve
Crypturgus pusillus (Gyllenhal, 1813)
Dryocoetes autographus (Ratzeburg, 1837)
Hylastes brunneus (Erichson, 1836)
Hylurgops palliatus (Gyllenhal, 1813)
Hylurgops glabratus (Zetterstedt, 1828)
Ips amitinus (Eichhoff, 1872)
Ips cembrae (Heer, 1836)
Orthotomicus laricis (Fabricius, 1792)
Pityogenes chalcographus (Linnaeus, 1760)
Pityogenes conjunctus Reitter, 1887
Pityophthorus henscheli Seitner, 1887
Pityophthorus knoteki Reitter, 1898
Pityophthorus pityographus pityographus Ratzeburg, 1837
Polygraphus grandiclava C. G. Thomson, 1886
Tomicus piniperda (Linnaeus, 1758)
Trypodendron lineatum (Olivier, 1795)

Pinus nigra nigra Arn. – Österreichische Schwarz-Kiefer, Schwarzkiefer, Schwarzföhre, Schwarzforche
Carphoborus minimus (Fabricius, 1798)
Crypturgus cinereus (Herbst, 1794)
Hylastes ater (Paykull, 1800)
Hylastes attenuatus Erichson, 1836
Hylastes angustatus (Herbst, 1793)
Hylastes brunneus (Erichson, 1836)
Hylastes linearis Erichson, 1836
Hylastes opacus Erichson, 1836
Hylurgops palliatus (Gyllenhal, 1813)
Hylurgus ligniperda (Fabricius, 1787)
Ips cembrae (Heer, 1836)
Ips sexdentatus (Boerner, 1766)
Orthotomicus mannsfeldi (Wachtl, 1880)
Orthotomicus erosus (Wollaston, 1857)
Orthotomicus laricis (Fabricius, 1792)
Orthotomicus robustus (Knotek, 1899)
Orthotomicus suturalis (Gyllenhal, 1827)
Orthotomicus tridentatus Eggers, 1921
Pityogenes bidentatus (Herbst, 1784)
Pityogenes bistridentatus (Eichhoff, 1878)
Pityogenes quadridens (Hartig, 1834)
Pityogenes trepanatus (Nördlinger, 1848)
Pityophthorus carniolicus Wichmann, 1910
Pityophthorus glabratus Eichhoff, 1878
Pityophthorus lichtensteinii (Ratzeburg, 1837)
Pityophthorus pubescens (Marsham, 1802)
Tomicus minor (Hartig, 1834)
Tomicus piniperda (Linnaeus, 1758)
Xyleborus eurygraphus (Ratzeburg, 1837)

Pinus mugo Turra – Berg-Kiefer
Crypturgus hispidulus C. G. Thomson, 1870
Crypturgus pusillus (Gyllenhal, 1813)

Hylurgops glabratus (Zetterstedt, 1828)
Hylurgops palliatus (Gyllenhal, 1813)
Ips amitinus (Eichhoff, 1872)
Pityogenes bidentatus (Herbst, 1784)
Pityogenes chalcographus (Linnaeus, 1760)
Pityogenes conjunctus Reitter, 1887
Pityophthorus glabratus Eichhoff, 1878
Pityophthorus henscheli Seitner, 1887
Pityophthorus knoteki Reitter, 1898
Pityophthorus pityographus pityographus Ratzeburg, 1837
Polygraphus grandiclava C. G. Thomson, 1886
Tomicus minor (Hartig, 1834)
Tomicus piniperda (Linnaeus, 1758)

Pinus pinea L. – Pinie
Carphoborus pini Eichhoff, 1881
Crypturgus cinereus (Herbst, 1794)
Crypturgus cribrellus Reitter, 1894
Crypturgus mediterraneus Eichhoff, 1871
Crypturgus numidicus Ferrari, 1867
Crypturgus pusillus (Gyllenhal, 1813)
Hylastes angustatus (Herbst, 1793)
Hylastes ater (Paykull, 1800)
Hylastes attenuatus Erichson, 1836
Hylastes linearis Erichson, 1836
Hylastes opacus Erichson, 1836
Hylurgops palliatus (Gyllenhal, 1813)
Hylurgus ligniperda (Fabricius, 1787)
Hylurgus micklitzi Wachtl, 1881
Orthotomicus erosus (Wollaston, 1857)
Pityogenes pennidens (Reitter, 1889)
Pityophthorus pubescens (Marsham, 1802)
Tomicus piniperda (Linnaeus, 1758)
Xyleborus eurygraphus (Ratzeburg, 1837)

Pinus strobus L. – Weymouths Kiefer, Weymouthsföhre
Cryphalus abietis (Ratzeburg, 1837)
Crypturgus cinereus (Herbst, 1794)
Crypturgus pusillus (Gyllenhal, 1813)
Dryocoetes autographus (Ratzeburg, 1837)
Hylastes brunneus (Erichson, 1836)
Hylurgops palliatus (Gyllenhal, 1813)
Pityokteines curvidens (Germar, 1824) – Krummzähniger Tannenborkenkäfer, Krummzähniger Weißtannenborkenkäfer
Pityogenes bidentatus (Herbst, 1784)
Pityogenes chalcographus (Linnaeus, 1760)
Pityogenes quadridens (Hartig, 1834)
Pityophthorus lichtensteinii (Ratzeburg, 1837)
Pityophthorus pityographus pityographus Ratzeburg, 1837
Polygraphus poligraphus (Linnaeus, 1758)
Ips typographus (Linnaeus, 1758) – Buchdrucker, Großer achtzähniger Fichtenborkenkäfer
Tomicus minor (Hartig, 1834)
Tomicus piniperda (Linnaeus, 1758)
Trypodendron lineatum (Olivier, 1795)
Xylosandrus germanus (Blandford, 1894) – Japanischer Nutzholzborkenkäfer

Pinus sylvestris L. – Gewöhnliche Kiefer, Föhre, Wald-Föhre, Wald-Kiefer, Weißkiefer
Carphoborus cholodkovskyi Spessivtseff, 1916
Carphoborus jurinskii Eggers, 1910
Carphoborus minimus (Fabricius, 1798)
Cryphalus abietis (Ratzeburg, 1837)
Cryphalus piceae (Ratzeburg, 1837) – Kleiner Tannenborkenkäfer
Crypturgus cinereus (Herbst, 1794)
Crypturgus pusillus (Gyllenhal, 1813)
Dendroctonus micans (Kugelann, 1794)
Dryocoetes autographus (Ratzeburg, 1837)
Gnathotrichus materiarius (Fitch, 1858)
Hylastes angustatus (Herbst, 1793)
Hylastes ater (Paykull, 1800)
Hylastes attenuatus Erichson, 1836
Hylastes angustatus (Herbst, 1793)
Hylastes brunneus (Erichson, 1836)
Hylastes linearis Erichson, 1836
Hylastes opacus Erichson, 1836
Hylurgops glabratus (Zetterstedt, 1828)
Hylurgops palliatus (Gyllenhal, 1813)
Hylurgus ligniperda (Fabricius, 1787)
Ips acuminatus (Gyllenhal, 1827)
Ips duplicatus (C. R. Sahlberg, 1836)
Ips sexdentatus (Boerner, 1766)
Ips typographus (Linnaeus, 1758)
Ips cembrae (Heer, 1836)
Orthotomicus erosus (Wollaston, 1857)
Orthotomicus laricis (Fabricius, 1792)
Orthotomicus longicollis (Gyllenhal, 1827)
Orthotomicus proximus (Eichhoff, 1868)
Orthotomicus suturalis (Gyllenhal, 1827)
Pityogenes bidentatus (Herbst, 1784)
Pityogenes calcaratus (Eichhoff, 1878)
Pityogenes chalcographus (Linnaeus, 1760)
Pityogenes irkutensis irkutensis Eggers, 1910
Pityogenes irkutensis monacensis Fuchs, 1911
Pityogenes quadridens (Hartig, 1834)
Pityogenes trepanatus (Nördlinger, 1848)
Pityokteines curvidens (Germar, 1824) – Krummzähniger Tannenborkenkäfer, Krummzähniger Weißtannenborkenkäfer
Pityophthorus buyssoni buyssoni Reitter, 1901
Pityophthorus carniolicus Wichmann, 1910
Pityophthorus glabratus Eichhoff, 1878
Pityophthorus lichtensteinii (Ratzeburg, 1837)
Pityophthorus pityographus pityographus Ratzeburg, 1837
Pityophthorus pubescens (Marsham, 1802)
Polygraphus poligraphus (Linnaeus, 1758)

Polygraphus punctifrons Thomson, 1886
Tomicus minor (Hartig, 1834)
Tomicus piniperda (Linnaeus, 1758)
Xyleborinus saxesenii (Ratzeburg, 1837)
Xyleborus eurygraphus (Ratzeburg, 1837)
Xylosandrus germanus (Blandford, 1894) – Japanischer Nutzholzborkenkäfer
Trypodendron laeve Eggers, 1939
Trypodendron lineatum (Olivier, 1795)

Pistacia atlantica Desf. – Atlantische Pistazie; _Pistacia lentiscus_ L. – Mastixstrauch, Wilde Pistazie und _Pistacia vera_ L. – Pistazienbaum, Echte Pistazie
Carphoborus perrisi (Chapuis, 1869)
Chaetoptelius vestitus (Mulsant et Rey, 1860)

Platycladus orientalis L. – Orientlebensbaum, Fächer- oder Chinalebensbaum
Phloeosinus aubei (Perris, 1855)
Phloeosinus rudis Blandford, 1894
Phloeosinus thujae (Perris, 1855)

Populus spec. – verschiedene Pappel-Arten
Scolytus intricatus (Ratzeburg, 1837) – Eichen-Splintkäfer
Scolytus multistriatus (Marsham, 1802) – Kleiner Ulmensplintkäfer
Scolytus scolytus (Fabricius, 1775) – Großer Ulmensplintkäfer
Scolytus kirschii kirschii Skalitzky, 1876
Cyclorhipidion pelliculosum (Eichhoff, 1878)
Taphrorychus bicolor (Herbst, 1794) – Kleiner Buchen-Borkenkäfer
Trypophloeus binodulus (Ratzeburg, 1837)
Trypophloeus grothi Hagedorn, 1904
Trypophloeus granulatus (Ratzeburg, 1837)
Trypophloeus rybinskii rybinskii Reitter, 1895
Trypophloeus spiculatus Eggers, 1927
Trypophloeus bispinulus Eggers, 1927
Trypophloeus palmi Hansen, 1955
Trypophloeus tremulae Stark, 1952
Anisandrus dispar (Fabricius, 1792) – Ungleicher Holzbohrer
Xyleborus pfeilii (Ratzeburg, 1837)
Xyleborus cryptographus (Ratzeburg, 1837)
Xyleborinus saxesenii (Ratzeburg, 1837)

Prunus armeniaca & _P. dulcis_ – Kultur-Aprikose, Marille & Kultur-Mandel
Scolytus amygdali Guerin, 1847
Scolytus mali (Bechstein, 1805)
Scolytus rugulosus (P. W. Müller, 1818)
Anisandrus dispar (Fabricius, 1792)
Xyleborinus saxesenii (Ratzeburg, 1837)

Prunus avium & _P. cerasus_ – Süß- und Sauer-Kirsche
Scolytus mali (Bechstein, 1805)
Scolytus rugulosus (P. W. Müller, 1818)
Polygraphus grandiclava C. G. Thomson, 1886
Anisandrus dispar (Fabricius, 1792)
Xyleborinus attenuatus Blandford, 1894 (= *Xyleborus alni*)
Xyleborinus saxesenii (Ratzeburg, 1837)

Prunus domestica L. – Kultur-Pflaume
Scolytus mali (Bechstein, 1805)
Scolytus rugulosus (P. W. Müller, 1818)
Anisandrus dispar (Fabricius, 1792)
Xyleborinus saxesenii (Ratzeburg, 1837)

Prunus mahaleb L. – Felsen-Kirsche
Scolytus mali (Bechstein, 1805)
Scolytus rugulosus (P. W. Müller, 1818)
Anisandrus dispar (Fabricius, 1792)
Xyleborinus saxesenii (Ratzeburg, 1837)

Prunus persica (L.) Batsch – Kultur-Pfirsich
Scolytus amygdali Guerin, 1847
Scolytus kirschii kirschii Skalitzky, 1876
Scolytus mali (Bechstein, 1805)
Scolytus rugulosus (P. W. Müller, 1818)
Anisandrus dispar (Fabricius, 1792)
Xyleborinus saxesenii (Ratzeburg, 1837)

Prunus serotina Ehrh. – Späte Traubenkirsche
Phloeotribus liminaris Harris, 1852

Prunus spinosa L. – Schlehe, Schwarzdorn
Scolytus rugulosus (P. W. Müller, 1818)

Pseudotsuga menziesii (Mirb.) Franco – Gewöhnliche Douglasie, Douglasfichte, Douglastanne
Cryphalus abietis (Ratzeburg, 1837) – Gekörnter Fichtenborkenkäfer
Cryphalus piceae (Ratzeburg, 1837) – Kleiner Tannenborkenkäfer
Dryocoetes autographus (Ratzeburg, 1837) – Zottiger Fichtenborkenkäfer
Gnathotrichus materiarius (Fitch, 1858)
Polygraphus poligraphus (Linnaeus, 1758)
Pityokteines curvidens (Germar, 1824) – Krummzähniger Tannenborkenkäfer, Krummzähniger Weißtannenborkenkäfer
Pityokteines spinidens (Reitter, 1894)
Pityokteines vorontzowi Jakobson, 1896
Ips acuminatus (Gyllenhal, 1827)
Ips cembrae (Heer, 1836)
Ips duplicatus (C. R. Sahlberg, 1836)
Ips typographus (Linnaeus, 1758)

Ips sexdentatus (Boerner, 1766) – Zwölfzähniger Kiefernborkenkäfer, Großer zwölfzähniger Kiefernborkenkäfer
Orthotomicus laricis (Fabricius, 1792) – Vielzähniger Kiefernborkenkäfer
Pityogenes chalcographus (Linnaeus, 1760)
Pityophthorus pityographus pityographus Ratzeburg, 1837
Xyleborinus saxesenii (Ratzeburg, 1837) – Kleiner Holzbohrer
Xylosandrus germanus (Blandford, 1894) – Japanischer Nutzholzborkenkäfer
Trypodendron lineatum (Olivier, 1795) – Gestreifter Nutzholzborkenkäfer, Linierter Nutzholzborkenkäfer,

Pyracantha coccinea Roem. – Mittelmeer-Feuerdorn
Scolytus mali (Bechstein, 1805)

Pyrus communis L. – Kultur Birne
Scolytus mali (Bechstein, 1805)
Scolytus rugulosus (P. W. Müller, 1818)
Anisandrus dispar (Fabricius, 1792)
Hylesinus varius (Fabricius, 1775)
Xyleborinus saxesenii (Ratzeburg, 1837)

Quercus canariensis Willd. – Algerische oder Kanarische Eiche
Scolytus intricatus (Ratzeburg, 1837)
Taphrorychus villifrons (Dufour, 1843)
Xyleborus monographus (Fabricius, 1792)

Quercus cerris L. – Zerr-Eiche
Platypus cylindrus (F., 1792)
Scolytus intricatus (Ratzeburg, 1837)
Taphrocoetes hirtellus (Eichhoff, 1878)
Taphrorychus villifrons (Dufour, 1843)
Anisandrus dispar (Fabricius, 1792)
Xyleborus dryographus (Ratzeburg, 1837)
Xyleborus monographus (Fabricius, 1792)
Xyleborinus saxesenii (Ratzeburg, 1837)

Quercus frainetto Ten. – Ungarische Eiche
Platypus cylindrus (F., 1792)
Scolytus intricatus (Ratzeburg, 1837)
Dryocoetes villosus minor Eggers, 1908
Taphrocoetes hirtellus (Eichhoff, 1878)
Taphrorychus villifrons (Dufour, 1843)
Anisandrus dispar (Fabricius, 1792)
Xyleborinus saxesenii (Ratzeburg, 1837)

Quercus ilex L. – Stein-Eiche
Platypus cylindrus (F., 1792)
Scolytus intricatus (Ratzeburg, 1837)
Dryocoetes villosus minor Eggers, 1908
Pseudothamnurgus scrutator (Pandellé, 1883)
Taphrocoetes minor (Eggers, 1923)
Taphrorychus villifrons (Dufour, 1843)
Xyleborus dryographus (Ratzeburg, 1837)
Xyleborus monographus (Fabricius, 1792)

Quercus petraea (Matt.) Liebl. – Trauben-Eiche
Platypus cylindrus (F., 1792)
Scolytus carpini (Ratzeburg, 1837)
Scolytus intricatus (Ratzeburg, 1837)
Dryocoetes villosus villosus (Fabricius, 1792)
Taphrorychus bicolor (Herbst, 1794)
Anisandrus dispar (Fabricius, 1792)
Xyleborus dryographus (Ratzeburg, 1837)
Xyleborus monographus (Fabricius, 1792)
Xyleborinus saxesenii (Ratzeburg, 1837)
Trypodendron signatum (Fabricius, 1792)

Quercus pubenscens Willd. – Flaum-Eiche
Scolytus carpini (Ratzeburg, 1837)
Scolytus intricatus (Ratzeburg, 1837)
Anisandrus dispar (Fabricius, 1792)
Xyleborus dryographus (Ratzeburg, 1837)
Xyleborus monographus (Fabricius, 1792)
Xyleborinus saxesenii (Ratzeburg, 1837)

Quercus robur L. – Stiel-Eiche
Platypus cylindrus (F., 1792)
Scolytus carpini (Ratzeburg, 1837)
Scolytus intricatus (Ratzeburg, 1837)
Scolytus multistriatus (Marsham, 1802)
Hylastes cunicularius Erichson, 1836
Hylurgops palliatus (Gyllenhal, 1813)
Hylesinus varius (Fabricius, 1775)
Hylesinus oleiperda (Fabricius, 1792)
Polygraphus poligraphus (Linnaeus, 1758)
Dryocoetes villosus villosus (Fabricius, 1792)
Dryocoetes villosus minor Eggers, 1908
Taphrorychus bicolor (Herbst, 1794)
Taphrorychus villifrons (Dufour, 1843)
Xyleborinus attenuatus Blandford, 1894 (= *Xyleborus alni*)
Anisandrus dispar (Fabricius, 1792)
Xyleborus dryographus (Ratzeburg, 1837)
Xyleborus monographus (Fabricius, 1792)
Xyleborinus attenuatus (Blandford, 1894)
Xyleborinus saxesenii (Ratzeburg, 1837)
Trypodendron domesticum (Linnaeus, 1758)
Trypodendron signatum (Fabricius, 1792)

Quercus rubra L. – Rot-Eiche
Scolytus intricatus (Ratzeburg, 1837)
Scolytus multistriatus (Marsham, 1802)
Hylastes opacus Erichson, 1836
Hylastes cunicularius Erichson, 1836
Hylurgops palliatus (Gyllenhal, 1813)
Hylesinus oleiperda (Fabricius, 1792)
Hylesinus varius (Fabricius, 1775)

Polygraphus poligraphus (Linnaeus, 1758)
Anisandrus dispar (Fabricius, 1792)
Xyleborinus saxesenii (Ratzeburg, 1837)

Quercus suber L. – Korkeiche
Platypus cylindrus (F., 1792)
Scolytus scolytus (Fabricius, 1775) – Großer Ulmensplintkäfer
Taphrorychus villifrons (Dufour, 1843)
Xyleborus dryographus (Ratzeburg, 1837)
Xyleborus monographus (Fabricius, 1792)
Xyleborinus saxesenii (Ratzeburg, 1837)

Rhamnus sp. – Kreuzdorn
Scolytus multistriatus (Marsham, 1802) – Kleiner Ulmensplintkäfer
Scolytus rugulosus (P. W. Müller, 1818)
Lymantor coryli (Perris, 1855) – Hasel-Borkenkäfer, Haselnuss-Borkenkäfer

Robinia pseudoacacia – Robinie
Hylesinus varius (Fabricius, 1775)
Trypodendron domesticum (Linnaeus, 1758)
Xylosandrus germanus (Blandford, 1894) – Japanischer Nutzholzborkenkäfer

Rosa spp. – Rosen
Scolytus rugulosus (P. W. Müller, 1818)
Liparthrum mandibulare Wollaston, 1854

Rubus spp. – Brombeeren
Liparthrum mandibulare Wollaston, 1854

Salix sp. – Weiden
Scolytus scolytus (Fabricius, 1775) – Großer Ulmensplintkäfer
Trypophloeus binodulus (Ratzeburg, 1837)
Trypophloeus rybinskii rybinskii Reitter, 1895
Anisandrus dispar (Fabricius, 1792)
Xyleborinus saxesenii (Ratzeburg, 1837)

Sambucus sp. – Holunder
Anisandrus dispar (Fabricius, 1792)
Xyleborinus saxesenii (Ratzeburg, 1837)

Sequoiadendron giganteum (Lindl) Buchh. – Riesenmammutbaum, Bergmammutbaum
Phloeosinus aubei (Perris, 1855)

Sorbus sp. – Mehl-, Vogel- und Elsbeere
Scolytus mali (Bechstein, 1805)
Scolytus rugulosus (P. W. Müller, 1818)
Anisandrus dispar (Fabricius, 1792)
Xyleborinus attenuatus Blandford, 1894 (= *Xyleborus alni*)
Xyleborinus saxesenii (Ratzeburg, 1837)

Stachys officinalis (L.) – Echter Ziest
Thamnurgus kaltenbachii Bach, 1849

Stachys sylvatica L. – Wald-Ziest
Thamnurgus kaltenbachii Bach, 1849

Syringa vulgaris L. – Gemeiner Flieder
Hylesinus oleiperda (Fabricius, 1792)
Hylesinus varius (Fabricius, 1775)
Phloeotribus scarabaeoides (Bernard, 1788)

Tamarix sp. – Tamariske
Thamnurgus brylinski Reitter, 1889

Taxus baccata L. – Europäische Eibe, Gewöhnliche Eibe
Scolytus rugulosus (P. W. Müller, 1818)

Teucrium scorodonia L. – Salbei-Gamander
Thamnurgus kaltenbachii Bach, 1849
Thamnurgus delphinii (Rosenhauer, 1856)

Thuja occidentalis L. – Abendländischer Lebensbaum
Cryphalus piceae (Ratzeburg, 1837) – Kleiner Tannenborkenkäfer
Phloeosinus aubei (Perris, 1855)
Phloeosinus thujae (Perris, 1855)

Tilia sp. – Linden
Scolytus multistriatus (Marsham, 1802) – Kleiner Ulmensplintkäfer
Scolytus laevis Chapuis, 1869 – Mittlerer Ulmensplintkäfer
Hylastinus tiliae Semenov, 1902
Ernoporicus caucasicus (Lindemann, 1876)
Ernoporus tiliae (Panzer, 1793)
Anisandrus dispar (Fabricius, 1792)
Xyleborinus saxesenii (Ratzeburg, 1837)
Xyleborus dryographus (Ratzeburg, 1837) – Gekörnter Nutzholzborkenkäfer

Trifolium pratense L. – Wiesen-Klee
Hylastinus obscurus (Marsham, 1802)

Tsuga heterophylla (Raf.) Sarg. – Westamerikanische Hemlocktanne
Gnathotrichus materiarius (Fitch, 1858)
Pityogenes chalcographus (Linnaeus, 1760) – Kupferstecher
Xyleborinus saxesenii (Ratzeburg, 1837)

Ulex europaeus L. – Stechginster
Hylastinus obscurus (Marsham, 1802)
Phloeotribus rhododactylus (Marsham, 1802)

Ulmus glabra Huds. – Berg-Ulme
Scolytus ensifer Eichhoff, 1881
Scolytus kirschii kirschii Skalitzky, 1876
Scolytus laevis Chapuis, 1869
Scolytus multistriatus (Marsham, 1802)
Scolytus pygmaeus (Fabricius, 1787)
Scolytus scolytus (Fabricius, 1775)
Scolytus triarmatus (Eggers, 1912)
Ernoporicus caucasicus (Lindemann, 1876)

Ulmus laevis Pall. – Flatter-Ulme
Platypus cylindrus (F., 1792)
Scolytus ensifer Eichhoff, 1881
Scolytus jaroschevskyi Schevyrew, 1893
Scolytus kirschii fasciatus Reitter, 1890
Scolytus kirschii kirschii Skalitzky, 1876
Scolytus kozikowskii Michalski, 1964
Scolytus laevis Chapuis, 1869
Scolytus multistriatus (Marsham, 1802)
Scolytus pygmaeus (Fabricius, 1787)
Scolytus schevyrewi Semenov, 1902
Scolytus scolytus (Fabricius, 1775)
Pteleobius kraatzii (Eichhoff, 1864)
Pteleobius vittatus (Fabricius, 1792)
Xyleborus dryographus (Ratzeburg, 1837)
Xyleborus monographus (Fabricius, 1792)
Xyleborinus saxesenii (Ratzeburg, 1837)

Ulmus minor Mill. – Feld-Ulme
Platypus cylindrus (F., 1792)
Scolytus ecksteini Butovitsch, 1929
Scolytus eichhoffi Reitter, 1894
Scolytus ensifer Eichhoff, 1881
Scolytus jaroschevskyi Schevyrew, 1893
Scolytus kirschii fasciatus Reitter, 1890
Scolytus kirschii kirschii Skalitzky, 1876
Scolytus kozikowskii Michalski, 1964
Scolytus laevis Chapuis, 1869
Scolytus multistriatus (Marsham, 1802)
Pteleobius kraatzii (Eichhoff, 1864)
Pteleobius vittatus (Fabricius, 1792)
Xyleborinus saxesenii (Ratzeburg, 1837)

Viscum album L. – Laubholz-Mistel
Liparthrum corsicum Eichhoff, 1878

Vitis vinifera L. – Weinrebe
Anisandrus dispar (Fabricius, 1792)
Xylosandrus germanus (Blandford, 1894) – Japanischer Nutzholzborkenkäfer

Zelkova carpinifolia (Pall.) C. Koch – Kaukasische Zelkove
Scolytus eichhoffi Reitter, 1894
Scolytus ensifer Eichhoff, 1881
Scolytus multistriatus (Marsham, 1802)
Scolytus scolytus (Fabricius, 1775)

7 Danksagung

Diese Arbeit war natürlich nur möglich mit der Hilfe von vielen Personen.

Ich möchte mich für die fachlichen Gespräche, angenehmen Arbeitsbedingungen, Fotos und Sammlungsmaterialausleihen bei folgenden Personen und Institutionen bedanken:

- Dr. Damir Kovac und Frau Andrea Hastenpflug-Vesmanis sowie Dr. Marianna Simões und Laura Marrero Palma (Entomologie I, Forschungsinstitut Senckenberg, Senckenberganlage 25, 60325 Frankfurt/M.);
- Dr. Arnaud Faille und Herrn Aron Bellersheim (Abteilung Coleoptera, Staatliches Museum für Naturkunde Stuttgart, Rosenstein 1, 70191 Stuttgart);
- Dipl.-Biol. Claudia Kamcke und Herrn Helfried Wölkerling † (Abteilung Wirbellose Tiere, Zoologische Sammlungen, 3Landesmuseen, Staatliches Naturhistorisches Museum, Gaußstraße 22, 38106 Braunschweig);
- Dr. Alexander Riedel (Abteilung Coleoptera, Staatliches Museum für Naturkunde, Erbprinzenstr. 13, 76133 Karlsruhe);
- Dr. Matthias Borer und Frau Seraina Klopfstein (Biowissenschaften und Entomologie, Naturhistorisches Museum Basel, Augustinergasse 2, CH-4001 Basel);
- Dr. Fritz Geller-Grimm (Naturhistorische Sammlungen, Museum Wiesbaden/Hessisches Landesmuseum für Kunst und Natur, Friedrich-Ebert-Allee 2, 65185 Wiesbaden);
- Prof. Dr. Kai Füldner und Herrn Peter Mansfeld (Städtische Museen, Naturkundemuseum im Ottoneum, Steinweg 2, 34117 Kassel);
- Dr. Bernhard Weißbecker (Abt. Forstzoologie und Waldschutz, Georg-August-Universität Göttingen, Büsgenweg 3, 37077 Göttingen);
- Dr. Andreas Sanchez (info fauna, Schweizerisches Zentrum für die Kartografie der Fauna (SZKF / CSCF), Avenue Bellevaux 51, CH-2000 Neuchâtel);
- Prof. Dr. Joachim Reitner und Prof. Dr. Gernot Arp (Georg-August-Universität Göttingen, Geowissenschaftliches Zentrum (GZG), Abt. Geobiologie, Goldschmidtstr. 3, 37077 Göttingen);
- Dr. Harald Schillhammer, Internationales Forschungsinstitut für Entomologie, Naturhistorisches Museum Wien, Burgring 7, A-1010 Wien;
- Dr. Dirk Ahrens, Zoologisches Forschungsmuseum Alexander Koenig – Leibniz-Institut für Biodiversität der Tiere, Adenauerallee 160, 53113 Bonn;
- Dr. Heiko Gebhardt, Maienfeldstr. 23–1, 72074 Tübingen;
- Ulrich Bense, Obergasse 29, 72116 Mössingen;
- Dr. Arved Lompe, Hoher Weg 2, 31582 Nienburg;
- Dr. Giulio Cuccodoro, Muséum d'histoire naturelle, Route de Malagnou 1, 1208 Genève;
- Dr. Thomas Sobczyk, Diesterwegstraße 28, D-02977 Hoyerswerda;
- Helga Simon, Rheinstr. 30, 55276 Dienheim;
- Gerhard Strauß, corisa.de;
- Dr. Miloš Knížek, Forestry and Game Management Research Institute, Strnady 136, CZ 156 00 Praha 5 – Zbraslav, Czechia;
- Dr. Hannes Lemme, Bayerische Landesanstalt für Wald und Forstwirtschaft, Abteilung Waldschutz, Hans-Carl-von-Carlowitz-Platz 1, 85354 Freising;
- Prof. Dr. Bjarte Jordal, University of Bergen, University Museum of Bergen, Allegaten 41, Norway 5007 Bergen;
- Josef Kašák, Faculty of Forestry and Wood Technology, Mendel University in Brno, Zemedelska 3, 613 00 Brno, Czech Republic;
- Dr. Heinz Bußler, Vorsitzender der Arbeitsgemeinschaft Bayerischer Entomologen;
- Andreas Marten, Nationalparkverwaltung Harz.

Der größte Dank gebührt meiner Familie.

8 Literatur

Aho, T., Kuitunen, M., Suhonen, J, Jäntti, A. & T. Hakkari (1999): Reproductive Success of Eurasian Treecreepers, *Certhia familiaris*, Lower in Territories with Wood Ants. Ecology, 80(3): 998–1007.

Albert, R. (1976): Zusammensetzung und Vertikalverteilung der Spinnenfauna in Buchenwäldern des Solling. Faun.-ökol. Mitt. 5: 65–80.

Alonso-Zarazaga, M.A. & C.H.C. Lyal (2009): A catalogue of family and genus group names in Scolytinae and Platypodinae with nomenclatural remarks (Coleoptera: Curculionidae). Zootaxa 2258: 1–134.

Alonso-Zarazaga, M.A., Barrios, H., Borovec, R., Bouchard, P., Caldara, R., Colonnelli, E., Gültekin, L., Hlaváč, P., Korotyaev, B., Lyal, C.H.C., Machado, A., Meregalli, M., Pierotti, H., Ren, L., Sánchez-Ruiz, M., Sforzi, A., Silfverberg, H., Skuhrovec, J., Trýzna, M., Velázquez de Castro, A.J. & N.N. Yunakov (2023): Cooperative catalogue of palaearctic Coleoptera, Curculionoidea, 2nd edition. – Monografías electrónicas SEA 14. S. 780. Sociedad Entomológica Aragonesa S.E.A.

Anderbrant, O., Schlyter, F. & J. Löfqvist (1988): Dynamics of tree attack in the bark beetle *Ips typographus* under semi-epidemic conditions. In: Payne, T.L. & H. Saarenmaa (Hrsg.), Integrated Control of Scolytid Bark Beetles. Proceedings of the IUFRO Working Party and 17th International Congress of Entomology Symposium, Vancouver, BC, Canada: 35–51.

Anderbrant, O., Yuvaraj, J.K., Martin, J.A., Gil, L. & J. Witzell (2017): Feeding by *Scolytus* bark beetles to test for differently susceptible elm varieties. J Appl Entomol 141: 417–420.

Anderson, R.S. (1993): Weevils and plants: phylogenetic versus ecological mediation of evolution of host-plant associations in Curculioninae (Coleoptera, Curculionidae). Mem. Entomol. Soc. Can. 125 (S165): 197–232.

Anderson, R.S. (1995): An evolutionary perspective on diversity in Curculionidea. Mem. Entomol. Soc. Wash. 14: 103–114.

Andersen, H.F., Jordal, B.H., Kambestad, M. & L.R. Kirkendall (2012) Improbable but true: the invasive inbreeding ambrosia beetle *Xylosandrus morigerus* has generalist genotypes. Ecol Evol 2:247–257.

Annila, E (1969): Influence of temperature upon the development and voltinism of *Ips typographus* L. (Coleoptera, Scolytidae). Ann. Zool. Fenn., 6: 161–207.

Aspök, H. & U. Aspök (2009): Raphidioptera – Kamelhalsfliegen. Ein Überblick zum Einstieg. Entomologica Austriaca 16: 53–72.

Atkinson, T.H. (2024): Bark and ambrosia beetles of the Americas. http://www.barkbeetles.info.

Aurenhammer, S., Komposch, C., Holzer, E., Holzschuh, C. & W.E. Holzinger (2015): Xylobionte Käfergemeinschaften (Insecta: Coleoptera) im Bergsturzgebiet des Dobratsch (Schütt, Kärnten). Carinthia II (205./125.): 439–502.

BAFU (Hrsg.)(2022): Jahrbuch Wald und Holz 2022. Bundesamt für Umwelt, Bern. Umwelt-Zustand Nr. 2225: 108 S.

Baier, P. (1991): Zur Biologie des Borkenkäferräubers *Nemosoma elongatum* (L.)(Col.: Ostomidae). Zeitschrift für Angewandte Zoologie 78: 421–431.

Baier, P., Mursch-Radlgruber, E., Mursch-Radlgruber, A., Pennerstorfer, J. & A. Schopf (2018): Untersuchungen zum Ausbreitungsverhalten des Buchdruckers (*Ips typographus*, Col., Scolytinae) und räumliche Lockwirkung von Pheromonfallen in Abhängigkeit von Wind- und Geländebedingungen. Projektendbericht. IFFF BOKU Wien, S. 73.

Baier, P. & S. Netherer (2019): Wechselwirkungen des Käfers mit der Wirtsbaumart Fichte. In „Der Buchdrucker" (Hrsg. Hoch, G., Schopf, A. & G. Weizer). 72–93.

Baisier, M., Deneubourg, J.-L: & J.-C. Grégoire (1984): Death due to interaction between *Rhizophagus grandis* larvae. A theoretical and experimental evalution. In: Grégoire, J.-C. & J.M. Pasteels (Hrsg.) Proceedings of the EEC Seminar on the Biological Control of Bark Beetles (*Dendroctonus micans*). Brussels, Belgium. S. 134–139.

Bakke, A. & T. Kvamme (1978): Kairomone response by the predators *Thanasimus formicarius* and *Thanasimus rufipes* to the synthetic pheromone of *Ips typographus*. Norwegian Journal of Entomology 25: 41–43.

Balachowsky, A. (1949): Coléoptères Scolytides. Faune de France. Librairie de la Faculte des Sciences, Paris. S. 320.

Baldwin, P.H. (1968): Predator-prey relationships of birds and spruce beetles. Proc. North Central Branch E.S.A. 23: 90–99.

Baniszewski, J., Barnett, J., Reding, M.E. & C. Ranger (2023): Seasonal Dominance of Exotic Ambrosia Beetles Compared to Native Species within Deciduous and Coniferous Woodlots. S. 19. https://doi.org/10.21203/rs.3.rs-3332227/v1

Barbehenn, R.V., Maben, R.E. & J.J. Knoester (2008): Linking phenolic oxidation in the midgut lumen with oxidative stress in the midgut tissues of a tree-feeding caterpillar *Malacosoma disstria* (Lepidoptera: Lasiocampidae). Environ Entomol 37: 1113–1118.

Barnouin, T., Soldati, F., Roques, A., Faccoli, M., Kirkendall, L., Mouttet, R., Daubree, J. & T. Noblecourt (2020): Bark beetles and pinhole borers recently or newly introduced to France (Coleoptera: Curculionidae, Scolytinae and Platypodinae). – Zootaxa 4877 (1): 51–74.

Baur, H. & S. Ungricht (2019a): Insekten – noch viel artenreicher als gedacht! HOTSPOT 40: 7.

Baur, H. & S. Ungricht (2019b): Schätzung der Anzahl Insektenarten in der Schweiz [Data set]. Zenodo. http://doi.org/10.5281/zenodo.3431118.

Beaver, R.A. (1966a): The biology and immature stages of two species of *Medetera* (Diptera: Dolichopodidae) associated with the bark beetle *Scolytus scolytus* (F.). Proceedings of the Royal Entomological Society of London (A) 41: 145–154.

Beaver, R.A. (1966b): The biology and immature stages of *Entedon leucogramma* (Ratzeburg)(Hymenoptera: Eulophidae), a parasite of bark beetles. Proceedings of the Royal Entomological Society of London (A) 41: 37–41.

Bedoya, C.L., Brockerhoff, E.G., Hayes, M., Pawson, S.M., Najar-Rodriguez, A. & X.J. Nelson (2019a): Acoustic communication of the red-haired bark beetle *Hylurgus ligniperda*. Physiological Entomology, doi: 10.1111/phen.12301

Bedoya, C.L., Hofstetter, R.W., Nelson, X.J., Hayes, M., Miller, D.R. & E.G. Brockerhoff (2019b): Sound production in bark and ambrosia beetles. Bioacustics, https://doi.org/10.1080/09524622.2019.1686424

Belhoucine, L., Bouhraoua, R.T., Meijer, M., Houbraken, J., Harrak, J.M., Samson, R.A., Equihua-Martinez, A. & J. Pujade-Villar (2011): Mycobiota associated with *Platypus cylindrus* (Coleoptera: Curculionidae, Platypodidae) in cork oak stands of North West Algeria, Africa. African Journal of Microbiology Research 5(25): 4411–442.

Bendixen, L. (2022): Five more species of Darwin wasps (Hymenoptera: Ichneumonidae) for the checklist of Germany. Faunistisch-ökologische Mitteilungen. DOI: 10.38072/2699-7762/p17

Bense, U. & C. Schott (1995): Zum bisher bekannten Vorkommen des Borkenkäfers *Xyleborus peregrinus* Eggers 1944 in Baden-Württemberg und im Elsaß (Coleoptera, Scolytidae). Mitteilungen des Entomologischen Vereins Stuttgart Bd 30: 55–60.

Benz, G. & M. Zuber (1997): Die wichtigsten Forstinsekten in der Schweiz. Vdf Hochschulverlag. 2. Auflage. S. 128.

Bertheau, C., Salle, A., Rossi, J.-P., Bankhead-dronnet, S., Pineau, X., Roux-morabito, G. & F. Lieutier (2009): Colonisation of native and exotic conifers by indigenous bark beetles (Coleoptera: Scolytinae) in France. Forest Ecology and Management 258: 1619–1628.

Beudert, B., Bässler, C., Thorn, S., Noss, R., Schröder, B., Dieffenbach-Fries, H., Foullois, N. & J. Müller (2014): Bark beetles increase biodiversity while maintaining drinking water quality. Conservation Letters 8: 272–281.

BfN (Bundesamt für Naturschutz)(2016): Rote Liste der Großpilze und vorläufige Gesamtartenliste der Ständer- und Schlauchpilze (Basidiomycota und Ascomycota) Deutschlands mit Ausnahme der Flechten und der phytoparasitischen Kleinpilze. Naturschutz und Biologische Vielfalt 70(8), Landwirtschaftsverlag Münster. S. 444.

Białkowski, J., Rossa, R., Ziemiakowicz, A., Gohli, J., Dymek, J. & J. Goczał (2024): Evolution, types, and distribution of fight control devices on wings and elytra in bark beetles. Scientifc Reports 14:6999. https://doi.org/10.1038/s41598-024-57658-y.

Biedermann, P.H.W., Klepzig, K.D. & M. Taborsky (2009): Fungus Cultivation by Ambrosia Beetles: Behavior and Laboratory Breeding Success in Three Xyleborine Species. Environ. Entomol. 38 (4): 1096–1105.

Biedermann, P.H.W. & M. Taborsky (2011): Larval helpers and age polyethism in ambrosia beetles. PNAS 108 (41): 17064–17069. https://doi.org/10.1073/pnas.1107758108

Biedermann, P.H.W., Peer, K. & M. Taborsky (2011): Female dispersal and reproduction in the ambrosia beetle *Xyleborinus saxesenii* Ratzeburg (Coleoptera; Scolytinae). Mitt. Dtsch. G Halle (Saale) 2011 es. allg. angew. Ent. 18: 1–5.

Blick, T. (2011): Abundant and rare spiders on tree trunks in German forests (Arachnida, Araneae). Arachnologische Mitteilungen 40: 5–14.

Blick, T., Bosmans, R., Buchar, J., Gajdoš, P., Hänggi, A., Van Helsdingen, P., Růžička, V., Staręga W. & K. Thaler (2004): Checkliste der Spinnen Mitteleuropas. Checklist of the spiders of Central Europe. (Arachnida: Araneae). Version 1. Dezember 2004. Internet: http://www.arages.de/checklist.html#2004_Araneae

Blick, T., Buchholz, S., Kielhorn, K.-H. & C. Muster (2019): Die Waldbindung der Spinnen (Araneae) Deutschlands. Aus Dorow, W.H.O., Blick, T., Pauls, S.U. & A. Schneider (Hrsg.): Waldbindung ausgewählter Tiergruppen Deutschlands. BfN-Skript 544: 26–56.

Blomquist, G.J., Figueroa-Teran, R., Aw, M., Song, M., Gorzalski, A., Abott, N.L., Chang, E. & C. Tittiger (2010): Pheromone production in bark beetles. Insect Biochemistry and Molecular Biology 40 (10): 699–712. https://doi.org/10.1016/j.ibmb.2010.07.013

BMEL (Bundesministerium für Ernährung und Landwirtschaft)(2021): Waldbericht der Bundesregierung 2021. Bonn. S. 84.

BMELV (Bundesministerium für Ernährung, Landwirtschaft und Verbraucherschutz)(2007): Agrobiodiversität erhalten, Potenziale der Land-, Forst- und Fischereiwirtschaft erschließen und nachhaltig nutzen. Bonn. 83 S.

Branco, M., Nunes, P., Roques, A., Fernandes, M.R., Orazio, C. & H. Jactel (2019): Urban trees facilitate the establishment of non-native forest insects. NeoBiota 52: 25–46. doi: 10.3897/neobiota.52.36358.

Branco, S., Faccoli, M., Brockerhoff, E.G., Roux, G., Jactel, H., Desneux, N., Gachet, E., Mouttet, R., Streito, J-C. & M. Branco (2022): Preventing invasions of Asian longhorn beetle and citrus longhorn beetle: are we on the right track? Journal of Pest Science, 95: 41–66.

Brasier, C.M. & J.F. Webber (2019): Is there evidence for post-epidemic attenuation in the Dutch elm disease pathogen *Ophiostoma novo-ulmi*? Plant Pathol 68: 921–929.

Bright, D.E. (1981): Taxonomic monograph of the genus *Pityophthorus* Eichhoff in North and Central America (Coleoptera: Scolytidae). – Memoirs of the Entomological Society of Canada 118: 1–378.

Bright, D.E. (2014): A catalog of Scolytidae and Platypodidae (Coleoptera), Supplement 3 (2000 –2010), with notes on subfamily and tribal reclassification. – Insecta Mundi 861.

Bright, D.E. & R.E. Skidmore (1997): A Catalog of Scolytidae and Platypodidae (Coleoptera), Supplement 1 (1990–1994). NRC Research Press, Ottawa, Ontario, Canada. S. 368.

Bundesministerium für Land- und Forstwirtschaft, Regionen und Wasserwirtschaft (2023): Österreichischer Waldbericht 2023. Wir kümmern uns um den Wald. Wien. S. 64.

Bußler, H. (2018): Tannenborkenkäfer befallen Douglasien. Westlicher Tannenborkenkäfer *Pityokteines spinidens* erstmals an Douglasien nachgewiesen. LWF aktuell 3: 47.

Bussler, H. & U. Bense (2021): Rote Liste und Gesamtartenliste der Borkenkäfer, Kernkäfer und Breitrüssler (Coleoptera: Scolytidae, Platypodidae, Anthribidae) Deutschlands. In: Ries, M.; Balzer, S.; Gruttke, H.; Haupt, H.; Hofbauer, N.; Ludwig, G. & G. Matzke-Hajek (Red.): Rote Liste gefährdeter Tiere, Pflanzen und Pilze Deutschlands, Band 5: Wirbellose Tiere (Teil 3). Münster (Landwirtschaftsverlag). Naturschutz und Biologische Vielfalt 70 (5): 415–432.

Byers, J.A. (2004): Chemical ecology of bark beetles in a complex olfactory landscape. S. 89–134 in Lieutier, F., Day, K. R., Battisti, A., Grégoire, J. C. & H. Evans (Hrsg.) Bark and Wood Boring Insects in Living Trees in Europe, A Synthesis. Kluwer Academic Publishers, Dordrecht.

Byers, J.A., Anderbrant, O. & J. Löfqvist (1989): Effective attraction radius: A method for comparing species attractans and determining densities of flying insects. Journal of Chemical Ecology15: 749–765.

Can, E. (1964): Zur Kenntnis des *Orthotomicus tridentatus* Egg. (Zedernborkenkäfer) einem Schädling derZedernwälder der Türkei. Anzeiger für Schädlingskunde 37: 113–117.

Cermák, V., Vieira, P., Gaar, V., Cudejková, M., Foit, J., Siroka, K. & M. Mota (2012): *Bursaphelenchus pinophilus* Brzeski and Baujard 1997 (Nematoda: Parasitaphelenchinae) associated with nematangia on *Pityogenes bidentatus* (Herbst, 1783)(Coleoptera: Scolytinae), from the Czech Republic. Nematology 14: 385–387.

Chamorro, M.L., de Medeiros, B.A.S. & B.D. Farrell (2021): First phylogenetic analysis of Dryophthorinae (Coleoptera, Curculionidae) based on structural alignment of ribosomal DNA reveals Cenozoic diversification. Ecology and Evolution 11:1984–1998.

Chandler, P.J. (1991): Attraction of *Palloptera usta* Meigen (Diptera: Pallopteridae) to recently cut conifer wood and other notes on Pallopteridae. British Journal of Entomology and Natural History 4: 85–86.

Chase, K.D., Kelly, D., Liebhold, A.M., Bader, M.K.F., & E.G. Brockerhoff (2017): Longdistance dispersal of non-native pine bark beetles from host resources. Ecological Entomology, 42(2): 173–183. https://doi.org/10.1111/een.12371

Cognato, A.I. (2008): Monographic research of tropical bark beetles (Scolytinae: Xyleborini). Preservation and modernisation of taxonomic expertise. http://xyleborini.speciesfile.org/public/site/scolytinae/home.

Cognato, A.I. & D. Grimaldi (2009): 100 million years of morphological conservation in bark beetles (Coleoptera: Curculionidae: Scolytinae). Systematic Entomology 34: 93–100.

Cognato, A.L., Smith, S.M. & B.H. Jordal (2021): Patterns of host tree use within a lineage of saproxlic snout-less weevils (Coleoptera: Curculionidae: Scolytinae: Scolytini). Molecular Phylogenetics and Evolution 159: 1–15.

Collin, E. (2003): Technical guidelines for genetic conservation and use European white elm. *Ulmus laevis*. https://www.euforgen.org/fileadmin//templates/euforgen.org/upload/Publications/Technical_guidelines/Technical_guidelines_Ulmus_laevis.pdf

Cymorek, S. (1974): Teredilia. Aus "Die Forstschädlinge Europas: Käfer" Hrsg.: Schwenke. Verlag Paul Parey Hamburg. S. 56–77.

Dathe, H.H. & S.M. Blank (2004): Nachträge zum Verzeichnis der Hautflügler Deutschlands Entomofauna Germanica Band 4 (Hymenoptera). Entomologische Nachrichten und Berichte 48: 179–183.

Deckert, J. & E. Wachmann (2020): Die Wanzen Deutschlands. Entdecken – Beobachten – Bestimmen. Quelle & Meyer Verlag Wiebelsheim. 715 S.

Destatis (Statistisches Bundesamt)(2021): Pressemitteilung Nr. N 050 vom 4. August 2021.

Destatis (Statistisches Bundesamt)(2022): Pressemitteilung Nr. 170 vom 14. April 2022.

Diehl, J.M.C., Kowallik, V., Keller, A. & P.H.W. Biedermann (2022): First experimental evidence for active farming in ambrosia beetles and strong heredity of garden microbiomes. Proc. R. Soc. B 289: 20221458. https://doi.org/10.1098/rspb.2022.1458

Dippel, C. (1996): Investigations on the life history of *Nemosoma elongatum* L. (Col., Ostomidae), a bark beetle predator. J.Appl. Entomol. 120: 391–395.

Dippel, C., Heidger, C., Nicolai, V. & M. Simon (1997): The influence of four different predators on bark beetles in European forest ecosystems (Coleoptera: Scolytidae). Entomologica Generalis 21: 161–175.

d'Errico, G., Carletti, B., Schröder, T., Mota, M., Vieira, P. & P.F. Roversi (2015): An update on the occurrence of nematodes belonging to the genus *Bursaphelenchus* in the Mediterranean area. Institute of Chartered Foresters. Forestry: An International Journal of Forest Research, 88 (5): 509–520. https://academic.oup.com/forestry/article/88/5/509/524147

Dodds, K.J., Graber, C. & F.M. Stephen (2001): Facultative Intraguild Predation by Larval Cerambycidae (Coleoptera) on Bark Beetle Larvae (Coleoptera: Scolytidae). Environmental Entomology 30 (1): 17–22.

Dorow, W.H.O., Morkel, C. & W. Rabitsch (2019a): Die Waldbindung der Wanzen (Heteroptera) Deutschlands. Aus Dorow, W.H.O., Blick, T., Pauls, S.U. & A. Schneider (Hrsg.): Waldbindung ausgewählter Tiergruppen Deutschlands. BfN-Skript 544: 68–114.

Dorow, W.H.O., Münch, W. & C. Saure (2019b): Die Waldbindung der Stechimmen (Hymenoptera: Aculeata) Deutschlands. Aus Dorow, W.H.O., Blick, T., Pauls, S.U. & A. Schneider (Hrsg.): Waldbindung ausgewählter Tiergruppen Deutschlands. BfN-Skript 544: 218–336.

Dowe, A. (1987): Räuberische Pilze und andere pilzliche Nematodenfeinde. Neue Brehm-Bücherei. Ziemsen Verlag, Wittenberg. 156 S.

Dubach, V., Dennert, F., Blaser, S.; Beenken, L., Hölling, D., Stroheker, S., treenet; Kupferschmid, A.D., Heinzelmann, R., Britt, E. & V. Queloz (2023): Waldschutzüberblick 2022. WSL Ber. 135: 78 S.

Ebert, W., Häußler, D., Kessler, W., Kulicke, H. & E. Templin (1978): Bestimmungsbuch der wichtigsten Kiefernschädlinge und -krankheiten. VEB Deutscher Landwirtschaftsverlag Berlin, 128 S.

EPPO (2020): EPPO Technical Document No. 1081, EPPO Study on the risk of bark and ambrosia beetles associated with imported non-coniferous wood. EPPO Paris. S. 221. https://www.eppo.int/RESOURCES/eppo_publications

EFSA (European Food Safety Authority), Wilstermann, A., Hoppe, B., Schrader, G., Delbianco, A. & S. Vos (2020): Pest survey card on *Geosmithia morbida* and its vector *Pityophthorus juglandis*. – EFSA supporting publication 2020: EN-1894: 1–31. https://doi.org/10.2903/sp.efsa.2020.EN-1894.

Faccoli, M. (2001): Elm bark beetles and Dutch Elm Disease: tests of combined control. Anz. Schädlingskde./J. Pest Science 74: 22–29.

Faccoli, M. & A. Battisti (1997): Observations on the transmission of *Ophiostoma ulmi* by the smaller elm bark beetles (*Scolytus* spp). In: Gregoire JC, Liebhold AM, Stephen FM, Day KR, Salom SM (Hrsg.), Interacting cultural tactics into the management of bark beetle reforestation pests. Forest Service General Technical Report NE-236. Radnor, PA: USDA.: 172–176.

Faccoli, M. & A. Santini (2016): Dutch Elm Disease and Elm Bark Beetles: Pathogen–Insect Interaction. Aus: (Hrsg.) Brown, J.K.: Vector-mediated transmission of plant pathogens. Chapter: 6. The American Phytopathological Society. 73–86.

Farrell, B. D. (1998): „Inordinate Fondness" explained: why are there so many beetles? Science 28 (5376): 555–559.

Feicht, E. (2003): Können Parasitoide beim Buchdrucker die Massenvermehrung beeinflussen? Erz- und Brackwespen. Wichtige natürliche Feine des Buchdruckers im Nationalpark Bayerischer Wald. LWF aktuell. Magazin für Wald, Wissenschaft und Praxis. 38: 9–11.

Fiala, T., Holusa, J. & A. Véle (2022): Both native and invasive bark beetles threaten exotic conifers within the spa towns in the Czech part of „The Great Spas of Europe". Urban Forestry & Urban Greening 67: 1–7.

Forster, B. (2007): Eichensplintkäfer. *Scolytus intricatus*. Diagnose-Programm Waldgesundheit. S. 2.

Forster, B. (2017): Kupferstecher und Furchenflügeliger Fichtenborkenkäfer. Merkblatt für die Praxis 58. WSL: 8.

Fraser, C.I., Brahy, O., Mardulyn, P., Dohet, L., Mayer, F. & J-C Grégoire (2014): Flying the nest: male dispersal and multiple paternity enables extrafamilial matings for the invasive bark beetle *Dendroctonus micans*. Heredity 113:327–333. https://doi.org/10.1038/hdy.2014.34

Gäbler, H. (1947): Milbe als Eiparasit des Buchdruckers (*Ips typographus L.)*. Nachrichtbl. Deut. Pflanzenschutzd. 1:113–115.

Gauss, R. (1954): Der Ameisenbuntkäfer *Thanasimus* (*Clerus*) *formicarius* Latr. als Borkenkäferfeind. In „Die Grosse Borkenkäferkalamität in Südwest-Deutschland 1944–51". G. Wellenstein (Ed). Ulm.

Gebhardt, H. (2014): Erstfund des Ambrosiakäfers *Cyclorhipidion pelliculosum* (Eichhoff) in Deutschland (Coleoptera, Curculionidae, Scolytinae) – Mitteilungen des Entomologischen Vereins Stuttgart 49: 67–69.

Gebhardt, H. (2015): *Kissophagus novaki* Reitter (Coleoptera: Curculionidae, Scolytinae) –erste Fundmeldung aus Deutschland – Mitteilungen des Entomologischen Vereins Stuttgart 50: 235-238.

Gebhardt, H. & U. Bense (2016): Erstfund von *Dryocoetes himalayensis* Strohmeyer (Coleoptera, Curculionidae, Scolytinae) in Deutschland. Mitteilungen des Entomologischen Vereins Stuttgart 51: 69–73.

Gebhardt, H., Bußler H. & A. Weigel (2024a): *Pityophthorus solus* Blackman, 1928: Erste Funddaten aus Deutschland (Coleoptera, Curculionidae, Scolytinae) – *Pityophthorus solus* Blackman, 1928: First records from Germany (Coleoptera, Curculionidae, Scolytinae). Faunistische Notizen. Arbeitsgemeinschaft Bayerischer Entomologen e.V. https://www.abe-entomofaunistik.org/content/kaefer

Gebhardt, H., Mertens, D. & W. Schacht (2024b): Erster Nachweis von *Phloeosinus sequoiae* (Hopkins, 1903) für Europa aus dem nordwestlichen Deutschland (Coleoptera, Curculionidae, Scolytinae). Entomologische Nachrichten und Berichte, 68: 43–46.

Geiser, R. (1998): Rote Liste der Käfer (Coleoptera): 168–230. In: Binot, M., Bless, R., Boye, P., Gruttke, H. & P. Pretscher (Hrsg.)(1998): Rote Liste gefährdeter Tiere Deutschlands.– Bundesamt für Naturschutz, Bonn, S. 434.

Geiser, E. & R. Geiser (2000): Erstnachweise und Wiederfunde von Alt- und Totholzkäfern in der Stadt Salzburg. Koleopterologische Rundschau 70: 209–222.

Georgiev, G. & D. Takov (2005): Impact of *Tomicobia seitneri* (Ruschka)(Hymenoptera: Pteromalidae) and *Ropalophorus clavicornis* (Wesmael)(Hymenoptera: Braconidae) on *Ips typographus* (Linnaeus)(Coleoptera: Scolytidae) Populations in Bulgaria. Forest Science 4: 61–68.

Gibbs, J.N., Brasier, C.M., McNabb, H.S. & H.M. Heybroek (1975): Further studies on pathogenicity in *Ceratocystis ulmi*. For. Pathol. 5: 161–174. https://doi.org/10.1111/j.1439-0329.1975.tb00461.x

Gillett, C.P.D.T., Crampton-Platt, A., Timmermans, M.J.T.N., Jordal, B.H., Emerson, B.C. & A.P. Vogler (2014): Bulk De Novo Mitogenome Assembly from Pooled Total DNA Elucidates the Phylogeny of Weevils (Coleoptera: Curculionoidea). Molecular Biology and Evolution, Volume 31(8): 2223–2237, https://doi.org/10.1093/molbev/msu154.

Goldarazena, A., Bright, D.E., Hishinuma, S.M., Lopez, S. & S.J. Seybold (2014): First record of *Pityophthorus solus* (Blackman, 1928) in Europe. Bulletin OEPP/EPPO Bulletin 44 (1): 65–69.

Gomez, D.F., Rabaglia, R.J., Fairbanks, K.E.O. & J. Hulcr (2018): North American Xyleborini north of Mexico: a review and key to genera and species (Coleoptera, Curculionidae, Scolytinae). ZooKeys 768: 19–68. doi: 10.3897/zookeys.768.24697

Grégoire, J.-C. (1988): The Greater European Spruce Beetle. In: Berryman AA (ed) Dynamics of Forest Insect Populations. Plenum, New York, pp 455–478. Doi: https:// doi. org/ 10. 1007/ 978-1- 4899- 0789-9_ 22

Grégoire, J.-C., Braekman, J.-C. & A. Tondeur (1982): Chemical communication between the larvae of *Dentroctonus micans* KUG. (Coleoptera, scolytidae). Les Médiateurs chimiques, Versailles. Les Colloques de l 'INRA 7: 253–257.

Grégoire, J.-C., Piel, F., Proft, M.D. & M. Gilbert (2001): Spatial distribution of ambrosia beetle catches: A possibly useful knowledge to improve mass-trapping. Integrated Pest Management Reviews, 6: 237–242.

Grégoire J.-C., Jactel, H., Hulcr, J., Battisti, A., Inward, D., Petter, F. & F. Grousset (2023): Cosmopolitan Scolytinae: strong common drivers, but too many singularities for accurate prediction. In: Jactel, H., Orazio, C., Robinet, C., Douma, J.C., Santini, A., Battisti, A., Branco, M., Seehausen, L., & M. Kenis (Eds) Conceptual and technical innovations to better manage invasions of alien pests and pathogens in forests. NeoBiota 84: 81–105. https://doi.org/10.3897/neobiota.84.89826.

Grove, S.J. (2002): Saproxylic insect ecology and the sustainable management of forests. Annual Review of Ecology and Systematics 33: S. 1–23.

Grucmanová, Š & J. Holuša (2013): Nematodes Associated with Bark Beetles, with Focus
on the Genus *Ips* (Coleoptera: Scolytinae) in Central Europe. Acta zool. bulg., 65 (4): 547–556.

Grüne, S. (1979): Handbuch zur Bestimmung der europäischen Borkenkäfer/Brief illustrated key to European Bark Beetles. Verlag M. & H. Schaper, Hannover. S. 182.

Gwiazdowicz, D.J., Kamczy, J., Teodorowicz, E. & J. Błoszyk (2012): Mite communities (Acari, Mesostigmata) associated with *Ips typographus* (Coleoptera, Scolytidae) in managed and natural Norway spruce stands in Central Europe. Cent. Eur. J. Biol. 7(5): 910–916.

Gwiazdowicz D.J., Bloszyk, J. & A.K. Gdula (2015): Alpha diversity of mesostigmatid mites associated with the bark beetle *Ips typographus* (L.) in Poland. Insect Conservation and Diversity 8: 448–455.

Haack, R.A. (2001): Intercepted Scolytidae (Coleoptera) at U.S. ports of entry: 1985–2000. Integr. Pest Manage. Rev. 6: 253–282.

Habermann, M. & R. Schopf (1987): Untersuchungen zu Laborzucht, Jungkäferschlupf und Adultfraß von von *Scolytus intrictus* (Ratz.)(Col., Scolytidae). J. Appl. Ent. 104: 519–528.

Hahn, P., Heynen, D., Indermühle, M., Mollet, P. & S. Birrer (2005): Holznutzung und Naturschutz. Praxishilfe mit waldbaulichen Merkblättern. Bundesamt für Umwelt, Wald und Landschaft und Schweizerische Vogelwarte Sempach. S. 113.

Hammerbacher, A., Schmidt, A., Wadke, N., Wright, L.P., Schneider, B., Bohlmann, J., Brand, W.A., Fenning, T.M., Gershenzon, J. & C. Paetz (2013): A Common Fungal Associate of the Spruce Bark Beetle Metabolizes the Stilbene Defenses of Norway Spruce. Plant Physiology 162 (3): 1324–1336, https://doi.org/10.1104/pp.113.218610

Hansen, L.O. & L. Sømme (1994): Cold hardiness of the elm bark beetle *Scolytus laevis* Chapuis, 1873 (Col, Scolytidae) and its potential as Dutch elm disease vector in the northernmost elm forests of Europe. Journal of Applied Entomology 117 (5): 444–450.

Harde, K.W. & F. Severa (1981): Der Kosmos-Käferführer. Franckh´sche Verlagshandlung, Stuttgart. 333 S.

Harrington, T.C., McNew, D. & C. Mayers (2014): *Ambrosiella roeperi* sp. nov. is the mycangial symbiont of the granulate ambrosia beetle, *Xylosandrus crassiusculus*. Mycologia, 106 (4):835–845.

Haupt, J. & H. Haupt (1998): Fliegen und Mücken. Beobachtung – Lebensweise. Naturbuch Verlag, Augsburg. 351 S.

Hecker, U., Schmidt, P.A. & B. Schulz (2017): Fitschen Gehölzflora. 13. Auflage. Quelle & Meyer Verlag Wiebelsheim. 996 S.

Heidrich, L., Levick, S., Bae, S.; Magdon, P., Serebryanyk, A., Wöllauer, S., Schall, P., Ammer, C., Nauss, T., Krzystek, P., Gossner, M.M., Fischer, M., Jung, K., Kreft, H., Heurich, M.; Doerfler, I., Schulze, E.-D., Hothorn, T., Bässler, C., Seibold, S., Weisser, W., Thorn, S., Bauhus, J. & J. Müller (2020): Revisiting MacArthur's habitat-heterogeneity hypothesis on forest species diversity using airborne laser scanning. Nature Ecology & Evolution 36: 531.

Hellrigl, K. (2002): Faunistik und forstliche Aspekte der Borkenkäfer Südtirols (Coleoptera, Scolytidae). Gredleriana, 2: 11–56.

Hellrigl, K. (2012): Forstliche Aspekte und Faunistik der Borkenkäfer Südtirols (Coleoptera, Scolytidae). – forest observer, 6: 139–180.

Heurich, M. (2001): Waldentwicklung im montanen Fichtenwald nach großflächigem Buchdruckerbefall in Nationalpark Bayerischer Wald. Aus (Hrsg. Nationalparkverwaltung Bayerischer Wald): Waldentwicklung im Bergwald nach Windwurf und Borkenkäferbefall. 99–177.

Hérard, F. & G. Mercadier (1996): Natural enemies of *Tomicus piniperda* and *Ips acuminatus* (Col., Scolytidae) on *Pinus sylvestris* near Orléans, France: temporal occurrence and relative abundance, and notes on eight predatory species. Entomophaga 41: 183–210.

Hertel, F. (2002): Habitatnutzung und Nahrungserwerb von Mittelspecht und Buntspecht in bewirtschafteten und unbewirtschafteten Buchenwäldern des nordostdeutsehen Tieflandes. Aus Pechacek, P. & W. d'Oleire-Oltmanns (Hrsg.): International Woodpecker Symposium. Nationalpark Berchtesgaden, Forschungsbericht 48: 69–80.

Hilmers, T., Friess, N., Bässler, C., Heurich, M., Brandl, R., Pretzsch, H., Seidl, R. & J. Müller (2018): Biodiversity along temperate forest succession. Journal of Applied Ecology 55: S. 2756–2766.

Hoch, G., Schopf, A. & G. Weizer (Hrsg.)(2020): Der Buchdrucker: Biologie, Ökologie, Management. 2. Auflage, Bundesforschungszentrum für Wald, Wien, 208 S.

Hoffmann, M., Flade, M. & W.H.O. Dorow (2019): Die Waldbindung der Brutvögel (Aves) Deutschlands. Aus Dorow, W.H.O., Blick, T., Pauls, S.U. & A. Schneider (Hrsg.): Waldbindung ausgewählter Tiergruppen Deutschlands. BfN-Skript 544: 365–381.

Hofstetter, R.W., Dempsey, T.D., Klepzig, K.D. & M. P. Ayres (2007): Temperature-dependent effects on mutualistic, antagonistic, and commensalistic interactions among insects, fungi and mites. Community Ecology 8: 47–56.

Hofstetter, R. W. & J.C. Moser (2014): The Role of Mites in Insect-Fungus Associations. Annu. Rev. Entomol. 59: 537–557.

Hofstetter, R.W., Dikins-Bookwalter, J., Davis, T.D. & K.D. Klepzig (2015): Symbiotic associations of bark beetles. In Bark Beetles: Biology and Ecology of Native and Invasive Species; Vega, F.E. & R.W. Hofstetter (Hrsg.); Elsevier/Academic Press: London, S. 209–245.

Holuša, J., Fiala, T. & J. Foit (2021): Ambrosia Beetles Prefer Closed Canopies: A Case Study in Oak Forests in Central Europe. Forests 12, 1223. https://doi.org/10.3390/f12091223

Holzschuh, C. (1969): Borkenkäfer aus Osttirol. Zeitschr. der Arbeitsgemeinschaft österr. Entomologen, 21(2): 38–46.

Holzschuh, C. (1991): Die Arten der Scolytus scolytus-Gruppe in Mitteleuropa. Forstschutz aktuell 8: 5–6.

Holzschuh, C. (1994): Zur Unterscheidung von *Xyleborinus saxesenii* (Ratzeburg) und *X. alni* (Niisima)(Coleoptera, Scolytidae). Entomologica Basiliensia 17: 311–318.

Holzschuh, C. (1995): Forstschädlinge, die in den letzten fünfzig Jahren in Österreich eingewandert sind oder eingeschleppt wurden. Stapfia, 37, zugleich Kataloge des Oberösterreichischen Landesmuseums N. F., 84: 129–141.

Honomichl, K. (2003): Systematik. Aus „Lehrbuch der Entomologie". 2. Auflage. Hrsg.: Dettner, K. & W. Peters. Spektrum Akademischer Verlag Heidelberg. S. 936.

Honsig-Erlenburg, P. (2013): Waldwirtschaft im Bergsturzgebiet: 129–132.

Hui, Y. & A. Bakke (1997): Development and reproduction of *Thanasimus formicarius* (L.)(Coleoptera: Cleridae) at three constant temperatures. Can. Entomol. 129: 579–583.

Hulcr, J., Atkinson, T.H., Cognato, A.I., Jordal, B.H. & D.D. McKenna (2015): Morphology, Taxonomy, and Phylogenetics of Bark Beetles. In: F.E. Vega & R.W. Hofstetter (eds.): Bark Beetles, Biology and Ecology of Native and Invasive Species, Elsevier, London: 41–84.

Hurling, R. (2002): Zur Flugaktivität und Brutherdentwicklung des Buchdruckers *Ips typographus* (L.). Dissertation. Fakultät für Forstwissenschaften und Waldökologie der Georg-August-Universität Göttingen. S. 275.

Imesch, N., Stadler B., Bolliger M. & O. Schneider (2015): Biodiversität im Wald: Ziele und Massnahmen. Vollzugshilfe zur Erhaltung und Förderung der biologischen Vielfalt im Schweizer Wald. Bundesamt für Umwelt, Bern. Umwelt-Vollzug Nr. 1503: 186 S.

Inácio, M.L., Marcelino, J., Lima, A., Sousa, E. & F. Nóbrega (2022): *Ceratocystiopsis quercina* sp. nov. Associated with *Platypus cylindrus* on Declining *Quercus suber* in Portugal. Biology 11: 750. https://doi.org/10.3390/biology11050750

Jäch, M.A. (Hrsg.)(1994): Rote Liste der gefährdeten Käfer Österreichs (Coleoptera). Grüne Reihe des Lebensministeriums (Bundesministerium für Land- und Forstwirtschaft, Regionen und Wasserwirtschaft), Wien. Bd. 2, 200 S.

Jactel, H. (1991): Dispersal and flight behaviour of *Ips sexdentatus* (Coleoptera: Scolytidae) in pine forest. Annals of Forest Science 48: 417–428.

Johnson, A.J., Hulcr, J., Knížek, M., Atkinson, T.H., Mandelshtam, M.Y., Smith, S.M., Cognato, A.I., Park, S., Li, Y. & B.H. Jordal (2020): Revision of the bark beetle genera within the former Cryphalini (Curculionidae: Scolytinae). Insect Systematics and Diversity 4(3): 1–81. https://doi.org/10.1093/isd/ixaa002

Jordal, B.H. (2006): Community structure and reproductive biology in bark beetles (Coleoptera: Scolytinae) associated with Macaronesian *Euphorbia* shrubs. – European Journal of Entomology 103: 71–80.

Jordal, B.H. & M. Knizek (2007): Resurrection of *Crypturgus subscribrosus* Eggers 1933 stat. n., and its close phylogenetic relationship to Nearctic *Crypturgus* (Coleoptera, Scolytinae). Zootaxa 1606: 41–50.

Jordal, B., Normark, B.B. & B.D. Farrell (2000): Evolutionary radiation of an inbreeding haplodiploid beetle lineage (Curculionidae, Scolytinae). Biol. J. Linn. Soc. 71: 483–499.

Jordal, B.H., Sequeira, A.S. & A.I. Cognato (2011): The age and phylogeny of wood boring weevils and the origin of subsociality. – *Molecular Phylogenetics and Evolution* 59: 708–724.

Jordal, B.H., Smith, S.M. & A.I. Cognato (2014): Classification of weevils as a data-driven science: leaving opinion behind. ZooKeys 439: 1–18.

Jürisoo, L.; Süda, I.; Agan, A. & R. Drenkhan (2021): Vectors of Dutch Elm Disease in Northern Europe. Insects 2021, 12, 393. https://doi.org/10.3390/insects12050393

Justesen, M.J., Hansen, A.K., Knížek, M., Lindelow, Å., Solodovnikov, A. & H.P. Ravn (2023): Taxonomic reappraisal of the European fauna of the bark beetle genus *Cryphalus* (Coleoptera, Curculionidae, Scolytinae). ZooKeys 1179: 63–105. https://doi.org/10.3897/zookeys.1179.101388

Kadereit, J.W. (2021): Stammesgeschichte und Systematik der Bakterien, Archaeen, „Pilze“, Pflanzen und anderer photoautotropher Eukaryoten. Aus: Kadereit, J.W., Körner, C., Nick, P. & U. Sonnewald: Strasburger – Lehrbuch der Pflanzenwissenschaften. Springer Berlin Heidelberg, S. 699–900.

Kallenborn, H.G. (2006): Kommentiertes Verzeichnis der Wanzenarten des Saarlandes (Insecta: Heteroptera). Abh. Delattinia 32: 199–231.

Kandasamy, D., Zaman, R., Nakamura, Y., Zhao, T., Hartmann, H., Andersson, M.N., Hammerbacher, A. & J. Gershenzon (2023): Conifer-killing bark beetles locate fungal symbionts by detecting volatile fungal metabolites of host tree resin monoterpenes. PLoS Biol 21(2): e3001887. https://doi.org/10.1371/journal.pbio.3001887

Kautz, M., Delb, H., Hielscher, K., Hurling, R., Lobinger, G., Niesar, M., Otto, L.-F. & J. Thiel (2021): Borkenkäfer an Nadelbäumen – erkennen, vorbeugen, bekämpfen. FNR, Gülzow-Prüzen, 54 S.

Kautz, M. & H. Delb (2023): Reduziert das Management von Kronenbrüchen Stehendbefall durch Borkenkäfer an Fichten? Forstschutz Aktuell 68: 3–11.

Kautz, M., Delb, H., Hielscher, K., Hurling, R., Lobinger, G., Niesar, M., Otto, L.-F. & J. Thiel (2023): Borkenkäfer an Nadelbäumen – erkennen, vorbeugen, bekämpfen. FNR, Gülzow-Prüzen, 54 S.

Kenis, M., Wermelinger, B. & J.-C. Grégoire (2004): Research on Parasitoids and Predators of Scolytidae – a review. Aus Lieutier et al. (Hrsg.) Bark and Wood Boring Insects in Living Trees in Europe, a synthesis. 237–290. Kluwer Academic Publishers, Niederlande.

King, C.J. & N.J. Fielding (1989): *Dendroctonus micans* in Britain – its Biology and Control. Forestry Commission Bulletin 85: 1–11.

Kirby, S.G. & C.P. Fairhurst (1983): The Ecology of Elm Bark Beetles in Northern Britain. In Burdekin, D.A. (1983, Hrsg.): Research on DED in Europe. In: Burdekin, D.A. (Hrsg.): Research on Dutch Elm Disease in Europe – Forestry Commission Bull. 60: 29–39.

Kirejtshuk, A.G., Azar, D., Beaver, R.A., Mandelshtam, M.Y. & A. Nel (2009): The most ancient bark beetle known: A new tribe, genus and species from Lebanese amber (Coleoptera, Curculionidae, Scolytinae). Systematic Entomology 34: 101–112.

Kirkendall, L.R. (1993): Ecology and evolution of biased sex ratios in bark and ambrosia beetles. Pp. 235–345 in Wrensch, D. L. & M.A. Ebbert (Hrsg.) Evolution and Diversity of Sex Ratio: Insects and Mites. Chapman and Hall, New York.

Kirkendall, L.R. & M. Faccoli (2010): Bark beetles and pinhole borers (Curculionidae, Scolytinae, Platypodinae) alien to Europe. – ZooKeys 56: 227–251.

Kirkendall, L.R., Kent, D.S. & K.A. Raffa (1997): Interactions between males, females and offspring in bark and ambrosia beetles: The significance of living in tunnels for the evolution of social behaviour. S. 181–215 in Crespi, B. J. & J.C. Choe (Hrsg.) Social Behaviour in Insects and Arachnids. Cambridge University Press, Cambridge.

Kirkendahl, L.R., Biedermann, P.H.W. & B.H. Jordal (2015): Evolution and Diversity of Bark and Ambrosia Beetles. Aus Vega, F.E. & R.W. Hofstetter (Hrsg.): Bark Beetles. Elsevier, Amsterdam. S. 85–156.

Kirschner, R. (2001): Diversity of Filamentous Fungi in Bark Beetle Galleries in Central Europe. In (Hrsg.: Misra, J. K. & B. W. Horn): and Other Fungal Groups. S. 175–196.

Köhler, F. (1996): Käferfauna in Naturwaldzellen und Wirtschaftswald. Hrsg.: Landesanstalt für Ökologie, Bodenordnung und Forsten/Landesamt für Agraordnung NRW, LÖBF-Schriftenreihe, Band 6. 283 S.

Köhler, F. (2000): Totholzkäfer in Naturwaldzellen des nördlichen Rheinlandes. Vergleichende Studien zur Totholzkäferfauna Deutschlands und deutschen Naturwaldforschung. Naturwaldzellen Teil VII. Hrsg.: Landesanstalt für Ökologie, Bodenordnung und Forsten/Landesamt für Agraordnung NRW, LÖBF-Schriftenreihe, Band 18. 351 S.

Köhler, F. (2010): Die klimabedingte Veränderung der Totholzkäferfauna (Coleoptera) des nördlichen Rheinlandes. Hrsg. Wald und Holz NRW. 198 S.

Köhler, F., Bense, U., Fritze, M.-A., Gürlich, S., Köhler, J. & A. Schneider (2019): Waldbindung der Käfer (Coleoptera) Deutschlands. Aus Dorow, W.H.O., Blick, T., Pauls, S.U. & A. Schneider (Hrsg.): Waldbindung ausgewählter Tiergruppen Deutschlands. BfN-Skript 544: 115–217.

Kölling, C., Knoke, T., Schall, P. & C. Ammer (2009): Überlegungen zum Risiko des Fichtenanbaus in Deutschland vor dem Hintergrund des Klimawandels. Forstarchiv 80: 42–54.

Kolomiets, N.G. & D.A. Bogdanova (1980): Parasites and Predators of Xylophagous Insects of Siberia (in Russian). Novosibirsk: Siberian Branch of the USSR Academy of Science, Sukachev Institute of Forest and Wood.

Krokene, P. (1994): How bark beetles are able to kill trees. Fauna 47: 242–253.

Krokene, P. (2015): Conifer Defense and Resistance to Bark Beetles. Aus Vega, E. & R.W. Hofstetter (Hrsg.): Bark Beetles – Biology and Ecology of Native and Invasive Species. Academic Press, Elsevier, London. 177–207.

Lachat, T., Bouget, C., Bütler, R. & J. Müller (2013): Totholz: Quantitative und qualitative Voraussetzungen für die Erhaltung der biologischen Vielfalt von Xylobionten. Aus Kraus D. & F. Krumm (Hrsg.): Integrative Ansätze als Chance für die Erhaltung der Artenvielfalt in Wäldern. European Forest Institute. 96–107.

Lehnert, L.W., Bässler, C., Brandl, R., Burton, P.J. & J. Müller (2013): Conservation value of forests attacked by bark beetles: Highest number of indicator species is found in the early successional stages after bark beetle attack. Journal for Nature Conservation 21: 97–104.

Lindgren, B.S. & K.F. Raffa (2013): The evolution of tree-killing by bark beetles: trade-offs between the maddening crowds and a sticky situation. Can. Entomol. 145: 471–495.

lkonline (Landwirtschaftskammer Niederösterreich) (2022): Holzeinschlagsmeldung 2022: Gesamteinschlag hat sich erhöht. https://noe.lko.at/holzeinschlagsmeldung-2022-gesamteinschlag-hat-sich-erh%C3%B6ht+2400+3827329

Lobinger, G. (1994): Die Lufttemperatur als limitierender Faktor für die Schwärmaktivität zweier rindenbrütender Fichtenborkenkäferarten, *Ips typographus* L. und *Pityogenes chalcographus* L. (Col., Scolytidae). Anz. Schädlingskde., Pflanzenschutz, Umweltschutz 67: 14–17.

Lobinger, G. & U. Skatulla (1996): Untersuchungen zum Einfluß von Sonnenlicht auf das Schwärmverhalten von Borkenkäfern. Anz. Schädlingskde., Pflanzenschutz, Umweltschutz 69: 183–185.

Lobinger, G., Krüger, F. & F. Stahl (2020): Buchdrucker und Kupferstecher an Fichte. LWF Merkblatt 14. 6 S.

Marchioro, M., Faccoli, M., Dal Cortivo, M., Branco, M., Roques, A., Garcia, A. & E. Ruzzier (2022): New species and new records of exotic Scolytinae (Coleoptera, Curculionidae) in Europe. Biodiversity Data Journal 10: e93995. https://doi.org/10.3897/BDJ.10.e93995.

Maksimovic, M. (1979): Influence of the density of bark beetles and their parasites ondieback of elm in some woods of Yugoslavia. Zeitschrift für Angewandte Entomologie 88(3): 283–295.

Mandelshtam, M.Yu., Petrov. a.V. & B.A. Korotyaev (2012): To the Knowledge of the Herbivorous Scolytid Genus *Thamnurgus* Eichhoff (Coleoptera, Scolytidae). Entomological Review 92 (3): 329–349.

Mandelshtam, M.Yu., Petrov. a.V., Smith, S.M. & A.I. Cognato (2019): Resurrection of *Heteroborips* Reitter, 1913 (Coleoptera: Curculionidae: Scolytinae) from Synonymy with *Xyleborus* Eichhoff, 1864. The Coleopterists Bulletin, 73(2): 387–394.

Manojlovic, B., Zabel, A., Peric, P., Stankovic, S., Rajkovic, S. & M. Kostic (2003): *Dendrosoter protuberans* (Hymenoptera: Braconidae), An Important Elm Bark Beetle Parasitoid, Biocontrol Science and Technology, 13:4, 429–439, DOI: 10.1080/0958315031000124486

Marchioro, M., Faccoli, M., Dal Cortivo, M., Branco, M., Roques, A., Garcia, A. & E. Ruzzier (2022): New species and new records of exotic Scolytinae (Coleoptera, Curculionidae) in Europe. – Biodiversity Data Journal 10: e93995.

Markovic C & A. Stojanovic (1996): Parasitoid complex *Scolytus intricatus* Ratz. (Coleoptera, scolytidae) in the region of Serbia. Zastita Bilja, 47(3): 255–266.

Martín, J.A.,·Domínguez, J., Solla, A., Brasier, C.M., Webber, J.F., Santini, A., Martínez-Arias, C., ·Bernier, L. & L. Gil (2021): Complexities underlying the breeding and deployment of Dutch elm disease resistant elms. New Forests. https://doi.org/10.1007/s11056-021-09865-y

Marvaldi, A.E. (1997): Higher level phylogeny of Curculionidae (Coleoptera: Curculionidea) based mainly on larval characters, with special reference to broad-nosed weevils. Cladistic 13 (4): 285–312.

Marvaldi, A.E., Sequeira, A.S., O´Brien, C.W. & B.D. Farrell (2002): Molecular and morphological phylogenetics of weevils (Coleoptera, Curculionidea): do niche shifts accompany diversification? Syst. Biol. 51 (1): 54–55.

McKenna, D.D., Sequeira, A.S., Marvaldi, A.E. & B.D. Farrell (2009): Temporal lags and overlap in the diversification of weevils and flowering plants. *Proceedings of the National Academy of Science USA* 106: 7083–7088.

McKenna, D.D., et al. (2015): The beetle tree of life reveals that Coleoptera survived end-Permian mass extinction to diversify during the Cretaceous terrestrial revolution. Syst. Entomol. 40 (4): 835–880.

Merlin, J. (1984): Elm bark beetles and their main parasitoids in Belgium: emergence and some aspects of their ecological relations. Mededelingen van de Faculteit Landbouwwetenschappen – Rijksuniversiteit Gent 49 (3A): 857–865.

Mills, N.J. (1985): Some observations on the role of predation in the natural regulation of *Ips typographus* populations. Zeitschrift für Angewandte Zoologie 99: 209–215.

Moll, J., Roy, F., Bässler, C., Heilmann-Clausen, J., Hofrichter, M., Kellner, H., Krabel, D., Schmidt, J.H., Buscot, F. & B. Hoppe (2021): First Evidence That Nematode Communities in Deadwood Are Related to Tree Species Identity and to Co-Occurring Fungi and Prokaryotes. Microorganisms 2021, 9, 1454. https://doi.org/10.3390/microorganisms9071454

Möller, G. (2009): Struktur- und Substratbindung holzbewohnender Insekten, Schwerpunkt Coleoptera – Käfer. Dissertation am Fachbereich Biologie, Chemie, Pharmazie der Freien Universität Berlin. 284 S.

Mollet, P., Birrer, S. & G. Pasinelli (2013): Waldvögel und ihre Habitatansprüche. Aus Kraus D. & F. Krumm (Hrsg.): Integrative Ansätze als Chance für die Erhaltung der Artenvielfalt in Wäldern. European Forest Institute, 152–157.

Moor, H. & M. Nyffeler (1983): Eine Notiz über borkenkäfertötende Spinnen. Mitteilungen der schweizerischen entomologischen Gesellschaft 56: 195–199.

Montecchio, L. & M. Faccoli (2014): First record of thousand cankers disease *Geosmithia morbida* and walnut twig beetle *Pityophthorus juglandis* on *Juglans nigra* in Europe. – Plant Disease 98: 696.

Morales-Jiménez, J., Zúñiga, G., Ramírez-Saad, H.C. & C. Hernández-Rodríguez (2012): Gut-Associated Bacteria Throughout the Life Cycle of the Bark Beetle *Dendroctonus rhizophagus* Thomas and Bright (Curculionidae: Scolytinae) and Their Cellulolytic Activities. Microb Ecol 64:268–278. DOI 10.1007/s00248-011-9999-0

Morge, G. (1967): Eine Beobachtung zur Grundfrage der Abhängigkeit von Wirkungsgrad und Wert natürlicher Feinde gegenüber Schädlingen. Beitr. Ent. 17: 225-233.

Moritz, M. (1993): Unterstamm Arachnata. Aus: Lehrbuch der Speziellen Zoologie. Band I: Wirbellose Tiere. 4. Teil: Arthropoda (ohne Insecta). Begründet von A. Kaestner (Hrsg. H.-E. Gruner). Gustav Fischer Verlag Jena. S. 1279.

Moser, J.C., Eidmann, H.H. & J.R. Regnander (1989a): The mites associated with *Ips typographus* in Sweden. Annales Entomologici Fennici 55: 23–27.

Moser, J.C., Perry, T.J. & H. Solheim (1989b): Ascospores hyperphoretic on mites associated with *Ips typographus*. Mycol. Res. 93: 513–517.

Moser, J.C. & H. Bogenschütz (1984): A key to the mites associated with flying *Ips typographus* in South Germany. – Zeitschrift für Angewandte Entomologie, 97: 437–450.

Moser, J.C., Konrad, H. & Blomquist, S.R. & T. Kirisits (2010): Do mites phoretic on elm bark beetles contribute to the transmission of Dutch elm disease? Naturwissenschaften 97: 219–227.

Mueller, U.G. & N. Gerardo (2002): Fungus farming insects: multiple origins and diverse evolutionary histories. – Proceedings of the National Academy of Science USA 99: 15247–15249.

Müller, J., Bußler, H., Goßner, M., Rettelbach, T. & P. Duelli (2008): The European spruce bark beetle *Ips typographus* in a national park: from pest to keystone species. Biodivers Conserv 17: 2979–3001.

Müller, J., Noss, R., Bussler, H. & R. Brandl (2010): Learning from a »benign neglect strategy« in a national park: Response of saproxylic beetles to dead wood accumulation. Biological Conservation 143: 2559–2569.

Müller, J. & T. Hilmers (2020): Katastrophen für den Menschen – Segen für die Biodiversität. LWF aktuell 4: 13–15.

Müller-Kroehling, S. (2019): Krankheiten, Schädlinge und Schäden an der Flatterulme. LWF Wissen 83: 65–75.

Mugu, S., Pistone, D. & B.H. Jordal (2018): New molecular markers resolve the phylogenetic position of the enigmatic wood-boring weevils Platypodinae (Coleoptera: Curculionidae). Arthropod Systematics & Phylogeny 76 (1): 45–58.

Muñoz-Adalia, E.J., Meijer, A. & C. Colinas (2022): New qPCR protocol to detect Diplodia corticola shows phoretic association with the oak pinhole borer Platypus cylindrus. Pest Management Science. DOI 10.1002/ps.6994

Netherer, S., Kandasamy, D., Jirosová, A., Kalinová, B., Schebeck, M. & F. Schlyter (2021): Interactions among Norway spruce, the bark beetle *Ips typographus* and its fungal symbionts in times of drought. Journal of Pest Science 94:591–614 https://doi.org/10.1007/s10340-021-01341-y

Netherer, S. (2022): Towards an improved understanding of bark beetle and other insect herbivore infestation in conifer forests. Für ein besseres Verständnis des Befalls von Nadelwäldern durch Borkenkäfer und andere herbivore Insekten. Die Bodenkultur: Journal of Land Management, Food and Environment 73 (2): 135–151.

Niesar, M., Zúbrik, M. & A. Kunca (2013): Waldschutz im Klimawandel. Wie bleiben unsere Wälder vital? 2. überarbeitete Auflage. Hrsg. Landesbetrieb Wald und Holz NRW. 202 S.

Nilssen, A.C. (1984): Long range aerial dispersal of bark beetles and bark weevils (Coleoptera, Scolytidae and Curculionidae) in northern Finland. Ann. Entomol. Fenn., 50: 37–42.

Nierhaus-Wunderwald, D. (1995): Der Große Lärchenborkenkäfer. Biologie, Überwachung und forstliche Massnahmen. Merkblatt für die Praxis 24. WSL, FNP. Wald und Holz 76 (11): 8–12.

Nierhaus-Wunderwald, D. & B. Forster (2000): Rindenbrütende Käfer an Föhren. Merkblatt für die Praxis 31. WSL. S. 12.

Nierhaus-Wunderwald, D & R. Engesser (2003): Ulmenwelke. Biologie, Vorbeugung und Gegenmassnahmen. Merkblatt für die Praxis 20. WSL. 2. überarbeitete Auflage. S. 6.

Nierhaus-Wunderwald, D. & B. Forster (2004): Zur Biologie der Buchdruckerarten. Merkblatt für die Praxis 18. WSL. 3. überarbeitete Auflage. S. 8.

Nones, S., Simões, F., Trindade, C.S., Matos, J. & E. Sousa (2021): Microbiome Associated with the Mycangia of Female and Male Adults of the Ambrosia Beetle Platypus cylindrus Fab. (Coleoptera: Curculionidae). Insects 12. https://doi.org/10.3390/insects12100881

Nosek, J. (1959): Beitrag zur Biozönologie der Borkenkäfer in Auwäldern des slowakischen Donaugebietes. Anzeiger für Schädlingskunde 32:118–120.

Nuorteva, M. (1956): Über den Fichtenstamm-Bastkäfer, *Hylurgops palliatus* Gyll., und seine Insektenfeinde. Acta Entomologica Fennica 13: 1–116.

Nuorteva, M. (1959): Untersuchungen über einige in den Frassbildern der Borkenkäfer lebende *Medetera*-Arten (Dipt., Dolichopodidae). Suomen Hyönteistieteellinen Aikakauskirja 25: 192–210.

(NW-FVA) Nordwestdeutsche Forstliche Versuchsanstalt – Abteilung Waldschutz (2020): Steckbrief Eichenkernkäfer. Vorläufige Zusammenstellung von Erkenntnissen der NW-FVA und aus der Literatur: 1–12.

Nyffeler, M. (1982): Die ökologische Bedeutung der Spinnen in Forst-Ökosystemen, eine Literaturzusammenstellung. Anz. Schädlingskde., Pflanzenschutz, Umweltschutz 55: 134–137.

Oberprieler, R.G., Marvaldi, A.E. & R.S. Anderson (2007): Weevils, weevils, weevils everywhere. Zootaxa 1668: 491–520.

Oehlke, J., Taeger, A., Blank, S.M., Kraus, M., Dathe, H.H. & H.-J. Jacobs (2011): Hymenoptera. Aus Klausnitzer, B. (Hrsg.): Stresemann – Exkursionsfauna von Deutschland Band 2. Wirbellose: Insekten. 11. Auflage, Spektrum Akademischer Verlag Heidelberg. 976 S.

Opitz, R. (1994): Zur Bruttauglichkeit von Durchforstungsmaterial der Europ. Lärche für den Großen Lärchenborkenkäfer (Ips cembrae HEER). Diplomarbeit Fachhochschule Hildesheim/Holzminden. S. 58 + Anhang.

Otvos, I.S. (1979): The effects of insectivorous bird activities in forest ecosystems: an evaluation. In Dickson, Connor, Fleet, Kroll & Jackson (Hrsg.): The role of insectivorous birds in forest ecosystems. Academic Press, London: 341–374.

Öztürk, N., Akbulut, S. & İ. Baysal (2019): Determination of pathogenicity of Bursaphelenchus species on different pine species under natural conditions in Düzce. Phytoparasitica 47: 89–97. https://doi.org/10.1007/s12600-018-00708-9

Papek, E., Ritzer, E., Biedermann, P.H.W., Cognato, A.I., Baier, P., Hoch, G., Kirisits, T. & M. Schebeck (2024): The pine bark beetle *Ips acuminatus*: an ecological perspective on life-history traits promoting outbreaks. Journal of Pest Science. https://doi.org/10.1007/s10340-024-01765-2

Patacca, M., Lindner, M., Lucas-Borja, M.E., Cordonnier, T., Fidej, G., Gardiner, B., Hauf, Y., Jasinevičius, G., Labonne, S., Linkevičius, E., et al. (2023): Significant increase in natural disturbance impacts on European forests since 1950. Global Change Biology 29 (5):1359–1376. DOI: 10.1111/gcb.16531.

Paynter, Q.E., Anderbrant, O. & F. Schlyter (1990): Behavior of male and female spruce bark beetles, *Ips typographus*, on the bark of host trees during mass attack. J. Insect. Behav. 3: 529–543.

Pechacek, P. & A. Krištín (1993): Nahrung der Spechte im Nationalpark Berchtesgarden. Die Vogelwelt 114: 165–177.

Pennacchio, F., Faggi, M., Gatti, E., Caronni, F., Colombo, M. & P.F. Roversi (2004): First record of *Phloeotribus liminaris* (Harris) from Europe (Coleoptera Scolytidae). REDIA, LXXXVII, 2004: 85–89.

Petercord, R. (2008): Borkenkäfer und deren Antagonisten in rheinland-pfälzischen Buchenwäldern. Mitt. Dtsch. Ges. allg. angew. Ent. 16: 229–232.

Petrov, A.V., Mandelshtam, M.Yu. & R.A. Beaver (2019): A key to species of the tribe Scolytini Latreille, 1804 (Coleoptera: Curculionidae: Scolytinae) from Russia and adjacent countries. Russian. Entomol. J. 28 (3): 286–302. doi: 10.15298/rusentj.28.3.08

Petrov, A.V. (2021): A Key to and Annotated List of the Species of the Bark-Beetle Genus *Scolytus* Geoffroy, 1762 (Coleoptera, Curculionidae: Scolytinae) from European Russia. Entomological Review 101 (9): 1400–1415.

Pfeffer, A. (1995): Zentral- und westpaläarktische Borken- und Kernkäfer (Coleoptera: Scolytidae, Platypodidae). Pro Entomologica, c/o Naturhistorisches Museum Basel. 310 S.

Pfister, A. (2011): Zur Besiedlungsaktivität von Kurzrestholz durch Buchdrucker. Forstschutz aktuell 53: 17–21

Pimentel, D., Zuniga, R. & D. Morrison (2005): Update on the environmental and economic costs associated with alien-invasive species in the United States. Ecological Economics, 52 (3): 273–288. https://doi.org/10.1016/j.ecolecon.2004.10.002.

Postner, M. (1974): *Scolytidae*, Borkenkäfer. In Schwenke, W. (Hrsg.): Die Forstschädlinge Europas. Zweiter Band – Käfer. Verlag Paul Parey, Hamburg: 334–482.

Procházka, J., Cizek, L. & J. Schlaghamerský (2018): Vertical stratification of scolytine beetles in temperate forests. Insect Conserv. Divers. 11: 534–544.

Procházka, J., Stejskal, R., Čížek, L., Hauck, D. & M. Knížek (2018): *Dryocoetes himalayensis* (Coleoptera: Curculionidae: Scolytinae), a new bark beetle species for Slovakia and Austria, and its occurrence in the Czech Republic. Klapalekiana 54: 117–121.

Rabitsch, W. & R. Schuh (2002): Käfer (Coleoptera): 324–346. In: Essl, F. & W. Rabitsch (Red.)(2002): Neobiota in Österreich. Umweltbundesamt, Wien, 432 S.

Rachwald, A., Apoznański, G., Thor, K., Więcek, M. & A. Zapart (2022): Nursery Roosts Used by Barbastelle Bats, *Barbastella barbastellus* (Schreber, 1774)(Chiroptera: Vespertilionidae) in European Lowland Mixed Forest Transformed by Spruce Bark Beetle, *Ips typographus* (Linnaeus, 1758)(Coleoptera: Curculionidae). Forest 13: 1073. https://doi.org/10.3390/f13071073.

Raffa, K.F., Grégoire, J.-C. & B.S. Lindgren (2015): Natural History and Ecology of Bark Beetles. Aus Vega, F.E. & R.W. Hofstetter (Hrsg.): Bark Beetles. Elsevier, Amsterdam. S. 1–40.

Reibnitz, J. (1999): Verbreitung und Lebensräume der Baumschwammfresser Südwestdeutschlands (Coleoptera: Cisidae). Mitteilungen Entomologischer Verein Stuttgart 1869. Jg. 34: 1–76.

Reitter, E. (1913): Bestimmungs-Tabelle der Borkenkäfer (Scolytidae) aus Europa und den angrenzenden Ländern. Wiener Entomologische Zeitung. 32. Jahrg., Beiheft: 1–116.

Reitter, E. (1916): Fauna Germanica, Die Käfer, Bd. 5: (Ipidae – Borkenkäfer: 268–306). K.G. Lutz, Stuttgart.

Rexrode, C.O. (1982): Bionomics of the peach bark beetle *Phloeotribus liminaris* in black cherry. J. Georgia Entomol. Soc. 17 (3): 388–398.

Resnerová, K., J. Schovánková, J. Horák & J. Holuša (2022): Relationships between the Fecundity of Bark Beetles and the Presence of Antagonists. Scientific Reports 12 (1): 7573.

Rheinheimer, J. & M. Hassler (2013): Die Rüsselkäfer Baden-Württembergs. Verlag regionalkultur Heidelberg. S. 944.

Riedel, M., Humala, A.E., Schwarz, M., Schnee, H. & S. Schmidt (2021): Checklist of the Ichneumonidae of Germany (Insecta, Hymenoptera). Biodiversity Data Journal 9: e64267. doi: 10.3897/BDJ.9.e64267

Rohe, W. (2023): Die Brutbilder der wichtigsten Forstinsekten. Feldbestimmungsschlüssel für Deutschland, Österreich und die Schweiz. 2. Auflage. Quelle & Meyer Verlag Wiebelsheim. S. 224.

Röhrig, E. (1996): Die Ulmen in Europa. Ökologie und epidemische Erkrankung. Forstarchiv 67: 179–198.

Roques, A (2010): Alien forest insects in a globalized, warmer world: Impacts of global change (trade, tourism, climate) on forest biosecurity. New Zealand Journal of Forestry Science, 40: 77–94.

Ruchin, A.B., Egorov, L.V. & A.A. Khapugin (2022): Vertical Distribution of Beetles (Coleoptera) in Pine Forests in Central European Russia. Diversity 14: 622. https://doi.org/10.3390/d14080622

Rühm, W. (1956): Die Nematoden der Ipiden. Parasitologische Schriftenreihe 6. Gustav Fischer Verlag, Jena. 437 S.

Ruzzier, E., Ortis, G., Vallotto, D., Faccoli, M., Martinez-Sañudo, I. & M. Marchioro (2023): The first full host plant dataset of Curculionidae Scolytinae of the world: tribe Xyleborini LeConte, 1876. www.nature.com/scientificdata 10:166 | https://doi.org/10.1038/s41597-023-02083-5

Sachtleben, H. (1952): Die parasitischen Hymenopteren des Fichtenborkenkäfers *Ips typographus L.* Beiträge zur Entomologie 2 (2/3): 137–189.

Sanchez, A., Chittaro, Y., Germann, C. & M. Knížek (2020): Annotated checklist of Scolytinae and Platypodinae (Coleoptera, Curculionidae) of Switzerland. Alpine Entomology 4: 81–97.

Sanchez, A., Chittaro, Y., Frey, D., Koch, B., Hölling, D., Brockerhoff, E.G., Ruffner, B. & M. Knizek (2023): Three alien bark and ambrosia beetles (Coleoptera, Curculionidae, Scolytinae) new to Switzerland. Alpine Entomology 7: 45–55.

Sarikaya, O. & H.M. Ibis (2016): Predatory Species of Bark Beetles in the Pine Forests of Izmir Region in Turkey with New Records for Turkish Fauna. Egyptian Journal of Biological Pest Control 26 (3): 651–656.

Saurat, C., Mouttet, R., Jeandel, C., Prost, J., Tellez, D. & R. Ioos (2023): First report of thousand cankers disease caused by the fungus *Geosmithia morbida* and its vector *Pityophthorus juglandis* on *Juglans regia* in France. – New Disease Report 47: e12151. https://doi.org/10.1002/ndr2.12151

Sauvard, D., Branco, M., Lakatos, F., Faccoli, M. & L. Kirkendall (2010): Weevils and Bark Beetles (Coleoptera, Curculionoidea). Chapter 8.2. – In: Roques, A. et al. (Eds.) Alien terrestrial arthropods of Europe. BioRisk 4 (1): 219–266.

Schaefer, M. (2012): Wörterbuch der Ökologie. 5. Auflage. Spektrum Akademischer Verlag Heidelberg. 379 S.

Schebeck, M. & A. Schopf (2017): Temperature-dependent development of the European larch bark beetle, *Ips cembrae*. J. Appl. Entomol. 141: 322–328.

Schebeck, M., Schopf, A., Ragland, G.J., Stauffer, C. & P.H.W. Biedermann (2022): Evolutionary ecology of the bark beetles *Ips typographus* and *Pityogenes chalcographus*. Bulletin of Entomological Research 1–10. https://doi.org/10.1017/S0007485321000353

Schedl, K.E. (1968): Die Gattung *Hylastes* Er. Anzeiger für Schädlingskunde 41: 155–158. https://doi.org/10.1007/BF02178861

Schedl, K.E. (1980): Catalogus Faunae Austriae. Teil XV y: Coleoptera, Fam. Scolytidae und Platypodidae. Verlag der Österreichischen Akademie der Wissenschaften, Wien. 39 S.

Schedl, K.E. (1981): Scolytidae: Borken- und Ambrosiakäfer. In: Freude H. & Harde K.W. & G.A. Lohse: Die Käfer Mitteleuropas, 10. Bd.: 34–100. Goecke & Evers, Krefeld.

Scherzinger, W. (2011): Der Wald als Lebensraum der Vogelwelt. Aus Bundesministerium für Land- und Forstwirtschaft, Umwelt und Wasserwirtschaft (Hrsg.) Wald – Biotop und Mythos. Wien, Grüne Reihe Bd. 23: 27–154.

Schlyter, F. & I. Cederholm (1981): Separation of the sexes of living spruce bark beetles, *Ips typographus* (L.), (Coleoptera: Scolytidae). Z. ang. Ent. 92: 42–47.

Schmidl, J. & H. Bußler (2004): Ökologische Gilden xylobionter Käfer Deutschlands. Einsatz in der landschaftsökologischen Praxis – ein Bearbeitungsstandard. Naturschutz und Landschaftsplanung 36 (7): 202–218.

Schmidt, O. (2004): Eingeschleppte Borkenkäferarten in Bayerischen Wäldern. LWF aktuell 45, S. 21–22.

Schmidt, M., Lorenz, K. & A. Mölder (2022): Die Wälder des Harzes. Ornithol. Jber. Mus. Heineanum 36: 3–12.

Schopf, A. & G. Hoch (2019): Ausblick. In (Hrsg.: Hoch, G., Schopf, A. & G. Weizer) Der Buchdrucker. Biologie, Ökologie, Management. Bundesforschungzentrum für Wald, Wien. S. 208. S. 156–161.

Schopf, A., Schebeck, M. & T. Kirisits (2019): Biologie des Buchdruckers. In (Hrsg.: Hoch, G., Schopf, A. & G. Weizer) Der Buchdrucker. Biologie, Ökologie, Management. Bundesforschungzentrum für Wald, Wien. S. 9–56.

Schroeder, L.M. (1997): Impact of natural enemies on *Tomicus piniperda* offspring production. In "Integrating cultural tactics into the management of bark beetle and reforestation pests, Vallombrosa, 1–4 September 1996" (Ed.) Grégoire, Liebhold, Stephen, Day Salom. Proceedings of the IUFRO conference, USDA, Forest Service General Technical Report NE-236.

Schroeder, L.M. (1999): Prolonged development time of the bark beetle predator *Thanasimus formicarius* (Col.: Cleridae) in relation to its prey species *Tomicus piniperda* (L.) and *Ips typographus* (L.)(Col.: Scolytidae). Agricultural and Forest Entomology 1 (2): 127–135.

Schroeder, L.M. & J. Weslien (1994): Reduced offspring production in bark beetle *Tomicus piniperda* in pine bolts baited wih ethanol and alpha-pinene, which attract antagonistic insects. Journal of Chemical Ecology 20: 1429–1444.

Schuler, H., Witkowski, R., van de Vossenberg, B., Hoppe, B., Mittelbach, M., Bukovinszki, T., Schwembacher, S., van de Meulengraaf, B., Lange, U., Rode, S., Andriolo, A., Bełka, M., Mazur, A. & A. Battisti (2023): Recent invasion and eradication of two members of the *Euwallacea fornicatus* species complex (Coleoptera: Curculionidae: Scolytinae) from tropical greenhouses in Europe. Biol Invasions 25: 299–307. https://doi.org/10.1007/s10530-022-02929-w

Seebens, H. et al. (2017): No saturation in the accumulation of alien species worldwide. Nature communications 8:14435 | DOI: 10.1038/ncomms14435 | www.nature.com/naturecommunications

Seibold, S., Brandl, R., Buse, J., Hothorn, T., Schmidl, J., Thorn, S. & J. Müller (2015): Association of the extinction risk of saproxylic beetles and the ecological degradation of forests in Europe. Conservation Biology 29: S. 382–390.

Seibold, S., Bässler, C., Brandl, R., Büche, B., Szallies, A., Thorn, S., Ulyshen, M. & J. Müller (2016): Microclimate and habitat heterogeneity as the major drivers of beetle diversity in dead wood. Journal of Applied Ecology 53: S. 934–943.

Seibold, S., Hagge, J., Müller, J., Gruppe, A., Brandl, R., Bässler, C. & S. Thorn (2018): Experiments with dead wood reveal the importance of dead branches in the canopy for saproxylic beetle conservation. Forest Ecology and Management 409: 564–570. DOI: 10.1016/j.foreco.2017.11.052

Seifert, G. (1995): Entomologisches Praktikum. 3. Auflage. Georg Thieme Verlag Stuttgart. 322 S.

Shin, S., Clarke, D.J., Lemmon, A.R., Lemmon, E.M., Aitken, A.L., Haddad, S., Farrell, B.D., Marvaldi, A.E., Oberprieler, R.G. & D.D. McKenna (2017): Phylogenomic Data Yield New and Robust Insights into the Phylogeny and Evolution of Weevils. Mol. Biol. Evol. 35 (4): 823–836.

Six, D.L. & P. Biedermann (2023): Fidelity or love the one you're with? Biotic complexity and tradeoffs can drive strategy and specificity in beetle-fungus by-product mutualisms. Ecology and Evolution, 13:e10345. https://doi.org/10.1002/ece3.10345.

Skarmoutsos, G. & H. Michalopoulos-Skarmoutsos (2009): Pathogenicity of *Bursaphelenchus sexdentati*, *Bursaphelenchus leoni* and *Bursaphelenchus hellenicus* on European pine seedlings. Forest Pathology 30(3): 149–156.

Skubała, P. & B. Gurgul (2011): Importance of tree hollows for biodiversity of mites (Acari) in the forest reserve „Śrubita" (Carpathian Mountains, south Poland). Biological Lett. 48: 97–106.

Smith, S.M. & A.I. Cognato (2013): A New Species of *Scolytus* Geoffroy, 1762 and Taxonomic Changes Regarding Neotropical Scolytini (Coleoptera: Curculionidae: Scolytinae). The Coleopterists Bulletin 67(4): 547–556. https://doi.org/10.1649/0010-065X-67.4.547

Smith, S.M. & A.I. Cognato (2014): A taxonomic monograph of Nearctic *Scolytus* Geoffroy (Coleoptera, Curculionidae, Scolytinae). ZooKeys 450: 1–182. doi: 10.3897/zookeys.450.7452

Smith, S.M. & J. Hulcr (2015): *Scolytus* and other Economically Important Bark and Ambrosia Beetles. Aus Vega, F.E. & R.W. Hofstetter (Hrsg.): Bark Beetles. Elsevier, Amsterdam. S. 495–531.

Sobczyk, T. & M. Lehmann (2007): Zur Ausbreitung des Zweifarbigen Thujaborkenkäfers *Phloeosinus aubei* (Perris, 1855) in Ostdeutschland mit Anmerkungen zu *Phloeosinus thujae* (Perris, 1855) und *Phloeosinus rudis* Blandford, 1894 (Coleoptera, Curculionidae, Scolytinae). Märkische Ent. Nachr. B 9 (1): 55–60.

Sobczyk, T., Matschulla, F. & L.-F. Otto (2023): *Orthotomicus longicollis* (Gyllenhal, 1827) in Deutschland – vom Aussterben bedroht oder ein Waldschutzproblem an Kiefer (Coleoptera, Curculionidae, Scolytinae)? Entomologische Nachrichten und Berichte, 67, 2023/2: 157.

Sopow, S.L., Bader, M.K.F. & E.G. Brockerhoff (2015): Bark beetles attacking conifer seedlings: picking on the weakest or feasting upon the fittest? Journal of Applied Ecology 52: 220–227.

Soulioti, N., Tsopelas, P. & S. Woodward (2015): *Platypus cylindrus*, a vector of *Ceratocystis platani* in *Platanus orientalis* stands in Greece. Forest Pathology 45 (5): 367–372.

Spellmann, H., Sutmöller, J. & H. Meesenburg (2007): Risikovorsorge im Zeichen des Klimawandels. Vorläufige Empfehlungen der NW-FVA am Beispiel des Fichtenanbaus. AFZ-DerWald 23: 1246–1249.

Spennemann, D.H.R. (2019): Biology, ecology and distrubution of the Date Stone Beetle, *Coccotrypes dactyliperda* (Coleoptera: Curculionidae). Zoology in the Middle East: 2326–2680.

Stański, T., Czeszczewik, D., Stańska, M. & W. Walankiewicz (2020): Foraging behaviour of the Great Spotted Woodpecker *Dendrocopos major* in relation to sex in primeval stands of the Białowieża National Park. Acta Ornithologica 55: 120–128.

Steinwender, B.M. & R. Wegensteiner (2008): Effects of *Beauveria bassiana* on *Ips sexdentatus* and on *Thanasimus formicarius*. Insect Pathogens and Insect Parasitic Nematodes IOBC/wprs Bulletin Vol 31: 188.

Stephen, L.W. & D.E. Bright (1992): A Catalog of Scolytidae and Platypodidae (Coleoptera), Part 2: Taxonomic Index. Volume B. Gt. Basin. Nat. Mem. 13: 835–1557.

Stephen, F.M. & L.E. Browne (2000): Application of Eliminade™ parasitoid food to boles and crowns of pines (Pinaceae) infested by *Dendroctonus frontalis* (Coleoptera: Scolytidae). Can. Entomol. 108: 283–304.

Stokland, J.N., Siitonen, J. & B.G. Jonsson (2012): Biodiversity in Dead Wood. Cambridge University Press, Cambridge. 509 S.

Tanin, S.M., Kandasamy, D. & P. Krokene (2021): Fungal Interactions and Host Tree Preferences in the Spruce Bark Beetle *Ips typographus*. Front. Microbiol. 12:695167. doi: 10.3389/fmicb.2021.695167

Teka, T., Zhang, L., Ge, X., Li, Y., Han, L. & X. Yan (2022): Stilbenes: Source plants, chemistry, biosynthesis, pharmacology, application and problems related to their clinical Application – A comprehensive review. Phytochemistry 197:113128. doi: 10.1016/j.phytochem.2022.113128.

Temperli, C. & H. Bugmann (2020): Borkenkäferdynamik im Klimawandel: die Bedeutung der Landschaftsebene. Schweiz Z Forstwes 171 (3): 142–150.

Thalenhorst, W. (1958): Grundzüge der Populationsdynamik des großen Fichtenborkenkäfers *Ips typographus* L. Schriftenreihe der Forstlichen Fakultät der Universität Göttingen und Mitteilungen der Niedersächsischen Forstlichen Versuchsanstalt. J. D. Sauerländer`s Verlag, Frankfurt am Main. Bd. 21. 126 S.

Thom, D. & R. Seidl (2016): Natural disturbance impacts on ecosystem services and biodiversity in temperate and boreal forests: Disturbance impacts on biodiversity and services. Biological Reviews 91, 760–781.

Tisserat, N., Cranshow, W., Leatherman, D., Utley, C. & K. Alexander (2009): Black walnut mortality in Colorado caused by the walnut twig beetle and Thousand Cankers Disease. – Plant Health Progress 10: 1–10. https://doi.org/10.1094/php-2009-0811-01-rs

Trigos-Peral, G., Juhász, O., Kiss, P.J., Módra, G., Tenyér, A. & I. Maák (2021): Wood ants as biological control of the forest pest beetles *Ips* spp. Scientifc Reports 11(1): 17931; 11 S. https://doi.org/10.1038/s41598-021-96990-5

Tomalak, M., Malewski, T., Gu, J. & Z. Fa-Qiang (2017): Description of *Bursaphelenchus taphrorychi* sp. n. (Nematoda: Parasitaphelenchidae), the second *Bursaphelenchus* species from larval galleries of the beech bark beetle, *Taphrorychus bicolor* (Herbst.)(Coleoptera: Curculionidae: Scolytinae), in European beech, *Fagus sylvatica* L. Nematology 19: 1217–1235.

Tomalak, M. & A. Filipiak (2018): *Bursaphelenchus michalskii* sp. n. (Nematoda: Aphelenchoididae), a nematode associate of the large elm bark beetle, *Scolytus scolytus* Fabr. (Coleoptera: Curculionidae), in Dutch elm disease-affected elm, *Ulmus laevis* Pall. Nematology 21 (3). DOI: 10.1163/15685411-00003215

Tømmerås, B.Å. (1988): The clerid beetle, *Thanasimus formicarius*, is attracted to the pheromone of the ambrosia beetle, *Trypodendron lineatum*. Experientia 44: 536–537.

Toussaint, E.F.A., Seidel, M., Arriaga-varela, E., Hájek, J., Král, D., Sekerka, L., Short, A.E. Z. & M. Fikáček (2017): The peril of dating beetles. Systematic Entomology 42, 1–10.

Véle, A. & J. Frouz (2023): Bark Beetle Attacks Reduce Survival of Wood Ant Nests. Forests 14: 199. https://doi.org/10.3390/f14020199

Walter, D.E. & V. Behan-Pelletier (1999): Mites in Forest Canopies: Filling the Size Distribution Shortfall? Annu. Rev. Entomol. 44:1–19.

Walter, D.E. & H.C. Procter (2013): Mites: Ecology, Evolution & Behaviour. Life at a Microscale. Springer Science+Business Media Dordrecht. S. 494.

Warzée, N., Gilbert, M. & J.-C. Grégoire (2006): Predatory/prey ratios: a measure of bark-beetle population status influenced by stand composition in different French stands after the 1999 storms. Ann. For. Sci. 63: 301–308.

Webber, J.F. (1990): The relative effectiveness of *Scolytus scolytus*, *S. multistriatus* and *S. kirschii* as vectors of Dutch elm disease. Eur. J. For. Pathol. 20: 184–192.

Webber, J. (2004): Experimental studies on factors influencing the transmission of Dutch elm disease. For. Syst. 13: 197–205.

Wegensteiner, R. (2019): Natürliche Gegenspieler von *Ips typographus*. Aus Hoch, G., Schopf, A. & G. Weizer (Hrsg.)(2019): Der Buchdrucker: Biologie, Ökologie, Management. 2. Auflage, Bundesforschungszentrum für Wald, Wien. S. 94–115.

Wegensteiner, R., Tkaczuk, C., Kenis, M.B. Papierok (2017): Occurence of *Tomicobia seitneri* (Hymenoptera: Pteromalidae) and *Ropalophorus clavicornis* (Hymenoptera: Braconidae) in *Ips typographus* (Coleoptera: Curculionidae: Scolytinae) from Austria, Poland and France. Biologia 72 (7): 807–813.

Weiß, H. (2018): Ulmen und ihre Risiken in der Stadt (Teil 1 und 2). AFZ/Der Wald 16: 44–48 und 20: 36–39.

Weiss, J. & F. Köhler (2005): Erfolgskontrolle von Maßnahmen des Totholzschutzes im Wald. Einzelbaumschutz oder Baumgruppenerhaltung? LÖBF-Mitteilungen (Recklinghausen) 2005/3: 26–29.

Wermelinger, B. (2004): Ecology and management of the spruce bark beetle *Ips typographus*—a review of recent research. Forest Ecology and Management 202 (1–3): 67–82.

Wermelinger, B., Epper, C. & D. Schneider Mathis (2002): Warum tote Käferbäume stehen lassen? Wald und Holz 4: 39–42.

Wermelinger, B., Flückiger, P.F., Obrist, M.K. & P. Duelli (2007): Horizontal and vertical distribution of saproxylic beetles (Col., Buprestidae, Cerambycidae, Scolytinae) across sections of forest edges. Journal of Applied Entomology 131 (2): 104–114. doi: 10.1111/j.1439-0418.2006.01128.x

Wermelinger, B., Epper, C., Kenis, M., Ghosh, S. & O. Holdenrieder (2012): Emergence patterns of univoltine and bivoltine *Ips typographus* (L.) populations and associated natural enemies. Journal of Applied Entomology 136: 212–224.

Wermelinger, B., Brist, M.K., Baur, H., Jakoby, O. & P. Duelli (2013): Synchronous rise and fall of bark beetle and parasitoid populations in windthrow areas. Agric. For. Entomolo. 15: 301–309.

Wermelinger, B. & O. Jakoby (2019): Borkenkäfer. In Störungsökologie. (Hrsg.: Wohlgemuth, T., Jentsch, A. & R. Seidl). Haupt Verlag. S. 236–255. DOI: 10.36198/9783838550183

Wermelinger, B., Schneider Mathis, D., Knížek, M. & B. Forster (2020): Tracking the spread of the northern bark beetle (*Ips duplicatus* [Sahlb.]) in Europe and first records from Switzerland and Liechtenstein. Alpine Entomology 4: 179–184. https://doi.org/10.3897/alpento.4.53808

Wermelinger, B. & D. Schneider Mathis (2021): Natürliche Feinde von Borkenkäfern. WSL. Merkblatt für die Praxis 67. S. 12.

Weslien, J. (1992): The arthropod complex associated with *Ips typographus* (L.)(Coleoptera, Scolytidae): species composition, phenology, and impact on bark beetle productivity. Entomologica Fennica 3: 205–213.

Weslien, J. & L.M. Schroeder (1999): Population levels of bark betles and associated insects in managed and unmanaged spruce stands. Forest Ecology and Management 115: 267–275.

Westheide, W. & G. Rieger (Hrsg.)(2013): Spezielle Zoologie – Teil 1: Einzeller und Wirbellose Tiere. Springer-Verlag Berlin. S. 892.

Willig, J. (1999): Vergleich der Insektenfauna und physiologischer Kenngrößen von Kiefer und Buche in naturgemäß und konventionell bewirtschafteten Beständen. Dissertation, Georg-August-Universität Göttingen. S. 196.

Winter, M.B., Bässler, C., Bernhardt-Römermann, M., Krah, F.S., Schaefer, H., Seibold, S. & J. Müller (2017): On the structural and species diversity effects of bark beetle disturbance in forests during initial and advanced early-seral stages at different scales. European Journal of Forest Research 136: 357–373.

Wissenschaftlicher Beirat für Waldpolitik (WBW)(2021): Die Anpassung von Wäldern und Waldwirtschaft an den Klimawandel. Berlin. S. 192.

Wood, S.L. (1982): The bark and ambrosia beetles of North and Central America (Coleoptera: Scolytidae). A taxonomic monograph. Great Basin Naturalist Memoirs 6: 1–1359.

Wood, S.L. & D.E. Bright (1992): A Catalog of Scolytidae and Platypodidae (Coleoptera), Part 2: Taxonomic Index. Volume A. Great Basin naturalist memoirs 13: S. 1553.

Wood, S.L. (2007): Bark and ambrosia beetles of South America (Coleoptera, Scolytidae). Monte L. Bean Life Science Museum, Brigham Young University, Provo, Utah, S. 900 + Bildtafeln I–CCXXX.

Yates, M.G. (1984): The biology of the oak bark beetle, *Scolytus intricatus* (Ratzeburg)(Coleoptera: Scolytidae), in southern England. Bulletin of Entomological Research, 74 (4): 569–579.

Zahner, V. & N. Wimmer (2019): Spechte & Co. Sympathische Hüter heimischer Wälder. AULA-Verlag Wiebelsheim. S. 165.

Zeiri, A., Ayberk, H., Braham, M. & M. Braham (2016): Investigations on gallery patterns of the Almond bark beetle (*Scolytus amygdali* Guerin-Méneville 1847)(Coleoptera, Curculionidae) in Tunisia. Journal of the Faculty of Forestry Istanbul University 66 (1): 288–294.

Zhao. T., Kandasamy, D., Krokene, P., Chen, J., Gershenzon, J. & A. Hammerbacher (2019): Fungal associates of the tree-killing bark beetle, *Ips typographus*, vary in virulence, ability to degrade conifer phenolics and influence bark beetle tunneling behavior. Fungal Ecology 38: 71–79. https://doi.org/10.1016/j.funeco.2018.06.003.

9 Internet

www1 = http://coleonet.de/coleo/texte/scolytidae.htm Seitentitel: Käfer Europas Familie Scolytidae (Borkenkäfer) von Arved Lompe. Einsichtnahme ab: 13. VIII. 2020.

www2 = http://www.coleokat.de/de/fhl/ Seitentitel: Entomofauna Germanica. Verzeichnis der Käfer Deutschlands. Bearbeiter: Ortwin Bleich, Stephan Gürlich und Frank Köhler. Einsichtnahme ab 15. VIII. 2020.

https://www.kerbtier.de/ Käferfauna Deutschlands

Kaefer der Welt – Beetles of the World = https://www.kaefer-der-welt.de/

Naturportal-suedwest (Naturkundemuseum Stuttgart) = https://naturportal-suedwest.de/de/home/

https://www.wsl.ch Serientitel: Diagnose-Programm Waldgesundheit

https://fauna-eu.org/cdm_dataportal/taxon/2cb4d2f8-e0c7-4014-9227-df605456d6cb Seitentitel: Scolytinae. Fauna Europaea. Museum für Naturkunde, Leibniz-Institut für Evolutions- und Biodiversitätsforschung, Invalidenstr. 43, 10115 Berlin. Einsichtnahme ab 18. VIII. 2020.

wwwLWF = Erz- und Brackwespen, Gegenspieler des Buchdruckers (waldwissen.net). Redaktion Bayerische Landesanstalt für Wald und Forstwirtschaft.

CABI Compendium = Scolytus intricatus (European oak bark beetle) | CABI Compendium (cabidigitallibrary.org)

GBIF = https://www.gbif.org/ Global Biodiversity Information Facility.

Catalogue of Life = https://www.catalogueoflife.org/Catalogue of Life.

info fauna 2021 – Schweizerisches Zentrum für die Kartografie der Fauna. (SZKF / CSCF)(2021) Käfer. http://www.cscf.ch/cscf/de/home/fauna-der-schweiz/kafer.html

isip = https://www.isip.de/isip/servlet/isip-de/regionales/brandenburg/pflanzenschutzdienst/pflanzengesundheit/unionsquarantaeneschaedlinge--uqs--320358

www3 = Forstwirtschaft in Deutschland. Forstliches Glossar. https://www.forstwirtschaft-in-deutschland.de/waelder-entdecken/forstliches-glossar/.

www4 = UK Beetles. Hylurgops palliatus (Gyllenhal, 1813). https://www.ukbeetles.co.uk/hylurgops-palliatus.

www5 = Stadelmann, G., Meier, F., & C. Bigler (2014): Ursachen und Verlauf von Buchdrucker-Epidemien. Wald Holz 95, 5: 25–28 . https://www.waldwissen.net/de/waldwirtschaft/schadensmanagement/insekten/buchdrucker-epidemien-in-der-schweiz

www7 = https://lwg.bayern.de/weinbau/rebe_weinberg/149760/index.php

www8 = Modelle – Waldökologie | ETH Zürich; https://fe.ethz.ch/forschung/stand-and-landscape-dynamics/modelle.html

www9 = https://de.wikipedia.org/wiki/Cheiropachus_quadrum

10 Glossar/Fachbegriffe

Unter Verwendung verschiedener Quellen (www3; BMEL 2021; Imesch et al. 2015; Seifert 1995; Schaefer 2012).

Abiotische Waldschäden = Schäden durch Luftverschmutzung, Frost, Blitz, Hagel, Wind oder Sturm, Schnee, Dürre oder Hitze und Waldbrand.

Abschreckstoff = Von Organismen abgegebener oder gespeicherter, der Abhaltung von Feinden dienender Stoff (schlechter Geruch = Repellent, schlechter Geschmack = Deterrent).

Ambrosiakäfer = Ökologische Gilde der Holzbrüter mit Pilzzucht. Kein systematischer Begriff.

Antagonist = Gegenspieler

Altersklassenwald = Anders als im Dauerwald oder Plenterwald stehen im Altersklassenwald die verschieden alten Bäume nicht gemischt, sondern in etwa gleich alten Beständen räumlich voneinander getrennt. Erfolgt Waldbau in einem Zyklus von Pflanzung, Pflege, Holzernte und erneuter Pflanzung, spricht man von Altersklassenwald.

Auwald = Wald entlang eines Flusses oder Baches. Sein Standort bedingt, dass er permanent von Grundwasserschwankungen und/oder Überflutung beeinflusst wird.

Bestandsabfall = In einem Pflanzenbestand im Laufe eines Jahres abgeworfene Blätter, Blüten, Früchte, abgestorbene Äste, abgefaulte Wurzeln.

Bestandesbegründung = Die Verjüngung von Waldbeständen auf natürliche oder künstliche Weise.

Biotische Waldschäden = Waldschäden, an denen Lebewesen erkennbar beteiligt sind. Hierzu gehört der Befall von Bäumen mit Insekten, Pilzen sowie Verbissschäden durch Mäuse und Wild. Auch Konkurrenzdruck von Nachbarbäumen innerhalb eines Bestandes oder durch die Bodenvegetation gehört dazu.

bivoltin = Bezeichnung für Tiere (vor allem Arthropoden) mit zwei Generationen im Jahr.

Bruchwald = Ein Bruchwald ist ein permanent nasser, zeitweilig auch überstauter, sumpfiger Wald.

Brusthöhendurchmesser (BHD) = Der Brusthöhendurchmesser ist der Durchmesser eines Baumes mit Rinde in 1,30 m Höhe.

Brutfürsorge = Alle Handlungen der Elterntiere, die ihrer Nachkommenschaft zugutekommen und zugleich mit der Eiablage oder der Geburt der Jungen abgeschlossen sind. Hierzu gehören z. B. Schutzhüllenbildung der Eier im Körper des Weibchens, alle Maßnahmen zur Eiablage oder Geburt an von Natur geschützten Stellen und an Orten, an denen die Nachkommen günstige Entwicklungsbedingungen finden, Anlage von Nahrungsdepots.

Brutpflege = Jede nach Abschluss der Eiablage oder Geburt der Jungen zum Nutzen der Nachkommen von den Eltern ausgeübte Tätigkeit, die auf Schutz oder Nahrungsversorgung der Jungen gerichtet ist.

Chagrinierung = Feine Oberflächengestalt der Cuticula (z. B. geschuppt, netzaderig). Mikrostruktur.

Clypeus = Frontaler Kopfteil zwischen Epistomalnaht und Clypeolabralnaht. Kopfpartie zwischen Labrum (Oberlippe) und Frons (Stirn).

Clypeolabralnaht = Horizontalnaht der frontalen Kopfkapsel, die das Labrum (Oberlippe) vom Clypeus trennt.

Coxa = Hüfte: 1. Beinglied, kuppelartig geformt und mit einem Kugelgelenk im Thorax eingefügt.

Derbholz = Die oberirdische Holzmasse von Bäumen mit über 7 cm Durchmesser mit Rinde.

Detritus = Zerreibsel, Zerfallsprodukt pflanzlichen (Phytodetritus) oder tierischen Ursprungs (Zoodetritus) auf dem Land und im Wasser; ganz allgemein die abgestorbene organische Substanz aus allen trophischen Ebenen (Ernährungsstufen) eines Ökosystems, einschließlich Defäkation, Exkretion, Sekretion und Eintrag toter organischer Substanz von außerhalb des Systems (allochthonem organischem Material). Im weiteren Sinn wird Detritus als tote organische Substanz mit den sie besiedelnden Mikroorganismen verstanden.

Diapause = Lebensphase einer Entwicklungshemmung, die durch Außenfaktoren (Temperatur, Feuchtigkeit, Nahrung, Photoperiode) oder endogen ausgelöst werden kann. Sie kann fakultativ oder obligatorisch in jedem Entwicklungsstadium (Ei, Larve, Puppe, Imago) auftreten.

Dickung = Junger, dichter und geschlossener Wald, der so dicht zusammengewachsen ist, dass die Äste der Bäume aus Mangel an Licht abzusterben beginnen (auch Jungbestand).

Ektoparasit = Außen auf anderen Organismen (Wirt) lebender Schmarotzer.

Endoparasit = Im Inneren anderer Organismen (Wirt) lebender Schmarotzer.

Endosymbiose = Form ständigen und engen Zusammenlebens verschiedenartiger Organismen, das für beide Partner lebensnotwendig ist (Symbiose) und bei dem ein Partner im Körper des anderen lebt.

Epistomalnaht = Horizontalnaht zwischen Clypeus und Frons

Erntefestmeter (Efm) = Maß für Rohholz zur Abschätzung des nutzbaren Derbholzes aus einer Holzerntemaßnahme. Ein Erntefestmeter entspricht einem Kubikmeter (m^3) Holzmasse ohne Zwischenräume und Rinde. Der Erntefestmeter wird in der Praxis aus dem Vorratsfestmeter errechnet, indem vom Vorratsfestmeter 20 % Ernte- und Rindenverluste abgezogen werden.

Femur = Schenkel: 3. Beinglied

Flügeldimorphismus = Bei Insekten das Vorkommen von zwei Morphen mit unterschiedlich langen Flügeln.

Diese können normal ausgebildet („Makropterie") sein, verkürzt sein („Brachypterie") oder auch völlig fehlen („Apterie").

Frons = Stirn, Stirnpartie der Kopfkapsel

Frostresistenz = Frosthärte. Fähigkeit von Organismen, ein Gefrieren von Körper- oder Gewebeflüssigkeit ohne Schädigung zu ertragen (Gefriertoleranz). Dabei wird fast immer nur ein Gefrieren extrazellulärer Flüssigkeit toleriert.

Frostschutzmittel = Kälteschutzmittel, Kryoprotektor. Stoff, der Frostschäden in Geweben von Pflanzen und Tieren vermindert oder vermeiden hilft. Frostschutzmittel können Stoffe wie Zucker, Polyalkohole, manche Aminosäuren, Peptide und Proteine sein.

Generalist = Tier- oder Pflanzenart, die geringe Ansprüche an Bedingungen ihrer Umwelt stellt und einen breiten Ausschnitt aus dem Ressourcenspektrum nutzt.

Generation = Lebensphase eines Individuums von der Geburt bis zum Tod (Lebenszyklus); Gesamtheit der während einer Fortpflanzungsphase neu in eine Population kommenden Individuen.

Gilde = Gruppe von Arten, die gleiche Ressourcen – wie Nahrung oder Mikrohabitate – in ähnlicher Weise nutzen.

Gradation = Der Gesamtablauf der Massenvermehrung einer Population.

Habitat = Lebensraum einer Art, auch synonym für Biotop verwendet.

Harze = Zähflüssige Gemische aus ätherischen Ölen und Harzsäuren als sekundäre Pflanzenstoffe. Harze können vor allem im Holz in höherer Konzentration vorkommen, wirken antibiotisch und verringern die Verdaubarkeit des Pflanzenmaterials bei Phytophagen. Sie dienen oft als wirksame mechanische und chemische Abwehr gegen einbohrende Insekten.

heliophil = Bezeichnung für Organismen, die eine hohe Intensität des Sonnenlichtes bevorzugen.

Hochwald(-bewirtschaftung) = Betriebsart des Waldbaus, bei welcher die einzelnen Bäume ausschließlich aus sog. Kernwüchsen bestehen, d. h. aus Samen gekeimte Bäume. Diese wachsen oft zu hochstämmigen Beständen heran.

Holzpilz = Pilz, der sich von Holz ernährt, d. h. darauf wächst und dieses abbaut. Diese Pilze erzeugen die Holzfäule, die meisten von ihnen die sog. Braunfäule: Der Pilz baut vorwiegend die Cellulose ab, sodass das Holz an Festigkeit und Masse verliert und die typische querrissige Struktur entwickelt, den sog. Würfelbruch. Das Holz nimmt gleichzeitig eine dunkelbraune Farbe an, weil das braune Lignin weitgehend erhalten bleibt, während die helle Cellulose abgebaut wird.

Hotspot = Gebiet, das eine besonders hohe Dichte und Vielfalt charakteristischer Arten, Populationen oderund Lebensräume aufweist.

Indikatorart = Lebewesen, das besondere Ansprüche an seinen Lebensraum bzw. Standort stellt und deshalb einen bestimmten Zeigerwert für bestimmte Strukturen und Standortverhältnisse hat (Urwald-Käfer/Urwaldreliktkäfer als Zeiger für totholzreiche Waldhabitate mit langer ungestörter Tradition).

induzierte Abwehr = Bei Pflanzen Abwehrreaktion nach Befall durch einen Parasiten oder Pflanzenfresser – im Gegensatz zur konstitutiven Abwehr. Die Reaktion kann in einer Abschottung gesunden Gewebes gegen krankes oder in der Produktion sekundärer Pflanzenstoffe bestehen. Beispiele: Bildung von Abwehrstoffen bei mikrobieller Infektion (Phytoalexine, Phytonzide), Bildung von Polyphenolen oder Proteinase-Inhibitoren bei Insektenfraß, Produktion von volatilen organischen Verbindungen (z. B. Jasmonsäure) bei Verletzung des Pflanzengewebes.

intraspezifisch = innerartlich

insektivor = entomophag, Prädation von Insekten

interspezifische Konkurrenz = Die Inanspruchnahme von in beschränkter Anzahl vorhandenen Gegebenheiten der Umwelt (Ressourcen, z. B. Raum, Nahrung) durch zwei oder mehrere Arten (Wettbewerb, Konkurrenz).

Invasive gebietsfremde Arten = Gebietsfremde Arten (Neobiota) können zu einem Problem werden, wenn sie invasiv sind. Invasiv bedeutet, dass sich eine gebietsfremde Art auf Kosten anderer Arten ausbreitet. Dies kann vielfältige ökologische Schäden verursachen. Sie verdrängen einheimische Arten, hybridisieren mit einheimischen Populationen, verändern die ökologischen Faktoren bzw. Funktionsabläufe einheimischer Ökosysteme oder übertragen Krankheiten und Parasiten, die bei einheimischen Arten nicht vorkommen.

Kalamität = Großflächiger Ausfall von Waldbeständen. In der Regel handelt es sich um Massenerkrankungen ganzer Waldbestände durch Massenvermehrungen von Pflanzenfressern oder auch Witterungsextreme wie Sturmschäden, Schneebruch und Waldbrand.

Kienzopf = Der Kiefernrindenblasenrost ist der Verursacher des Kienzopfs. Rostpilz-Arten befallen die Waldkiefer (*Pinus sylvestris* L.) und erzeugen charakteristische Krankheitssymptome.

Koevolution = Herausbildung von Merkmalen während der Evolution durch länger andauernde Interaktion zwischen zwei Arten oder Artengruppen, wobei evolutionäre Veränderungen bei einer Art die Evolution der anderen Art(en) beeinflussen („reziproke Selektion").

Kommensalismus = Tischgemeinschaft, Mitessertum; geduldete Gesellung einer anderen Art, des „Kommensalen", mit einem Wirt, die sich auf Mitnutzen von Nahrung beschränkt, ohne den Wirt zu schädigen. Der Begriff wird oft im weiteren Sinne überhaupt für Zusammenleben von Arten gebraucht, bei dem der eine Partner Vorteil gewinnt, ohne dem anderen zu schaden. Kommensalismus ist dann synonym mit Parabiose.

Kosmopolit = Art, die in ihr zusagenden Lebensstätten über weite Teile der Erde verbreitet ist.
Labialpalpus = Unterlippen-Taster (paarig)
Labium = Unterlippe
Labrum = Oberlippe
Latenz = Auch „Ruhezustand“; beim Massenwechsel von Insekten der Zustand (Latenzphase) geringer Populationsdichte zwischen zwei Massenvermehrungen (Gradation).
Leitart = Tier-, Pilz- oder Pflanzenart, die charakteristisch für ein Habitat oder eine bestimmte Lebensgemeinschaft (Biozönose) ist. Leitarten sind eng an bestimmte Eigenschaften ihres Lebensraumes gebunden. Im Naturschutz kann deshalb aus dem Vorkommen bestimmter Leitarten auf die Verbreitung schutzwürdiger Biotope und Habitate und deren vollständigen Artengarnitur geschlossen werden.
Mandibel = Oberkiefer (paarig)
Maxillarpalpus = Unterkiefer-Taster (paarig)
Maxille = Unterkiefer (paarig)
Moderholz = Holz in fortgeschrittenem Abbaustadium, weiter fortgeschritten als Morschholz, aber noch nicht völlig pulverig zerfallend. Mit dem Taschenmesser längs und quer der Faserrichtung einschneidbar (im Gegensatz zum Morschholz: Messer dringt nur in Faserrichtung leicht ein).
Moderholzverjüngung = Natürliche Verjüngung auf Wurzelstöcken und liegendem Totholz in fortgeschrittenem Abbaustadium. Im Bergwald hat liegendes Totholz eine große Bedeutung für die Waldverjüngung, weil sich darauf Fichten und Tannen ansamen und entwickeln können. So haben sie einen Konkurrenzvorsprung gegenüber der Strauchschicht.
monophag = Bezeichnung für Nahrungsspezialisten. Monophage 1. Grades leben nur von einer einzigen Wirtsart, solche 2. Grades von einigen Arten einer Wirtsgattung, solche 3. Grades von allen Arten einer Wirtsgattung. Monophagie kommt vor allem bei Pflanzenfressern (Phytophagie) und parasitischen Insekten vor.
Morschholz = Holz in einem fortgeschrittenen Abbaustadium. In dieses Holz kann mit dem Taschenmesser in Faserrichtung eingedrungen werden.
Mullholz = Holz im letzten Abbaustadium, das nur noch als pulverige Masse besteht.
Mulmhöhle = Von Mullholz gefüllte Baumhöhlen. Der Mulm, der sich durch Zersetzung des Holzes und Ansammlung von Exkrementen und Pilzmycel bildet, wird von weiteren Lebewesen, den sekundären Höhlenbewohnern, besiedelt. Die Entstehung einer Mulmhöhle dauert oft Jahrzehnte. Deshalb zählt diese zu den seltensten und für gewisse hoch spezialisierte Arten dennoch unentbehrlichen Habitatstrukturen. Beispielsweise verbringt die Larve des Eremiten mehrere Jahre in Mulmhöhlen.
Mykorrhiza = Symbiose von Pilzen mit den Wurzeln bestimmter höherer Pflanzen. Die Pilzhyphen wachsen entweder zwischen den Zellen der Wurzelrinde (Ektomykorrhiza) oder dringen ins Innere der Rindenzellen ein (Endomykorrhiza). Die Ektomykorrhiza kommt vor allem bei Waldbäumen vor.
Mykorrhizapilz = Pilz, der die Feinwurzeln von Waldbäumen umhüllt und dadurch mit dem Baum Stoffe austauschen kann. Der Baum gibt Zucker an den Pilz ab, und erhält im Gegenzug von diesem Wasser sowie Nährstoffe wie Phosphor und Stickstoff, die der Pilz mit seinen feinen Fäden (Hyphen) aus kleinsten Bodenporen aufgenommen hat. Es handelt sich also um eine Symbiose, um ein Zusammenleben zu gegenseitigem Nutzen. Eine reiche und gesunde Pilzflora im Wald ist deshalb auch für das Gedeihen der Bäume überlebenswichtig.
nematophag = Bezeichnung für Organismen, darunter auch Pilze, die sich von Nematoden ernähren.
Neozoen = Tierarten, die in historischer Zeit eingeführt wurden. Auch Adventiv-Arten genannt.
Ökosystemingenieur = Eine Art, die als Mitglied einer Lebensgemeinschaft (Biozönose), eines Ökosystems eine prägende und/oder gestaltende Wirkung auf die Umwelt hat.
Ösophagus = Speiseröhre
oligophag = Wenige Baumarten werden als Nahrungsquelle genutzt.
Ökoton = Übergangs-Lebensraum zwischen zwei verschiedenen Ökosystemen, z. B. ein Waldrand zwischen Wald und offener Wiese. Ökotone sind oft besonders artenreich, weil darin sowohl Lebewesen der angrenzenden Ökosysteme vorkommen, als auch solche, die sich auf die Lebensbedingungen im Ökoton spezialisiert haben.
Palpus maxillaris = Unterkiefer-Taster. Maxillarpalpus (sing.), Maxillarpalpen (pl.).
Palpus labialis = Unterlippen-Taster. Labialpalpus (sing.), Labialpalpen (pl.).
Parasit = Schmarotzer; Organismus, der auf oder in anderen Organismen (Wirt) lebt und sich von deren Körpersubstanz ernährt, ohne im Regelfall seinen Wirt zu töten.
Parasitoid = Parasit, der seinen Wirt im Laufe seiner Entwicklung allmählich tötet, wie es bei den Schlupfwespen (z. B. Ichneumonidae, Braconidae, Chalcidoidea unter den Hymenopteren) und den Schlupffliegen (Tachinidae) die Regel ist. Sie können außen am (Ektoparasitoid) oder innen im Wirt (Endoparasitoid) leben.
Parökie = „Beisiedlung“; geduldete Nachbarschaftsgesellschaft.
Pedicellus = Zweites Glied der Antenne bzw. erstes Fühlerschaft-Glied. Meistens breiter als alle anderen Fühlerschaft-Glieder.
Pharynx = Schlund

Phoresie = Vorübergehende Transportgesellung, Form eines Zwei-Arten-Systems. Ausnutzung eines Tieres („Transportwirt") für den Transport von Individuen einer anderen Art. Der Transporteur erleidet hierdurch keinen Nachteil.

Phytophagie = Herbivorie. Fraß an lebender Pflanzensubstanz.

polyphag = Bezeichnung für Tiere, die in ihrer Nahrungswahl wenig wählerisch sind und sich von sehr verschiedenartiger pflanzlicher oder tierischer Substanz ernähren.

Population = Gesamtheit der Individuen einer Art, die in einem (mehr oder weniger abgeschlossenen) Lebensraum leben und eine natürliche Fortpflanzungsgemeinschaft bilden.

Prädisposition = Änderung der Empfindlichkeit (Disposition) eines Organismus gegenüber dem Befall durch Parasiten oder Krankheitserreger, bedingt durch Umweltbedingungen.

primär = primärpathogen. Bezeichnung für Organismen, die von gesunden Wirtspflanzen oder Wirtstieren leben und diese unter Umständen zum Absterben bringen.

Pronotum = Halsschild

Proventriculus = Kaumagen

Pterothorax = die mit Flügeln versehenen Brustsegmente: Meso- und Metathorax.

Pubeszenz = feine, anliegende Behaarung.

Regenerationsfraß = Fraßperiode von Insektenweibchen nach ihrer ersten Eiablage, die der Neubildung der Eier dient und somit zur zweiten Brut führt, wenn genügend Nahrung vorhanden ist.

Reifungsfraß = Reifefraß. Fraßperiode der Insekten, welche ihre Gonaden zur Reife und zur Produktion von Geschlechtszellen bringen soll.

Reliktart = Eine ehemals weiter verbreitete Art, die heute nur noch in Restbeständen – meist in isolierten Habitaten – vorkommt.

Repellent = Repellens, Repulsivstoff. Wirkstoff, der von einem Organismus über den Geruchssinn wahrgenommen wird und ihn abschreckt, ohne ihn zu töten.

Restholz = Holzreste, die nach einem Holzeinschlag auf der Fläche verbleiben und in der Regel nicht genutzt werden. Waldrestholz besteht meist aus Baumkronen, Ästen und nicht verkaufbaren Stammteilen.

Rindenbrüter = Ökologische Gilde der unter der Rinde lebenden Käfer. Ein Teil des Brutgeschäfts (z.B. Puppenhöhlen) kann auch in den Holzkörper ausgelagert sein. Kein systematischer Begriff.

Rückegassen/Rückewege = Rückegassen (Rückewege) sind unbefestigte Schneisen im Wald, die im Rahmen der sogenannten Feinerschließung angelegt werden. Sie dienen Rückemaschinen, Harvestern und Forwardern zur Befahrung bei der Holzernte.

saprotroph = Bezeichnung für Organismen (Bakterien, Pilze, höhere Pflanzen, Tiere), die tote organische Substanz als Nahrung nutzen (Saprophagie).

Saproxylobios = Lebewelt an oder in totem Holz. Sie ist „saproxylisch".

Scapus = Fühlerschaft. Basales Glied der Geißelantenne.

Schaden = Negative Auswirkung einer Störung. Dies können sowohl ökonomische Schäden als auch Beeinträchtigungen von Ökosystemleistungen sein.

Schlüsselart (key species, keystone species) = Art, die in einer Lebensgemeinschaft (Biozönose) eine wichtige Funktion hat. Durch ihr Wegfallen würde sich das Ökosystem stark verändern.

Schwachholz = Stämme von geringem Durchmesser, die in der Regel nicht mehr von der Sägeindustrie verwendet werden können. Die Durchmessergrenze ist je nach Baumart unterschiedlich. Zum Schwachholz im weitesten Sinn zählen auch starke Äste von Laubbäumen oder das Kronenholz von Nadelbäumen.

Segregation = Entmischung, d. h. räumliche Trennung von Waldfunktionen. Im Extremfall auf einer Fläche Reservat mit Naturwald und auf der benachbarten Fläche eine Holzplantage.

sekundär = sekundärpathogen. Bezeichnung für Organismen, die von geschwächten oder kranken Wirtspflanzen oder Wirtstieren leben. Bei hoher Dichte können sie auch primär werden.

sekundäre Pflanzenstoffe = Sekundäre Pflanzeninhaltsstoffe sind Substanzen in Pflanzen, die in ihrer Biosynthese vom Stoffwechsel der Kohlenhydrate, Fette und Aminosäuren abgeleitet sind. Wichtige Stoffgruppen – neben Phytohormonen, Coenzymen u.a. – sind Terpenoide, Phenole und Alkaloide (diese sind mit etwa 5000 Verbindungen zahlenmäßig am stärksten vertreten). Sie haben mindestens zum Teil die Funktion, Abwehrstoffe gegen den Fraß durch Tiere zu sein.

Skulpturierung = grobe Oberflächengestalt der Cuticula.

sp. oder spec. = eine beliebige Spezies (Art) aus einer Gattung, z.B. *Scolytus*.

Spezialist = Art, die nur einen schmalen Bereich von Umweltgegebenheiten nutzt. Häufig auf Ressourcen bezogen.

spp. = „species pluralis" = Mehrere Species (Arten) aus dieser Gattung.

ssp. = „subspecies" = Unterart. Der Artname enthält dann zwei Namenszusätze, wie z.B. *Pityogenes irkutensis monacensis*.

subprimär = Insektenarten, die durch für sie vorteilhafte biotische oder abiotische Einflüsse auf Bäume, schnell zu Massenvermehrungen neigen.

standortsheimisch (Baumartenmischung) = Bezeichnet Baumarten, die an einem bestimmten Standort natürlicherweise vorkommen bzw. vorkommen würden, d. h. für diesen unter den heutigen Klima- und Bodenbedingungen charakteristisch sind.

Stangenholz = Stangenholz hat einen Brusthöhendurchmesser von 7–20 cm.

Starkholz = Baumstämme mit einem Brusthöhendurchmesser (BHD) ab ca. 50 cm.

Sternit = Vom Sternum abgegliedertes Sklerit. In der Kutikula verstärkter Bereich eines Bauchteils des Hinterleibs.

Sternum = Sklerotisierter Bereich des Ventrum (Bauchteil eines Hinterleibsegments).

Stockausschlag = Triebe von Bäumen und Sträuchern, die nach dem Verlust der primären Sprossachse (des Hauptstammes) aus dem Stumpf (auch «Stock» genannt) wieder neu austreiben. Besonders ausschlagekräftig sind Hagebuche und Hasel.

Störung = Funktionale Änderung von Waldökosystemen durch ein zeitlich und örtlich begrenztes Ereignis wie einen Sturm, ein Feuer oder eine Insektenkalamität.

Tarsus = Fuß: 5. Beinabschnitt bestehend aus fünf Gliedern; das 4. Glied ist sehr kurz bei den Borkenkäfern und im 3. Fußglied versteckt; das letzte Fußglied trägt paarige Klauen.

Tibia = Schiene: 4. Beinglied, oft als maulwurfsartige „Schaufel“ ausgebildet und mit zahlreichen Dornfortsätzen.

Tomentfleck = Bereich des Vorderkopfes (oberhalb der Epistomalnaht) mit sehr dichtstehenden kurzen Haaren.

Totholz = Abgestorbener Baum, stehend (sog. Trockenholz oder Dürrständer) oder liegend (sog. Morschholz), oder als Baumstumpf.

Trochanter = Schenkelring: 2. Beinglied, meist sehr kurz ausgebildet.

Umtriebszeit = Geplanter mittlerer Zeitraum, den eine Baumart, Baumartengruppe oder ein Bestandestyp von der Begründung bis zur Ernte braucht.

univoltin = Bezeichung für Tierarten (vor allem Insekten), die im Laufe eines Jahres nur eine Generation durchlaufen können, da die Entwicklung durch eine obligatorische Diapause unterbrochen wird.

Vorratsfestmeter = Maß für Rohholz. Oberirdisches Holzvolumen ab 7 cm Durchmesser (Derbholz) mit Rinde.

Vorwald = Begründung oder Verwendung bereits vorhandener Pionierbaumarten auf freigelegten Waldflächen zur besseren Etablierung der Verjüngung mit schattentoleranten Baumarten späterer Sukzessionsphasen („Zielbaumarten“). Letztere sind in der Regel weniger stresstolerant (z. B. Spätfrost, Hitze) und ihre Etablierung wird daher durch den lockeren Schirm eines Vorwaldes begünstigt.

Waldschutz = Waldschutz (auch Forstschutz) umfasst alle Maßnahmen der Waldbewirtschaftung zum Schutz von Beständen und Wäldern vor Schäden, die zu Beeinträchtigungen der Bereitstellung von Ökosystemleistungen des Waldes führen.

xylobionte Käfer = Arten, die sich am oder im Holz, einschließlich der holzbewohnenden Pilze, reproduzieren bzw. sich überwiegend dort aufhalten.

xylomyzetophag = Bezeichnung für holzbewohnende Tiere, die sich von Pilzen ernähren, die auf und in dem Holz als Substrat wachsen. Meist handelt es sich hier um eine Symbiose mit Pilzzucht.

xylophag = lignivor. Bezeichnung für holzfressende Organismen. Hierzu gehören besonders Larven mancher Schmetterlinge und Käfer (z. B. Cossidae, Aegeriidae unter den Schmetterlingen sowie Buprestidae, Anobiidae, Bostrichidae, Cerambycidae, Curculionidae, Splint- und Borkenkäfer) sowie Holzwespen (Siricidae).

Zersetzung = Dekomposition, „Streuzersetzung“, „Streuabbau“; Zerfall und Abbau abgestorbener organischer Substanz durch Autolyse und die Tätigkeit von Mikroorganismen, im weiteren Sinne auch von saprophagen Tieren (Saprophagie).

Zoochorie = Durch Tiere bedingte passive Verschleppung eines Organismus, im engeren Sinne Verfrachtung von Pflanzendiasporen durch Tiere, z. B. Insekten (Entomochorie). Hier gibt es verschiedene Mechanismen des Transportes: äußeres Anhaften (Epizoochorie) oder im Inneren eines Tieres im Verdauungstrakt (Endozoochorie oder Endochorie).

11 Register

Die kursiv gedruckte Seitenzahl verweist auf den jeweiligen Gattungsschlüssel. Die fettgedruckte Seitenzahl bezeichnet den Beginn des Artkapitels.

D

E

F

G

H

T

U

V

W

Prof. Dr. rer. nat. Wolfgang Rohe; Studium der Biologie in Mainz, Basel und Frankfurt am Main; Promotion in ökologischer und systematischer Entomologie mit Forschungsaufenthalten in Genf, Lausanne, Zürich, Paris, London und Malaysia. Anfangs wissenschaftliche Begleituntersuchungen zur Richtlinienoptimierung der Biotopsicherungsprogramme in Rheinland-Pfalz; dann Stationen als Leiter der entomologischen Landessammlung Rheinland-Pfalz am Naturhistorischen Museum in Mainz, später als Leiter der Unteren Naturschutzbehörde in Regensburg. Seit 1995 Professor für Ökologische Umweltplanung und Umweltinformatik an der Hochschule für Angewandte Wissenschaft und Kunst in Göttingen (HAWK); Kurator der entomologischen Lehr- und Forschungssammlung; Leiter der Forstzoologie.
Von 2001 bis 2020 Privatdozent an der Georg-August-Universität Göttingen; 2018 dortige Lehrstuhl-Vertretungsprofessur für Waldschutz und Forstzoologie.
Langjährige internationale Forschungsprojekte in Schottland und Spanien.